Passive elektronische Bauelemente

Lizenz zum Wissen.

Sichern Sie sich umfassendes Technikwissen mit Sofortzugriff auf tausende Fachbücher und Fachzeitschriften aus den Bereichen: Automobiltechnik, Maschinenbau, Energie + Umwelt, E-Technik, Informatik + IT und Bauwesen.

Exklusiv für Leser von Springer-Fachbüchern: Testen Sie Springer für Professionals 30 Tage unverbindlich. Nutzen Sie dazu im Bestellverlauf Ihren persönlichen Aktionscode `C0005406` auf *www.springerprofessional.de/buchaktion/*

Jetzt 30 Tage testen!

Springer für Professionals.
Digitale Fachbibliothek. Themen-Scout. Knowledge-Manager.

- Zugriff auf tausende von Fachbüchern und Fachzeitschriften
- Selektion, Komprimierung und Verknüpfung relevanter Themen durch Fachredaktionen
- Tools zur persönlichen Wissensorganisation und Vernetzung

www.entschieden-intelligenter.de

Springer für Professionals

Leonhard Stiny

Passive elektronische Bauelemente

Aufbau, Funktion, Eigenschaften, Dimensionierung und Anwendung

3., überarbeitete Auflage

Leonhard Stiny
Haag a. d. Amper, Deutschland

ISBN 978-3-658-24732-4 ISBN 978-3-658-24733-1 (eBook)
https://doi.org/10.1007/978-3-658-24733-1

Die Deutsche Nationalbibliothek verzeichnet diese Publikation in der Deutschen Nationalbibliografie; detaillierte bibliografische Daten sind im Internet über http://dnb.d-nb.de abrufbar.

Springer Vieweg
Die erste Auflage erschien unter dem Titel „Handbuch passiver elektronischer Bauelemente" im Franzis Verlag, 2009.

Springer Vieweg ist ein Imprint der eingetragenen Gesellschaft Springer Fachmedien Wiesbaden GmbH und ist ein Teil von Springer Nature.
Die Anschrift der Gesellschaft ist: Abraham-Lincoln-Str. 46, 65189 Wiesbaden, Germany

Vorwort

Dieses Buch richtet sich an alle, die in Ausbildung oder Beruf gründliches und umfassendes Wissen über passive elektronische Bauelemente benötigen. Das Werk vermittelt detaillierte Kenntnisse über Aufbau, Eigenschaften, Funktionsweise und Einsatzmöglichkeiten dieser Bauelemente. Als praxisgerechtes Handbuch kann es als Lehrbuch begleitend zu Unterricht oder Vorlesung, zum Selbststudium und als Nachschlagewerk verwendet werden.

Es werden die theoretischen und physikalischen Grundlagen der behandelten Elemente erläutert und für die Praxis wichtige Angaben für Auswahl, Dimensionierung und Anwendung passiver elektronischer Bauelemente bereitgestellt. Dabei werden Berechnungsgrundlagen anwendungsorientiert und kompakt dargeboten. Spezifische Daten, Kenngrößen und Charakteristiken werden angegeben und ihre Bedeutung erläutert. Anleitungen zur Auslegung von Bauteilwerten ermöglichen eine anwendungsbezogene Betrachtung der Bauelemente. Auch der Anwendungszweck der Bauelemente wird anhand von Einsatzbeispielen aufgezeigt. Tabellarische Übersichten und viele Beispiele mit Berechnungen erleichtern das Verständnis des Stoffes. Zahlreiche Abbildungen geben eine Vorstellung, wie die Bauelemente aufgebaut sind oder aussehen.

Bei der Auswahl von Art und Anzahl der passiven elektronischen Bauelemente wurde auf eine möglichst vollständige Behandlung Wert gelegt. Es sind sehr häufig verwendete Bauelemente enthalten, die in allen technischen Aspekten von der Herstellung bis zur Anwendung betrachtet werden. Die Eigenschaften und Besonderheiten der Bauelemente bei hohen Frequenzen werden ebenfalls beachtet. So sind auch die Berechnungsgrundlagen der Streifenleitungen mit Anwendungen in der Hochfrequenztechnik aufgenommen.

Nach einer ersten Auflage bei einem anderen Verlag erscheint dieses Werk beim Springer-Verlag in zweiter, überarbeiteter und erweiterter Auflage.

Haag a. d. Amper   Leonhard Stiny
Dezember 2018

Inhaltsverzeichnis

Begriffsdefinitionen

1

Elektronik

Die Elektronik ist ein Teilbereich der Elektrotechnik und befasst sich mit der Entwicklung und Fertigung von elektronischen Bauelementen sowie deren Anwendung in elektrischen Schaltkreisen und Netzwerken. Zur Elektronik gehören alle Zweige von Wissenschaft und Technik, die sich mit physikalischen Vorgängen und technischen Anwendungen der Elektronenleitung im Vakuum, in Gasen und in Festkörpern beschäftigen. Schwerpunkte der Elektronik sind beispielsweise die Nachrichtentechnik, Leistungselektronik und die elektronische Messtechnik. Die Mikroelektronik behandelt die Entwicklung und Herstellung integrierter Schaltkreise als monolithische Schaltungen auf einem Chip (z. B. Prozessoren, Sensoren) und miniaturisierter Komponenten und Systeme. Wichtige Teilbereiche der Elektronik sind die Analogtechnik, die Digitaltechnik, die Hochfrequenztechnik und die Optoelektronik.

Bauelement

Ein Bauelement ist hinsichtlich der Datenangaben, der Prüfung, dem Vertrieb, der Anwendung und Instandsetzung die kleinste, nicht weiter zerlegbare Einheit (DIN 40150).

Bauteil, Baustein

Unter Bauteil oder Baustein wird eine Zusammenfassung von wenigen Bauelementen verstanden (z. B. Funkentstöreinheit, Leistungsbaustein). In der Praxis wird der Begriff „Bauteil" meist im Sinne von „Bauelement" verwendet. Ein ohmscher Widerstand wird z. B. sowohl als Bauelement als auch als Bauteil bezeichnet.

Baugruppe

Mehrere Bauelemente oder Bausteine bilden eine Baugruppe. Diese ist noch nicht selbstständig verwendbar (z. B. Netzgerät eines PC).

© Springer Fachmedien Wiesbaden GmbH, ein Teil von Springer Nature 2019
L. Stiny, *Passive elektronische Bauelemente*, https://doi.org/10.1007/978-3-658-24733-1_1

Gerät

Das Gerät ist eine Zusammenschaltung von Bauelementen, Bauteilen und Baugruppen zu einer selbstständig verwendbaren Einheit (z. B. Fernsehgerät, PC, Messgerät).

Anlage

Die Zusammenschaltung mehrerer Geräte und Baugruppen zu einem bestimmten Anwendungszweck wird allgemein als Anlage bezeichnet (z. B. Sendeanlage, Rechenanlage, Stereoanlage).

Elektronische Bauelemente

Sie sind die Komponenten einer elektronischen Schaltung.

Elektronische Bauelemente lassen sich in zwei große Gruppen einteilen:

1. *passive* Bauelemente
2. *aktive* Bauelemente.

Bei beiden Gruppen unterscheidet man wiederum zwischen *linearen* und *nichtlinearen* Bauelementen.

Passive Bauelemente besitzen keine eingebaute Leistungsquelle, ihre Ausgangsleistung kann also niemals größer als ihre Eingangsleistung sein. Passive Bauelemente verstärken ein Eingangssignal *nicht*, häufig sind sie elektrische Verbraucher. Passive Bauelemente sind stets zweipolig. Zu den linearen passiven Bauelementen gehören Widerstände, Kondensatoren und Spulen. Dioden zählen dagegen zu den nichtlinearen passiven Bauelementen.

Anmerkung: Obwohl Dioden passive Bauelemente sind, werden sie in diesem Werk nicht behandelt. Dioden sind, wie die meisten aktiven Bauelemente, aus Halbleitermaterial aufgebaut. Das nötige Wissen über Halbleiter und den pn-Übergang würde hier für Dioden alleine einen zu großen Raum einnehmen. Dioden werden deshalb in einem extra Werk zusammen mit aktiven elektronischen Bauelementen besprochen.

Aktive Bauelemente können meist ein Eingangssignal verstärken, i. Allg. wird hierzu eine Hilfsenergiequelle benötigt. Ein Transistor ist z. B. ein aktives Bauelement, bei kleiner Aussteuerung zeigt er außerdem ein lineares, bei großer Aussteuerung ein nichtlineares Verhalten. Ein aktives Element kann auch eine Quelle elektrischer Energie sein, z. B. eine Spannungs- oder eine Stromquelle.

Lineare Bauelemente zeigen zwischen Ausgangs- und Eingangsgröße einen linearen Zusammenhang. Beim ohmschen Widerstand ist dies z. B. die gerade Kennlinie des Stromes als Funktion der Spannung.

Nichtlineare Bauelemente weisen dagegen eine gekrümmte Kennlinie als Zusammenhang zwischen Ausgangs- und Eingangsgröße auf. Bei einer Diode z. B. steigt der Strom nichtlinear mit der Spannung an.

Durch elektronische Bauelemente werden elektrische Größen (z. B. Strom, Spannung) verarbeitet. Nichtelektrische Größen (z. B. Druck, Beleuchtungsstärke etc.) können durch so genannte Wandler oder durch Sensoren, sie sind selbst ebenfalls elektronische Bauteile oder aus solchen aufgebaut, in elektrische Signale umgewandelt werden.

Zu den elektronischen Bauteilen werden in diesem Buch auch elektromechanische Bauteile gezählt (obwohl dies oft anders definiert wird). Leiterplatten mit ihren Leiterbahnen, Leitungen oder Relais werden als Bauelement betrachtet, alle rein mechanischen Komponenten wie z. B. Gehäuseteile jedoch nicht. Das Wissen um die Eigenschaften verschiedener Materialien, aus denen Bauelemente bestehen, erleichtert das Verständnis für deren Beschaffenheit, Kennzeichen und Einsatzgebiete.

Temperaturbereiche

Der Einsatz von Bauelementen kann nach Temperaturanforderungen eingeteilt werden. Typische Temperaturbereiche sind:

1. industrieller Bereich mit $0\,°C$ bis $+70\,°C$
2. erweiterter industrieller Bereich mit $-25\,°C$ bis $+85\,°C$
3. militärischer Bereich mit $-55\,°C$ bis $+125\,°C$.

Normreihen

Die Nennwerte von Widerständen sind nach Normreihen mit den Bezeichnungen E6, E12, E24, E48, E96 und E192 abgestuft. In einer Normreihe hängt die Anzahl der Werte pro Dekade von den Toleranzgrenzen der einzelnen Widerstandswerte ab.

Zuverlässigkeit

Zuverlässigkeit ist ein Maßstab für die Eigenschaft eines Bauelementes, bei einer gegebenen Belastung innerhalb eines bestimmten Zeitraumes voraussichtlich fehlerfrei zu arbeiten. Steigen die Ansprüche an die Zuverlässigkeit, so steigen auch die Bauelementekosten. Die Zuverlässigkeit wird quantifiziert durch eine Fehler- oder eine Ausfallwahrscheinlichkeit.

Ausfallrate

Jedes elektronische Bauelemente unterliegt einem Verschleiß, der zu einem Ausfall des Bauelementes führen kann. Die Ausfallrate λ gibt an, welcher Bruchteil ΔN von N Bauelementen im Mittel während eines Zeitintervalls Δt ausfällt.

$$\lambda = \frac{|\Delta N / N|}{\Delta t} \tag{1.1}$$

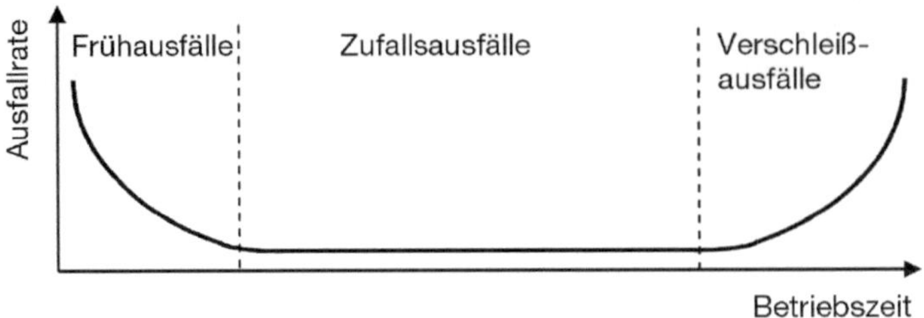

Abb. 1.1 Badewannenkurve

Die Ausfallrate hat die Benennung „pro Zeiteinheit" und wird in Datenblättern häufig in
fit (failure in time) angegeben.

$$1 \text{ fit} = \frac{10^{-9}}{h} \tag{1.2}$$

Der in Datenblättern meist angegebene Kehrwert der Ausfallrate wird als **MTBF** (**M**ean
Time **B**etween **F**ailure) bezeichnet.

$$MTBF = \frac{1}{\lambda} \tag{1.3}$$

Die Ausfallrate über der Betriebszeit aufgetragen ergibt die so genannte **Badewannenkurve** (Abb. 1.1).

Man unterscheidet Früh-, Zufalls- und Verschleißausfälle.

Die **Frühausfälle** (ein elektronisches Gerät funktioniert z. B. bereits zwei Tage nach
dem Kauf nicht mehr) werden mit dem **Incircuit-Test** (Test aller Bauteile auf Vorhandensein, richtige Werte und Fehlerfreiheit) und dem **Funktionstest** (Test der Baugruppe oder
des Gerätes auf Fehlerfreiheit aller Funktionen) beim Gerätehersteller nicht entdeckt. Ursachen für Frühausfälle einer Baugruppe bzw. von eingebauten Bauteilen können Fehler
bei der Herstellung von Bauelementen oder deren Schädigung (thermisch, mechanisch,
durch elektrostatische Entladung) beim Einbau sein. Frühausfälle können durch einen
Burn-In (Hochtemperaturlagerung) oder einen **Run-In** (Betrieb bei hoher Temperatur)
ausgesondert werden. Diese Voralterungsverfahren reduzieren die Zeit bis zum möglichen
Frühausfall durch erhöhte Temperatur, der Boden der Badewannenkurve wird in kürzerer
Zeit erreicht als bei Betrieb ohne erhöhten Stress.

Die Fehlerhäufigkeit von Baugruppen ist durch die Frühausfälle von Bauelementen
anfänglich relativ hoch und bleibt nach einiger Zeit auf einem wesentlich niedrigeren,
konstanten Wert.

Die **Zufallsausfälle** in diesem Bereich sind meist durch Materialveränderung (Diffu-
sion, Migration, Grenzschichtveränderung) bedingt. Da diese Prozesse thermisch aktiviert
werden, hängt hier die Ausfallrate stark von der Temperatur ab.

Die **Verschleißausfälle** bedingt durch Alterung treten gegen Ende der Produktlebens-
dauer auf, die Ausfallrate steigt wieder an.

Durch die Ähnlichkeit mit dem Querschnitt einer Badewanne wird die Anzahl der Fehler als Funktion der Betriebszeit als „Badewannenkurve" bezeichnet.

$N(t)$ ist die Anzahl von Bauelementen, die von insgesamt $N(0)$ Bauelementen nach einer Zeit t noch intakt sind.

$$N(t) = N(0) \cdot e^{-\lambda \cdot t} \tag{1.4}$$

Die Wahrscheinlichkeit, dass ein Element in der Zeit t intakt bleibt, ist:

$$w = \frac{N(t)}{N(0)} = e^{-\lambda \cdot t} \tag{1.5}$$

Die **Ausfallwahrscheinlichkeit** (Wahrscheinlichkeit, mit der ein Bauelement ausfällt) ist:

$$f = 1 - e^{-\lambda \cdot t} \tag{1.6}$$

Ist $\lambda \cdot t \ll 1$, so gilt näherungsweise $f \approx \lambda \cdot t$.

Um Ausfälle von Baugruppen oder Geräten zu vermeiden, können folgende Empfehlungen für den Einsatz elektronischer Bauelemente gegeben werden.

1. Das schwächste Glied bestimmt die Zuverlässigkeit einer Schaltung. Bei der Auswahl der Bauelemente müssen daher klimatische und mechanische Beanspruchungen sowie die Anforderungen an die Funktionszuverlässigkeit berücksichtigt werden. Da Bauelemente hoher Qualität sehr viel teurer sind als solche für normale Anwendungen, muss dieser Punkt besonders sorgfältig überlegt werden.
2. Einfache Schaltungen mit möglichst wenigen Bauelementen (mit einem hohen Integrationsgrad) sind zu bevorzugen.
3. Die Schaltungen sind so zu dimensionieren, dass die Bauelemente im Normalbetrieb nur mit einem Teil der Nennlast beansprucht werden. Eine Ausnahme sind Elektrolytkondensatoren, deren durchschnittliche Lebensdauer bei erheblicher Unterspannung abnimmt.

Datenblätter

Sie geben Auskunft über die mechanischen und elektrischen Eigenschaften von Bauelementen.

Ein Datenblatt enthält z. B. eine Kurzbeschreibung des Bauelementes, Gehäusedaten, mechanische Daten, Nennwerte[1] (Bemessungswerte), typische Werte, Garantiewerte, Grenzwerte, Qualitätsdaten, Schaltungsvorschläge. Eine solche Datenzusammenstellung kann enthalten:

---

[1] Angaben, die sich auf den Normalbetrieb beziehen, wurden früher mit der Vorsilbe „Nenn-", heute mit „Bemessungs-" bezeichnet. In der Praxis werden beide Ausdrücke benutzt.

1. Kurzbeschreibung des Bauelementes mit Typenbezeichnung, Hersteller, Technologie (z. B. Material und Herstellungsverfahren), Anwendungsbereich
2. Gehäusedaten mit verwendeten Werkstoffen, Art der Verkapselung, Zeichnung mit Bemaßung, Nummerierung der Anschlüsse, bestimmte Markierungspunkte
3. Mechanische Daten unter Angabe der Anwendungsklassen und Montagebedingungen, Verarbeitungshinweise (z. B. Löttemperaturen)
4. *Grenzwerte* (z. B. Strom-, Spannungs-, Temperatur- und Leistungswerte sowie mechanische Einflussgrößen), die auf keinen Fall überschritten werden dürfen. Damit die Grenzwerte unter allen Umständen eingehalten werden, müssen alle Streuwerte der Schaltung bei der Auslegung berücksichtigt werden.
5. *Kennwerte* beschreiben die Eigenschaften und die Funktion eines Bauelementes unter normalen Betriebsbedingungen. Kennwerte werden als Zahlengrößen angegeben oder als Kennlinien dargestellt. Zu den meisten Kennwerten gehört eine Temperatur, auf die diese Kennwerte bezogen sind.

Die Kennwerte der Bauelemente streuen mehr oder weniger stark. In den Datenblättern werden sie daher als Mittelwerte angegeben oder es werden die unteren und oberen Grenzen genannt. Die Streuung der Kennwerte muss besonders bei der Entwicklung und Dimensionierung von Schaltungen berücksichtigt werden.

Bei Halbleiterbauelementen unterscheidet man statische und dynamische Kennwerte.

Statische Kennwerte kennzeichnen alle Funktionen eines Bauelementes, die nicht mit einer auf die Zeit bezogenen Arbeitsweise zusammenhängen. Bei Halbleiterdioden sind dies z. B. die Durchlassspannung und der Sperrstrom.

Dynamische Kennwerte geben Auskunft über das Zeitverhalten. Zu den dynamischen Kennwerten gehören bei Transistoren z. B. die Schaltzeiten.

Felder

Zur Wiederholung des Feldbegriffes, z. B. magnetisches Feld, elektrisches Feld:

- Ein Feld beschreibt einen physikalischen Zustand innerhalb eines Raumes, allgemein in vier Dimensionen (drei Koordinaten der Richtungen x, y, z und die Zeit t).
- Der Zustand wird durch eine physikalische Feldgröße beschrieben, die jeden Punkt des Raumes zugeordnet ist.
- Die Gesamtheit aller Zustandswerte heißt Feld.
- Zu unterscheiden sind:
    - Skalar-Felder (nicht gerichtet), z. B. Potenzial φ
    - Vektor-Felder (gerichtet), z. B. elektrische Feldstärke $\vec{E}$.

2.1 Metalle

Metalle und Metall-Legierungen sind in der Elektrotechnik die wichtigsten elektrisch leitfähigen Materialien. Bei metallischen Leitern kann man (grob und jeweils bei einer Umgebungstemperatur von ca. 20 °C) zwischen sehr gut leitenden Metallen mit einem spezifischen Widerstand kleiner 0,1 $\mu\Omega$m und schlecht leitenden Legierungen mit einem spezifischen Widerstand größer 0,3 $\mu\Omega$m unterscheiden. Aus sehr gut leitenden Metallen werden z. B. Drähte, Kabel, Steckverbindungen sowie Spulen von Transformatoren und elektrischen Maschinen hergestellt. Legierungen mit hohem Widerstand werden für die Herstellung von Widerstandsbauteilen, Heizdrähten usw. verwendet. Folgende Faktoren sind für die Wahl eines Leitermaterials zur technischen Weiterverarbeitung von Bedeutung:

- Korrosionsverhalten
- Oxidationsverhalten
- Dauerfestigkeit
- Widerstands-Temperaturkoeffizient
- Beständigkeit gegen Chemikalien
- Kosten.

Metalle können somit in gute und schlechte Leiter eingeteilt werden.

Gute Leiter haben einen kleinen elektrischen Widerstand, sie können entsprechende Energie bzw. Leistung führen, ohne dass in ihnen nennenswerte Verluste entstehen (Verlustleistung in Form von unerwünschter Wärme).

Selektionskriterien für Leiter sind:

- elektrischer Widerstand des Materials
- Widerstands-Temperaturkoeffizient

© Springer Fachmedien Wiesbaden GmbH, ein Teil von Springer Nature 2019
L. Stiny, *Passive elektronische Bauelemente*, https://doi.org/10.1007/978-3-658-24733-1_2

- Beständigkeit gegen Korrosion
- Oxidationscharakteristik
- Verarbeitbarkeit beim Löten oder Schweißen
- mechanische Eigenschaften und Verarbeitbarkeit
- natürliches Vorkommen (ausreichende Verfügbarkeit)
- Beständigkeit gegen Chemikalien und Umwelt
- Kosten, Recycelbarkeit.

2.1.1 Elektrische Eigenschaften der Metalle

Der elektrische Widerstand eines Körpers aus leitendem Material hängt von Art, Form und Abmessungen des Körpers ab. Für einen langen, geraden Leiter kann der Widerstand nach folgender Gleichung berechnet werden:

$$R = \rho \frac{l}{A} \qquad (2.1)$$

Hierin sind:

R = Widerstandswert in Ohm für niedrige Frequenzen (kein Skineffekt!)

ρ = *spezifischer Widerstand* des Materials (eine temperaturabhängige Materialkonstante, meist als ρ_{20} für Raumtemperatur mit $20\,°\mathrm{C}$ angegeben)

l = Länge des Leiters

A = Querschnittsfläche des Leiters, konstant über die Länge l.

Der spezifische Widerstand ρ wird in $\frac{\Omega \cdot \mathrm{mm}^2}{\mathrm{m}}$ oder in $\Omega\mathrm{m}$ (Ohm-Meter) angegeben.
  Der spezifische Leitwert σ ist der Kehrwert des spezifischen Widerstandes:

$$\sigma = \frac{1}{\rho} \qquad (2.2)$$

Der elektrische Leitwert G mit der Einheit S (Siemens) ist der Kehrwert des Widerstandes:

$$G = \frac{1}{R} \qquad (2.3)$$

Der Widerstand eines metallischen Leiters ändert sich mit der Temperatur. Mit steigender Temperatur verlassen durch die Zuführung von Energie immer mehr Elektronen die Atomhülle und werden zu freien Elektronen, die Anzahl der freien Ladungsträger und damit die Leitfähigkeit nimmt zu. Diesem Effekt wirkt entgegen, dass mit zunehmender Temperatur die ortsfesten Atomrümpfe im Kristall-Gitterverband der Leiter größere Schwingungen ausführen (Wärmebewegung). Dadurch sinkt die Beweglichkeit der Elektronen, da sich der effektive Querschnitt für ihre Driftbewegung verkleinert, die Leitfähigkeit nimmt ab

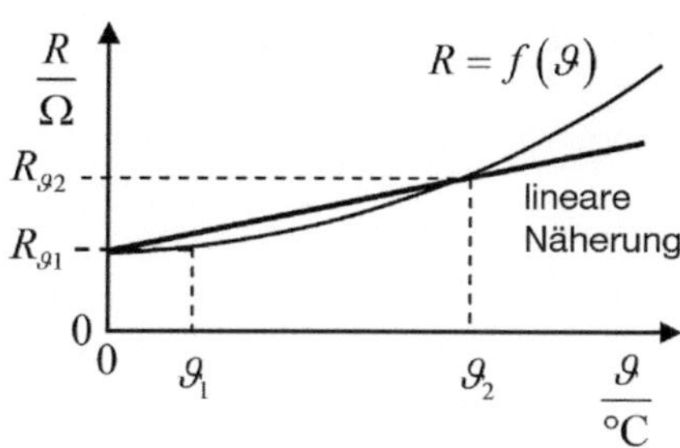

Abb. 2.1 Widerstandsänderung metallischer Leiter in Abhängigkeit der Temperatur

bzw. der Widerstand zu. Weil der zweite Effekt überwiegt, nimmt der Widerstand eines metallischen Leiters mit steigender Temperatur zu.

Diese Widerstandsänderung ist als Funktion der Temperatur ϑ nichtlinear, die wahre Kennlinie kann durch ein Polynom angenähert werden.

$$R_{\vartheta 2} = R_{\vartheta 1} \cdot \left[1 + \alpha \left(\vartheta_2 - \vartheta_1 \right) + \beta \left(\vartheta_2 - \vartheta_1 \right)^2 + \lambda \left(\vartheta_2 - \vartheta_1 \right)^3 + \ldots \right] \qquad (2.4)$$

Im Temperaturbereich $-50\,°\mathrm{C} \leq \vartheta \leq 150\,°\mathrm{C}$ (die Grenzen sind ungefähre Werte) kann die Widerstandsänderung durch eine Gerade angenähert werden (Abb. 2.1). Oberhalb ca. $150\,°\mathrm{C}$ nimmt der Widerstand wieder stärker (nichtlinear) zu. Innerhalb des genannten Temperaturintervalles braucht also i. Allg. in Gl. 2.4 nur mit dem Koeffizienten α gerechnet werden. Man erhält den linearen Ausdruck

$$R_{\vartheta 2} = R_{\vartheta 1} \cdot \left[1 + \alpha \left(\vartheta_2 - \vartheta_1 \right) \right] \qquad (2.5)$$

Als Bezugstemperatur wird ϑ zu $\vartheta_1 = 20\,°\mathrm{C}$ gewählt. Bezogen auf $\vartheta_1 = 20\,°\mathrm{C}$ ist α_{20} der lineare *Temperaturkoeffizient* (TK) mit der Einheit $\frac{1}{\mathrm{K}}$ oder $\frac{1}{°\mathrm{C}}$, der quadratische TK ist β_{20} mit der Einheit $\frac{1}{\mathrm{K}^2}$. K bedeutet Kelvin. Der TK wird auch als *Temperaturbeiwert* bezeichnet.

Bis ca. $\vartheta_2 = 150\,°\mathrm{C}$ gilt somit vereinfacht:

- für den Widerstandswert $R_{\vartheta 2}$ bei der Temperatur ϑ_2:

$$R_{\vartheta 2} = R_{20} \cdot \left[1 + \alpha_{20} \left(\vartheta_2 - 20\,°\mathrm{C} \right) \right] \qquad (2.6)$$

- für die Widerstandsänderung ΔR in Abhängigkeit der Temperaturdifferenz $\Delta \vartheta = \vartheta_2 - 20\,°\mathrm{C}$ zu $20\,°\mathrm{C}$:

$$\Delta R = \alpha_{20} \cdot R_{20} \cdot \Delta \vartheta \qquad (2.7)$$

R_{20} ist der Bezugswiderstandswert bei $20\,°\mathrm{C}$.

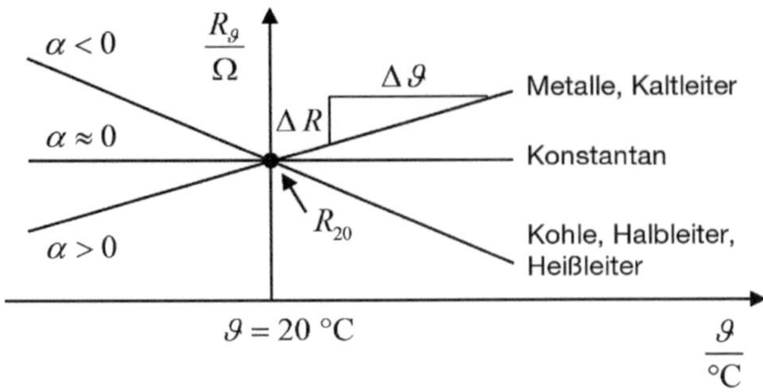

Abb. 2.2 Widerstandsänderung von Materialien je nach Temperaturkoeffizient α

Für Temperaturen ϑ_{hoch} über ca. 150 °C muss in Gl. 2.4 wegen der nichtlinearen Widerstandsänderung ein zweiter Koeffizient $\beta = \beta_{20}$ berücksichtigt werden. Der Widerstandswert $R_{\vartheta\text{hoch}}$ bei der Temperatur ϑ_{hoch} ist dann:

$$R_{\vartheta\text{hoch}} = R_{20} \cdot \left[1 + \alpha_{20}\,(\vartheta_{\text{hoch}} - 20\,°\mathrm{C}) + \beta_{20}\,(\vartheta_{\text{hoch}} - 20\,°\mathrm{C})^2 \right] \qquad (2.8)$$

Je nach Materialart ist der lineare Temperaturkoeffizient α positiv, annähernd Null, oder negativ (Abb. 2.2).

- $\alpha > 0$: Viele Metalle, Kaltleiter oder PTC-Widerstände (PTC: **p**ositive **t**emperature **c**oefficient). Der Widerstand von Kaltleitern, z. B. von Metallen, nimmt bei Temperaturerhöhung also zu.
- $\alpha \approx 0$: Z. B. Konstantan (eine Widerstandsdraht-Legierung) oder andere spezielle Legierungen, damit Temperaturunabhängigkeit erreicht wird. Bei einem temperaturstabilen Messwiderstand bedeutet z. B. die Angabe TK = 50 ppm, dass $\alpha = 50 \cdot 10^{-6}\,\frac{1}{\mathrm{K}}$ ist. Die Bezeichnung „ppm" bedeutet „parts per million", 1 ppm = 10^{-6}.
- $\alpha < 0$: Kohlenstoff, Halbleiter, Heißleiter oder NTC-Widerstände (NTC: **n**egative **t**emperature **c**oefficient). Bei negativem TK überwiegt die stärkere Bereitstellung von Ladungsträgern mit steigender Temperatur gegenüber der Einschränkung der Beweglichkeit der Elektronen.

Der Widerstand von Heißleitern, Kohle und den meisten Halbleitern, nimmt bei Temperaturerhöhung ab.

Faustregel Bei vielen Metallen nimmt der Widerstand bei 10 °C Temperaturerhöhung um etwa 4 % zu.

Der spezifische Widerstand hängt nicht nur von der Temperatur, sondern auch von der Reinheit der Metalle ab. Er kann sich bereits durch geringe Mengen an Fremdatomen im Metall erheblich ändern. Technisch genutzt wird dies bei Metalllegierungen, um Material mit geringem Temperaturkoeffizienten zu erhalten. Beispiele für solche Metalllegierungen sind Manganin und Konstantan, welche für Mess- und Präzisionswiderstände mit sehr geringer Temperaturabhängigkeit verwendet werden (siehe Tab. 2.1).

Tab. 2.1 Spezifischer Widerstand ρ_{20} und Temperaturkoeffizienten α_{20} und β_{20} einiger Materialien

Material	Chem. Symbol	$\dfrac{\rho_{20}}{\Omega\cdot\text{mm}^2\cdot\text{m}^{-1}}$	$\dfrac{\alpha_{20}}{10^{-3}\cdot\text{K}^{-1}}$	$\dfrac{\beta_{20}}{10^{-6}\cdot\text{K}^{-2}}$
Silber	Ag	0,016	3,8	0,7
Kupfer	Cu	0,01786	3,93	0,6
Gold	Au	0,023	4	0,5
Aluminium	Al	0,02857	3,77	1,3
Wolfram	W	0,055	4,1	1
Zink	Zn	0,063	3,7	2
Messing	–	0,07…0,09	1,5	–
Nickel	Ni	0,08…0,11	3,7…6	9
Eisen	Fe	0,10…0,15	4,5…6	6
Zinn	Sn	0,11	4,2	–
Platin	Pt	0,11…0,14	3,92	0,6
Blei	Pb	0,21	4,2	2
Manganin (84Cu, 4Ni, 12Mn)	–	0,43	±0,01	–
Konstantan (55Cu, 44Ni, 1Mn)	–	0,50	±0,04	–
Chromnickel (80Ni, 20Cr)	–	1,12	0,06	–
Kohle (Grafit)	–	40…100	−0,1	–

2.1.2 Metallische Leiter bei hohen Frequenzen

Gl. 2.1 gilt für den Widerstand eines metallischen Leiters bei Gleichstrom und auch bei Wechselstrom mit niedriger Frequenz, solange keine Stromverdrängung auftritt. Bei höheren Frequenzen wird der Strom durch Induktionseffekte im Leiterinneren zunehmend an die Leiteroberfläche verdrängt (**Skineffekt**). Je nach Frequenz und Querschnitt wird das Innere des Leiters praktisch stromlos. Damit ist der für die Stromleitung zur Verfügung stehende Querschnitt reduziert, dies bewirkt eine Widerstandserhöhung.

Bei einem ausgeprägten Skineffekt nimmt die Stromdichte J mit zunehmendem Abstand x von der Leiteroberfläche exponentiell ab.

$$J(x) = J_0 \cdot \mathrm{e}^{-\frac{x}{\delta}} \tag{2.9}$$

Bei der so genannten **Eindringtiefe** δ (Eindringmaß, Wirktiefe, äquivalente Leitschichtdicke) ist die Stromdichte auf den Bruchteil $1/\mathrm{e}$ ($= 36{,}8\,\%$) des Wertes J_0 an der Oberfläche abgesunken. Ab der fünffachen Eindringtiefe beträgt die Stromdichte weniger als $1\,\%$.

Die Eindringtiefe δ dient zur Beurteilung der wirksamen Leiterschicht. Sie ist von der Frequenz und den Materialeigenschaften abhängig. Für runde Leiter gilt:

$$\delta = \sqrt{\frac{2}{\omega \cdot \sigma \cdot \mu_0 \cdot \mu_\mathrm{r}}} \tag{2.10}$$

Tab. 2.2 Eindringtiefe δ in Abhängigkeit der Frequenz bei einem Kupferleiter

f	60 Hz	10 kHz	1 MHz	100 MHz	10 GHz
δ	8,6 mm	0,67 mm	67 µm	6,7 µm	0,67 µm

$\delta \quad$ = Eindringtiefe in m (Meter),

$\omega \quad = 2\pi f$ = Kreisfrequenz,

$\sigma \quad$ = spezifische Leitfähigkeit

$\mu_0 \quad = 4\pi \cdot 10^7 \, \frac{\text{Vs}}{\text{Am}}$ = Permeabilitätskonstante des Vakuums (magnetische Feldkonstante)

$\mu_\text{r} \quad$ = Permeabilitätskonstante des Leitermaterials (relative magnetische Permeabilität, Permeabilitätszahl)

Gl. 2.10 ist gültig, wenn gilt: Leiterdicke $\gg$ Eindringtiefe.

Für einen Leiter aus Kupfer gilt:

$$\delta_\text{Cu} \approx \frac{0{,}067}{\sqrt{f}} \, (\delta_\text{Cu} \text{ in mm, } f \text{ in MHz}) \tag{2.11}$$

Einige Zahlenwerte für einen Kupferleiter gibt Tab. 2.2 an.

Da sich die Eindringtiefe umgekehrt proportional zur Wurzel aus der Frequenz verhält, steigt der Wechselstromwiderstand proportional zu $\sqrt{f}$.

Als *spezifischer Oberflächenwiderstand* R_F wird der Wirkwiderstand eines quadratischen Oberflächenstückes (beliebiger Seitenlänge) eines elektrischen Leiters mit der Eindringtiefe δ bezeichnet.

$$R_\text{F} = \sqrt{\frac{\pi \cdot \mu_0 \cdot \mu_\text{r}}{\sigma} \cdot f} = \sqrt{\pi \cdot \mu_0 \cdot \mu_\text{r} \cdot \rho \cdot f} \tag{2.12}$$

Der Widerstand eines kreisrunden Metalldrahtes in Abhängigkeit der Frequenz ist:

$$R(f) = \frac{l}{r} \sqrt{\frac{\mu_0 \cdot \mu_\text{r} \cdot f}{2 \cdot \sigma}} \tag{2.13}$$

$l \quad$ = Drahtlänge,

$r \quad$ = Drahtradius,

$\sigma \quad$ = spezifische Leitfähigkeit.

Zur Beurteilung des Wechselstromwiderstandes eines Leiters bei hohen Frequenzen muss zuerst die Eindringtiefe δ berechnet und mit dem Leiterradius r verglichen werden.

$r < \delta$: $\qquad$ Skineffekt nicht oder kaum wirksam

$r > 5\delta$: $\qquad$ Skineffekt wirksam, Widerstand steigt proportional zu $\sqrt{f}$

$\delta < r < 5\delta$: Übergangsgebiet, Skineffekt leicht spürbar.

Maßnahmen gegen den Skineffekt:

- Leitfähigkeit der stromführenden Schicht verbessern, z. B. durch Versilbern.
- Auf eine gute Oberflächenqualität achten, eine raue Oberfläche erhöht die Leiterlänge und somit auch den Widerstand.
- Bis zu Frequenzen von ca. 10 MHz kann man **HF-Litze** verwenden. HF-Litze besteht aus einzelnen, sehr dünnen ($\varnothing \leq 0{,}1$ mm), voneinander isolierten, miteinander verflochtenen Drähten und weist damit für einen bestimmten Querschnitt eine größere Oberfläche auf als ein massiver Draht. Wegen der geringen Drahtstärke wird der Skineffekt im Einzeldraht erst bei sehr hohen Frequenzen wirksam. Für $f > 10$ MHz sind die einzelnen Litzen jedoch so stark kapazitiv miteinander gekoppelt, dass keine Verbesserung mehr gegenüber massiven Drähten auftritt. Die Hauptanwendung von HF-Litze liegt in der Realisierung von Spulen und Übertragern im Frequenzbereich von 1 MHz bis 10 MHz.

2.1.3 Thermische Eigenschaften der Metalle

Ein Metall dehnt sich bei Erwärmung aus. Der lineare Ausdehnungskoeffizient α (Werte einiger Materialien siehe Tab. 2.3) ist definiert durch die Beziehung

$$l(T) = l_0 \cdot [1 + \alpha(T - T_0)] \tag{2.14}$$

$$\Rightarrow \quad \alpha = \frac{1}{l_0} \frac{\Delta l}{\Delta T} \tag{2.15}$$

Näherungsweise ist der Ausdehnungskoeffizient für alle Metalle umgekehrt proportional zur *Schmelztemperatur* T_S (absolut gemessen).

$$\alpha \sim \frac{1}{T_S} \tag{2.16}$$

Werden zwei verschiedene Materialien miteinander verbunden, so muss in der Elektrotechnik deren thermische Ausdehnung beachtet werden. Durch unterschiedliche thermische Ausdehnungskoeffizienten der kombinierten Materialien kann es zu großen mechanischen Belastungen der Verbindung kommen. Dieser mechanische Stress kann die elektrischen Eigenschaften der Verbindung verändern oder zu deren Zerstörung führen.

Beispiele für die Verbindung unterschiedlicher Materialien sind

- in Glas oder Keramik eingeschmolzene, metallische Stromdurchführungen
- Metallkontakte oder Lot-Bumps auf Siliziumchips
- durch Lot verbundene Metallteile.

Tab. 2.3 Linearer thermischer Ausdehnungskoeffizient α einiger Materialien

Material	α ($10^{-6}/°$C)
Aluminium	24
Zinn	21
Silber (rein)	19,8
Kupfer (rein)	17
Gold	14
Nickel (rein)	13
Eisen	12
Glas, Platin	9
Quarzglas	8
Tantal	6,5
Gold (rein)	4,4
Keramik	4
Grafit	3

Für die Elektrotechnik ist ebenfalls wichtig, dass Metalle eine gute Wärmeleitung haben, die proportional zur elektrischen Leitfähigkeit ist.

Stoffe mit guter elektrischer Leitung weisen auch eine gute Wärmeleitung auf.

Die gute Wärmeleitung von Metallen wird zur Abführung von Verlustleistung (Kühlkörper) verwendet. Zahlenwerte einiger Stoffe zeigt Tab. 2.4.

Anmerkung: Die gute Wärmeleitung der Metalle zeigt, dass der Wärmetransport bei den Metallen hauptsächlich durch die Leitungselektronen erfolgt, zusätzlich zu den Gitterschwingungen. Bei Festkörpern mit geringer Leitfähigkeit findet der Wärmetransport nur über Schwingungen der Gitteratome statt.

In der Technik gebräuchliche metallische Leitermaterialien sind:

Kupfer, Aluminium, Silber, Tungsten, Molybdän, Platin, Tantal, Niobium, karbonhaltige Leiter, bleihaltige Leiter, Konstantan, Manganin, Nickel-Chrom, Gold.

Die Wärmeleitfähigkeit ist von der Temperatur abhängig.

Tab. 2.4 Wärmeleitfähigkeit einiger Stoffe

Stoff	Wärmeleitfähigkeit λ in $\frac{W}{m \cdot K}$ bei 20 °C
Silber	417
Kupfer	394
Gold	297
Aluminium	210
Nickel	92
Platin	70
Stahl	58
Quarz	1,3
Beton	0,75…0,95
Glas	0,58…1,05
Luft	0,0257

2.2 Flüssigkeiten

Metallische Flüssigkeiten sind leitend, der Leitungsmechanismus entspricht dem fester Metalle (z. B. Quecksilber, geschmolzene Metalle).

Andere flüssige Stoffe sind *Nichtleiter*, wenn die Moleküle keine aufspaltbaren Gebilde sind, die sich nicht in einen elektrisch positiv und einen elektrisch negativ geladenen Anteil zerlegen lassen. Ein Beispiel für einen flüssigen Nichtleiter ist destilliertes Wasser. Darin sind die H_2O-Moleküle elektrisch neutrale, festgefügte Einheiten, durch deren Bewegung keine Ladung transportiert wird. Mineralöle sind ebenfalls Nichtleiter.

Flüssige Stoffe sind *Leiter*, wenn sich die Moleküle in elektrisch entgegengesetzt geladene Teile aufspalten lassen, die einander nicht mehr fest zugeordnet und deshalb frei beweglich sind. Dies ist vor allem bei wässrigen Lösungen von Salzen, Säuren und Basen der Fall. Diese Lösungen heißen **Elektrolyte**. Ein Beispiel für einen flüssigen Leiter ist die Lösung von Kochsalz (NaCl) in Wasser. Die H_2O-Dipole spalten die Ionenverbindung der elektrisch neutralen Kochsalzmoleküle in elektrisch positiv und negativ geladene Anteile auf, die unabhängig voneinander frei beweglich sind (freie Ladungsträger): NaCl $\rightarrow Na^+ + Cl^-$.

Die positiv und negativ geladenen Teile heißen **Ionen**. Gegenüber elektrischer Neutralität hat Na^+ ein Elektron weniger und Cl^- ein Elektron mehr. Diese Aufspaltung gelöster Moleküle in Ionen nennt man *elektrolytische Dissoziation*.

Die Nernst'sche Regel besagt, dass die dissoziierende Wirkung eines Lösungsmittels umso größer ist, je größer seine Dielektrizitätskonstante ε_r ist. Wasser ist mit der relativ großen Dielektrizitätszahl $\varepsilon_r = 81$ eines der wichtigsten Lösungsmittel.

In einem elektrischen Feld wandern die positiv geladenen Ionen in Feldrichtung zur Kathode, sie werden *Kationen* genannt. Die negativ geladenen Ionen wandern gegen die Feldrichtung zur Anode, sie werden *Anionen* genannt.

Erreichen die Ionen Anode bzw. Kathode, so geben sie ihre überschüssigen Elektronen an den Stromkreis ab, bzw. entnehmen dem Stromkreis die fehlenden Elektronen. Dadurch verwandeln sich die Ionen in neutrale Moleküle zurück. Je nach Aggregatzustand entweichen sie dann als Gasbläschen oder lagern sich als fester Niederschlag an den Elektroden ab. Man sagt, durch die **Elektrolyse** wird Stoff abgeschieden.

Die Beweglichkeit der Ionen in den Flüssigkeiten ist wesentlich geringer als die der Elektronen im metallischen Leiter.

Innerhalb eines bestimmten Spannungsbereiches ist die Leitfähigkeit konstant, d. h. es gilt das ohmsche Gesetz.

Bei Temperaturerhöhung entstehen durch den höheren Dissoziationsgrad mehr Ladungsträger, sodass eine Zunahme der Leitfähigkeit auftritt (negativer Temperaturkoeffizient des spezifischen Widerstandes).

Ionenströme sind mit einem merklichen *Materietransport* verbunden. Der Transport von Materie wird z. B. beim galvanischen Überziehen mit Metallschichten und bei der elektrolytischen Herstellung sehr reiner Metalle genutzt.

2.3　Gase

Gase sind grundsätzlich Nichtleiter. Durch äußere Energiezufuhr wie Wärme, Strahlung oder starke elektrische Felder können Gase jedoch ionisiert, d. h. in Elektronen und positiv geladene Ionen zerlegt werden. Negative Gasionen können durch Anlagerung von Elektronen an Gasmoleküle entstehen (leitfähige Gase, Blitz). Die Nutzung Strom leitender Gase erfolgt z. B. in der Beleuchtungstechnik (Leuchtstoffröhren).

2.4　Halbleiter

Halbleiter sind feste Stoffe mit wenigen beweglichen elektrischen Ladungsträgern. Bei Halbleitern entstehen frei bewegliche Ladungsträger erst durch Energiezufuhr von außen (Wärme, Licht, Strahlung). Ladungsträger sind hier frei bewegliche Elektronen und Fehlstellen von Elektronen, die als *Defektelektronen* oder **Löcher** bezeichnet werden. Diese Fehlstellen bewegen sich scheinbar durch das Kristallgitter und verhalten sich wie positive Ladungsträger.

Die Leitfähigkeit ist stark temperaturabhängig. Die Temperaturabhängigkeit der Leitfähigkeit verhält sich umgekehrt wie bei Metallen, bei denen die Leitfähigkeit mit steigender Temperatur abnimmt.

Die Leitfähigkeit von Halbleitern nimmt mit steigender Temperatur zu.

Ein Beispiel für ein Halbleitermaterial ist Selen. Technisch bedeutend sind Halbleiterkristalle mit Diamantgitter: Silizium und Germanium. Sie erhalten durch bewusst eingebaute Gitterstörungen bewegliche Ladungsträger. Dies ist die so genannte *Dotierung* mit Fremdatomen aus der dritten oder fünften Gruppe im Periodensystem, z. B. Indium, Arsen, Gallium, Antimon.

Aus der Kombination von n-Halbleitern mit überwiegend Elektronen und p-Halbleitern mit überwiegend Löchern als frei bewegliche Ladungsträger werden z. B. Dioden, Transistoren und integrierte Schaltungen hergestellt.

Bei den kristallinen Halbleitern unterscheidet man zwischen Einkristallen und polykristallinen Materialien. Polykristalline Halbleiter bestehen aus einer größeren Anzahl kleiner Kristallite mit verschiedenen Kristallorientierungen. Zwischen diesen einzelnen Kristalliten befinden sich die Korngrenzen. An diesen Korngrenzen lagern sich leicht Verunreinigungen an und sie können auch sonst störende elektrische Eigenschaften haben. Daher werden elektronische Bauelemente, vor allem hochintegrierte, überwiegend aus einkristallinem Material ohne Korngrenzen hergestellt.

Zur Beschreibung der Leitung in Halbleitern wird das *Bändermodell* mit Valenzband und Leitungsband verwendet. In Halbleitern sind Valenzband und Leitungsband durch eine (Energie-) Lücke voneinander getrennt. Durch die Zuführung von Energie können einzelne Elektronen das Valenzband verlassen und in das Leitungsband gehoben werden. Dabei muss die Energie mindestens der energetischen Breite der verbotenen Zone entsprechen. Diesen Vorgang nennt man *Generation*. Ein Elektron im Leitungsband ist frei beweglich und kann somit zum Stromtransport beitragen. Außerdem hinterlässt es im Valenzband ein Loch, sodass andere Elektronen die Möglichkeit haben diese Position einzunehmen. Das führt zur Wanderung eines Loches oder Defektelektrons. Von außerhalb des Kristalls entsteht der Eindruck, als würden im Halbleiter frei bewegliche positive Ladungen (Löcher) existieren, die ebenfalls zum Stromtransport beitragen. Durch die Generation ist also ein Elektron-Loch-Paar entstanden. Solche Paare haben aber nur eine bestimmte Lebensdauer. Danach fällt das Elektron von seinem energetisch höheren Niveau zurück auf einen freien Platz im Valenzband. Das Elektron-Loch-Paar ist damit wieder verschwunden. Diesen Vorgang bezeichnet man als *Rekombination*. Im thermischen Gleichgewicht geschehen Generation und Rekombination gleich häufig.

Bei Halbleitern wird zwischen *Eigenleitung* in reinen Halbleitern (ohne Fremdatome) und *Störstellenleitung* in dotierten Halbleitern unterschieden.

2.5 Nichtleiter (Isolatoren)

Nichtleiter (Isolatoren) sind nichtmetallische Stoffe und Verbindungen, die fast keine frei beweglichen Ladungsträger besitzen.

Es gibt feste, flüssige und gasförmige Nichtleiter. Technisch wichtig sind z. B.:

- Papier, Glimmer, Keramik, Kunststoffe, Glas
- Öl
- Luft, Schwefelhexafluorid
- Vakuum.

In Isolatoren (z. B. Kunststoffen) kann ein elektrisches Feld bestehen bleiben, da die Ladungen nicht abfließen bzw. sich nicht ausgleichen können. In elektrischen Leitern (z. B. Metallen) ist kein elektrostatisches Feld möglich, da es sofort zu einem Ladungsausgleich kommt.

Isolierwerkstoffe sind Materialien zum Trennen von Potenzialdifferenzen. Bei ihnen spielen vor allem die elektrische *Durchschlagsfestigkeit*, die *Oberflächenleitfähigkeit* sowie die *Kriechstromfestigkeit* eine Rolle. Für dielektrische Werkstoffe (z. B. Keramik: Titanoxid TiO_2, $MgTiO_3$) sind wiederum die relative Dielektrizitätszahl und der dielektrische Verlustfaktor wesentlich.

2.6 Zusammenfassung

1. Werkstoffe werden nach ihrer Leitfähigkeit in Leiter und Nichtleiter (Isolatoren) eingeteilt.
2. Metalle und Metall-Legierungen sind in der Elektrotechnik wichtige elektrisch leitfähige Materialien.

3. Metalle können in gute und schlechte Leiter eingeteilt werden.

4. Aus gut leitenden Metallen werden u. a. Drähte, Kabel, Steckverbindungen sowie Spulen von elektrischen Maschinen hergestellt.

5. Legierungen mit hohem Widerstand werden für die Herstellung von Widerstandsbauteilen oder Heizdrähten verwendet.

6. Der elektrische Widerstand eines Körpers aus leitendem Material hängt von Materialart, Form und Abmessungen des Körpers ab.

7. Der Widerstand eines metallischen Leiters nimmt mit steigender Temperatur zu.

8. Der Temperaturkoeffizient TK (Temperaturbeiwert) gibt an, wie sich der Widerstandswert eines Materials in Abhängigkeit der Temperatur ändert.

9. Der TK kann positiv (Kaltleiter, PTC-Widerstände), annähernd null (spezielle Legierungen) oder negativ (Heißleiter, NTC-Widerstände) sein.

10. Bei höheren Frequenzen tritt bei metallischen Leitern der Skineffekt auf. Der Strom wird an die Leiteroberfläche verdrängt, dies bewirkt eine Widerstandserhöhung.

11. Die Eindringtiefe dient zur Beurteilung der wirksamen Leiterschicht, sie kann berechnet werden.

12. Die Eindringtiefe verhält sich umgekehrt proportional zur Wurzel aus der Frequenz, der Wechselstromwiderstand steigt somit proportional zu $\sqrt{f}$.

13. Ein Metall dehnt sich bei Erwärmung aus.

14. Flüssigkeiten können Leiter oder Nichtleiter sein.

15. Elektrolyte (wässrige Lösungen von Salzen, Säuren und Basen) sind elektrische Leiter.

16. Gase können durch Ionisierung leitfähig werden.

17. Bei Halbleitern sind die Ladungsträger Elektronen und Löcher.

18. Die Leitfähigkeit von Halbleitern nimmt mit steigender Temperatur zu.

19. Nichtleiter (Isolatoren) besitzen fast keine frei beweglichen Ladungsträger.

Festwiderstände

3

3.1 Klassifizierung von Widerständen

Ohm'sche Widerstände werden in elektronischen Baugruppen und Geräten als Bauelemente in verschiedensten Ausführungsformen verwendet. Eine Gliederung von Widerständen ist nach festen, mechanisch veränderbaren und durch physikalische Größen veränderlichen Widerstandswerten möglich (Abb. 3.1). Weiterhin können Festwiderstände nach ihrer Aufbauform (bedrahtet, Chip für SMD-Montage, Dick- oder Dünnschicht) sowie ihrer Aufbauart (Widerstandsmaterial draht- oder schichtförmig und dessen Struktur und Gestaltung) eingeteilt werden. In einer integrierten Schaltung wird oft ein besonders beschalteter Transistor als Widerstandsersatz benutzt.

Die wichtigsten Kennwerte eines Widerstandes sind:

- der **Widerstandsnennwert** (Sollwert) **in Ohm** (kurz: Widerstandswert)
- die **Toleranz** des Widerstandswertes in Prozent vom Nennwert (herstellungsbedingte, maximale Abweichung vom Nennwert nach oben oder unten)
- **Belastbarkeit in Watt**
- **Temperaturabhängigkeit** (Temperaturkoeffizient TK, gibt die Temperaturabhängigkeit des Widerstandswertes an).

© Springer Fachmedien Wiesbaden GmbH, ein Teil von Springer Nature 2019
L. Stiny, *Passive elektronische Bauelemente*, https://doi.org/10.1007/978-3-658-24733-1_3

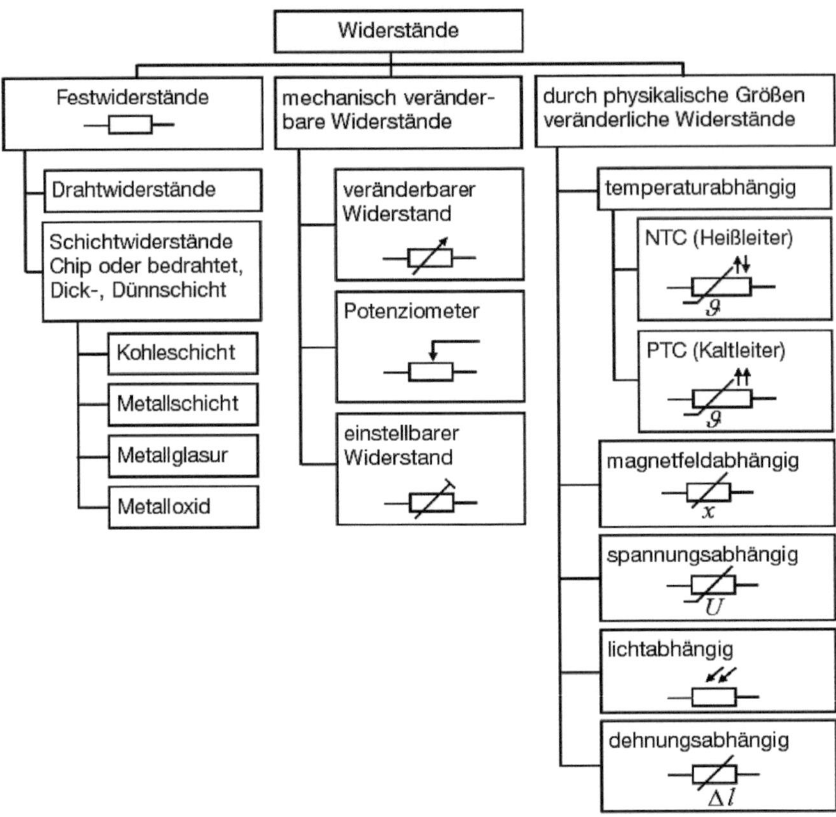

Abb. 3.1 Schema zur Einteilung von technischen Widerständen mit Schaltsymbolen

3.2 Eigenschaften von Widerständen

Ein Widerstand ist ein passives Bauelement. Die Einheit für den elektrischen Widerstand[1] ist Ohm. Das Einheitenzeichen für Ohm ist „Ω", das Formelzeichen ist „R". Ein idealer ohmscher Widerstand weist einen linearen Zusammenhang zwischen den durch ihn fließenden Strom I und der an ihm anliegenden Spannung U auf. Dies ist das ohmsche Gesetz $R = \frac{U}{I}$. Ein Ohm ist definiert als $1\,\Omega = \frac{1\,\mathrm{V}}{1\,\mathrm{A}}$.

Ein ohmscher Widerstand ist ein *Wirkwiderstand*, zugeführte elektrische Energie wird in Wärme umgesetzt, die (als Verlustleistung) durch Wärmeleitung, Konvektion und Strahlung an die Umgebung abgeführt wird.

---

[1] Der Begriff Widerstand wird nicht nur für die elektrische Größe des Widerstandswertes eines Leiters verwendet, sondern auch für das Bauelement.

Die Wärmeleitung durch Anschlussdrähte spielt nur bei Bauelementen mit kleinem Volumen eine nennenswerte Rolle. Bis ca. 300 °C erfolgt die Wärmeabfuhr hauptsächlich durch Konvektion, oberhalb von ca. 500 °C überwiegt die Wärmeabfuhr durch Strahlung.

Die im Folgenden erläuterten Begriffe und Definitionen sind im Zusammenhang mit Widerständen wichtig und werden häufig in Datenblättern verwendet.

3.2.1 Begriffsdefinitionen

Nennwert oder Nominalwert

Der Nennwert ist derjenige Widerstandswert, den das Bauteil Widerstand haben sollte (Sollwert). Salopp ausgedrückt: Der Wert, der drauf steht.

Absolutwert

Der Absolutwert ist der tatsächliche Widerstandswert des Bauelementes Widerstand (Istwert).

Toleranz

Die Toleranz ist die maximal zulässige Abweichung des absoluten Widerstandswertes vom Nennwiderstandswert, sie wird in Prozent vom Nennwiderstandswert angegeben (Auslieferungstoleranz).

Stabilität

Die Stabilität gibt die maximal zulässige Änderung des absoluten Widerstandswertes in Abhängigkeit von Zeit und Belastung an. Die Angabe erfolgt in der Regel in Prozent vom absoluten Widerstandswert bei $t = 0$ (Bezugswert).

Temperaturänderung

Die Temperaturänderung gibt die Änderung des absoluten Widerstandswertes in Abhängigkeit von der Temperatur am Widerstandsbauelement an. Die Angabe erfolgt in der Regel in ppm (parts per million) vom absoluten Widerstandswert bei der Bezugstemperatur T_0 (relative Temperaturänderung dR/R).

Temperaturkoeffizient

Der Temperaturkoeffizient (bezeichnet mit TK oder α) ist die relative Temperaturänderung des absoluten Widerstandswertes bei der Temperatur T bezogen auf die Temperaturänderung $T - T_0$. Als Bezugstemperatur T_0 wird i. Allg. 25 °C gewählt. Die Angabe erfolgt in ppm/K.

Der Zusammenhang zwischen Temperaturänderung und Widerstandsänderung kann für kleine Temperaturschwankungen durch die lineare Näherung nach Gl. 2.5 beschrieben werden.

Werden zwei Widerstände R_1 und R_2 mit unterschiedlichen Temperaturkoeffizienten α_1 und α_2 in einer Reihen- oder Parallelschaltung verwendet, so kann der resultierende Temperaturkoeffizient α berechnet werden.

- Reihenschaltung

$$\alpha = \frac{\alpha_1 \cdot R_1 + \alpha_2 \cdot R_2}{R_1 + R_2} \tag{3.1}$$

- Parallelschaltung

$$\alpha = \frac{\alpha_2 \cdot R_1 + \alpha_1 \cdot R_2}{R_1 + R_2} \tag{3.2}$$

Zu berücksichtigen ist, dass *Kohleschichtwiderstände* bei steigender Temperatur einen *negativen* TK und *metallische Widerstände* einen *positiven* TK aufweisen.

TK-Gleichlauf (tracking)

Gibt die maximal zulässige Differenz der TKs verschiedener Widerstände an (z. B. bei Doppelwiderständen, Paaren oder in Netzwerken).

Genauigkeit

Die Genauigkeit gibt an, bis auf welche Dezimalstelle genau ein Widerstandswert realisiert wird. Die Genauigkeit darf nicht mit der Toleranz verwechselt werden, obwohl ein Zusammenhang beider Begriffe gegeben ist. Es ist z. B. nicht sinnvoll, einen Widerstand mit der Genauigkeit 1,01 Ohm und 10 % Toleranz zu fordern.

Verlustleistung

Die Verlustleistung P gibt die maximale Belastbarkeit des Widerstandes in Watt an. Aus der Leistung ergibt sich abhängig vom Widerstandswert die maximale Spannung und der maximale Strom. In einem realen Widerstand wird bei Anlegen einer elektrischen Spannung U bzw. bei Fließen eines elektrischen Stromes I die elektrische Energie in Wärme umgewandelt. Diese Energie pro Zeiteinheit ergibt die Verlustleistung P. Für Gleichstrom gilt:

$$P = \frac{W}{t} = U \cdot I = R \cdot I^2 = \frac{U^2}{R} \tag{3.3}$$

In Abhängigkeit von der jeweiligen Wärmeabführung stellt sich bei einer bestimmten Verlustleistung eine entsprechende Eigenerwärmung des Widerstandsbauelementes ein.

Nennverlustleistung

Die Nennverlustleistung (Nennleistung) ist die maximal dauerhaft zulässige Verlustleistung, bei der bei einer Umgebungstemperatur von 70 °C (nach DIN 44051) sowie einer definierten Wärmeabführung die Grenztemperatur des Widerstandes erreicht, aber nicht überschritten wird. Mit der Nennleistung darf der Widerstand bei einer Temperatur von 70 °C dauernd betrieben werden. Für andere Temperaturen ist die zulässige Leistung des Widerstandes höher oder niedriger als die Nennleistung, sie ist dann aus der Lastminderungskurve (Deratingkurve) zu entnehmen.

Impulsfestigkeit

Die Impulsfestigkeit gibt die maximal zulässige, dem Widerstand impulsweise (kurzzeitig) zuführbare elektrische Energie an, bei der die Grenztemperatur nicht überschritten wird. Bei Impulsbelastung erhöht sich die maximale Belastbarkeit um einen Faktor, der von Häufigkeit und Länge der Impulse abhängt. Es ist zu unterscheiden, ob es sich um eine periodische Pulsfolge oder um vereinzelte Impulse hoher Spitzenleistung handelt.

Spannungsfestigkeit (Grenzspannung)

Die Spannungsfestigkeit ist die maximale Spannung, die an einen Widerstand angelegt werden darf. Abhängig von der Größe des Bauteils wird in den Datenbüchern eine maximale Dauerspannung angegeben. Für kleine Abmessungen liegt diese zwischen 200 V und 350 V, bei größeren Ausführungsformen zwischen 500 V bis 750 V. Spezielle Hochspannungswiderstände erlauben auch wesentlich höhere Dauerspannungen.

Grenzstrom

Der Grenzstrom ist der maximal zulässige Strom durch den Widerstand.

Eigentemperatur

Die Eigentemperatur ist die tatsächliche Temperatur am Widerstandsbauelement. Die Eigentemperatur ergibt sich aus der Summe der Umgebungstemperatur und der verlustleistungsbedingten Eigenerwärmung des Widerstandes (**Übertemperatur**).

Grenztemperatur

Die Grenztemperatur ist die maximal zulässige Eigentemperatur. Bei Überschreitung der Grenztemperatur kann es zu irreversiblen Änderungen des Widerstandes bzw. dessen Eigenschaften oder sogar zu dessen Zerstörung kommen.

Wärmewiderstand (thermischer Widerstand)

Der Wärmewiderstand R_{th} ist der Proportionalitätsfaktor zwischen Verlustleistung und Übertemperatur.

$$R_{\text{th}} = \frac{\Delta T}{P} \left(\frac{\text{K}}{\text{W}} \right) \qquad (\Delta T \text{ ist die Temperaturerhöhung durch die Verlustleistung } P)$$

$$(3.4)$$

Die Belastbarkeit eines Widerstandes ergibt sich aus seiner Fähigkeit, die bei Stromdurchgang erzeugte Wärme abzuleiten. Die notwendige Kühlung wird erreicht durch Konvektion der umgebenden Luft, durch Wärmestrahlung und durch Wärmeleitung. Der Wärmewiderstand R_{th} beschreibt dabei die physikalische Eigenschaft, die der Wärmeabgabe entgegenwirkt.

Die Angabe des Wärmewiderstandes bietet die Möglichkeit, die auftretende Schichttemperatur (Oberflächentemperatur) bei einer bestimmten Belastung und bei einer bestimmten Umgebungstemperatur zu berechnen, bzw. aus maximaler Schichttemperatur und Umgebungstemperatur die maximal zulässige Belastbarkeit zu ermitteln.

$$P = \frac{\vartheta_S - \vartheta_A}{R_{th}} \qquad (3.5)$$

P = Verlustleistung,
ϑ_S = Schichttemperatur,
ϑ_A = Umgebungstemperatur,
R_{th} = Wärmewiderstand.

Lastminderung (Derating)
Damit die Eigentemperatur (Summe aus Umgebungstemperatur und verlustleistungsbedingter Übertemperatur) die Grenztemperatur nicht überschreitet, muss ab einer Umgebungstemperatur von 70 °C die Verlustleistung entsprechend reduziert werden. Diese notwendige Verlustleistungsreduzierung wird auch als „Derating" bezeichnet. Sie wird in den Datenblättern in Form einer Deratingkurve angegeben (Abb. 3.2). Die Angabe der jeweiligen maximal zulässigen Verlustleistung erfolgt abhängig von der Umgebungstemperatur in Prozent bezogen auf die Nennverlustleistung.

Eigeninduktivität, Eigenkapazität
Eigeninduktivität und Eigenkapazität spielen bei höheren Frequenzen eine Rolle. Es sind parasitäre Größen, gegeben z. B. durch die Induktivität und Kapazität der Wicklung eines Widerstandsdrahtes. Bei niederohmigen Widerständen überwiegt i. Allg. der induktive

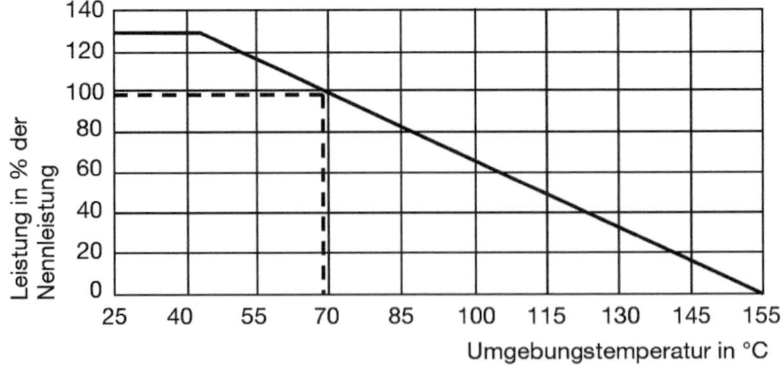

Abb. 3.2 Zulässige Verlustleistung, Beispiel für die Deratingkurve eines Widerstandes

Blindanteil, bei hochohmigen dagegen der kapazitive Blindanteil. Draht- und gewendelte Widerstände haben die größten induktiven und kapazitiven Blindanteile. Ungewendelte Schichtwiderstände haben bis über 100 MHz einen fast konstanten, von der Frequenz unabhängigen Widerstandswert.

Isolationsfestigkeit

Die Isolationsfestigkeit oder Durchschlagsfestigkeit gibt die maximal zulässige Spannung zwischen dem Widerstandsbauelement und der Umgebung, z. B. Chassis oder Kühlkörper, an.

Widerstandsrauschen

Ein Gleichstrom ist lediglich ein im zeitlichen Mittel konstanter Wert. Dem konstanten Wert sind unregelmäßige (stochastische) Schwankungen i. Allg. großer Bandbreite und kleiner Amplitude überlagert. Diese Schwankungen werden Rauschen genannt (Abb. 3.3).

Die Ursachen des Rauschens sind vielfältig und haben z. B. ihren Ursprung in der atomaren Struktur der stromdurchflossenen Widerstandsschicht. Der elektrische Strom fließt durch einen Leiter oder Widerstand bekanntlich nicht kontinuierlich, sondern setzt sich aus sehr vielen Elektronenbewegungen in Folge der Wärmebewegung zusammen. Auch thermische Einflüsse und die Eigenschaften der Übergänge zwischen der Widerstandsschicht und den Kontakten erzeugen ein Rauschen. Es werden verschiedene Arten des Rauschens unterschieden.

- Thermisches Rauschen oder Widerstandsrauschen (Nyquist-Rauschen, Johnson-Noise) Thermisches Rauschen kommt in jedem Leiter vor und wird durch die ungeordnete Wärmebewegung der Ladungsträger hervorgerufen (Brown'sche Bewegung). Reine Reaktanzen rauschen nicht, wohl aber die Verlustwiderstände realer Spulen und Kondensatoren. Thermisches Rauschen wird deshalb oft Widerstandsrauschen genannt. An den Anschlüssen eines ohmschen Widerstandes tritt durch eine zufällige Ansammlung von Elektronen sporadisch eine Rauschspannung auf, selbst wenn kein Strom durch den Leiter fließt. Die auftretende Spannung liegt unter üblichen Bedingungen

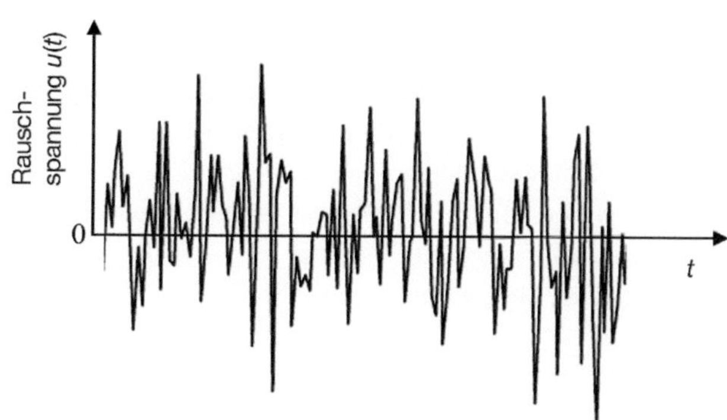

Abb. 3.3 Typischer Verlauf einer Rauschspannung

in der Größenordnung von Mikrovolt, sie ist unabhängig von den verwendeten Materialien und von der Stromstärke.

Beim thermischen Rauschen kommen fast alle Frequenzen im Spektrum vor, deshalb spricht man auch vom „weißen[2] Rauschen". Der Effektivwert der Leerlauf-Rauschspannung ist abhängig von der Lage des Frequenzintervalls Δf und ist gegeben durch:

$$u_{\text{eff}} = \sqrt{\overline{u_{(t)}^2}} = \sqrt{4 \cdot k \cdot T \cdot \Delta f \cdot R} \qquad (3.6)$$

k = Boltzmann-Konstante = $1{,}38066 \cdot 10^{-23} \left[\frac{\text{J}}{\text{K}} = \frac{\text{W} \cdot \text{s}}{\text{K}} \right]$,

T = absolute Temperatur in Kelvin,

Δf = betrachtete Bandbreite bzw. Frequenzintervall in Hz,

R = nomineller Widerstandswert in Ohm.

Man beachte, dass zu jeder Rauschspannung also die Temperatur und die Bandbreite angegeben werden muss, bei der sie gemessen wurde.

Die im Widerstand erzeugte Rauschleistung ist unabhängig vom Widerstandswert:

$$P_{\text{R}} = 4 \cdot k \cdot T \cdot \Delta f \qquad (3.7)$$

- Stromrauschen

  Diese Rauschkomponente beruht auf der statistischen Schwankung der Anzahl der am Ladungstransport beteiligten beweglichen Ladungsträger (statistische Natur der Streuprozesse während des Stromtransportes). Stromrauschen nimmt mit der Stromstärke zu, es entsteht durch Schwankungen der Leitfähigkeit in der Widerstandsschicht, hervorgerufen z. B. durch Leitungs-Inhomogenitäten oder Korngrenzen in einer polykristallinen Struktur.

  Die materialbedingte Stromrauschspannung wird als Quotient des Effektivwertes der Stromrauschspannung und der angelegten Gleichspannung in μV/V angegeben. Das Stromrauschen eines Widerstandes wird meist als Kennzahl in dB (Dezibel) ausgedrückt. Die Gleichung zur Umrechnung von μV/V in dB ist:

$$\text{dB} = 20 \cdot \log \left(\frac{\text{Rauschspannung in } \mu\text{V}}{\text{angelegte Gleichspannung in V}} \right) \qquad (3.8)$$

Stromrauschen wird vorwiegend in Kohleschichtwiderständen beobachtet; in Draht- und Metallschichtwiderständen kann Stromrauschen vernachlässigt werden. Es folgen einige Zahlenbeispiele.

Massewiderstand: $-12\,\text{dB}$ bis $+6\,\text{dB}$, Dickfilm-Widerstand: $-18\,\text{dB}$ bis $-10\,\text{dB}$, Metallfilm-Widerstand: $-32\,\text{dB}$ bis $-16\,\text{dB}$, Drahtwiderstand: $-38\,\text{dB}$, Metallfolienwiderstand: bestes Rauschverhalten.

---

[2] In Analogie zum weißen Licht mit allen enthaltenen Frequenzen.

- Kontaktrauschen
  Es tritt bei stromdurchflossenen Kontakten auf und ist erkennbar durch einen überproportionalen Anstieg mit dem Widerstandswert. Starkes Kontaktrauschen ist ein untrügliches Zeichen für schlechte Kontakte („kalte" Lötstelle, höherer Übergangswiderstand am Kontakt, bevorstehender Ausfall des Bauelementes).

Äquivalenter Rauschwiderstand

Die Wirkung der verschiedensten Rauschquellen kann durch einen äquivalenten Rauschwiderstand modelliert werden (= Rauschwiderstand), der gleich viel thermisches Rauschen liefert, wie die zu ersetzende Rauschquelle):

$$R_{\text{äq}} = \frac{\overline{u^2_{(t)}}}{4k \cdot T_0 \cdot \Delta f} \tag{3.9}$$

Das betrachtete Element kann nach der Einführung dieses äquivalenten Rauschwiderstandes $R_{\text{äq}}$ als rauschfrei angenommen werden. $R_{\text{äq}}$ „vertritt" also die effektive Rauschquelle, hat aber auf das Nutzsignal keinerlei Einfluss.

3.2.2 Reihen- und Parallelschaltung von Widerständen

Der Gesamtwiderstand (Ersatzwiderstand) einer **Reihenschaltung** von n Widerständen (Abb. 3.4) ergibt sich zu:

$$R_{\text{ges}} = R_1 + R_2 + \ldots + R_n \tag{3.10}$$

Die Teilspannungen addieren sich zur Gesamtspannung:

$$U_{\text{ges}} = U_1 + U_2 + \ldots + U_n \tag{3.11}$$

Der Gesamtwiderstand (Ersatzwiderstand) einer **Parallelschaltung** von n Widerständen (Abb. 3.5) ergibt sich zu:

$$R_{\text{ges}} = \frac{1}{\frac{1}{R_1} + \frac{1}{R_2} + \ldots + \frac{1}{R_n}} \tag{3.12}$$

Abb. 3.4 Beispiel für die Reihenschaltung von Widerständen

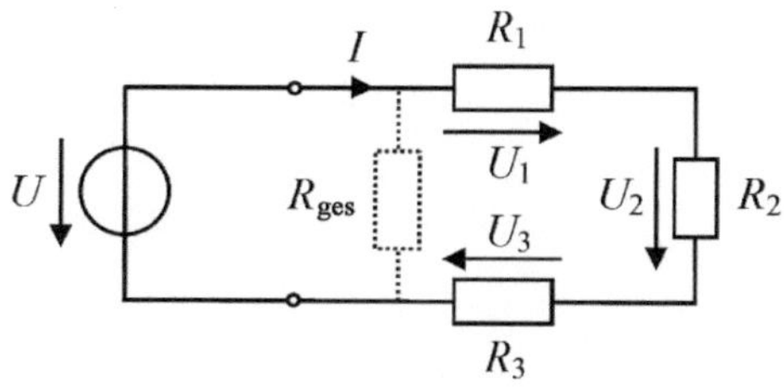

Abb. 3.5 Beispiel für die Parallelschaltung von Widerständen

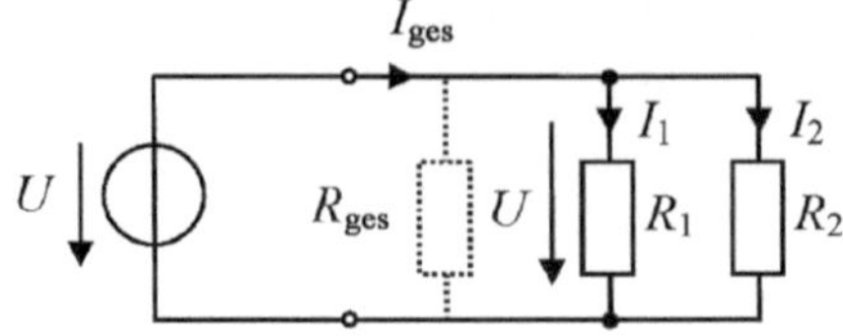

Die Teilströme addieren sich zum Gesamtstrom:

$$I_{\text{ges}} = I_1 + I_2 + \ldots I_n \tag{3.13}$$

3.3 Widerstandswerte

Bezüglich des Widerstandsnennwertes werden Festwiderstände in Wertebereiche mit zugehörigen Toleranzklassen nach so genannten **E-Reihen** (Normreihen) eingeteilt. Die Reihen werden nach der *Anzahl der Widerstandsnennwerte je Dekade* bezeichnet. So enthält die E6-Reihe genau $n = 6$ Nennwerte je Dekade. In der E6-Reihe gibt es also z. B. zwischen 1 und 10 oder zwischen 100 und 1000 genau 6 verschiedene (abgestufte) Widerstandsnennwerte, bei der E48-Reihe sind es jeweils 48 Werte innerhalb einer Zehnerteilung.

Die Anzahl der Widerstandsnennwerte pro Dekade hängt von der Toleranz ab, mit der die Widerstandswerte gefertigt werden und ist gerade so groß, dass obere und untere Toleranzgrenze der einzelnen Widerstandsnennwerte übereinstimmen oder sich leicht überlappen. Im Handel erhältlich sind Widerstände nur mit den Widerstandsnennwerten und zugehörigen Toleranzen.

Aufeinanderfolgende Widerstandsnennwerte unterscheiden sich immer um den gleichen Faktor q_E, den so genannten Schritt- oder Stufenfaktor (Tab. 3.1).

$$q_E = \sqrt[E]{10} \quad (E = \text{Nummer der Reihe}) \tag{3.14}$$

Tab. 3.1 Nach DIN-IEC[3] festgelegte E-Reihen von Widerständen, Stufenfaktor und Toleranzklassen

Baureihe (E-Reihe)	Stufenfaktor q_E	Toleranz
E6	$1{,}467799268 \approx 1{,}50$	$\pm 20\,\%$
E12	$1{,}211527659 \approx 1{,}20$	$\pm 10\,\%$
E24	$1{,}100694171 \approx 1{,}10$	$\pm 5\,\%$
E48	$1{,}049139729 \approx 1{,}05$	$\pm 2\,\%$
E96	$1{,}024275221 \approx 1{,}02$	$\pm 1\,\%$
E192	$1{,}012064831 \approx 1{,}01$	$\pm 0{,}5\,\%$

---

[3] DIN: Abk. für Deutsches Institut für Normung, IEC: Abk. für International Electrotechnical Commision.

Tab. 3.2 Widerstandsnennwerte der E6-Reihe mit unteren und oberen Toleranzgrenzen ($\pm 20\,\%$) der gerundeten Nennwerte

Nennwert	gerundeter Nennwert	untere Toleranzgrenze	obere Toleranzgrenze
1,0	1,0	0,80	1,2
$q_6 = 1{,}467799268$	1,5	1,2	1,8
$q_6^2 = 2{,}154434691$	2,2	1,76	2,64
$q_6^3 = 3{,}162277663$	3,3	2,64	3,96
$q_6^4 = 4{,}641588838$	4,7	3,76	5,64
$q_6^5 = 6{,}812920699$	6,8	5,44	8,16
$q_6^6 = 10{,}0$	10,0	8,00	12,00

Beispiel 3.1

Für die E6-Reihe ist $q_6 = \sqrt[6]{10} = 1{,}467799268$.

Damit ergeben sich für die E6-Reihe mit der Toleranz von $\pm 20\,\%$ in der Dekade von 1 bis 10 die in Tab. 3.2 dargestellten Widerstandsnennwerte mit den Toleranzgrenzen.

Wie man in Tab. 3.2 erkennt sind die Nennwerte auf solche Werte gerundet, dass unter Anwendung der Toleranz von $\pm 20\,\%$ die jeweils untere und obere Toleranzgrenze lückenlos aneinander grenzen oder sich leicht überschneiden. Die Toleranz der Werte einer Reihe entspricht immer dem Stufenfaktor der nächst folgenden Reihe. So hat z. B. die Reihe E12 den Stufenfaktor 1,20 entsprechend 20 % Toleranz der vorhergehenden Reihe E6 und die Toleranz 10 % entsprechend einem Stufenfaktor 1,10 der nachfolgenden Reihe E24.

Der tatsächliche Widerstandswert eines als Bauteil vorliegenden ohmschen Widerstandes kann herstellungsbedingt vom Nennwert nach unten oder oben um einen maximalen Betrag abweichen. Dieser Betrag ist durch die Toleranzklasse gegeben und muss bei der Herstellung des Bauteils eingehalten werden. Die Einhaltung der Bauteiltoleranz wird normalerweise vom Bauteilhersteller zugesichert.

Tab. 3.3 enthält alle Nennwerte der Widerstandsreihen E6 bis E192. Um einen bestimmten Widerstandswert zu erhalten, ist eine Zahl mit einem Zehnerfaktor zu multiplizieren.

Beispiel 3.2

Es gibt Widerstände mit den Werten ... $0{,}15\,\Omega$, $1{,}5\,\Omega$, $15\,\Omega$, $150\,\Omega$, $1500\,\Omega$, ... usw.

Ein Widerstandswert ist mit einer bestimmten Genauigkeit (Toleranz) erhältlich, wenn der Wert in der Spalte einer E-Reihe in Tab. 3.3 vorkommt.

Tab. 3.3 Standardwerte der Reihen E6 bis E192 (nach IEC 60063)

E192	E96	E48	E192	E96	E48	E192	E96	E48	E192	E96	E48		E24	E12	E6
100	100	100	178	178	178	316	316	316	562	562	562		10	10	10
101			180			320			569				11		
102	102		182	182		324	324		576	576			12	12	
104			184			328			583				13		
105	105	105	187	187	187	332	332	332	590	590	590		15	15	15
106			189			336			597				16		
107	107		191	191		340	340		604	604			18	18	
109			193			344			612				20		
110	110	110	196	196	196	348	348	348	619	619	619		22	22	22
111			198			352			626				24		
113	113		200	200		357	357		634	634			27	27	
114			203			361			642				30		
115	115	115	205	205	205	365	365	365	649	649	649		33	33	33
117			208			370			657				36		
118	118		210	210		374	374		665	665			39	39	
120			213			379			673				43		
121	121	121	215	215	215	383	383	383	681	681	681		47	47	47
123			218			388			690				51		
124	124		221	221		392	392		698	698			56	56	
126			223			397			706				62		
127	127	127	226	226	226	402	402	402	715	715	715		68	68	68
129			229			407			723				75		
130	130		232	232		412	412		732	732			82	82	
132			234			417			741				91		
133	133	133	237	237	237	422	422	422	750	750	750				
135			240			427			759						
137	137		243	243		432	432		768	768					
138			246			437			777						
140	140	140	249	249	249	442	442	442	787	787	787				
142			252			448			796						
143	143		255	255		453	453		806	806					
145			258			459			816						
147	147	147	261	261	261	464	464	464	825	825	825				
149			264			470			835						
150	150		267	267		475	475		845	845					
152			271			481			856						
154	154	154	274	274	274	487	487	487	866	866	866				
156			277			493			876						
158	158		280	280		499	499		887	887					
160			284			505			898						
162	162	162	287	287	287	511	511	511	909	909	909				
164			291			517			920						
165	165		294	294		523	523		931	931					
167			298			530			942						
169	169	169	301	301	301	536	536	536	953	953	953				
172			305			542			965						
174	174		309	309		549	549		976	976					
176			312			556			988						

> **Beispiel 3.3**
> Es gibt einen Widerstand mit 4,7 kΩ und 5 % oder 10 % oder 20 % Genauigkeit.
> Ein Widerstand mit 5,1 kΩ ist aber nur mit einer Genauigkeit von mindestens 5 %
> erhältlich.

Anmerkung: Werte der Reihen E6 bis E12, seltener der Reihe E24, werden hauptsächlich in der allgemeinen Elektronik verwendet, während die Reihen E48 bis E192 wegen ihrer Genauigkeit und feineren Abstufung vorwiegend in der Messtechnik benutzt werden. Präzisionswiderstände werden bis zu einer Toleranz von $\pm 0,1$ % und genauer hergestellt. Der Preis eines Widerstandes steigt i. Allg. mit steigender Genauigkeit.

3.4 Wertekennzeichnung von Widerständen

Die Kennzeichnung von Widerständen mit ihrem Wert erfolgt in Klartext oder durch einen Farbcode in Form von Farbringen auf dem Widerstandskörper.

3.4.1 Kennzeichnung von Widerständen durch Farbcode

Hauptsächlich bei bedrahteten Widerständen wird der Widerstands(nenn)wert und die Toleranz durch umlaufende Farbringe auf dem Widerstandskörper gekennzeichnet. Die Kennzeichnung ist auch bei kleinen Bauformen und auch bei eingebauten Widerständen aus allen Blickwinkeln gut erkennbar. Die Anzahl der Farbringe hängt von der Normreihe ab.

4 Farbringe: E6, E12, E24
Die Baureihen E6, E12 und E24 sind mit einem Farbcode aus vier Farbringen gekennzeichnet. Drei Farbringe geben den Widerstandswert in Ohm an, die ersten zwei die Ziffern des Zahlenwertes, der dritte den Multiplikator. Der vierte Ring gibt die Toleranz an. Um die Ablese- bzw. Zählrichtung eindeutig festzulegen, ist der letzte (vierte) Farbring für die Toleranz von den anderen Ringen etwas abgesetzt oder breiter ausgeführt und/oder die Anordnung der Farbringe auf dem Bauelement ist unsymmetrisch. Derjenige Ring ist der erste Ring, der dem Ende des Widerstandskörpers bzw. einem Anschlussdraht am nächsten liegt. Zum Ablesen der Farben ist der Widerstand am besten so zu halten, dass die Ringe, welche dem Ende des Widerstandskörpers am nächsten sind, links liegen.

5 Farbringe: E48, E96, E192
Bei den Baureihen E48, E96 und E192 besteht der Farbcode aus fünf Farbringen. Den Widerstandswert geben vier Farbringe an, die ersten drei die Ziffern des Zahlenwertes, der vierte den Multiplikator. Der fünfte Ring gibt die Toleranz an.

Tab. 3.4 Farbcode von Festwiderständen

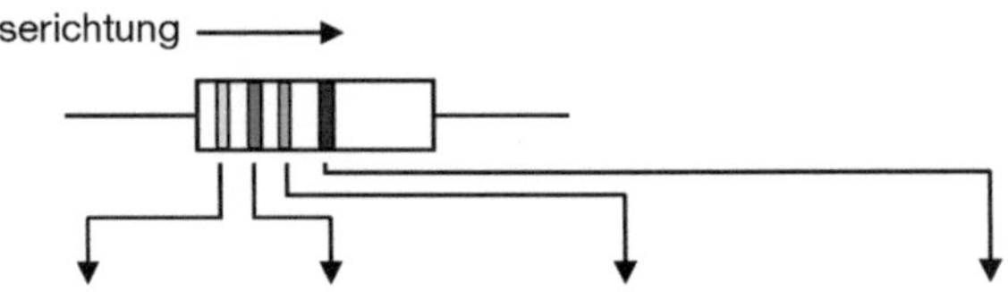

| Kennfarbe | Widerstandswert in Ohm | | | 4. Ring = Toleranz in % | 6. Ring = TK in ppm/K |
	1. Ring = 1. Kennziffer	2. Ring = 2. Kennziffer	3. Ring = Multiplikator		
keine	-	-	-	±20	-
silber	-	-	x 0,01	±10	-
gold	-	-	x 0,1	±5	-
schwarz	-	0	x 1	-	±250
braun	1	1	x 10	±1	±100
rot	2	2	x 100	±2	±50
orange	3	3	x 1000	-	±15
gelb	4	4	x 10 000	-	±25
grün	5	5	x 100 000	±0,5	±20
blau	6	6	x 1 000 000	±0,25	±10
violett	7	7	x 10 000 000	±0,1	±5
grau	8	8	x 100 000 000	-	±1
weiß	9	9	x 1 000 000 000	-	-

Ein evtl. vorhandener 6. Ring steht bei hochgenauen Messwiderständen für den Temperaturkoeffizienten (TK) in ±ppm/°C bzw. ±ppm/K. Tab. 3.4 enthält den Aufbau des Farbcodes.

Beispiel 3.4

Erster Ring gelb = 4, zweiter Ring violett = 7, dritter Ring rot = 00, vierter Ring gold

Ergebnis: 4700 Ohm, ±5 %

Beispiel 3.5

Erster Ring orange = 3, zweiter Ring orange = 3, dritter Ring schwarz = 0, vierter Ring rot = 00, fünfter Ring braun, sechster Ring gelb

Ergebnis: 33.000 Ohm, ±1 %, TK = ±25 ppm/K

Abb. 3.6 zeigt Beispiele von Widerständen mit Farbcode.

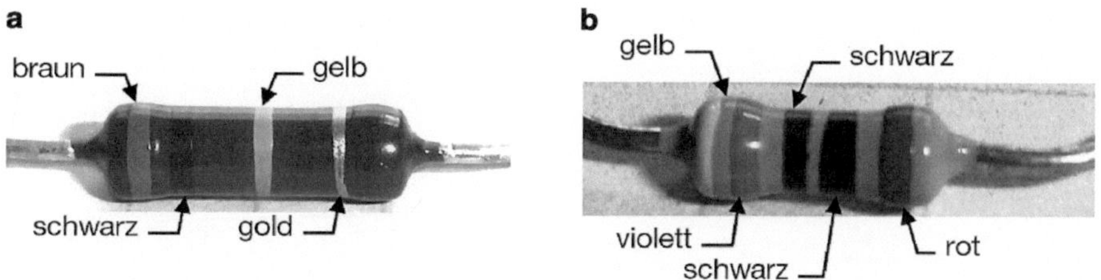

Abb. 3.6 Weitere Beispiele zum Farbcode bei Widerständen, 100.000 Ohm, ±5 % (**a**) und 470 Ohm, ±2 % (**b**)

3.4.2 Kennzeichnung von Widerständen durch Klartext

Bei Verwendung des Klartext-Codes muss der Widerstand eine ausreichende geometrische Abmessung aufweisen. Es kann von den genormten Widerstandswerten abgewichen werden. Die Kennzeichnungen werden nach dem **RKM-Code** (IEC) oder dem **MIL-Code** (Military-Code) vorgenommen (Tab. 3.5).

Die alphanumerische Kennzeichnung des RKM-Code verwendet in einem Aufdruck auf den Widerstandskörper die Buchstaben R für Ohm, K für Kiloohm und M für Megaohm. Die Stellung der Zahl vor oder hinter dem Buchstaben entscheidet über ihren Stellenwert, der Buchstabe deutet das Komma an.

Beispiel 3.6

$R47 = 0{,}47\,\Omega$; $4R7 = 4{,}7\,\Omega$; $47R = 47\,\Omega$; $K47 = 0{,}47\,k\Omega$; $4K7 = 4{,}7\,k\Omega$;
$47K = 47\,k\Omega$; $M47 = 0{,}47\,M\Omega$; $4M7 = 4{,}7\,M\Omega$; $10M = 10\,M\Omega$

Temperaturkoeffizient (Tab. 3.6) und Nenntoleranz (Tab. 3.7) werden ebenfalls durch Buchstaben angegeben. Abb. 3.7 zeigt Widerstände mit Aufdruck von Klartext.

Tab. 3.5 Klartextkennzeichnung von Widerständen nach IEC und MIL

Widerstandswert	RKM-Code	MIL-Code
$0{,}1\,\Omega$	R10	–
$1{,}0\,\Omega$	1R0	1R0
$10\,\Omega$	10R	100
$100\,\Omega$	100R	101
$1000\,\Omega$	1K0	102
$10\,k\Omega$	10K	103
$0{,}1\,M\Omega$	100K	104
$1\,M\Omega$	1M0	105
$10{,}0\,M\Omega$	10M	106

Tab. 3.6 Angabe des Temperaturkoeffizienten von Widerständen mit Buchstaben

Symbol	T	E	C	K	J	L	D
ppm/K	±10	±25	±50	±100	±150	±200	+200, −500

Tab. 3.7 Angabe der Nenntoleranz von Widerständen mit Buchstaben nach MIL

Symbol	M	K	J	G	F	D	C	B
Toleranz	±20	±10	±5	±2	±1	±0,5	±0,25	±0,1

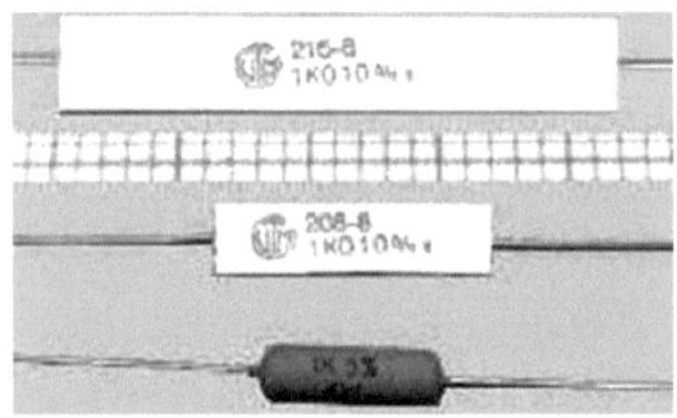

Abb. 3.7 Widerstände mit Kennzeichnung durch Klartext

3.4.3 Kennzeichnung von SMD-Widerständen

SMD-Widerstände sind als Chip (Rechteckform) oder als MELF (Zylinderform) erhältlich.

Bei MELF-Widerständen wird der Widerstandswert meist durch Farbringe auf dem walzenförmigen Körper wie bei bedrahteten Widerständen angegeben.

Bei Chip-Widerständen ist der Widerstandswert codiert auf das Bauteil gedruckt. Hierzu gibt es den Zwei-, Drei- und Vierzeichencode. Das **Ergebnis** ist **immer in Ohm**.

Dreizeichencode (Tab. 3.8, Abb. 3.8a)
Für die E24- und E48-Reihe mit einer Toleranz von 5 % bzw. 2 % wird der folgende Dreizeichencode mit zwei Ziffern und einem R statt dem Komma oder mit drei Ziffern benutzt.

Vierzeichencode (Tab. 3.9, Abb. 3.8b,c)
Bei Chip-Widerständen der E96-Reihe mit 1 % Toleranz wird der Vierzeichencode mit drei Ziffern und einem R statt dem Komma oder mit vier Ziffern verwendet.

Zweizeichencode (Tab. 3.10)
Beim Zweizeichencode gibt der Codebuchstabe den Zahlenwert entsprechend einer Tabelle an. Die Ziffer rechts neben dem Codebuchstaben ist ein Multiplikator, der ebenfalls aus einer Tabelle zu entnehmen ist.

> **Beispiel 3.7**
> $W4 = 68.000\,\Omega$; $S3 = 4700\,\Omega$

Tab. 3.8 Code des Widerstandswertes von Chip-Widerständen der Reihe E24 und E48

Widerstandswert	Aufdruck
$0\,\Omega$ (Funktion einer Brücke)	000 oder 0R0
Bis $9,1\,\Omega$	Zwei Ziffern und R als Komma Beispiele: 0R1 $= 0,1\,\Omega$; R33 $= 0,33\,\Omega$; 1R0 $= 1\,\Omega$; 5R6 $= 5,6\,\Omega$
$10\,\Omega$ bis $91\,\Omega$	ABR mit A $=$ erste Ziffer des Widerstandswertes B $=$ zweite Ziffer des Widerstandswertes R $=$ symbolisches Komma Beispiel: 47R $= 47\,\Omega$ Statt dem R kann auch eine Null stehen. Die Null deutet an, dass *keine* Nullen angehängt werden. Achtung: Verwechslungsgefahr! Beispiele: 100 $= 10\,\Omega$, *nicht* $100\,\Omega$; 470 $= 47\,\Omega$
$100\,\Omega$ bis $10\,\mathrm{M}\Omega$	ABC mit A $=$ erste Ziffer des Widerstandswertes B $=$ zweite Ziffer des Widerstandswertes C $=$ Anzahl anschließender Nullen Beispiele: 101 $= 100\,\Omega$, 123 $= 12\,\mathrm{k}\Omega$, 474 $= 470\,\mathrm{k}\Omega$

Abb. 3.8 Beispiele für die Kennzeichnung von Chipwiderständen mit Drei- und Vierzeichencode; $10\,\Omega$, 2 % oder 5 % (**a**), $42,2\,\Omega$, 1 % (**b**), $1740\,\Omega$, 1 % (**c**)

Tab. 3.9 Codierter Widerstandswert von Chip-Widerständen der Reihe E96

Widerstandswert	Aufdruck
$0\,\Omega$ (Funktion einer Brücke)	0000
bis $91\,\Omega$	Drei Ziffern und R als Komma Beispiele: 00R1 $= 0,1\,\Omega$; 0R47 $= 0,47\,\Omega$; 1R00 $= 1\,\Omega$; 6R80 $= 6,8\,\Omega$; 15R0 $= 15\,\Omega$
$100\,\Omega$ bis $988\,\Omega$	ABCR mit A, B, C $=$ erste, zweite, dritte Ziffer des Widerstandswertes R $=$ symbolisches Komma Beispiel: 931R $= 931\,\Omega$ Statt dem R kann auch eine Null stehen. Die Null deutet an, dass *keine* Nullen angehängt werden. Achtung: Verwechslungsgefahr! Beispiel: 9100 $= 910\,\Omega$, *nicht* $9100\,\Omega$
$1\,\mathrm{k}\Omega$ bis $1\,\mathrm{M}\Omega$	ABCD mit A, B, C $=$ wie zuvor D $=$ Anzahl anschließender Nullen Beispiele: 1001 $= 1\,\mathrm{k}\Omega$, 1502 $= 15\,\mathrm{k}\Omega$, 1004 $= 1\,\mathrm{M}\Omega$

Tab. 3.10 Zahlenwerte des Zweizeichencode

Code	Wert	Code	Wert
A	1	T	5,1
B	1,1	U	5,6
C	1,2	V	6,2
D	1,3	W	6,8
E	1,5	X	7,5
F	1,6	Y	8,2
G	1,8	Z	9,1
H	2,0	a	2,5
J	2,2	b	3,5
K	2,4	d	4,0
L	2,7	e	4,5
M	3,0	f	5,0
N	3,3	m	6,0
P	3,6	n	7,0
Q	3,9	t	8,0
R	4,3	y	9,0
S	4,7		

Tab. 3.11 Zu Tab. 3.10 zugehörige Multiplikatortabelle

Ziffer	Multiplikator
0	1
1	10
2	100
3	1000
4	10.000
5	100.000
6	1.000.000
7	10.000.000
8	100.000.000
9	0,1

Code nach EIA-96[4] (Tab. 3.12)

Nur für Chipwiderstände mit einer **Toleranz von 1 %** ist eine weitere Art der Kennzeichnung der Code nach EIA-96. Er besteht aus drei Zeichen. Die ersten beiden Zeichen des Codes sind Ziffern und geben in einer Tabelle die ersten drei Ziffern des Widerstandswertes an. Das dritte Zeichen ist ein Buchstabe und legt den Multiplikator entsprechend einer Tabelle fest.

---

[4] EIA = Electrical Industries Association.

Tab. 3.12 Codierte Widerstandswerte nach EIA-96 für die Toleranz 1 %

Code	Wert	Code	Wert	Code	Wert	Code	Wert	Code	Wert	Code	Wert
01	100	17	147	33	215	49	316	65	464	81	681
02	102	18	150	34	221	50	324	66	475	82	698
03	105	19	154	35	226	51	332	67	487	83	715
04	107	20	158	36	232	52	340	68	499	84	732
05	110	21	162	37	237	53	348	69	511	85	750
06	113	22	165	38	243	54	357	70	523	86	768
07	115	23	169	39	249	55	365	71	536	87	787
08	118	24	174	40	255	56	374	72	549	88	806
09	121	25	178	41	261	57	383	73	562	89	825
10	124	26	182	42	267	58	392	74	576	90	845
11	127	27	187	43	274	59	402	75	590	91	866
12	130	28	191	44	280	60	412	76	604	92	887
13	133	29	196	45	287	61	422	77	619	93	909
14	137	30	200	46	294	62	432	78	634	94	931
15	140	31	205	47	301	63	442	79	649	95	953
16	143	32	210	48	309	64	453	80	665	96	976

Tab. 3.13 Multiplikator der Widerstandswerte nach Tab. 3.12

Buchstabe	Multiplikator
H	10.000.000
G	1.000.000
F	100.000
E	10.000
D	1000
C	100
B	10
A	1
X oder S	0,1
Y oder R	0,01
Z	0,001

Beispiel 3.8

$22\text{A} = 165\,\Omega;\ 68\text{C} = 49.900\,\Omega;\ 43\text{E} = 2.740.000\,\Omega = 2{,}74\,\text{M}\Omega$

Für Chipwiderstände mit einer Toleranz von **2 %, 5 % und 10 %** ist die Tabelle der Multiplikatoren gleich mit der Tabelle für 1 %-ige Widerstände, also identisch mit Tab. 3.13. Der Multiplikator-Buchstabe steht jedoch *vor* den beiden Ziffern der Wertecodierung.

Tab. 3.14 Codierte Widerstandswerte nach EIA-96 für die Toleranzen 2 %, 5 % und 10 %

2 %				5 %				10 %	
Code	Wert	Code	Wert	Code	Wert	Code	Wert	Code	Wert
01	100	13	330	25	100	37	330	49	100
02	110	14	360	26	110	38	360	50	120
03	120	15	390	27	120	39	390	51	150
04	130	16	430	28	130	40	430	52	180
05	150	17	470	29	150	41	470	53	220
06	160	18	510	30	160	42	510	54	270
07	180	19	560	31	180	43	560	55	330
08	200	20	620	32	200	44	620	56	390
09	220	21	680	33	220	45	680	57	470
10	240	22	750	34	240	46	750	58	560
11	270	23	820	35	270	47	820	59	680
12	300	24	910	36	300	48	910	60	820

Die Wertecodierung erfolgt entsprechend Tab. 3.14.

Beispiel 3.9

C31 = 18.000 Ω, 5 %; D18 = 510.000 Ω, 2 %; A55 = 330 Ω, 10 %

3.5 Bauformen von Festwiderständen

3.5.1 Drahtwiderstände

3.5.1.1 Aufbau und Eigenschaften von Drahtwiderständen

Drahtwiderstände (wirewound resistors) sind bis zu einigen hundert Watt belastbar, sie werden wegen ihrer Robustheit insbesondere bei größeren Leistungen (z. B. als Lastwiderstände) verwendet. Sie eignen sich besonders für geringe Widerstandswerte unter 100 Ohm und den Betrieb bei sehr hohen Temperaturen (bis zu +450 °C Oberflächentemperatur). Für den Einsatz z. B. in der Messtechnik können Drahtwiderstände hochgenau, mit geringen Toleranzbereichen und sehr hoher Stabilität gefertigt werden. Präzisionswiderstände mit Toleranzen (besser als bei Metallschichtwiderständen) bis 0,005 % sind möglich. Die Temperaturabhängigkeit des Widerstandswertes ist gering und liegt im Bereich von einigen zehn bis einigen hundert ppm pro Kelvin.

Ein Drahtwiderstand besteht aus einem hitzebeständigen Trägerkörper aus Keramik, Kunststoff oder Glasfaser (Fiberglas), auf den ein isolierter Widerstandsdraht einer geeigneten Metall-Legierung gewickelt ist. Typische Legierungen die für diesen Zweck eingesetzt werden sind Manganin und Konstantan. Die Drahtenden werden an Metall-

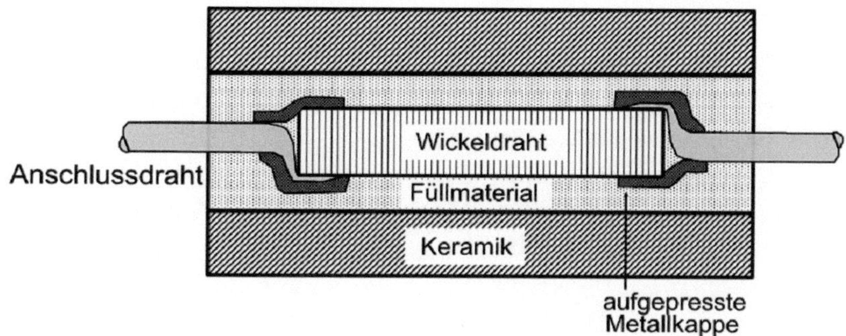

Abb. 3.9 Möglicher Aufbau eines Drahtwiderstandes mit aufgepressten Anschlussdrähten

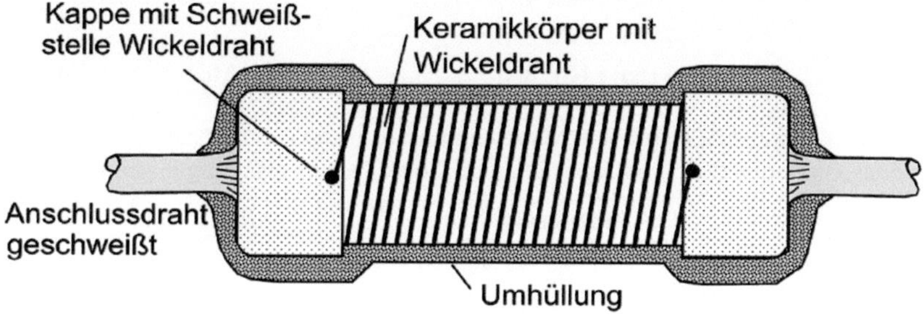

Abb. 3.10 Drahtwiderstand hoher Betriebszuverlässigkeit aufgrund angeschweißter Drähte

kappen angeschweißt oder durch Schellen festgeklemmt. Die Drahtwicklungen werden durch Lack, Textilien oder eine Oxidschicht gegeneinander isoliert. Häufig wird noch eine Schutzschicht aus Lack auf den fertigen Widerstand aufgebracht, um einen zusätzlichen Korrosionsschutz zu erreichen. Besten Schutz erreicht man durch Einbettung der Drähte in Porzellan, Zement oder Glas. Diese Widerstände können dann teilweise bis zur Rotglut der Drähte erhitzt werden. Oft ist für eine große Wärmeableitung ein Kühlkörper erforderlich. Beispiele für den Aufbau von Drahtwiderständen zeigen Abb. 3.9 und 3.10.

3.5.1.2   Ausführungen von Drahtwiderständen

Drahtwiderstände sind im Wertebereich von ca. $0,1\,\Omega$ bis ca. $100\,k\Omega$ erhältlich. Einige Beispiele möglicher Ausführungen von Drahtwiderständen sind:

- Glasierte Drahtwiderstände
  Der Aufbau ist stabil, die Glasur ist vollkommen dicht. Die Widerstände sind hoch belastbar (bis ca. 800 Watt), es sind hohe Oberflächentemperaturen möglich. Der Einsatz erfolgt bei besonders hohen Anforderungen an die Betriebssicherheit, z. B. bei hohen mechanischen und klimatischen Beanspruchungen (Forderung der Tropenfestigkeit).

Tab. 3.15 Gebräuchliche Widerstandswerkstoffe

Werkstoff	Zusammensetzung	T_{max} °C	Anwendungsgebiet
Eisen	100Fe	400	Anlasswiderstände
Neusilber	60Cu, 23Zn, 17Ni	400	Stellwiderstände
Manganin	86Cu, 12Zn, 2Ni	300	Schiebewiderstände, Shunts
Nickelin	54Cu, 20Zn, 26Ni	300	Messwiderstände
Konstantan	54Cu, 45Ni, 1Mn	400	Anlasser
Isabellin	84Cu, 13Mn, 3Al	400	Shunts
Chromnickel II	49Fe, 20Ni, 20Cr	1000	Heizleiter
Chromnickel	78Ni, 20Cr, 2Mn	1100	Heizdrähte
Megapyr II	76Fe, 20Cr, 3,5Al	1200	Heizleiter
Karma	76Ni, 20Cr, 4Fe		Messwiderstände
Evanohm	73Ni, 21Cr, 2Al		Messwiderstände
Isanohm	71Ni, 21Cr, 8Al		Messwiderstände

Tab. 3.16 Charakteristische Daten von Manganin und Konstantan; ein Nachteil von Manganin ist die Korrosionsempfindlichkeit, von Konstantan die hohe Thermospannung gegen Kupfer

	Manganin	Konstantan
Zusammensetzung	86 % Cu, 12 % Mn, 2 % Ni	54 % Cu, 45 % Ni, 1 % Mn
Spez. Widerstand bei 20 °C	0,43 Ωmm^2/m	0,50 Ωmm^2/m
Thermospannung gegen Kupfer	$+1 \cdot 10^{-6}$ V/K	$-40 \cdot 10^{-6}$ V/K
Temperaturbeiwert des Widerstandes bei 20 °C	$0{,}01 \cdot 10^{-3}$ 1/K	$-0{,}03 \cdot 10^{-3}$ 1/K
Höchste Betriebstemperatur	300 °C	400 °C

- Zementbeschichtete Drahtwiderstände
  Sie sind kostengünstiger als glasierte Widerstände. Die zulässige Oberflächentemperatur ist < 300 °C. Die Zementierung ist nicht vollkommen dicht, schützt jedoch den Draht vor Verzunderung.
- Silikonumhüllte Drahtwiderstände
  Sie sind mit einer nichtentflammbaren, überlastfesten Silikonmasse überzogen.
- Sicherungswiderstände
  Bei Überlast erfolgt eine Unterbrechung des Stromkreises, z. B. durch Aufschmelzen einer Lötstelle.
- Null-Ohm-Drahtbrücke zur widerstandslosen Punkt-zu-Punkt-Verbindung.
- Einstellbare Widerstände (Potenziometer)

Werkstoffe für Drahtwiderstände enthält Tab. 3.15. Die Daten von Manganin und Konstantan zeigt Tab. 3.16.

3.5.1.3 Temperaturabhängigkeit des Widerstandswertes

Wie bei allen metallischen Leitern ist der Widerstandswert von Drahtwiderständen von der Temperatur abhängig (siehe Abschn. 2.1.1). Der funktionale Zusammenhang zwischen Temperaturänderung und Widerstandsänderung kann für kleine Temperaturschwankungen durch die folgende lineare Näherung (entsprechend Gl. 2.5) beschrieben werden

$$R = R_0 \cdot [1 + \alpha_T \cdot (T - T_0)] \tag{3.15}$$

R_0 = Gleichstromwiderstand bei der Temperatur T_0,
R = Widerstand bei der Temperatur T
α_T = Temperaturkoeffizient (Temperaturbeiwert) des verwendeten Widerstandsmaterials.

Der Temperaturbeiwert ist in der Regel ebenfalls eine Funktion der Temperatur. Diese Abhängigkeit kann durch eine thermische Behandlung wie Tempern[5] beeinflusst werden. Dies wird vor allem bei neuen Widerständen durchgeführt, um die alterungsbedingte Drift des Widerstandes zu beschleunigen und um mechanische Spannungen zu beseitigen.

Anmerkung: Im Gegensatz zu den eigentlichen Widerständen kann bei den Heizelementen ein hoher positiver Temperaturkoeffizient erwünscht sein. Durch den höheren Einschaltstrom erfolgt ein schnelles Aufheizen, bei hohen Temperaturen liegt aber eine automatische Strombegrenzung vor.

An die Konstruktion von gewickelten Präzisionswiderständen bzw. Widerstandsnormalen bestehen folgende Forderungen:

1. Kleiner Temperaturkoeffizient des Widerstandswerkstoffes, $\alpha_T < 2 \cdot 10^{-5}/{}^\circ\mathrm{C}$.
2. Hohe zeitliche Konstanz, d. h. gute chemische Beständigkeit, jährliche Widerstandsänderung $< 5 \cdot 10^{-3}\,\%$.
3. Geringe Thermospannung von $< 10\,\mu\mathrm{V}/{}^\circ\mathrm{C}$ des Widerstandswerkstoffes gegen Kupfer (Anschlussleitungen).
4. Um Gefügeveränderungen zu vermeiden, muss die Wicklung ohne Zugspannung aufgebracht werden.
5. Die Wärmeausdehnung von Wicklungskörper und Wicklung müssen gleich sein. Bei Temperaturänderungen dürfen keine Kräfte auf den Wicklungsdraht ausgeübt werden, sonst tritt eine Widerstandsänderung durch Dehnung wie beim Dehnungsmessstreifen auf.
6. Die verwendeten Materialien müssen ein Tempern zulassen.
7. Die Wicklung ist durch Einbettung von der Umgebung zu isolieren (Korrosionsschutz).
8. Bei Anwendung in der Wechselstrommesstechnik sollen gewickelte Widerstände möglichst kleine parasitäre Induktivitäten und Kapazitäten aufweisen.

---

[5] Tempern = nachträgliche Wärmebehandlung von Materialien, wie z. B. Metallen oder Kunststoffen, zur Beseitigung von Eigenspannungen und zum Zweck der Qualitätsverbesserung.

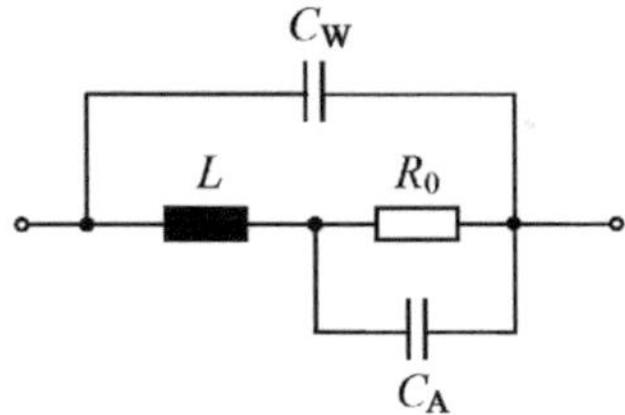

Abb. 3.11 Wechselstrom-Ersatzschaltbild eines Drahtwiderstandes mit R_0 = Gleichstromwiderstand; für höhere Frequenzen sind folgende parasitären Größen zu berücksichtigen: L = Wicklungsinduktivität, C_W = Wicklungskapazität und C_A = Kapazitätsanteil der Anschlüsse

3.5.1.4 Frequenzabhängigkeit von Drahtwiderständen

Durch die Vielzahl der Drahtwindungen besteht bei einem Drahtwiderstand eine sehr große Ähnlichkeit zur Bauweise einer Spule ohne Eisenkern. Bei einem Aufbau mit einer einfachen Drahtwicklung besitzt ein Drahtwiderstand daher eine relativ *hohe parasitäre Induktivität* (Abb. 3.11). Die Leitfähigkeit des Widerstandes nimmt dadurch mit steigender Frequenz ab. Dies ist normalerweise unerwünscht, da Anwendungen bei höheren Frequenzen eingeschränkt werden. Drahtwiderstände werden daher in der Regel nur für Gleichstrom und Niederfrequenzanwendungen eingesetzt. Durch spezielle Wicklungen kann den parasitären Effekten in gewissen Grenzen entgegengewirkt werden.

Bei Widerständen < 100 Ω wirkt als parasitäre Größe hauptsächlich der induktive Anteil, bei Widerständen >1 kΩ wirkt vor allem die Kapazität der Wicklung (gebildet aus den in Serie liegenden Teilkapazitäten zwischen den einzelnen Drahtwindungen).

Die Frequenzabhängigkeit lässt sich durch eine Veränderung der Bauform minimieren.

Bei einlagiger, unifilarer Wicklung (bei in eine Richtung gewickelten Widerständen) sind zwar die Wicklungskapazitäten minimal, die Induktivität ist jedoch relativ hoch. Um möglichst kleine Spulenquerschnitte und damit kleine Induktivitäten zu erhalten, können zylindrische Wicklungskörper durch flache Formen ersetzt werden. In der Praxis wird jedoch die bifilare Wicklungsmethode vorgezogen.

Bei der **bifilaren Wicklung** (Gegenwicklung) wird der Widerstandsträger mit zwei parallelen, an einem Ende verbundenen Leitungen gewissermaßen doppelt bewickelt (Abb. 3.12a). Der aufzuwickelnde Widerstandsdraht wird in seiner Mitte umgefaltet, und der so entstehende Doppeldraht auf den Spulenkörper aufgewickelt. Die nebeneinander liegenden Drähte werden entgegengesetzt vom Strom durchflossen, hierdurch heben sich die magnetischen Wirkungen und damit die Induktivität weitgehend auf. Diese bezüglich der Stromrichtung gegenläufige Wicklungsart reduziert zwar die Induktivität des Drahtwiderstandes, erhöht aber durch die parallelen Leitungen zwangsläufig die Wicklungskapazität.

Die Kapazitätserhöhung durch die bifilare Wicklung bleibt bei niederohmigen Widerständen mit relativ wenigen Windungen in tolerierbaren Grenzen, so dass Widerstände bis ca. 100 Ω bifilar gewickelt werden.

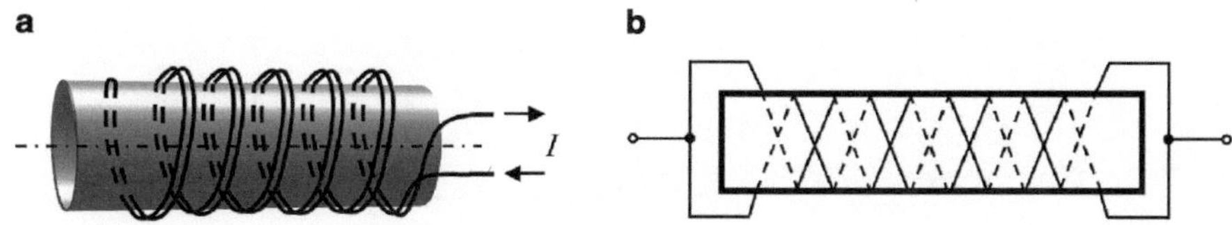

Abb. 3.12 Prinzip der bifilaren Wicklung (**a**) und Ayrton-Perry-Wicklung (**b**)

Bei der **Kreuzwicklung (Ayrton-Perry-Wicklung)** werden zwei parallel geschaltete Drähte verwendet, die von einem Ende des Wicklungskörpers ausgehend in entgegengesetzter Wicklungsrichtung aufgewickelt werden (Abb. 3.12b). Die beiden Drähte kreuzen sich alle 180° und müssen deshalb voneinander isoliert werden. Die Drähte werden wie bei der bifilaren Wicklung in entgegengesetzter Richtung vom Strom durchflossen, die Induktivität der Wicklung wird reduziert. Die Parallelschaltung der Drähte begrenzt allerdings den maximal realisierbaren Widerstandswert.

Präzisionswiderstände über 100 Ω werden mit einer **Chaperon-Wicklung** hergestellt (Abb. 3.13a). Bei dieser Wicklungsart wird die Gesamtwicklung in zwei nebeneinan-

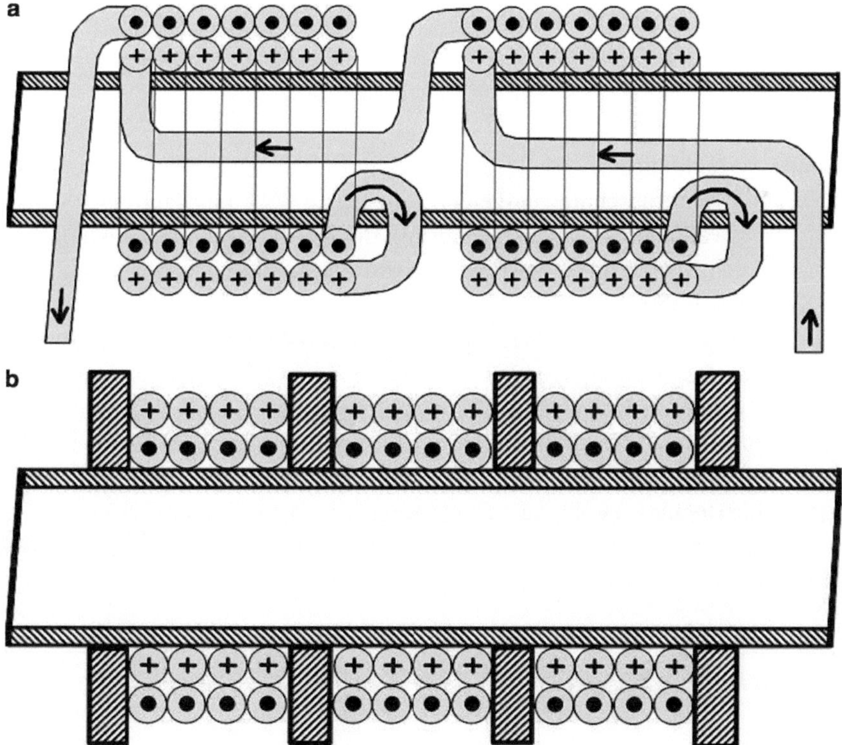

Abb. 3.13 Chaperon-Wicklung (**a**) und Wagner-Wertheimer-Wicklung (**b**)

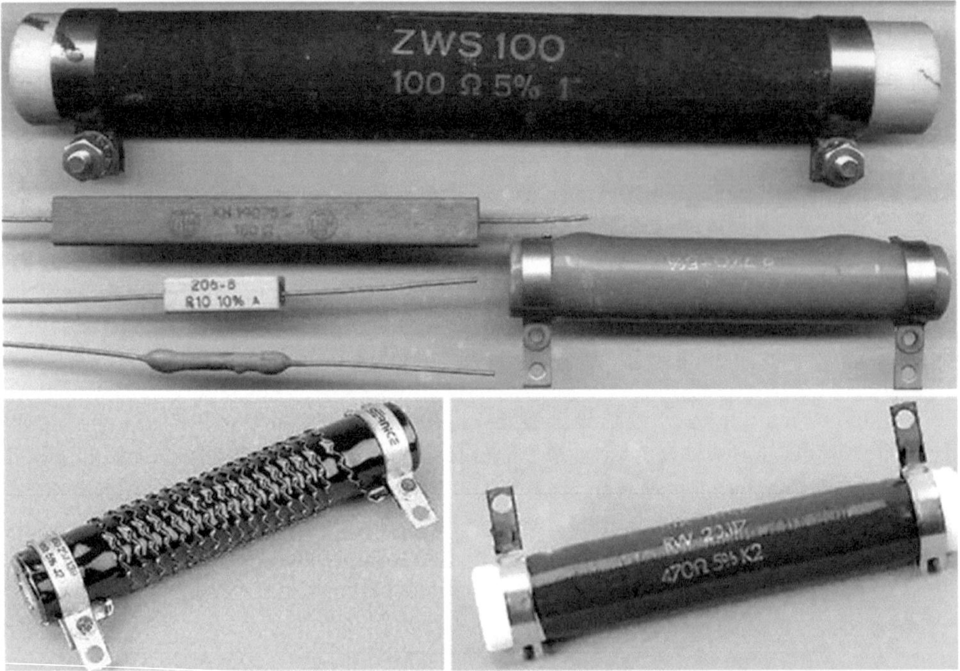

Abb. 3.14 Einige Hochlast-Drahtwiderstände

der liegende, gegenläufige Wicklungsabschnitte mit übereinander liegenden Wicklungs-
lagen dieser Wicklungsabschnitte aufgeteilt. Eine ganze Wicklungslage eines Wicklungs-
abschnitts hat jeweils den gleichen Wickelsinn, die darüberliegende Wicklungslage den
entgegengesetzten. Durch diese Ausführung wird die Induktivität sehr klein, ohne dass
sich die Kapazität erhöht.

Für hochohmige Drahtwiderstände wird die **Wagner-Wertheimer-Wicklung** verwendet (Abb. 3.13b). Bei hochohmigen Widerständen reduziert die Wicklung nach Chaperon
zwar die Induktivität, die Kapazität wächst jedoch infolge der vielen Windungslagen stark
an. Um dies zu vermeiden, werden die Widerstandswicklungen in kleine, nebeneinander
liegende Gruppen aufgeteilt. Die Kapazität kann so genügend klein gehalten werden.

Beispiele für Hochlast-Drahtwiderstände zeigt Abb. 3.14. In Abb. 3.15a sind kleinere
Drahtwiderstände dargestellt. Abb. 3.15b zeigt ein Beispiel für eine moderne Ausführung
eines Hochlastwiderstandes.

3.5.2 Massewiderstände

Bei Massewiderständen (carbon composition resistors) bildet der gesamte Widerstandskörper das Widerstandselement, welches aus einer Mischung von Kohle und Harzen her-

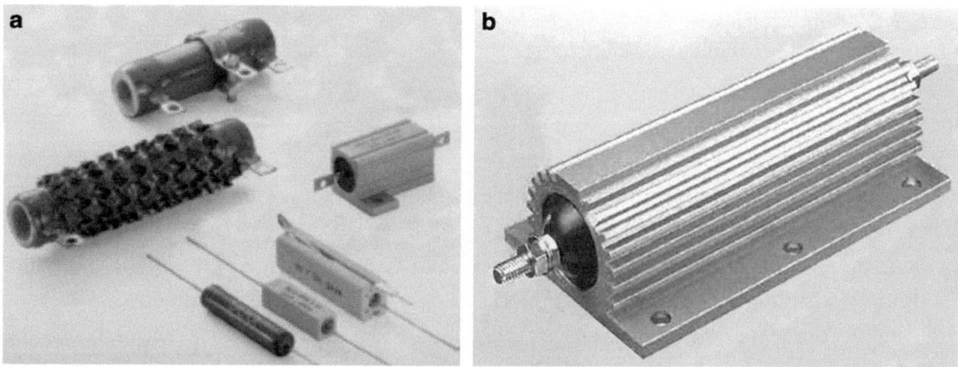

Abb. 3.15 Weitere Ausführungsformen von Drahtwiderständen, **b** mit Aluminium-Gehäuse

Abb. 3.16 Längsschnitt durch
den Aufbau eines Massewider-
standes

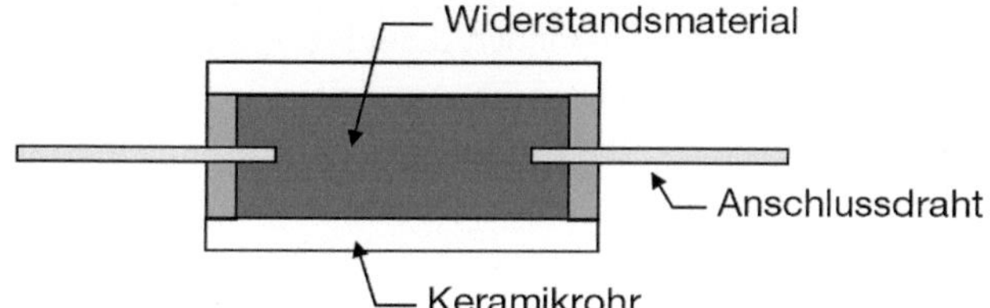

gestellt wird. Die Widerstandsmasse wird zusammen mit den Anschlussdrähten gepresst
und gehärtet. Den Aufbau zeigt Abb. 3.16. Da kein Abgleich stattfindet, sind die Tole-
ranzen verhältnismäßig groß (10 % bis 20 %). Temperaturabhängigkeit und Alterung des
Widerstandswertes sind ebenfalls groß. Vorteile der Massewiderstände sind die sehr guten
Hochfrequenzeigenschaften und die im Verhältnis zur Baugröße hohe Überlastbarkeit.
Wegen ihrer hohen Pulsbelastbarkeit sind sie gut als Schutz- und Ableitwiderstand ge-
eignet. Aus diesem Grund werden die relativ teuren Bauelemente in Motorsteuerungen,
Stromversorgungen, Schweißsteuerungen und als Lasten eingesetzt.

3.5.3 Kohleschichtwiderstände

3.5.3.1 Einsatzbereiche und allgemeine Daten

Kohleschichtwiderstände (Carbon film resistors) sind preiswert herstellbar. Als Univer-
salwiderstand genügen sie einfachen Anforderungen der Technik. Einsatzgebiete sind die
Unterhaltungselektronik sowie die Vermittlungs-, Daten-, und Weitverkehrstechnik.

Erhältlich sind Kohleschichtwiderstände in einem Widerstandsbereich von ca. 1 Ω bis
ca. 20 MΩ mit einer Belastbarkeit von 1/10 Watt bis ca. 2 Watt. Beispiele der Ausführungsform zeigt Abb. 3.17. Die Standardtoleranz beträgt ±5 % (eingeengt ±2 %). Der
hohe negative Temperaturkoeffizient von −200 ppm/K bis −1200 ppm/K verläuft bis zu
Werten von ca. 10 kΩ nahezu konstant und wird zu höheren Widerstandswerten hin stark

Abb. 3.17 Kohleschichtwi-
derstand mit 0,25 W (**a**) und
1 W (**b**)

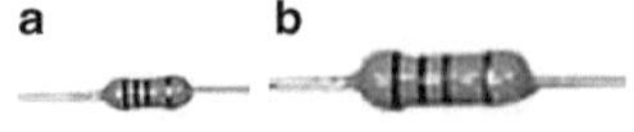

negativer (Abb. 3.18). Der Temperaturkoeffizient hängt von der Schichtdicke ab, vom Herstellungsverfahren ist er unabhängig.

Bei kappenloser Ausführung der Schichtkontaktierung weisen Kohleschichtwiderstände ein gutes Impulsverhalten und eine niedrige Ausfallrate auf. Kohleschichtwiderstände
sind induktionsarm und eignen sich vor allem für Anwendungen im HF-Bereich. Sie haben relativ hohes Rauschen und sind empfindlich gegen Luftfeuchtigkeit.

3.5.3.2 Allgemeines zur Herstellung

Bei Kohleschichtwiderständen dient ein zylindrischer Keramik- oder Porzellankörper als
Träger der Widerstandsschicht aus kristalliner Kohle. Der Widerstandswerkstoff ist eine
dünne Kohleschicht, die bei der Herstellung durch thermischen Zerfall von Kohlenwasserstoffen auf einen Träger unter Vakuum aufgedampft, oder durch Aufsprühen oder Tauchen
aufgebracht wird. Der Widerstandswert wird hauptsächlich durch die Schichtdicke bestimmt, die zwischen $0{,}001\,\mu$m bis $10\,\mu$m beträgt.

Große Widerstandswerte erreicht man mit einer durchgehenden, schraubenförmigen
Wendel (Trenn-Nut) mit ca. $0{,}2$ mm Breite, welche über die gesamte Länge des Widerstandes durch Einschleifen oder mit einem Laser angebracht wird. Der Abgleich auf einen

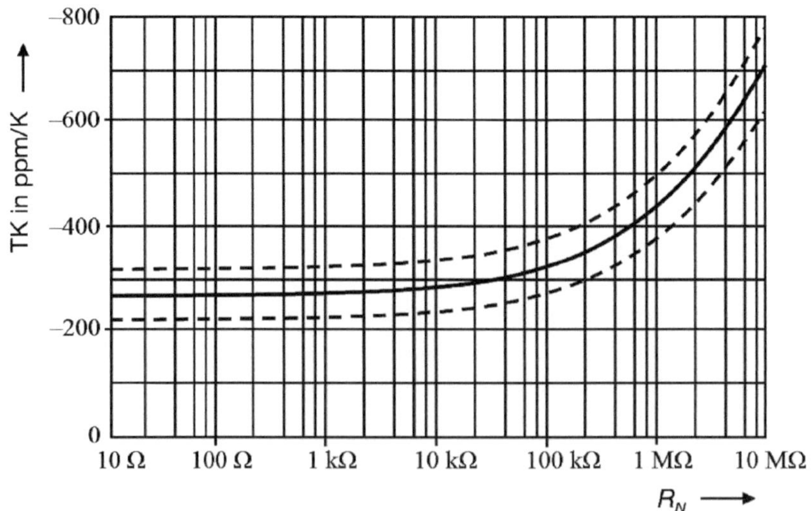

Abb. 3.18 Temperaturkoeffizient eines Kohleschichtwiderstandes als Funktion des Widerstandswertes

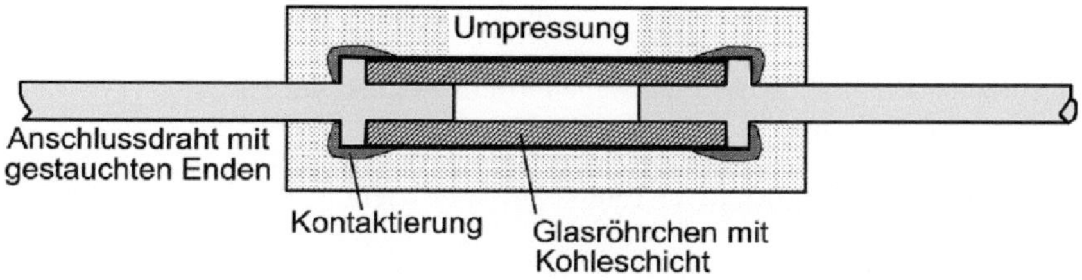

Abb. 3.19 Möglicher Aufbau eines Kohleschichtwiderstandes

Sollwert kann ebenfalls durch Anbringen einer Wendel in die Kohleschicht erfolgen. Eigeninduktivität und Eigenkapazität werden durch eine Trenn-Nut allerdings erhöht und die Spannungsfestigkeit sinkt.

An beiden Enden der Kohleschicht sind die Anschlüsse aus verzinntem Kupferdraht, Kappen oder verzinnte Schellen fest angebracht. Die Kohleschicht wird durch einen eingebrannten Lack- oder Kunstharzüberzug gegen Feuchtigkeit, mechanische Beschädigung und Verunreinigung geschützt. Einen möglichen Aufbau zeigt Abb. 3.19.

3.5.3.3 Spezielle Herstellverfahren

Die Herstellung von *Kristallkohle-Schichtwiderständen* erfolgt unter Abscheidung einer kristallinen Glanzkohle-Schicht durch pyrolytische (thermische) Spaltung von Kohlenwasserstoffen auf keramischen Oberflächen unter atmosphärischen Bedingungen bei ca. 1000 °C (Flaschenbekohlung, Trommelbekohlung) oder im Vakuum oder durch eine Kathodenstrahlzerstäubung (Sputtern).

Eigenschaften der polykristallinen Kohleschicht sind:

- sehr hart, widerstandsfähig
- sehr feste Haftung auf keramischen Oberflächen
- Schichtdicken 10 nm bis 10 μm, je nach Widerstandswert
- spezifischer Widerstand ca. 40 Ωmm^2/m.

Ein Problem ist, dass bei dünnen Schichten ein inhomogenes Schichtwachstum zu höherem Rauschen und größeren Toleranzbereichen führt.

Die Kontaktierung erfolgt durch Aufziehen von Metallkappen oder durch Anlöten an den metallisierten Randbereich der Kohleschicht (kappenlos, teureres Verfahren). Zum Schluss erfolgt eine Ummantelung des Widerstandes mit einer Lackschicht.

Bei der Herstellung von *Kolloidkohle-Schichtwiderständen* wird Kohlenstoffpulver in nichtleitendem Bindemittel kolloidal gelöst. Die Beschichtung des Trägers erfolgt durch Tauchen, Aufstreichen oder Aufspritzen. Der Widerstandswert wird durch das Mischungsverhältnis und durch Laserabgleich erreicht.

Eigenschaften der kolloidalen Kohlenstoffschicht sind:

- schlechter als Kristallkohleschicht wegen losem Kontakt der Partikel
- Schichtdicken etwa 20 μm.

Ein Nachteil ist ein großer negativer Temperaturkoeffizient.

3.5.4 Metallschichtwiderstände (Metallfilmwiderstände)

Metallschichtwiderstände haben bei gleicher Baugröße eine höhere Belastbarkeit als Kohleschichtwiderstände und lassen sich mit geringeren Toleranzen fertigen. Sie sind unempfindlich gegenüber Feuchtebeanspruchung.

3.5.4.1 Metalloxid-Schichtwiderstände

Metalloxidwiderstände (MOX-Widerstände) sind im Aufbau den Kohleschichtwiderständen ähnlich. Sie sind im Widerstandsbereich 1 Ω bis 1 MΩ erhältlich. Der Temperaturkoeffizient liegt im Bereich ± 200 bis $\pm 400\,\text{ppm}/^\circ\text{C}$. Die Rauschspannung ist etwas geringer als bei Kohleschichtwiderständen. Trotz kleiner Abmessungen wird eine hohe Belastbarkeit von einigen Watt erreicht. Da Metalloxidwiderstände induktionsarm sind, eignen sie sich für sehr hohe Frequenzen.

Bei den Metalloxid-Schichtwiderständen wird ein Metalloxid (z. B. Zinnoxid) auf einen Keramikkörper aufgebracht. Da die elektrische Leitfähigkeit durch Halbleitung bestimmt wird, ist die Toleranz (typisch $\pm 5\,\%$) abhängig von Verunreinigungen. Oxide sind chemisch außerordentlich resistent und sehr temperaturbeständig, daher ist die doppelte Verlustleistung gegenüber Kohlewiderständen mit gleichen Abmessungen möglich.

3.5.4.2 Edelmetall-Schichtwiderstände

EMS-Widerstände werden hauptsächlich als Präzisionswiderstände verwendet, sie zeichnen sich durch hohe Genauigkeit, kleine Temperaturabhängigkeit und geringe Widerstandsänderung aus. Sie finden Anwendung in der Messtechnik, als Sicherungswiderstände oder zur Temperaturkompensation. Der Toleranzbereich ist mit $\pm 0{,}1\,\%$ bis $\pm\,2\,\%$ gering. Der Temperaturkoeffizient liegt im Bereich $+200$ bis $+350\,\text{ppm}/^\circ\text{C}$. Die Belastbarkeit reicht bis ca. 6 Watt. Häufig werden relativ niederohmige Widerstände verwendet.

Bei der Herstellung wird das Edelmetall (Au80Pt20) durch die folgenden Verfahren auf den Träger (meist Keramik) aufgebracht:

1. Aufdampfen im Vakuum
2. Kathodenstrahlzerstäubung (Sputtern)
3. Reduktion von Edelmetallsalzen beim Einbrennen.

3.5.4.3 Metallschichtwiderstände mit Metall-Legierungen

Bei diesen Widerstandstypen sind sehr kleine Temperaturkoeffizienten im Bereich null bis $50\,\text{ppm}/^\circ\text{C}$ erzielbar. Bei einer NiCr-Legierung mit 44 % Cr-Anteil und 20 nm Schicht-

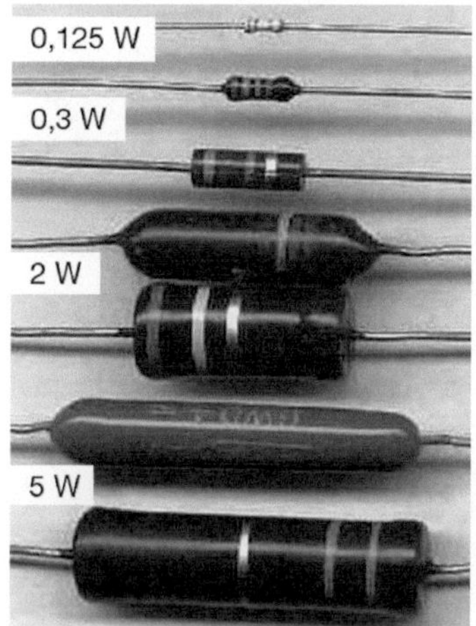
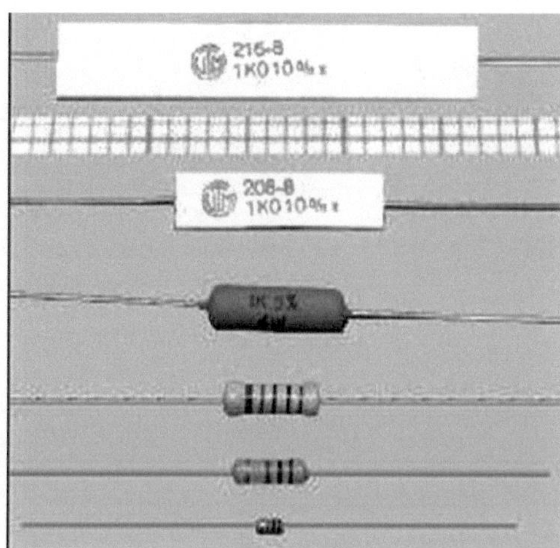

Abb. 3.20 Bedrahtete Festwiderstände

dicke ist der TK näherungsweise null. Die Toleranzen liegen bei $\pm 0{,}01\,\%$ bis $\pm 1\,\%$. Die Langzeitkonstanz ist sehr hoch, die Hochfrequenzeigenschaften sind gut, das Rauschen ist gering. Erhältliche Werte liegen im Widerstandsbereich $1\,\Omega$ bis $10\,\mathrm{M}\Omega$. Für die Durchsteckmontage sind bedrahtete und für die SMD-Montage sind MELF- oder Chip-Ausführungen möglich. Anwendungsgebiete sind die Mess- und Regeltechnik, die Unterhaltungselektronik und die Datenverarbeitung.

Zur Herstellung wird die Legierung wie NiCr auf den Träger (i. Allg. Keramik) im Vakuum aufgedampft, durch Kathodenstrahlzerstäubung (Sputtern) oder galvanische Verfahren (Elektrolyse) aufgebracht. Die genaue Einstellung des Widerstandswertes erfolgt durch Wendelung.

3.5.4.4 Metallglasur-Widerstände

Sie sind im Widerstandsbereich $100\,\mathrm{k}\Omega$ bis $50\,\mathrm{G}\Omega$ erhältlich, auch als SMD-Bauteil. Die Spannungsfestigkeit ist hoch, die Toleranz ist $\pm 0{,}1\,\%$ bis $\pm 5\,\%$.

Metallglasur-Widerstände sind auch unter der Bezeichnung Dickschicht-Widerstände bekannt. Das Widerstandsmaterial besteht aus einer Mischung von Metall, Metalloxid, Glaspulver und Keramik („Cermet"[6]). Durch Brennen bei hohen Temperaturen ($> 1100\,^{\circ}\mathrm{C}$) entsteht eine harte Metallglasur mit guter Wärmeleitfähigkeit. Metallglasur-Widerstände werden z. B. als Hochspannungswiderstände eingesetzt. Der Widerstandsabgleich erfolgt durch Wendelung.

Abb. 3.20 zeigt allgemein Ausführungsformen von bedrahteten Festwiderständen unterschiedlicher Belastbarkeit.

---

[6] Cermets (Ceramic and Metals) sind durch Sintern hergestellte Verbundwerkstoffe.

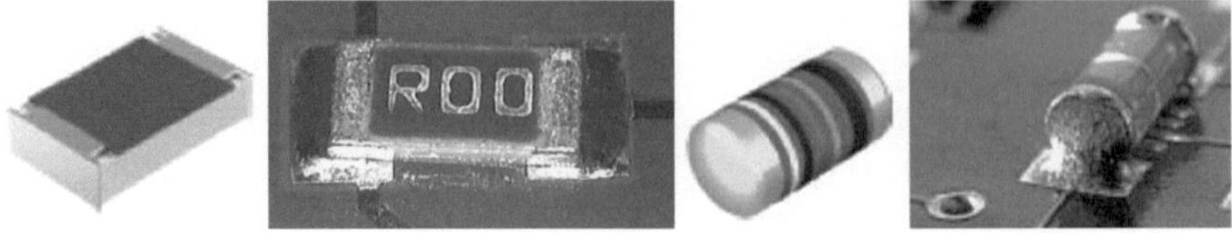

Abb. 3.21 Chip- und MELF-Widerstand, jeweils auch auf eine Leiterplatte gelötet

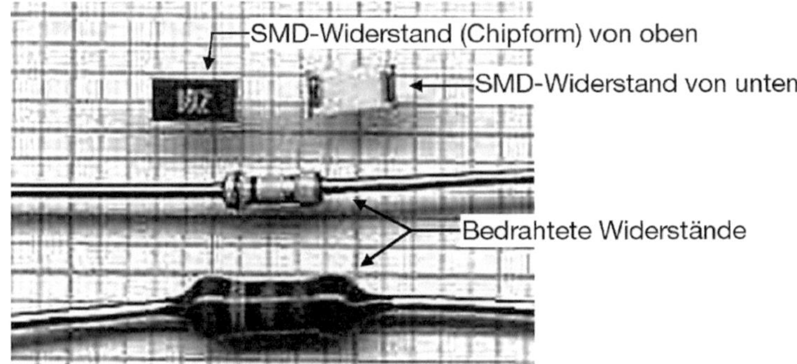

Abb. 3.22 SMD-Widerstand und bedrahtete Widerstände zum Größenvergleich

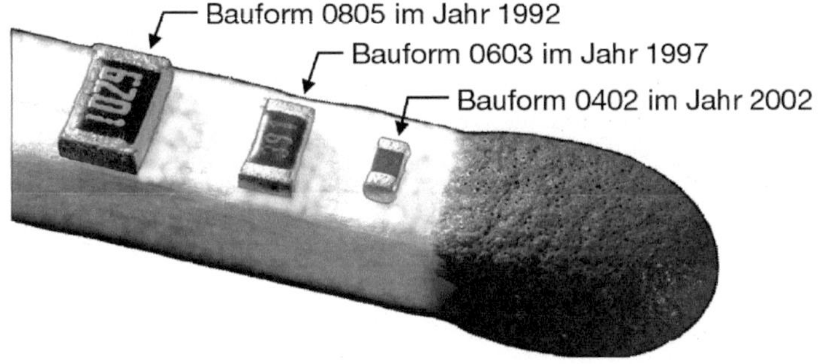

Abb. 3.23 Verkleinerung der Bauteilegrößen von SMD-Widerständen in 10 Jahren

3.5.5 SMD-Widerstände

3.5.5.1 Aufbauformen von SMD-Widerständen

SMD-Widerstände sind erhältlich als Chip (Rechteckform) oder als MELF (Zylinderform) (Abb. 3.21).

Ein Chip-Widerstand ist ein rechteckiger SMD-Widerstand für die Oberflächenmontage auf Leiterplatten. Er ist für ein Wellen- und Reflow-Löten geeignet. Ein MELF-Widerstand ist ein zylindrischer SMD-Widerstand. Einen Größenvergleich von SMD- und bedrahteten Widerständen zeigt Abb. 3.22. Ein Beispiel für zunehmende Miniaturisierung enthält Abb. 3.23.

Tab. 3.17 Maße in mm von SMD-Widerständen in Rechteckform

Gehäuse	Länge L	Breite B	Dicke D	Kontaktbreite C	P_{max} (Watt) bei 70 °C
0201	0,5±0,03	0,25±0,02	0,23±0,03	0,15±0,05	0,05
0402	1,0±0,10	0,5±0,05	0,35±0,05	0,20±0,10	0,063
0603	1,6±0,15	0,8±0,10	0,45±0,10	0,30±0,20	0,063
0805	2,0±0,15	1,25±0,10	0,50±0,10	0,35±0,20	0,125
1206	3,1±0,10	1,55±0,10	0,55±0,10	0,45±0,20	0,25
1506	3,8±0,10	1,55±0,10	0,55±0,10	0,45±0,20	0,25
1210	3,1±0,10	2,50±0,20	0,55±0,10	0,50±0,20	0,25
2010	5,0±0,20	2,50±0,20	0,55±0,10	0,60±0,20	0,5
2512	6,3±0,20	3,20±0,20	0,55±0,10	0,60±0,20	0,5

Tab. 3.18 Maße in mm von SMD-Widerständen in Zylinderform

Gehäuse	Länge	Durchmesser
Micro-MELF	2,0	1,27
Mini-MELF	3,6	1,4
MELF	5,5	2,2

Die Angabe der Länge und Breite von Chip-Widerständen erfolgt durch vier Ziffern. Die ersten beiden Ziffern geben die Länge, die folgenden zwei Ziffern die Breite in 1/100 Zoll $= 0,254$ mm an.

> **Beispiel 3.10**
> Die Gehäuseform ist 0805.
> Die Länge ist $0,08 \times 25,4$ mm $= 2,032$ mm. Die Breite ist $0,05 \times 25,4$ mm $= 1,27$ mm.

Die tatsächlichen Abmessungen der Gehäuse von Chip-Widerständen entsprechen nicht immer exakt den aus der Gehäuseform berechenbaren Maßen, sie variieren (ebenso wie die zugehörigen Toleranzen) von Hersteller zu Hersteller. Die Angaben in Tab. 3.17 und 3.18 sind deshalb nur als Richtwerte zu betrachten. Die Definitionen der Maße sind Abb. 3.24 zu entnehmen.

Bei bedrahteten Widerständen müssen die Anschlussdrähte zur Montage gebogen und (vor oder nach dem Löten) gekürzt werden. Neben den Zuverlässigkeitsaspekten (mechanische Krafteinwirkungen und Spannungen), die mit diesen Verarbeitungsschritten verbunden sind, führte vor allem der Wunsch nach einer vereinfachten und hoch automatisierbaren Montage zur Entwicklung der oberflächenmontierbaren Widerstände. Diese SMD-Widerstände lassen sich außerdem leichter miniaturisieren und ermöglichen somit einen sehr kompakten Aufbau von Baugruppen. Sie haben inzwischen stückzahlmäßig den größten Marktanteil aller Widerstandsbauformen.

Abb. 3.24 Zu den Maßanga-
ben von SMD-Widerständen

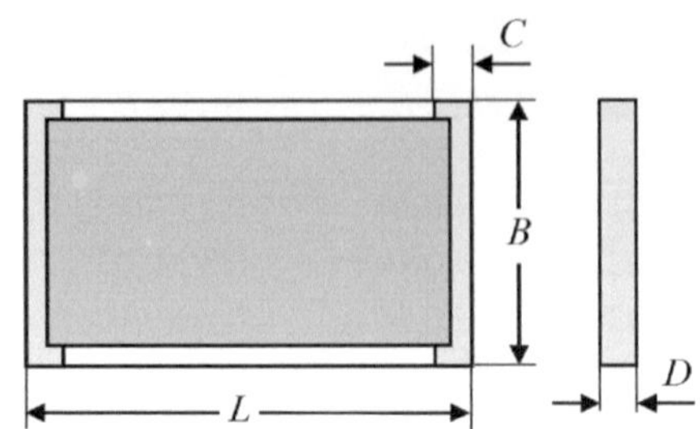

Widerstände für die Oberflächenmontage sind erhältlich als

- Drahtwiderstände
- Schichtwiderstände
- Metallfolienwiderstände.

Schichtwiderstände gibt es in den Ausführungen

- Dickschicht mit Oxidpasten, Kohlegemisch- oder Cermet-Schichten
- Dünnschicht mit Kohle-, Metall- oder Metalloxidschichten.

SMD-Schichtwiderstände gibt es in zwei Bauformen: MELF (**M**etal **E**lectrode **F**ace Bonding) und Chip.

Die MELF-Widerstände entsprechen in ihrem Aufbau den konventionellen zylindrischen Schichtwiderständen, sie haben aber keine Anschlussdrähte. Der Querschnitt kann auch rechteckförmig sein. Als Schichtmaterialien kommen Kohle und Metalle zum Einsatz.

Bei den Chip-Widerständen wird ein Widerstandsfilm als Widerstandsschicht auf einen ebenen, hochreinen Keramikträger (z. B. Aluminiumoxid als Substrat) aufgedruckt. Dieser Film ist entweder hochohmig und dick mit $5\,\mu$m bis $50\,\mu$m Schichtdicke (*Dickfilm, Dickschicht*) oder niederohmig und dünner mit $< 1\,\mu$m Schichtdicke (*Dünnfilm, Dünnschicht*).

Für **Dickfilm**-Anwendungen (Abb. 3.25) werden Oxidpasten, Kohlegemisch-Schichten oder Cermet-Schichten verwendet, die auf den Trägerkörper (in Siebdrucktechnik) aufgebracht und anschließend durch Trocknen oder Brennen ausgehärtet bzw. bei hohen Temperaturen gesintert werden. Der genaue Widerstandswert lässt sich durch Trimmen mittels eines Laserstrahles einstellen. Hierbei können allerdings Risse im Material entstehen. Die dadurch hervorgerufene Ungleichförmigkeit des Materials verschlechtert die Stromrauscheigenschaften des Widerstandes.

Bei **Dünnfilm**-Widerständen (Abb. 3.26) besteht die Widerstandsschicht aus einer Kohle-, Metall- oder Metalloxidschicht, welche in einem Vakuumverfahren auf die Keramik- oder Glasträger aufgedampft wird. Die Rohwiderstände besitzen bestimmte Grundwiderstandswerte. Durch Einschleifen/Einlasern von Wendeln oder Mäandern

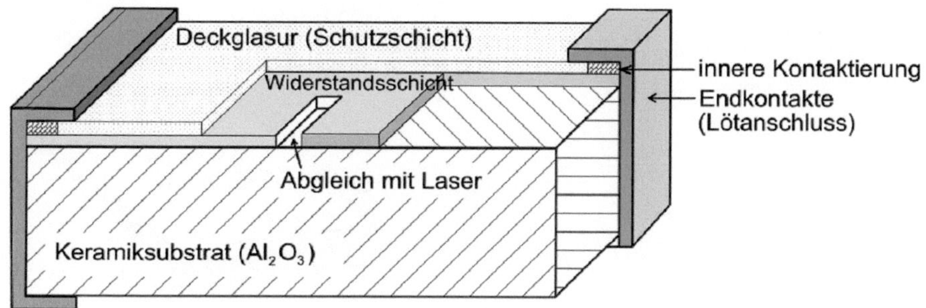

Abb. 3.25   Aufbau eines Chipwiderstandes in Dickschicht-Technologie

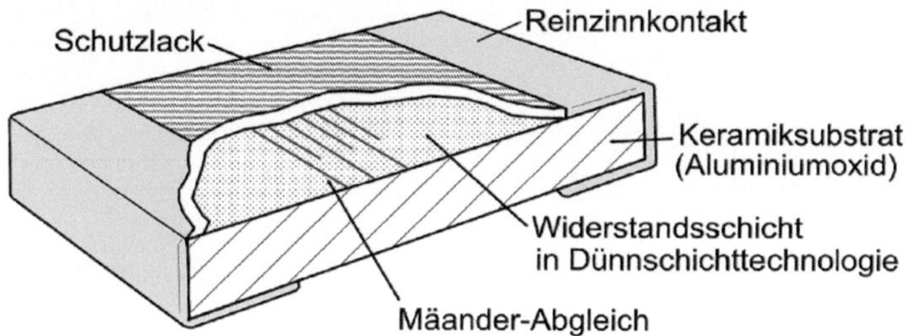

Abb. 3.26   Aufbau eines Metallschicht-Chip-Widerstandes in Dünnschicht-Technologie

werden diese Widerstände dann abgeglichen und auf die endgültigen Widerstandswerte gebracht. Die Endkontakte sind mehrlagig aufgebaut. Eine Basismetallisierung stellt eine zuverlässige Verbindung zwischen Endkontakten und Widerstandsschicht sicher. Die äußere Lage ist eine Verzinnung, um eine gute Lötbarkeit zu erreichen.

Metallfilm- und Drahtwiderstände im SMD-Gehäuse werden für maximale Temperaturen der Bauelemente bis zu 275 °C geliefert. Je nach Baugröße liegt die maximal erlaubte Belastung bei 70 °C im Bereich 1/20 W bis 2,5 W.

Für die Montage gilt, dass die meisten Chip-Widerstände mit der Widerstandsschicht nach oben montiert werden müssen, damit bei Bauteilen mit höherer Verlustleistung ein Wärmestau vermieden wird. Die Widerstandsschicht ist gegenüber der weißen Rückseite durch ihre dunkle Färbung und durch den Aufdruck des Widerstandswertes zu erkennen.

Besondere Beachtung muss bei der Verwendung von SMD-Bauelementen einer möglichen Durchbiegung der Leiterplatte geschenkt werden, die z. B. bei einer Nutzentrennung der Leiterplatte oder bei der Montage der Leiterplatte in ein Gehäuse auftreten kann. Anders als bei bedrahteten Bauelementen können keine verformbaren Anschlussdrähte die auftretenden Kräfte aufnehmen, ein Bruch eines Chips kann die Folge sein. Die Konsequenzen können besonders bei Chip-Kondensatoren, die vom Pluspol der Spannungsversorgung (z. B. Pluspol der Autobatterie) gegen Masse liegen, im Falle eines sich bildenden Kurzschlusses gravierend sein.

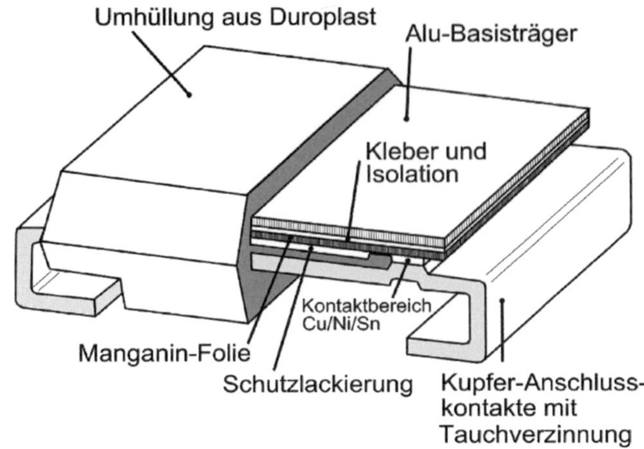

Abb. 3.27 Schnittdarstellung eines niederohmigen Metallfolien-SMD-Widerstandes

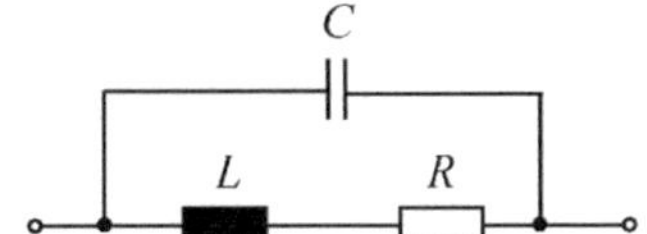

Abb. 3.28 HF-Ersatzschaltbild eines SMD-Widerstandes mit der Impedanz $\underline{Z}$

Metallfolienwiderstände bestehen aus einer geätzten metallischen Folie, die elektrisch isoliert auf einem gut wärmeleitfähigen Material fixiert wird. Metallfolienwiderstände werden als niederohmige Strom-Messwiderstände (Shunts) eingesetzt. Wichtige Anforderungen an einen solchen Widerstand sind kleiner Temperaturkoeffizient, niedrige Thermospannung gegen Kupfer und hohe Langzeitstabilität. Diese Eigenschaften werden von ätztechnisch hergestellten Folienwiderständen und den Eigenschaften der Legierungen Mangan und Zeranin erfüllt. Weitere technische Vorteile sind die niedrige Eigeninduktivität und die gute Impulsbelastbarkeit. Eine hohe Dauerleistung von bis zu 500 W erreicht man hier durch den Aufbau auf einem sehr gut wärmeleitenden Substrat wie Aluminium, das bei Hochleistungsausführungen (ähnlich den Leistungstransistoren) auf einen externen Kühlkörper geschraubt werden kann. Die Folientechnologie ist besonders geeignet zur Herstellung von Widerständen im Wertebereich von $100\,\mu\Omega$ bis $100\,\Omega$.

Den Aufbau eines Metallfolien-SMD-Widerstandes zeigt Abb. 3.27.

3.5.5.2 HF-Eigenschaften von SMD-Widerständen

Eigeninduktivität L und Eigenkapazität C eines Widerstandes verändern bei hohen Frequenzen (oberhalb einiger hundert MHz oder ab ca. 1 GHz) den ohmschen Widerstandswert. Für dieses Verhalten kann das Ersatzschaltbild Abb. 3.28 für hohe Frequenzen eines SMD-Widerstandes herangezogen werden.

Die Ursache für die Induktivität L sind die bei einem Abgleich des Widerstandswertes entstehenden Einschnitte in die Widerstandsschicht. Die Kapazität C wird durch das Keramiksubstrat und die Anschlusskontakte gebildet.

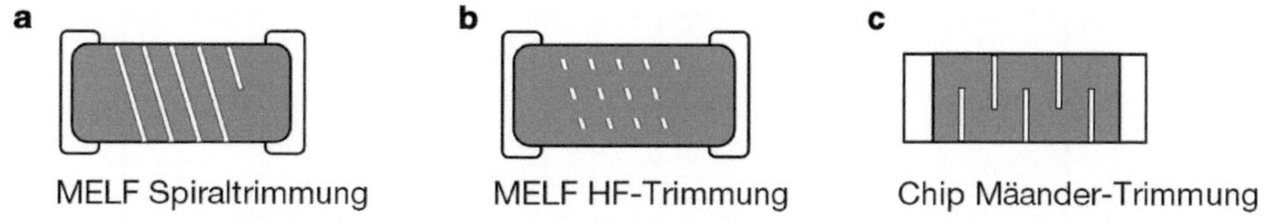

Abb. 3.29 Abgleich des Widerstandswertes mit spiralförmigen (**a**), abschnittsweisen (**b**) und mäanderförmigen (**c**) Trimmungen

Mögliche Arten von Veränderungen der Widerstandssubstanz zum Trimmen des Widerstandswertes zeigt Abb. 3.29.

Der spiralförmige Abgleich bei der MELF-Form ergibt eine relativ hohe Eigeninduktivität von bis zu 22 nH. Die abschnittsweisen Einschnitte stellen bei einem MELF-Widerstand einen für HF-Zwecke besonders gut geeigneten Abgleich dar. Bei einem Chip-Widerstand wird der mäanderförmige Abgleich verwendet.

Für HF-Anwendungen sind in der Praxis folgende Anforderungen an SMD-Widerstände von Bedeutung:

1. Abweichungen bis zum Wert $\frac{|Z|}{R} = 1{,}2$ sind meist vernachlässigbar. Für größere Abweichungen ist der Widerstandswert nicht mehr genau genug, die Reaktanzen im Ersatzschaltbild müssen berücksichtigt werden.
2. Die im Arbeitsbereich verwendete Frequenz muss wesentlich kleiner sein als die Resonanzfrequenz der HF-Ersatzschaltung. In der Nähe der Resonanzfrequenz erzeugen bereits kleine Änderungen der Frequenz große Änderungen des Widerstandswertes. Dies könnte zu instabilem Verhalten der Gesamtanordnung führen.
3. Die HF-Eigenschaften der Widerstände müssen bei deren Serienproduktion reproduzierbar bzw. gleichbleibend sein, damit kein teurer Abgleich der Schaltung notwendig wird.

Es kann durch Messungen und Berechnungen gezeigt werden, dass das qualitative HF-Verhalten für alle Bauformen und Baugrößen der SMD-Widerstände gleich ist.

1. Das induktive Verhalten überwiegt bis zu Widerstandswerten von ca. 75 Ohm für MELF- und 120 Ohm für Chip-Bauformen. Die Resonanzfrequenz ist größer als 20 GHz.
2. Oberhalb dieser Widerstandswerte überwiegt das kapazitive Verhalten (der Widerstand wird mit steigender Frequenz kleiner). Diese Ergebnisse zeigen auch Abb. 3.30 bis Abb. 3.33.

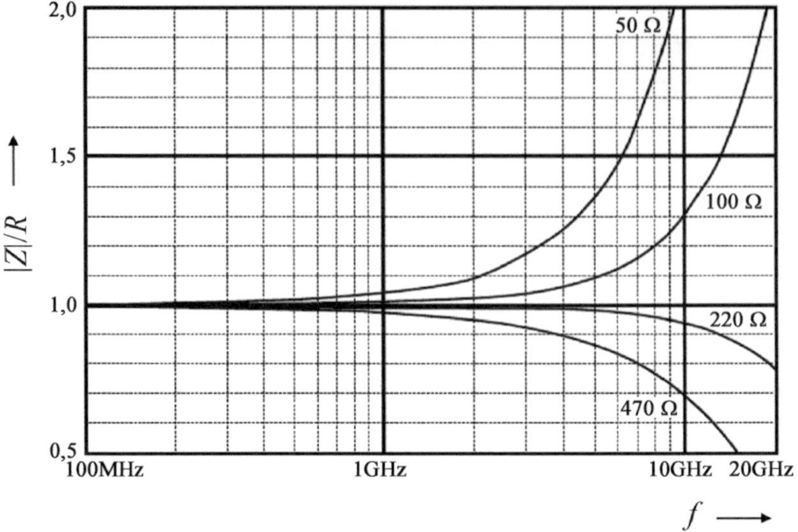

Abb. 3.30 $|Z|/R$ für die Bauform MCU 0805 (Chip-Widerstand mit Mäandertrimmung)

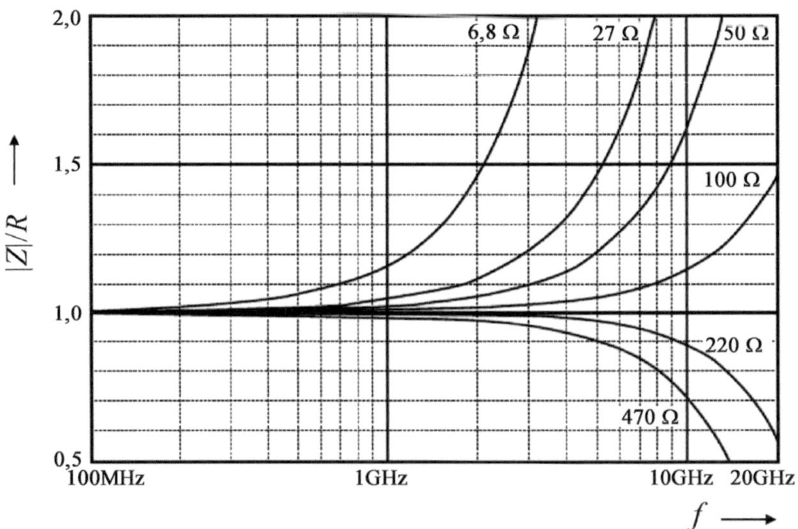

Abb. 3.31 $|\underline{Z}|/R$ für die Bauform MCT 0603 (Chip-Widerstand mit Mäandertrimmung)

Im Detail ergeben sich für MELF- und Chip-Bauformen folgende Unterschiede:

1. Für die selbe Art der Trimmung ist das HF-Verhalten umso besser, je kleiner der Widerstandskörper ist.
2. Art der Trimmung, beginnend mit bestem HF-Verhalten: MELF mit HF-Trimmung, Chip mit Mäander-Trimmung, MELF mit Spiraltrimmung.

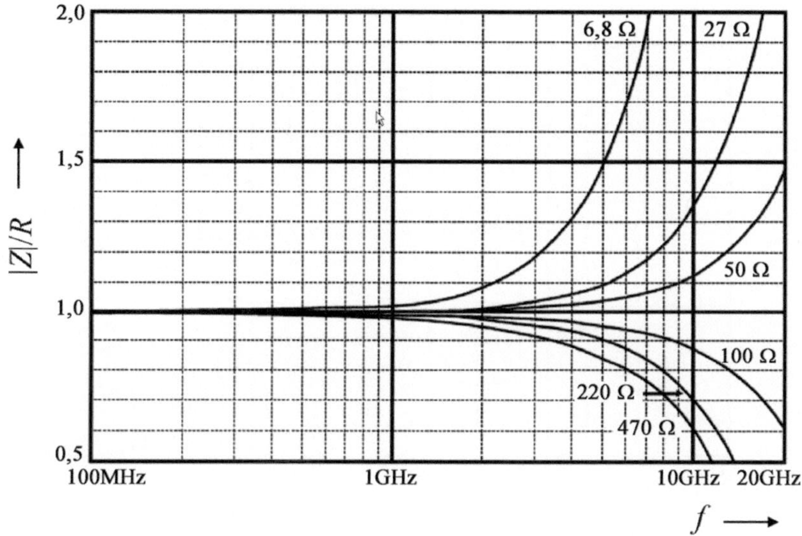

Abb. 3.32 $|\underline{Z}|/R$ für die Bauform MMA 0204 HF (MELF-Widerstand mit HF-Trimmung)

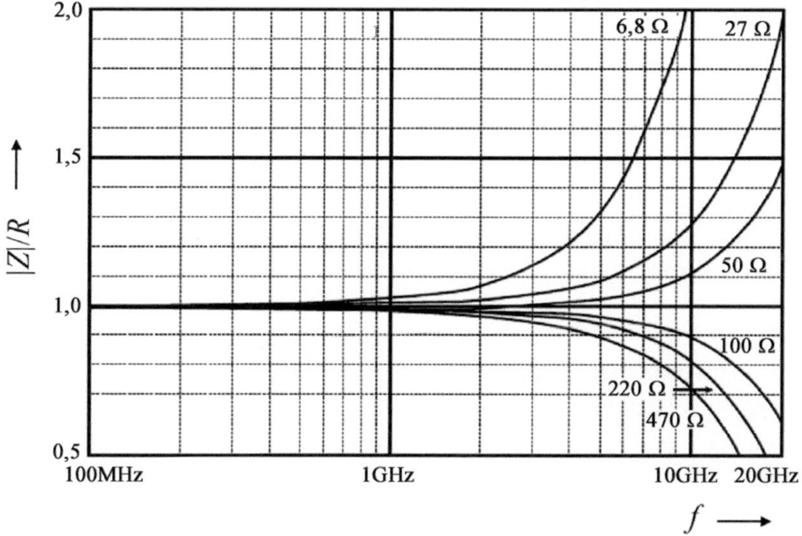

Abb. 3.33 $|\underline{Z}|/R$ für die Bauform MMU 0102 HF (MELF-Widerstand mit HF-Trimmung)

Als Beispiel (Quelle: Vishay) zeigt Abb. 3.34 einen Vergleich von 50 Ohm-Widerständen.

1. Die größere Bauform MCU 0805 ergibt eine höhere Eigeninduktivität als die kleinere Bauform MCT 0603.
2. Die Mäandertrimmung von Chip-Widerständen (MCU 0805 und MCT 0603) ergibt eine höhere Eigeninduktivität (der Widerstand wird mit steigender Frequenzen größer) als die HF-Trimmung bei MELF-Bauformen (MMA 0204 HF und MMU 0102 HF).

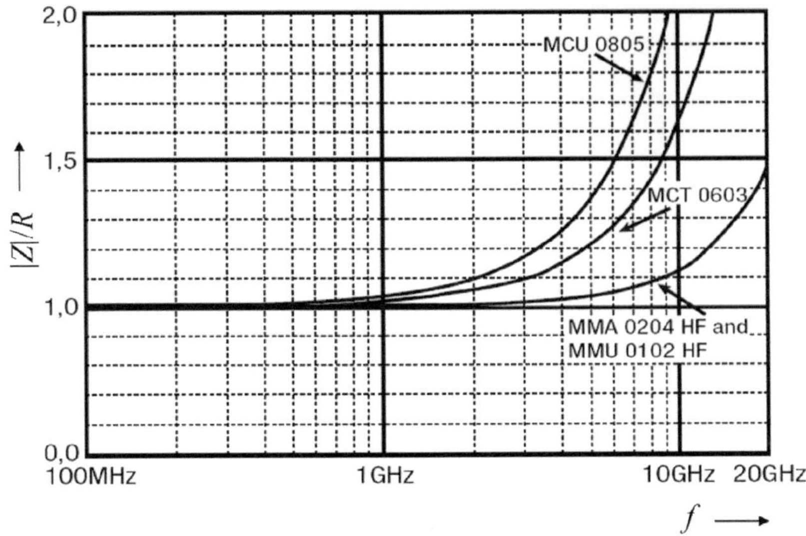

Abb. 3.34 Verhältnis von Gesamtwiderstand zu ohmschem Widerstand $|Z|/R$ von 50 Ω-Widerständen

Anmerkung: MCT 0603 hat kleinere Abmessungen als MCU 0805, MMU 0102 HF hat kleinere Abmessungen als MMA 0204 HF.

Die Diagramme in Abb. 3.31 bis Abb. 3.33 zeigen von SMD-Widerständen verschiedener Ausführungsformen die normierte Impedanz $\frac{|Z|}{R}$ in Abhängigkeit der Frequenz mit dem Widerstandswert zwischen 6,8 Ω und 470 Ω als Parameter (Quelle: Vishay).

Um für verschiedene Bauformen der SMD-Widerstände die Größenordnung von R, L und C im HF-Ersatzschaltbild (Abb. 3.28) zu kennen, werden in Tab. 3.19 einige Werte angegeben.

3.5.5.3 Impulsbelastung bei SMD-Widerständen

Impulsspannungen oder zu hohe Strombelastungen können zu Ausfällen von Schichtwiderständen durch Überlastung führen. Gründe für das Auftreten von Impulsen in elektronischen Schaltungen sind z. B.:

Tab. 3.19 Werte von R, L und C des HF-Ersatzschaltbildes von SMD-Widerständen

	R	L	C
MCT 0603	6,8 Ω	0,58 nH	35 fF
Chip mit Mäandertrimmung	50 Ω	1,0 nH	35 fF
	470 Ω	1,53 nH	35 fF
MMU 0102 HF	6,8 Ω	0,2 nH	35 fF
MELF mit HF-Trimmung	50 Ω	0,41 nH	35 fF
	470 Ω	2,37 nH	35 fF

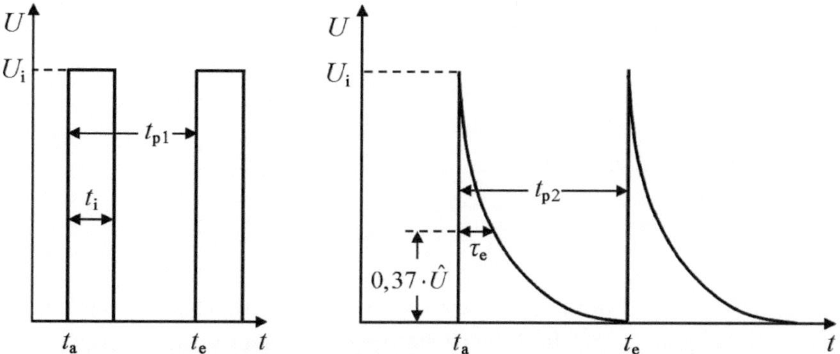

Abb. 3.35 Typische Impulsformen mit Kenndaten

- Spannungsspitzen aus der Telefonleitung oder der Versorgungsleitung
- Schalten von Kondensatoren oder Induktivitäten (z. B. Relaisspulen)
- „load dump"-Impuls in der Automobilelektronik durch Abklemmen der Batterie bei laufendem Motor, einer der schwersten Überlastfälle.

Die Überlastungsfähigkeit von Widerständen ist bei Impulsfolgen wesentlich geringer als bei Einzelimpulsen. Zur Abschätzung der zu erwartenden Impulsbelastung muss die Impulsform spezifiziert werden. In den meisten Fällen kann die Impulsspannung ungefähr als rechteckiger oder exponentieller Impuls nachgebildet werden.

Zu den wichtigsten Daten gehören (siehe Abb. 3.35):

- die Impulszeit t_i eines Rechteckimpulses
- die Zeitkonstante t_e eines exponentiell abfallenden Impulses
- die Periodendauer t_p bei kontinuierlichen Impulsfolgen
- die Impulsspannung U_i.

Im Datenblatt wird für einen Widerstand die Nennleistung bei der Umgebungstemperatur 70 °C als P_{70} angegeben. Für die üblichen Baugrößen von SMD-Widerständen liegt P_{70} zwischen 50 mW und 1 W. Bei Impulsen, deren Dauer t_i nicht klein ist im Vergleich zur Erwärmungszeitkonstanten des Bauteils, darf die Impulsspannung nicht höher sein als:

$$\hat{U}_i = \sqrt{P_{70} \cdot R} \tag{3.16}$$

Für Impulsfolgen mit kürzerer Impulszeit t_i darf die Spannung zwar höher sein, aber die mittlere Leistungsbelastung $\overline{P}$ der Impulsfolge darf nicht größer als die Nennbelastbarkeit P_{70} sein. Die mittlere Impulsleistung $\overline{P}$ errechnet sich allgemein zu:

$$\overline{P} = \frac{1}{t_p \cdot R} \cdot \int_{t_a}^{t_e} U_i^2(t)\,\mathrm{d}t \tag{3.17}$$

Für *rechteckige* Impulse gilt vereinfacht

$$\overline{P} = \frac{U_i^2}{R} \cdot \frac{t_i}{t_p} \tag{3.18}$$

und für *exponentielle* Impulse gilt

$$\overline{P} = \frac{U_i^2}{R} \cdot \frac{\tau_e}{2 \cdot t_p} \tag{3.19}$$

Wird die Impulszeit t_i des Impulses kürzer, so darf die Impulsspannungsspitze höher sein als in Gl. 3.16 berechnet. Für die Impulsbelastung muss aber auch die erlaubte Höchstspannung am Widerstand berücksichtigt werden. Während beispielsweise 200 V die für einen MINI-MELF SMD-Widerstand maximal zulässige Betriebsspannung ist, darf die Impulsamplitude für kurze Impulse deutlich höher sein. Die maximal zulässige Impulsspannung wird üblicherweise in Diagrammen in den Datenbüchern der Widerstandshersteller angegeben. Bei Einzelimpuls-Belastung hängt die zulässige Spannung von der Form und der Dauer des Impulses ab.

In Abhängigkeit von Design und Technologie gilt für die Impulsbelastbarkeit folgendes: *Dickschicht-Chipwiderstände sind deutlich weniger belastbar als Metallschicht-Chipwiderstände, beide sind nicht so hoch belastbar wie Metallschicht-MELF-Widerstände.*

3.6 Widerstandsnetzwerke

Als Widerstandsnetzwerk wird allgemein eine Zusammenschaltung mehrerer ohmscher Widerstände bezeichnet. Dagegen ist hier mit Widerstandsnetzwerk (R-Netzwerk) ein Bauteil gemeint, welches mehrere ohmsche Festwiderstände in sich vereint. Die Widerstände haben häufig alle den gleichen Wert und können innerhalb des Bauteils voneinander unabhängig (getrennt) oder auf bestimmte Art miteinander verschaltet (verbunden) sein.

3.6.1 Einsatzbereiche

Widerstandsnetzwerke dienen als kompakter Ersatz für einzelne Widerstände in z. B. Messverstärkern, Präzisionsspannungsteilern, Brückenschaltungen und sonstigen Anwendungen, die gepaarte oder mehrfach gepaarte Widerstände erfordern, wobei guter TK-Gleichlauf, enge Widerstandsverhältnistoleranz und hohe Stabilität möglich sind. Erfordern Bussysteme pull-up/pull-down-Widerstände oder Leitungen Abschlusswiderstände, so kann mit Widerstandsnetzwerken erheblich an Platz auf der Leiterplatte und damit an Kosten gespart werden. So genannte R-2R-Netzwerke mit zwei verschiedenen Widerstandswerten werden zur Realisierung von Digital-Analog-Umsetzern (D/A-Wandler, DAC) benötigt.

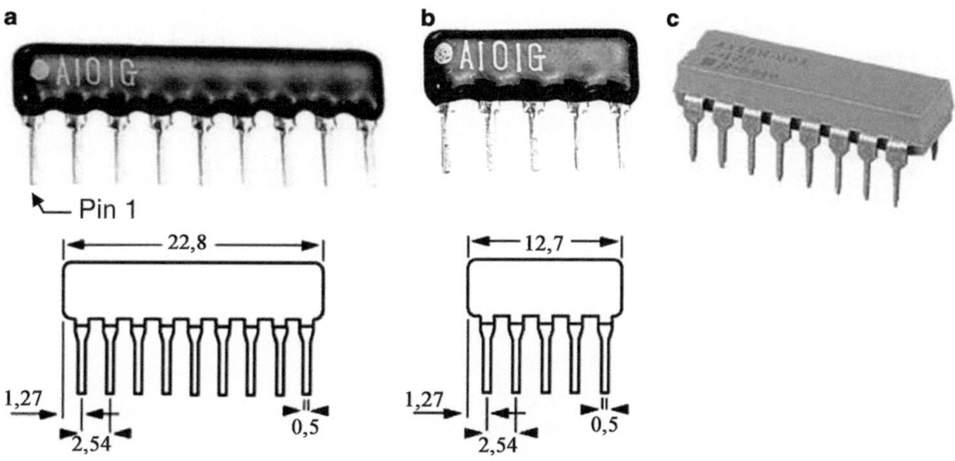

Abb. 3.36 Widerstandsnetzwerke im SIL-Gehäuse (**a**, **b**) und im DIL-Gehäuse (**c**)

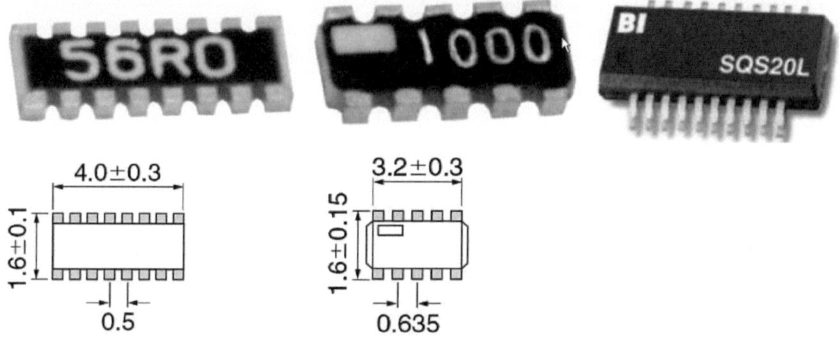

Abb. 3.37 Widerstandsnetzwerke im SMD-Gehäuse

3.6.2 Ausführungsformen

R-Netzwerke sind im Widerstandsbereich $10\,\Omega$ bis $1\,\mathrm{M\Omega}$ erhältlich. Standardmäßig sind in einem Gehäuse zwischen 2 und 28 Widerständen untergebracht, kundenspezifische Ausführungen mit wesentlich mehr Widerständen werden angeboten. Als Gehäusearten gibt es bedrahtete Ausführungen mit SIL- und DIL-Gehäuse[7] (Abb. 3.36) für die Durchsteckmontage und SMD-Gehäuse (Abb. 3.37) für die Oberflächenmontage.

Bei den Schaltungstypen gibt es Ausführungen mit Einzelanschlüssen und gemeinsam verbundenen Anschlüssen der Widerstände (Abb. 3.38). Die Schaltungen werden in den Datenblättern der Hersteller angegeben. **Pin 1** wird häufig durch einen **Punkt** oder einen Balken auf dem Gehäuse gekennzeichnet.

---

[7] SIL = Single In Line, DIL = Dual In Line.

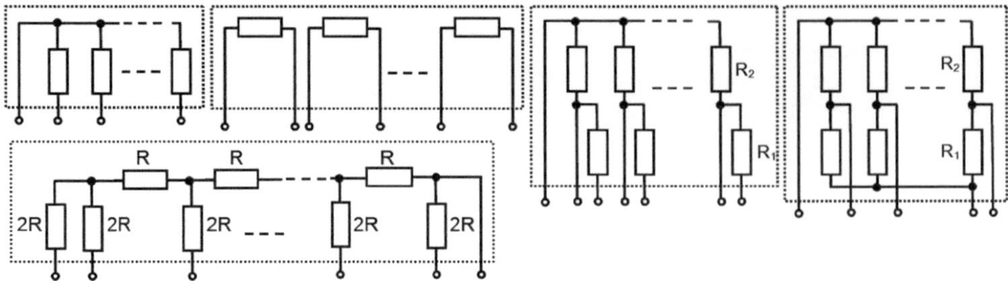

Abb. 3.38 Einige Möglichkeiten der internen Verschaltung von Widerstandsnetzwerken

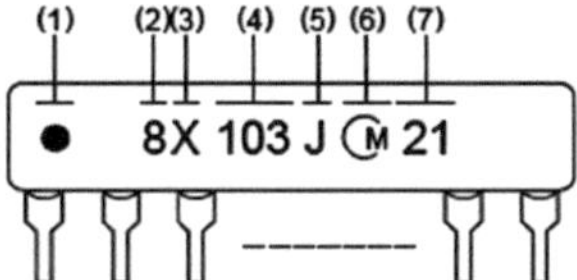

Abb. 3.39 Beispiel für den Aufdruck auf einem Widerstandsnetzwerk mit SIL-Gehäuse. (*1*) Kennzeichnung von Pin 1 (*2*) Anzahl der Widerstände (*3*) Kennzeichen für die Art des Netzwerkes (Schaltungsart) (*4*) Widerstandsnennwert (3 Ziffern) (*5*) Widerstandstoleranz (*6*) Firmenkennzeichen des Herstellers (*7*) Datumscode (Jahr, Monat)

Vor allem bei SIL- und DIL-Ausführungen sind oft auf dem Gehäuse Kennzeichnungen aufgedruckt, die je nach Hersteller unterschiedlich sind und deren Bedeutung ebenfalls dem Datenblatt zu entnehmen ist. Neben Widerstandsnennwert und Toleranz kann die Kennzeichnung z. B. auch die Anzahl der Widerstände, deren Art der Verschaltung oder auch einen Code für das Datum der Herstellung enthalten (Abb. 3.39).

3.6.3 Eigenschaften und Aufbau

Widerstandsnetzwerke sind in allen für die Herstellung von Festwiderständen üblichen Technologien erhältlich: Als Drahtwiderstände, als Metallfolien- oder Metallfilmwiderstände in Dickfilm- oder Dünnfilmtechnologie (Abb. 3.40 und Abb. 3.41).

Wie bereits erwähnt reicht der Widerstandsbereich der Netzwerkelemente von einigen Ohm bis ca. $1\,M\Omega$. Bei Dickschichtwiderständen wird als Material für die Widerstandselemente häufig ein Metalloxid (z. B. Rutheniumoxid RuO_2) verwendet. Bei Dünnschichtwiderständen wird eine Nickel-Chrom-Legierung (NiCr) oder eine SiCr-Schicht als Funktionsmaterial der Widerstände eingesetzt, bei hoher Feuchtigkeitsbeanspruchung (relative Luftfeuchte $>80\,\%$) wird Tantalnitrid (TaN_2) benutzt.

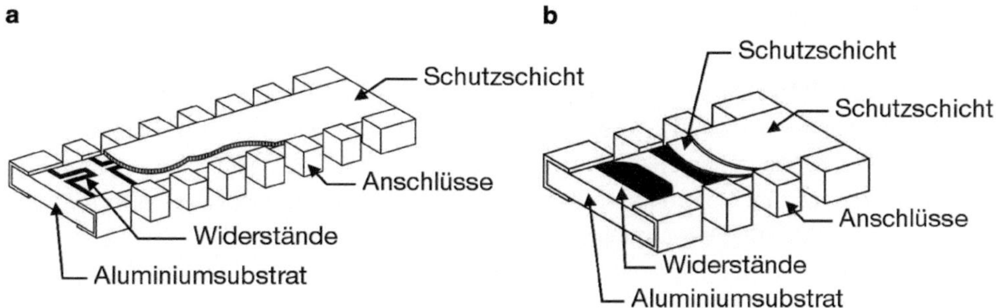

Abb. 3.40 Aufbau eines Widerstandsnetzwerkes in Dünnschichttechnik (**a**) und in Dickschichttechnik (**b**)

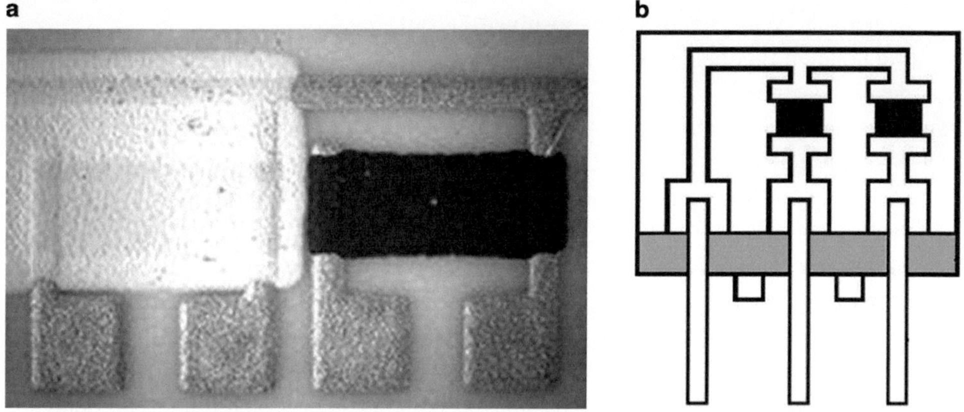

Abb. 3.41 Dickschichtwiderstände, **a** mit Glasabdeckung, **b** Schema eines Dickschichtnetzwerkes mit zwei Widerständen (Spannungsteiler) zum stehenden Einbau

Die Toleranz der Nennwiderstandswerte liegt im Bereich von $\pm 0{,}1\,\%$ bis $\pm 5\,\%$. Eine extrem enge Widerstandsverhältnistoleranz (Toleranz untereinander) von nur $\pm 0{,}01\,\%$ ist möglich (standardmäßig $\pm 0{,}1\,\%$).

Der absolute Temperaturkoeffizient (TCR) beträgt typisch 100 bis 250 ppm/°C, bis herab zu 10 ppm/°C. Ein Gleichlauf des Temperaturkoeffizienten (TK-Gleichlauf, TCR-Gleichlauf) bis max. 1 ppm/°C ist realisierbar. Durch das gemeinsame Substrat der Widerstände ist ein *wesentlich besserer TK-Gleichlauf als bei Verwendung einzelner Widerstände* erreichbar.

Die Belastbarkeit ist z. B. 100 mW pro Widerstand bei $+70\,°C$. Der Betriebstemperaturbereich reicht von $-55\,°C$ bis $+155\,°C$, Betriebsspannungen bis 100 V sind möglich.

3.7 Zusammenfassung

1. Ohm'sche Widerstände können nach festen, mechanisch veränderbaren und durch physikalische Größen veränderlichen Widerstandswerten eingeteilt werden.
2. Festwiderstände können nach ihrer Aufbauform (bedrahtet, SMD, Dick- oder Dünnschicht) sowie ihrer Aufbauart (Widerstandsmaterial draht- oder schichtförmig und dessen Struktur und Gestaltung) eingeteilt werden.
3. Die wichtigsten Kennwerte eines Widerstandes sind Widerstandsnennwert, Toleranz und Temperaturabhängigkeit des Widerstandswertes und die Belastbarkeit in Watt.
4. Ein ohmscher Widerstand ist ein passives Bauelement, es ist ein Wirkwiderstand, in ihm entsteht Wärme.
5. Kohleschichtwiderstände weisen bei steigender Temperatur einen negativen TK und metallische Widerstände einen positiven TK auf.
6. Bei höheren Frequenzen sind Eigeninduktivität und Eigenkapazität eines Widerstandes zu beachten.
7. Thermisches Rauschen wird als Widerstandsrauschen (Nyquist-Rauschen, Johnson-Noise) bezeichnet.
8. Die in einem Widerstand erzeugte Rauschleistung ist unabhängig vom Widerstandswert.
9. Stromrauschen wird vorwiegend in Kohleschichtwiderständen beobachtet.
10. Festwiderstände werden bezüglich des Widerstandsnennwertes in Wertebereiche mit zugehörigen Toleranzklassen nach E-Reihen (Normreihen) eingeteilt. Die Reihen werden nach der Anzahl der Widerstandsnennwerte je Dekade bezeichnet.
11. Aufeinanderfolgende Widerstandsnennwerte unterscheiden sich immer um den gleichen Faktor, den so genannten Schritt- oder Stufenfaktor: $q_E = \sqrt[E]{10}$ (E = Nummer der Reihe).
12. Bei bedrahteten Widerständen wird der Widerstandsnennwert und die Toleranz meist durch einen Farbcode in Form umlaufender Farbringe auf dem Widerstandskörper gekennzeichnet.
13. Die Kennzeichnung des Widerstandswertes kann auch in Klartext durch einen RKM-Code (IEC) oder dem MIL-Code (Military-Code) erfolgen.
14. Bei Chip-Widerständen ist der Widerstandswert codiert auf das Bauteil gedruckt. Hierzu gibt es den Zwei-, Drei- und Vierzeichencode. Das Ergebnis ist immer in Ohm.
15. Für Chipwiderstände mit einer Toleranz von 1 % kann der Widerstandswert mit dem Code nach EIA-96 angegeben werden.
16. Eine Bauform eines Festwiderstandes ist der Drahtwiderstand.
17. Drahtwiderstände können sehr hoch belastbar sein (bis zu einigen hundert Watt).
18. Die Temperaturabhängigkeit des Widerstandswertes von Drahtwiderständen ist gering (einige zehn bis einige hundert ppm pro Kelvin).
19. Ein Drahtwiderstand besitzt eine hohe parasitäre Induktivität, er ist für Anwendungen in der Hochfrequenztechnik nicht geeignet.

20. Um parasitäre induktive und kapazitive Größen herabzusetzen, werden bei Drahtwiderständen spezielle Wicklungen verwendet: Bifilare Wicklung, Kreuzwicklung (Ayrton-Perry-Wicklung), Chaperon-Wicklung, Wagner-Wertheimer-Wicklung.

21. Massewiderstände besitzen sehr gute Hochfrequenzeigenschaften, eine hohe Überlastbarkeit und eine hohe Pulsbelastbarkeit.

22. Kohleschichtwiderstände sind preiswerte Universalwiderstände. Einsatzgebiete sind die Unterhaltungselektronik sowie die Vermittlungs-, Daten-, und Weitverkehrstechnik.

23. Kohleschichtwiderstände eignen sich für Anwendungen im HF-Bereich. Sie haben relativ hohes Rauschen und sind empfindlich gegen Luftfeuchtigkeit.

24. Metallschichtwiderstände haben eine höhere Belastbarkeit als Kohleschichtwiderstände und lassen sich mit geringeren Toleranzen fertigen. Sie sind unempfindlich gegenüber Feuchtebeanspruchung.

25. Metalloxidwiderstände sind induktionsarm, sie eignen sie sich für sehr hohe Frequenzen.

26. Edelmetall-Schichtwiderstände werden hauptsächlich als Präzisionswiderstände verwendet.

27. Bei Metallschichtwiderständen mit Metall-Legierungen sind sehr kleine Temperaturkoeffizienten erzielbar. Die Langzeitkonstanz ist sehr hoch, die Hochfrequenzeigenschaften sind gut, das Rauschen ist gering.

28. Metallglasur-Widerstände (Dickschicht-Widerstände) sind auch als SMD-Bauteil erhältlich. Sie besitzen eine hohe Spannungsfestigkeit (Einsatz als Hochspannungswiderstände).

29. SMD-Widerstände sind als Chip (Rechteckform) oder als MELF (Zylinderform) erhältlich.

30. Die Angabe der Länge und Breite von Chip-Widerständen erfolgt durch vier Ziffern.

31. SMD-Widerstände sind erhältlich als Drahtwiderstände, Schichtwiderstände, Metallfolienwiderstände.

32. SMD-Schichtwiderstände gibt es als Dickschicht-Ausführung mit Oxidpasten, Kohlegemisch- oder Cermet-Schichten und als Dünnschicht-Ausführung mit Kohle-, Metall- oder Metalloxidschichten.

33. Dickschicht-Chipwiderstände sind deutlich weniger belastbar als Metallschicht-Chipwiderstände, beide sind nicht so hoch belastbar wie Metallschicht-MELF-Widerstände.

34. Ein Widerstandsnetzwerk ist ein Bauteil, das mehrere ohmsche Festwiderstände in sich vereint, welche evtl. auf bestimmte Art miteinander verschaltet sind.

35. Bei einem Widerstandsnetzwerk ist durch das gemeinsame Substrat der Widerstände ein wesentlich besserer TK-Gleichlauf als bei Verwendung einzelner Widerstände erreichbar.

Veränderbare Widerstände, Potenziometer 4

4.1 Veränderbarer Widerstand

Drahtwiderstände kann man auch als einstellbare Widerstände herstellen. Eine mögliche Ausführung wird hier erläutert. Um den Widerstand zu verändern wird der Bedienknopf einer Spindelachse gedreht (Abb. 4.1). Dadurch kann ein verschiebbarer Schleifkontakt (der „Schleifer"), der auf den Widerstandskörper drückt, sehr genau positioniert werden. Der Schleifer besteht meist aus einer Feder mit Silberkontaktstelle oder mit einem Kohlekontakt. Zwischen dem Schleifer, der als Abgriff auf der Drahtwicklung dient, und einem Ende der Widerstandswicklung entsteht auf diese Weise ein von der Position des Schleifers abhängiger Widerstandswert.

Das Prinzip der mechanischen Verstellung eines Schleifers auf einem Widerstandsmaterial ist nicht auf eine geradlinige Bewegung des Schleifers beschränkt. Der Träger des Widerstandsmaterials kann auch kreissegment- oder spiralförmig sein. Beim Drehwiderstand wird der Schleifer über eine ebene, kreisförmig angeordnete Bahn geführt, beim Spindelpotenziometer mit Hilfe einer Spindel über die gewendelte Widerstandsbahn gezogen. Die Einstellung des Widerstandes erfolgt in diesen Fällen durch die Drehbewegung

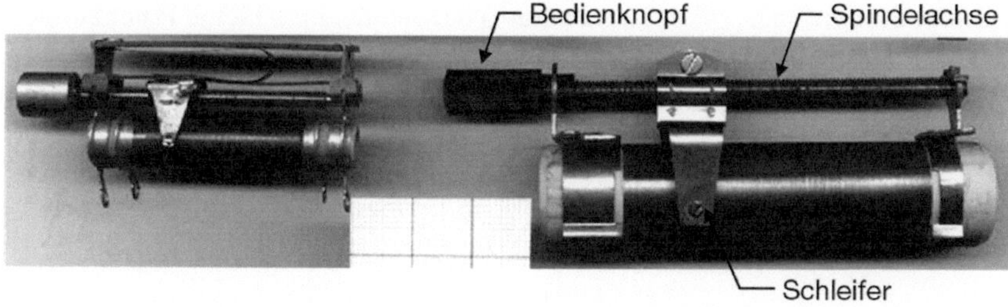

Abb. 4.1 Über Drehspindeln einstellbare Draht-Hochlastwiderstände mit zwei Anschlüssen

© Springer Fachmedien Wiesbaden GmbH, ein Teil von Springer Nature 2019
L. Stiny, *Passive elektronische Bauelemente*, https://doi.org/10.1007/978-3-658-24733-1_4

einer Achse, die Bewegung des Schleifers ist nicht linear fortschreitend, sondern beim Drehwiderstand kreisförmig.

Anders als bei Drahtpotenziometern besteht bei Schichtpotenziometern das Widerstandsmaterial aus einer Kohle- oder Metallschicht oder einem leitenden Kunststoff.

Im Unterschied zu einem veränderbaren Widerstand (Stellwiderstand) mit zwei Anschlüssen hat ein Potenziometer drei Anschlüsse, es kann als einstellbarer Spannungsteiler verwendet werden.

4.2 Grundprinzip des Potenziometers

Beim Potenziometer wird mit einem beweglichen Schleifer auf einem Widerstandselement mit einem festen Gesamtwiderstandswert ein Spannungspotenzial nach dem Prinzip der Spannungsteilerschaltung abgegriffen. Ein Potenziometer kann somit als Spannungsteiler mit einstellbarem Teilerverhältnis geschaltet werden (Abb. 4.2). Liegt an den festen Endanschlüssen die Spannung U, so kann am Schleifer gegen einen festen Anschluss eine einstellbare Teilspannung U_1 von 0 Volt bis zur Gesamtspannung U abgegriffen werden.

Da mit einem Spannungsteiler verschiedene Spannungspotenziale eingestellt werden können, ist für einen solchen einstellbaren ohmschen Widerstand die Bezeichnung Potenziometer (kurz: Poti) üblich.

Beim Potenziometer kann das Einstellen des Widerstandswertes durch Drehen an einer Achse (Drehpotenziometer) wie beim Lautstärkeregler am Radio erfolgen oder durch Verschieben eines Abgriffes (Schiebepotenziometer, eingesetzt in Mischpulten in Tonstudios). Beim Drehpotenziometer ist die Widerstandsbahn kreisförmig, beim Schiebepotenziometer gerade ausgebildet. In beiden Fällen wird beim Verstellen über die Widerstandsschicht, die zwischen zwei festen Anschlüssen liegt, ein federnder Abgriff („Schleifer" genannt) entlanggeführt. Dadurch verändert sich der Widerstandswert zwischen den festen Anschlüssen und dem Schleiferanschluss. Mit A und E werden Anfang und Ende der Widerstandsbahn bezeichnet, S kennzeichnet den verstellbaren Abgriff (Abb. 4.3 und Abb. 4.4a).

Wird einer der festen Anschlüsse mit dem Schleiferanschluss verbunden, so ist das Potenziometer als variabler Widerstand geschaltet.

Als *Trimm-Potenziometer* (kurz „Trimmer") bezeichnet man kleine Potenziometer zum einmaligen, exakten Einstellen eines festen Widerstandswertes (Abb. 4.4b). Das Verstellen erfolgt meist mit einem Schraubendreher. Trimmer werden für den Abgleich von elektri-

Abb. 4.2 Potenziometer in Spannungsteilerschaltung

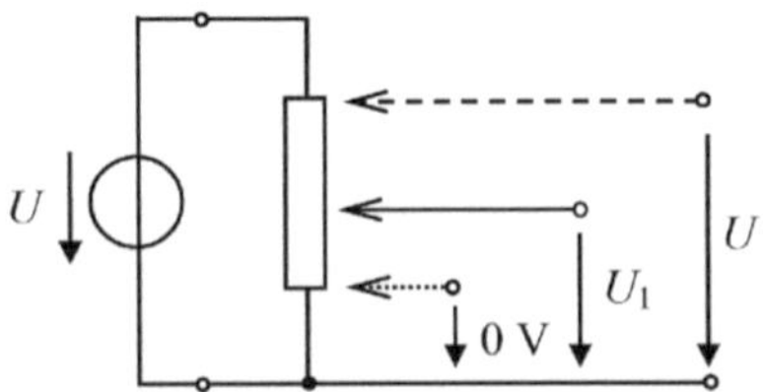

Abb. 4.3 Funktionsprinzip
eines Drehpotenziometers,
Blickrichtung von hinten

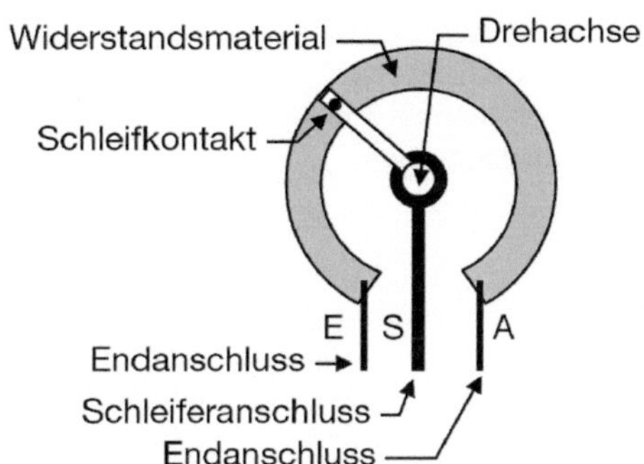

schen Werten verwendet, die nur durch das Einstellen eines genauen Widerstandswertes erreicht werden können. Trimmer werden normalerweise in die Schaltung eingelötet. Die Bedienung ist nur beim Abgleichvorgang (evtl. bei geöffnetem Gehäuse) notwendig. Trimmer mit Einstellspindel haben häufig eine Cermet-Widerstandsschicht.

Potenziometer mit Drehachse werden im Gerät festgeschraubt, die Bedienachse mit aufgebrachtem Drehknopf ist von außen zugänglich.

Der Begriff *Wendelpotenziometer* (oft als mehrgängige Präzisionspotenziometer, Spindelpotenziometer oder als *Helipot* bezeichnet) bezieht sich auf eine Ausführung, bei der mehrere Umdrehungen der Einstellachse notwendig sind, um den gesamten Einstellbereich zu überstreichen. Somit ist die sehr genaue Einstellung eines Widerstandswertes innerhalb eines Gesamtbereiches möglich.

Bei einem *Tandempotenziometer* erfolgt die Verstellung zweier mechanisch gekoppelter Potenziometer gleichzeitig durch eine gemeinsame Achse, z. B. zur Lautstärkeeinstellung der beiden Kanäle eines Stereoverstärkers.

Nach den Bauformen kann man Potenziometer unterscheiden in:

- groß und hoch belastbar, mit Widerstandsdraht bewickelt
- klein, mit Kohlebahn (z. B. zur Lautstärke- oder Klangeinstellung)
- Miniaturausführung (Trimmer).

Potenziometer können einen unterschiedlichen Widerstandsverlauf haben. Man unterscheidet zwischen *linearer* und *logarithmischer Kennlinie*, der eingestellte Widerstandswert ist linear oder logarithmisch vom zurückgelegten Weg des Abgriffes abhängig.

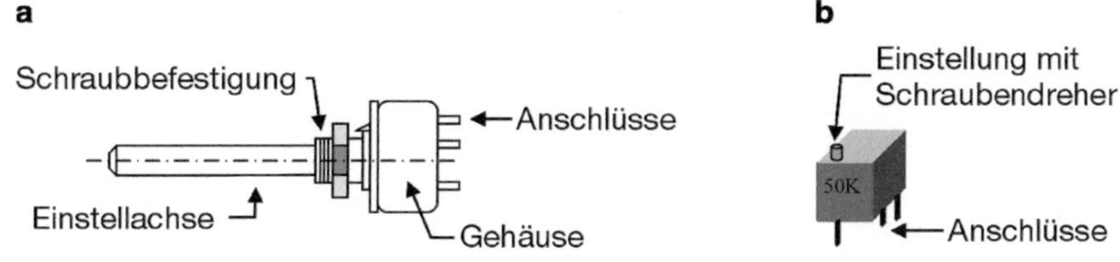

Abb. 4.4 Drehpotenziometer (**a**) und Trimmer (**b**)

Abb. 4.5 Mögliche Widerstandsverläufe von Potenziometern als Funktion der Schleiferposition

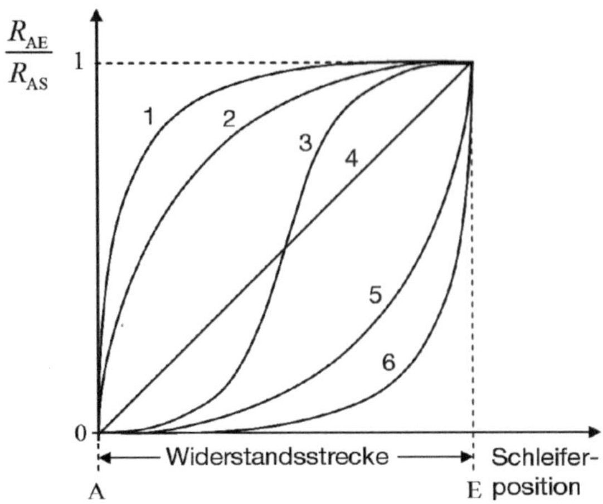

Beim linearen Widerstandsverlauf nimmt der Widerstandswert über die Widerstandsstrecke immer um den gleichen Betrag zu bzw. ab. Beim positiv logarithmischen Verlauf nimmt der Wert langsam zu und steigt dann gegen Ende der Widerstandsstrecke stark an. Für die Einstellung der Lautstärke eines Radios wird ein Potenziometer mit positiv logarithmischer Kennlinie benutzt, da das menschliche Ohr für das Empfinden der Lautstärke eine ähnliche Kennlinie besitzt. Würde ein Poti mit linearer Kennlinie verwendet werden, so würde man beim Drehen am Poti lange Zeit keine Veränderung der Lautstärke wahrnehmen und der Bereich zur Einstellung der Lautstärke würde sich auf einen sehr kleinen Drehwinkel beschränken.

Beim positiv exponentiellen Widerstandsverlauf steigt der Wert noch flacher an, um dann im letzten Bereich der Widerstandsstrecke stark anzusteigen. Der negativ logarithmische und negativ exponentielle Widerstandsverlauf verhalten sich entgegengesetzt zu den positiven Widerstandsverläufen. Für spezielle Anwendungen gibt es Potenziometer mit Sinus- oder S-Kurven-Verlauf.

In Abb. 4.5 sind die Widerstandsverläufe:

1 = negativ exponentiell
2 = negativ logarithmisch
3 = S-Verlauf
4 = linear
5 = positiv logarithmisch
6 = positiv exponentiell.

Für die Proportionalität der linearen Kennlinie gilt eine gewisse Toleranz. Die Abweichung des Istwertes vom Sollwert bei einem beliebigen Drehwinkel bezeichnet man als *Linearität*.

$$L = \frac{\Delta R}{R_{\text{Soll}}} \cdot 100\,\% \qquad\qquad (4.1)$$

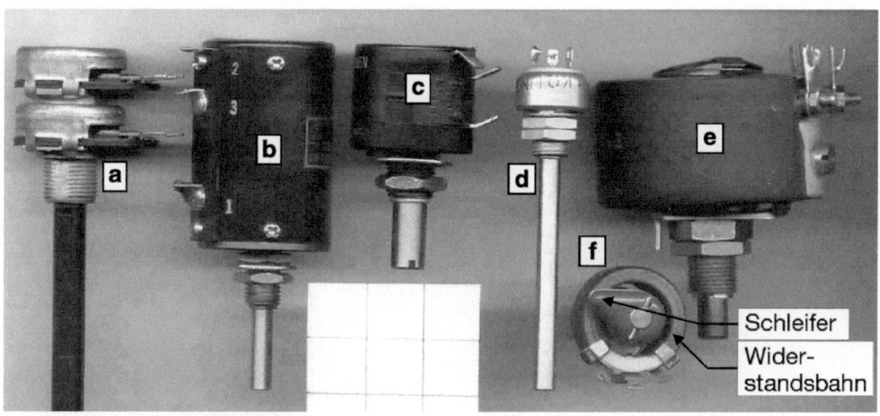

Abb. 4.6   Verschiedene Potenziometer

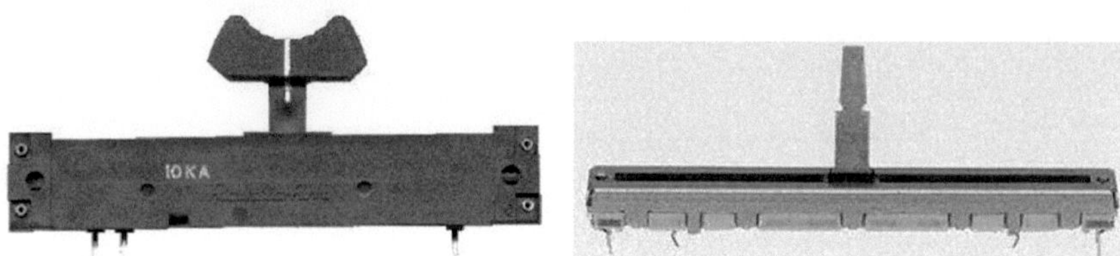

Abb. 4.7   Schiebepotenziometer

Bei normalen Potenziometern beträgt sie etwa $\pm1{,}5\,\%$. Für Messzwecke werden auch Potenziometer mit einer Linearität von $\pm0{,}02\,\%$ realisiert.

Beim Potenziometer ist zu beachten, dass in der Nähe der beiden Endstellungen des Schleifers der Widerstandswert zwischen festem Anschluss und Abgriff sehr klein wird. In der Endstellung sind fester Anschluss und Abgriff kurzgeschlossen. Bei kleinen Widerstandswerten können große Ströme fließen und das Potenziometer beschädigen, wenn die Spannung zwischen beiden Anschlüssen zu groß ist.

Die Belastbarkeit in Watt ist stets für das Gesamtpotenziometer angegeben. Greift man einen Bruchteil des Gesamtwiderstandes ab, so gilt hierfür ebenfalls nur der entsprechende Bruchteil der Leistungsbelastung, da der belastete Oberflächenbereich entsprechend kleiner geworden ist.

Die in Abb. 4.6 gezeigten Potenziometer sind:

a   = Tandem-Potenziometer,
b und c = 10-Gang Wendelpotenziometer,
d   = Kohleschichtpotenziometer (Verwendung z. B. als Lautstärkeregler),
e und f = hoch belastbare Drahtpotenziometer.

Abb. 4.7 zeigt Schiebepotenziometer, Abb. 4.8 unterschiedliche Trimm-Potenziometer.

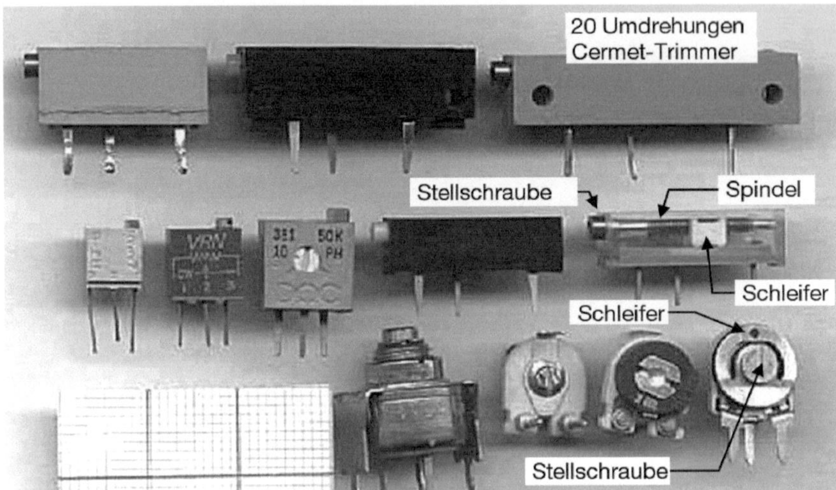

Abb. 4.8 Trimm-Potenziometer zum Abgleich elektronischer Schaltungen

4.3 Industrieller Einsatz von Potenziometern

4.3.1 Einsatzbereiche

Ein Potenziometer kann als variabler *Sollwertgeber* in der Regelungstechnik und als *Positionsmelder* verwendet werden.

Präzisionspotenziometer werden in erster Linie im industriellen Bereich eingesetzt, z. B. in der Mess-, Steuer-, Regel- und Automatisierungstechnik. Präzisionspotenziometer unterscheiden sich von Potenziometern durch wesentlich verbesserte technische Werte, enge elektrische und mechanische Toleranzen und wesentlich erhöhte Lebensdauer.

Bei Präzisionspotenziometern ist der maximal zugelassene Schleiferstrom im Bereich kleiner 1 mA. Die zulässige Spannung am Widerstandselement ist von der Größe des Gesamtwiderstandes abhängig.

4.3.2 Widerstandselemente

4.3.2.1 Draht als Widerstandselement

Draht ist bei Potenziometern als Widerstandselement sehr gebräuchlich. Je nach Gesamtwiderstandswert werden unterschiedliche Metall-Legierungen verwendet. Ein Vorteil von Draht als Widerstandselement ist, dass enge Toleranzen von Linearität und Widerstandswert leicht möglich sind. Spezielle Gesamtwiderstandswerte können auch in Kleinstückzahlen produziert werden. Es werden eine gute elektrische Leistung, günstige Herstellkosten und hohe Flexibilität erreicht. Ein Nachteil ist die geringe Auflösung durch den

Windungssprung. Da der Schleifer quer über den gewickelten Draht läuft, verläuft der Widerstandswert in Stufen. Die kleinste Widerstandsänderung ist der Widerstandswert einer Drahtwindung. Ebenfalls nachteilig sind die geringe Lebensdauer und höheres elektrisches Rauschen durch Abrieb. Drahtpotenziometer sind wenig geeignet bei Schock- und Vibrationsbelastung und bei hoher Verstellgeschwindigkeit.

Drahtpotenziometer bestehen aus einem zylindrischen Isolierstoffring, beispielsweise aus Keramik, der die Widerstandswicklung trägt. Bei hoch belastbaren Ausführungen ist die Wicklung mit Ausnahme der Abgreiffläche allseitig mit einer Glasur- oder Zementschicht überzogen. Diese gewährleistet eine gute Wärmeabgabe und eine hohe Überbelastbarkeit. Die Widerstandskurve ist linear, die Toleranz liegt normal bei 10 %. Draht-Drehwiderstände werden bis zu Belastungen von 500 W hergestellt. Als Schleifer verwendet man Kontaktfedern und Kohle.

4.3.2.2   Widerstandselement in Hybridtechnik

Die Hybridtechnik stellt eine Zwischenlösung zwischen Draht und leitendem Kunststoff als Widerstandselement dar. Die Drahtwicklungen werden in einem speziellen Verfahren mit einer Dickschichtmasse ausgefüllt und das ganze Element mit dieser Paste überzogen. Vorteile gegenüber Draht sind: Höhere Auflösung, höhere Lebensdauer, höhere Schock- und Vibrationsbelastbarkeit sowie höhere zulässige Drehzahlen.

4.3.2.3   Leitender Kunststoff als Widerstandselement

Diese Technologie wird in erster Linie bei Präzisions-Ein-Wendel-Potenziometern als Winkelsensoren verwendet, da eine sehr hohe Lebensdauer erzielt werden kann. Vorteile dieser Technik sind eine sehr hohe Lebensdauer, gleichsam unendliche Auflösung, hohe Schock- und Vibrationsbelastbarkeit, hohe zulässige Drehzahlen.

4.3.3   Mechanische Drehwinkel

Von Hand ist es häufig schwierig, einen gewünschten Wert exakt einzustellen, da dies die genaue Positionierung des mit der Potenziometerachse verbundenen Schleifers auf dem hochauflösenden Widerstandselement erfordert. Deshalb unterscheidet man:

4.3.3.1   Mehrwendelpotenziometer

Sehr bekannt sind Präzisionspotenziometer für 10 mechanische Umdrehungen, also mit einem mechanischen Drehwinkel von 3600° (Abb. 4.9 und 4.10). Diese sind in Draht- und Hybrid-Technologie zu sehr günstigen Preisen erhältlich. Dieses Bauelement wird in erster Linie als genauer Spannungseinsteller mit einem hochauflösenden Einstellknopf (Abb. 4.11) an Frontplatten von Mess-, Steuer- und Regelgeräten verwendet. Je größer der mechanische Drehwinkel, also die mechanische Anzahl der Umdrehungen und damit der Stellweg ist, desto größer ist auch die Einstellgenauigkeit.

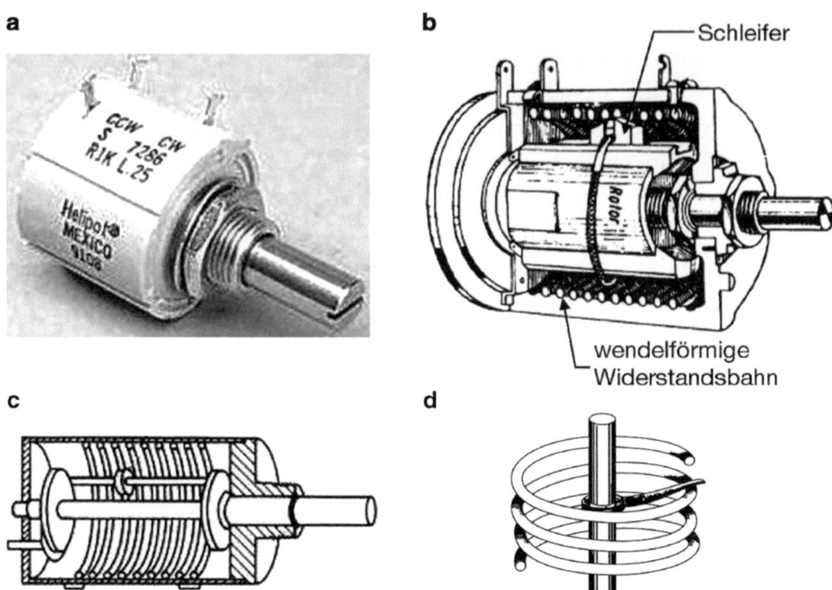

Abb. 4.9 10-Gang Wendelpotenziometer (**a**), schematische Darstellung des Aufbaus (**b**–**d**)

Abb. 4.10 Spindeltrimmer im Schnitt

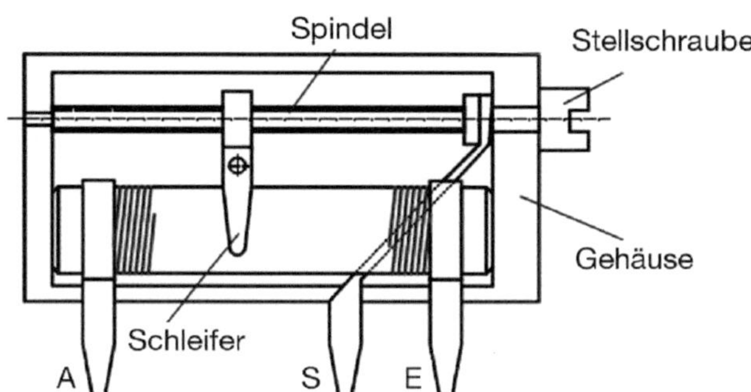

4.3.3.2 Präzisionspotenziometer mit einer mechanischen Umdrehung (360° Drehwinkel)

Diese Bauform wird häufig als analoger Winkelsensor eingesetzt. Für viele Anwendungen, insbesondere wenn der gesamte Widerstandsbereich schnell eingestellt werden soll, reicht eine Umdrehung für den gesamten Widerstandsbereich vollständig aus.

4.3.4 Mechanische Bauformen

4.3.4.1 Einlochbefestigung

Die Einlochbefestigung (Einlochmontage) wird besonders beim Einsatz in Verbindung mit Einstellknöpfen für Handbetrieb oder kleinen Verstellgeschwindigkeiten verwendet.

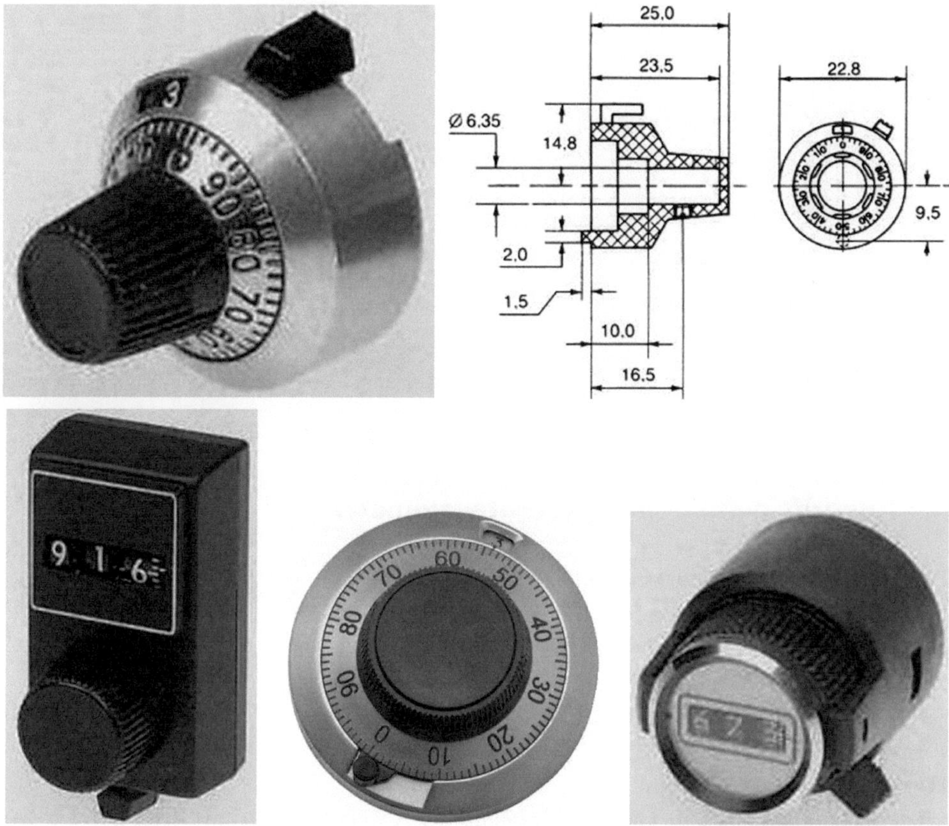

Abb. 4.11   Einstellknöpfe für Wendelpotenziometer mit Präzisionsskala und Feststellhebeln

Präzisionspotenziometer mit Einlochbefestigung sind in nahezu allen Fällen mit Präzisionsgleitlagern in der Gewindebuchse ausgerüstet. Deshalb sind sie nur empfehlenswert für langsame Verstellgeschwindigkeiten ohne axiale und radiale Last auf die Potenziometerachse. Diese Potenziometer mit Einlochbefestigung sind auch viel preiswerter als solche mit Servoflansch- und Kugellager (Abb. 4.12a).

4.3.4.2   Präzisionspotenziometer mit Synchroflansch (Servoflansch- und Kugellager)

Diese werden meistens in Verbindung mit Motoren und anderen angetriebenen Teilen eingesetzt. Die Lager sind nahezu immer Präzisionskugellager, die auch wesentlich höhere Drehzahlen zulassen sowie mäßige axiale und radiale Lasten aufnehmen können. Die Montage erfolgt entweder mit drei Gewindebohrungen im Flansch oder über drei sogenannte Synchroklemmen (siehe Abb. 4.12b). Diese Bauform wird in erster Linie bei Aufgaben als analoger Winkelsensor eingesetzt.

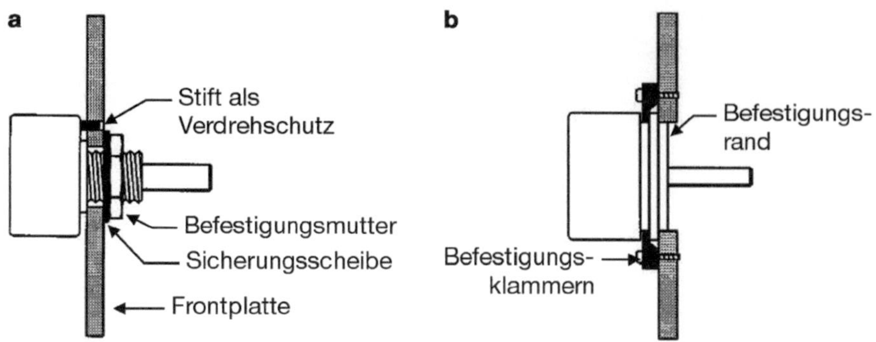

Abb. 4.12 Übliche Einbauarten von Potenziometern, Einlochmontage (bushing mount) (**a**) und Flanscheinbau (servo-mount) (**b**)

4.4 Begriffsdefinitionen zum Potenziometer

Es folgen Begriffsdefinitionen, wie sie auch in Normen festgelegt sind und von Firmen häufig zur Spezifikation von Potenziometern verwendet werden.

4.4.1 Allgemeine Begriffe

Potenziometer
Ein Potenziometer ist ein mechanisch betätigtes Bauelement mit drei Anschlüssen zur Verwendung als einstellbarer Spannungsteiler oder als einstellbarer Widerstand (*Rheostat*). Zwei der Anschlüsse sind mit den Enden eines Widerstandselementes verbunden. Der dritte Anschluss führt zu einem beweglichen Kontakt (Schleifer), der mechanisch über das Widerstandselement geführt werden kann. Die Ausgangsspannung ist in bestimmter Weise, welche durch den Widerstandswertverlauf des Widerstandselementes gegeben ist, abhängig von der Schleiferposition.

Trimmwiderstand (Trimmpotenziometer, Trimmer)
Ein Trimmwiderstand ist ein Potenziometer mit zwei oder drei Anschlüssen, das seiner einfachen Bauart entsprechend nur gelegentlich und vorzugsweise mit einem Werkzeug auf einen Spannungs- oder Widerstandswert eingestellt wird. Die Anzahl der Bewegungen des Schleifkontaktes ist deutlich geringer als bei einem Potenziometer für allgemeine Verwendung.

Drehpotenziometer (ein- oder mehrgängig)
Ein Drehpotenziometer ist ein Potenziometer mit einer Welle als Betätigungsvorrichtung, das die häufige Einstellung betriebsmäßig veränderbarer Spannungs- oder Widerstandswerte erlaubt.

Hoch belastbare Potenziometer

Ein hoch belastbares Potenziometer ist ein Potenziometer mit einer Belastbarkeit des Widerstandselementes vorzugsweise oberhalb vier Watt, bei dessen Konstruktion und Bemessung die Eigenerwärmung eine wesentliche Rolle spielt.

Präzisionspotenziometer

Ein Präzisionspotenziometer ist ein Potenziometer, bei dem der Verlauf einer Spannung oder eines Widerstandswertes zwischen einem Endanschluss und dem Schleiferanschluss in Abhängigkeit von der Stellung der Einstellvorrichtung hinreichend genau einem vorgegebenen Gesetz folgt, um es für Mess-, Steuer- und Regelaufgaben verwenden zu können. Einstellvorrichtung, Element und Schleifer sind für hohe Lebensdauer und Präzision ausgelegt und meist für Servobetätigung geeignet.

Tandempotenziometer

Ein Tandempotenziometer besteht aus zwei oder mehr Teilpotenziometern, die durch eine gemeinsame Welle betätigt werden. Gleichlaufforderungen können berücksichtigt werden.

Mehrfachpotenziometer (Doppelpotenziometer)

Ein Mehrfachpotenziometer besteht aus zwei oder mehr Teilpotenziometern, die unabhängig voneinander durch konzentrische Wellen betätigt werden.

Dämpfungssteller

Dämpfungssteller sind hochfrequenztaugliche (bis etwa 1 GHz) Tandem-Trimmpotenziometer, überwiegend mit Einstellung durch eine gemeinsame Gewindespindel. Die Teilpotenziometer sind in einem Gehäuse so angeordnet und bemessen, dass unabhängig von der eingestellten Dämpfung der vom Eingang und der vom Ausgang gesehene Widerstand gleich dem vorgegebenen Wert des Wellenwiderstandes bleibt.

4.4.2   Potenziometer-Betätigung

Einstellvorrichtung

Die Einstellvorrichtung betätigt den Schleifer des Potenziometers. Sie kann als Welle, als Schieber, als Gewindespindel, von Hand oder nur mit Werkzeug zugänglich oder als Servoanschluss ausgebildet sein.

Anschläge

Anschläge begrenzen mechanisch die Bewegung des Schleifers. Sie dürfen höchstens mit einer vorgegebenen Kraft (Drehmoment) beansprucht werden.

Rutschkupplungen

Eine Rutschkupplung ist eine Vorrichtung, die das Weiterdrehen der Einstellvorrichtung erlaubt, nachdem der Schleifer die Anschläge am Ende der Widerstandsbahn erreicht hat. Sie entkoppelt Schleifer und Einstellvorrichtung mechanisch, wenn eine vorgegebene Kraft in der Rutschkupplung überschritten wird. Damit verhindert sie mechanische Schäden an Schleifer, Anschlägen und Einstellvorrichtung an den Enden des mechanischen Stellbereiches. Dynamische Kräfte sind gegebenenfalls durch Begrenzen der Drehgeschwindigkeit klein zu halten.

Bezeichnung der Anschlüsse

Die Anschlüsse des Potenziometers werden wie folgt gekennzeichnet:

„a" ist der Endanschluss, der dem Schleifer elektrisch am nächsten liegt, wenn die Welle ganz nach links gedreht ist. „b" ist der Schleiferanschluss. „c" ist der andere Endanschluss.

Statt der Bezeichnung a, b und c werden auch die Ziffern 1, 2 und 3 oder A, S und E verwendet. Die Bezeichnung kann insbesondere bei linearen Potenziometern fehlen. Die Bezeichnung weiterer Anschlüsse ist erforderlichenfalls in der Beschreibung des Potenziometers angegeben.

Drehrichtung

Die Drehrichtung wird bezeichnet als „im Uhrzeigersinn" oder „gegen den Uhrzeigersinn", wobei eine Draufsicht auf diejenige Seite des Potenziometers zugrunde gelegt wird, die das Einstellelement enthält.

4.4.3   Klimatische Prüfklasse

Die klimatische Prüfklasse gibt in Kurzform an, welchen Schärfegraden der hauptsächlichen Umweltprüfungen das Potenziometer im Rahmen der angegebenen Stabilität standhält. Sie kann unter Berücksichtigung des Potenziometers herangezogen werden. Die Prüfklasse wird in folgender Form genannt: ab/cde/fg.

Darin bedeuten:

ab = Schärfegrad der Prüfung „Kälte", angegeben durch die untere Kategorietemperatur.
cde = Schärfegrad der Prüfung „Trockene Wärme", angegeben durch die obere Kategorietemperatur.
fg = Schärfegrad der Prüfung „Feuchte Wärme, konstant", angegeben durch deren Dauer in Tagen.

> **Beispiel 4.1**
> Prüfklasse 25/125/21 gibt an, dass die untere Kategorietemperatur −25 °C, die obere Kategorietemperatur 125 °C und die Dauer der Feuchteprüfung 21 Tage beträgt.

Die Dauer der Prüfung „Feuchte Wärme, zyklisch" ist fest mit der Prüfklasse verknüpft. Die Schärfegrade der weiteren Umgebungsprüfungen werden in der Beschreibung des Potenziometers (wenn zutreffend in der Bauartspezifikation) angegeben.

Untere Kategorietemperatur

Die untere Kategorietemperatur ist die niedrigste Umgebungstemperatur, bei der ein Potenziometer für dauernden Betrieb vorgesehen ist.

Obere Kategorietemperatur

Die obere Kategorietemperatur ist die höchste Umgebungstemperatur, bei der ein Potenziometer für dauernden Betrieb vorgesehen ist, während es mit dem Teil seiner Nennbelastbarkeit belastet ist, die als Kategoriebelastbarkeit bezeichnet wird.

Kategorietemperaturbereich

Der Kategorietemperaturbereich ist der Temperaturbereich zwischen der unteren und der oberen Kategorietemperatur. In ihm ist das Potenziometer für dauernden Betrieb vorgesehen.

Oberflächentemperatur

Die Oberflächentemperatur ist die unter vorgegebenen Bedingungen gemessene Temperatur an einer festgestellten Stelle der Oberfläche des Potenziometers. Dies kann die wärmste Stelle der Oberfläche (nur bei einfachen Konstruktionen) oder die wärmste Stelle des (offenen) Widerstandselementes oder eine Stelle an der Lagerung der Betätigungsvorrichtung oder an der Befestigungsvorrichtung sein. Sie wird üblicherweise nur bei hoch belastbaren Potenziometern verwendet.

Stabilität

Die Stabilität gibt an, welche Änderung des Gesamtwiderstandswertes bei den Langzeitprüfungen höchstens auftreten darf. Ihr sind die zulässigen Änderungen bei den anderen Prüfungen und anderer Kennwerte zugeordnet.

4.4.4   Nennwerte und Eigenschaften

Alle Nennwerte und Eigenschaften außer der Belastbarkeit werden für das Bezugsklima nach DIN EN 60068-1 genannt: Temperatur 20 °C, Luftdruck 101,3 kPa. Sie gelten im wesentlichen unverändert im Bereich der klimatischen Normalbedingungen für Prüfungen nach DIN EN 60068-1: Temperatur 15 °C bis 35 °C, relative Feuchte 25 % bis 75 %, Luftdruck 86 kPa bis 106 kPa (860 bis 1060 mbar). Außerhalb dieses Bereiches sind die Angaben in der Beschreibung des Potenziometers (Bauartspezifikation) zu berücksichtigen.

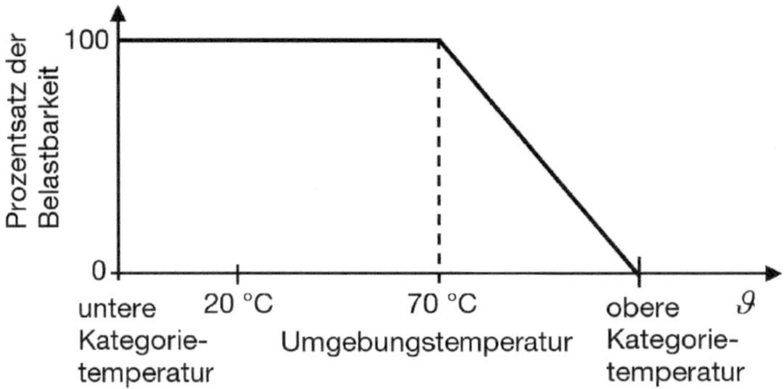

Abb. 4.13 Lastminderungskurve eines Potenziometers

Nennwiderstandswert R_N

Der Nennwiderstandswert dient der Bezeichnung des Potenziometers. Er entspricht in der Regel dem Gesamtwiderstandswert des Widerstandselementes gemessen zwischen den Anschlüssen a und c.

Nennbelastbarkeit P_N

Die Nennbelastbarkeit ist die höchste elektrische Belastung in Watt des Widerstandselementes des Potenziometers zwischen den Anschlüssen a und c bei einer Umgebungstemperatur von 70 °C unter den Bedingungen der elektrischen Dauerprüfung bei 70 °C, wobei die sich ergebende Änderung des Widerstandswertes nicht größer sein darf als nach der angegebenen Stabilität zulässig ist.

Belastbarkeit bei von 70 °C abweichenden Temperaturen (Lastminderung)

Bei Umgebungstemperaturen unterhalb 70 °C darf das Potenziometer mindestens entsprechend seiner Nennbelastbarkeit belastet werden. Bei Umgebungstemperaturen oberhalb 70 °C ist die Belastung entsprechend der Kurve in Abb. 4.13 zu mindern. Abweichende Festlegungen sind in der Bauartspezifikation anzugeben.

Hinweis: Die tatsächliche Belastbarkeit kann wie folgt abweichen. Bei hohen Widerstandswerten kann die höchste zulässige Dauerspannung verhindern, dass die Nennbelastung ausgenutzt wird.

Wenn Anschluss b nur mit Anschluss a oder c verwendet wird und das Potenziometer nicht auf 100 % des elektrischen Nutzbereiches eingestellt ist, kann der höchste zulässige Schleiferstrom die Belastbarkeit begrenzen.

Wenn für eine Stelle des Potenziometers eine höchste zulässige Oberflächentemperatur angegeben ist, darf diese nicht überschritten werden.

Kategoriebelastbarkeit P_K

Die Kategoriebelastbarkeit ist die höchste, dauernd zulässige Belastung in Watt bei einer Umgebungstemperatur gleich der oberen Kategorietemperatur. Sie wird üblicherweise als Prozentsatz der Nennbelastbarkeit angegeben. Sie kann auch null sein.

Nennspannung U_N

Die Nennspannung ist die Gleichspannung oder der Effektivwert der Wechselspannung, die sich rechnerisch als die Quadratwurzel aus dem Produkt von Nennwiderstandswert und Nennbelastbarkeit ergibt:

$$U_N = \sqrt{R_N \cdot P_N} \tag{4.2}$$

Hinweis: Bei hohen Nennwiderstandswerten kann die berechnete Nennspannung höher sein als die höchste zulässige Dauerspannung. Sie darf dann nicht angelegt werden.

Höchste zulässige Dauerspannung U_G

Die höchste zulässige Dauerspannung ist die höchste Gleichspannung oder effektive Wechselspannung, die an das Widerstandselement eines Potenziometers angelegt werden darf. Diese Grenze ist niedriger anzusetzen, wenn bei der verwendeten Wechselspannung der Scheitelwert höher ist als das 1,42-fache des Effektivwertes.

Hinweis: Die höchste zulässige Dauerspannung ist nur bei Potenziometern zu berücksichtigen, deren Nennwiderstandswert gleich oder höher ist als der kritische Widerstandswert.

Kritischer Widerstandswert R_K

Der kritische Widerstandswert ist der Widerstandswert, für den die Nennspannung gleich der höchsten zulässigen Dauerspannung ist. Bei kleinerem Widerstandsnennwert darf zwischen den Anschlüssen a und c des Potenziometers höchstens die Nennspannung, bei größeren Widerstandswert höchstens die höchste zulässige Dauerspannung anliegen.

Höchster zulässiger Schleiferstrom I_S

Der höchste zulässige Schleiferstrom ist der höchste Strom, der zwischen dem Widerstandselement und dem Schleiferanschluss b fließen darf. Er ergibt sich aus $I_S = \sqrt{\frac{P_N}{R_N}}$ unter Berücksichtigung der höchstzulässigen Dauerspannung und ist unabhängig von der Schleiferstellung.

Isolationsspannung U_I

Die Isolationsspannung ist die höchste Scheitelspannung, die unter für Dauerbetrieb zulässigen Bedingungen zwischen den Anschlüssen des Potenziometers und dessen äußeren miteinander verbundenen leitenden Teilen wie Gehäuse, Einstellvorrichtung und Befestigungsmittel anliegen darf. Der Wert der Isolationsspannung soll nicht niedriger sein als das 1,42-fache der höchsten zulässigen Dauerspannung der Bauart bei normalem Luftdruck. Bei niedrigerem Luftdruck sind die in der Beschreibung des Potenziometers angegebenen niedrigeren Werte zu beachten.

Isolationswiderstand

Der Isolationswiderstand ist der mit Gleichspannung zwischen den miteinander verbundenen Anschlüssen des Potenziometers und den von außen zugänglichen anderen metallischen Teilen des Potenziometers (leitendes Gehäuse, leitende Einstellvorrichtung, leitende Befestigungsteile) gemessene Widerstandswert.

Temperaturabhängigkeit des Widerstandswertes
Die Temperaturabhängigkeit des Widerstandswertes bezieht sich auf den zwischen a und c gemessenen Gesamtwiderstandswert des Widerstandselementes. Sie kann als Temperaturcharakteristik oder als Temperaturkoeffizient angegeben werden.

Die *Temperaturcharakteristik* gibt an, welche größte relative Widerstandswert-Änderung gegen den Wert bei der Bezugstemperatur reversibel im Kategorietemperaturbereich durch Temperatureinfluss hervorgerufen wird.

Der *Temperaturkoeffizient* gibt den Größtwert der mittleren Steigung der Kurve der relativen reversiblen Temperaturabhängigkeit des Widerstandswertes im Kategorietemperaturbereich an. Bezugsweise ist der Gesamtwiderstandswert bei der Bezugstemperatur.

Beide Darstellungsweisen enthalten im Sinne der Internationalen Normen keine Aussage über die Linearität der Temperaturabhängigkeit. Häufig wird die Angabe des Temperaturkoeffizienten bevorzugt und dabei dieser so verstanden, dass er einen glatten Verlauf der Temperaturabhängigkeit mit nur der werkstoffbedingten Abweichung vom linearen Verlauf beinhaltet.

Hinweis: Ein hoher Temperaturkoeffizient des Gesamtwiderstandes bedingt nicht notwendigerweise einen hohen Temperaturkoeffizienten des Teilerverhältnisses.

Temperaturabhängigkeit des Spannungsteilerverhältnisses
Der Temperaturkoeffizient des Teilerverhältnisses U_{ab}/U_{ac} kann insbesondere bei nichtlinearen Potenziometern vom eingestellten Wert abhängen. Er hängt dagegen nicht vom Temperaturkoeffizienten des Gesamtwiderstandswertes ab, sondern nur von dessen längs der Bahn auftretenden Unterschieden.

Dichtungen an Potenziometern
Ein Potenziometer kann Dichtungen unterschiedlicher Art aufweisen. Die internationale Norm unterscheidet Potenziometer mit Wellendichtung, mit Frontplattendichtung und mit dichtem Gehäuse gegen Eindringen von Staub und Flüssigkeiten.

4.4.5 Zusammenhang zwischen Widerstandswert und Einstellbewegung

Mechanischer Stellbereich (Abb. 4.14)
Der mechanische Stellbereich ist der an der Einstellvorrichtung gemessene gesamte Bereich, in dem eine Bewegung der Einstellvorrichtung eine Bewegung des Schleifers bewirkt. Er kann in Winkelgraden oder in Millimeter angegeben werden. Der mechanische Stellbereich kann unbegrenzt sein (durchdrehbare Potenziometer, übliche Angabe: Drehbereich 360°) oder er kann durch Anschläge bzw. Rutschkupplungen begrenzt sein.

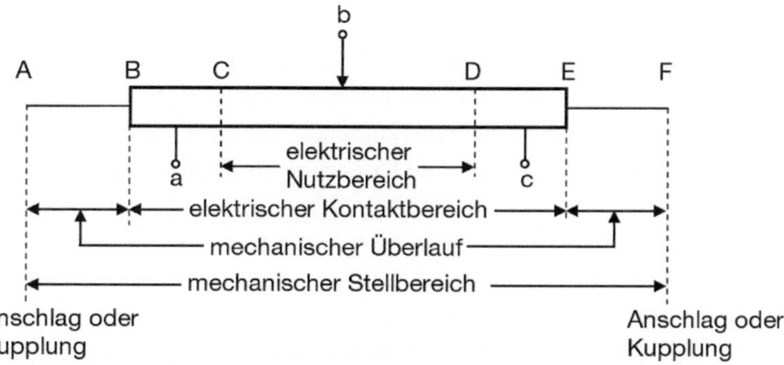

Abb. 4.14 Zum mechanischen Stellbereich von Potenziometern

Bei Potenziometern mit Einstellung durch Gewindespindel und anderen Mehrgang-Potenziometern beträgt der mechanische Stellbereich ein Mehrfaches von 360°.

Schalterdrehbereich

Der Schalterdrehbereich ist derjenige Teil des gesamten verfügbaren Drehbereiches außerhalb des elektronischen Nutzbereiches, der zum Betätigen eines angebauten Drehschalters benötigt wird.

Elektrischer Kontaktbereich

Der elektrische Kontaktbereich ist der Bereich zwischen zwei Endstellungen des Schleifers, in dem der elektrische Kontakt zwischen Schleifer und Bahn regelmäßig nicht unterbrochen wird. Bei Potenziometern mit Anschlägen oder Rutschkupplung ist der elektrische Kontaktbereich meist gleich mit dem mechanischen Stellbereich. Bei durchdrehbaren Potenziometern ist er stets kleiner als 360°.

Elektrischer Nutzbereich

Als elektrischer Nutzbereich wird der Weg der Stellvorrichtung bezeichnet, über den sich der Widerstandswert oder das Teilverhältnis zwischen Anschluss b und einem der anderen Anschlüsse in der durch den Widerstandswertverlauf oder Funktionsverlauf beschriebenen Weise ändert. Der elektrische Nutzbereich kann sich mit dem elektrischen Kontaktbereich decken.

Wirksamer Widerstandswert

Der wirksame Widerstandswert ist der Widerstandswert des Teiles des Widerstandelementes, der dem elektrischen Nutzbereich entspricht, in dem also die Änderung des Widerstandswertes zu dem vorgesehenen Funktionsverlauf führt.

Schleiferkontaktwiderstand

Der Schleiferkontaktwiderstand ist der Mittelwert des im elektrischen Nutzbereich gemessenen Widerstandswertes zwischen Schleiferanschluss und Widerstandsbahn. Er kann den Wert eines inneren Schutzwiderstandes enthalten, der Stromüberlastung des Schleifers verhindert. Gegebenenfalls sind besondere Umweltbeanspruchungen zu berücksichtigen.

Anschlagwert

Der Anschlagwert ist der zwischen einem der Endanschlüsse a oder c und dem Schleiferanschluss b auftretende Widerstandswert, wenn der Schleifer an dem jeweils zugehörigen Endanschlag anliegt oder die Rutschkupplung gerade noch nicht einsetzt.

Springwerte

Die Springwerte sind die Widerstandswerte zwischen den Enden des elektrischen Nutzbereiches und dem jeweils näherliegenden Anschluss, gemessen zwischen Anschluss b und Anschluss a bzw. c.

Hinweis: Restwiderstand, Anschlusswiderstand und zugehöriger Springwert können bei stetiger Bahn dem gleichen Widerstand entsprechen. Wenn der Schleifer durch einen inneren Schutzwiderstand gegen Stromüberlastung geschützt ist, geht dessen Wert in die Werte des Schleiferkontaktwiderstandes, der Anschlags- und Springwerte ein.

4.4.6 Spannungsverhältnisse

Speisespannung (gesamte anliegende Spannung) U_{ac}
Die Speisespannung ist die zwischen den Eingangsanschlüssen a und c angelegte Spannung. Sie darf nicht höher sein als die Nennspannung bzw. die höchste zulässige Dauerspannung.

Ausgangsspannung
Die Ausgangsspannung ist die zwischen den Ausgangsanschlüssen b und a bzw. c auftretende Teilspannung, deren Größe von der Stellung der Betätigungsvorrichtung bestimmt wird.

Teilerverhältnis und Dämpfung
Das Teilerverhältnis der Ausgangsspannung U_{ab} bzw. U_{bc} zur anliegenden Speisespannung U_{ac}. Es wird üblicherweise in Prozent der Speisespannung angegeben. Der Kehrwert des Teilerverhältnisses wird als Dämpfung bezeichnet und üblicherweise in dB angegeben.

Kleinstes Teilerverhältnis
Das kleinste Teilerverhältnis ist das Verhältnis der niedrigsten Spannung, die am Schleiferanschluss gegen einen der Endanschlüsse eingestellt werden kann, zu der festen Spannung zwischen den Endanschlüssen.

Lastwiderstand

Der Lastwiderstand ist der äußere Widerstand, den die Ausgangsspannung sieht (zwischen dem Schleiferanschluss b und dem jeweils zutreffenden Anschluss a oder c).

Belastungseinfluss

Als Belastungseinfluss wird der Unterschied zwischen dem Teilerverhältnis bei unendlich hohem Lastwiderstand und dem Teilerverhältnis mit vorgeschriebenem endlichen Lastwiderstand bei beliebiger, in beiden Messungen gleicher Stellung der Einstellvorrichtung bezeichnet.

4.4.7   Funktionsverlauf (Widerstandswertverlauf)

Der Funktionsverlauf gibt an, in welcher Weise das Teilerverhältnis oder der Widerstandswert zwischen Anschluss b und dem jeweils zugehörigen Endanschluss a oder c von der Stellung der Einstellvorrichtung (des Schleifers) abhängt. Grundsätzlich wird zwischen linearem, steigend (positiv) nichtlinearem und fallend (negativ) nichtlinearem Verlauf unterschieden. Bei fallend nichtlinearem Verlauf ist Anschluss a der Bezugspunkt für die Einstellbewegung und Anschluss c der Bezugspunkt für die Spannungs- oder Widerstandsmessung.

Hinweis: Einfache nichtlineare Potenziometer sind als „logarithmische" Potenziometer bekannt und werden so gekennzeichnet, auch wenn der Funktionsverlauf erheblich von einem wirklich logarithmischen Gesetz abweicht.

Widerstandswertverlauf bei Trimmpotenziometern

Bei Trimmpotenziometern wird der Widerstandswertverlauf durch je ein „Fenster" für den oberen und den unteren Springwert und einen Wert in der Mitte des elektrischen Nutzbereiches beschrieben. Üblicherweise haben die Fenster die aus Abb. 4.15 ersichtliche Lage und Größe. Ein nichtlinearer Verlauf wird in der Regel durch zwei lineare Teilstrecken verwirklicht.

Widerstandswertverlauf bei 1-Gang Drehpotenziometern

Bei 1-Gang Drehpotenziometern wird der Widerstandswertverlauf durch drei Fenster wie bei Trimmpotenziometern oder, wenn erforderlich, durch vier Fenster beschrieben, von denen die beiden mittleren bei etwa 1/3 bzw. 2/3 des elektrischen Nutzbereiches liegen. Ein nichtlinearer Verlauf wird in der Regel durch zwei oder drei lineare Teilstrecken verwirklicht.

Widerstandswertverlauf bei hochbelastbaren Potenziometern

Der Widerstandswertverlauf wird wie bei Trimmpotenziometern beschrieben. Wenn nichtlineare („logarithmische") Ausführungen mit mehr als zwei linearen Teilstrecken benötigt

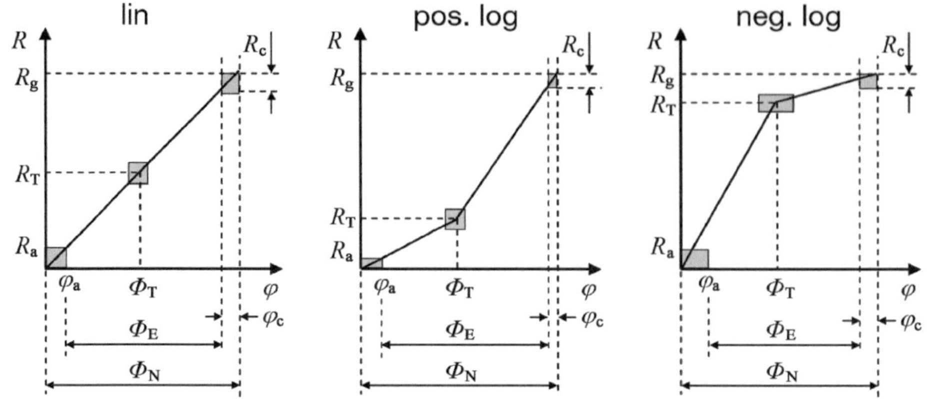

Abb. 4.15 Zum Widerstandswertverlauf bei Trimmpotenziometern

Tab. 4.1 Tabelle mit typischen Werten zu Abb. 4.15

Kurve		lin	pos. log	neg. log
Anschlagwert[a]	R_a	$\leq 5 \cdot 10^{-3} \cdot R_N$	$\leq 2 \cdot 10^{-3} \cdot R_N$	$\leq 2 \cdot 10^{-2} \cdot R_N$
	R_c	$\leq 5 \cdot 10^{-3} \cdot R_N$	$\leq 2 \cdot 10^{-2} \cdot R_N$	$\leq 2 \cdot 10^{-3} \cdot R_N$
Kurventoleranz gültig im Bereich	Φ_E	Werte siehe Bauartspezifikation		
	$\varphi_a \sim \varphi_c$	$\leq 20°$		
Teilwinkel	Φ_T	$0{,}5 \cdot \Phi_N \pm 5°$	$0{,}5 \cdot \Phi_N \pm 15°$	
Teilwiderstand	R_T	$(0{,}4 \text{ bis } 0{,}6) \cdot R_g$	$(0{,}05 \text{ bis } 0{,}15) \cdot R_g$	$(0{,}85 \text{ bis } 0{,}95) \cdot R_g$

[a] = kleinster einstellbarer Widerstandswert. Es darf kein kleinerer Wert als 2 Ohm gefordert werden

Tab. 4.2 Tabelle mit typischen Werten zu Abb. 4.15 für 1-Gang Drehpotenziometer

Kurve		lin	pos. log	neg. log
Anschlagwert[a]	R_a	$\leq 1 \cdot 10^{-3} \cdot R_N$[b]	$\leq 1 \cdot 10^{-3} \cdot R_N$[b]	$\leq 2 \cdot 10^{-3} \cdot R_N$[b]
	R_c	$\leq 1 \cdot 10^{-3} \cdot R_N$	$\leq 2 \cdot 10^{-2} \cdot R_N$	$\leq 1 \cdot 10^{-3} \cdot R_N$
Springwerte	R_A	$\leq 2 \cdot 10^{-2} \cdot R_N$	$\leq 1 \cdot 10^{-2} \cdot R_N$	$\leq 2 \cdot 10^{-2} \cdot R_N$
	R_E	$\leq 2 \cdot 10^{-2} \cdot R_N$	$\leq 2 \cdot 10^{-2} \cdot R_N$	$\leq 1 \cdot 10^{-2} \cdot R_N$
Kurventoleranz gültig im Bereich	Φ_E	Werte siehe Bauartspezifikation		
	$\varphi_a \sim \varphi_c$	$\leq 20°$		
Teilwinkel	Φ_T	$0{,}5 \cdot \Phi_N \pm 5°$	$0{,}2 \cdot \Phi_N \pm 15°$	$0{,}8 \cdot \Phi_N \pm 15°$
Teilwiderstand	R_T	$(0{,}4 \text{ bis } 0{,}6) \cdot R_g$	$(0{,}05 \text{ bis } 0{,}15) \cdot R_g$	$(0{,}85 \text{ bis } 0{,}95) \cdot R_g$

[a] = kleinster einstellbarer Widerstandswert
[b] Es darf kein kleinerer Wert als 2 Ohm gefordert werden

werden, wird der Übergang zwischen den Teilstrecken durch weitere Fenster festgelegt, deren Lage besonders zu vereinbaren ist.

Funktionsverlauf bei Präzisionspotenziometern

Bei linearen Präzisionspotenziometern wird die Linearität nach DIN IEC 60393-1 bestimmt. Bei nichtlinearen Präzisionspotenziometern müssen in jedem Falle Beschreibung, Toleranz und Messung des Funktionsverlaufs vereinbart werden.

Anzapfungen

Bei Potenziometern (außer Trimmpotenziometern) können Anzapfungen an die Widerstandsbahn angebracht werden. Die Lage der Anzapfung wird wie die Zwischenwerte beim Widerstandswertverlauf durch ein zu vereinbarendes Fenster aus Stellung der Einstellvorrichtung und Widerstandswert oder Teilerverhältnis beschrieben. Im Fenster darf der Widerstandswert oder das Teilerverhältnis konstant sein, jedoch nicht rückläufig werden.

Kurventreue

Die Kurventreue begrenzt die größte Abweichung, die zwischen dem wirklichen Funktionsverlauf und dem vorgeschriebenen Funktionsverlauf auftreten darf. Sie wird angegeben als Prozentsatz der Speisespannung oder des Gesamtwiderstandswertes. Im Sinne der bestehenden Normen sind im übrigen unterschiedliche Darstellungsarten möglich, die sich vorwiegend auf Präzisionspotenziometer beziehen.

Justiermarken

Bei Potenziometern, die für Mehrfachanordnungen auf gemeinsamer Welle (Tandemanordnung) vorgesehen sind, kann die Lage des Schleifers für eine bestimmte Stelle im Funktionsverlauf durch eine Justiermarke gekennzeichnet werden. Diese Marken dienen zur Voreinstellung des Gleichlaufes der Teilpotenziometer der Tandemanordnung.

4.4.8   Weitere Eigenschaften

Drehrauschen

Als Drehrauschen werden bei drahtgewickelten Bauarten störende Schwankungen der Ausgangsspannung bezeichnet, die beim Betätigen des Schleifers auftreten und durch Schwankungen des Schleiferkontaktwiderstandes oder des Bahnwiderstandes verursacht werden. Es wird als äquivalenter Rauschwiderstand angegeben.

Auflösung (Einstellbarkeit)

Die Auflösung bezeichnet die Genauigkeit, mit der das Teilerverhältnis oder der Widerstandswert eines Potenziometers auf einen vorgegebenen Wert eingestellt werden kann.

Sie wird üblicherweise in Prozent der Speisespannung oder des Gesamtwiderstandswertes angegeben. Bei drahtgewickelten Potenziometern ist die theoretische Auflösung gleich dem Kehrwert der Windungszahl der Widerstandswicklung innerhalb des elektrischen Nutzbereiches, angegeben in Prozent.

Anfangs- und Betätigungsdrehmoment
Das Anfangsdrehmoment ist das Drehmoment, das benötigt wird, um den Schleifer aus einer Ruhestellung an beliebiger Stelle des mechanischen Stellbereiches (ausgenommen Raststellungen) in Bewegung zu setzen. Es ist stets höher als das Betätigungsdrehmoment, das nach Überwinden des Anfangsdrehmomentes benötigt wird, um den Schleifer über den Drehbereich zu bewegen.

Schalterdrehmoment
Das Schalterdrehmoment ist das Drehmoment, das benötigt wird, um einen angebauten Drehschalter zu betätigen. Es ist stets höher als das Anfangsdrehmoment und wird als Größtwert angegeben.

Anschlagdrehmoment
Das Anschlagdrehmoment ist das höchste Drehmoment, das bei am Anschlag anliegender Einstellvorrichtung auf die Welle des Potenziometers ausgeübt werden darf, ohne dass die mechanischen oder elektrischen Werte sich mehr als zulässig verändern oder mechanische Schäden auftreten. Die Dauer der Beanspruchung ist bei manchen Bauarten zu begrenzen.

Toter Gang (Winkelspiel)
Der tote Gang ist der größte Unterschied in der Stellung der Einstellvorrichtung, wenn diese aus entgegengesetzten Richtungen auf das gleiche vorgegebene Teilerverhältnis an beliebiger Stelle im elektrischen Nutzbereich eingestellt wird.

Radialspiel der Welle
Als Radialspiel der Welle wird die Abweichung der Bewegung eines Punktes auf dem Umfang der Welle bei Betätigung gegen die zur Lage der Welle senkrecht zur Befestigungsfläche gehörende Bewegung bezeichnet. Es kann durch die Toleranz der Lagerung und durch die Elastizität der Welle (insbesondere bei Kunststoffwellen) verursacht sein. Seine Größe hängt von der Länge der Welle ab. Es wird gemessen nach DIN IEC 60393-1, jedoch mit einer Einspannlänge und Längs- und Querkräften auf die Lagerung der Welle, die die Beschreibung des Potenziometers angibt.

4.4.9 Wellenenden, Befestigungsmittel und Anschlüsse

Wellen und Buchsen
Potenziometer mit Einstellwelle werden meist bevorzugt wie folgt ausgerüstet (siehe CECC 41000/Anhang G): Welle 6 mm Durchmesser, Grundlänge 50 mm; mit Gewinde-

buchse für Einlochbefestigung M10 × 0,75, Länge ab Auflageebene bevorzugt 8 mm, 10 mm oder 12 mm. Welle 4 mm Durchmesser, Länge ab Auflageebene 50 mm; mit Gewindebuchse für Einlochbefestigung M7 × 0,75, Länge ab Befestigungsfläche bevorzugt 8 mm.

Einzelheiten und abweichende Ausrüstung sind in der Beschreibung der Bauart angegeben.

Anschlüsse und Befestigungsmittel für gedruckte Schaltungen

Anschlüsse und Befestigungsmittel für gedruckte Schaltungen können für eine Lage der Achse der Einstellvorrichtung parallel zur Leiterplatte oder senkrecht zur Leiterplatte angeordnet sein. Bei Trimmpotenziometern sind die Anschlüsse zugleich Befestigungsmittel. Die Lage der Anschluss- und Befestigungslöcher in der gedruckten Schaltung, die Bezugsebene und die Einzelmaße sind der Beschreibung der Bauarten zu entnehmen.

Anschlüsse für gedruckte Schaltungen werden üblicherweise als gestanzte Flachanschlüsse mit einer Breite von 1,1 mm ausgeführt. Als Sonderausführung sind bei einigen Bauarten einrastende Anschlüsse („snap in") verfügbar. Einzelheiten sind in der Beschreibung der Bauarten enthalten.

4.4.10   Vorzugswerte für den Gesamtwiderstand

Die Werte der Reihe E3 (10, 22, 47, 100) und deren dezimale Vielfache und Teile sind normalerweise bevorzugt erhältlich. Weitere Werte sind oft auf Anfrage lieferbar.

4.4.11   Kennzeichnung der Potenziometer

Jedes Potenziometer wird im Normalfall mit seinem Nennwiderstandswert, gegebenenfalls in Kurzform und, wenn nichtlinear, dem Widerstandswertverlauf auf dem Erzeugnis und/oder auf der Verpackung gekennzeichnet. Die zulässige Abweichung des Gesamtwiderstandes vom Nennwert kann zusätzlich erscheinen. Die Kennzeichnung der Anschlüsse wird oft nur angebracht, wenn deren Zuordnung nicht klar aus ihrer Lage hervorgeht. Ein nichtlinearer Verlauf wird meist als „lg" oder „−lg" angegeben.

4.5   Zusammenfassung

1. Ein Potenziometer hat drei Anschlüsse, es kann als einstellbarer Spannungsteiler verwendet werden.
2. Ein verschiebbarer Schleifkontakt auf einer Widerstandsbahn wird kurz als „Schleifer" bezeichnet.
3. Die mechanische Verstellung des Schleifers kann bei einem Potenziometer geradlinig, kreissegment- oder spiralförmig sein.

4. Bei einem Potenziometer kann das Widerstandsmaterial aus einem Draht, einer Kohle- oder Metallschicht oder einem leitenden Kunststoff bestehen.

5. Ein Trimm-Potenziometer (Trimmer) ist ein kleines Potenziometer zum einmaligen, exakten Einstellen eines festen Widerstandswertes mit einem Schraubendreher.

6. Bei einem Wendelpotenziometer (mehrgängiges Präzisionspotenziometer, Spindel-potenziometer, Helipot) sind mehrere Umdrehungen der Einstellachse zur sehr genauen Einstellung eines Widerstandswertes notwendig.

7. Bei einem Tandempotenziometer erfolgt die Verstellung zweier mechanisch gekoppelter Potenziometer gleichzeitig durch eine gemeinsame Achse.

8. Entsprechend der Abhängigkeit des eingestellten Widerstandswertes vom zurückgelegten Weg des Abgriffes können Potenziometer eine lineare oder logarithmische Kennlinie haben.

9. Widerstandsverläufe beim Potenziometer können sein: Negativ exponentiell, negativ logarithmisch, S-Verlauf, linear, positiv logarithmisch, positiv exponentiell.

10. Zu beachten ist, dass in der Nähe der beiden Endstellungen des Schleifers der Widerstandswert zwischen festem Anschluss und Abgriff sehr klein wird (Gefahr der Überlastung).

11. Die Belastbarkeit in Watt ist stets für das Gesamtpotenziometer angegeben.

12. Widerstandselemente von Potenziometern können sein: Draht, Widerstandselement in Hybridtechnik (mit einer Dickschichtmasse ausgefüllte Drahtwicklung), leitender Kunststoff.

13. Befestigungsarten sind Einlochmontage und Flanscheinbau.

Veränderliche, nichtlineare Widerstände 5

Nachfolgend werden Widerstände besprochen, deren Widerstandswert durch physikalische Größen verändert werden kann.

Nichtlineare Widerstände sind Widerstände mit nichtlinearer, also gekrümmter I-U-Kennlinie. Bei dieser Art von Widerständen ist das ohmsche Gesetz nicht mehr gültig, da der Widerstand in jedem Punkt der Kennlinie einen anderen Wert hat. Er wird daher als differenzieller Widerstand r in einem bestimmten (Arbeits-) Punkt der Kennlinie ausgedrückt, er ist gleich dem reziproken Wert des Kennlinienanstiegs im Arbeitspunkt U_1, I_1 und kann aus der Steigung der Tangente an die nichtlineare I-U-Kennlinie im Punkt U_1, I_1 ermittelt werden (Abb. 5.1).

$$r = \frac{\mathrm{d}U}{\mathrm{d}I} \approx \frac{\Delta U}{\Delta I} \tag{5.1}$$

Widerstände, deren ohmscher Wert sich in Abhängigkeit der Temperatur oder der elektrischen Spannung ändert, sind nichtlineare Widerstände.

Temperaturabhängige Widerstände bezeichnet man als **Thermistoren**. Bei den Thermistoren wird zwischen **NTC-Widerstand (Heißleiter)** und **PTC-Widerstand (Kaltleiter)** unterschieden. Mit steigender Temperatur wird der Widerstandswert beim Heißleiter kleiner, beim Kaltleiter größer.

Ein spannungsabhängiger Widerstand wird **Varistor** oder **VDR-Widerstand** genannt. Sein Widerstandswert fällt stark nichtlinear mit der angelegten Spannung.

Den prinzipiellen Verlauf der Kennlinie von NTC-, PTC- und VDR-Widerstand zeigt Abb. 5.2.

Die Abkürzungen in Abb. 5.2 bedeuten:

NTC = **N**egative **T**emperature **C**oefficient = Heißleiter
PTC = **P**ositive **T**emperature **C**oefficient = Kaltleiter
VDR = **V**oltage **D**ependent **R**esistor = Varistor

© Springer Fachmedien Wiesbaden GmbH, ein Teil von Springer Nature 2019
L. Stiny, *Passive elektronische Bauelemente*, https://doi.org/10.1007/978-3-658-24733-1_5

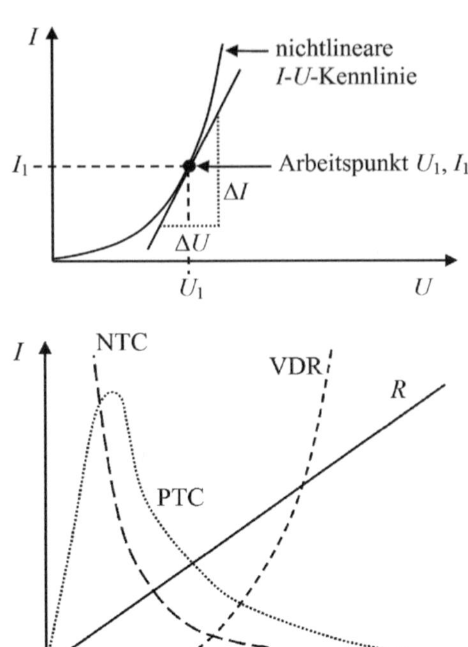

Abb. 5.1 Beispiel für eine nichtlineare I-U-Kennlinie mit Definition des differenziellen Widerstandes im Arbeitspunkt U_1, I_1

Abb. 5.2 I-U-Kennlinien nichtlinearer Widerstände; NTC-, PTC- und VDR-Widerstand im Vergleich zu einem linearen ohmschen Widerstand R

5.1 NTC-Widerstand, Heißleiter

Ein Heißleiter wird auch NTC-Widerstand oder NTC-Thermistor genannt (Kurzbezeichnung: NTC). Der Widerstandswert eines Heißleiters nimmt mit zunehmender Temperatur stark ab, die Stromleitfähigkeit nimmt also mit steigender Temperatur zu. Der Temperaturkoeffizient eines NTC ist negativ und liegt typischerweise im Bereich $-2\,\%/\mathrm{K}$ bis $-6\,\%/\mathrm{K}$ (zum Vergleich: ca. $+0{,}4\,\%/\mathrm{K}$ bei Metallen). Die Größe des TK hängt vom verwendeten Werkstoff und von der Temperatur des NTC-Widerstandes ab. In Abb. 5.3 ist das Schaltzeichen eines Heißleiters dargestellt. Abb. 5.4 zeigt verschiedene Ausführungsformen von Heißleitern.

5.1.1 Einsatzbereiche des Heißleiters

Alle Anwendungen des Heißleiters beruhen auf einer Änderung seines Widerstandes, welche entweder durch eine Änderung seiner Umgebungstemperatur (*Fremderwärmung*) oder

Abb. 5.3 Schaltzeichen eines Heißleiters

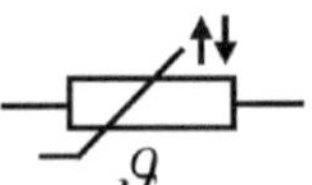

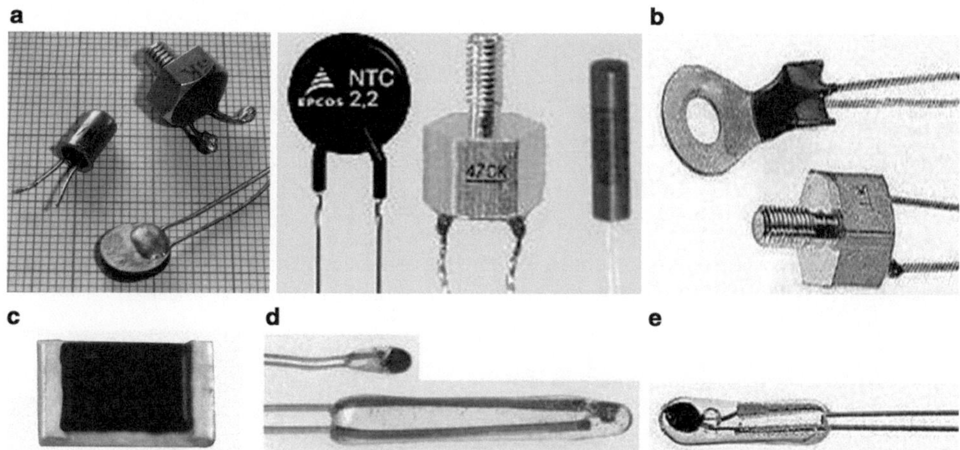

Abb. 5.4 Heißleiter verschiedener Bauform (**a**), mit Gehäuse für Chassismontage (**b**), in Chip-Ausführung (**c**), glasgekapselt (**d**), in Miniaturausführung (**e**)

durch eine intern bedingte Temperaturänderung infolge eines entsprechend hohen Stromflusses durch das Bauelement (*Eigenerwärmung*) hervorgerufen wird.

Heißleiter kommen zum Einsatz als

1. *Messheißleiter* zur Temperaturmessung (Widerstandsthermometer)
2. *Kompensationsheißleiter* (Kompensation des positiven Temperaturkoeffizienten eines anderen Schaltungsteils, z. B. Temperaturstabilisierung von Transistorschaltungen, Kompensation der Temperaturabhängigkeit von Widerständen)
3. *Anlassheißleiter* (Einschaltstrombegrenzung z. B. von Elektromotoren oder Transformatoren oder Einschaltverzögerung z. B. von Relais).

Den Anwendungen nach 1. und 2. liegt eine Fremderwärmung des Heißleiters bedingt durch die Umgebungstemperatur zu Grunde. Bei geringer elektrischer Belastung hängt der Widerstandswert nur von der Umgebungstemperatur bzw. der Fremderwärmung ab.

Bei den Anwendungen nach 3. wird die Eigenerwärmung durch Stromfluss und die thermische Zeitkonstante des Heißleiters genutzt. Bei großer Belastung erwärmt sich das Bauteil und verringert seinen Widerstandswert nahezu unabhängig von der Umgebungstemperatur durch Eigenerwärmung.

Heißleiter übernehmen eine doppelte Schutzfunktion: Als fremderwärmte Temperaturfühler können sie z. B. in Motoren oder Stromversorgungen rechtzeitig vor kritischen Temperaturen warnen und Geräte vor thermischen Schäden bewahren. In ihrer Funktion als Einschaltstrombegrenzer (Betrieb im Bereich der Eigenerwärmung) verhindern sie das Auslösen von Sicherungen und schonen den Verbraucher.

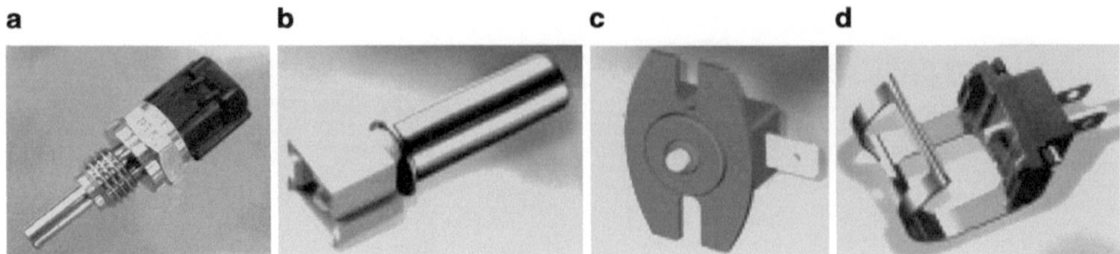

Abb. 5.5 Verschiedene konfektionierte Heißleiter: Kühlmitteltemperaturfühler im Kfz, Temperaturmesser in Waschmaschinen, Wäschetrocknerfühler, Rohranlegefühler (von **a** nach **d**)

Heißleiter werden unter anderem für folgende Aufgaben eingesetzt (siehe auch Abb. 5.5):

- Temperaturfühler zur genauen Messung von Temperaturen (Messbereich ca. $-80\,°C$ bis $300\,°C$), z. B. in Leistungsaggregaten zur Messung von Motor- und Getriebetemperatur, in Betriebsflüssigkeiten des Kraftfahrzeugs wie Motoröl, Kühlerflüssigkeit und Kraftstoff
- Überwachung der Akku-Temperatur beim Laden sowie der Innentemperatur von PC-Festplattenlaufwerken
- Temperaturkompensation (z. B. Stabilisierung der Frequenz von Schwingquarzen in Mobiltelefonen, Ausgleich von temperaturabhängigen Kennwerten in Halbleiterschaltungen)
- Schutz vor Stromspitzen
- Reduzierung des Einschaltstromes, z. B. in Schaltnetzteilen von Computern
- Sanftanlauf von Elektromotoren, z. B. in Staubsaugern
- Anzugsverzögerung von Relais durch Reihenschaltung von Relais und Heißleiter (nach dem Einschalten wird der Heißleiter mit einem Schließer überbrückt)
- Sensor für Flüssigkeitsniveaus (die Flüssigkeit kühlt den eigenerwärmten Sensor ab).

Mit Glaskapselung können spezielle NTC-Thermistoren nicht nur extremen Umwelteinflüssen widerstehen, sie weisen darüber hinaus auch eine außergewöhnlich niedrige Altersdrift auf.

Hochpräzise NTC-Thermistoren mit einer Toleranz von bis zu $\pm 0{,}2\,K$ im Temperaturbereich von $0\,°C$ bis $70\,°C$ ermöglichen eine genaue Temperaturüberwachung.

5.1.2   Herstellung von Heißleitern, Leitungsmechanismus

Um die starke Temperaturabhängigkeit der Leitfähigkeit von Halbleitermaterialien zu erreichen, werden für Heißleiter aus Kostengründen keine klassischen Halbleitermaterialien wie Silizium oder Germanium verwendet. Ausgangsmaterial für die Herstellung von Heißleitern sind Metalloxide:

1. Fe_2O_3 mit Zusätzen von TiO_2
2. Fe_3O_4 mit Zusätzen wie Zn_2TiO_4 und $MgCr_2O_4$
3. NiO oder CoO mit Zusätzen von Lithiumoxid.

Die Zugabe von Zusätzen verbessert die Reproduzierbarkeit und stabilisiert die elektrischen Kenndaten. Die Metalloxide werden in Pulverform mit Bindemitteln vermischt, in die gewünschte Form gepresst und bei hoher Temperatur ($1000\,°C$ bis $1400\,°C$) zu keramischen Widerstandskörpern gesintert (polykristalline Mischoxidkeramik). Die Kontaktierung erfolgt durch Einbrennen einer Paste aus Silber. Nach Anbringen der elektrischen Anschlüsse kann der Körper zum Schutz gegen schädliche Umwelteinflüsse z. B. mit Lack umhüllt oder mit Epoxidharz umgossen werden. Alterungsvorgänge rufen große Schwankungen in den elektrischen Eigenschaften hervor, die durch Diffusionsvorgänge in dem polykristallinen Material bedingt sind. Deshalb wird zum Schluss der Thermistor einem speziellen Prozess der Voralterung (Burn-In) unterzogen, um die Stabilität der elektrischen Daten zu gewährleisten.

Die Leitungsmechanismen sind sehr komplex, als Leitungstyp können sowohl Eigen- als auch Störstellenleitung auftreten.

Die zur Herstellung verwendeten Materialien zeigen halbleitende Eigenschaften. Durch die im Festkörper eingebauten Störatome können mit wachsender Temperatur durch Ionisation zunehmend bewegliche Elektronen auftreten. Im für Anwendungsfälle interessierenden Temperaturbereich sind die meisten Störatome ionisiert, die *Temperaturabhängigkeit des Leitwerts* ist somit größtenteils nicht durch eine Änderung der Konzentration der Ladungsträger bedingt, sondern durch eine *Änderung der Beweglichkeit der Elektronen*. In den verwendeten Materialien können sich die Elektronen nur durch „hüpfen" zwischen lokalisierten Zuständen fortbewegen, durch einen wiederholten, thermisch aktivierten Wechsel der Elektronen von einem Wirtsatom zum nächsten. Die „Lokalisierung" wird durch eine Polarisation des Gitters aufgrund der elektrostatischen Wechselwirkung mit den Gitterionen hervorgerufen. Für einen Übergang von einem lokalisierten Zustand zum anderen ist die Aktivierungsenergie $\Delta W \approx k \cdot B$ aufzubringen, sie wird durch die Wärmebewegung zugeführt. (Boltzmann-Konstante $k = 1{,}38066 \cdot 10^{-23}\,\text{J/K}$, B siehe nächster Abschnitt).

5.1.3 Widerstandskennlinie

Der von der Temperatur T abhängige Widerstand eines Heißleiters ohne Eigenerwärmung kann in guter Näherung durch folgenden exponentiellen Ausdruck beschrieben werden.

$$R_T = R_N \cdot e^{B \cdot \left(\frac{1}{T} - \frac{1}{T_N} \right)} \quad (e = 2{,}71828) \tag{5.2}$$

mit

R_T = Widerstandswert des Heißleiters in Ohm bei der Temperatur T in K (Kelvin)

R_N = Nennwiderstand des Heißleiters in Ohm bei der Nenntemperatur T_N in K. R_N wird üblicherweise angegeben als R_{20} für $\vartheta_N = 20\,°C$ ($T_N = 293{,}15\,K$) oder als R_{25} für $\vartheta_N = 25\,°C$ ($T_N = 298{,}15\,K$). Der Nennwiderstand wird oft auch als *Kaltwiderstand* bezeichnet, die Kennzeichnung des Wertes auf einem Heißleiter entspricht meist dem internationalen Farbcode (siehe Abschn. 3.4.1).

T = Betriebstemperatur in K

T_N = Nenntemperatur in K

B = *B-Wert* (auch als *Regelkonstante* bezeichnet), eine Materialkonstante mit der Einheit K (Kelvin). Typische Werte für B liegen zwischen $1500\,K$ und $6000\,K$ (abhängig vom Mischungsverhalten der Oxide).

Beispiele für den Verlauf des Widerstandes in Abhängigkeit der Temperatur zeigen Abb. 5.6 und Abb. 5.7.

Beispiel 5.1

Ein Heißleiter hat bei $25\,°C$ den Widerstandswert $10\,\Omega$. Sein B-Wert beträgt $2800\,K$. Welchen Widerstand hat der Heißleiter bei $150\,°C$?

Lösung:

$$R_T = R_N \cdot e^{B \cdot \left(\frac{1}{T} - \frac{1}{T_N}\right)}$$

$$R_N = 10\,\Omega; \quad T_N = (273{,}15 + 25)\,K = 298{,}15\,K;$$

$$T = (273{,}15 + 150)\,K = 423{,}15\,K;$$

$$R = 10\,\Omega \cdot e^{2800\,K \cdot \left(\frac{1}{423{,}15\,K} - \frac{1}{298{,}15\,K}\right)}; \quad \underline{R = 0{,}624\,\Omega}$$

Beispiel 5.2

Der Kaltwiderstand eines Heißleiters bei $25\,°C$ ist $1{,}0\,\Omega$, sein B-Wert beträgt $4000\,K$. Wie groß ist der Widerstandswert des Heißleiters bei $120\,°C$?

Lösung:

$$R_T = R_N \cdot e^{B \cdot \left(\frac{1}{T} - \frac{1}{T_N}\right)}$$

$$R_N = 1{,}0\,\Omega; \quad T_N = (273{,}15 + 25)\,K = 298{,}15\,K;$$

$$T = (273{,}15 + 120)\,K = 393{,}15\,K$$

$$R = 1{,}0\,\Omega \cdot e^{4000\,K \cdot \left(\frac{1}{393{,}15\,K} - \frac{1}{298{,}15\,K}\right)}; \quad \underline{R = 0{,}039\,\Omega}$$

Abb. 5.6 Widerstands-
verlauf von Heißleitern mit
unterschiedlichen Nennwider-
ständen in Abhängigkeit der
Temperatur

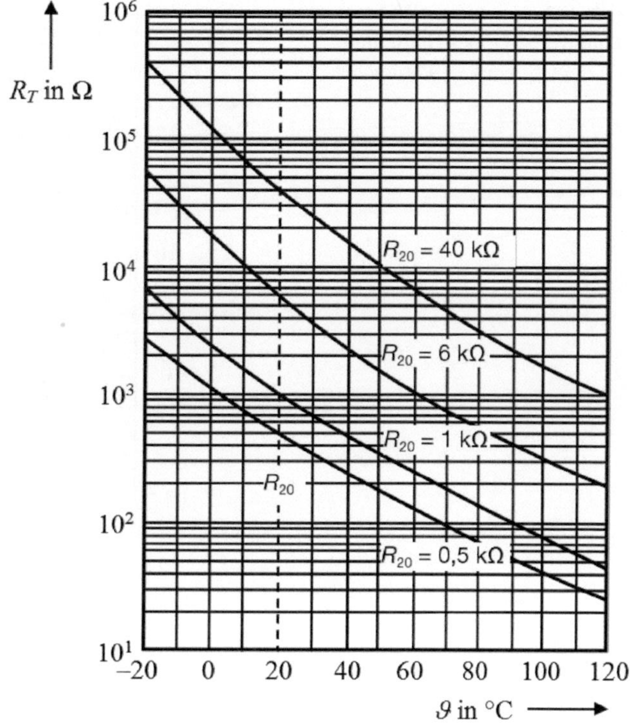

Der B-Wert in Gl. 5.2 ist durch zwei Punkte auf der R_T-Kurve mit den Wertepaaren (R_1, T_1) und (R_2, T_2) festgelegt. Der *B-Wert ist selbst temperaturabhängig*, für B folgt:

$$B = \frac{T_1 \cdot T_2}{T_2 - T_1} \cdot \ln\left(\frac{R_1}{R_2}\right) \tag{5.3}$$

Beispiel 5.3
Für $\vartheta_1 = 25\,°\mathrm{C}$ ist $T_1 = 273{,}15\,\mathrm{K}$, für $\vartheta_1 = 85\,°\mathrm{C}$ ist $T_2 = 358{,}15\,\mathrm{K}$. Mit den zugehörigen (gemessenen) Widerstandswerten R_1 und R_2 kann nach Gl. 5.3 der B-Wert berechnet werden, der dann als $\boldsymbol{B_{25/85}}$ bezeichnet wird. B-Werte mit Temperaturangaben in dieser Form werden häufig in Datenblättern angegeben.

Ist der Widerstand R_1 bei der Temperatur T_1 bekannt, so kann der unbekannte Widerstand R_2 bei der Temperatur T_2 berechnet werden.

$$R_2 = \frac{R_1}{\mathrm{e}^{B\cdot\left(\frac{1}{T_1} - \frac{1}{T_2}\right)}} \tag{5.4}$$

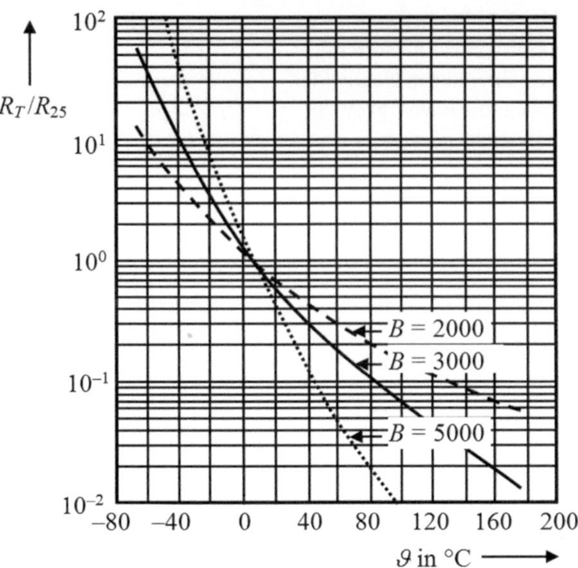

Abb. 5.7 Normierter Widerstandsverlauf eines Heißleiters mit dem B-Wert als Parameter

Beispiel 5.4

Gegeben: $\vartheta_1 = 25\,°C$, $R_1 = 10.000\,\text{Ohm}$, $B_{0/50} = 3892\,\text{K}$

Wie groß ist der Widerstand des NTC bei $33\,°C$?

Lösung:

$$T_1 = 298{,}15\,\text{K}, \, T_2 = 306{,}15\,\text{K}, \, B = 3892\,\text{K}$$

$$R_2 = \frac{10.000\,\Omega}{e^{3892\cdot\left(\frac{1}{298{,}15} - \frac{1}{306{,}15}\right)}}; \quad \underline{\underline{R_2 = 7109\,\Omega}}$$

Wesentlich genauer als mit Gl. 5.2 wird das Temperatur-Widerstandsverhalten eines NTC durch die **Steinhart-Hart-Gleichung** beschrieben. Sie lautet:

$$\frac{1}{T} = A + B \cdot \ln(R) + C \cdot [\ln(R)]^3 \tag{5.5}$$

T = Temperatur in Kelvin

R = Widerstand in Ohm

A, B und C = Polynomialkoeffizienten (Konstanten).

Anmerkung: Statt „ln" (Basis e) kann auch „log" (Basis 10) stehen.

Mit dieser Approximation können die Zuordnungen von R und T Genauigkeiten von $0{,}01\,°C$ und besser erreichen.

Die Koeffizienten A, B und C werden auch als *Steinhart-Hart-Koeffizienten* bezeichnet, sie werden oft in den Datenblättern der Thermistoren angegeben.

Messtechnisch können diese Koeffizienten für einen vorliegenden NTC-Widerstand bestimmt werden. Die Vorgehensweise wird nachfolgend beschrieben.

Bei drei unterschiedlichen Temperaturen, z. B. 0 °C, 25 °C und 70 °C, werden die zugehörigen Widerstandswerte des NTC gemessen. Die resultierenden Wertepaare, für dieses Beispiel allgemein als (T_0, R_0), (T_{25}, R_{25}) und (T_{70}, R_{70}) bezeichnet, sind natürlich Zahlenwerte.

Diese Temperatur- und Widerstandswerte werden in die Steinhart-Hart-Gleichung eingesetzt. (Achtung: Temperatur in Kelvin, d. h. 0 °C = 273,15 K usw.)

$$\frac{1}{T_0} = \frac{1}{273,15} = A + B \cdot \ln(R_0) + C \cdot [\ln(R_0)]^3 \tag{5.6}$$

$$\frac{1}{T_{25}} = \frac{1}{298,15} = A + B \cdot \ln(R_{25}) + C \cdot [\ln(R_{25})]^3 \tag{5.7}$$

$$\frac{1}{T_{70}} = \frac{1}{343,15} = A + B \cdot \ln(R_{70}) + C \cdot [\ln(R_{70})]^3 \tag{5.8}$$

Es liegen nun drei Gleichungen mit den drei Unbekannten A, B und C vor. Das Gleichungssystem kann mit mathematischen Standardverfahren oder mit Hilfe eines PC gelöst werden.

Es sei erwähnt, dass die Steinhart-Hart-Gleichung eine sehr gute Näherung der Abhängigkeit des Widerstandes von der Temperatur für den gesamten Nutzbereich der Temperatur des NTC ergibt, obwohl nur drei Kalibrierpunkte verwendet werden. Untere und obere Temperatur der Messpunkte sollten dem Temperaturbereich entsprechen, in dem der NTC verwendet wird, die dritte Temperatur etwa in der Mitte dieses Bereiches liegen.

Eine numerische Berechnung der Steinhart-Hart-Koeffizienten ist mit Excel leicht möglich, wie nachfolgend gezeigt wird. Damit alle Formeln sichtbar sind, wird zunächst der Formelüberwachungsmodus in Excel eingeschaltet (Abb. 5.8), zur Anzeige der Ergebnisse wird er dann ausgeschaltet (Abb. 5.9).

Der Widerstand eines NTC als Funktion der Temperatur kann nach folgendem Schema berechnet werden. Hierin sind A, B und C die Steinhart-Hart-Koeffizienten und T die Temperatur in Kelvin.

$$R_T = e^{\left(\delta - \frac{\alpha}{2}\right)^{\frac{1}{3}} - \left(\delta + \frac{\alpha}{2}\right)^{\frac{1}{3}}} \tag{5.9}$$

mit

$$\alpha = \frac{A - \frac{1}{T}}{C}, \quad \beta = \frac{B}{C}, \quad \delta = \left[\left(\frac{\alpha^2}{4}\right) + \left(\frac{\beta^3}{27}\right)\right]^{\frac{1}{2}}$$

Anmerkung: Für die Berechnung von R_T sind in der Literatur auch andere Formeln zu finden. Eine Überprüfung deren Richtigkeit ist ratsam (Steinhart-Hart-Koeffizienten nach

	A	B	C
1		Lösung der Steinhart-Hart-Gleichung für NTCs	
2		1/T=A+B*ln(R)+C*[ln(R)]^3	
3		Temperaturen in °C eingeben (T1 < T2 < T3):	
4		(untere) T1 =	0
5		(mittlere) T2 =	12
6		(obere) T3 =	25
7		Zu den Temperaturen zugehörige Widerstands-	
8		werte in Ohm eingeben (R1 > R2 > R3):	
9		R1 =	29490
10		R2 =	17220
11		R3 =	10000
12		Zwischenergebnisse	
13		T1K=	=C4+273,15
14		T2K=	=C5+273,15
15		T3K=	=C6+273,15
16		A1=	=LN(C9)
17		A2=	=LN(C10)
18		A3=	=LN(C11)
19		Z=	=C16-C17
20		Y=	=C16-C18
21		X=	=1/C13-1/C14
22		W=	=1/C13-1/C15
23		V=	=C16^3-C17^3
24		U=	=C16^3-C18^3
25		Ergebnis = Steinhart-Hart Koeffizienten:	
26		A =	=1/C13-C28*C16^3-C27*C16
27		B =	=(C21-C28*C23)/C19
28		C =	=(C21-C19*C22/C20)/(C23-C19*C24/C20)
29			

Abb. 5.8 Berechnungsschema in Excel zur Berechnung der Steinhart-Hart-Koeffizienten

obigem Schema berechnen, dann mit den Koeffizienten wiederum den Widerstandswert bei einer der Temperaturen T1, T2 oder T3 berechnen).

Wie bereits erwähnt, mit der NTC-Kalibrierung nach Steinhart-Hart können Heißleiter für Temperaturmessungen mit einer Unsicherheit von unter 10 mK eingesetzt werden. Der Temperaturbereich von Thermistor-Thermometern liegt typisch im Bereich $-100\,°C$ bis $+175\,°C$, spezielle Ausführungen erlauben die Messung wesentlich höherer Temperaturen.

	A	B	C
1		Lösung der Steinhart-Hart-Gleichung für NTCs	
2		1/T=A+B*ln(R)+C*[ln(R)]^3	
3		Temperaturen in °C eingeben (T1 < T2 < T3):	
4		(untere) T1 =	0
5		(mittlere) T2 =	12
6		(obere) T3 =	25
7		Zu den Temperaturen zugehörige Widerstands-	
8		werte in Ohm eingeben (R1 > R2 > R3):	
9		R1 =	29490
10		R2 =	17220
11		R3 =	10000
12		Zwischenergebnisse	
13		T1K=	273,15
14		T2K=	285,15
15		T3K=	298,15
16		A1=	10,2918065
17		A2=	9,753826778
18		A3=	9,210340372
19		Z=	0,537979724
20		Y=	1,08146613
21		X=	0,000154066
22		W=	0,000306976
23		V=	162,1701766
24		U=	308,8047498
25		Ergebnis = Steinhart-Hart Koeffizienten:	
26		A =	0,001033484426739
27		B =	0,000238464929529
28		C =	0,000000158948170
29			

Abb. 5.9 Ergebnisse mit Schema nach Abb. 5.8 (Formelüberwachungsmodus ausgeschaltet)

5.1.4 Temperaturkoeffizient

Durch Differenzieren von Gl. 5.2 erhält man den (temperaturabhängigen) Temperaturkoeffizienten α_{NTC} des Widerstandes eines Heißleiters.

$$\alpha_{\mathrm{NTC}} = \frac{1}{R_T}\frac{\mathrm{d}R_T}{\mathrm{d}T} = -\frac{B}{T^2}\left(\frac{1}{\mathrm{K}}\right) \tag{5.10}$$

Wie bereits erwähnt, ist der TK negativ, und er hängt über den B-Wert vom verwendeten Werkstoff und von der Temperatur des NTC-Widerstandes ab.

Da sich der Temperaturkoeffizient mit der Temperatur stark ändert, ist er zur Kennzeichnung eines NTC oder zur Berechnung von Widerstandswerten nicht geeignet.

Wichtig für die Praxis

Die Widerstandswerte eines NTC in Abhängigkeit der Temperatur werden aus Widerstandskennlinien oder Tabellen im Datenblatt abgelesen.

Für eine *kleine* Temperaturänderung ΔT kann aber mittels Gl. 5.10 die zugehörige Widerstandsänderung ΔR berechnet werden.

$$\Delta R = \alpha \cdot R \cdot \Delta T \tag{5.11}$$

5.1.5 Spannungs-Stromkennlinie

Wird der NTC mit einem so großen Strom betrieben, dass eine merkliche Eigenerwärmung stattfindet, so erhält man in einem linearen U-I-Koordinatensystem eine stark nichtlineare Spannungs-Stromkennlinie, in der drei Bereiche unterschieden werden (Abb. 5.10).

1. Linearer Bereich

   Ist die dem Heißleiter zugeführte Verlustleistung $P_\mathrm{V} = U \cdot I$ klein, dann ist die Eigenerwärmung so gering, dass sie vernachlässigbar ist, der Widerstand wird nur durch die Umgebungstemperatur (Fremderwärmung) bestimmt. Der Heißleiter zeigt rein ohmsches Verhalten mit linearer U-I-Kennlinie. Dieser Arbeitsbereich wird für *Temperatursensoren* verwendet.

2. Rückkopplungsbereich

   Nimmt die im Heißleiter umgesetzte Verlustleistung zu, so nimmt sein Widerstandswert durch die Eigenerwärmung ab. Dies hat zur Folge, dass sich der Heißleiter weiter erwärmt (thermische Rückkopplung). Die U-I-Kennlinie flacht für zunehmenden

Abb. 5.10 Prinzipieller Verlauf der Spannungs-Stromkennlinie eines Heißleiters mit der Einteilung in drei Arbeitsbereiche

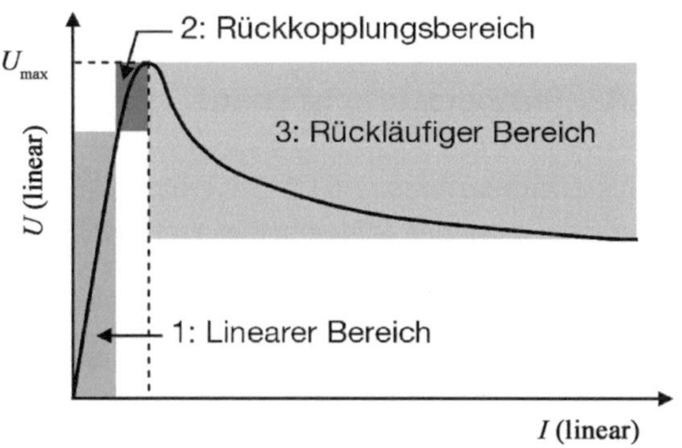

Strom ab, bis das Spannungsmaximum U_{max} erreicht wird, welches nicht überschritten werden kann. An diesem Punkt ist die relative Widerstandsabnahme $\Delta R / R$ aufgrund der Eigenerwärmung gleich der relativen Stromzunahme $\Delta I / I$.

3. Rückläufiger Bereich

   Wird der Strom durch den Heißleiter weiter vergrößert, so ergibt sich in der Kennlinie ein rückläufiger Bereich, in dem die relative Abnahme des Heißleiterwiderstandes größer ist als die relative Stromzunahme. In diesem Bereich ist die Temperatur des NTC höher als die Umgebungstemperatur. Dieser Arbeitsbereich wird bei Anwendungen, welche die Effekte der Eigenerwärmung des Bauelementes ausnutzen, verwendet (z. B. Anlassheißleiter, Sensor für Flüssigkeitsniveau).

Die Spannung U_{max} ist von der Umgebungstemperatur T_{A}, dem thermischen Widerstand des Heißleiters $R_{\mathrm{th}}(\mathrm{K/W})$, dem Kaltwiderstand R_{N} und dem B-Wert abhängig.

Die Spannungs-Stromkennlinie eines NTC ändert sich also mit seiner Umgebungstemperatur und seinem Umgebungsmedium, welches den Wärmewiderstand beeinflusst. Die Spannungs-Stromkennlinie wird in Datenblättern meist für ruhende Luft als Umgebungsmedium angegeben. In strömender Luft oder Flüssigkeiten verringert sich der thermische Widerstand R_{th}, im Vakuum erhöht er sich. Diese Veränderung von R_{th} führt zu einer Verschiebung der Spannungs-Stromkennlinie. Damit können Heißleiter zur Strömungsmessung von Gasen und Flüssigkeiten, sowie zur Gasdruckmessung eingesetzt werden. Der thermische Widerstand R_{th} wird durch Form und Größe des Heißleiters, sowie Länge und Beschaffenheit seiner Anschlussdrähte bestimmt, und ist abhängig vom Umgebungsmedium, z. B. Luft oder Wasser.

Abb. 5.11 zeigt die statische U-I-Kennlinie eines Heißleiters mit einem Kaltwiderstand von $10\,\mathrm{k\Omega}$ in doppelt logarithmischer Darstellung. In dieser Darstellung haben die Kurven konstanten Widerstandes als Geraden eine Steigung von $+1$, die Kurven konstanter Leistung als Geraden eine Steigung von -1. Dreht man die Abbildung um $45°$ im Uhrzeigersinn, so erhält man eine $R(P)$-Darstellung (Widerstand in Abhängigkeit der Leistung). Sie zeigt, wie der Widerstand mit zunehmender Leistung aufgrund der Eigenerwärmung abnimmt. Der Einfluss des thermischen Widerstandes R_{th} zur Umgebung ist ebenfalls zu erkennen. In Wasser ist eine bessere Wärmeabfuhr als in Luft gegeben, daher tritt das Maximum der U-I-Kurve erst bei höherer Leistung auf.

Für die Eigenerwärmung eines Heißleiters gilt allgemein:

$$P = U \cdot I = \frac{\mathrm{d}H}{\mathrm{d}t} = \delta_{\mathrm{th}} \cdot (T - T_{\mathrm{A}}) + C_{\mathrm{th}} \cdot \frac{\mathrm{d}T}{\mathrm{d}t} \tag{5.12}$$

P $\qquad$ = elektrische Leistung

U $\qquad$ = Spannung am NTC

I $\qquad$ = Strom durch den NTC

$\mathrm{d}H/\mathrm{d}t$ $\qquad$ = Änderung der gespeicherten thermischen Energie mit der Zeit

Abb. 5.11 Beispiel für die
Spannungs-Strom-Kennlinie
eines Heißleiters

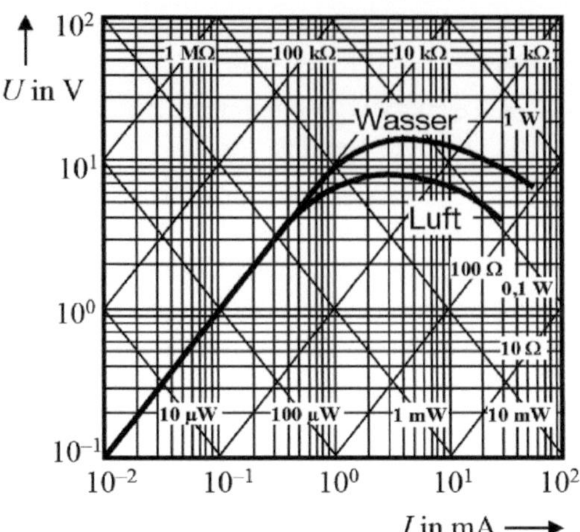

$\delta_{\text{th}} = \mathrm{d}P/\mathrm{d}T$ = Wärmeleitwert des NTC in mW/K = Verhältnis der Verlustleistungs-
änderung zu damit verbundener Temperaturänderung des NTC. Maßein-
heit für die Leistung, welche die Temperatur des NTC bei ruhender Luft
um 1 K erhöht. Je größer δ_{th} ist, umso mehr Wärme wird vom NTC an
die Umgebung abgegeben.

T = Temperatur des Heißleiters

T_{A} = Umgebungstemperatur (ambient temperature)

$C_{\text{th}} = \Delta H/\Delta T$ = Wärmekapazität des Heißleiters in mJ/K = Maßeinheit für die Wär-
memenge die benötigt wird, um die Temperatur des NTC um 1 K zu
erhöhen.

$\mathrm{d}T/\mathrm{d}t$ = Änderung der Temperatur mit der Zeit.

Die maximale Belastung P_{max} eines NTC bei einer gegebenen Umgebungstemperatur T_{A}
ist:

$$P_{\text{max}} = \delta_{\text{th}} \cdot (T_{\text{max}} - T_{\text{A}}) \tag{5.13}$$

Bei Belastung darf die Temperatur des NTC seine obere Kategorietemperatur (Datenblattwert) nicht überschreiten.

Beim Spannungsmaximum der U-I-Kennlinie ist $\mathrm{d}T/\mathrm{d}t = 0$ (thermisches Gleichgewicht), somit gilt $U \cdot I = \delta_{\text{th}} \cdot (T - T_{\text{A}})$. Mit $U = R \cdot I$ folgt für I bzw. U:

$$I = \sqrt{\frac{\delta_{\text{th}} \cdot (T - T_{\text{A}})}{R_T}} \tag{5.14}$$

$$U = \sqrt{\delta_{\text{th}} \cdot (T - T_{\text{A}}) \cdot R_T} \tag{5.15}$$

mit R_T = temperaturabhängiger NTC-Widerstand.

Mit diesen beiden Gleichungen der parametrischen Beschreibung der Spannungs-Stromkennlinie lässt sie sich für verschiedene Umgebungstemperaturen T_A darstellen. Die Vorgehensweise hierbei ist:

1. δ_th aus Datenblatt entnehmen
2. T_A als festen Wert wählen
3. zu einer Temperatur T den zugehörigen Widerstandswert R_T bestimmen (aus Kurven oder Tabellen im Datenblatt oder nach Gl. 5.2 oder 5.9)
4. Wertepaar (U, I) berechnen
5. mit nächstem Wert für T weiter mit Punkt 3, bis genügend Wertepaare vorliegen
6. Wertepaare grafisch darstellen.

Für Spannung und Strom des Heißleiters in Abhängigkeit der Temperatur T gelten die folgenden Formeln.

$$U = \left[\frac{R_\mathrm{N}}{R_\mathrm{th}} (T - T_\mathrm{N}) \right]^{\frac{1}{2}} \cdot e^{-\frac{B}{2} \cdot \left(\frac{1}{T} - \frac{1}{T_\mathrm{N}} \right)} \tag{5.16}$$

$$I = \left[\frac{1}{R_\mathrm{N} \cdot R_\mathrm{th}} (T - T_\mathrm{N}) \right]^{\frac{1}{2}} \cdot e^{-\frac{B}{2} \cdot \left(\frac{1}{T} - \frac{1}{T_\mathrm{N}} \right)} \tag{5.17}$$

Ein geschlossener Ausdruck für den Strom $I = f(U)$ kann nicht angegeben werden.

Zur Bestimmung von U_max kann näherungsweise folgender Ausdruck verwendet werden:

$$U_\mathrm{max} = \sqrt{\frac{50 \cdot R_\mathrm{N}}{R_\mathrm{th}}} \tag{5.18}$$

Die Temperatur $T_{U\,\mathrm{max}}$ im Spannungsmaximum U_max ist:

$$T_{U\,\mathrm{max}} = \frac{B}{2} \cdot \left(1 - \sqrt{1 - \frac{4 \cdot T_\mathrm{A}}{B}} \right) \approx T_\mathrm{A} + \frac{T_\mathrm{A}^2}{B} \text{ für } T_\mathrm{A} < \frac{B}{4} \tag{5.19}$$

In der Praxis liegt die Temperatur $T_{U\,\mathrm{max}}$ um ca. 20 K bis 50 K über der Umgebungstemperatur T_A, abhängig von B-Wert und T_A.

5.1.6 Zeitkonstante

Die thermische *Abkühlzeitkonstante* τ_c (s) gibt die Zeit an, die ein unbelasteter NTC bei einer sprunghaften Temperaturänderung, ansonsten unter äußeren thermisch gleichbleibenden Bedingungen benötigt, damit seine Temperatur um 63,2 % der Differenz zwischen Anfangstemperatur T_W und Umgebungstemperatur T_A sinkt (Abb. 5.12).

Der Temperaturabfall erfolgt exponentiell. In Datenblättern wird τ_c meist für ruhende Luft mit einer Umgebungstemperatur von 25 °C angegeben. τ_c ist umso kleiner, je kleiner das Bauelement ist.

Abb. 5.12 Zur Definition der thermischen Abkühlzeitkonstanten

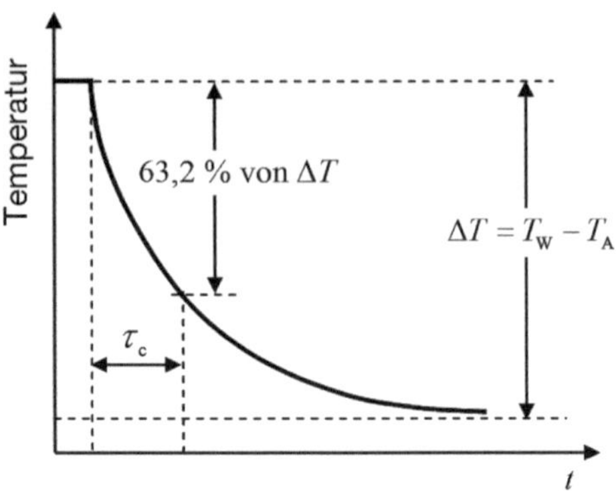

Zwischen Wärmekapazität C_th, Wärmeleitwert δ_th und thermischer Abkühlzeitkonstante τ_c besteht der Zusammenhang:

$$C_\mathrm{th} = \delta_\mathrm{th} \cdot \tau_\mathrm{c} \tag{5.20}$$

Die thermische Abkühlzeitkonstante hängt ab von

1. der Bauform (Masse, Wärmekapazität) des Thermistors selbst
2. der Montageart (z. B. an Chassis geschraubt, Oberflächenmontage oder bedrahtet)
3. dem Medium der Umgebung (z. B. Gas, Wasser)
4. der Wärmeleitfähigkeit des umgebenden Mediums.

> **Beispiel 5.5**
> Ein NTC hat durch seine elektrische Belastung eine Temperatur von 85 °C. Die Umgebungstemperatur des NTC beträgt 25 °C. Wird die Belastung abgeschaltet, so kühlt der NTC ab und erreicht nach einiger Zeit eine Temperatur von 47,1 °C. Die Zeit für diese Abkühlung entspricht der thermischen Abkühlzeitkonstanten τ_c.

Das zeitliche Verhalten des Abkühlens und Aufheizens kann auch in Kurvenform angeben werden. Wie dem Diagramm in Abb. 5.13 zu entnehmen ist, kann die thermische Stabilisierung bis zu einigen Minuten dauern.

5.1.7 Datenblattangaben

Zusätzlich zu einer technischen Zeichnung mit Darstellung von Bauart und Abmessungen des Bauelementes sowie grafischen oder tabellarischen Angaben des Widerstandsverlaufes in Abhängigkeit der Temperatur enthält ein Datenblatt eines NTC bestimmte Kenn- und Grenzwerte, von denen einige in Tab. 5.1 aufgeführt sind.

Abb. 5.13 Thermisches
Verhalten von Heißleitern in
Abhängigkeit der Zeit

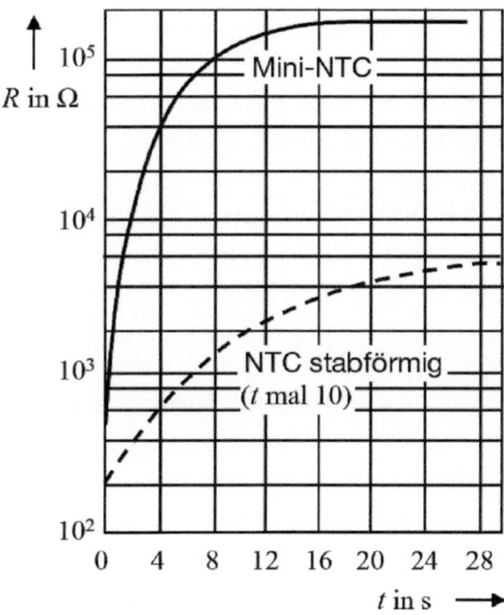

5.1.8 Wichtiger Hinweis zur Anwendung von NTCs

Achtung

1. NTC-Widerstände dürfen niemals parallel geschaltet werden.
2. Ein NTC darf nicht an einer konstanten Spannung, sondern nur über einen Vorwiderstand betrieben werden.

Zu 1.: Aufgrund von Bauteileschwankungen und der damit verbundenen unterschiedlichen Stromaufteilung besteht bei Parallelschaltung mehrerer NTC die Gefahr der Überlastung einzelner Bauteile. Der niederohmigere NTC übernimmt den größeren Strom,

Tab. 5.1 Typische Datenblattangaben eines NTC

Untere/obere Kategorietemperatur		$-55/+170$	°C
Max. Leistung bei 25 °C	P_{max}	1,8	W
Nennwiderstand	R_{25}	10	Ω
Widerstandstoleranz	$\Delta R/R_N$	±20 %	
Nenntemperatur	T_N	25	°C
B-Wert	$B_{25/100}$	2800	K
B-Wert-Toleranz	$\Delta B/B$	±3 %	
Wärmeleitwert (Luft)	δ_{th}	ca. 9	mW/K
Therm. Abkühlzeitkonstante (Luft)	τ_c	ca. 60	s
Wärmekapazität	C_{th}	ca. 540	mJ/K

erwärmt sich schneller als die anderen und wird noch niederohmiger, dies führt schließlich zur Zerstörung des NTC.

Zu 2.: Bei Betrieb an konstanter Spannung führt die zunehmende Verlustleistung zur Widerstandsabnahme. Hierdurch nimmt die Verlustleistung weiterhin bis zur Selbstzerstörung zu.

Ein **NTC wird immer in Reihe mit dem Verbraucher geschaltet**, der geschützt werden soll. Reicht ein einziger Heißleiter nicht zur Begrenzung eines Einschaltstromes aus, so können mehrere Heißleiter in Reihe geschaltet werden.

5.1.9 Anwendung: Temperaturmessung

Heißleiter gehören zu den am häufigsten verwendeten Sensoren für Temperaturmessungen. Sie zeichnen sich wegen eines großen Temperaturkoeffizienten durch eine hohe Empfindlichkeit und wegen kleinen Bauformen mit entsprechend geringen Wärmekapazitäten durch eine große Ansprechgeschwindigkeit aus. Vorteile bieten Messheißleiter im Glasgehäuse mit geringen Toleranzen.

Beim Einsatz als Temperaturfühler muss die Eigenerwärmung des NTC vernachlässigbar klein gehalten werden, die Temperatur des NTC muss gleich der Umgebungstemperatur sein. Der Arbeitspunkt muss im linearen Bereich der Spannungs-Strom-Kennlinie liegen, für die am NTC anliegende Spannung U muss gelten: $U \ll U_{\max}$ (siehe Abb. 5.10). Die durch Eigenerwärmung verursachte Übertemperatur ΔT muss kleiner sein als die geforderte Messgenauigkeit.

$$\Delta T = R_{\mathrm{th}} \cdot P = R_{\mathrm{th}} \cdot R_T \cdot I^2 = R_{\mathrm{th}} \cdot \frac{U^2}{R_T} \tag{5.21}$$

Mit dem Wärmewiderstand R_{th} als thermischer Widerstand des Sensors zu seiner Umgebung (Datenblattwert für eine bestimmte Montageart oder experimentell durch Messungen bestimmter Wert) lassen sich die zulässigen Strom- bzw. Spannungswerte berechnen.

$$I = \sqrt{\frac{\Delta T}{R_{\mathrm{th}} \cdot R_T}} \tag{5.22}$$

$$U = \sqrt{\frac{\Delta T \cdot R_T}{R_{\mathrm{th}}}} \tag{5.23}$$

Experimentell lässt sich der Wärmewiderstand R_{th} wie folgt bestimmen:

1. Der Sensor wird wie in der späteren Applikation in einer heizbaren Umgebung angebracht.
2. Die Spannung als Funktion des Stromes wird solange aufgezeichnet, bis Eigenerwärmung eintritt (d. h., bis U/I nicht mehr konstant bleibt).

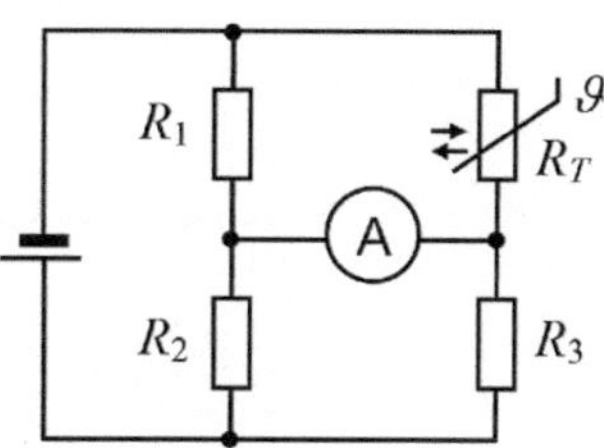

Abb. 5.14 Wheatstone'sche Brückenschaltung mit Heißleiter zur Temperaturmessung

3. Die Sensortemperatur wird in Abhängigkeit der Verlustleistung aufgetragen als $T(P)$.
4. Mit einer linearen Näherung der Form $T = T_0 + R_{\text{th}} \cdot P$ wird R_{th} bestimmt.

Wie bereits erwähnt, ist der Wärmewiderstand R_{th} abhängig von der Sensorumgebung (Vakuum, Gas, Flüssigkeit), der Sensormontage (gelötet, geschraubt, angeklammert) und von der Bauart des Sensors.

Messheißleiter werden mit großem Nennwiderstand (z. B. $100\,\text{k}\Omega$ oder $1\,\text{M}\Omega$) hergestellt. Somit ist eine messtechnisch leicht erfassbare Spannung bei vernachlässigbarer Eigenerwärmung realisierbar.

Eine mögliche Schaltung zur Temperaturmessung besteht aus einer Wheatstonebrücke mit einem Heißleiter in einem Brückenzweig (Abb. 5.14).

Ist die Brücke abgeglichen und es ändert sich die Temperatur des Sensors, so fließt ein Strom durch das Amperemeter im Nullzweig.

Wird ein Heißleiter mit einem Mikrocontroller mit Analog-Digital-Wandler zur Temperaturmessung verwendet, so sind Möglichkeiten der Kalibrierung und Linearisierung per Software gegeben.

5.1.10 Anwendung: Linearisierung der NTC-Widerstandskennlinie

Die Widerstandskennlinie eines Heißleiters kann durch Serien- oder Parallelschaltung eines ohmschen Widerstandes linearisiert werden. Eine Serienschaltung beeinflusst den Kennlinienverlauf vor allem bei hohen, eine Parallelschaltung bei niedrigen Temperaturen. Eine Kombination bewirkt also eine Kennlinienbeeinflussung bei hohen und niedrigen Temperaturen (Abb. 5.15 und 5.16). Der gesamte betrachtete Temperaturbereich sollte maximal 50 bis 100 Kelvin betragen.

Durch Parallelschaltung ergibt sich eine resultierende S-förmige Widerstandskennlinie mit einem Wendepunkt. Die beste Linearisierung erhält man, wenn der Punkt der mittleren Arbeitstemperatur in diesen Wendepunkt gelegt wird. Der Parallelwiderstand R_{P} wird berechnet nach:

$$R_{\text{P}} = R_T \cdot \frac{B - 2 \cdot T}{B + 2 \cdot T} \tag{5.24}$$

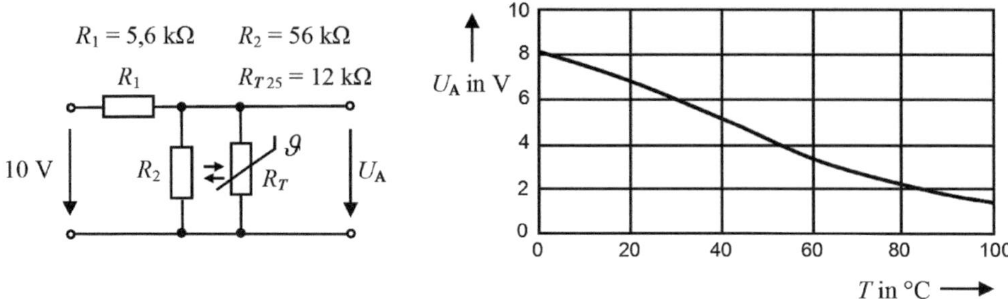

Abb. 5.15 Linearisierung eines NTC durch Serien- und Parallelschaltung von ohmschen Widerständen

mit

R_P = Parallelwiderstand in Ohm
R_T = Widerstandswert in Ohm bei der Arbeitstemperatur T in Kelvin
B = B-Wert des NTC aus seinem Datenblatt
T = Arbeitstemperatur in °C.

5.1.11 Anwendung: Einschaltstrombegrenzung

Im Einschaltmoment können Geräte wie Schaltnetzteile, Elektromotoren oder Transformatoren sehr hohe Ströme aufweisen, dadurch kann es zur Beschädigung anderer Bau-

Abb. 5.16 Widerstandskennlinie eines Heißleiters ohne und mit Linearisierung durch einen Parallelwiderstand

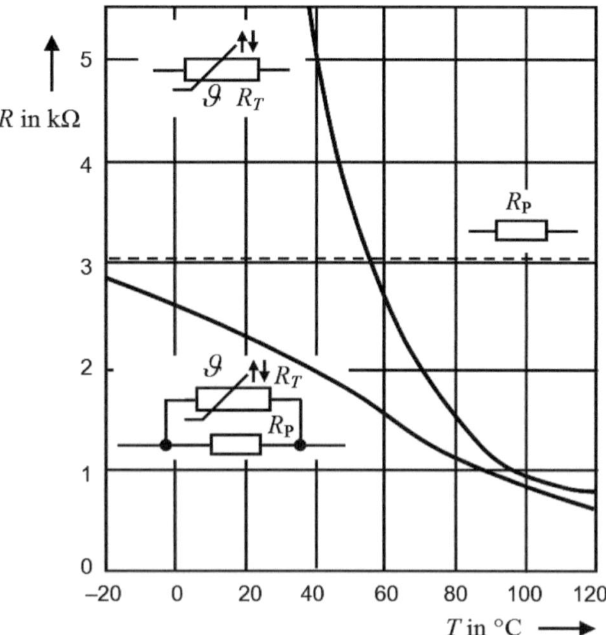

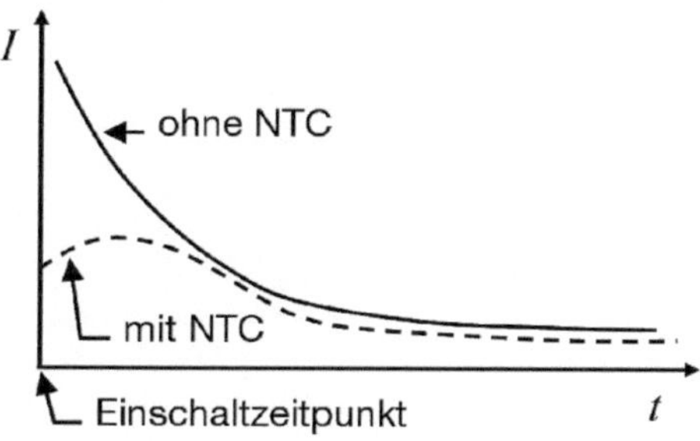

Abb. 5.17 Zeitlicher Verlauf des Stromes durch einen Verbraucher nach dem Einschalten, ohne und mit NTC

elemente oder zum Auslösen von Sicherungen kommen. Wird ein Heißleiter in Reihe mit dem Verbraucher geschaltet, so werden diese Einschaltströme begrenzt (Abb. 5.17). Für diesen Zweck geeignete Anlassheißleiter weisen einen Kaltwiderstand R_{25} im Bereich weniger Ohm auf, damit sie im Dauerbetrieb einen möglichst geringen Serienwiderstand zum Verbraucher darstellen. Sie müssen für den im Betrieb fließenden Dauerstrom ausgelegt sein (im Datenblatt meist als Nennstrom I_N spezifiziert), der durch den Verbraucher bestimmt wird.

Im Einschaltmoment wird der Strom durch den im kalten Zustand relativ hohen Widerstand begrenzt. Durch die anschließende Strombelastung und der daraus folgenden Eigenerwärmung verringert der Heißleiter seinen Widerstandswert auf ca. den zehnten bis fünfzigsten Teil des Anfangswertes, die vom NTC aufgenommene Leistung sinkt entsprechend. Der stationäre Arbeitspunkt befindet sich nach einiger Zeit im rückläufigen Bereich der Spannungs-Strom-Kennlinie (siehe Abb. 5.10).

Gegenüber einem Festwiderstand mit gleicher Leistungsaufnahme kann eine wesentlich stärkere Reduzierung des Einschaltstromes erreicht werden, zusätzlich ist die Beeinflussung des Verbrauchers durch den Heißleiter im Dauerbetrieb vernachlässigbar.

5.1.12 Anwendung: Flüssigkeits-Niveaufühler

Die Temperatur eines stromdurchflossenen Heißleiters hängt von dem ihn umgebenden Medium ab. Beim Eintauchen in eine Flüssigkeit erhöht sich der Wärmeleitwert, die Wärme kann vom Heißleiter besser an seine Umgebung abgegeben werden. Dadurch sinkt die Temperatur des Heißleiters, sein Widerstand nimmt zu, und die an ihm abfallende Spannung erhöht sich. Dieses Signal kann zur Abtastung einer Flüssigkeitsoberfläche bzw. zur Überwachung eines Flüssigkeitsstandes ausgewertet werden.

5.1.13 Anwendung: Ansprechverzögerung

Um eine Anzugsverzögerung eines Relais zu realisieren, werden Relaisspule und Heißleiter in Reihe geschaltet (Abb. 5.18a). Wird die Betriebsspannung U_B eingeschaltet, so

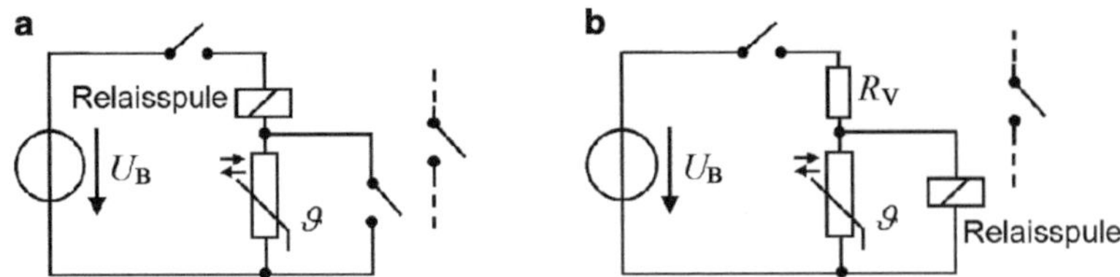

Abb. 5.18 Anzugsverzögerung (**a**) und Abfallverzögerung (**b**) eines Relais mit Hilfe eines Heißleiters

wirkt zunächst der hohe Kaltwiderstand des Heißleiters. Der Strom durch den Heißleiter und durch die Relaisspule ist klein, er beträgt nur einen Bruchteil des Relaisanzugsstromes. Durch die Eigenerwärmung des NTC nimmt sein Widerstandswert ab, der Strom steigt an bis der Anzugsstrom des Relais erreicht ist.

Für ein wiederholtes verzögertes Einschalten eines Relais muss der Heißleiter abkühlen, ehe er eine neue Verzögerung bewirken kann. Um nach dem Anziehen des Relais den NTC für eine neue Schaltsequenz vorzubereiten und bereits eine Abkühlung des NTC einzuleiten, kann er durch zusätzliche Relaiskontakte kurzgeschlossen werden.

Für eine Abfallverzögerung werden Relaisspule und Heißleiter parallel geschaltet (Abb. 5.18b).

5.2 PTC-Widerstand, Kaltleiter

Ein Kaltleiter (Schaltzeichen: Abb. 5.19) wird auch PTC-Widerstand oder PTC-Thermistor genannt (Kurzbezeichnung: PTC). Kaltleiter zeigen in einem bestimmten Temperaturbereich, der für den jeweiligen PTC-Typ charakteristisch ist, mit **zunehmender Temperatur** eine **sehr große Zunahme des Widerstandswertes** von mehreren Zehnerpotenzen (Verhalten ähnlich einem Schalter). Die Stromleitfähigkeit nimmt also ab einer bestimmten Temperatur mit steigender Temperatur sehr stark ab. Der Temperaturkoeffizient eines PTC ist positiv und liegt typischerweise im Bereich $+5\,\%/\mathrm{K}$ bis $+70\,\%/\mathrm{K}$. Die Größe des TK hängt vom verwendeten Werkstoff und von der Temperatur des PTC-Widerstandes ab.

Anmerkung: Grundsätzlich sind zwar alle Metalle PTC-Widerstände, ihr TK ist mit ca. $+0,4\,\%/\mathrm{K}$ jedoch gering.

Abb. 5.20 zeigt verschiedene Ausführungsformen von Kaltleitern.

Abb. 5.19 Schaltzeichen eines Kaltleiters

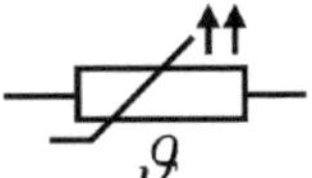

Abb. 5.20 Kaltleiter in der Ausführung als Temperaturfühler (**a**), Überlastschutz (**b**), Übertemperaturschutz (**c**)

5.2.1 Einsatzbereiche des Kaltleiters

Anwendung finden Kaltleiter insbesondere als

1. Temperaturfühler (ähnlich wie NTC-Widerstände)
2. Füllstandsfühler für Flüssigkeiten (z. B. in Öl- oder Wassertanks)
3. selbstrückstellende Sicherung für einen Überlastschutz, z. B. als Temperaturschalter für den thermischen Maschinenschutz (Übertemperaturschutz) von Elektromotoren oder Transformatoren
4. selbstregelnde Heizelemente, z. B. Heizelemente im Auto, die aufgrund ihrer automatischen Selbstregulierung nicht überhitzen können
5. Elemente zur Schaltverzögerung in elektronischen Lampenvorschaltgeräten und Schaltnetzteilen.

Kaltleiter erfüllen Überstromschutz und Übertemperaturschutz. Im kalten Zustand sind sie niederohmig und bei Erwärmung werden sie nahezu sprungartig hochohmig. Im kalten Zustand beeinflussen sie also die Funktion des geschützten Gerätes nicht. Als Überstromschutz wird der PTC-Thermistor in Serie mit der zu schützenden Last geschaltet. Bei Überströmen wird der Kaltleiter sehr hochohmig und begrenzt so kritische Ströme auf ungefährliche Werte. Da der Kaltleiter wie eine selbstrückstellende Sicherung funktioniert, ist er klassischen Schmelzsicherungen überlegen. Wenn der Fehler behoben ist, kühlt er ab, wird niederohmig und erfüllt wieder seine volle Schutzfunktion, ohne ausgetauscht werden zu müssen. Kleinere Elektromotoren, Ausgangsstufen von kleinen Verstärkern und vieles mehr lassen sich so kostengünstig gegen Überstrom schützen, ohne dass aufwendig Sicherungen gewechselt oder rückgestellt werden müssen.

5.2.2 Herstellung von Kaltleitern, Leitungsmechanismus

Keramische Kaltleiter bestehen aus mit Metallsalzen dotierter, polykristalliner, bei hoher Temperatur gesinterter Titanatkeramik (z. B. Bariumtitanat $BaTiO_3$ oder Strontiumtitanat $SrTiO_3$). Diese Keramiken sind halbleitend und ferroelektrisch.

Reine Keramik ist ein guter Isolator mit hohem Widerstand. Halbleitereigenschaft und damit niedriger Widerstand wird bei Keramik erreicht durch Dotierung mit Material höherer Valenz als der des Kristallgitters. Barium- und Titanat-Ionen im Kristallgitter werden durch Ionen höherer Valenz ersetzt. So erhält man eine bestimmte Anzahl freier Elektronen, welche die Keramik leitfähig machen.

Der steile Widerstandsanstieg beruht auf dem Zusammenwirken von halbleitenden und ferroelektrischen Eigenschaften der Titanatkeramik. An den Korngrenzen der Einzelkristalle bilden sich durch das Anlegen einer Spannung kleine Sperrschichten, deren Potenzialhöhe bzw. Energieschwellen von der Dielektrizitätskonstanten ε_r des umgebenden Materials abhängen: $\Delta W \sim 1/\varepsilon_r$. Unterhalb der Curie[1]-Temperatur, d. h. im Bereich einer hohen Dielektrizitätskonstanten, sind diese Sperrschichten nur schwach ausgeprägt. In Bariumtitanat liegen im Kristallgitter leicht aus ihrer Ruhelage auslenkbare Ionen vor, das PTC-Material ist stark polarisierbar. Aus diesem Grunde bauen sich an den Kristalloberflächen große örtliche Feldstärken auf, die den Sperrpotenzialen entgegenwirken, der Kaltleiter ist deshalb bei niedrigen Temperaturen niederohmig. Bei Überschreiten der Curie-Temperatur (bei ihr geht die ferromagnetische Eigenschaft des Werkstoffes verloren) sinkt die Dielektrizitätskonstante stark ab, das PTC-Material verliert schnell seine Polarisierbarkeit und die Sperrpotenziale der Kristalle kommen stärker zur Wirkung. Dadurch wird der steile Widerstandsanstieg des Kaltleiters verursacht.

Es folgt eine detailliertere Betrachtung des Leitungsmechanismus.

Ferromagnetika weisen eine große und von der magnetischen Feldstärke abhängige Permeabilität auf. Ferroelektrika dagegen besitzen eine große und von der elektrischen Feldstärke abhängige Dielektrizitätskonstante ε_r, bei Bariumtitanat ist $\varepsilon_r \approx 5000$. Bei niedrigen Temperaturen sind Ferroelektrika spontan polarisiert. Wird ein solches Material durch Dotierung leitfähig gemacht und in polykristalliner Form zu einem Widerstand gesintert, so bilden sich bei Anlegen einer elektrischen Spannung zwischen den mikroskopisch kleinen Kristalliten Sperrschichten. Diese sind nur schwach ausgebildet, da der hohe Polarisationsgrad eine Ladungskompensation an den Korngrenzen im polykristallinen Material bewirkt.

Bei Raumtemperatur ist der PTC relativ niederohmig. Nach dem Coulomb'schen Gesetz ist die abstoßende Kraft zwischen gleichnamigen Ladungen $F \sim 1/\varepsilon$, d. h. die abstoßenden Kräfte wirken sich wegen der großen Dielektrizitätskonstanten relativ schwach aus. Bei geringfügigem Temperaturanstieg nehmen die Gitterschwingungen zu. Es werden mehr Ladungsträger freigesetzt, der Polarisationsgrad (damit ε) nimmt weiter zu, so dass der PTC noch etwas niederohmiger wird, ein Verhalten, das von Halbleitern bekannt

---

[1] Pierre Curie (1859–1906), franz. Physiker.

ist. Ein charakteristisches Merkmal von vielen PTCs ist, dass sie im unteren Temperaturbereich einen negativen TK aufweisen, sich also wie ein NTC-Widerstand verhalten.

Oberhalb einer gewissen Temperatur, der so genannten Curie-Temperatur (von $-50\,°C$
bis $+250\,°C$, je nach Dotierungsgrad einstellbar) verliert das Material seine Polarisierbarkeit, und damit sinkt die Dielektrizitätskonstante stark ab. Die abstoßenden Coulomb-
Kräfte an den Korngrenzen nehmen stark zu, da nun die Sperrschichten zwischen den
Korngrenzen verstärkt zur Wirkung kommen. Die Folge ist ein starker Anstieg des Widerstandes mit steigender Temperatur, der dem um Größenordnungen kleineren negativen
Widerstandsverhalten überlagert ist. Eine Eigenart der Ferroelektrika ist, dass die Dielektrizitätskonstante ε_r oberhalb der Curie-Temperatur eine starke Temperaturabhängigkeit
aufweist.

Bei hohen Temperaturen werden die Sperrschichten wie beim Halbleiter von thermisch
generierten Ladungsträgern (sie stammen vom Sauerstoff) überflutet, so dass der Anstieg
des Widerstandes endet und ein Abfall erfolgt. Dieses Verhalten begrenzt den Temperaturbereich, in dem PTCs eingesetzt werden können.

Das elektrische Verhalten von PTCs erklärt sich aus dem Zusammenspiel von Potenzialbarrieren mit einer ausgeprägten Polarisation. Potenzialbarrieren sind Raumladungs-
gebiete mit gespeicherten Ladungen, die parallel zum Widerstand eine Kapazität haben,
die hohe Werte annehmen kann. Das PTC-Verhalten bzw. die Impedanz des PTC ist stark
frequenzabhängig. Ab einer gewissen Frequenz verliert der PTC vollständig sein charakteristisches Verhalten.

5.2.3 Widerstandskennlinie

Die Widerstandskennlinie des PTC kann wegen der komplexen Zusammenhänge im Leitungsmechanismus nicht mit einem mathematischen Ausdruck dargestellt werden. Man
begnügt sich mit der grafischen Darstellung des Widerstandsverlaufs.

Die typische Abhängigkeit eines Kaltleiters von der Temperatur zeigt Abb. 5.21. Wegen
des sehr starken, *sprungartigen Anstiegs des Widerstandes* über mehrere Dekaden wird der
Widerstandswert auf der Ordinate in logarithmischem Maßstab dargestellt, bei linearer
Temperatureinteilung auf der Abszisse.

Größen in Abb. 5.21:

R_N $=$ Kaltleiter-Nennwiderstand $=$ Widerstandswert bei $T_N = 25°C$

R_{min} $=$ Minimalwiderstand, minimaler Widerstandswert bei $T_{R\,min}$, Beginn des Tempe-
raturbereiches mit positivem Temperaturkoeffizienten

R_{ref} $= 2 \cdot R_{min} =$ Bezugswiderstand, Widerstandswert ab dem der Widerstand mit steigender Temperatur stark anwächst

R_{PTC} $=$ beliebiger Widerstandswert im steilen Kennlinienbereich.

Nennwiderstand R_N

Nach dem Nennwiderstandswert R_N bei der Temperatur T_N wird der Kaltleiter klassifiziert. Üblicherweise ist $T_N = 25\,°C$, falls nicht anders angegeben.

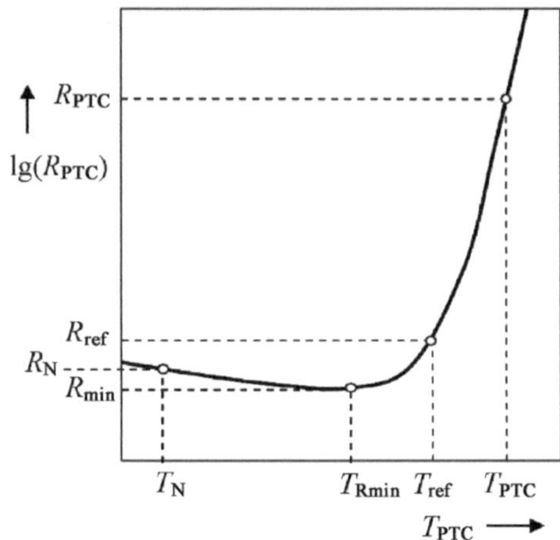

Abb. 5.21 Abhängigkeit des Widerstandes von der Temperatur bei einem Kaltleiter ohne nennenswerte elektrische Belastung (Nulllast-Kennlinie)

Minimalwiderstand R_{min}

Bei $T_{\mathrm{R\,min}}$ beginnt der Temperaturbereich mit positivem Temperaturkoeffizienten. Für Temperaturen kleiner als $T_{\mathrm{R\,min}}$ weist der Kaltleiter einen negativen TK auf. R_{min} ist der zu $T_{\mathrm{R\,min}}$ gehörige Widerstand des Kaltleiters, es ist der kleinste Nulllast-Widerstand (Minimalwiderstand), den der Kaltleiter annehmen kann. R_{min} wird häufig als Rechengröße ohne zugehöriger Temperatur angegeben. Im Datenblatt eines Bauelementes wird bei der Angabe von R_{min} oft die Widerstandstoleranz berücksichtigt, es wird der untere Grenzwert des Widerstandes angegeben. Für Temperaturen größer $T_{\mathrm{R\,min}}$ erhöht sich der Widerstand des Kaltleiters mit zunehmender Temperatur.

Bezugswiderstand R_{ref} bei der Bezugstemperatur T_{ref}

R_{ref} mit zugehöriger Temperatur T_{ref} (die ungefähr der ferroelektrischen Curie-Temperatur entspricht) ist der Bezugswiderstand, ab dem der Widerstand mit steigender Temperatur stark anwächst. Für einzelne Kaltleitertypen ist T_{ref} als diejenige Temperatur definiert, bei der gilt: $R_{\mathrm{ref}} = 2 \cdot R_{\mathrm{min}}$. Bei den verschiedenen Kaltleitertypen kann T_{ref} ungefähr im Bereich $-30\,°\mathrm{C}$ bis $+340\,°\mathrm{C}$ liegen.

Endwiderstand R_{e}

R_{e} mit zugehöriger Temperatur T_{e} kennzeichnet das Ende des steilen Widerstandsanstiegs.

5.2.4 Temperaturkoeffizient

Der Temperaturkoeffizient α_{PTC} des Widerstandes kann für jeden Punkt der Widerstandskennlinie nach folgender Gleichung berechnet werden:

$$\alpha_{\mathrm{PTC}} = \frac{1}{R} \cdot \frac{\mathrm{d}R}{\mathrm{d}T} = \frac{\mathrm{d}[\ln(R)]}{\mathrm{d}T} \qquad (5.25)$$

Im Bereich des steilen Widerstandsanstiegs kann α_{PTC} näherungsweise als konstant angenommen werden. Mit $R_{\text{ref}} \leq R_1$ und $R_2 \leq R_{\text{e}}$ kann α_{PTC} mit zwei aus der Widerstandskennlinie abgelesenen Wertepaaren (R_1, T_1), (R_2, T_2) bestimmt werden.

$$\alpha_{\text{PTC}} = \frac{\ln\left(\frac{R_2}{R_1}\right)}{T_2 - T_1} \tag{5.26}$$

In diesem Temperaturbereich kann mit dem Temperaturkoeffizienten auch ein Widerstandswert aus einem anderen Widerstandswert berechnet werden.

$$R_2 = R_1 \cdot e^{\alpha_{\text{PTC}} \cdot (T_2 - T_1)} \tag{5.27}$$

In Datenblättern beziehen sich die Wertangaben von α_{PTC} für die jeweiligen Kaltleitertypen nur auf den Temperaturbereich des steilen Widerstandsanstiegs, dieser ist für Anwendungen hauptsächlich von Interesse.

5.2.5 Strom-Spannungs-Kennlinie

Die Eigenschaften eines elektrisch belasteten Kaltleiters werden durch die Strom-Spannungs-Kennlinie besser beschrieben als durch die Widerstandskennlinie. Die I-U-Kennlinie zeigt die Abhängigkeit des Stromes von der Spannung im thermischen Gleichgewicht in ruhender Luft bei 25 °C, sofern keine andere Temperatur angegeben ist. Der Strom steigt zunächst annähernd linear mit der angelegten Spannung an. Die Eigenerwärmung ist noch vernachlässigbar, der Kaltleiter verhält sich näherungsweise wie ein ohmscher Widerstand. Mit zunehmender Spannung wird die Eigenerwärmung bedeutend, der Widerstandswert nimmt zu, bis bei der Kippspannung U_{K} der Kippstrom I_{K} erreicht wird. Wird die Spannung weiter erhöht, so nimmt der Widerstandswert schneller zu als die Spannung, der durch den Kaltleiter fließende Strom nimmt damit ab. Da der Widerstand sehr schnell ansteigt, nimmt die Temperatur des Kaltleiters mit steigender Spannung nur noch wenig zu, die im Kaltleiter umgesetzte Verlustleistung P_{V} bleibt nahezu konstant.

Werte in Abb. 5.22:

I_{K} = Kippstrom bei angelegter Spannung U_{K} (Kippspannung), ab diesem Wert sinkt der Strom mit größer werdender Spannung. Die Eigenerwärmung durch die Verlustleistung ist ab diesem Strom groß genug, um die Bauteiltemperatur über die Temperatur T_{ref} anwachsen zu lassen

I_{R} = Reststrom, der sich bei anliegender maximaler Betriebsspannung U_{max} im thermischen Gleichgewicht einstellt (stationärer Betrieb), meist bezogen auf eine Umgebungstemperatur $T_{\text{A}} = 25\,°\text{C}$

U_{N} = Nennspannung ($U_{\text{N}} < U_{\text{max}}$)

U_{max} = maximale Betriebsspannung

U_{D} = Durchbruchspannung ($U_{\text{D}} > U_{\text{max}}$)

Abb. 5.22 Strom-
Spannungskennlinie eines
Kaltleiters unter Berücksichti-
gung der Eigenerwärmung

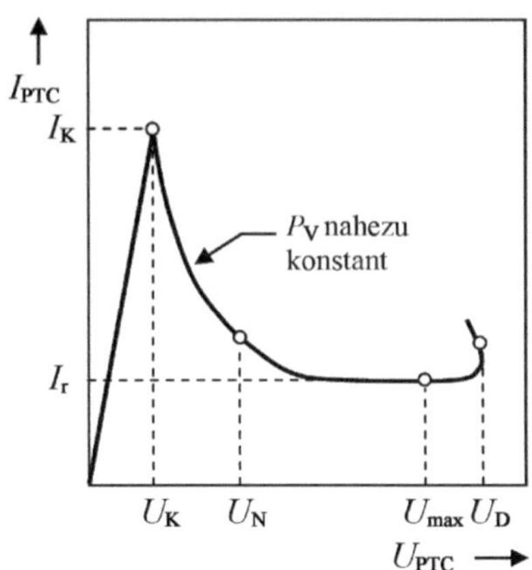

Nennstrom I_N

Ist der Strom durch den Kaltleiter $\leq I_N$, so bleibt der Kaltleiter mit Sicherheit niederohmig.

Schaltstrom I_S

Ist der Strom durch den Kaltleiter $\geq I_S$, so wird der Kaltleiter mit Sicherheit hochohmig.
Die Temperatur T_K im Kipp-Punkt liegt etwas unterhalb der Bezugstemperatur T_{ref}, sie ist
näherungsweise:

$$T_K \approx 0,8 \cdot T_{ref} + 0,2 \cdot T_{R\,min} \tag{5.28}$$

Maximale Messspannung $U_{Mes,max}$

Dies ist die höchste Spannung, die am Kaltleiter zu Messzwecken anliegen darf. Die dabei
erzeugte Verlustleistung führt zu keiner Eigenerwärmung des Bauelementes.

Schaltzeit t_S

Das Abschaltverhalten eines Kaltleiters wird mit der Schaltzeit t_S beschrieben. Bei an-
gegebener Spannung fällt während t_S der Strom durch den Kaltleiter auf 50 % seines
Anfangswertes (Umgebungstemperatur $T_A = 25\,°C$).

Thermische Ansprechzeit t_a

Dies ist die Zeit, die ein elektrisch nicht belasteter Kaltleiter benötigt, um sich durch
Fremderwärmung von der Starttemperatur ($25\,°C$) auf Bezugstemperatur T_{ref} zu erwär-
men.

Für die Eigenerwärmung und die thermische Abkühlzeitkonstante eines stromdurchflossenen PTC-Thermistors gelten die gleichen Gesetze wie beim NTC-Thermistor (siehe
z. B. Gl. 5.12).

Abb. 5.23 Beispiel für die
Abhängigkeit einer PTC-
Widerstandskennlinie von der
am PTC liegenden Spannung

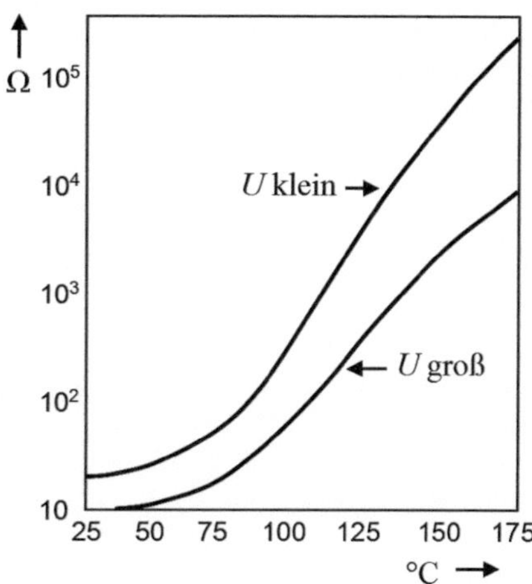

5.2.6   Spannungs- und Frequenzabhängigkeit des PTC-Widerstandes

Der Widerstandswert von Kaltleitern ist nicht nur von der Temperatur abhängig.

Die Abhängigkeit des Widerstandswertes von der angelegten Spannung wird „Varistoreffekt" genannt. Dieser Effekt beruht auf der grundsätzlichen Feldstärkeabhängigkeit des Widerstandes von Sperrschichten und macht sich vor allem im hochohmigen Zustand bemerkbar, wenn die Sperrschichten voll ausgebildet sind. Der PTC-Widerstand nimmt ab, wenn die am Kaltleiter anliegende Spannung erhöht wird (Abb. 5.23). Zu jeder Widerstandskennlinie $R = f(T)$ muss deshalb die Spannung angegeben werden, die bei der Aufnahme der Kennlinie am PTC angelegt wurde. Für Spannungen kleiner ca. 1,5 V ist der Varistoreffekt vernachlässigbar.

Bei Wechselspannung ist der Kaltleiter außerdem kein rein ohmscher Widerstand. Über die Korngrenzen ergibt sich eine kapazitive Kopplung. Der Widerstand erweist sich als frequenzabhängig, er nimmt mit steigender Frequenz ab (Abb. 5.24). *Kaltleiter* sind deshalb *nur für Anwendungen im Gleichspannungsbetrieb* geeignet.

5.2.7   Anwendung: Temperaturfühler

Für kleine Spannungen, bei denen die elektrische Feldstärke im Kaltleiter im Bereich von 1 V/mm liegt, führt der geringe Stromfluss zu keiner Eigenerwärmung, der Varistoreffekt kann ebenfalls vernachlässigt werden. In diesem Bereich des steilen Widerstandsanstiegs (Bereich der Fremderwärmung), in dem eine eindeutige Beziehung zwischen Kaltleiterwiderstand und Temperatur besteht, kann der Kaltleiter als Temperaturfühler betrieben werden. Übliche Anwendungen sind der Schutz elektrischer Maschinen vor Übertemperatur.

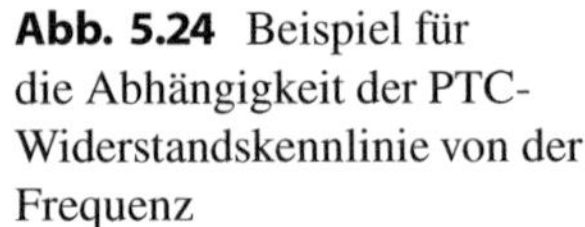

Abb. 5.24 Beispiel für die Abhängigkeit der PTC-Widerstandskennlinie von der Frequenz

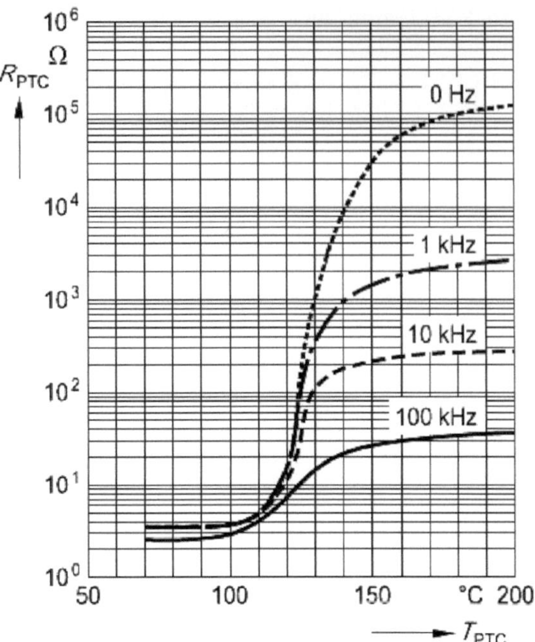

5.2.8 Anwendung: Strömungsmesser und Flüssigkeits-Niveaufühler

Beim Heißleiter (NTC-Widerstand) ist die Spannungs-Stromkennlinie von der Temperatur des Stoffes abhängig, der den NTC umgibt. Die U-I-Kennlinie eines NTC ändert sich mit seiner Umgebungstemperatur und seinem Umgebungsmedium, welches den Wärmewiderstand R_{th} (K/W) beeinflusst. Diese Veränderung von R_{th} führt zu einer Verschiebung der U-I-Kennlinie. Wie bereits erwähnt, können Heißleiter somit z. B. zur Strömungsmessung von Flüssigkeiten eingesetzt werden. Beim Kaltleiter (PTC-Widerstand) ist es ähnlich, verwendet wird aber die Strom-Spannungskennlinie des PTC. Die I-U-Kennlinie ist von der Temperatur des Stoffes abhängig, der den PTC umgibt. Somit kann ein Kaltleiter ebenfalls (wie ein Heißleiter) zur Strömungsmessung einer Flüssigkeit verwendet werden. Auch die Erkennung des Standes einer Flüssigkeit kann realisiert werden.

5.2.9 Anwendung: Selbstregelnder Thermostat

Ist der Strom durch einen Kaltleiter groß genug, dass eine Eigenerwärmung eintritt, so erwärmt sich das Bauteil. Sinkt jetzt die Umgebungstemperatur des PTC, so wird sein Widerstand kleiner, der Strom durch den PTC und damit die aufgenommene Verlustleistung (und somit die Bauteilerwärmung) steigen an. Steigt dagegen die Umgebungstemperatur des PTC, so wird sein Widerstand größer, der Strom durch den PTC und damit die auf-

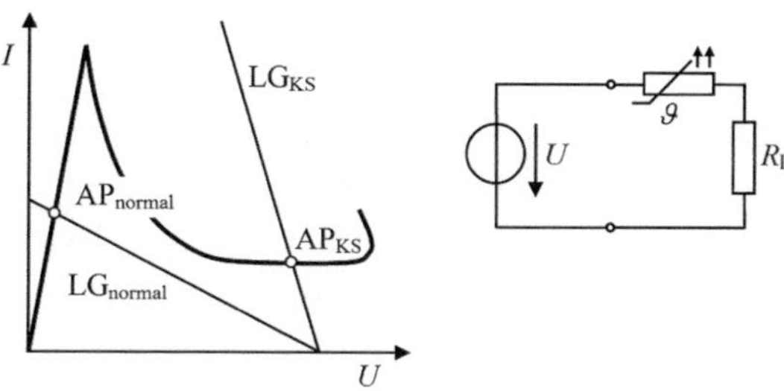

Abb. 5.25 Schaltung eines Kaltleiters als Überstromsicherung, Kennlinie des PTC mit Widerstandsgeraden und Arbeitspunkten

genommene Verlustleistung sinken (Bauteilabkühlung). Auf diese Weise stellt sich eine mittlere Temperatur des PTC und ein mittlerer Stromfluss ein, die von der Umgebungstemperatur nahezu unabhängig sind. Der PTC wirkt wie ein selbstregelnder Temperaturregler (Thermostat).

Diese Regelung funktioniert auch bei Spannungsänderungen. Ist die Spannung am PTC von gewissen Schwankungen betroffen, so arbeitet dieser Regelvorgang auf die gleiche Weise. Steigt die Spannung, so steigt auch die Verlustleistung und damit die Eigenerwärmung, Strom und aufgenommene Leistung sinken. Sinkt die Spannung, so kehrt sich die Wirkung um.

5.2.10 Anwendung: Überstromsicherung

Bei der Anwendung als Überstromsicherung wird die Eigenerwärmung des Kaltleiters ausgenutzt. Kaltleiter und Lastwiderstand R_L sind in Reihe geschaltet. Abb. 5.25 zeigt die Strom-Spannungskennlinie gemeinsam mit zwei Lastgeraden (Widerstandsgeraden). Die Lastgerade LG$_{normal}$ gilt für den normalen Betrieb des Verbrauchers, dazu gehört der Arbeitspunkt AP$_{normal}$. Die Lastgerade LG$_{KS}$ mit dem Arbeitspunkt AP$_{KS}$ gilt für den Fall, dass ein Kurzschluss des Verbrauchers bzw. ein Überlastfall vorliegt. Im normalen Betriebsfall ist R_L so groß, dass am PTC nur ein geringer Spannungsabfall auftritt („Ein-Zustand" des Verbrauchers). Nimmt R_L ab, so nimmt der Strom zu, der Arbeitspunkt wandert auf der Kaltleiterkennlinie nach oben, bis der Kippstrom erreicht wird. Für kleine Werte von R_L existiert dann der Arbeitspunkt B, bei dem nahezu der gesamte Spannungsabfall am Kaltleiter auftritt („Aus-Zustand"). Liegt kein Kurzschluss mehr vor, so kehrt der Betriebszustand von allein zum ursprünglichen Arbeitspunkt AP$_{normal}$ zurück. Dies entspricht einem bistabilen Verhalten mit Schalthysterese.

Diese Anwendung eines Kaltleiters als Kurzschluss- bzw. Überlastschutz wird allerdings nur bei Lasten mit kleiner Leistungsaufnahme angewandt, da Kaltleiter auch im normalen Betriebsbereich einen relativ hohen Widerstandswert von einigen Ohm bis einigen hundert Ohm aufweisen.

5.3 VDR-Widerstand, Varistor

Spannungsabhängige Widerstände werden auch VDR-Widerstände genannt (VDR = **V**oltage **D**ependant **R**esistor). Gebräuchlich ist die Bezeichnung Varistor (**Var**iable Res**istor**) (Schaltzeichen: Abb. 5.26). Bei diesen Bauelementen nimmt der Widerstandswert mit wachsender Spannung stark ab. Die Spannungs-Stromkennlinie ist symmetrisch. Ab einer bestimmten Spannung wird der Varistor innerhalb von 0,5 ns niederohmig und verhindert einen weiteren Spannungsanstieg. Varistoren werden parallel zu anderen Bauteilen geschaltet und schützen diese vor zu hohen Spannungen (Überspannungen) bzw. Spannungsspitzen.

Abb. 5.27 zeigt verschiedene Ausführungsformen von Varistoren.

5.3.1 Einsatzbereiche des Varistors

VDR-Widerstände eignen sich gut zur Spannungsbegrenzung, es können amplitudenbegrenzte Strom- und Spannungskurven erzeugt werden. Auch zur Stabilisierung von Spannungen werden Varistoren eingesetzt.

Eine Hauptanwendung ist der Schutz vor Überspannungen. Bei Überspannungen werden innere und äußere Überspannungen unterschieden. Innere Überspannungen werden im zu schützenden System selbst verursacht, z. B. durch Schalten induktiver Lasten oder Überschlag. Die Ursachen äußerer Überspannungen liegen außerhalb des zu schützenden Systems, sie gelangen durch Verbindungsleitungen, induktive oder kapazitive Einkopplung in das System. Ursachen können z. B. das Schalten anderer Verbraucher, ein Blitzeinschlag oder starke elektromagnetische Felder sein.

Als Schutzelemente reagieren Varistoren sehr schnell auf Spannungsänderungen, sie haben schnelle Schaltzeiten ($0{,}5\,\text{ns} < t_\text{S} < 25\,\text{ns}$). Der Spannungsbereich in dem sie betrieben werden reicht von einigen Volt bis ca. 1500 Volt, Ströme bis zu einigen tausend Ampere sind möglich. Besonders vorteilhaft bei der Anwendung als Überspannungsschutz ist das Vermögen der hohen Energieaufnahme, die bis zu 2000 J betragen kann.

Abb. 5.26 Schaltzeichen eines Varistors

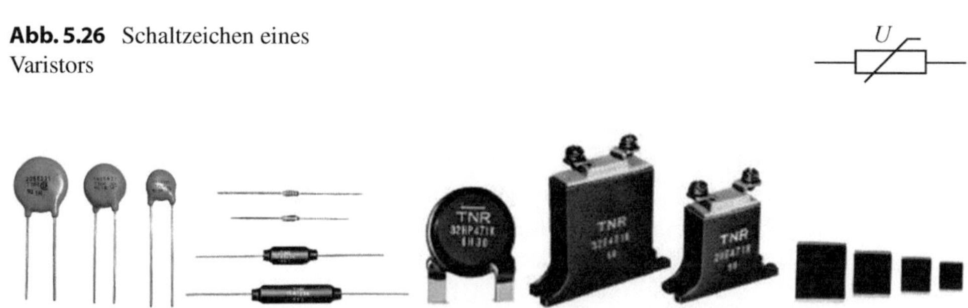

Abb. 5.27 Varistoren unterschiedlicher Bauform

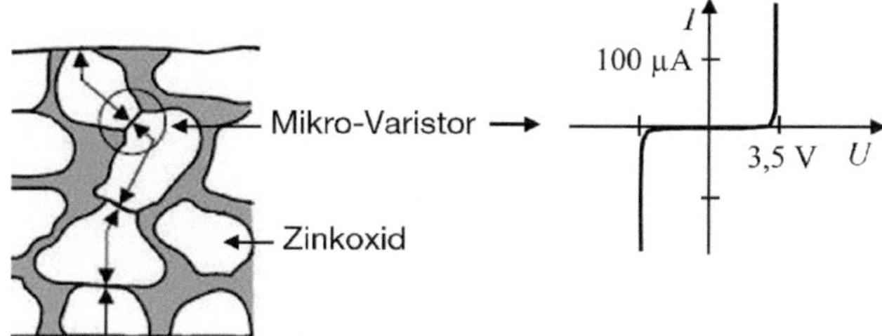

Abb. 5.28 Zu Aufbau und Leitungsmechanismus eines Varistors. Jeder Mikrovaristor weist eine Charakteristik auf, die der einer bidirektionalen Z-Diode mit einer Durchbruchsspannung von ungefähr 3,5 V gleicht

5.3.2 Herstellung von Varistoren, Leitungsmechanismus

Varistoren bestehen aus halbleitendem Material. Sie werden aus polykristallinen Metalloxiden wie Zinkoxid (ZnO) oder Siliziumkarbid (SiC) mit bestimmter Dotierung und Korngröße gefertigt. Das pulverisierte Ausgangsmaterial wird mit Bindemittel versetzt, zu Scheiben von 7 bis 40 mm Durchmesser und 1 bis 10 mm Stärke oder zu Stäbchen gepresst, anschließend gesintert und mit Elektroden versehen. Die Kontaktierung kann für eine SMD-Montage oder mit Drahtanschlüssen erfolgen. Zum Schutz vor Umwelteinflüssen werden die Elemente mit Epoxidharz überzogen bzw. vergossen.

Keramische Metalloxidvaristoren (MOV) weisen einen Nichtlinearitätsexponenten (Maß für die Steilheit der Strom-Spannungskennlinie) von $\alpha > 30$ auf. Diese Bauteile kommen somit mit ihren Werten für α in die Nähe von Zenerdioden. Ihre Kennlinie ist aber nicht nur sehr steil sondern auch symmetrisch zum Ursprung. Außerdem werden höhere Spitzenströme erzielt. Vielschichtvaristoren in SMD-Ausführung, bei denen mehrere Varistorschichten parallel geschaltet sind, besitzen sehr gute Eigenschaften für einen Überspannungsschutz. Varistoren auf Basis Siliziumkarbid werden kaum noch verwendet, sie werden nur dort eingesetzt, wo große Energiemengen unter hohen Umgebungstemperaturen aufgenommen werden müssen.

Die Arbeitsweise des Varistors beruht auf dem veränderlichen Widerstand zwischen den einzelnen Kristallen im gesinterten Basismaterial (Zinkoxid oder Siliziumkarbid). Das gesinterte Siliziumkarbid enthält viele kleine Halbleiterkristalle, zwischen denen sich unregelmäßig gepolte Sperrschichten ausbilden. Zwischen den Anschlüssen eines Varistors liegen also viele frei verteilte, in Reihe und parallel geschaltete kleine pn-Übergänge. Legt man eine Spannung an, so entsteht ein elektrisches Feld, das die Sperrschichten abbaut. Je größer die Spannung wird, desto stärker ist dieses Feld und umso mehr Sperrschichten werden abgebaut, gleichbedeutend mit einer Verringerung des Widerstandes.

Die Grenzschichten zwischen halbleitenden, benachbarten Zinkoxid-Körnern mit einer Größe von 10 bis 50 µm wirken wie Mikro-Varistoren (Abb. 5.28). Der Stromfluss über die Korngrenze ist gering, solange die materialspezifische Spannung der Grenzschicht (für ZnO-Varistoren ca. 3,5 V) nicht überschritten wird. Die Strom-Spannungs-Charakteristik des Varistors ergibt sich aus der Reihen- und Parallelschaltung dieser Mikro-Varistoren.

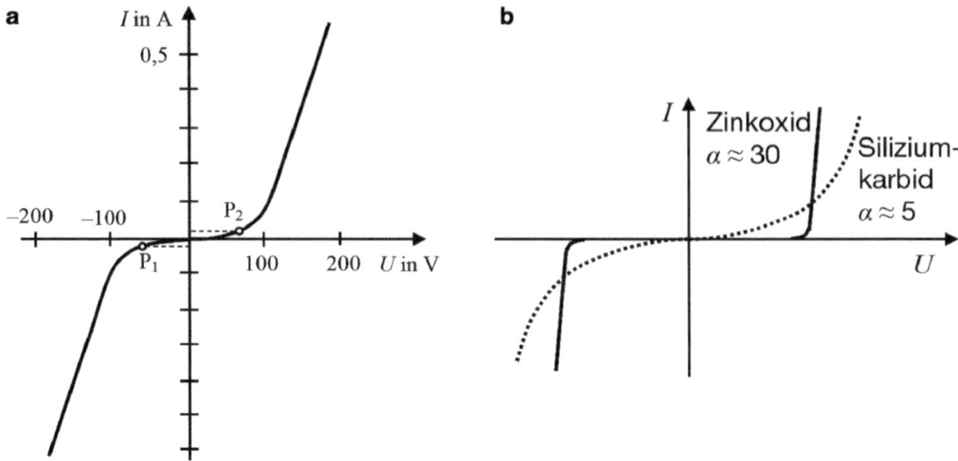

Abb. 5.29 Beispiel für die Strom-Spannungskennlinie eines Varistors (**a**), unterschiedliche Steilheit der Kennlinien bei verschiedenen VDR-Typen (**b**)

Die Ansprechspannung (Varistorspannung) kann festgelegt werden über die Anzahl der zu durchlaufenden Grenzschichten und damit über die Dicke des Varistors.

In einem Varistor verteilt sich die umgesetzte Leistung auf die einzelnen Mikro-Varistoren und damit nahezu homogen auf das Volumen des Varistors. Das Vermögen der Energieaufnahme ist deshalb wesentlich höher als bei Z-Dioden, bei denen die gesamte Verlustleistung in der räumlich begrenzten Sperrschicht anfällt.

5.3.3 Strom-Spannungs-Kennlinie

Das wesentliche Verhalten des VDR-Widerstandes ist durch die I-U-Kennlinie gegeben. Der Widerstandswert eines VDR-Widerstandes wird mit zunehmender Spannung immer kleiner.

In einem Bereich zwischen P_1 und P_2 (Abb. 5.29) bewirkt ein großer Spannungsanstieg eine kleine Stromänderung, dies entspricht einem hohen Widerstand. In diesem *Leckstrombereich* verhält sich der VDR fast wie ein ohmscher Widerstand, die Kennlinie ist annähernd linear. Ab diesen beiden Punkten steigt mit wachsender Spannung der Strom überproportional an (*Durchbruchbereich*), entsprechend einem sehr kleinen Widerstand. Diese Abhängigkeit des Stromes von der Spannung ist unabhängig von der Polarität der angelegten Spannung, die I-U-Kennlinie verläuft punktsymmetrisch zum Ursprung. Im Falle einer großen Anstiegssteilheit kann die Kennlinie eines VDR mit der Kennlinie von zwei antiseriell geschalteten Z-Dioden verglichen werden.

Der Spannungswert, bei dem der steile Stromanstieg in der I-U-Kurve auftritt, kann je nach Bauform zwischen etwa 2 V und einigen tausend Volt liegen.

Im Durchbruchbereich wird der Zusammenhang zwischen Strom und Spannung näherungsweise durch eine Potenzfunktion beschrieben.

$$I = K \cdot U^{\alpha} \quad (\alpha > 1) \tag{5.29}$$

I $\quad\quad$ = Strom durch den Varistor,

U $\quad\quad$ = am Varistor angelegte Spannung

$K = \dfrac{1}{C^{\frac{1}{\beta}}}$ = Materialkonstante (Elementkonstante), abhängig vom Varistortyp

C und β $\quad$ siehe unten

$\alpha = \frac{1}{\beta}$ $\quad$ = Nichtlinearitätsexponent, wird auch als *Spannungsindex* des Varistors bezeichnet.

Für U gilt:

$$U = C \cdot I^{\beta} \quad (\beta = 1/\alpha, \beta < 1) \tag{5.30}$$

C = Formfaktor (eine Bauartkonstante), entspricht einem Widerstandswert, typischer Wertebereich 15 Ω bis 5000 Ω

β = Regelfaktor oder Regelkonstante, wird auch *Stromindex* genannt.

Damit ist:

$$I = \left(\frac{U}{C}\right)^{\frac{1}{\beta}} \tag{5.31}$$

C und β werden in den Datenblättern der Bauelemente aufgeführt.

Der Formfaktor C verkörpert im Prinzip einen Widerstandswert. Die Regelkonstante β beschreibt die Steigung der I-U-Kennlinie. Typische Werte für β liegen im Bereich $\beta = 0{,}15$ bis $\beta = 0{,}35$ für SiC-Varistoren und $\beta = 0{,}03$ für ZnO-Varistoren.

Der spannungsabhängige Gleichstromwiderstand (Großsignalwiderstand) ist:

$$R = \frac{U}{I} = \frac{U}{K \cdot U^{\alpha}} = \frac{1}{K} \cdot U^{(1-\alpha)} \tag{5.32}$$

Meist werden die Gl. 5.29 und 5.32 in doppelt logarithmischer Darstellung verwendet.

$$\log(I) = \log(K) + \alpha \cdot \log(U) \tag{5.33}$$

$$\log(R) = \log\left(\frac{1}{K}\right) + (1-\alpha) \cdot \log(U) \tag{5.34}$$

Der Nichtlinearitätsexponent α kann aus zwei Wertepaaren (U_1, I_1) und (U_2, I_2) von Strom und Spannung als Steigung der doppelt logarithmisch aufgetragenen Kennlinie bestimmt werden.

$$\alpha = \frac{\log(I_2) - \log(I_1)}{\log(U_2) - \log(U_1)} \tag{5.35}$$

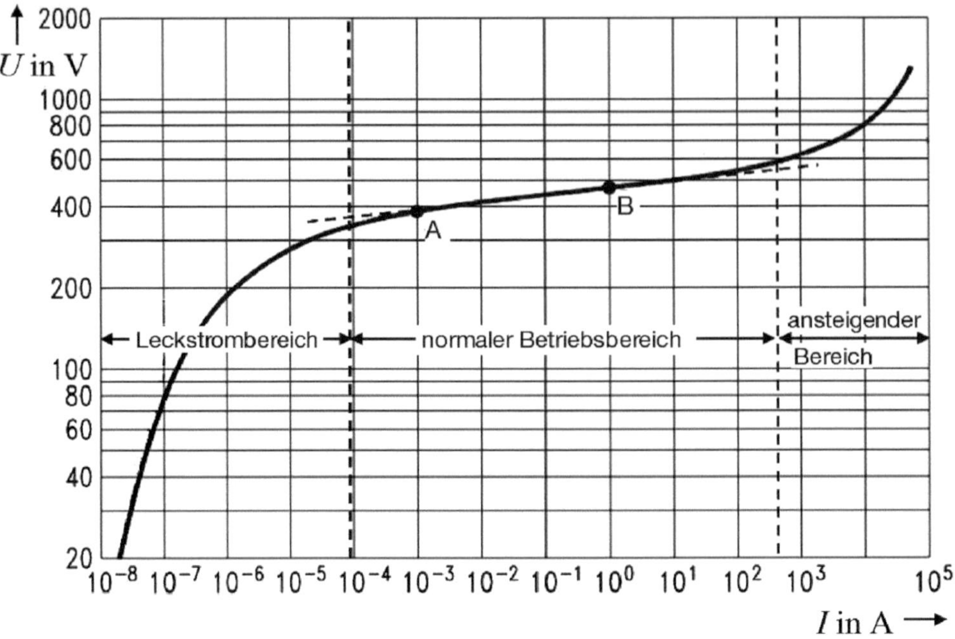

Abb. 5.30 Spannungs-Strom-Kennlinie eines Varistors in doppelt logarithmischer Darstellung

Die Verlustleistung P_V wird im Varistor vollständig in Wärme umgesetzt. Je nach Varistorscheibe sind Dauerverlustleistungen von einigen Watt zulässig. Kurzzeitig können Varistoren aber wesentlich höhere Verlustleistungen aufnehmen. Die Verlustleistung steigt mit der Spannung sehr stark an. Für $\beta = 0{,}2$ z. B. wird der Exponent $\frac{\beta+1}{\beta} = 6$, d. h. die Verlustleistung wächst mit der sechsten Potenz.

$$P_V = \frac{U^{\left(\frac{\beta+1}{\beta}\right)}}{C^{\frac{1}{\beta}}} = K \cdot U^{(\alpha+1)} \quad (\mathrm{W}) \tag{5.36}$$

Beispiel 5.6

Aus den Punkten A und B in Abb. 5.30 soll der Nichtlinearitätsexponent α bestimmt werden.

Lösung:

Punkt A hat die Werte $I_1 = 1\,\mathrm{mA}$, $U_1 = 390\,\mathrm{V}$. Punkt B: $I_2 = 1\,\mathrm{A}$, $U_2 = 470\,\mathrm{V}$. Nach Gl. 5.35 ist

$$\alpha = \frac{\log(I_2) - \log(I_1)}{\log(U_2) - \log(U_1)} = \frac{\log(1) - \log(10^{-3})}{\log(470) - \log(390)} = \frac{0 - (-3)}{2{,}67 - 2{,}59} = \underline{\underline{37}}$$

Tab. 5.2 Beispiel für Angaben im Datenblatt eines Varistors

Maximum continuous voltage RMS	60 V
Maximum continuous voltage DC	85 V
Varistor voltage (at 1 mA)	100 V $\pm$ 10 %
Maximum clamping voltage at 10 A	165 V
Maximum non-repetitive transient current ($8 \times 20\,\mu s$)	800 A
Leakage current at 85 V (DC)	10^{-5} to 5×10^{-4} A
Transient energy ($10 \times 1000\,\mu s$)	8,5 J
Typical capacitance at 1 kHz	14.000 pF
Operating temperature	-40 to $+125\,°C$

5.3.4 Begriffsdefinitionen und Datenblattangaben

Maximale Betriebsspannung
Sie gibt an, welche maximale Spannung dauernd an das Bauelement angelegt werden darf. Sie wird als Wechselspannung U_{RMS} (Effektivwert) und als Gleichspannung U_{DC} angegeben (Tab. 5.2).

Varistorspannung (Ansprechspannung)
Die Varistorspannung ist der Spannungsabfall am Varistor, wenn durch das Bauelement ein Strom von 1 mA fließt. Dieser Wert eines standardisierten Arbeitspunktes auf der U-I-Kennlinie dient als Referenzpunkt zur Spezifizierung und zum Vergleich von Varistoren.

Maximaler Schutzpegel (clamping voltage)
Als maximaler Schutzpegel wird der Spannungsabfall am Varistor bezeichnet, wenn durch ihn ein Strom mit der Form eines Standardimpulses mit $t_1 = 8\,\mu s$ und $t_2 = 20\,\mu s$ fließt.

Höchstzulässiger nichtperiodischer Stoßstrom
Ein kurzzeitiger Stromfluss – vor allem, wenn er durch Überspannungen verursacht wurde – wird als Stoßstrom bezeichnet. Der höchstzulässige nichtperiodische Stoßstrom spezifiziert die maximale Belastung eines Varistors durch einen genormten Stoßstrom nach Abb. 5.31 mit $t_1 = 8\,\mu s$ und $t_2 = 20\,\mu s$ (Tab. 5.2). Höhere Stromwerte können zu einer Zerstörung des Bauelementes führen. Bei Belastung durch mehrere Impulse müssen Derating-Kurven im Datenblatt berücksichtigt werden.

Maximale Energieabsorption
Dieser Wert (in Joule) wird häufig für einen genormten Stoßstrom nach Abb. 5.31 mit $t_1 = 10\,\mu s$ und $t_2 = 1000\,\mu s$ angegeben (Tab. 5.2), verbunden mit einer maximalen Änderung der Spannung am Varistor von 10 % bei einem Strom von 1 mA.

Abb. 5.31 Standardimpuls, genormter Stromstoß zur Definition des maximalen Schutzpegels und des maximalen Stromstoßes

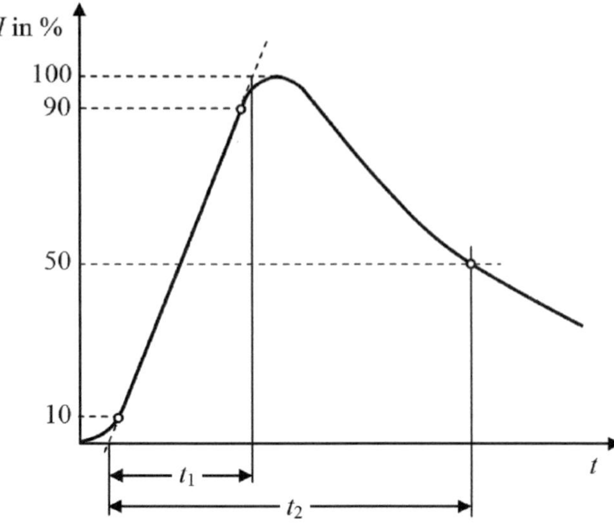

Temperaturkoeffizient

Metalloxid-Varistoren haben einen negativen TK der Spannung. Der Leckstrom (besonders im μA-Bereich) steigt bei Temperaturerhöhung an.

Kapazität

Metalloxid-Varistoren verhalten sich wie Kondensatoren mit ZnO-Dielektrikum. Für die Eigenkapazität werden Richtwerte für 1 kHz angegeben, Werte zwischen 20 pF und 20 nF sind möglich. Die große Eigenkapazität des VDR beschränkt den Einsatz auf niederfrequente Schaltungen (Abb. 5.32).

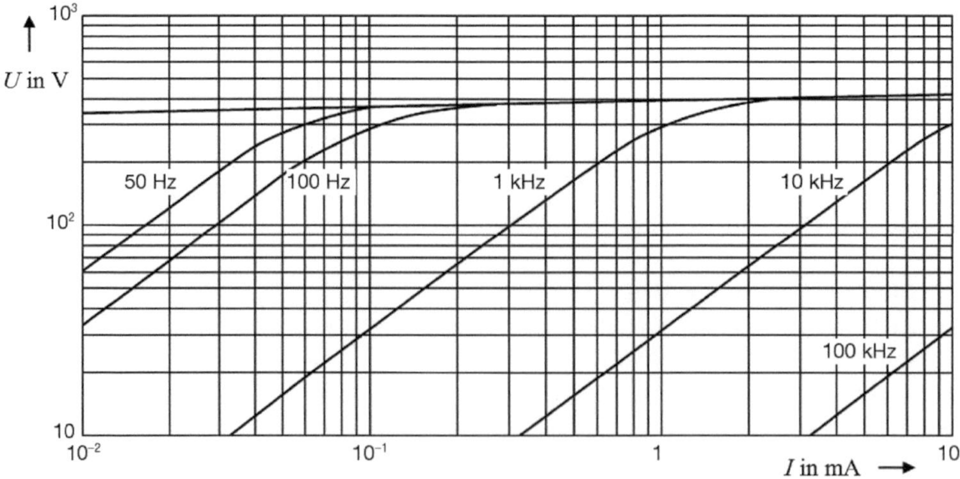

Abb. 5.32 Beispiel für den Einfluss der Frequenz auf die Kennlinie eines Varistors

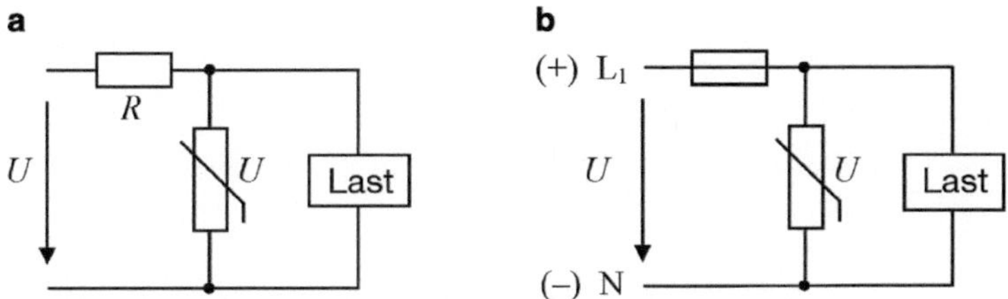

Abb. 5.33 Überspannungsschutz durch Beschaltung eines Verbrauchers mit einem Varistor (**a**), in vielen Applikationen liegt in der Zuleitung (die dann R darstellt) eine Sicherung (**b**)

5.3.5 Hinweis zur Anwendung von Varistoren

Von einer Parallelschaltung mehrerer Varistoren ist grundsätzlich abzuraten. Aufgrund von Bauteileschwankungen und der damit verbundenen unterschiedlichen Stromaufteilung besteht die Gefahr der Überlastung und damit der Zerstörung einzelner Bauelemente.

5.3.6 Anwendung: Überspannungsschutz

Varistoren werden meist zur Begrenzung von Überspannungen eingesetzt, die von außerhalb in eine Schaltung fließen. Beispiele sind Spannungsspitzen aus dem 230 V Stromversorgungsnetz, Spannungsspitzen beim Schalten von induktiven Lasten, hohe Spannungen bei elektrostatischen Entladungen (ESD = Electro-Static-Discharge). Für eine Anwendung als Überspannungsschutz werden ausschließlich ZnO-Varistoren verwendet.

Um die Spannung an einem Verbraucher zu begrenzen, wird parallel zu diesem ein Varistor geschaltet. Tritt eine Spannungsspitze auf, so wird der Varistor niederohmig, der über den Varistor fließende Strom erhöht den Spannungsabfall an dem vorgeschalteten Widerstand R, wodurch die Spannung am Verbraucher begrenzt wird (Abb. 5.33).

Der vorgeschaltete Widerstand R kann in der Praxis auch nur der ohmsche Widerstand eines Kabels, der induktive Widerstand einer Spule oder der komplexe Wellenwiderstand einer Übertragungsleitung sein. Der Varistor muss daher evtl. eine sehr hohe Energie aufnehmen.

Ist eine Spule über einen Schalter mit einer Spannungsquelle verbunden, so fließt bei geschlossenem Schalter der Strom I_L durch die Spule. Der Schalter kann z. B. auch ein Transistor sein. Wird der Schalter geöffnet, treten hohe Induktionsspannungen auf, die zu einer Zerstörung des schaltenden Elementes führen können. Ein Varistor parallel zur Spule geschaltet wird bei hohen Induktionsspannungen leitend, nimmt die in der Spule gespeicherte Energie auf und begrenzt die Induktionsspannung.

Beispiel 5.7

Für $L = 0{,}3\,\mathrm{H}$ und $I_\mathrm{L} = 1\,\mathrm{A}$ beträgt die Energie $W = \frac{1}{2}LI^2 = 0{,}15\,\mathrm{J}$. Diese Energie muss der Varistor aufnehmen können.

Erfolgen Schaltvorgänge periodisch mit der Frequenz f, dann darf die mittlere Verlustleistung P die Nennbelastbarkeit des Varistors (Datenblattwert) nicht überschreiten.

$$P = W \cdot f \tag{5.37}$$

Beispiel 5.8

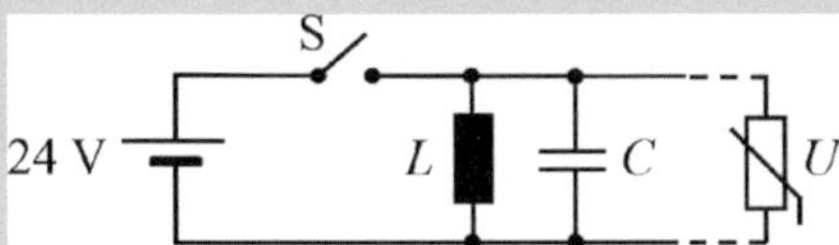

Abb. 5.34 Varistor zur Vermeidung von Kontaktabbrand bei einem Schalter bzw. Relais

Die Spule L in Abb. 5.34 hat einen ohmschen Wicklungswiderstand von 100 Ohm. Wird der Schalter S geschlossen, so fließt durch L der Strom $I_\mathrm{L} = 0{,}24\,\mathrm{A}$. Ein Öffnen von S führt zu einem Schwingen des LC-Parallelschwingkreises, der Scheitelwert des Stromes ist $\hat{I} = 0{,}24\,\mathrm{A}$. Die im Kondensator gespeicherte Energie $\frac{1}{2}CU^2$ ist gleich der in der Spule gespeicherten Energie $\frac{1}{2}LI^2$ (ohne Berücksichtigung der Verluste durch den Wicklungswiderstand). Somit folgt: $U = I \cdot \sqrt{\frac{L}{C}}$. Für $L = 0{,}05\,\mathrm{H}$ und $C = 100\,\mathrm{pF}$ ergibt sich eine Spannung von $U = 5366\,\mathrm{V}$. Diese Spannung kann am Schalter S einen Lichtbogen erzeugen. Wird dem Schwingkreis ein Varistor parallel geschaltet, so wird die hohe Spannung $U = 5366\,\mathrm{V}$ auf eine gewünschte Spannung begrenzt, z. B. auf die Betriebsspannung des Varistors von $20\,\mathrm{V}$.

5.4   LDR-Widerstand, Fotowiderstand

Ein Fotowiderstand wird auch LDR-Widerstand genannt (LDR = **L**ight **D**ependent **R**esistor = lichtabhängiger Widerstand). Die Kurzbezeichnung ist LDR. Der **Widerstandswert** eines LDR wird **bei Beleuchtung** mit Licht oder Infrarotstrahlung **kleiner**. LDR-Widerstände sind lichtgesteuerte Widerstände aus Halbleitermaterial, der Widerstand variiert in einem Bereich von ca. 100 Ohm bis einigen zehn Megaohm. Bei einer Helligkeitsänderung des eingestrahlten Lichtes erfolgt die Widerstandsänderung relativ träge. Fotowiderstände sind im Gegensatz zu vielen anderen Halbleiterbauelementen un-

Abb. 5.35 Schaltzeichen Fotowiderstand

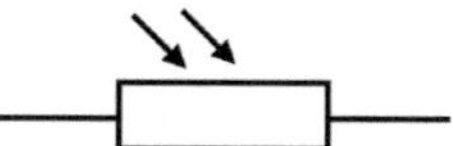

gepolt, sie arbeiten unabhängig von der Stromrichtung und können sowohl in Gleich- als auch in Wechselstromkreisen eingesetzt werden. In einem Fenster aus durchsichtigem Kunststoff ist meist eine Struktur in Mäanderform oder ineinander greifender Streifen zu erkennen. Ein LDR besitzt zwei Anschlüsse wie ein Festwiderstand, die Polung spielt keine Rolle. Das Schaltzeichen eines LDR zeigt Abb. 5.35.

Durch Anwendung dieses Bauelementes in einer geeigneten Schaltung kann ein Schaltvorgang in Abhängigkeit der Lichtstärke realisiert werden, z. B. ein „Dämmerungsschalter", welcher bei Einbruch der Nacht eine Beleuchtung einschaltet.

Abb. 5.36 zeigt verschiedene Ausführungsformen von Fotowiderständen.

5.4.1 Einsatzbereiche des Fotowiderstandes

Mit Fotowiderständen können nur langsame Helligkeitsänderungen erfasst werden. Einige wichtige Anwendungsbeispiele sind:

- Lichtschranken
- Dämmerungsschalter
- Belichtungsmesser
- Flammenwächter (z. B. in einer Ölfeuerungsanlage)
- Nachweis von Infrarotstrahlung
- Beleuchtungssteuerung
- Steuerung fotoelektronischer Verschlüsse
- Prozessüberwachung
- Gasanalyse
- Spektroskopie
- Umwelttechnik.

Abb. 5.36 Fotowiderstände; Ausbildung der Elektroden als interdigitale Struktur beim zweiten Bauelement von *links*, sonst mäanderförmige Elektroden

Statt Fotowiderständen werden zunehmend Fotodioden eingesetzt, die praktisch keine Trägheit beim Ansprechen zeigen und recht empfindlich sind.

5.4.2 Herstellung von Fotowiderständen, Leitungsmechanismus

Ein Fotowiderstand ist allgemein ein *Strahlungsempfänger*, als strahlungsempfindliches Widerstandsbauelement nimmt sein Widerstandswert mit wachsender Bestrahlung ab. Fotowiderstände gehören zu den Fotoleitern, durch die Strahlungsintensität wird die *Eigenleitung* des Widerstandsmaterials verändert. Im Gegensatz hierzu findet z. B. bei Fotodioden oder Fototransistoren (dies sind *Sperrschichtempfänger*) der Stromfluss durch Bestrahlung einer *Sperrschicht* statt.

Fotowiderstände sind Halbleiter-Bauelemente ohne Sperrschicht. Das strahlungsempfindliche Halbleiter-Widerstandsmaterial aus Halbleiter-Mischkristallen (die aktive Schicht) wird in der Regel im Siebdruckverfahren oder durch Aufdampfen streifenförmig auf ein Substrat (Glas- oder Keramikplättchen) aufgetragen. Der Durchmesser des Trägers beträgt einige Millimeter, die Schichtdicke einige Mikrometer. Die Kontaktierung erfolgt, indem anschließend über eine Maske die Elektrodenstruktur aufgedampft wird. Das fertige Element wird in einem durchsichtigen Gehäuse untergebracht (eingeschmolzen).

Reine, nicht dotierte Halbleiterwerkstoffe haben eine gewisse Eigenleitfähigkeit. Durch eine Erwärmung erfolgt eine Energiezufuhr, es werden Elektron-Loch-Paare erzeugt, die Leitfähigkeit wird vergrößert. Wegen der thermischen Anregung fließt bei einem Fotowiderstand beim Anlegen einer Spannung auch bei Dunkelheit ein (wenn auch kleiner) Strom.

Analog zur thermischen Anregung können durch die Absorption von Photonen mit ausreichend hoher Energie in einem Halbleiter Ladungsträgerpaare erzeugt werden. Durch die Übertragung von Energie wird die Konzentration freier Ladungsträger im Material erhöht, die Leitfähigkeit steigt dadurch ebenfalls an. Dieser Vorgang, bei dem durch Lichteinwirkung Elektronen aus dem Gitterverband herausgelöst werden und die Leitfähigkeit des Halbleiters vergrößert wird, wird *innerer fotoelektrischer Effekt* genannt.

Zu unterscheiden ist zwischen

- lichtinduzierter *Eigenleitung*: Valenzelektronen von Halbleiteratomen werden in das Leitungsband gehoben
- lichtinduzierter *Störstellenleitung*: Valenzelektronen von Störstellenatomen werden in das Leitungsband gehoben

Bei der lichtinduzierten Eigenleitung werden durch Absorption von Photonen in einem nicht dotierten Halbleiter Elektronen aus dem Valenzband ins Leitungsband angehoben und damit Elektron-Loch-Paare erzeugt.

Die Energie der Photonen ist umgekehrt proportional zur Wellenlänge. Eine Ionisierung von Halbleiteratomen kann nur durch Photonen erfolgen, deren Energie mindestens dem Bandabstand ΔW zwischen Valenz- und Leitungsband des Halbleiters entspricht. Für jeden Halbleiter kann daher eine Grenzwellenlänge λ_g angegeben werden. Licht mit einer kürzeren Wellenlänge wird absorbiert und führt zur Generation von freien Ladungsträgern. Licht mit größerer Wellenlänge durchdringt den Halbleiter oder gibt seine Energie in Form von Wärme an den Kristall ab, in beiden Fällen werden keine freien Ladungsträger erzeugt.

Sichtbares Licht hat eine Wellenlänge im Bereich von ca. $\lambda = 400\,\mathrm{nm}$ bis $\lambda = 800\,\mathrm{nm}$. Hieraus ergeben sich Frequenzen von

$$f = \frac{c}{\lambda} = \frac{3 \cdot 10^8\,\frac{\mathrm{m}}{\mathrm{s}}}{400\,\mathrm{nm}} = 7,5 \cdot 10^{14}\,\frac{1}{\mathrm{s}} \text{ bis } f = \frac{c}{\lambda} = \frac{3 \cdot 10^8\,\frac{\mathrm{m}}{\mathrm{s}}}{800\,\mathrm{nm}} = 3,75 \cdot 10^{14}\,\frac{1}{\mathrm{s}}.$$

Die Energie eines Photons ist

$$W = h \cdot f \tag{5.38}$$

mit $h = 6{,}626 \cdot 10^{-34}\,\mathrm{Js} = $ Planck'sches Wirkungsquantum.

Die Energie der Photonen sichtbaren Lichts liegt somit im Bereich $5 \cdot 10^{-19}\,\mathrm{J}$ bis $2{,}5 \cdot 10^{-19}\,\mathrm{J}$, entsprechend $3{,}1\,\mathrm{eV}$ bis $1{,}56\,\mathrm{eV}$. Die Energie dieser Photonen ist also deutlich höher als die *Gapenergie* der meisten Halbleiter (Mindestenergie, die benötigt wird, um eine Bindung aufzubrechen = Breite der verbotenen Zone im Bändermodell = Abstand von Valenz- und Leitungsband). Zum Vergleich: Die Gapenergie beträgt bei Germanium etwa $0{,}7\,\mathrm{eV}$, bei Silizium etwa $1{,}1\,\mathrm{eV}$. Trifft ein Photon sichtbaren Lichts auf ein Valenzelektron, so kann dieses ins Leitungsband angehoben werden.

Umgekehrt kann man aus einer gegebenen Gapenergie sofort die maximale Wellenlänge (Grenzwellenlänge λ_g) des Lichtes errechnen, welches diesen Übergang von Valenzelektronen in das Leitungsband hervorrufen kann.

$$\lambda_g = \frac{c}{f_{\min}} = \frac{h \cdot c}{\Delta W_g} = \frac{1{,}25 \cdot 10^{-6}\,\mathrm{m}}{\Delta W_g(\mathrm{eV})} \tag{5.39}$$

Da man bei den Verbindungshalbleitern (sie bestehen z. B. aus Stoffen der dritten und der fünften Hauptgruppe des Periodensystems) die Gapenergie in weiten Bereichen variieren kann, ist es möglich für eine Vielzahl von Lichtwellenlängen den geeigneten Fotowiderstand auszuwählen.

Die spektrale Empfindlichkeit kann durch eine geeignete Zusammensetzung der Halbleiterverbindung entsprechend den Anforderungen festgelegt werden. Man kann z. B. Fotowiderstände bauen, die besonders empfindlich sind für grünes, blaues oder orangenes Licht. Als homogen dotierte Halbleitermaterialien kommen vorzugsweise Cadmiumverbindungen und Bleiverbindungen zum Einsatz. Es erfassen (Tab. 5.3)

- Cadmiumsulfid-Widerstände (CdS) den sichtbaren Bereich der optischen Strahlung
- Cadmiumselenid-Widerstände (CdSe) den sichtbaren Bereich und den Infrarotbereich A

Tab. 5.3 Halbleitermaterialien für Fotowiderstände mit Bandabstand ΔW, Grenzwellenlänge λ_g und Wellenlängenbereich λ für Anwendungen

	GaP	CdS	CdSe	GaAs	Si	Ge	PbS	InSb	HgCdTe
ΔW (eV)	2,25	1,9	1,7	1,4	1,1	0,75	0,37	0,18	über Cd-Anteil einstellbar
λ_g (μm)	0,551	0,653	0,73	0,886	1,13	1,66	3,36	6,9	
λ (μm)		0,4…0,8	0,45…0,75				0,4…3,5	0,4…7,5	≤ 25

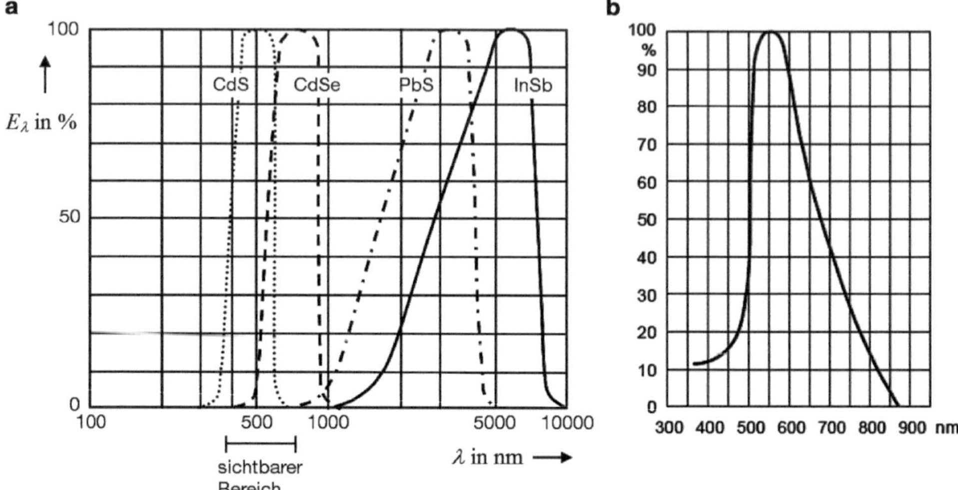

Abb. 5.37 Relative spektrale Empfindlichkeit von Fotowiderständen aus verschiedenen Halbleiterwerkstoffen (**a**), Angabe der spektralen Empfindlichkeit in einem Datenblatt (**b**)

- Bleisulfid-Widerstände (PbS) die Infrarotbereiche A und B ($0,8\,\mu$m $< \lambda < 3,3\,\mu$m)
- Indiumantimonid-Widerstände (InSb) die Infrarotbereiche B und C
- Kupfer-dotiertes Germanium (Ge-Cu) oder Quecksilber-Cadmium-Tellurid (HgCdTe) langwellige Strahlung.

Die spektrale Empfindlichkeit kann in gewissen Grenzen beeinflusst werden. Die langwellige Grenze kann durch Dotierung mit Fremdatomen verändert werden, die kurzwellige Grenze durch Auswahl der Glassorte für das Gehäuse. Mit diesen Maßnahmen können Fotowiderstände mit unterschiedlichen Empfindlichkeitskennlinien hergestellt werden (Abb. 5.37).

Übliche Fotowiderstände bestehen aus Cadmiumsulfid (CdS), dieses reagiert im Bereich des sichtbaren Lichts sehr empfindlich und zuverlässig. Im Infrarotbereich wird auch mit Metallatomen dotiertes Germanium verwendet, es weist eine schnellere Änderung des Widerstandswertes auf.

Beispiele der Beleuchtungsstärke in Lux (lx) sind

- Tageslicht im Sommer: 50.000 lx
- Tageslicht im Winter: 10.000 lx

- Beleuchtung in Wohnung 200 bis 1000 lx
- Vollmond: 0,15 lx.

Der Widerstandswert eines Fotowiderstandes hängt von der Beleuchtungsstärke und der Farbe (entsprechend der Wellenlänge) des Lichts ab. CdS ist am empfindlichsten zwischen rot und grün und weist eine hohe Lichtempfindlichkeit auf. Reines CdS reagiert aber nur sehr träge auf Veränderungen, es dauert relativ lange, bis sich der Widerstand der sich veränderten Beleuchtung angepasst hat. Die Grenzfrequenz beträgt nur wenige Hertz.

Die Bindungsenergie der äußeren Elektronen in einem Halbleiter aus SiC beträgt 2,99 eV, dies entspricht der Energie eines Photons mit einer Wellenlänge von 415 nm, dem violetten Licht. Wird ein Fotowiderstand aus SiC blauem (470 nm), grünem (510 nm) oder rotem Licht (700 nm) ausgesetzt, so reagiert er nicht, egal wie groß die Intensität des Lichts auch sein mag. Die einfallende Energie wird in Wärme umgewandelt, der Photowiderstand heizt sich auf. Erst wenn die Wellenlänge des einstrahlenden Lichts verkleinert wird (λ < 415 nm), setzt der erwünschte Effekt ein, dass heißt je größer dann die Intensität der auftreffenden Strahlung ist, umso kleiner wird der Widerstand des Halbleiters.

Bei Halbleitern mit niedrigem Bandabstand ΔW kann die lichtinduzierte Eigenleitung durch die temperaturabhängige Eigenleitung überdeckt werden. Aus diesem Grunde werden Fotowiderstände aus Indium-Antimonid oder HgCdTe mit flüssigem Stickstoff auf $T = 77$ K gekühlt, so dass die thermische Eigenleitung weitgehend unterdrückt wird.

Für sehr langwellige IR-Strahlung mit sehr niedriger Photonenenergie kommt die lichtinduzierte Störstellenleitung zum Einsatz. Hierzu wird z. B. Kupfer-dotiertes Germanium mit flüssigem Helium so tief gekühlt ($T = 4{,}2$ K), dass die Dotierungsatome noch nicht ionisiert sind. Da die Störstellenniveaus sehr nahe an den Bandkanten liegen, reichen dann geringe Photonenenergien zur Ionisierung der Störstellen aus. Auf diese Weise kann Strahlung mit Wellenlängen bis 40 μm gemessen werden.

Will man die durch den inneren fotoelektrischen Effekt erzeugten Ladungsträger für den Stromtransport nutzen, muss man dafür sorgen, dass sie durch ein elektrisches Feld möglichst schnell zu den Anschlusselektroden transportiert werden. Da die generierten Elektronen nur eine begrenzte Lebensdauer besitzen, müssen die Elektroden den Erzeugungsorten möglichst nahe sein. Aus dieser Forderung und der Notwendigkeit einer möglichst großen aktiven Oberfläche ergibt sich die spezielle Form der Elektroden von Fotowiderständen, die mäanderförmig oder in Form ineinander greifender Finger ausgeführt sind (siehe Abb. 5.36).

Fotowiderstände sind trägheitsbehaftet, verglichen mit sonstigen, für Halbleiter geltenden Schaltzeiten, sind ihre Ansprechzeiten sehr groß und können einige Millisekunden betragen. Ihre Einsatzmöglichkeiten werden durch die Trägheit begrenzt, sie sind z. B. nicht für hochfrequente Anwendungen in optischen Nachrichtenübertragungssystemen einsetzbar. Dafür reagieren Fotowiderstände aber sehr empfindlich auf feine Lichtschwankungen.

Abb. 5.38 Strom-Spannungs-Kennlinien eines Fotowider-standes

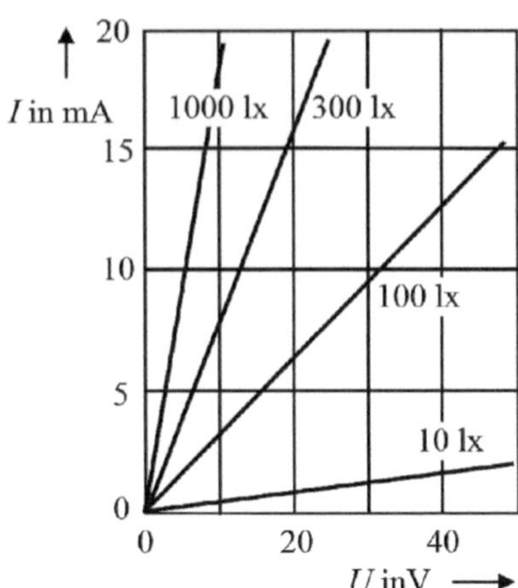

Da die durch den inneren fotoelektrischen Effekt erzeugten Ladungsträger möglichst schnell zu den Anschlusselektroden gelangen sollen, bestimmt deren Abstand im Wesentlichen die Ansprechzeit t_r des LDR. Je kleiner der Abstand der Anschlusselektroden ist, desto kleiner ist t_r. Werden Kontaktstreifen in einer Geometrie von ineinander greifenden, sich nicht berührenden Fingern realisiert, so wird diese Formgebung als *Interdigitalstruktur* bezeichnet. Mit solch einer Anordnung der Anschlusselektroden wird nicht nur eine große aktive Oberfläche auf einer verhältnismäßig kleinen Fläche des Bauteils erreicht, sondern auch ein geringer Abstand der Anschlusselektroden und damit eine kleine Ansprechzeit t_r.

5.4.3   Widerstandskennlinie

Das I-U-Diagramm (Abb. 5.38) zeigt, dass sich der Fotowiderstand bei konstanter Beleuchtung tatsächlich wie ein Widerstand verhält. Die Steilheit der Kennlinie ist abhängig von der Beleuchtungsstärke.

Der Widerstandswert von Fotowiderständen ändert sich mit der Umgebungstemperatur, in der Regel nimmt die Temperaturabhängigkeit mit wachsender Beleuchtungsstärke ab. Der Temperaturkoeffizient hängt von der genauen Zusammensetzung des Fotowiderstandes ab und kann positiv oder negativ sein.

Infolge der erzeugten Ladungsträger variiert der Widerstandswert eines Fotowiderstandes ganz erheblich mit der Intensität des eingestrahlten Lichtes. Der Widerstandswert ändert sich etwa umgekehrt proportional zur Beleuchtungsstärke von seinem hohen *Dunkelwert* R_D (oft als R_0 bezeichnet) auf seinen wesentlich kleineren *Hellwert* R_H (oft als R_{1000} bezeichnet) um mehrere Dekaden. Der Dunkelwert R_D kann in der Größenordnung von Megaohm und der Hellwert R_H im Bereich unter ein Kiloohm liegen. Dunkel- und Hellwiderstand eines LDR werden vom Hersteller im Datenblatt spezifiziert.

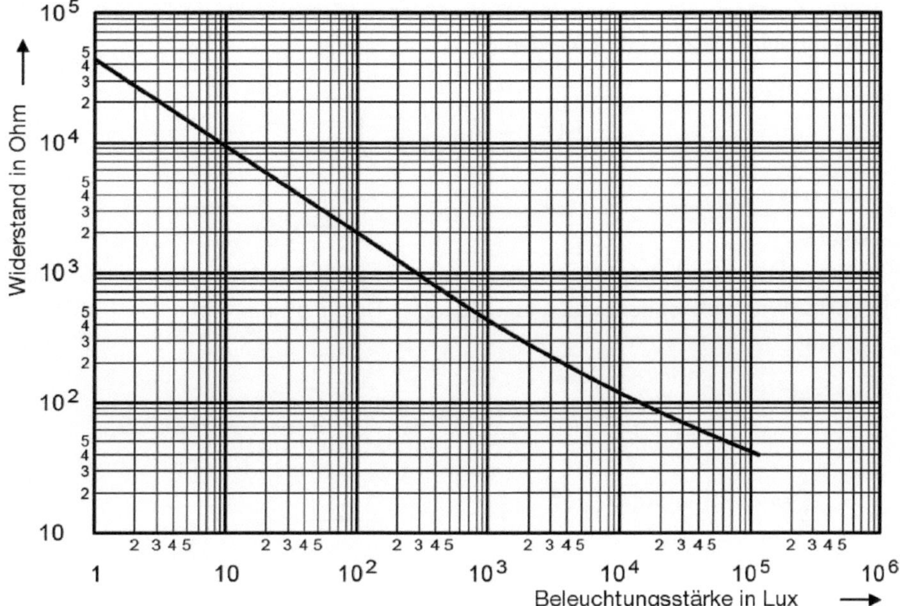

Abb. 5.39 Beispiel für die Abhängigkeit des Widerstandswertes von der Beleuchtungsstärke bei einem Fotowiderstand (Widerstandskennlinie). In doppelt logarithmischer Darstellung ergibt sich weitgehend eine Gerade

Der Widerstandswert genügt einem Potenzgesetz der Form

$$R(E) \sim E^{-\gamma} \tag{5.40}$$

Der Exponent γ ergibt sich aus der Steigung der Geraden, welche man durch die doppelt logarithmische Darstellung der Abhängigkeit des Widerstandswertes $R(E)$ von der Beleuchtungsstärke E erhält (Abb. 5.39). Der Wert von γ liegt in der Regel im Bereich von 0,5 bis 1,2. Von den Herstellern wird die Steilheit γ der Kennlinie in den Datenblättern der LDR-Widerstände spezifiziert, sie ist als positiver Wert definiert:

$$\gamma = \frac{\ln(R_\mathrm{D}) - \ln(R_\mathrm{H})}{\ln(E_\mathrm{H}) - \ln(E_\mathrm{D})} \tag{5.41}$$

R_D = Dunkelwert des Widerstandes (Ω) bei der Beleuchtungsstärke Dunkel E_D (lx)
R_H = Hellwert des Widerstandes (Ω) bei der Beleuchtungsstärke Hell E_H (lx).

Häufig ist γ durch die Widerstandswerte bei 10 lx ($= R_\mathrm{D}$) und 100 lx ($= R_\mathrm{H}$) festgelegt.

Mit R_D zugehörig zu E_D und mit γ kann der Widerstand $R(E)$ für eine beliebige Beleuchtungsstärke E bestimmt werden.

$$R(E) = R_D \cdot \left(\frac{E}{E_D}\right)^{-\gamma} \tag{5.42}$$

Beispiel 5.9

Ein Fotowiderstand hat folgende Daten: $R_D = 8\,\text{k}\Omega$ bei $10\,\text{lx}$, $R_H = 15\,\Omega$ bei $10.000\,\text{lx}$. Wie groß ist der Widerstand bei einer Beleuchtungsstärke von $1000\,\text{lx}$?

Lösung:

$$\gamma = \frac{\ln(R_D) - \ln(R_H)}{\ln(E_H) - \ln(E_D)} = \frac{\ln(8000) - \ln(15)}{\ln(10.000) - \ln(10)} = 0{,}909$$

$$R(1000) = 8000 \cdot \left(\frac{1000}{10}\right)^{-0{,}909} = \underline{\underline{121{,}6\,\Omega}}$$

5.4.4 Dynamische Eigenschaften

Bei schwankender Beleuchtungsstärke ändert sich der Widerstandswert eines LDR nur sehr langsam. Die **Ansprechzeit** t_r ist die Zeit, in welcher der Strom nach Einschalten der Beleuchtung auf $63\,\%$ seines Endwertes ansteigt. Diese Zeit hängt wiederum von der Beleuchtungsstärke ab. Typische Ansprechzeiten liegen in Abhängigkeit von der Beleuchtungsstärke zwischen mehreren Millisekunden und mehreren Sekunden. Beim Ausschalten nach längerer Beleuchtung können z. B. 15 Minuten vergehen, bis der Dunkelwiderstand wieder vollständig erreicht ist.

Die dynamischen Eigenschaften eines LDR können aus Kennlinien für den Einschalt- und Ausschaltvorgang der Beleuchtung abgelesen werden (Abb. 5.40).

5.4.5 Kennwerte, Datenblattangaben

Der **Dunkelwiderstand** R_0 (typisch $> 10^6\,\Omega$) wird durch die thermisch erzeugten Elektronen bestimmt. Er ist im Wesentlichen vom Bandabstand abhängig. Halbleitermaterialien mit geringem Bandabstand, wie InSb mit $0{,}18\,\text{eV}$, die für Infrarotdetektoren eingesetzt werden, müssen daher bei sehr tiefen Temperaturen betrieben werden (flüssiger Stickstoff oder Helium).

Der **Hellwiderstand** R_{1000} (typisch einige 100 Ohm) wird bei einer Beleuchtungsstärke von $1000\,\text{lx}$ gemessen. Dabei entsprechen $1000\,\text{lx}$ etwa der Helligkeit am Tage bei bedecktem Himmel.

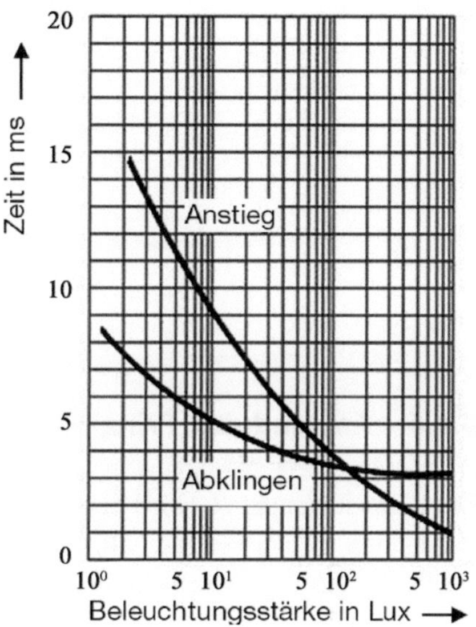

Abb. 5.40 Beispiel für das dynamische Verhalten eines LDR bei Helligkeitsänderungen, Anstiegs- und Abfallzeit des Fotostromes auf 63 % des Endwertes

Die **Ansprechzeit** t_r ist die Anstiegszeit des Fotostromes I_0 auf 63 % des Endwertes bei der Beleuchtungsstärke $E = 1000\,\text{lx}$.

Die **Wellenlänge der maximalen Fotoempfindlichkeit** λ_P gibt die Wellenlänge der stärksten Widerstandsänderung an.

Grenzwerte sind die Verlustleistung P_tot (bis 2 W), die sich daraus ergebende höchste zulässige Arbeitsspannung und die höchstzulässige Umgebungstemperatur $\vartheta_{a\,\max}$ bzw. $T_\max$ (bis 75 °C).

Datenblattangaben sind in Tab. 5.4 enthalten.

Tab. 5.4 Beispiel für Wertangaben im Datenblatt eines LDR

Maximale Verlustleistung bei +40 °C Umgebungstemperatur	250 mW
Umgebungstemperatur	−40 °C bis +70 °C
Maximale Spitzenspannung	320 V
Maximaler Strom	75 mA
Hellwiderstand bei 1000 lx	400 Ω typ.
Hellwiderstand bei 10 lx	9000 Ω typ.
Dunkelwiderstand	min. 1 MΩ, 15 s nach AUS
Maximale Fotoempfindlichkeit (Spectral Peak λ_P)	550 nm
Anstiegszeit vom Dunkeln bis 1000 lx	2,9 ms
Anstiegszeit vom Dunkeln bis 10 lx	18 ms
Abfallzeit von 1000 lx bis zum 10-fachen Widerstand	49 ms
Abfallzeit von 10 lx bis zum 10-fachen Widerstand	120 ms
Abhängigkeit des Widerstandes von der Beleuchtungsstärke	siehe Diagramm
Spektrale Empfindlichkeit	siehe Diagramm

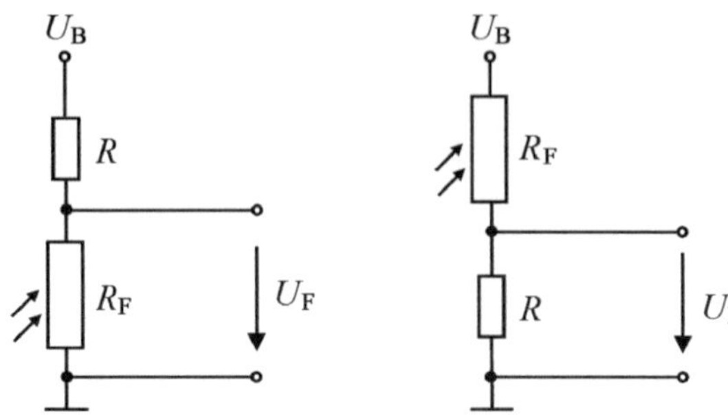

Abb. 5.41 Prinzipielle Anwendung eines Fotowiderstandes in Spannungsteilerschaltung

5.4.6 Anwendung, Prinzipschaltung

Ein Fotowiderstand R_F wird fast immer als Spannungsteiler mit einem ohmschen Festwiderstand R zusammengeschaltet. Der Spannungsteiler wird von der Betriebsspannungsquelle U_B gespeist. Die lichtabhängige Steuerspannung U_F wird bei Lichteinfall kleiner, wenn sie über dem LDR abgenommen wird, und sie wird größer, wenn sie über dem Widerstand R abgegriffen wird (Abb. 5.41).

Der ohmsche Widerstand R ist unter Berücksichtigung der maximalen Leistung von R_F sowie entsprechend dem Dynamikbereich der Beleuchtung zu dimensionieren.

In der Praxis wird der Arbeitswiderstand in einer ersten, groben Abschätzung so gewählt, dass $R = R_F$ ist, wobei R_F der mittlere Widerstandswert des LDR im für den Einsatz vorgesehenen Helligkeitsbereich ist. Es ist empfehlenswert, die Ausgangsspannung U_F über einen Impedanzwandler mit hochohmigem Eingangswiderstand abzunehmen, z. B. einen Transistorverstärker mit FET oder einer Operationsverstärker-Schaltung.

Beispiel 5.10

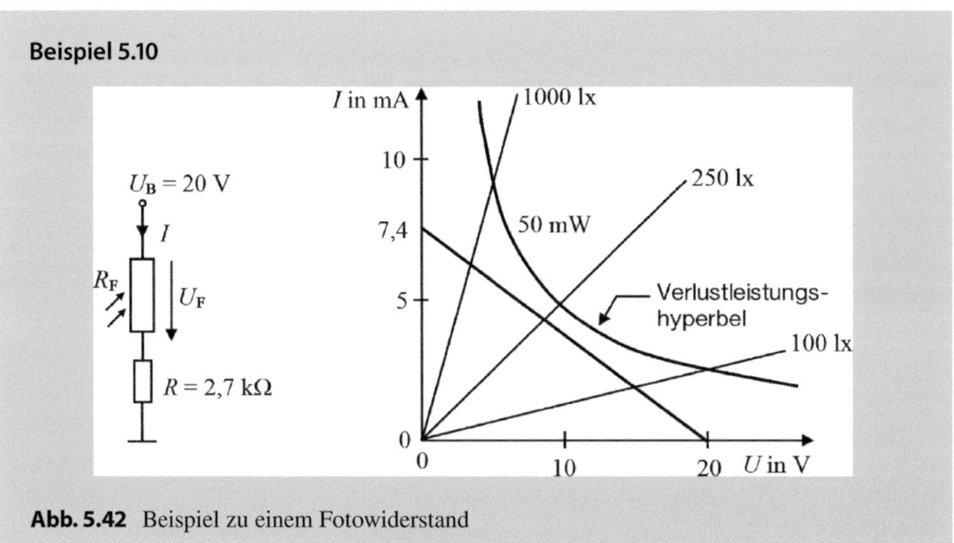

Abb. 5.42 Beispiel zu einem Fotowiderstand

Das Verhalten des Fotowiderstandes R_F hängt von seinem Kennlinienfeld $I(U, E)$ ab, also von der Strom-Spannungskennlinie mit der Beleuchtungsstärke als Parameter, sowie auch von dem Arbeitswiderstand $R = 2{,}7\,\text{k}\Omega$. Es gilt die Bedingung: $U_F = U_B - R \cdot I$. Dies ist eine Geradengleichung, welche die Abszisse bei U_B und die Ordinate bei $I = \frac{U_B}{R}$ schneidet. Diese Gerade wird als Widerstandsgerade oder Arbeitsgerade bezeichnet, da alle Arbeitspunkte auf dieser Geraden liegen müssen. In Abhängigkeit von der Beleuchtung stellen sich jetzt die Arbeitspunkte $U_F = 15\,\text{V}$ bei $E = 100\,\text{lx}$ bzw. $U_F = 3\,\text{V}$ bei $E = 1000\,\text{lx}$ ein. Bei Erhöhung der Beleuchtungsstärke nimmt also die Spannung deutlich ab bzw. der Strom deutlich zu (von ca. 2 mA auf 6 mA). Der Arbeitswiderstand R kann z. B. die Spule eines Relais sein, welches bei ausreichender Beleuchtung einen Kontakt schließt. Bei der Dimensionierung des Arbeitswiderstandes ist zu beachten, dass die Arbeitsgerade die Verlustleistungshyperbel $I = \frac{P_{\text{max}}}{U}$ nicht schneidet, da sonst die Belastung des Fotowiderstandes zu groß werden kann (Abb. 5.42).

5.4.7 Zusammenfassung

1. Thermistoren sind temperaturabhängige Widerstände.

2. Beim NTC-Widerstand (Heißleiter) wird der Widerstandswert mit steigender Temperatur kleiner.

3. Anwendungen des Heißleiters beruhen auf einer Änderung seines Widerstandes durch eine Fremderwärmung oder durch eine Eigenerwärmung.

4. Einsatzgebiete von Heißleitern sind: Temperaturmessung, Messheißleiter, Kompensationsheißleiter, Anlassheißleiter (Einschaltstrombegrenzung), Flüssigkeits-Niveaufühler, Ansprechverzögerung, Strömungsmessung von Gasen, Gasdruckmessung.

5. Der von der Temperatur abhängige Widerstand (die Widerstandskennlinie) eines Heißleiters ohne Eigenerwärmung kann durch einen exponentiellen Ausdruck beschrieben werden.

6. Der Temperaturbereich von Thermistor-Thermometern liegt typisch im Bereich $-100\,^\circ\text{C}$ bis $+175\,^\circ\text{C}$.

7. Mit der Kalibrierung eines Heißleiters nach Steinhart-Hart können Heißleiter für Temperaturmessungen mit einer Unsicherheit von unter 10 mK eingesetzt werden.

8. Die Spannungs-Stromkennlinie eines Heißleiters ist stark nichtlinear, sie wird eingeteilt in linearen Bereich, Rückkopplungsbereich und rückläufigen Bereich.

9. NTC-Widerstände dürfen niemals parallel geschaltet werden.

10. Ein Heißleiter darf nicht an einer konstanten Spannung, sondern nur über einen Vorwiderstand betrieben werden.

11. Ein NTC wird immer in Reihe mit dem Verbraucher geschaltet, der geschützt werden soll.

12. Die Widerstandskennlinie eines Heißleiters kann durch Serien- oder Parallelschaltung eines ohmschen Widerstandes linearisiert werden.

13. Beim PTC-Widerstand (Kaltleiter) wird der Widerstandswert mit steigender Temperatur größer.

14. Ein Kaltleiter (PTC-Thermistor) zeigt mit zunehmender Temperatur eine sehr große Zunahme des Widerstandswertes von mehreren Zehnerpotenzen (Verhalten ähnlich einem Schalter).

15. Anwendungen von Kaltleitern: Temperaturfühler (ähnlich wie NTC-Widerstände), Flüssigkeits-Niveaufühler, selbstrückstellende Sicherung für einen Überlastschutz, selbstregelnde Heizelemente, Schaltverzögerung in elektronischen Lampenvorschaltgeräten und Schaltnetzteilen.

16. Die Widerstandskennlinie eines PTC wird nicht mit einem mathematischen Ausdruck, sondern grafisch dargestellt.

17. Kaltleiter sind nur für Anwendungen im Gleichspannungsbetrieb geeignet.

18. Ein spannungsabhängiger Widerstand wird Varistor oder VDR-Widerstand genannt.

19. Ab einer bestimmten Spannung wird ein Varistor innerhalb von 0,5 ns niederohmig und verhindert einen weiteren Spannungsanstieg.

20. Varistoren werden parallel zu anderen Bauteilen geschaltet und schützen diese vor zu hohen Spannungen (Überspannungen) bzw. Spannungsspitzen.

21. Die I-U-Kennlinie des Varistors wird eingeteilt in einen Leckstrombereich und in einen Durchbruchbereich, sie verläuft punktsymmetrisch zum Ursprung.

22. Von einer Parallelschaltung mehrerer Varistoren ist grundsätzlich abzuraten.

23. Ein Fotowiderstand wird auch LDR-Widerstand genannt, sein Widerstandswert wird bei Beleuchtung mit Licht oder Infrarotstrahlung kleiner.

24. Der Widerstandswert eines Fotowiderstandes hängt von der Beleuchtungsstärke und der Farbe (entsprechend der Wellenlänge) des Lichts ab.

25. Fotowiderstände sind ungepolt, sie arbeiten unabhängig von der Stromrichtung und können sowohl in Gleich- als auch in Wechselstromkreisen eingesetzt werden

26. Anwendungsbeispiele von Fotowiderständen sind Lichtschranken, Dämmerungsschalter, Belichtungsmesser, Flammenwächter, Nachweis von Infrarotstrahlung, Beleuchtungssteuerung, Prozessüberwachung.

27. Die spektrale Empfindlichkeit von Fotowiderständen kann durch eine geeignete Zusammensetzung der Halbleiterverbindung festgelegt werden.

28. Fotowiderstände sind träge, aber sehr empfindlich auf feine Lichtschwankungen.

Durch Dehnung veränderbarer Widerstand

6.1 Dehnungsmessstreifen, allgemeines

Dehnungsmessstreifen (Kurzbezeichnung DMS) sind flächenhaft ausgebildete Messwertaufnehmer, sie werden durch einen elektrischen Widerstand charakterisiert. Erfahren diese Sensoren eine Deformation, so ändert sich ihr elektrischer Widerstand. Sie werden zur Messung von mechanischen Verformungen und Beanspruchungen (z. B. Kraft, Drehmoment, Druck, Dehnung, Stauchung) verwendet. Sie wandeln die mechanische Messgröße in ein elektrisches Ausgangssignal um. Ausführungsformen zeigt Abb. 6.1.

Dehnungsmessstreifen sind auf einer nichtleitenden Trägerfolie aufgebrachte, dünne Leiterbahnen (z. B. 10 bis 30 μm $\varnothing$), die bei mechanischen Spannungen ihren Widerstand verändern. Sie werden mit speziellen Klebemitteln fest mit einer Werkstücksoberfläche (Maschinenteil) verklebt. Bei mechanischen Belastungen führen die vom Werkstück auf die Leiterbahnen übertragenen Verzerrungen zu einer Dehnung oder Stauchung des Widerstandsdrahtes und damit zu einer positiven oder negativen Widerstandsänderung. Ursachen für die Widerstandsänderung sind sowohl die geometrische Veränderung des Leiters, als auch eine Änderung des spezifischen Widerstandes ρ bzw. der elektrischen Leitfähigkeit des Leiterwerkstoffes infolge von Gefügeänderungen.

Eine Dehnungsmessung mit einem DMS ist also eine Widerstandsmessung. Für die sehr kleinen Widerstandsänderungen sind spezielle Schaltungen und Messgeräte erforderlich.

Ihrem Namen entsprechend dienen Dehnungsmessstreifen zur Messung von Dehnungen, wobei der Begriff „Dehnung" sowohl „Zugdehnung" (mit positivem Vorzeichen) als auch „Druckdehnung" oder „Stauchung" (mit negativem Vorzeichen) beschreibt.

Äußere und innere Einwirkungen auf einen Körper, wie Kräfte, Momente, Drücke, Wärme und andere, verursachen im allgemeinen Dehnungen, die mit DMS an der Oberfläche des Körpers messbar sind und außerdem Rückschlüsse auf die verursachende Größe ermöglichen. Davon macht man in der „experimentellen Spannungsanalyse" Gebrauch,

© Springer Fachmedien Wiesbaden GmbH, ein Teil von Springer Nature 2019   143
L. Stiny, *Passive elektronische Bauelemente*, https://doi.org/10.1007/978-3-658-24733-1_6

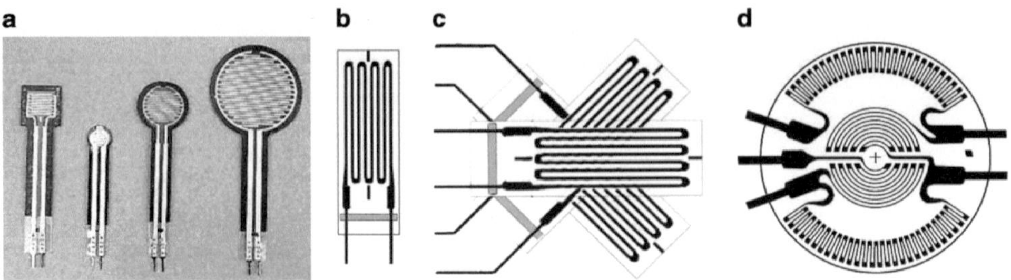

Abb. 6.1 Verschiedene Ausführungsformen von Dehnungsmessstreifen (**a**), Folien-DMS mit einfacher Form (**b**), Dehnungsmessrosette (**c**), Messrosette für Membran-Druckaufnehmer (**d**)

um Materialeigenschaften oder Beanspruchungszustände zu ermitteln und somit Erkenntnisse über Sicherheit und Lebensdauer zu gewinnen.

Spezielle Messgrößenaufnehmer verwenden DMS als Sensoren, um beispielsweise Kräfte und davon abgeleitete Größen (Momente, Drücke) zu messen. Diese Aufnehmer enthalten einen besonders gestalteten Federkörper, der einen eindeutigen und möglichst linearen Zusammenhang zwischen der zu ermittelnden Größe und der tatsächlich gemessenen Dehnung sicherstellt.

Die wichtigsten Vorteile der DMS sind:

- Selektive Erfassung einzelner Beanspruchungskomponenten eines Bauteils durch geeignete Messschaltungen mit mehreren DMS
- Kompensation von Störeinflüssen, z. B. durch Temperatureinwirkungen
- großer Dehnbarkeitsbereich von $\pm 10\,\%$
- hohe Auflösbarkeit des Messsignals
- keine Ansprechschwelle
- großer Temperaturbereich der Anwendung von $-269\,°\mathrm{C}$ bis zu $+1000\,°\mathrm{C}$
- geringe Größe und Masse (keine Beeinträchtigung des dynamischen Verhaltens des untersuchten Bauteils)
- Messbarkeit dynamischer Vorgänge
- hohe Schwingfestigkeit.

Der wesentliche Nachteil eines DMS liegt darin, dass er nur einmal zu verwenden ist, denn nach seiner Applikation ist er vom Prüfobjekt ohne Zerstörung nicht mehr entfernbar.

6.2 Einsatzbereiche des Dehnungsmessstreifens

Dehnungsmessstreifen werden eingesetzt, um Formänderungen (Dehnungen/Stauchungen) an der Oberfläche von Bauteilen zu erfassen. Sie ermöglichen die experimentelle Bestimmung von mechanischen Beanspruchungen, welche rechnerisch nicht genügend

Abb. 6.2 Anwendungsbeispiel: Zwei DMS wurden am Umfang einer M24-Schraube um 180° versetzt appliziert und zur Vollbrücke verdrahtet. Ziel ist die Messung der axialen Schraubendehnung um die Vorspannkraft zu ermitteln. (Vishay)

genau ermittelt werden können. Anwendungsgebiete für DMS sind die Spannungs- und Dehnungsmessung an Maschinen, Maschinenteilen, Tragwerken, Gebäuden, Druckbehälter und anderen Einrichtungen. Ebenso werden sie in Messwertaufnehmern (Sensoren) eingesetzt, mit welchen Kräfte, Momente und Drücke gemessen werden. Es können sowohl statische Belastungen als auch zeitlich sich ändernde Belastungen erfasst werden, ebenso können Schwingungen im akustischen Bereich nach Frequenz und Amplitude untersucht werden. Ein Anwendungsbeispiel verdeutlicht Abb. 6.2.

Anwendung finden Dehnungsmessstreifen z. B. im Maschinenbau zur Messung von Dehnung bzw. Torsion von mechanisch beanspruchten Teilen. Aus einer Vielzahl möglicher Anwendungen von DMS werden hier einige vorgestellt.

Folgende Größen können gemessen werden:

- Dehnung
- mechanische Spannung
- Kraft
- Masse
- Weg, Position
- Druck
- Beschleunigung
- Drehmoment
- Torsion, Winkel
- Strukturschwingungen (Modalanalyse).

In der experimentellen Spannungsanalyse können zur Diagnose an Maschinen und zur Schadensanalyse erfasst werden:

- Ein- bzw. mehrachsige Spannungszustände
- Eigenspannungen
- Schwingungen
- Drehmoment

- Biegemomente
- Zug- bzw. Druckkräfte
- Dehnungen.

Anwendungsgebiete für z. B. Kraftsensoren, Drehmomentsensoren, Dehnungsaufnehmer (Extensometer) sind

- Maschinenbau
- Kollisionssensoren
- Dentaltechnik
- Medizintechnik
- Automobilbau
- Biometrik
- Fadenspannungsmessung
- Presskraft-, Stanzkraftmessung.

6.3 DMS Aufbau

6.3.1 Grundkonstruktion

Aufbau

Dehnungsmessstreifen sind kleine elektrische Widerstände, deren Geometrie so gewählt ist, dass sich ihr elektrischer Widerstand durch mechanische Dehnung in (meistens) einer Achse verändert. Es gibt verschiedene Typen von Dehnungsmessstreifen, ihr grundsätzlicher Aufbau ist aber im Allgemeinen gleich. DMS bestehen aus einem Messgitter, welches aus einem mäanderförmig verlegten, dünnen Widerstandsmaterial auf einem dünnen isolierenden Träger gebildet wird und mit elektrischen Anschlüssen versehen ist. Die meisten DMS haben auf ihrer Oberseite eine dünne Kunststofffolie oder einen Schutzlack, um das Messgitter mechanisch zu schützen.

Material

Die Messgitter bestehen aus Metall oder einem Halbleiter, dementsprechend stark unterschiedlich ist die Empfindlichkeit der DMS. Eine hohe Empfindlichkeit bei geringer Temperaturabhängigkeit der Empfindlichkeit ist erwünscht. Beide Anforderungen können allerdings nicht gleichzeitig erzielt werden. Häufig wird daher als Werkstoff Konstantan (geringe Empfindlichkeit, hohe Temperaturstabilität) oder Silizium (hohe Empfindlichkeit, geringe Temperaturstabilität) verwendet.

Formen

Die Länge der Messgitter kann im Bereich von 0,6 mm bis 150 mm liegen. Die Form der Messgitter ist vielfältig und orientiert sich an den unterschiedlichen Anwendungen. Das

Standard-Messgitter ist lang (z. B. 6 mm) und schmal (z. B. 2 mm), besitzt zwei Lötanschlusspunkte und wird in Längsrichtung belastet. Es wird nur in dieser einen Lastrichtung gemessen (einachsige Spannungsmessung), die Querempfindlichkeit ist gering. Die Größe des Messgitters sollte viel größer (z. B. >10-fach) als die Strukturlängen des Messobjektes sein. Bei vielen Metallen sind die kleinsten verfügbaren Gitter verwendbar, dagegen ist z. B. bei Beton eine große Messgitterlänge erforderlich.

Die Kombination von mehreren DMS auf einem Träger in einer für die jeweilige Messaufgabe geeigneten Geometrie wird als *Dehnungsmessrosette* bezeichnet. Mit einer DMS-Rosette werden zwei bis drei Dehnungen in unterschiedlichen Richtungen auf der Oberfläche eines Werkstücks gemessen. Für solche mehrachsigen Messungen sind auf einem Träger mehrere Messgitter in verschiedener Richtung nebeneinander oder – für Anwendungen, bei denen wenig Platz zur Verfügung steht oder sich die Dehnungswerte in der Oberfläche stark ändern – übereinander (gestapelt) angeordnet (Mehrfachgitter, Kreuzgitter). DMS-Rosetten haben den Vorteil, dass bei einmaligem Kleben die richtige Winkellage der Gitter zueinander gewährleistet ist. Sie sollten deshalb immer dann verwendet werden, wenn man zweiachsige Spannungszustände zu messen hat.

Bei bekannten Hauptspannungsrichtungen genügen zwei um 90° gegeneinander gedrehte Messgitter, bei unbekannter Hauptspannungsrichtung muss die Dehnung in drei Richtungen erfasst werden. Aus den mit einer 90°-Rosette gemessenen Werten ergeben sich zwei orthogonale Spannungen. Bei zunächst unbekanntem Spannungszustand des Messobjekts kann man jedoch nicht davon ausgehen, dass es sich hierbei um die Hauptspannungen handelt, wenn nicht aus der Werkstückgeometrie oder einem Vorversuch die Hauptrichtungen klar hervorgehen. Bei unbekanntem Spannungszustand bevorzugt man daher eine 0°/45°/90°- oder 0°/60°/120°-Rosette und misst Dehnungswerte in drei Richtungen. Aus diesen drei Werten können die Hauptspannungen mit ihren Richtungen rechnerisch ermittelt werden.

Spezialausführrungen sind z. B. Rosetten zur Messung der radialen und tangentialen Dehnung einer Membran (in Druckaufnehmern) oder zur Messung von Spannungszuständen in einer bestimmten Messobjektrichtung. Hierbei wird die Querdehnung des Messobjekts durch ein zusätzliches Messgitter mitberücksichtigt, so dass die Widerstandsänderung proportional der Spannung in Längsrichtung ist.

Zur Ermittlung von Eigenspannungen in einer Fläche dienen DMS-Rosetten mit Bohrloch. Es werden die Dehnungen vor und nach dem Durchbohren des Werkstückes gemessen und verglichen. Für die Messung von Eigenspannungen sind spezielle Rosetten erhältlich, meist in 45°/90°-Ausführung. Nachdem man sie appliziert und Messwerte aufgenommen hat, bohrt man in der Mitte der Rosette das Messobjekt mitsamt Rosette an. Die Messstreifen auf der Rosette sind so angeordnet, dass sie nicht mit angebohrt werden. Die durch die Bohrung teilweise entlastete Anordnung führt zu veränderten Messwerten, aus denen sich die eingeprägten Spannungen oder die Eigenspannungen ergeben.

Zum Aufbau von Halb- und Vollbrücken sowie zur Temperatur- und Querkompensation können sich ebenfalls mehrere Messgitter auf einem Träger befinden.

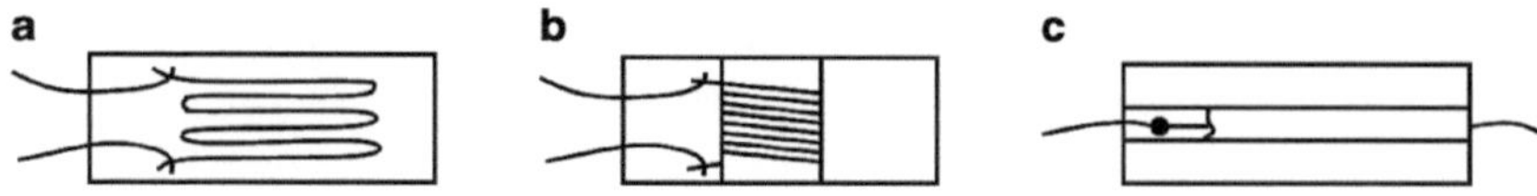

Abb. 6.3 Formen der Messgitter

Für die Messung bei sehr hohen bzw. sehr tiefen Temperaturen werden so genannte *Freigitter* verwendet. Während der Applikation wird die Trägerfolie abgezogen. Die Befestigung erfolgt mit keramischen Kitten oder durch Punktschweißung.

Handelsübliche DMS haben Nennwiderstände von 120, 350, 600, 700 und 1000 Ohm. Der zulässige Messstrom beträgt meistens etwa 10 bis 20 mA.

Der k-Faktor (siehe Abschn. 6.4) lässt sich nur näherungsweise berechnen. Er wird deshalb bei der Herstellung der DMS experimentell bestimmt und der genaue Wert auf der DMS-Packung bzw. zusammen mit anderen Kenngrößen in den DMS-Datenblättern angegeben.

6.3.2 Draht-DMS

Draht-DMS besitzen ein Messgitter aus feinem Widerstandsdraht mit einem Durchmesser kleiner 30 μm (typisch 15 bis 25 μm Ø). Der Nennwiderstand beträgt häufig 120 Ω oder 600 Ω.

Als Trägerwerkstoffe dienen Papier bei $T < 70\,°C$ und Keramik bei $T < 400\,°C$. Der Dehndraht wird mit Nitrozellulose-Klebstoff oder Kitt auf Phenolharzbasis befestigt.

Das Messgitter kann in folgenden Formen ausgeführt sein (Abb. 6.3):

a) mäanderförmig gewickelt, mit einer Querempfindlichkeit von ca. 1 % bis 3 %
b) gewickelt in Form einer Flachspule, mit einer Querempfindlichkeit von <1 %
c) Eindrahtform mit geringer Empfindlichkeit.

6.3.3 Folien-DMS

Der Draht-DMS wurde weitgehend durch den Folien-DMS verdrängt, der wie eine gedruckte Schaltung hergestellt wird. Mit dieser Technologie können auch komplexere Messgitterformen rationell hergestellt werden. Den Aufbau zeigt Abb. 6.4.

Das Messgitter von Foliendehnungsmessstreifen wird aus einer dünn gewalzten Metallfolie aus Widerstandsmaterial (z. B. Konstantan-Folie) mit einem fotochemischen Ätzverfahren hergestellt und auf Trägerfolien aus Kunstharz aufgebracht. Die Trägerfolien werden aus Acrylharz, Epoxidharz oder Phenolharz bzw. Polyamid hergestellt. Die Dicke der Widerstandsfolien liegt im Bereich von 3 μm bis 15 μm. Die Wendeschleifen des mäanderförmigen Messgitters können dicker ausgeführt werden, um eine Widerstandsände-

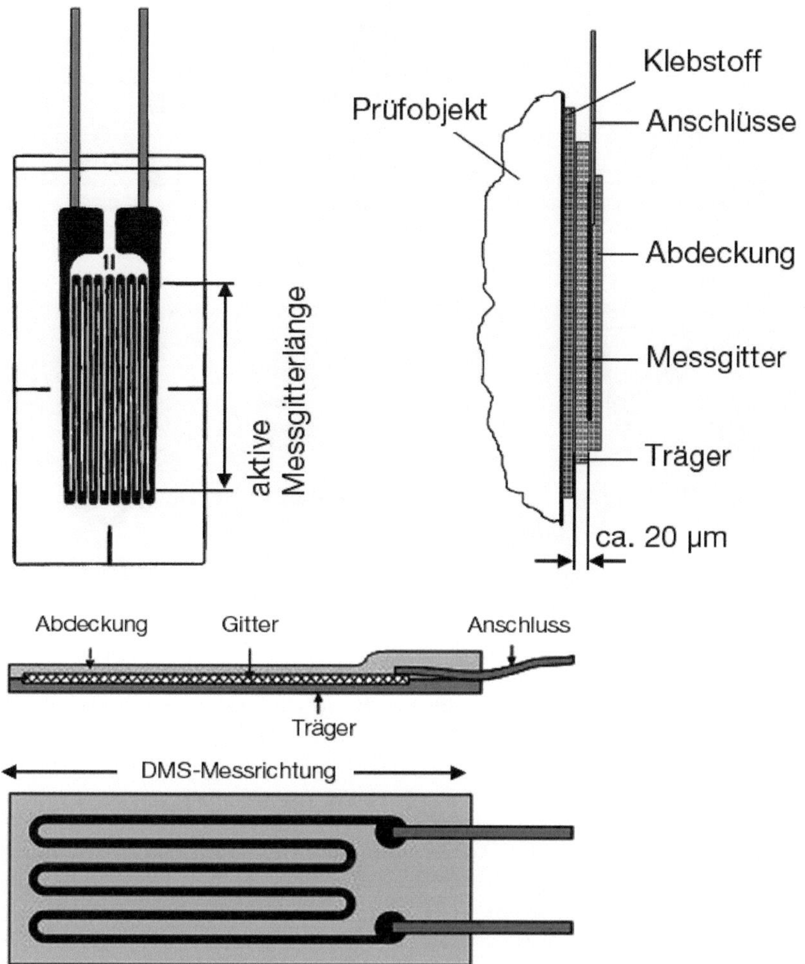

Abb. 6.4 Aufbau eines Folien-DMS

rung infolge einer Querdehnung zu vermeiden. Im Falle einer Verformung in Querrichtung ergibt sich dann eine vernachlässigbar kleine Querempfindlichkeit.

Die elektrischen Anschlüsse bilden in der Regel Lötstützpunkte, metallische Bänder oder dünne Drähte. Das Messgitter wird zum Schutz meist mit einer zweiten Folie oder einem Schutzlack abgedeckt.

Der DMS wird auf das Prüfobjekt aufgeklebt (appliziert). Der zu verwendende Klebstofftyp ist abhängig vom Trägermaterial und wird vom DMS-Hersteller angegeben.

Die Auswahl der Form des Folien-DMS erfolgt in Abhängigkeit vom zu untersuchenden Belastungsfall (z. B. Zug oder Torsion) (Abb. 6.5).

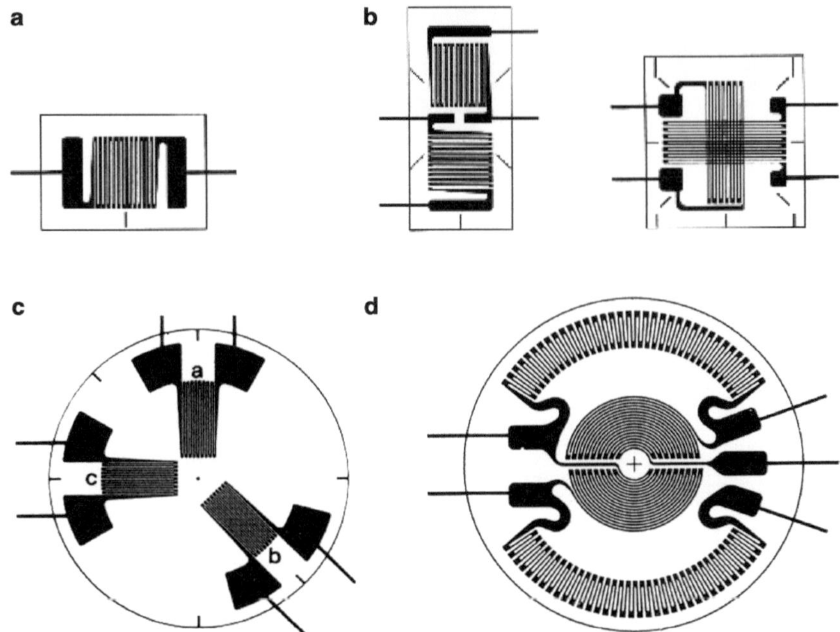

Abb. 6.5 DMS-Ausführung für einachsigen Zug/Druck, einsetzbar einzeln oder in Paaren für Zug-
belastung, z. B. zur Aufnahme von Biegekräften an Biegebalken (**a**), zweiachsigen Zug/Druck mit
bekannten Hauptachsen (**b**), zweiachsiger Zug/Druck mit unbekannten Hauptachsen (**c**), für kreis-
förmige Druckmembranen (**d**)

Bei Dünnfilm-DMS erfolgt ein Aufdampfen des Messgitters im Vakuum, evtl. auch
direkt auf das Prüfobjekt.

Nachfolgend werden einige DMS-Ausführungsformen vorgestellt.

6.3.4 Halbleiter-DMS

Halbleiter-DMS enthalten wegen des hohen spezifischen Widerstandes meist nur einen
einzelnen Silizium- oder Germaniumstreifen, der aus einem Einkristall herausgearbeitet,
mit Anschlüssen versehen und eingebettet wird. Sie haben einen hohen k-Faktor und damit eine viel größere Dehnungsempfindlichkeit als metallische DMS. Trotzdem werden
sie wegen ihrer hohen Temperaturempfindlichkeit und ihres hohen Preises verhältnismäßig selten eingesetzt. Eine Anwendung erfolgt überwiegend in Miniaturdruckaufnehmern.

6.3.5 Röhrchen-DMS

Zur Messung bei hohen Temperaturen werden Röhrchen-DMS mit frei gespannten Drähten verwendet.

Für Messungen bei hohen Temperaturen gibt es außerdem Draht- oder Folien-DMS mit abnehmbarem (Hilfs-)Träger. Bei der Anwendung werden sie mit der Gitterseite in eine Schicht aus keramischem Kitt auf das Messobjekt gedrückt, der Träger abgezogen und das Gitter mit einer weiteren Schicht Kitt abgedeckt.

Im Gegensatz zu klebbaren DMS besitzen anschweißbare DMS eine Stahlfolie, auf der das Messgitter mit Phenolharz oder keramischem Kitt isoliert befestigt ist. Der DMS wird durch Punktschweißung mit dem Versuchsstück verbunden.

6.4 DMS Funktionsprinzip

Durch das Aufkleben der DMS auf ein Werkstück werden sie starr mit der Oberfläche des Werkstückes verbunden und folgen somit einer Verformung an dessen Oberfläche. Die dadurch verursachte Widerstandsänderung der DMS ist ein Maß für die relative Längenänderung des Werkstücks an den Stellen der Oberfläche, an denen die DMS aufgeklebt wurden.

Die relative Widerstandsänderung des Dehnungsmessstreifens ist proportional zur relativen Längenänderung (auf eine Herleitung wird verzichtet).

$$\frac{\Delta R}{R} = k \cdot \frac{\Delta l}{l} = k \cdot \varepsilon \tag{6.1}$$

ΔR $\quad$ = Widerstandsänderung des Messgitters
R $\quad$ = Nennwiderstand
$\frac{\Delta R}{R}$ $\quad$ = relative Widerstandsänderung
$\frac{\Delta l}{l} = \varepsilon$ = relative Längenänderung, Dehnung ε des Messgitters
k $\quad$ = so genannter k-Faktor oder Empfindlichkeit, eine Materialkonstante

Bei Kenntnis der Empfindlichkeit k und der Widerstandsänderung ΔR lässt sich die Dehnung ε bestimmen.

Bei Dehnungsmessstreifen aus metallischen Schichten ist $k \approx 2$. Bei Dehnungsmessstreifen aus Halbleitern ändert sich unter dem Einfluss mechanischer Beanspruchungen das Kristallgitter und damit die Bandstruktur. Auf diese Weise ändert sich der spezifische Widerstand des Halbleitermaterials und k kann Werte in der Größenordnung von 100 bis 200 annehmen.

Solange die relativen Dehnungen $\varepsilon = \frac{\Delta l}{l}$ im Bereich $(0,5\ldots1,0)\cdot10^{-3}$ bleiben, können die DMS Wechseldehnungen auf Dauer ertragen.

6.5 Kenndaten

Nennwiderstand

Als Nennwiderstand eines DMS gilt der Widerstand, der bei einer Nichtbelastung eines DMS zwischen den beiden Anschlüssen der Messkabel oder integrierten Anschlussflächen gemessen wird. Kommerziell werden DMS mit den Widerstandswerten 120 Ω, 350 Ω, 600 Ω bzw. 1000 Ω angeboten.

k-Faktor

Der k-Faktor wird auf der jeweiligen DMS-Verpackung angegeben. Er gibt an, um welchen Faktor die relative Widerstandsänderung über der relativen Längenänderung liegt. Bei hohem k-Faktor ergibt sich bei gleicher Dehnung eine große Widerstandsänderung (und damit ein hohes Messsignal). Der k-Faktor wird auch durch den Gefügeaufbau und die Vorgänge im Gefüge während der Dehnung bestimmt.

Bei den meisten DMS mit metallischem Messgitter (z. B. aus Konstantan, Karma, Nichrom-V) liegt der Wert des k-Faktors in der Nähe von 2. Die herstellungsbedingte Toleranz beträgt je nach Serie $\pm 0{,}5\,\%$ oder $\pm 1\,\%$ und wird vom Hersteller angegeben. Sie geht bei Dehnungsmessungen als Unsicherheit in das Messergebnis ein.

Die Berücksichtigung des k-Faktors ist immer dann nötig, wenn die Kalibrierung einer DMS-Messstelle nicht möglich ist, beispielsweise bei Messungen zur Spannungsanalyse. DMS-Messverstärker erlauben meist die Einstellung eines k-Faktors, so dass die Verstärkerausgangsspannung der Dehnung direkt proportional ist. Andernfalls muss der Verstärker auf einen festen k-Faktor (z. B. 2,00) kalibriert werden und das Ausgangssignal rechnerisch auf den tatsächlichen k-Faktor des betreffenden DMS korrigiert werden.

$$\varepsilon = \varepsilon_\mathrm{a} \cdot \frac{2}{k_\mathrm{DMS}} \tag{6.2}$$

ε = wirklicher Dehnungswert,

ε_a = angezeigter Messwert,

k_DMS = tatsächlicher k-Faktor des DMS.

Maximale Dehnbarkeit

Die maximale Dehnbarkeit des DMS hängt vor allem ab von der Dehnbarkeit des Messgitterwerkstoffes und des Trägerwerkstoffes. Weitere Abhängigkeiten bestehen durch den Klebstoff (durch dessen Dehnbarkeit und Bindefestigkeit). Die Werte der maximalen Dehnbarkeit (elastischer Bereich) liegen bei Raumtemperatur typischerweise im Bereich von 0,7 % bis 4 %. Diese Obergrenze wird jedoch selten beansprucht. Typische Dehnungen sind im Bereich von bis zu 0,1 %, das entspricht einer Dehnung von $\varepsilon < 1000\,\mu\mathrm{m/m}$. Größere Dehnungen führen dann zu plastischen Verformungen oder zum Zerreißen des Werkstoffes.

Schwingungen

Dehnungen können statisch (keine oder nur langsame zeitliche Änderung) und dynamisch (schnelle Änderungen) gemessen werden. Die Frequenz bei Stahl kann bis 600 kHz, bei Beton bis 120 kHz gehen. Die Schwingungsfestigkeit (Lastspiele) gibt an, wie viele Schwingungen abhängig von der Dehnung ohne Beschädigung oder Genauigkeitsverlust durchgeführt werden können. Generell kann man sagen, dass DMS mit kurzem Messgitter besser für höhere Messfrequenzen geeignet sind.

Querempfindlichkeit

Die Querempfindlichkeit entsteht im Wesentlichen durch die Dehnung der Kurvenstücke des Messgitters. Diese werden daher verbreitert ausgeführt, um ihren Anteil am Gesamtwiderstand zu verringern.

Temperatur

Bei geeigneter DMS- und Kleberauswahl kann sich der Temperaturbereich von 4 K bis 1200 K (900 °C) erstrecken.

Selbstkompensierende DMS: Änderungen in der Umgebungstemperatur können zu thermisch bedingten Dehnungen und damit zur Änderung des DMS-Widerstandes führen. Die Größe dieser Widerstandsänderung hängt vom linearen Ausdehnungskoeffizienten des Messobjektes und des DMS sowie vom thermischen Widerstandskoeffizienten des DMS-Gitters ab. Bei selbstkompensierenden DMS ist der Temperaturgang so eingestellt, dass eine durch Temperaturänderungen hervorgerufene Scheindehnung in bestimmten Grenzen minimiert wird. Um eine optimale Kompensation zu gewährleisten, sollten solche DMS nur für Messungen auf dem angegebenen Werkstoff verwendet werden.

Weitere Umgebungseinflüsse

Der Umgebungsdruck ist von Vakuum bis zu hohem Überdruck möglich. Die magnetische Flussdichte kann bis über 2 Tesla ansteigen. Abhängig von der Dosis wird auch Kernstrahlung verkraftet.

Genauigkeit

Die erreichbare Genauigkeit liegt bei 20 °C etwa zwischen 1 % und 5 %.

DMS-Werkstoffe

Tab. 6.1 Werkstoffe von DMS-Messgittern

Werkstoff	Zusammensetzung	k-Faktor
Konstantan	54 % Cu, 45 % Ni, 1 % Mn	2,05
Nichrome V	80 % Ni, 20 % Cr	2,2
Chromol C	65 % Ni, 20 % Fe, 15 % Cr	2,5
Platin-Wolfram	92 % Pt, 8 % W	4,0
Platin	100 % Pt	6,0
Silizium	100 % p-Typ Si: B (Bor im ppm-Bereich)	$+80\ldots+190$
Silizium	100 % n-Typ Si: P (Phosphor im ppm-Bereich)	$-25\ldots-100$

Applikation

Bei der Applikation der DMS muss sehr sorgfältig gearbeitet werden, damit später die Werkstoffdehnung vollständig auf die DMS übertragen wird. Bei der Vorbereitung der Unterlage werden nach einer Grobreinigung meist organische Lösungsmittel verwendet. Als Klebstoffe sind nur speziell für DMS vorgesehene Kleber zu verwenden. Bei dünner Klebeschicht und einem großen E-Modul des Klebers im ausgehärteten Zustand wird die Dehnung gut übertragen. Zur Zugentlastung der Anschlussdrähte sind eventuell separate Lötpunkte auf das Messobjekt zu kleben. Beim Leitermaterial spielen die Lötbarkeit, der elektrische Widerstand, die Isolation und die Flexibilität eine Rolle. Durch abgeschirmte Kabel lässt sich die Einstreuung von Störungen verringern. Zum Schutz gegen mechanische Einwirkungen, Verschmutzung und Feuchte erfolgt eine Abdeckung mit Lackschichten, Kitt, Kautschuk oder Epoxidharz.

Störgrößen

Folgende Störgrößen können zu Messfehlern führen: Temperatur, elektrische Belastung, Stabilität, Kriechen, Hysterese, Feuchtigkeit, hydrostatischer Druck, Vakuum, ionisierende Strahlung, elektrische und magnetische Streufelder, Kabelwiderstand.

Besondere Aufmerksamkeit verlangt die Kompensation von Temperaturgängen. Dabei ist die Anwendung verschiedener Brückenschaltungen das wichtigste Mittel, um temperaturinduzierte Dehnungen von mechanisch verursachten Dehnungen zu trennen.

6.6   Messverfahren, Brückenschaltungen

Die durch die Dehnung hervorgerufene relative Widerstandsänderung ist sehr klein, sie liegt im Bereich 10^{-2} bis 10^{-4}. Diese geringe Widerstandsänderung kann nicht durch Strom- und Spannungsmessung bestimmt werden, um daraus nach Gl. 6.1 die relative Längenänderung $\Delta l / l$ zu ermitteln. Ebenso führt eine Temperaturerhöhung am Messobjekt zu einem nicht akzeptablen Fehler. Man benötigt eine Schaltung, welche die Widerstandsänderungen $\Delta R / R$ in eine ihnen proportionale Spannung U_A überführt und gleichzeitig eine Temperaturkompensation ermöglicht.

Die am weitesten verbreitete Schaltung zur Bestimmung der relativen Dehnungen ist die Wheatstone'sche Brückenschaltung.

Die Vorteile der Brückenschaltung sind:

- Bei einer abgeglichenen Brückenschaltung ist die Ausgangsspannung 0 Volt. Die Verstärkung kann sehr hoch gewählt werden, um eine feine Auflösung zu erzielen.
- Die Symmetrie der Brückenschaltung wird ausgenutzt, um die thermische Dehnung elektrisch zu kompensieren.
- Die Symmetrie der Brückenschaltung wird ausgenutzt, um unerwünschte mechanische Dehnungen quer zur Messrichtung elektrisch zu kompensieren.

Abb. 6.6 Wheatstone-Brücke

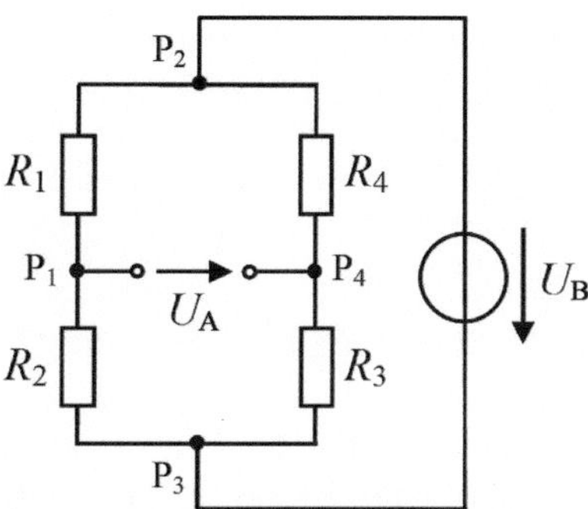

Es wird vorausgesetzt:

a) Der Innenwiderstand der Speisespannungsquelle U_q ist vernachlässigbar klein.
b) Der Eingangswiderstand des Messgerätes am Brückenausgang zur Messung von U_A ist sehr hoch (keine störende Belastung der Brückenschaltung).

Legt man an die beiden Brückenspeisepunkte P$_2$ und P$_3$ in Abb. 6.6 eine Brückenspeisespannung U_B an, dann teilt sich diese in den beiden Brückenhälften R_1, R_2 und R_3, R_4 jeweils im Verhältnis der Brückenwiderstände auf. Die Differenz zwischen den Teilspannungen bei R_1, R_2 und R_3, R_4 ist die Brückenausgangsspannung U_A.

$$U_A = U_B \cdot \left(\frac{R_1}{R_1 + R_2} - \frac{R_4}{R_3 + R_4} \right) \tag{6.3}$$

Die relative Ausgangsspannung U_A/U_B ist die *Brückenverstimmung*.

$$\frac{U_A}{U_B} = \frac{R_1}{R_1 + R_2} - \frac{R_4}{R_3 + R_4} \tag{6.4}$$

Für die folgenden zwei Zustände ist die Brücke „abgeglichen" und damit $U_A = 0$:

1. Alle Brückenwiderstände sind gleich groß, d. h. $R_1 = R_2 = R_3 = R_4 = R$.
2. Die Widerstandsverhältnisse der beiden Brückenhälften sind gleich, d. h. $\frac{R_1}{R_2} = \frac{R_4}{R_3}$.

Ändern sich die Brückenwiderstände R_1 bis R_4 in ihrem Wert um die Beträge ΔR_1 bis ΔR_4, dann wird die Brückenschaltung „verstimmt" und zwischen den Punkten P$_1$ und P$_4$ ist eine Ausgangsspannung U_A messbar.

$$\frac{U_A}{U_B} = \frac{R_1 + \Delta R_1}{R_1 + \Delta R_1 + R_2 + \Delta R_2} - \frac{R_4 + \Delta R_4}{R_3 + \Delta R_3 + R_4 + \Delta R_4} \tag{6.5}$$

Die Beträge der Widerstandsänderungen sind sehr klein. Für $R_1 = R_2$ und $R_3 = R_4$ entsteht aus Gl. 6.5 durch Linearisierung die nachstehende Näherungsgleichung.

$$\frac{U_A}{U_B} = \frac{1}{4} \cdot \left(\frac{\Delta R_1}{R_1} - \frac{\Delta R_2}{R_2} + \frac{\Delta R_3}{R_3} - \frac{\Delta R_4}{R_4} \right) \tag{6.6}$$

Diese Gleichung zeigt, dass die *relative* Widerstandsänderung jedes Brückenzweiges für die Brückenverstimmung wesentlich ist und nicht die absolute.

Das Auftreten der relativen Widerstandsänderungen mit unterschiedlichem Vorzeichen ist eine wichtige Eigenschaft der Wheatstone'schen Brückenschaltung. Damit ist es möglich, die für die jeweiligen Brückenzweige maßgeblichen Effekte zu addieren oder zu subtrahieren, wobei folgende Regeln gelten:

- Gleichsinnige Widerstandsänderungen in benachbarten Brückenzweigen subtrahieren sich (d. h. R_1 und R_2; R_2 und R_3; R_3 und R_4; R_4 und R_1).
- Gleichsinnige Widerstandsänderungen in gegenüberliegenden Brückenzweigen addieren sich (d. h. R_1 und R_3; R_2 und R_4).
- Gegensinnige Widerstandsänderungen in benachbarten Brückenzweigen addieren sich (d. h. R_1 und R_2; R_2 und R_3; R_3 und R_4; R_4 und R_1).

Mit Hilfe der Proportionalitätsbeziehung zwischen der relativen Widerstandsänderung und der Dehnung (Gl. 6.1) ergibt sich schließlich unter der Voraussetzung, dass alle vier Widerstände DMS mit dem gleichen k-Faktor sind:

$$\frac{U_A}{U_B} = \frac{k}{4} \cdot (\varepsilon_1 - \varepsilon_2 + \varepsilon_3 - \varepsilon_4) \tag{6.7}$$

Der Quotient U_A/U_B wird auch als *Brückenempfindlichkeit* bezeichnet. Die Gl. 6.5 bis 6.7 gehen davon aus, dass sich alle Widerstände der Brücke ändern. In der Versuchstechnik trifft das nur in Sonderfällen zu. Meist ist lediglich ein Teil der Brückenzweige mit DMS besetzt, der Rest wird durch Ergänzungswiderstände gebildet. An sie sind zum Ausschluss von Störungen hohe Anforderungen hinsichtlich zeitlicher Stabilität und Temperaturgang zu stellen, die von Metallschichtwiderständen gut erfüllt werden. Anstelle dieser passiven Widerstände können auch Kompensations-DMS als Brückenergänzungswiderstände benutzt werden.

Gl. 6.7 zeigt zwei wichtige Eigenschaften der Brückenschaltung auf:

1. Je größer die Speisespannung U_B ist, desto größer ist die Brückenausgangsspannung U_A. Die Grenze von U_B ist im Allgemeinen durch die Temperaturbelastbarkeit der DMS vorgegeben, denn je nach Wärmeleitfähigkeit des Prüfobjektes verursachen zu hohe Speisespannungen und damit zu hohe elektrische Ströme eine übermäßige Eigenerwärmung der Messstreifen und damit erhebliche Fehler.

2. Unerwünschte Dehnungssignale in einem DMS (z. B. durch den Temperaturgang) lassen sich eliminieren, wenn man einen zweiten DMS appliziert, welcher der gleichen Störgröße unterworfen ist, ihn aber in einen benachbarten Brückenzweig schaltet. Man erreicht damit eine Kompensation, da sich Änderungsbeträge mit gleichem Vorzeichen in benachbarten Brückenzweigen subtrahieren.

Zur Messung der Brückenausgangsspannung U_A ist als Standardverfahren die Ausschlagsmethode gebräuchlich. Die Brücke wird vor Versuchsbeginn abgeglichen, d. h. $U_A = 0$ eingestellt. Mit der Belastung ändert sich die Dehnung und proportional dazu U_A.

In der messtechnischen Praxis sind mehrere Varianten der Wheatstone'schen Brückenschaltung gebräuchlich. Sie unterscheiden sich durch die Zahl von „aktiven" DMS und „passiven" Ergänzungswiderständen sowie durch deren Anordnung in den Brückenzweigen.

Die Brückenwiderstände sind entweder

a) Aktive DMS, die einer Dehnung des Messobjektes folgen, welche entweder durch eine mechanische Spannung oder durch Temperaturänderung verursacht wird.
b) Ergänzungswiderstände mit kleiner Widerstandstoleranz und hoher Stabilität zur Komplettierung der Brückenwiderstände (z. B. im Inneren des Messverstärkers).

Je nachdem, wie viele Brückenwiderstände zur Komplettierung der Brücke im Inneren des Messverstärkers verwendet werden, unterscheidet man die *Viertelbrücke*, die *Halbbrücke* und die *Vollbrücke*.

Die beschriebenen Schaltungen sind sowohl in der Spannungsanalyse als auch im Sensorenbau anwendbar. Empfohlen ist, im Sensorenbau immer eine Vollbrückenschaltung zu verwenden, bestehend aus vier oder mehr aktiven Dehnungsmessstreifen. In der Spannungsanalyse bei weitgehend konstanter Umgebungstemperatur genügt auch die Viertelbrückenschaltung.

6.6.1 Viertelbrücke

Der aktive DMS R_1 wird durch drei passive Widerstände R_2, R_3, R_4 zur Vollbrücke ergänzt (Abb. 6.7). Durch die Ergänzungswiderstände R_2, R_3 und R_4 im Verstärker wird zu Beginn der Messung der Nullabgleich hergestellt, d. h. $R_1 = R_2 = R_3 = R_4 = R$. Aufgrund von Dehnungen ($\varepsilon > 0$) und Stauchungen ($\varepsilon < 0$) des Messobjektes wird $R_1 = R_1 \pm \Delta R_1$.

Für die Ausgangsspannung U_A gilt:

$$U_A = \frac{1}{4} \cdot U_B \cdot k \cdot \varepsilon \tag{6.8}$$

U_A = Brückenausgangsspannung = Signalspannung
U_B = Brückenspeisespannung
k = k-Faktor des DMS; $\varepsilon = \frac{\Delta l}{l}$ = Dehnung.

Abb. 6.7 Viertelbrücke

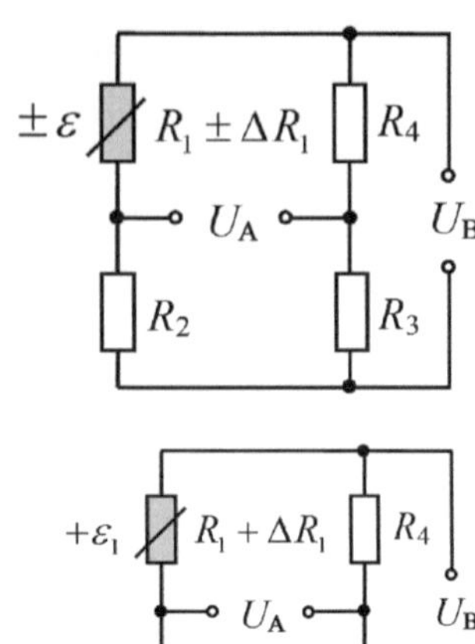

Abb. 6.8 Halbbrücke

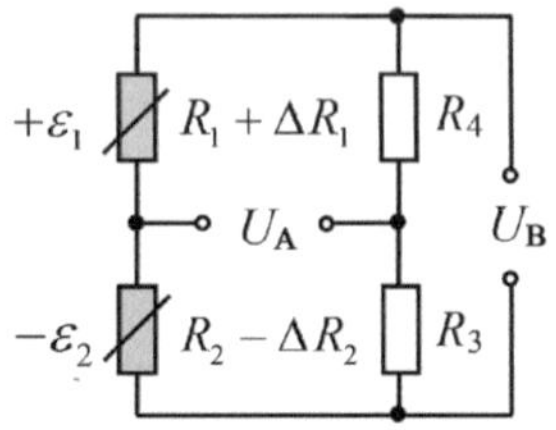

> **Beispiel 6.1**
> Für $k = 2$ und $\varepsilon = 1000\,\mu\text{m/m}$ ist die Signalspannung $U_\text{A} = 0{,}5\,\text{mV}$ pro Volt Speisespannung.

Hinweise: Die Schaltung ist nicht linear. Die Viertelbrücke ist die am häufigsten verwendete Schaltung in der Spannungsanalyse. Die Nichtlinearität dieser Schaltung ist für die Spannungsanalyse meist unwesentlich, sie ist für kleine Dehnungen im Bereich bis $1000\,\mu\text{m/m}$ vernachlässigbar. Bei sehr hohen Dehnungen bis in den Bereich der plastischen Verformung kann der Fehler durch Nichtlinearität 2 % und mehr betragen.

Für die Verbindung vom Messverstärker zum DMS sind zwei Leiter erforderlich. Bei der Messung wird auch die Änderung dieser Leitungswiderstände (durch Temperatur, Zug) mitgemessen.

Im Sensorenbau hat die Viertelbrücke keine praktische Bedeutung.

6.6.2 Halbbrücke

Die aktiven DMS R_1, R_2 werden durch zwei passive Widerstände R_3, R_4 zur Vollbrücke ergänzt (Abb. 6.8).

1. Fall: Zweimal Längsdehnung

R_1 und R_2 sind aktive DMS.

Dieser Fall wird verwendet, wenn bei einem Werkstück Dehnungen und Stauchungen betragsmäßig gleich sind, z. B. an der Ober- und Unterseite eines belasteten Stabes.

Bei Abgleich zu Beginn der Messung gilt: $R_1 = R_2 = R_3 = R_4 = R$
Bei Belastung gilt: $R_1 = R_1 + \Delta R_1$, $R_2 = R_2 - \Delta R_2$, $R_3 = R_4 = R$
Der Widerstand der Zuleitungen kompensiert sich.
Für die Ausgangsspannung U_A gilt:

$$U_A = \frac{1}{4} \cdot U_B \cdot k \cdot (\varepsilon_1 - \varepsilon_2) \tag{6.9}$$

Beispiel 6.2
Für $k = 2$ und $\varepsilon_1 = \varepsilon_2 = 1000\,\mu\text{m/m}$ ist die Signalspannung $U_A = 1\,\text{mV}$ pro Volt Speisespannung, also doppelt so hoch wie bei der Viertelbrücke.

Hinweise: Die Schaltung ist linear. Anwendung in der Spannungsanalyse und bei low-cost Sensoren.

2. Fall: Einmal Längsdehnung, einmal Querdehnung

R_1 ist ein aktiver DMS, R_2 ist ein quer angeordneter „Poisson" DMS. Wird R_2 quer zur Spannungsrichtung appliziert, behält er seinen Widerstand bei Dehnung konstant, ändert ihn aber wie der erste DMS mit der Temperatur des Werkstücks (Temperaturkompensation). Die Brücke wird durch zwei passive Widerstände R_3, R_4 zur Vollbrücke ergänzt.

Für die Ausgangsspannung U_A gilt:

$$U_A = \frac{1}{4} \cdot U_B \cdot k \cdot (\varepsilon_1 - \nu \cdot \varepsilon_2) \tag{6.10}$$

$\nu =$ Querdehnzahl des Messobjekt-Werkstoffs, Querkontraktionszahl

Beispiel 6.3
Für $k = 2$, $\varepsilon = 1000\,\mu\text{m/m}$ und $\nu = 0{,}3$ ist die Signalspannung $U_A = 0{,}65\,\text{mV}$ pro Volt Speisespannung.

Hinweise: Die Schaltung ist nicht völlig linear. Anwendung in der Spannungsanalyse und bei Zug-, Druckstäben und bei low-cost Sensoren.

6.6.3 Vollbrücke

1. Fall: Viermal Längsdehnung

In diesem Fall ist R_1, R_2, R_3 und R_4 je ein aktiver DMS und die Ausgangsspannung ist viermal so groß wie bei der Viertelbrücke (größte Ausgangsspannung). Eine Temperaturkompensation wird automatisch erreicht (Abb. 6.9).

Abb. 6.9 Vollbrücke

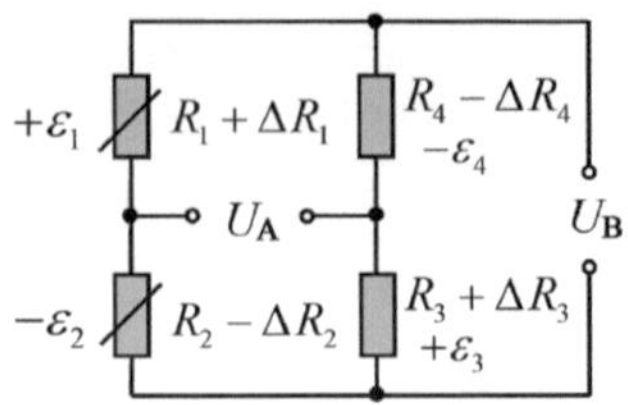

Im unbelasteten Zustand gilt: $R_1 = R_2 = R_3 = R_4 = R$

Im belasteten Zustand gilt:

$$R_1 = R_1 + \Delta R_1, \qquad R_3 = R_3 + \Delta R_3 \qquad \Rightarrow \text{Dehnung}$$

$$R_2 = R_2 - \Delta R_2, \qquad R_4 = R_4 - \Delta R_4 \qquad \Rightarrow \text{Stauchung}$$

Für die Ausgangsspannung U_A gilt:

$$U_A = \frac{1}{4} \cdot U_B \cdot k \cdot (\varepsilon_1 - \varepsilon_2 + \varepsilon_3 - \varepsilon_4) \tag{6.11}$$

Beispiel 6.4

Für $k = 2$ und $\varepsilon_1 = \varepsilon_2 = \varepsilon_3 = \varepsilon_4 = 1000\,\mu\text{m/m}$ ist die Signalspannung $U_A = 2\,\text{mV}$ pro Volt Speisespannung, also viermal so hoch wie bei der Viertelbrücke.

Hinweise: Die Schaltung ist linear. Bevorzugte Standardschaltung im Sensorenbau. Bestmögliche Kompensation von Temperatureinflüssen und mechanischen Störeinflüssen.

2. Fall: Zweimal Längsdehnung, zweimal Querdehnung

Die aktiven, gleichsinnig beanspruchten DMS R_1 und R_3 sind durch quer angeordnete „Poisson" DMS R_2 und R_4 zur Vollbrücke ergänzt.

Für die Ausgangsspannung U_A gilt:

$$U_A = \frac{1}{4} \cdot U_B \cdot k \cdot (\varepsilon_1 - \nu \cdot \varepsilon_2 + \varepsilon_3 - \nu \cdot \varepsilon_4) \tag{6.12}$$

Hinweise: Die Schaltung ist nicht linear. Anwendung in der Spannungsanalyse und bei Zug-, Druckstäben. Für Präzisionssensoren wird oft noch eine Linearisierung mit zusätzlichen Halbleiter-DMS vorgesehen.

3. Fall: Zweimal Längsdehnung, zweimal Querdehnung

Die zwei aktiven, gegensinnigen DMS R_1 und R_2 werden durch zwei quer angeordnete DMS R_3 und R_4 zur Vollbrücke ergänzt.

Für die Ausgangsspannung U_A gilt:

$$U_A = \frac{1}{4} \cdot U_B \cdot k \cdot (\varepsilon_1 - \varepsilon_2 + \nu \cdot \varepsilon_3 - \nu \cdot \varepsilon_4) \qquad (6.13)$$

Hinweise: Die Schaltung ist linear. Anwendung in der Spannungsanalyse und bei Low Cost Sensoren.

6.7 Zusammenfassung

1. Dehnungsmessstreifen (DMS) sind flächenhaft ausgebildete Messwertaufnehmer, die bei Deformation ihren elektrischen Widerstand ändern.
2. DMS ermöglichen die experimentelle Bestimmung und Messung von mechanischen Verformungen und Beanspruchungen (z. B. Kraft, Drehmoment, Druck, Dehnung, Stauchung).
3. DMS wandeln die mechanische Messgröße in ein elektrisches Ausgangssignal um.
4. Für die sehr kleinen Widerstandsänderungen eines DMS sind spezielle Schaltungen und Messgeräte erforderlich.
5. Mit DMS können folgende Größen gemessen werden: Dehnung, mechanische Spannung, Kraft, Masse, Weg, Position, Druck, Beschleunigung, Drehmoment, Torsion, Winkel, Strukturschwingungen (Modalanalyse).
6. In der experimentellen Spannungsanalyse können zur Diagnose an Maschinen und zur Schadensanalyse erfasst werden: Ein- bzw. mehrachsige Spannungszustände, Eigenspannungen, Schwingungen, Drehmoment, Biegemomente, Zug- bzw. Druckkräfte, Dehnungen.
7. Die Messgitter bestehen aus Metall oder einem Halbleiter.
8. Mit einer DMS-Rosette werden zwei bis drei Dehnungen in unterschiedlichen Richtungen auf der Oberfläche eines Werkstücks gemessen (mehrachsige Messungen).
9. Es gibt Draht-, Folien-, Halbleiter- und Röhrchen-DMS.
10. DMS werden durch Aufkleben auf ein Werkstück starr mit dessen Oberfläche verbunden, sie folgen einer Verformung an dessen Oberfläche. Die dadurch verursachte Widerstandsänderung ist ein Maß für die relative Längenänderung des Werkstücks.
11. Der k-Faktor auf der DMS-Verpackung gibt an, um welchen Faktor die relative Widerstandsänderung über der relativen Längenänderung liegt.
12. DMS mit kurzem Messgitter sind besser für höhere Messfrequenzen geeignet.
13. Die durch die Dehnung hervorgerufene relative Widerstandsänderung ist sehr klein, sie liegt im Bereich 10^{-2} bis 10^{-4}.
14. Zur Bestimmung der relativen Dehnungen wird meist die Wheatstone'sche Brückenschaltung verwendet.

15. Durch die Symmetrie der Brückenschaltung können sowohl eine thermische Dehnung als auch unerwünschte mechanische Dehnungen quer zur Messrichtung elektrisch kompensiert werden.

16. Entsprechend der Anzahl der Brückenwiderstände zur Komplettierung der Brücke im Inneren des Messverstärkers unterscheidet man die Viertel-, die Halb- und die Vollbrücke.

Magnetfeldabhängiger Widerstand

7

7.1 Feldplatte

Feldplatten werden auch magnetfeldabhängige Widerstände oder MDR (**M**agnetic Field **D**ependent **R**esistor) genannt, ihr Widerstandswert kann durch ein Magnetfeld gesteuert werden. **Der Widerstandswert einer Feldplatte steigt mit der magnetischen Flussdichte.** Das Schaltzeichen zeigt Abb. 7.1.

Feldplatten bestehen aus sehr dünnen Halbleiterplättchen aus Indiumantimonid (InSb) mit einlegierten Nadeln aus Nickelantimonid (NiSb). Die Plättchen sind mäanderförmig auf eine Trägerplatte aufgebracht, in ihnen wird der zurückgelegte Weg der Elektronen und somit der Widerstandswert durch den Einfluss eines äußeren Magnetfeldes verändert.

Der Widerstandswert ohne Magnetfeld (Grundwiderstand R_0) kann in einem weiten Wertebereich ($10\,\Omega \leq R_0 \leq 10\,\text{k}\Omega$) hergestellt werden.

Beispiele für wichtige Kenn- und Grenzwerte sind:

- höchstzulässige Belastung $P_{tot} \approx 0{,}5\,\text{W}$
- Betriebstemperatur $\vartheta_{max} \approx -40\,°\text{C}$ bis $+150\,°\text{C}$
- Grundwiderstand (Flussdichte $B = 0$) $R_0 \approx 10\,\Omega$ bis $10\,\text{k}\Omega$
- Temperaturbeiwert $\alpha \approx -0{,}004\,\text{K}^{-1}$

Vorteile: Geringe Kosten, großer Anwendungsbereich, hohe Magnetfeldempfindlichkeit

Nachteile: Bei Anwendungen sind Nichtlinearität, Temperaturabhängigkeit und Nullpunktsdrift zu beachten.

Abb. 7.1 Schaltzeichen der Feldplatte

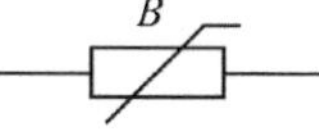

L. Stiny, *Passive elektronische Bauelemente*, https://doi.org/10.1007/978-3-658-24733-1_7

Hinweis: Man beachte den Unterschied zwischen Feldplatten und Hallgeneratoren. Feldplatten ändern ihren Widerstandswert durch den Einfluss eines Magnetfeldes. Hallgeneratoren erzeugen infolge von Stromfluss und einem äußeren Magnetfeld eine Spannung.

7.2 Kennlinien

Abb. 7.2 zeigt den Widerstandsverlauf in Abhängigkeit der magnetischen Flussdichte B. Die Richtung des Magnetfeldes spielt dabei keine Rolle. Der Widerstandswert, der sich bei einer bestimmten magnetischen Feldstärke einstellt, ist ein ohmscher Widerstand mit linearer Abhängigkeit zwischen Strom und Spannung (Abb. 7.3).

Bis etwa 0,3 T verläuft die Kennlinie annähernd quadratisch, bei höheren Werten der Flussdichte B nähert sie sich einem geradlinigen Verlauf.

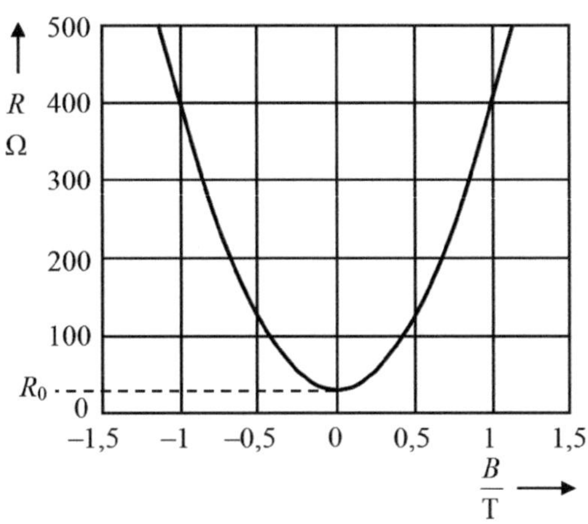

Abb. 7.2 Widerstand R der Feldplatte als Funktion der magnetischen Flussdichte B

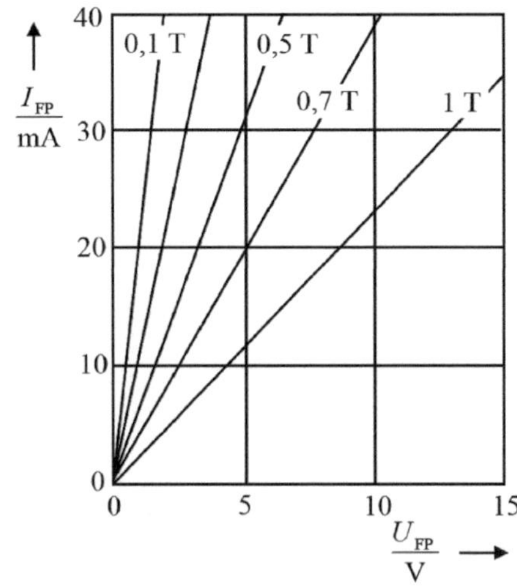

Abb. 7.3 I-U-Kennlinie (Widerstandskennlinie) einer Feldplatte mit Flussdichte B als Parameter

7.3 Einsatzbereiche der Feldplatte

- Kontakt- und stufenlos steuerbare Widerstände (kontaktlose Potenziometer), Anwendungen in der Mess-, Steuer- und Regeltechnik
- Kontakt- und berührungslose, prellfreie Schalter oder Taster, z. B. als Ersatz für fehleranfällige mechanische Schalter in Waschmaschinen, Spülmaschinen, Haushaltsgeräten usw.
- Lage-, Drehzahl- und Drehrichtungserfassung (mit Polrad)
- Näherungsschalter
- Erfassung dynamischer Größen wie Strömung, Durchfluss
- Messung der Stärke von Magnetfeldern (auch Erdmagnetfeld)
- Gleichstrommessung mit Stromzangen
- Erfassung geometrischer Größen wie Winkel, Neigung, Füllstand, Länge, Weg, Abstand, Entfernung
- Ampelsteuerungen, Verkehrszähler.

7.4 Aufbau, Wirkungsweise

Feldplatten werden als Eisentypen (E-Typen) und als Kunststofftypen (K-Typen) hergestellt. Bei E-Typen verwendet man als Trägermaterial ferromagnetische Werkstoffe mit großer Permeabilität, die mit einer Isolierschicht versehen sind. Bei K-Typen besteht der Träger aus Kunststoff oder aus Keramik. Auf den ca. 0,1 mm dicken Träger wird eine Schicht aus Indiumantimonid (InSb) mit einer Dicke von ca. 25 μm aufgebracht.

In dieses kristalline Grundmaterial werden niederohmige (Kurzschluss-) Nadeln aus Nickelantimonid (NiSb) mit sehr guter metallischer Leitfähigkeit einlegiert. Diese Nadeln sind quer zu der Stromrichtung angeordnet, die sich bei Anlegen einer Spannung an die Feldplatte innerhalb der Halbleiterschicht ergibt, ohne dass ein äußeres Magnetfeld vorhanden ist. Die Abstände zwischen den einzelnen Nadeln liegen je nach Ausführung in der Größenordnung von einigen Mikrometer.

Ähnlich wie beim Fotowiderstand wird das Halbleitermaterial mäanderförmig geätzt, um bei kleinen Bauteilabmessungen einen hohen Grundwiderstand zu erreichen.

Die Beeinflussbarkeit des Widerstandes von Feldplatten beruht auf dem Gaußeffekt.

Legt man eine Spannung an die Feldplatte, so verlaufen die Strombahnen in der Halbleiterschicht ohne Vorhandensein eines äußeren Magnetfeldes geradlinig. Durch ein transversales Magnetfeld (senkrecht zur Zeichnungsebene in Abb. 7.4) werden die den Halbleiter durchlaufenden Ladungsträger bzw. die Strombahnen aufgrund der Lorentzkraft[1] seitlich abgelenkt. Der Winkel, um den sich die Stromrichtung durch das Anlegen des

---

[1] Hendrik Antoon Lorentz (1853–1928), niederländischer Physiker

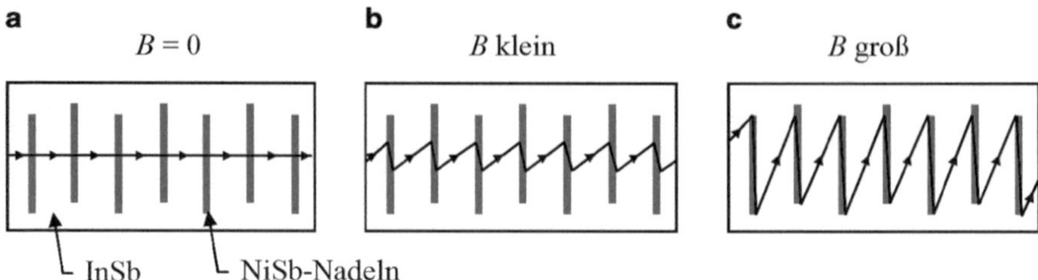

Abb. 7.4 Ausschnitte einer Feldplatte mit Verlauf der Strombahnen, ohne Magnetfeld (**a**), schwaches Magnetfeld (**b**), starkes Magnetfeld (**c**)

Magnetfeldes ändert, heißt *Hallwinkel δ*. Er hängt von der Elektronenbeweglichkeit μ und der magnetischen Flussdichte B ab.

$$\tan \delta = \mu \cdot B \tag{7.1}$$

Die Elektronen werden umso stärker abgelenkt, je größer die magnetische Flussdichte B ist. Für Indiumantimonid mit der großen Elektronenbeweglichkeit von $\mu = 7\,\mathrm{m}^2/(\mathrm{Vs})$ beträgt der Hallwinkel $\delta \approx 81°$ bei $B = 1$ Tesla.

Bei angelegtem Magnetfeld werden die fließenden Ladungsträger im Grundmaterial (InSb) um den Hallwinkel aus ihrer Bahn abgelenkt. Damit die Elektronen nicht wie beim Hallgenerator zum Rand der stromdurchflossenen Halbleiterbahn abgedrängt werden, sind quer zur Stromrichtung niederohmige Nadeln aus Nickelantimonid in den InSb-Kristall legiert. *Diese Nadeln halten die gleichmäßige Verteilung der Elektronen über den Querschnitt der Halbleiterschicht aufrecht.* Längs der gut leitenden Nadeln fließen die Elektronen fast unbeeinflusst vom Magnetfeld. Die Ladungsträger verlaufen somit von einer metallischen Nadel zur nächsten in schrägen Bahnen, innerhalb der Nadeln gerade. Insgesamt ergeben sich zickzack-förmige Strombahnen, deren Schräge mit größer werdender Flussdichte des Magnetfeldes zunimmt.

Durch die steigende Flussdichte B wird der Weg der Ladungsträger durch die immer längeren Zickzack-Bahnen immer länger. Diese Wegverlängerung entspricht einer Erhöhung des Widerstandes innerhalb der Feldplatte. Dies bedeutet, der Widerstandswert der Feldplatte nimmt mit steigender Flussdichte zu.

Die Steuerung des Widerstandes durch ein Magnetfeld erfolgt praktisch trägheitslos, so dass Feldplatten bis zu Frequenzen von einigen Megahertz einsetzbar sind. Die Richtung des Magnetfeldes hat keinen Einfluss auf die Größe des ohmschen Widerstandes der Feldplatte. Man kann mit einer Feldplatte daher nur die Größe, nicht aber die Richtung des Magnetfeldes messen. Beim Einsatz von Feldplatten ist ihre nicht zu vernachlässigende Temperaturabhängigkeit zu beachten.

7.5 Ausführungsformen

Feldplatten sind als Bauteil im Elektronikhandel nicht mehr erhältlich, ihre Fertigung wurde eingestellt. Komplette Positionssensoren sind in Form von Feldplattenfühlern erhältlich. Bei den Feldplattenfühlern sind der Magnet und die den magnetischen Fluss lenkenden Teile zu einer Einheit zusammengefasst, so dass die Ansteuerung auch mit Eisenteilen erfolgen kann. Feldplattenfühler werden vor allem als kontakt- und berührungslose Geber eingesetzt (Drehzahlgeber, Positionsgeber). Es gibt zwei verschiedene Ausführungsformen, nämlich solche mit offenem und solche mit geschlossenem magnetischen Kreis.

Bei *offenem magnetischen Kreis* (Abb. 7.5a) werden die Feldplatten durch das Streufeld des Dauermagneten vormagnetisiert (B_V). Bewegt man ein Eisenteil (Fe) an dem Polschuh vorbei, so wird die magnetische Flussdichte im Bereich des Polschuhes größer ($B_V + B$) und der Widerstand der Feldplatte nimmt zu.

Bei *geschlossenem magnetischen Kreis* (Abb. 7.5b) sind die Feldplatten in einem kleinen Magnetkreis eingebaut. Bewegt man einen Steuermagneten an der Feldplatte vorbei, so wird zunächst die Vormagnetisierung (B_V) der Feldplatte durch das Streufeld des Steuermagneten erhöht und anschließend erniedrigt. Dadurch wird der Widerstand der Feldplatte größer oder kleiner.

In der praktischen Ausführung bestehen magnetoresistive Sensoren meist aus vier magnetoresistiven Elementen, die zu einer Brücke zusammengeschaltet sind, wobei jeweils zwei gegenüberliegende gleichsinnig und die anderen beiden rechtwinklig dazu ausgerichtet sind. So ist beim einen Sensorpaar der Stromwinkel $+45°$ gegen die Längsrichtung gedreht, beim anderen um $-45°$. Das gleiche Magnetfeld führt beim einen Paar zu einer Widerstandszunahme, beim anderen zu einer Widerstandsabnahme. Die Brückenanordnung hat auch den Vorteil, dass die sonst störende Temperaturabhängigkeit des Effekts weitgehend eliminiert wird.

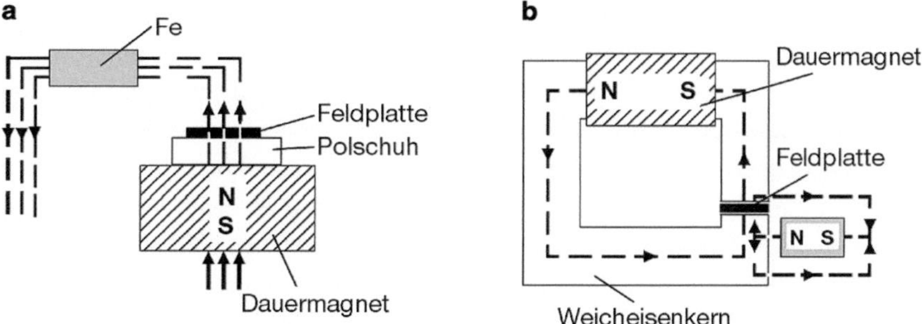

Abb. 7.5 Grundsätzliche Ausführungsformen von Feldplattenfühlern mit offenem magnetischen Kreis (**a**) und mit geschlossenem magnetischen Kreis (**b**)

7.6 Permalloy-Sensoren

Eine bevorzugte Ausführungsform magnetoresistiver Sensoren sind **Permalloy-Sensoren**.

Permalloy ist eine Legierung aus Nickel (80 %) und Eisen (20 %). Permalloy besitzt die Eigenschaft, seinen ohmschen Widerstand um wenige Prozent zu ändern, wenn es von einem Magnetfeld durchsetzt wird. Während der Herstellung wird der Legierung eine interne magnetische Vorzugsrichtung parallel zur Stromflussrichtung gegeben, um den Nullpunkt festzulegen und Hystereseeffekte zu vermeiden. Liegt ein externes Magnetfeld senkrecht zu dieser Richtung an, so ergibt sich aus dem externen Magnetfeld und der magnetischen Vorzugsrichtung eine vektoriell resultierende Magnetfeldrichtung. Nun ändert sich der Widerstand abhängig vom Winkel α (resultierende Magnetfeldrichtung zur Stromrichtung):

$$R = R_0 + \Delta R_0 \cdot \cos^2 \alpha.$$

Diese Änderung ist jedoch stark nichtlinear.

Um eine Linearisierung der Kennlinie zu bekommen, werden in das Permalloy in einem Winkel von 45° elektrisch gut leitende Metallstreifen eingebracht (Barber pole Konfiguration), die den Strom um 45° von der Vorzugsrichtung gedreht senkrecht zu den Metallstreifen mit dem kürzesten Weg durch das hochohmige Permalloy fließen lassen. Dadurch erhält das Material ohne Magnetfeld einen mittleren Widerstandswert. Bei zunehmender Magnetfeldstärke erhöht bzw. verringert (bei umgekehrtem Magnetfeld) sich dann der Widerstand, so kann außerdem die Richtung des Feldes ermittelt werden. Nahe des Nullpunktes ist die Kennlinie zudem annähernd linear. Mit Permalloy-Sensoren werden also magnetische Felder in der Schichtebene gemessen, und nicht, wie z. B. bei Hall-Elementen, die magnetische Induktion senkrecht zur Schichtebene.

Ein Permalloy-Sensor besteht aus vier magnetisch empfindlichen Widerständen, die als dünne Permalloy-Schicht auf einen Si-Chip aufgedampft sind. Diese Widerstände werden zu einer Wheatstone'schen Brücke zusammengeschaltet. Beim Anlegen eines Magnetfeldes senkrecht zur Stromrichtung aber in der Schichtebene kommt es im Mittelzweig der Wheatstone-Brücke zu einer Spannung infolge der Widerstandsänderungen. Dabei müssen die Sensorelemente so aufgebaut sein, dass sich für zwei gegenüberliegende Elemente eine Widerstandserhöhung und für die beiden anderen eine Widerstandsverringerung ergibt. Erreicht wird dies durch die Barber pole Konfiguration. Damit wird die Stromrichtung um 45° gegen die Achse gedreht, und zwar in zwei gegenüberliegenden Schichten um +45° und in den beiden anderen Schichten um −45°. Es ergibt sich in einem Fall eine Widerstandszunahme, im anderen Fall eine Widerstandsabnahme.

Permalloy-Sensoren können zur Detektion und Messung schwacher magnetischer Gleich- und Wechselfelder, zur Winkel- und Strommessung und indirekt zur Aufnahme von Kräften und Beschleunigungen verwendet werden. Permalloy-Stromsensoren bieten gegenüber Halleffekt- Sensoren eine bessere Linearität und einen höheren Signal-Rausch-Abstand. Sie sind unempfindlich gegen belastende Umwelteinflüsse, haben einen großen

Arbeitstemperaturbereich, besitzen eine gute Reproduzierbarkeit der Messwerte und eine direkte Proportionalität des Ausgangssignals zum Magnetfeld.

7.7 Zusammenfassung

1. Feldplatten sind magnetfeldabhängige Widerstände (MDR), ihr Widerstandswert kann durch ein Magnetfeld gesteuert werden.
2. Der Widerstandswert einer Feldplatte steigt mit der magnetischen Flussdichte.
3. Der Widerstandswert, der sich bei einer bestimmten magnetischen Feldstärke einstellt, ist ein ohmscher Widerstand mit linearer Abhängigkeit zwischen Strom und Spannung. Die Richtung des Magnetfeldes spielt dabei keine Rolle.
4. Feldplatten sind als Bauteil im Elektronikhandel nicht mehr erhältlich, ihre Fertigung wurde eingestellt. Komplette Positionssensoren sind in Form von Feldplattenfühlern erhältlich.
5. Permalloy-Sensoren sind magnetoresistive Sensoren.
6. Permalloy-Sensoren können zur Detektion und Messung schwacher magnetischer Gleich- und Wechselfelder, zur Winkel- und Strommessung und indirekt zur Aufnahme von Kräften und Beschleunigungen verwendet werden.

Kondensatoren 8

8.1 Wirkungsweise und Eigenschaften von Kondensatoren

8.1.1 Allgemeines

Abgesehen von Widerständen und Halbleitern sind Kondensatoren die meist verwendeten Bauelemente der Elektronik. Kondensatoren sind die wichtigsten Energie speichernden Bauelemente in der elektronischen Schaltungstechnik, sie werden wegen der besseren elektrischen Eigenschaften und der wesentlich günstigeren Fertigung klar gegenüber Induktivitäten (Spulen) bevorzugt.

Kondensatoren finden Anwendung zur Glättung elektrischer Spannung, zum Sperren von Gleichspannung bei gleichzeitiger Übertragung von Wechselspannung, sowie zur Entstörung elektrischer Anlagen. Zusammen mit Spulen werden sie in Schwingkreisen zum Trennen von unterschiedlichen Frequenzen (früher z. B. zur Sendereinstellung bei Radios) benutzt. In Verbindung mit Widerständen können Filter zur Unterdrückung oder Hervorhebung bestimmter Frequenzen realisiert werden (z. B. Entstörung eines Gerätes oder Klangeinstellung bei Verstärkern).

Neben den als Bauelemente erhältlichen Kondensatoren müssen häufig Kapazitäten beachtet werden, die sich durch die mechanische Konstruktion bzw. die Anordnung von Komponenten im Schaltungsaufbau ergeben. Kondensatoren werden als Bauelemente gezielt in Schaltungen eingesetzt, Kapazitäten können aber auch als parasitäre Elemente auftreten. So führen z. B. die kapazitiven Eigenschaften von pn-Übergängen in Halbleiterbauelementen zu einer unerwünschten Verzögerung von Schaltflanken und parallele Leitungen ergeben ein störendes Übersprechen auf benachbarte Leitungen.

Kondensatoren unterschiedlicher Bauart zeigt Abb. 8.1.

© Springer Fachmedien Wiesbaden GmbH, ein Teil von Springer Nature 2019
L. Stiny, *Passive elektronische Bauelemente*, https://doi.org/10.1007/978-3-658-24733-1_8

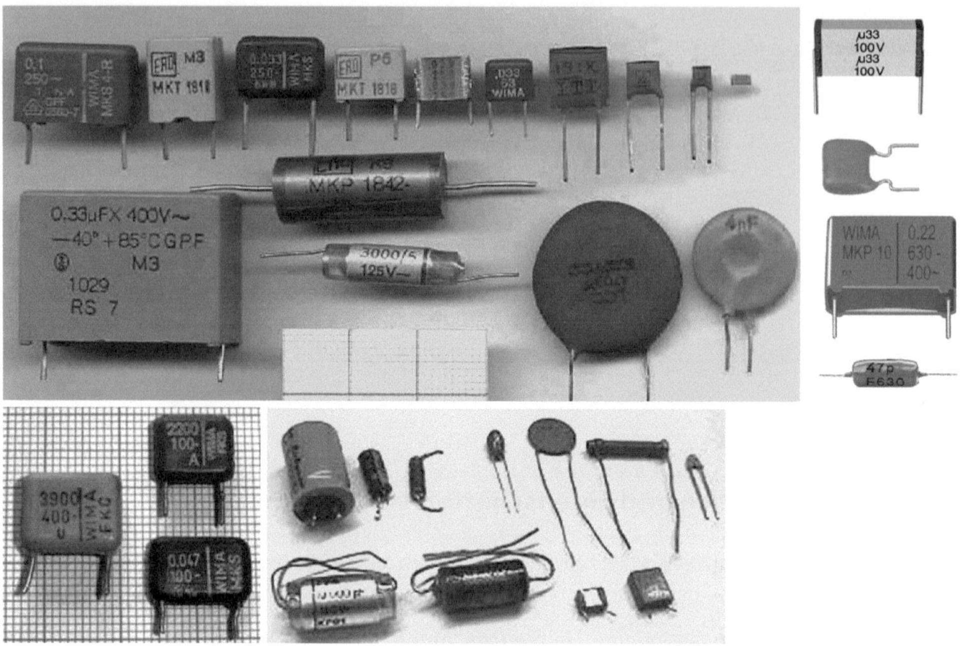

Abb. 8.1 Kondensatoren verschiedener Bauformen

8.1.2 Kondensator im Gleichstromkreis

Die Wirkungsweise des Kondensators beruht auf seiner Fähigkeit, elektrische Ladung und damit Energie zu speichern. Die elektrische Energie wird im elektrischen Feld gespeichert, welches sich im Dielektrikum ausbildet. Wie das Schaltzeichen (Abb. 8.2) andeutet, wird diese Fähigkeit zur Ladungsspeicherung durch zwei sich gegenüberstehende Metallplatten (Metallflächen, elektrisch leitende *Beläge*, Elektroden) bewirkt. Somit hat ein Kondensator zwei Anschlüsse. Zwischen den Metallplatten befindet sich ein Isolator, das so genannte **Dielektrikum**. Sowohl das Fassungsvermögen für die Größe der gespeicherten elektrischen Ladung als auch das Bauteil selbst wird als **Kapazität** bezeichnet.

Abb. 8.2 Schaltzeichen eines idealen Kondensators mit festem Kapazitätswert

Die Aufnahmefähigkeit für elektrische Ladungen hängt von den Abmessungen und dem Abstand der beiden Elektroden (Platten) sowie vom Isolierstoff zwischen den Platten ab. Das Maß für die Speicherfähigkeit ist die Kapazität C, sie hat die Einheit Farad[1].

Das Einheitenzeichen für die Kapazität ist „F", das Formelzeichen ist „C".

Gebräuchliche Einheiten sind: $1\,\mu F = 10^{-6}\,F$, $1\,nf = 10^{-9}\,F$, $1\,pF = 10^{-12}\,F$.

Ein Farad ist definiert als:

$$1\,F = \frac{1\,C\,(\text{Coulomb})}{1\,V} = \frac{1\,As}{1\,V} = \frac{1\,s}{1\,\Omega}.$$

Die Kapazität eines Plattenkondensators berechnet sich zu:

$$C = \varepsilon_0 \cdot \varepsilon_r \cdot \frac{A}{d} \tag{8.1}$$

A = wirksame Kondensatorfläche (Fläche *einer* Platte)

d = Plattenabstand bzw. Dicke des Dielektrikums

ε_0 = elektrische Feldkonstante ($8{,}854187 \cdot 10^{-12}$ As/(Vm)), früher absolute Dielektrizitätskonstante

ε_r = Permittivitätszahl (werkstoffabhängig), früher relative Dielektrizitätskonstante oder Dielektrizitätszahl.

Zwischen der an einem Kondensator anliegenden Spannung und seiner in ihm gespeicherten Ladung besteht ein linearer Zusammenhang:

$$Q = C \cdot U \tag{8.2}$$

8.1.3 Kondensator laden und entladen

Wird ein Kondensator an eine Gleichspannung angeschlossen, so fließt kurzzeitig ein Laststrom (Ladestrom). Dabei fließen Elektronen vom Minuspol der Spannungsquelle auf die eine Platte, während freie Elektronen von der anderen Platte zum Pluspol der Spannungsquelle abfließen (da kein geschlossener Stromkreis vorliegt, spricht man von einem *Verschiebestrom*). Beide Platten sind nach einiger Zeit entgegengesetzt elektrisch geladen. Dieser Zustand bleibt auch erhalten, wenn die Verbindung zur Spannungsquelle unterbrochen wird. Es wurden Ladungen getrennt, der Kondensator wurde auf die Höhe der

---

[1] Michael Faraday (1791–1867), englischer Physiker.

speisenden Gleichspannungsquelle aufgeladen. Jetzt sperrt der geladene Kondensator den Gleichstrom.

Im ungeladenen Zustand wirkt ein Kondensator im Augenblick des Anlegens einer Gleichspannung wie ein Kurzschluss. Nach steilem, fast geradlinigem Anstieg nimmt die Steigung der Kondensator-Spannungskurve ständig ab, bis die Kurve nahezu waagerecht verläuft. Die Ladezeit eines Kondensators ist abhängig von der Kapazität des Kondensators und der Größe des Widerstandes im Stromkreis, durch den der Ladestrom begrenzt wird. Das Produkt aus Widerstand und Kapazität ist die **Zeitkonstante** $\tau = R \cdot C$, welche in Sekunden angegeben wird. Nach der Zeit τ ist die Spannung am Kondensator auf 63 % der Spannung der ladenden Gleichspannungsquelle angestiegen und der Strom auf 37 % des Anfangswertes abgefallen. Nach $5 \cdot \tau$ sind am Kondensator 99,3 % der Ladespannung erreicht, es fließt dann beinahe kein Strom mehr und der Kondensator ist nahezu vollständig geladen.

Wenn der Kondensator geladen ist, so ist der Stromkreis durch das Dielektrikum unterbrochen. Der Widerstand eines geladenen Kondensators ist nahezu unendlich groß. Bei Elektrolytkondensatoren fließt lediglich ein geringer Reststrom. Unter **Reststrom** versteht man den im Betrieb mit Gleichstrom ständig durch den Kondensator fließenden geringen Gleichstrom. Ursache hierfür ist die unvollständige Isolation durch das Dielektrikum, welches häufig eine Oxidschicht ist. Der Reststrom beträgt bei Aluminium-Elektrolytkondensatoren etwa 0,05 bis 0,5 mA pro µF, je nach Spannung. Tantal-Elektrolytkondensatoren haben einen wesentlich kleineren Reststrom als Aluminium-Elektrolytkondensatoren. Mit zunehmender Temperatur steigt der Reststrom stark an.

Werden die beiden geladenen Metallplatten wieder über einen Verbraucher miteinander verbunden, so fließt solange ein Ausgleichsstrom (Entladestrom) zwischen beiden Platten, bis der Kondensator entladen ist. Das Entladen des Kondensators erfolgt ebenfalls anfangs rasch, später immer langsamer. Die Stromrichtung ist nun entgegengesetzt der Ladestromrichtung. Nach der Zeit $5 \cdot \tau$ fließt mit 0,7 % des Anfangswertes fast kein Strom mehr, der Entladevorgang ist zu 99,3 % abgeschlossen. Der Kondensator ist dann nahezu vollständig entladen. Theoretisch dauern Lade- und Entladevorgang unendlich lange.

Ein Kondensator ist

- während des Ladens ein Verbraucher
- geladen oder während des Entladens eine Spannungsquelle.

Die in einem vollständig geladenen Kondensator gespeicherte Energie W_C ist:

$$W_C = \frac{1}{2} \cdot C \cdot U^2 = \frac{1}{2} \cdot \frac{Q^2}{C} \quad (\text{VAs} = \text{Ws} = \text{J}) \tag{8.3}$$

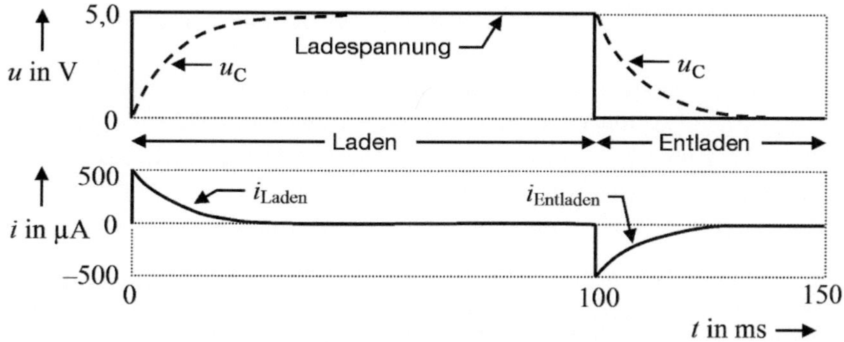

Abb. 8.3 Verlauf von Spannung und Strom beim Laden und Entladen eines Kondensators (Beispiel für Ladespannung $U = 5\,\text{V}$, $C = 1\,\mu\text{F}$, $R = 10\,\text{k}\Omega$)

Die Augenblickswerte von Spannung und Strom eines Kondensators sind

- *beim Laden:*

$$u_C(t) = U \cdot \left(1 - e^{-\frac{t}{R \cdot C}}\right) \tag{8.4}$$

$$i_C(t) = \frac{U}{R} \cdot e^{-\frac{t}{R \cdot C}} \tag{8.5}$$

- *beim Entladen:*

$$u_C(t) = U \cdot e^{-\frac{t}{R \cdot C}} \tag{8.6}$$

$$i_C(t) = -\frac{U}{R} \cdot e^{-\frac{t}{R \cdot C}} \tag{8.7}$$

Den Verlauf der jeweiligen Kurven zeigt Abb. 8.3.

8.1.4 Kondensator im Wechselstromkreis

Polt man die an einen Kondensator angelegte Gleichspannung um, so lädt sich auch der Kondensator um, begleitet von einem Ladungstransport in der umgekehrten Richtung. Bei einer angelegten Wechselspannung findet dieser Lade- und Umladeprozess einmal in jeder Periode statt. Als Folge dieser Umladungen ergibt sich in den Anschlussleitungen des Kondensators ein Strom, der immer seine Richtung wechselt, wobei die Elektronen über die Anschlussleitungen zwischen beiden Elektroden hin- und herfließen. Für Wechselspannungen ist der Kondensator also leitend, wobei der fließende Wechselstrom mit höherer Frequenz zunimmt, während Gleichstrom von einem Kondensator nicht durchgelassen wird.

Ein Kondensator sperrt Gleichstrom und lässt Wechselstrom umso besser durch, je höher die Frequenz und je größer die Kapazität des Kondensators ist. D. h., für Wechselstrom ist der Widerstand eines Kondensators umso kleiner, je höher die Frequenz und je größer die Kapazität des Kondensators ist.

Für den kapazitiven Widerstand X_C (in Ohm) eines Kondensators im Wechselstromkreis gilt:

$$X_C = \frac{1}{2 \cdot \pi \cdot f \cdot C} \tag{8.8}$$

Der kapazitive Widerstand X_C ist (wie der induktive Widerstand X_L einer Spule) nur ein scheinbarer Widerstand (ein so genannter *Blindwiderstand*), der durch ihn fließende Strom erzeugt keine Wärme.

Im Wechselstromkreis gibt es eine Phasenverschiebung zwischen Spannung und Strom. Wird ein Kondensator mit Gleichspannung geladen, so ist der Ladestrom am Anfang am größten, während die Spannung am Kondensator am kleinsten ist. Nach einer Exponentialkurve nimmt der Ladestrom dann ab und die Spannung am Kondensator zu. Dies gilt prinzipiell auch für die Umladungen durch Wechselspannung mit dem Unterschied, dass die Lade- und Entladevorgänge ständig im Rhythmus der wechselnden Polaritäten der Kondensatorelektroden ablaufen. Zuerst muss ein Strom fließen, bevor am Kondensator eine Spannung liegt. Bei einer sinusförmigen Spannung am Kondensator ist bei den Nulldurchgängen der Sinuskurve der Strom am größten. Da der Strom dem sinusförmigen Verlauf der Spannung folgt, erhält man für den Strom eine um 90° nach links verschobene Sinuskurve (Abb. 8.4).

Bei einem idealen Kondensator eilt der Strom der Spannung um 90° voraus.

Der Strom durch den Kondensator ist

$$i_C(t) = \frac{\mathrm{d}\,q(t)}{\mathrm{d}t} = C \cdot \frac{\mathrm{d}u_C(t)}{\mathrm{d}t} \tag{8.9}$$

Der komplexe Wechselstromwiderstand des idealen Kondensators ist:

$$\underline{Z}_C = \frac{1}{\mathrm{j}\omega\,C} \tag{8.10}$$

8.1.5 Reihen- und Parallelschaltung von Kondensatoren

Die Ersatzkapazität für n in Reihe geschaltete Kondensatoren ist:

$$C_{\mathrm{ges}} = \frac{1}{\frac{1}{C_1} + \frac{1}{C_2} + \ldots + \frac{1}{C_n}} \tag{8.11}$$

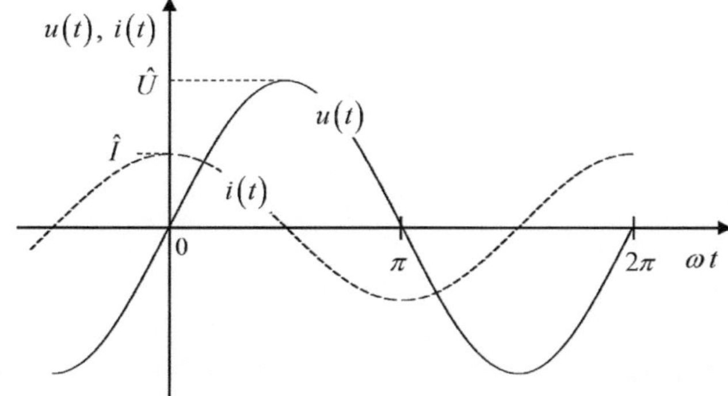

Abb. 8.4 Phasenverschiebung zwischen Spannung und Strom beim idealen Kondensator im Wechselstromkreis

Die Gesamtkapazität von n parallel geschalteten Kondensatoren ist:

$$C_{\text{ges}} = C_1 + C_2 + \ldots + C_n \qquad (8.12)$$

8.2 Dielektrische Stoffe

8.2.1 Allgemeine Eigenschaften der Dielektrika

Stoffe mit sehr geringer elektrischer Leitfähigkeit werden *Dielektrika* genannt. Diese Isolierstoffe können Festkörper, Flüssigkeiten oder Gase sein. Da die Anzahl der freien Ladungsträger in Isolierstoffen sehr klein ist, ist die Leitfähigkeit von Dielektrika gering bzw. ihr Widerstand hoch. Im Bändermodell bedeutet dies die Existenz eines sehr breiten verbotenen Bandes. Genauso wie bei Halbleitern ist auch bei den Dielektrika die Konzentration an freien Ladungsträgern temperaturabhängig. Die Einteilung in Halbleiter und Dielektrika ist also rein willkürlich.

Die Eigenschaften des Materials von Dielektrika können mit folgenden Kennwerten beschrieben werden (siehe auch Tab. 8.1):

- Permittivitätszahl ε_{r}
- Volumenleitfähigkeit σ_{V}
- Oberflächenleitfähigkeit σ_{S}
- dielektrischer Verlustfaktor $\tan(\delta)$
- elektrische Durchschlagsfestigkeit E_{D} in kV/mm
- Kriechstromfestigkeit E_{K} in kV/mm.

In der Regel sind diese Materialgrößen von äußeren Parametern (z. B. Temperatur, Frequenz eines Wechselfeldes oder Feuchtigkeit) abhängig. Diese Abhängigkeiten müssen für einen bestimmten Anwendungszweck beachtet werden.

Tab. 8.1 Permittivitätszahl und Verlustfaktor einiger Stoffe bei 20 °C

Stoff	ε_r	$\tan(\delta)$ (10^{-4}) bei 1 MHz
Luft	1,0006	
Teflon (PTFE)	2,1	1
Polypropylen	2,2	3
Polystyrol	2,5	2
Papier trocken	2,5	10
Polycarbonat	2,9	15
Plexiglas	3	
Polyester	3,4	50
Papier ölgetränkt	4	20…40
Epoxid-Glasgewebe (FR4)	5,5	35
Hartpapierpapier	4…6	100…500
Glas	4…12	20…60
Porzellan	6	
Glimmer	7,0	1…10
Aluminiumoxid Al_2O_3	6…9	1
Tantalpentoxid Ta_2O_5	26	
Wasser destilliert	81	
Bariumtitanat $BaTiO_3$	> 1000	20…200
Keramische Masse	10…50.000	

Nach ihrer Anwendung lassen sich zwei verschiedene Gruppen von Dielektrika unterscheiden:

- *passive* Dielektrika dienen hauptsächlich dazu, stromführende Leiter zu isolieren
- *aktive* Dielektrika nutzen die Polarisationseigenschaften der Materie aus.

Bei Kunststoffen und anderen molekularen Stoffen können wiederum zwei große Stoffgruppen von Dielektrika unterschieden werden:

- *unpolare* Stoffe
- *polare* Stoffe.

Für Kondensatoren sind auch keramische Stoffe (gewisse Ferroelektrika) und Metalloxide (z. B. Aluminiumoxid, Tantal-Pentoxid) als Dielektrikum geeignet.

Für Luft ist z. B. $\varepsilon_r \approx 1$. Für andere Dielektrika kann ε_r aber auch bedeutend größer als eins werden. Damit kann bei gleichen geometrischen Abmessungen die Kapazität eines Kondensators entsprechend Gl. 8.1 beträchtlich erhöht werden.

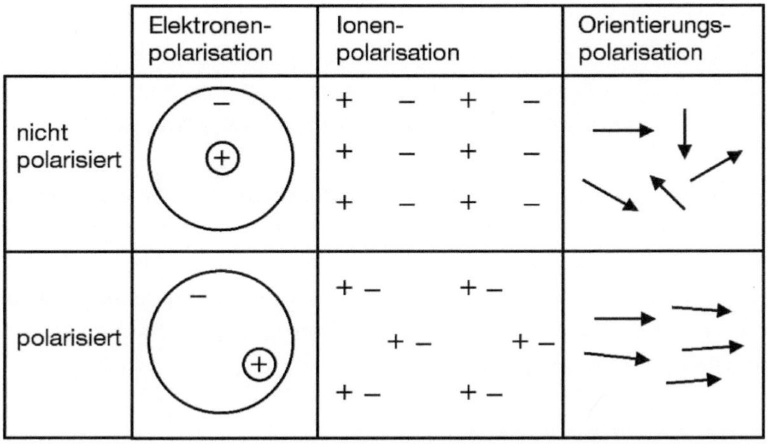

	Elektronen-polarisation	Ionen-polarisation	Orientierungs-polarisation
nicht polarisiert		+ − + − + − + − + − + −	
polarisiert		+ − + − + − + − + − + −	

Abb. 8.5 Schematische Darstellung der verschiedenen Polarisationsmechanismen

8.2.2 Dielektrische Polarisation

Die Polarisation der Materie ist mit einer Verschiebung von Ladungen verbunden, für diesen Vorgang gibt es drei verschiedene Modellvorstellungen (Abb. 8.5).

8.2.2.1 Elektronenpolarisation

Durch die Kraftwirkung des elektrischen Feldes verschieben sich die Ladungsschwerpunkte der Elektronenwolke und des Atomkernes so gegeneinander, dass Dipole entstehen. Es erfolgt eine *Deformation der Elektronenhülle*. Diese *Elektronenpolarisation* ist ein Vorgang, der bei allen Nichtleitern auftritt. Der Effekt ist nicht besonders groß, so dass ε_r recht klein ist ($\varepsilon_r \approx 2 \ldots 4$).

Infolge der geringen Masse der Elektronen kann die Elektronenpolarisation einem elektrischen Wechselfeld noch bis zu sehr hohen Frequenzen folgen. Dies geht hin bis zu den Frequenzen der ultravioletten Lichtstrahlung (die ja auch ein elektrisches Wechselfeld darstellt) mit ca. 10^{15} Hz. Hieraus folgt, dass die optischen Eigenschaften der Materie stark durch die Elektronenpolarisation bestimmt werden. So wird die Lichtgeschwindigkeit in Materie durch folgende Größe bestimmt:

$$c = \frac{c_0}{\sqrt{\varepsilon_r \cdot \mu_r}} \tag{8.13}$$

μ_r ist im magnetischen Bereich als relative Permeabilitätskonstante das Analogon zur relativen Dielektrizitätskonstanten ε_r beim elektrischen Feld, c_0 ist die Lichtgeschwindigkeit im Vakuum. Für unmagnetische Materialien mit $\mu_r = 1$ ergibt sich:

$$n = \frac{c_0}{c} = \sqrt{\varepsilon_r} \tag{8.14}$$

Die Größe n wird als **optischer Brechungsindex** bezeichnet.

8.2.2.2 Ionenpolarisation

Bei Ionenkristallen (z. B. NaCl, technische Gläser, Keramik) liegt eine Trennung der Ladungen vor, der Werkstoff ist polar. Ein elektrisches Feld verschiebt diese positiven und negativen Ionen in entgegengesetzte Richtungen im Kristallgitter, es erfolgt eine *Deformation des Kristallgitters.*

Die *Ionenpolarisation* ist von ähnlicher Größenordnung wie die Elektronenpolarisation und ebenfalls wenig temperaturabhängig. Die schweren Ionen können allerdings den Änderungen eines Wechselfeldes nicht mehr so schnell folgen. Daher reicht die Wirkung der Ionenpolarisation nur etwa bis in den Bereich der infraroten Strahlung mit ca. 10^{13} Hz. Bei höheren Frequenzen verschwindet der Anteil der Ionenpolarisation und es bleibt nur die Elektronenpolarisation übrig.

8.2.2.3 Orientierungspolarisation

Stellen die Moleküle eines Werkstoffes bereits durch ihre Struktur Dipole dar (ein Beispiel ist Wasser), so richtet ein elektrisches Feld die zunächst statistisch verteilten Dipole aus. Dabei tritt eine mehr oder weniger vollständige Ausrichtung parallel zum elektrischen Feld auf. Voraussetzung ist eine gewisse Drehbarkeit der Dipole. *Bei der Orientierungspolarisation richten sich bereits vorhandene Dipole aus.*

Infolge der großen Trägheit der Moleküle gegen diese Drehungen kann die Orientierungspolarisation einem Wechselfeld nur bis zu geringen Frequenzen von ca. 10^6 Hz folgen.

8.2.2.4 Frequenzabhängigkeit von ε_r

Die Polarisierungsvorgänge sind mit Massenverschiebungen verknüpft. Aus den verschiedenen Mechanismen der Polarisation mit unterschiedlichen Trägheiten ergibt sich ein Frequenzgang der Permittivitätszahl. Bei niedrigen Frequenzen treten alle Polarisationsmechanismen in Erscheinung (natürlich nur wenn die Grundvoraussetzungen des Werkstoffes dafür gegeben sind). Mit steigender Frequenz kann zunächst die Orientierungspolarisation, dann die Ionenpolarisation nicht mehr folgen. Schließlich hört auch die Elektronenpolarisation auf. Die Abhängigkeit der Permittivitätszahl von der Frequenz wird als **Dispersion** bezeichnet.

Bei den meisten Materialien treten mehrere Polarisationsmechanismen gleichzeitig auf. Die einzelnen Beiträge addieren sich zur Gesamtpolarisation. Aus der Gesamtpolarisation ergibt sich die Permittivitätszahl. Abb. 8.6 zeigt den typischen frequenzabhängigen Verlauf der Permittivitätszahl für ein Material, das alle drei Polarisationsmechanismen aufweist.

Bei den Frequenzen, bei denen sich $\varepsilon_r(\omega)$ am stärksten ändert, sind die dielektrischen Verluste am größten, es wird am meisten Wärme im Material erzeugt.

8.2.2.5 Temperaturabhängigkeit von ε_r

Je nachdem, welche Polarisationsart in einem Material wirksam ist, hängt die Permittivitätszahl ε_r unterschiedlich stark von der Temperatur ab. Die Temperaturabhängigkeit von ε_r kann aus der (hier nicht gezeigten) *Clausius-Mossotti-Gleichung* hergeleitet werden.

Abb. 8.6 Die Permittivitätszahl ε_r als Funktion der Frequenz bei einem Material, in dem alle Polarisationsarten wirksam sind

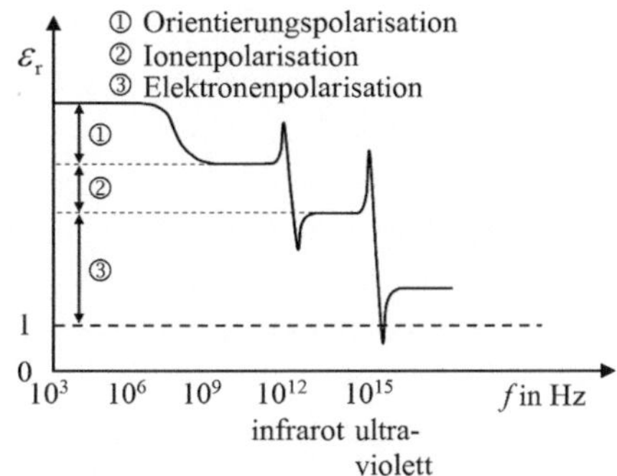

Durch Logarithmieren und Differenzieren nach der Temperatur T der Clausius-Mossotti-Beziehung ergibt sich der Temperaturkoeffizient TK_ε der Dielektrizitätszahl zu:

$$\mathrm{TK}_\varepsilon = \frac{1}{\varepsilon_r} \cdot \frac{\mathrm{d}\varepsilon_r}{\mathrm{d}T} \tag{8.15}$$

Bei Stoffen mit reiner Elektronenpolarisation (Deformationspolarisation) ist TK_ε negativ. Die Elektronenpolarisation tritt in allen Isolierstoffen auf, sie werden als unpolare Dielektrika bezeichnet. Beispiele sind Polyäthylen, Polystyrol und Polypropylen.

Bei polaren Stoffen ist das Kristallgitter aus Ionen aufgebaut, bei ihnen wirkt die Orientierungspolarisation. Allerdings arbeitet die mit steigender Temperatur stärkere thermische Bewegung der Teilchen einer Ausrichtung der Dipole entgegen. Der Temperaturkoeffizient TK_ε hängt von der Wärmebewegung der Dipole ab. TK_ε kann sowohl negativ als auch positiv sein.

8.2.3 Einteilung der Dielektrika

8.2.3.1 Unpolare Stoffe

Unpolare Stoffe haben kein permanentes Dipolmoment. Durch Anlegen eines elektrischen Feldes wird eine gewisse Polarisation erreicht; man spricht von einer *Verschiebungspolarisation* oder *Deformationspolarisation*. Die Polarisierung ist proportional zur elektrischen Feldstärke. Diese Polarisationsvorgänge durch Elektronenpolarisation folgen bis in den hohen GHz- Bereich praktisch trägheitslos. Die Permittivitätszahl unpolarer Stoffe ist deutlich kleiner als die polarer Stoffe, sie liegt ohne Verschiebung nahe 1, bei Verschiebung zwischen 2 und 3,5.

Unpolare Dielektrika sind: Edelgase, Diamant, Polyäthylen, Styroflex, Teflon.

8.2.3.2 Polare Stoffe

Bei polaren Stoffen fällt der Ladungsschwerpunkt der positiven Ladungen und jener der negativen Ladungen auch ohne äußeres elektrisches Feld nicht zusammen. Moleküle polarer Stoffe weisen ein permanentes Dipolmoment auf. Ohne äußeres elektrisches Feld sind die Dipolmomente ungeordnet. Durch ein elektrisches Feld ordnen sich die Dipole, sie richten sich in Feldrichtung aus. Man spricht von einer *Orientierungspolarisation* oder *Dipolpolarisation*. Die Polarisierung ist der elektrischen Feldstärke proportional. Bei diesem Vorgang spielen Trägheit, Reibung und Temperatur eine bedeutende Rolle. Die Zeit, bis sich die Dipole in Feldrichtung ausgerichtet haben, heißt *Relaxationszeit*. Die Permittivität erreicht dann ihren Maximalwert. Polare Dielektrika weisen bei Polarisation eine hohe Permittivitätszahl ε_r auf, es können Werte bis zu 600 erreicht werden. Wasser hat z. B. ein ε_r von 81.

Polare Dielektrika sind: PVC, Papier, Polyester, Polycarbonat, Zellstoff, Bakelit, Wasser.

8.2.3.3　Ferroelektrika

Besonders hohe Werte der Dielektrizitätszahl erreicht man, wenn im Kristallgitter leicht aus ihrer Ruhelage auslenkbare Ionen vorliegen. Ferroelektrika enthalten kein Eisen, wie der Name vermuten lässt, sondern sie verhalten sich ähnlich wie Ferromagnetika. Die *Permittivität* ist ähnlich der Permeabilität nicht konstant, sondern *hängt von der elektrischen Feldstärke ab*. Man spricht deshalb auch von nichtlinearen Dielektrika.

Ferroelektrika sind *polare* Substanzen, die eine starke Kopplung zwischen elementaren Dipolen haben. Durch Parallelausrichtung bilden sich Domänen mit spontaner Polarisierung (in Analogie zu den Weiss'schen Bezirken). In diesen Bereichen sind bereits ohne Anlegen eines äußeren elektrischen Feldes alle Dipole in einer bestimmten Richtung ausgerichtet.

Bei Anlegen eines äußeren elektrischen Feldes vergrößern sich Bereiche, welche bezüglich des elektrischen Feldes E eine günstige Polarisation P aufweisen. Diese Ausweitung erfolgt in kleinen Sprüngen, den *Barkhausensprüngen*. Der Zusammenhang zwischen E und P ist jetzt nicht mehr linear. Hohe elektrische Feldstärken führen zu Sättigungseffekten. P steigt dann kaum noch an, wenn E größer wird. Wird das elektrische Feld abgeschaltet, so bleibt im Material eine nachweisbare Polarisation zurück, die als remanente Polarisation P_r bezeichnet wird. Von dieser Hysteresewirkung, die an Ferromagnetika erinnert, stammt der Name Ferroelektrika. In ferromagnetischen Stoffen wird der Wert der Permeabilitätszahl μ_r sehr groß. Ebenso wird in ferroelektrischen Stoffen die Permittivitätszahl ε_r sehr groß (bis 10^4). Verwendung finden Ferroelektrika z. B. bei der Herstellung von Keramikkondensatoren und digitalen Speicherelementen (FRAM = ferroelektrischer, nichtflüchtiger Speicher mit kleiner Zugriffszeit und hoher Anzahl von Schreibzyklen).

Die spontane Ausrichtung ist stark temperaturabhängig, sie verschwindet oberhalb der so genannten Curie-Temperatur und die Polarisierung bricht zusammen (Abb. 8.7). In der Nähe der Curie-Temperatur ist die Permittivitätszahl ε_r am größten, da hier mit einem kleinen äußeren Feld eine starke Änderung der Polarisation möglich ist. Allerdings sind auch die Verluste in diesem Bereich sehr hoch. Durch Mischkristallbildung, insbesondere mit Strontiumtitanat $SrTiO_3$ kann das Verhalten günstig beeinflusst und so eine geeignetere Temperaturabhängigkeit gewonnen werden.

Abb. 8.7 Polarisation P in
Abhängigkeit der Temperatur
bei Ferroelektrika

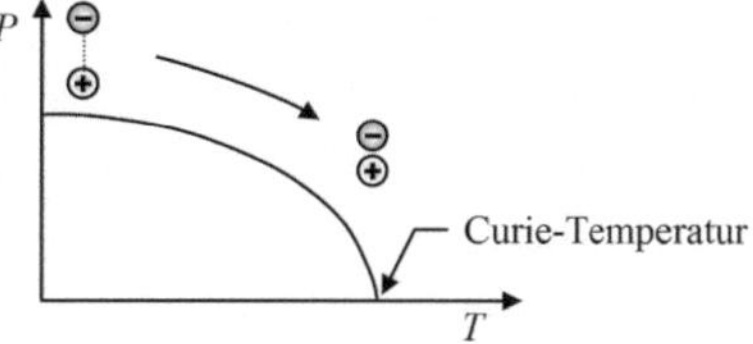

In der Regel ist nach außen hin von der spontanen Polarisation nichts zu spüren, es kommt zur Depolarisation. D. h. im Inneren des Werkstoffes entstehen Bereiche einheitlicher Polarisation, die Summe über alle Bereiche liefert aber null.

Wie bereits erwähnt, werden Ferroelektrika häufig als Dielektrikum von Kondensatoren eingesetzt, da bedingt durch den großen Wert von ε_r große Kapazitätswerte auf kleinem Raum realisierbar sind. Nachteilig ist allerdings ein relativ hoher dielektrischer Verlustfaktor $\tan(\delta)$.

Zu den Ferroelektrika gehören kristalline Stoffe aus der Gruppe der Phosphate, Titanate, Arsenate, Niobate und Tartrate (Salze der Weinsäure). Eine vielfach verwendete ferroelektrische Substanz ist Barium-Titanat ($BaTiO_3$).

8.2.3.4 Piezoelektrische Werkstoffe

Bei jedem Dielektrikum beobachtet man mit der Polarisation eine geringfügige Längenänderung (Verformung), die durch die neue Anordnung der Atome bzw. Ionen hervorgerufen wird. Dieser Effekt heißt *Elektrostriktion* (in Analogie zur Magnetostriktion bei den Magnetwerkstoffen). Bei einigen Kristallarten ist dieser Effekt sehr groß und kann auch umgekehrt werden. D. h. durch Anlegen einer mechanischen Spannung (Druck) wird das Kristallgitter verformt und es kommt zu einem Ladungsungleichgewicht, also einer Polarisation. Dies ist am Quarzgitter (SiO_2) besonders gut zu beobachten. Je nach Richtung der wirkenden Kraft entsteht an den Platten entweder eine positive oder eine negative Spannung infolge der Polarisation. Dieser Effekt wird als **Piezo-Effekt** bezeichnet. Der Effekt ist umkehrbar: Durch Anlegen einer elektrischen Spannung wird eine Verformung hervorgerufen. Diese Verformung ist abhängig von der Polarität der Spannung. Ausnutzen kann man diesen Effekt dann zur Wandlung mechanischer Vorgänge in elektrische und umgekehrt.

Während beim Quarz Einkristalle notwendig sind um den Piezoeffekt zu beobachten, zeigen die ferroelektrischen Werkstoffe einen starken Piezoeffekt ohne Einkristallstruktur. Hierfür ist es allerdings notwendig, den Werkstoff mit einer *permanenten Polarisation* zu versehen (dies entspricht der permanenten Magnetisierung eines Dauermagneten). Hierzu wird der Werkstoff in einem starken elektrischen Feld von Temperaturen oberhalb der Curie-Temperatur abgekühlt.

8.2.3.5 Kunststoffe

Die wichtigste Gruppe der dielektrischen Werkstoffe ist die der Kunststoffe oder Plaste. Ihr besonderes Kennzeichen ist, dass die Moleküle dieser Werkstoffe aus sehr vielen

Einzelatomen bestehen. Es treten Molekülgrößen von einigen 1000 Atomen auf, die dann Molekülgewichte von 10.000 bis 100.000 besitzen.

Kunststoffe werden sowohl als passive Dielektrika (Isolierungen), wie auch als aktive Dielektrika (Kondensatordielektrikum) eingesetzt.

Entsprechend ihren physikalischen Eigenschaften teilt man die Kunststoffe in *Plastomere*, *Elastomere* und *Duromere* ein.

- **Plastomere (Thermoplaste)**
  Sie haben lange Kettenmoleküle, die mehr oder weniger stark verzweigt sind. Bindungen zwischen den Ketten existieren nur über Wasserstoffbrücken oder Dipolbindungen. Bei teilweiser Ausrichtung der Ketten können teilkristalline Bereiche entstehen. Die Mehrzahl der Plastomere ist amorph, sie zeigen ein stark temperaturabhängiges plastisches Verhalten.
- **Elastomere (Gummi)**
  Sie weisen eine teilweise Vernetzung zwischen den Ketten und ein stark temperaturabhängiges elastisches Verhalten auf.
- **Duromere (Duroplaste)**
  Es existiert eine starke Vernetzung zwischen den Ketten, sie sind hart und nicht plastisch verformbar.

Im Gegensatz zu den niedermolekularen Stoffen, wie Wasser, existiert bei den Plastomeren ein so genannter viskoelastischer Zwischenbereich, der bei tiefen Temperaturen durch die Einfriertemperatur, bei hohen Temperaturen durch die Verflüssigungstemperatur eingeschränkt wird. Bei noch höheren Temperaturen kommt es zur Zersetzung der Makromoleküle. Auch unterhalb der Einfriertemperatur sind die mechanischen Eigenschaften stark temperaturabhängig. Die Existenz des viskoelastischen und des flüssigen Bereiches erlaubt es, diese Kunststoffe im flüssigen Zustand zu verarbeiten (Spritzen, Gießen, Spritz-Gießen).

Die Duromere besitzen dagegen diese beiden Bereiche nicht. Sie weisen bis zum Erreichen des Zersetzungspunktes keine deutlichen Eigenschaftsänderungen auf. Dies bedeutet, das sie schon während ihrer Herstellung in die gewünschte Form gebracht werden müssen. Anschließend können sie nur noch spanend bearbeitet werden. Bei der Herstellung muss also die die Vernetzung der Makromoleküle verzögert und erst nach der Formgebung eingeleitet werden. Ein wichtiger Vertreter ist Phenolformaldehydharz (= Bakelit).

Der wichtigste Herstellungsprozess der Kunststoffe ist die Polymerisation. Dabei werden niedermolekulare Verbindungen (Monomere) dazu veranlasst, mit gleichartigen Molekülen zu reagieren und so Makromoleküle durch Molekülketten zu bilden (Abb. 8.8).

Die Monomere, die eine Polymerisation ermöglichen, enthalten Doppelbindungen, die durch einen Katalysator oder durch Wärme aufgebrochen werden können. Dadurch entstehen reaktive Endgruppen, die sich mit weiteren Monomeren verbinden. Es besteht eine starke Bindung innerhalb der Kette, aber nur eine schwache Bindung zwischen den Ket-

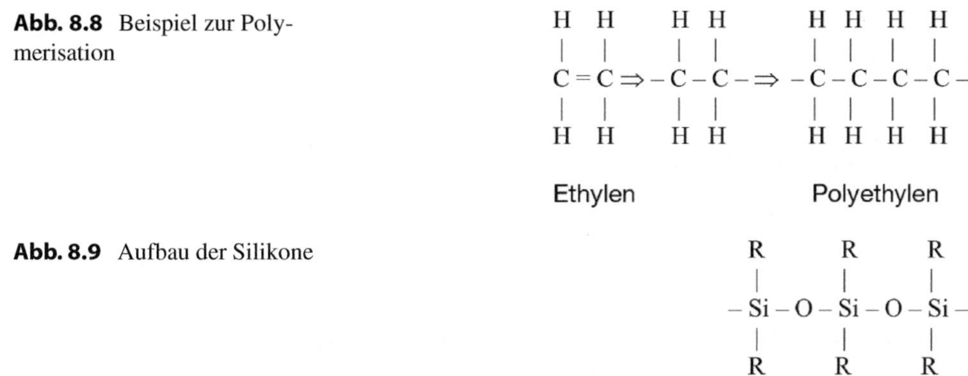

Abb. 8.8 Beispiel zur Polymerisation

Abb. 8.9 Aufbau der Silikone

ten. Aus diesem Grunde sind die meisten Polymerisate den Thermoplasten (Plastomeren) zuzuordnen. Durch Austausch der Wasserstoffatome durch andere Atome oder Molekülgruppen entstehen die verschiedensten Polymerisate.

Durch die Verwendung von größeren Randmolekülen (CH_3, Benzol) werden insbesondere die mechanischen Eigenschaften der Polymerisate verbessert. Die Verwendung stark elektronegativer Ionen wie Chlor bewirkt eine verstärkte Kopplung zwischen den Ketten durch ionogene Anteile zwischen Cl und H. Hierdurch wird einerseits die Dielektrizitätskonstante stark frequenzabhängig, andererseits ist dieses PVC sehr hart, so dass man es gewöhnlich mit Weichmachern verarbeitet.

Ersetzt man alle vier Wasserstoffatome des Monomeres durch Fluoratome, so erhält man ein Polymerisat mit besonders herausragenden Eigenschaften. Das PTFE (Teflon) weist eine sehr hohe Temperaturbeständigkeit auf ($> 300\,°C$) sowie eine extrem geringe Leitfähigkeit ($\rho > 10^{22}\,\Omega \cdot cm$).

Eine Besonderheit stellen die *Silikone* dar, da sie keine Bindungen über C-Atome enthalten sondern eine Silizium-Sauerstoffkette darstellen (Abb. 8.9).

Über die Randgruppen R sind die Eigenschaften stark variierbar, von öliger Flüssigkeit (Silikonöle) bis zu gummiartigen Verbindungen (Silikongummi).

Die Silikone sind sehr temperaturstabil, wasserabweisend, alterungsbeständig und chemisch extrem resistent. Bei Überschlägen entsteht nichtleitendes SiO_2 und keine leitende Kohle.

8.3   Elektrische Leitfähigkeit

Der Bereich des spezifischen Widerstandes dielektrischer Werkstoffe erstreckt sich etwa von $\rho = 10^{10}\,\Omega \cdot cm$ bis $\rho = 10^{22}\,\Omega \cdot cm$ (Teflon). Da diese Widerstandswerte sehr groß sind, spielen Verunreinigungen an der Oberfläche des Werkstoffes eine sehr große Rolle, da diese zu einer erhöhten Leitfähigkeit der Oberfläche führen können. Aus diesem

Grunde wird bei den Isolierwerkstoffen streng zwischen der Volumenleitfähigkeit und der Oberflächenleitfähigkeit unterschieden.

8.3.1 Volumenleitfähigkeit

Es wurde schon angeführt, dass Dielektrika und Halbleiter nach Belieben unterschieden werden können, da die Generation von Ladungsträgern bei beiden Stoffen auf die gleiche Weise erfolgt. Auch Isolatoren können ein starkes (evtl. exponentielles) Anwachsen der Leitfähigkeit mit wachsender Temperatur zeigen. Die Leitfähigkeit von Isolatoren kann durch den Zusatz von Füllstoffen beeinflusst werden.

Die Volumenleitfähigkeit ist eine Werkstoffkonstante, die Oberflächenleitfähigkeit ist dagegen stark von Umwelteinflüssen abhängig.

8.3.2 Oberflächenleitfähigkeit

Die Oberflächenleitfähigkeit ist keine echte Materialkonstante, sondern wird im Wesentlichen durch die Beschaffenheit der Oberfläche und ihrer Reinheit (Feuchtigkeit) bestimmt. Gemessen wird sie durch zwei parallele Elektroden, deren Länge gleich ihrem Abstand ist. Bei hinreichend dünnen Folien kann der Volumenstrom dann vernachlässigt werden.

Dielektrika weisen einen sehr niedrigen Volumenleitwert auf. Umso wichtiger sind die Eigenschaften ihrer Oberfläche. Ist die Oberfläche eines Dielektrikums stark verschmutzt oder hat sich auf ihr Feuchtigkeit niedergeschlagen, so kann sie wesentlich zu einem Stromfluss beitragen.

Hinsichtlich ihrer Oberflächenleitfähigkeit werden drei Gruppen von Materialien unterschieden:

- Stoffe, die *nicht* wasserlöslich sind:
  Nur schwach polare oder nicht polare Hochpolymere (aus sehr großer Anzahl gleicher oder gleichartiger Moleküle zusammengesetzt) wie Polyethylen oder Polypropylen und bestimmte Keramiken besitzen einen kleinen Oberflächenleitwert, der unabhängig von der Feuchtigkeit der Umgebung ist.
- Stoffe, die *gering* wasserlöslich sind:
  Bei technischen Gläsern ist die Oberflächenleitfähigkeit größer, sie ist stark abhängig von der Feuchtigkeit der Umgebung.
- Poröse Stoffe:
  Keramische Materialien und Faserwerkstoffe (z. B. Papier) besitzen die schlechtesten Eigenschaften bezüglich ihrer Oberflächenleitfähigkeit.

Die Oberflächenleitfähigkeit von Materialien hängt stark von der Feuchtigkeit der Umgebung ab. Werden Poren von Materialien verschlossen, indem z. B. eine Keramik mit einer Glasur versehen wird, so verbessert (verkleinert) sich die Oberflächenleitfähigkeit.

Verunreinigungen an der Oberfläche eines Isolators führen zu so genannten **Kriech-strömen**. Sie können zu Kriechspuren auf der Oberfläche führen, welche die Leitfähigkeit weiter erhöhen.

8.4 Dielektrischer Durchschlag

Wird an ein Dielektrikum mit dem Leitwert G eine Spannung U angelegt, so gilt anfänglich bis zu einer gewissen Spannung das ohmsche Gesetz mit dem linearen Zusammenhang zwischen Strom I und Spannung U: $I = G \cdot U$. Ab einer bestimmten Höhe der Spannung steigt der Strom nicht mehr proportional zur Spannung an, sondern erheblich stärker. Das ohmsche Gesetz gilt jetzt nicht mehr. Wird die Spannung noch weiter erhöht, so steigt der Strom bei einem bestimmten Spannungswert sprunghaft sehr stark an, es erfolgt ein *Durchschlag*. Der Durchschlag bedeutet meist einen Kurzschluss, das Isoliervermögen geht verloren. Bedingt durch inhomogene Bereiche im Material des Dielektrikums (z. B. Bereiche mit Verunreinigungen) beginnt der Durchschlag in einem räumlich begrenzten Gebiet mit einer kleinen Begrenzungsfläche. In diesem Bereich entsteht eine sehr hohe Stromdichte (Strom pro Fläche). Durch die außerordentlich starke Wärmeentwicklung in diesem Gebiet führt der Durchschlag in vielen Fällen zur Zerstörung des Dielektrikums und somit des Bauteils.

Die Spannung, bei der ein Durchschlag auftritt, heißt *Durchschlagsspannung* U_D.

Es wird auch eine Durchschlagfeldstärke (Tab. 8.2)

$$E_\mathrm{D} = \frac{U_\mathrm{D}}{d} \tag{8.16}$$

definiert, mit $d =$ Isolatordicke. E_D wird meist kleiner mit steigender Temperatur, wachsender Schichtdicke und steigender Frequenz.

Tab. 8.2 Richtwerte für die Durchschlagsfestigkeit einiger dielektrischer Materialien

Material	Durchschlagsfestigkeit E_D in kV/mm
Trockene Luft	3
FR4 (Material für Leiterplatten)	13
Porzellan	20
Quarzglas	25 bis 40
Polycarbonat (PC)	30
Polyester	Bis 50
Polyethylenterephthalat (PET)	20 bis 25
Polypropylen	50
Glimmer	60
Destilliertes Wasser	70
Diamant	2000

Es gibt unterschiedliche Arten des Durchschlags, die oft gemeinsam auftreten.

- **Lawinendurchschlag**

  Dieser Durchschlag wird auch als elektronischer Durchschlag bezeichnet. Obwohl die Leitfähigkeit eines Isolators sehr klein ist, gibt es in ihm (wenn auch sehr wenige) frei bewegliche Ladungsträger (Elektronen), die in einem elektrischen Feld beschleunigt werden, wodurch sich ihre kinetische Energie erhöht. Überschreitet die elektrische Feldstärke einen bestimmten Wert, so werden die freien Elektronen so stark beschleunigt, dass sie bei einem Zusammenstoß mit einem Atom nicht nur *ein* Elektron aus seiner Bindung an das Atom herausschlagen können, sondern *zwei* Elektronen. Durch diese Stoßionisation wird somit die Anzahl freier Elektronen erhöht. Diese freien Elektronen schlagen nach entsprechender Beschleunigung im elektrischen Feld weitere Elektronen aus ihren Bindungen, es kommt zu einem *Lawineneffekt*. Dieser Lawinendurchschlag erinnert an den Lawinendurchbruch bei einem pn-Übergang.

  Je größer die Isolatordicke d ist, desto größer ist der Weg zur Beschleunigung der Elektronen. Die Durchschlagsfeldstärke E_D nimmt deshalb mit wachsender Isolatordicke ab.

- **Elektromechanischer Durchschlag**

  Je größer die Spannung an den Elektroden beiderseits des Dielektrikums ist, desto höher ist die Flächenladungsdichte $\sigma = Q/A$ der Elektroden (homogene Verteilung der Ladung Q über der Fläche A angenommen). Die ungleichsinnig geladenen Elektroden („Kondensatorplatten") ziehen sich durch die elektrostatischen Kräfte stärker an, dadurch wird das zwischen ihnen liegende Dielektrikum zusammengedrückt. Durch den kleineren „Plattenabstand" erhöht sich die Kapazität des Kondensators, dies führt erneut zu höheren Ladungsmengen und größeren Anziehungskräften. Wird das Kräftegleichgewicht zwischen Anziehungskraft der Elektroden und Rückstellkraft des elastischen Dielektrikums instabil, so beginnt ein Durchschlag. Diese Art des Durchschlags ist besonders bei weichen Dielektrika zu beobachten.

- **Thermischer Durchschlag (Wärmedurchschlag)**

  In einem Dielektrikum sind immer kleine Gebiete vorhanden, die inhomogen sind. In diesen Gebieten treten erhöhte Stromdichten auf, die eine örtliche Erwärmung und damit eine höhere Generation freier Elektronen hervorruft, da sich Elektronen durch die thermische Energie von Atomen lösen können. Wenn die Stromdichte zu groß wird und die entstehende Wärme nicht schnell genug abgeleitet werden kann, erfolgt eine thermische Zerstörung des Materials. Eine hohe Umgebungstemperatur begünstigt diese Art des Durchschlags.

- **Innerer Durchschlag**

  In einem Isolierstoff als Dielektrikum sind oft kleine Einschlüsse von Luft enthalten. In diesem Fall müssen zwei Wirkungsmechanismen betrachtet werden. In den Lufteinschlüssen ist die elektrische Feldstärke E höher als im sie umgebenden Dielektrikum. Der Grund ist: Die elektrische Flussdichte D bleibt über die Grenzflächen zwischen zwei sich berührenden Stoffen konstant. Es ist: $E = D/\varepsilon$. Da $\varepsilon = \varepsilon_0 \cdot \varepsilon_\mathrm{r}$ von Luft sehr viel kleiner ist als ε von Isolierstoffen, ist E in den Lufteinschlüssen größer als im Dielektrikum. Die Durchschlagsfestigkeit von Luft ist außerdem mit ca. 3 kV/mm viel kleiner als die der meisten Dielektrika. In den Lufteinschlüssen entstehen deshalb Überschläge, die den Isolierstoff z. B. durch Ablagerung von Kohlenstoff verunreinigen und beschädigen. Die Überschläge setzen sich von größeren Lufteinschlüssen beginnend über kleinere fort, bis sich ein leitender Kanal bis zu den Anschlusselektroden gebildet hat.

Alle Durchschlagsarten werden durch Inhomogenitäten im Dielektrikum (Verunreinigungen, Einschlüsse) begünstigt. Die Durchschlagsfestigkeit E_D in kV/mm kann deshalb als Kriterium für die Reinheit eines Materials betrachtet werden.

Es sei noch erwähnt, dass außerordentlich hohe Feldstärken Elektronen aus ihren Bindungen reißen können, die dann zu einem Stromtransport beitragen. Dies kann aber nur bei sehr dünnen und reinen Dielektrika ohne Inhomogenitäten geschehen, die nicht dick genug sind, damit ein Lawinendurchschlag erfolgen kann.

8.5   Dielektrika im elektrischen Wechselfeld

Besteht ein Stromkreis aus einer Wechselspannungsquelle $u(t) = \sqrt{2} \cdot U \cdot \sin(\omega t)$ und einem daran angeschlossenen (zunächst als ideal betrachteten) Kondensator der Kapazität C, so pendelt Energie mit der Blindleistung $Q_\mathrm{C} = U^2 \cdot \omega \cdot C$ zwischen der Quelle und dem Kondensator hin und her. Das Dielektrikum im Kondensator wird polarisiert. Die Polarisation ist entweder mit Massenverschiebungen und damit zusammenhängenden Trägheitskräften oder in polaren Stoffen mit Reibungskräften verbunden. Für jede Polarisation ist somit Arbeit aufzuwenden, die von der Spannungsquelle bereitgestellt werden muss. Da sich das Dielektrikum erwärmt, wird von der Spannungsquelle nicht nur die Blindleistung Q sondern auch eine Wirkleistung P geliefert. Ein meist sehr kleiner Anteil der Wirkleistung entsteht durch eine mehr oder weniger geringe Restleitfähigkeit des Dielektrikums. Es zeigt sich, dass die Wirkleistung abhängig von der Temperatur und von der Frequenz ist.

Die im Dielektrikum entstehenden Verluste werden durch den Verlustfaktor $\tan(\delta)$ beschrieben (Abb. 8.10, Tab. 8.3).

$$d = \tan(\delta) = \frac{P}{Q_\mathrm{C}} = \frac{1}{\omega\,R\,C} = \frac{G}{\omega\,C} = \frac{1}{Q} \tag{8.17}$$

Der Verlustfaktor gibt das Verhältnis von Wirkleistung P zu Blindleistung Q_C an und ist kennzeichnend für das Material eines Dielektrikums. Da die Wirkleistung abhängig von der Frequenz ist, ist auch der Widerstand R in der Ersatzschaltung (Abb. 8.10) abhängig von der Frequenz. Somit ist im Allgemeinen der Verlustfaktor $d = \tan(\delta)$ frequenzabhängig. Q wird als *Güte* des Kondensators bezeichnet.

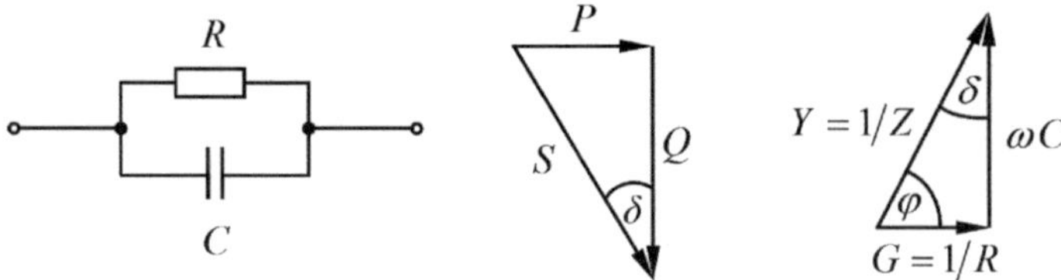

Abb. 8.10 Ersatzschaltung eines Kondensators mit Verlustwiderstand R und zugehörige Zeigerdiagramme von Leistung und Leitwert

Tab. 8.3 Richtwerte der Verlustfaktoren von dielektrischen Werkstoffen

Material	$\tan(\delta)$ bei 100 MHz
Luft	0,0
Diamant	$8 \cdot 10^{-5}$
Teflon	$2 \cdot 10^{-4}$
Polyethylen	$5 \cdot 10^{-4}$
Al_2O_3-Keramik	$1 \cdot 10^{-4}$
Polyester	$7 \cdot 10^{-3}$
Destilliertes Wasser	$5 \cdot 10^{-3}$
Glas	$2 \cdot 10^{-3}$
Papier	$3 \cdot 10^{-2}$

Der Phasenwinkel φ des realen Kondensators weicht infolge des vorhandenen Wirkwiderstandes von 90° ab, der Strom eilt also der Spannung um weniger als 90° voraus. Der Winkel δ ist der *Verlustwinkel*.

In den Datenblättern der Hersteller von Kondensatoren wird die Abhängigkeit des Verlustfaktors $\tan(\delta)$ von der Frequenz angegeben (Abb. 8.11).

Materialien mit einem hohen $\tan(\delta)$-Wert sind für Hochfrequenzanwendungen ungeeignet, da hier die Scheinleistung und damit auch die Wirkleistung einen hohen Wert erreichen würden.

Alternativ zur Verwendung des Verlustwinkels δ und um Verluste bei der Polarisation zu berücksichtigen, können dielektrische Verluste auch mit Hilfe einer komplexen Permittivität beschrieben werden.

$$\underline{\varepsilon}_r = \varepsilon_r' - j \cdot \varepsilon_r'' \tag{8.18}$$

Der Realteil von $\underline{\varepsilon}_r$, also ε_r', ist identisch mit der Permittivitätszahl ε_r des dielektrischen Materials und beschreibt die Vergrößerung der Kapazität. Der Imaginärteil von $\underline{\varepsilon}_r$, also ε_r'', beschreibt die dielektrischen Verluste (die Umwandlung von elektrischer Energie in Wärmeenergie).

Mit Gl. 8.1, $C = \varepsilon_0 \cdot \varepsilon_r \cdot \frac{A}{d}$, wird auch eine komplexe Kapazität $\underline{C}$ definiert:

$$\underline{C} = \varepsilon_0 \cdot (\varepsilon_r' - j\varepsilon_r'') \cdot \frac{A}{d} = \varepsilon_0 \cdot \varepsilon_r' \cdot \frac{A}{d} - j \cdot \varepsilon_0 \cdot \varepsilon_r'' \cdot \frac{A}{d} \tag{8.19}$$

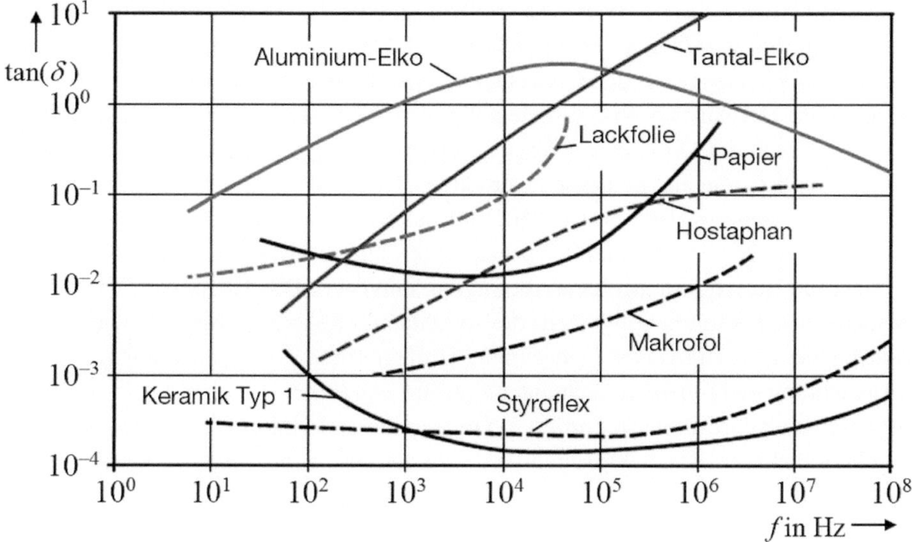

Abb. 8.11 Verlustfaktoren von verschiedenen Werkstoffen in Abhängigkeit von der Frequenz

Abb. 8.12 Zeigerbild der
komplexen Dielektrizitätszahl

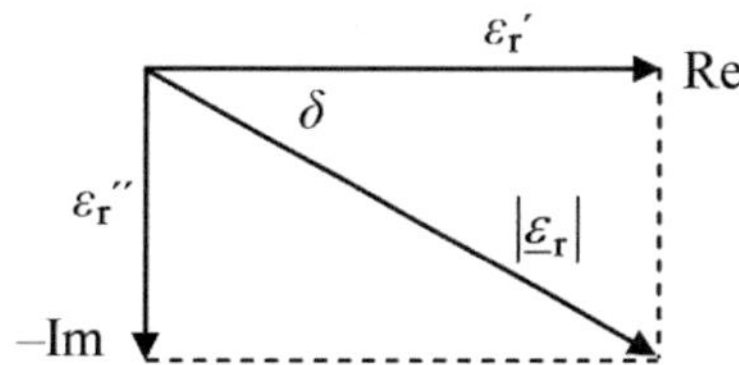

Der komplexe Leitwert dieser Kapazität ist

$$j\omega\,\underline{C} = \omega\cdot\varepsilon_0\cdot\varepsilon_r''\cdot\frac{A}{d} + j\cdot\omega\cdot\varepsilon_0\cdot\varepsilon_r'\cdot\frac{A}{d} = G + j\cdot\omega\cdot C \tag{8.20}$$

Zwischen komplexer Dielektrizitätszahl und dielektrischem Verlustfaktor besteht die Beziehung (Abb. 8.12):

$$\tan(\delta) = \frac{G}{\omega\cdot C} = \frac{\varepsilon_r''}{\varepsilon_r'} \tag{8.21}$$

Die Größe ε_r'' ist die dielektrische *Verlustzahl* oder auch Verlustziffer (VZ).

In der Elektrotechnik und Elektronik werden bevorzugt Dielektrika mit kleinen Verlusten eingesetzt. Die dielektrischen Verluste sind in der Regel frequenz- und temperaturabhängig. Die Frequenzabhängigkeit von ε_r' wird als **Dispersion** bezeichnet und diejenige von ε_r'' als **Absorption**.

Bei tiefen Frequenzen (unter 10^3 Hz) lässt sich noch keine Frequenzabhängigkeit der Dielektrizitätszahl feststellen. Alle Polarisationsarten sind wirksam.

Im Frequenzbereich um 10^4 bis 10^6 Hz tritt eine starke Verminderung der Dielektrizitätszahl auf. Sie wird durch das Wegfallen der Grenzschichtpolarisation hervorgerufen. Der ohmsche Widerstand an den Grenzschichten verhindert den reibungslosen Austausch der Ladungen. Der Austauschvorgang benötigt daher Zeit. Ist die Periodendauer des elektrischen Feldes in der Größenordnung der Austauschzeit, so kann der Austauschvorgang nicht mehr vollständig abgeschlossen werden.

Bei Frequenzen von 10^{10} bis 10^{11} Hz fällt bei polaren Stoffen die Dielektrizitätszahl erneut stark ab. Dem Ausrichten der permanenten Dipole bei der Orientierungspolarisation wirkt die Brown'sche Molekularbewegung entgegen. Das Überwinden der dadurch entstehenden Zähigkeit benötigt Zeit, die so genannte Relaxationszeit. Ist wiederum die Periodendauer des elektrischen Feldes in der Größenordnung der Relaxationszeit, so kann die Ausrichtung nicht mehr vollständig ausgeführt werden.

Als nächste Polarisationsart entfällt die Ionenpolarisation. Bei Frequenzen um 10^{13} Hz ist die Periodendauer des elektrischen Feldes in der Größenordnung der Verrückungszeit der Atome.

Bei höheren Frequenzen entfällt also auch diese Polarisationsart.

Am Schluss wirkt nur noch die Elektronenpolarisation. Aber auch für diese ergibt sich eine obere Grenzfrequenz. Hier liegt jedoch kein reiner Reibungsmechanismus mehr vor. Atomkern und Elektronenwolke bilden einen Resonanzkreis. Hat das angelegte elektrische Feld eine Frequenz gleich der Eigenfrequenz dieses Schwingkreises (um 10^{16} Hz), kommt das ganze System in Resonanz. Bei der Überschreitung der Resonanzfrequenz fällt die Dielektrizitätszahl stark ab und nähert sich nach einem Überschwingen asymptotisch dem Wert 1 (ε_r-Wert für Vakuum).

Der Polarisationsvorgang ist verlustbehaftet. Bei jedem Abfall der Dielektrizitätszahl werden die Verluste maximal.

8.6 Spezielle Eigenschaften dielektrischer Stoffe

Dielektrische Nachladung

Das Dielektrikum kann, wenn an dem Kondensator eine Gleichspannung anliegt, über längere Zeiten Ladungen aufnehmen. Damit erhöht sich allmählich die Kapazität des Kondensators. Man nennt diesen Vorgang dielektrische Nachladung. Diese Nachladung verfälscht bei Messungen nicht nur den Isolationswiderstand, sondern auch die Kapazität des Kondensators. Da der Vorgang sehr langsam vonstatten geht, spielt er bereits bei der Netzfrequenz keine Rolle mehr.

Ursachen für die dielektrische Nachladung sind:

- im Imprägnierungsmittel vorhandenen Ionen
- lange Polarisationszeiten von großen Molekülgruppen
- Inhomogenitäten des Dielektrikums
- Oberflächenladungen bei geschichteten Dielektrika.

Die Kapazität, die diese Ladungsaufnahme vernachlässigt, heißt geometrische Kapazität.

Wiederkehrende Spannung

Entlädt man einen Kondensator und lässt anschließend die Klemmen offen, kann man unter Umständen nach längeren Zeiträumen erhebliche Spannungen an den Klemmen feststellen. Die zugehörige Ladung stammt aus einem Ladungsrückstand des Dielektrikums. Die Ladungen des Dielektrikums bilden nach der Entladung ein inneres elektrisches Feld, das sich wegen der Hochohmigkeit nur langsam abbaut. Die langsam abfließenden Ladungen sammeln sich auf den Kondensatorelektroden solange, bis sich ein Gegenfeld aufgebaut hat, welches das innere elektrische Feld im Gleichgewicht hält.

Die wiederkehrende Spannung (auch *Rückspannung* genannt) stellt vor allem im Umgang mit großen Leistungskondensatoren eine große Gefahr dar.

Einschlüsse bei gewickelten Dielektrika

Bei Einschlüssen, z. B. von Luft oder Gasen, erhöht sich die elektrische Feldstärke um die Permittivitätszahl des eingeschlossenen Mediums. Dadurch steigt die Gefahr der Glimmentladung.

Glimmentladung

Die Glimmentladung tritt vor allem im Wechselstrombetrieb auf. Sie beginnt bei einer bestimmten Einsatzspannung, die von dU/dt abhängig ist und erhöht die Temperatur des Kondensators. Es besteht die Gefahr, dass durch die lokale Wärmebelastung Gase freigesetzt werden. Die Gasentwicklung kann im Extremfall den Kondensator zerstören. Eine Glimmentladung endet, wenn die Spannung zurückgenommen wird.

Hat bereits eine Glimmentladung stattgefunden, beobachtet man über einen längeren Zeitraum eine verringerte Glimm-Einsatzspannung. Dielektrika und Imprägnierungsmittel benötigen eine gewisse Zeit, um durch Glimmentladung entstandene Gase zu resorbieren.

Bei Gleichspannungen ereignet sich meistens vor der Glimmentladung ein elektrischer Durchschlag.

Feuchtebeiwert

Das Dielektrikum kann aus der Umgebungsfeuchtigkeit Wasser aufnehmen. Wegen der hohen Permittivitätszahl von Wasser erhöht sich dadurch die Kapazität des Kondensators.

Der Feuchtebeiwert β_C eines Kondensators ist definiert als die relative Kapazitätsänderung bei Änderung der relativen Feuchte um 1 % (bei konstanter Umgebungstemperatur).

$$\beta_C = 2 \cdot \frac{C_2 - C_1}{(C_2 + C_1) \cdot (F_2 - F_1)} \quad (10^{-6}/\% \text{ rel. Feuchte}) \qquad (8.22)$$

$C_1 = $ Kapazität bei der relativen Luftfeuchte F_1
$C_2 = $ Kapazität bei der relativen Luftfeuchte F_2

Tab. 8.4 Zur Kennzeichnung von Kondensatoren (Temperaturen, Feuchte)

1. Buchstabe	E	F	G	H	J
$\vartheta_{\min}$ in °C	−65	−55	−40	−25	−10

2. Buchstabe	E	H	K	M	P	S	U	V	Y
$\vartheta_{\max}$ in °C	200	155	125	100	85	70	60	55	40

3. Buchstabe	C	F
max. rel. Feuchte	100 % (Mittel > 80 %)	95 % (Mittel ≥ 75 %)

Häufig wird der Feuchtebeiwert verschlüsselt auf dem Gehäuse vermerkt. Gemäß
DIN 40040 findet man drei Kennbuchstaben, von denen der erste Buchstabe die niedrigste
Temperatur $\vartheta_{\min}$ angibt, welche die kälteste Stelle des Kondensator bei Inbetriebnahme
haben darf. Der zweite Buchstabe steht für die höchste Temperatur $\vartheta_{\max}$, die im ungüns-
tigsten Fall an der wärmsten Stelle im Kondensator auftreten kann. Der dritte Buchstabe
kennzeichnet die maximal zulässige relative Feuchte. Tab. 8.4 gibt die Verschlüsselung
dieser Angaben wieder.

8.7 Allgemeine Eigenschaften des technischen Kondensators

Nur ein idealer Kondensator kann als reiner Blindwiderstand betrachtet werden. Reale,
technische Kondensatoren weisen induktive Eigenschaften und ohmsche Verluste auf, die
von den jeweiligen Bauformen und Betriebsbedingungen abhängig sind. Allgemein werden die Verluste durch den so genannten Verlustfaktor $\tan(\delta)$ beschrieben, der bereits in
Gl. 8.17 definiert wurde.

Die Verluste setzen sich aus mehreren Anteilen zusammen (Abb. 8.13).

Ein Dielektrikum besitzt einen endlichen Isolationswiderstand. Er macht sich bei
Gleichspannung durch einen Leckstrom bemerkbar und wird im Kondensator-Ersatz-
schaltbild durch einen parallel zum idealen Kondensator C_0 liegenden Widerstand R_P
oder Leitwert $G_\mathrm{P} = 1/R_\mathrm{P}$ dargestellt.

Abb. 8.13 Universelles Ersatzschaltbild für einen realen
Kondensator

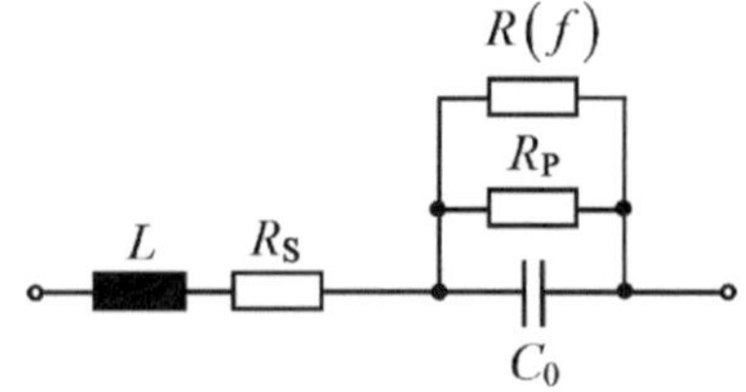

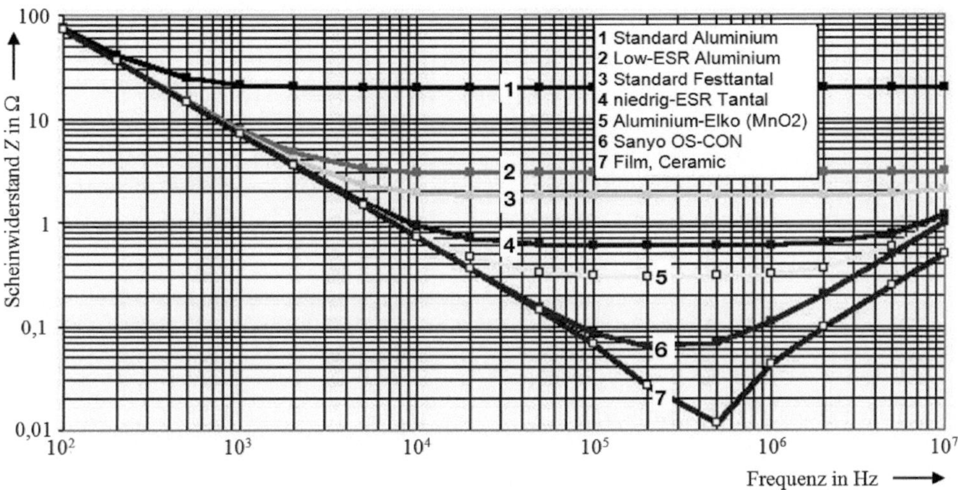

Abb. 8.14 Typischer Frequenzgang des Scheinwiderstandes verschiedener Kondensatoren mit $22\,\mu F$ unter der Annahme, dass die Serieninduktivität L aller Kondensatoren $16\,nH$ beträgt und der Ersatzserienwiderstand R_S frequenzunabhängig ist

Die Widerstände der Zuleitungen und Kontaktierungen werden im Ersatzschaltbild durch einen Serienwiderstand R_S symbolisiert. R_S entsteht durch die Verbindungsstrukturen eines Kondensators und vor allem durch die begrenzte Leitfähigkeit der Elektrolyte in Elkos. Fließt ein Strom durch den Kondensator, so entsteht an R_S eine Verlustleistung, die den Kondensator erwärmt.

R_S wird auch als R_{ESR} oder **ESR** (**E**quivalent **S**eries **R**esistance) bezeichnet. Seine Größe ist gleich dem tiefsten Wert in der Impedanzkurve (siehe Abb. 8.14). Die Impedanz eines Kondensators, welcher durch die Reihenschaltung von L, ESR und C_0 dargestellt wird, verhält sich bei tiefen Frequenzen kapazitiv, bei der Eigenfrequenz ($X_C = X_L$) ohmsch und bei hohen Frequenzen induktiv.

Der ESR ist temperaturabhängig, er nimmt mit sinkender Temperatur zu.

Der ESR-Wert, vor allem von Elektrolyt-Kondensatoren, muss bei der Entwicklung einer Schaltung sehr kritisch betrachtet werden. Bei Spannungswandlern z. B. trägt ein geringer ESR zu einem guten Wirkungsgrad bei. Werden Kondensatoren in Verbindung mit integrierten Linear-Spannungsreglern verwendet, so kann ein zu hoher ESR zu einem Schwingen der Schaltung führen, und dies evtl. abhängig von der Umgebungstemperatur, da der ESR mit sinkender Temperatur stark zunimmt.

Im Allgemeinen bedeutet ein kleiner ESR-Wert eine hohe Qualität des Kondensators und ergibt eine bessere Effektivität als Filterelement. Der ESR ist auch entscheidend für die Welligkeit und das Verhalten bezüglich elektromagnetischer Verträglichkeit in getakteten Stromversorgungen.

Je nach betrachtetem Frequenzbereich überwiegt der Parallelwiderstand R_P oder der Serienwiderstand R_S. Werden in Abb. 8.13 nur R_P und C_0 betrachtet, so gilt für deren

Abb. 8.15 Frequenzverlauf des Verlustfaktors eines Kondensators

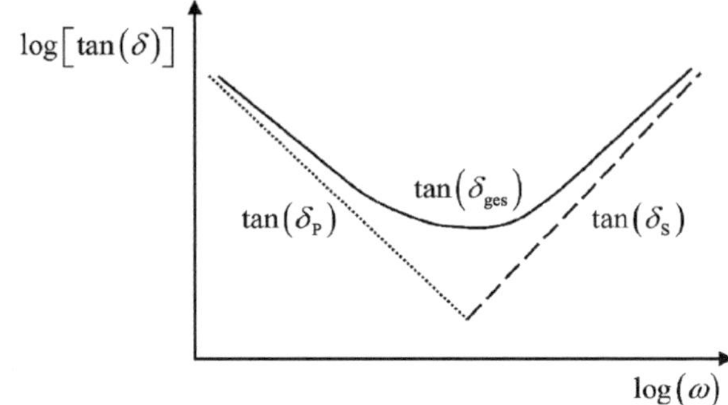

Parallelschaltung der Verlustfaktor:

$$\tan(\delta_{\mathrm{P}}) = \frac{G_{\mathrm{P}}}{\omega \cdot C_0} \tag{8.23}$$

Für die Reihenschaltung von R_{S} und C_0 erhält man dagegen den Verlustfaktor:

$$\tan(\delta_{\mathrm{S}}) = R_{\mathrm{S}} \cdot \omega \cdot C_0 \tag{8.24}$$

Der Verlustfaktor $\tan(\delta_{\mathrm{P}})$ sinkt mit steigender Frequenz, während der Verlustfaktor $\tan(\delta_{\mathrm{S}})$ mit steigender Frequenz zunimmt.

Ergebnis: *Parallelwiderstände verschlechtern den Kondensator vor allem bei niedrigen Frequenzen. Serielle Widerstände werden bei hohen Frequenzen wirksam.*

Der aus dem allgemeinen Ersatzschaltbild resultierende Verlustfaktor zeigt eine ausgeprägte Frequenzabhängigkeit und weist bei einem bestimmten Frequenzwert ein Minimum auf, wie Abb. 8.15 zeigt.

Die dielektrischen Verluste entstehen durch dielektrische Absorption bei Wechselspannung. Manche Kunststoffe zeigen im Wechselfeld eine Dipoldrehung, die als Verlustanteil wirksam ist. Im Ersatzschaltbild werden die dielektrischen Verlust durch einen zusätzlichen, frequenzabhängigen Parallelwiderstand $R(f)$ symbolisiert.

Die Zuleitungsdrähte und die teilweise gewickelten Beläge des Kondensators zeigen induktives Verhalten. Im Ersatzschaltbild des Kondensators ist deshalb noch eine Induktivität L zu berücksichtigen, sie wird auch als **ESL** (**E**quivalent **S**eries **L**) bezeichnet.

Diese Induktivität macht sich erst bei höheren Frequenzen störend bemerkbar. Elektrolytkondensatoren haben eine relativ hohe Induktivität und werden deshalb bei Bedarf mit einem Folienkondensator überbrückt. Kondensatoren in SMD-Bauweise haben dagegen eine äußerst kleine Induktivität, sie sind bis in den GHz-Bereich anwendbar.

Die Induktivität führt im Kondensator zu unerwünschten Resonanzerscheinungen, die je nach Aufbau unterschiedlich stark ausgeprägt sind (Tab. 8.5).

Tab. 8.5 Eigenresonanzfrequenzen typischer Kondensatoren

Typ / Kapazitätswert	100 pF	1 nF	10 nF
Polyester-Wickelkondensatoren	100 MHz	20 MHz	< 6 MHz
Vielschicht-Keramikkondensatoren	100 MHz	20 MHz	< 6 MHz
Keramik-Scheibenkondensatoren	170 MHz	60 MHz	20 MHz
Glimmer-Kondensatoren	170 MHz	60 MHz	20 MHz
ATC-100 Chip-Kondensatoren	1 GHz	230 MHz	n. a.

Oberhalb der Resonanzfrequenz wirkt ein Kondensator wie eine Spule.

Hat der Kondensator z. B. eine Kapazität von $C_0 = 100\,\text{nF}$ und eine Eigeninduktivität von $L = 10\,\text{nH}$, so beträgt die Resonanzfrequenz entsprechend $f_0 = \frac{1}{2\pi\sqrt{LC}}$ ca. 5 MHz.

Für Koppelkondensatoren ist ein Betrieb oberhalb der Resonanzfrequenz zulässig, solange ihre Impedanz nicht zu hochohmig ist.

Beim Einsatz als Abblockkondensatoren ist zu beachten, dass größere Kapazitätswerte gleichzeitig tiefere Eigenresonanzfrequenzen bedeuten. Oberhalb der Eigenresonanz steigt die Impedanz jedoch wieder an und die Abblockwirkung nimmt ab. Kleine Kapazitätswerte (z. B. 100 pF) zeigen daher bei hohen Frequenzen oft niederohmigeres Verhalten als große Kondensatoren (z. B. 1 nF). Breitbandige Abblockungen können durch Parallelschalten von mehreren Kondensatoren mit unterschiedlichen Kapazitätswerten realisiert werden.

Die genannten Verluste verursachen eine Verlustleistung P_W.

$$P_\text{W} = \omega \cdot C \cdot U^2 \cdot \tan(\delta) \tag{8.25}$$

P_W wird in Wärme umgesetzt und führt zu einer thermischen Belastung des Kondensators. Bei einer zu hohen Wärmebelastung erfolgt je nach Aufbau des Kondensators der Wärmedurchschlag.

Impedanzkurve

Der Scheinwiderstand Z ist der Betrag der geometrischen Summe von Ersatzserienwiderstand R_S und Serienkapazität C_0 in der Ersatzschaltung unter Berücksichtigung einer Serieninduktivität L. Der Scheinwiderstand berechnet sich wie beim Reihenschwingkreis nach folgender Formel:

$$Z = \sqrt{\left(\omega \cdot L - \frac{1}{\omega \cdot C_0}\right)^2 + R_\text{S}^2} \tag{8.26}$$

Der Scheinwiderstand Z ist frequenz- und temperaturabhängig. Bei der Resonanzfrequenz erreicht Z ein Minimum (den ESR-Wert), bei höheren Frequenzen steigt Z wieder an (Abb. 8.16).

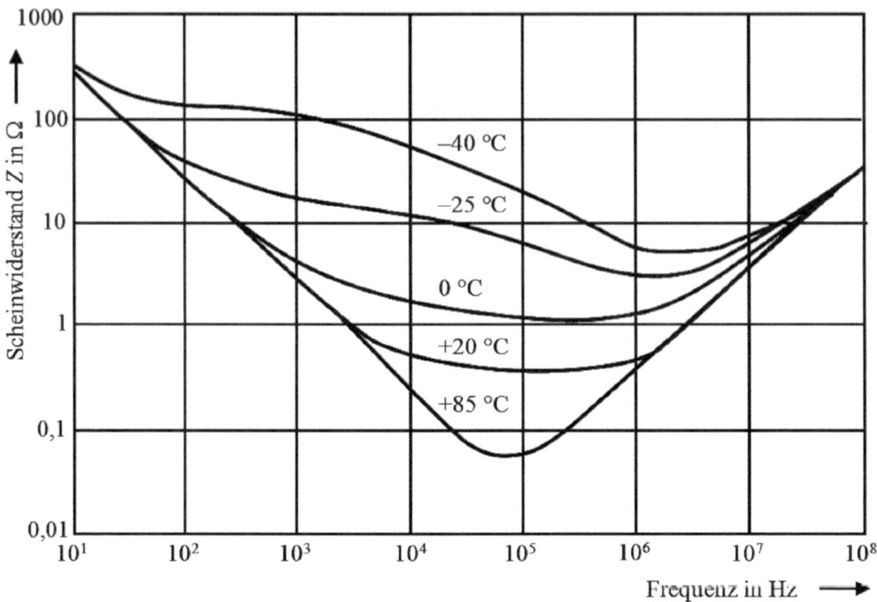

Abb. 8.16 Scheinwiderstand (Beispiel) eines Kondensators in Abhängigkeit von der Frequenz und der Temperatur. Man beachte die starke Zunahme des ESR bei tiefen Temperaturen

8.8 Wichtige Kenngrößen eines Kondensators

Nennkapazität C_N

Sie wird im Allg. auf $+20\,°C$ bezogen. Die Nennwerte werden üblicherweise in pF, nF oder µF angegeben. Die Angabe der Nennkapazität erfolgt auf dem Bauelement mit einem Zahlenwert oder mit einem Farbcode.

Kapazitätstoleranz

Die Herstellungstoleranz gibt die höchstzulässige Abweichung der tatsächlichen Kapazität (Istwert) von der Nennkapazität C_N (Sollwert) bei $+20\,°C$ an. Die Angabe erfolgt in Prozent und wird auf den Bauteilen häufig mit einem zusätzlichen Buchstaben oder mit einer Farbmarkierung angegeben. Die Angabe bezieht sich auf den Neuzustand des Kondensators bei Auslieferung durch den Hersteller. Die Toleranz kann durch Lagerung (z. B. in feuchter Umgebung) oder im Betrieb größer werden.

Nennspannung U_N

Die Nennspannung ist die maximale Gleichspannung bei einer Umgebungstemperatur von $<\;40\,°C$, bei welcher der Kondensator im Dauerbetrieb ohne Schädigung (elektrischer Durchschlag) betrieben werden kann. Die Nennspannung wird durch die technische Auslegung des Kondensators bestimmt, d. h. durch die Isolation der Beläge gegeneinander.

Bei Wechselspannungen darf der Effektivwert nicht höher als U_N sein. Nennwechselspannungen sind nicht generell genormt. Bei höheren Temperaturen ist die Nennspannung um einen gewissen Lastminderungsfaktor zu reduzieren. Die Nennspannung ist entweder als Zahlenwert auf dem Kondensator aufgedruckt, durch einen Kennbuchstaben angegeben oder an einer Farbcodierung erkennbar.

Dauergrenzspannung U_g

Sie bestimmt die höchste Spannung, mit der der Kondensator betrieben werden darf. Sie entspricht bis zu einer bestimmten oberen Grenztemperatur der Nennspannung U_N und fällt darüber mit wachsender Temperatur. Diese Spannungsminderungen sind in Datenblättern angegeben.

Prüfspannung

Mit der Prüfspannung wird der Kondensator auf Spannungsfestigkeit geprüft. Sie darf nur vorübergehend und für Prüfzwecke angelegt werden. Je nach zu prüfendem Kondensatortyp beträgt die Prüfspannung das 1,4- bis 2,5-fache der Nennspannung.

Überlagerte Wechselspannung

An einem Kondensator darf eine Gleichspannung mit überlagerter Wechselspannung angelegt werden, sofern die Summe aus Gleichspannung und dem Scheitelwert der Wechselspannung die Dauergrenzspannung U_g nicht überschreitet.

Verlustfaktor $\tan(\delta)$

Er tritt nur bei Wechselstrom auf. Die Platten des Kondensators werden abwechselnd negativ und positiv aufgeladen. Dies hat eine ständige Elektronenverschiebung zur Folge. Da es keinen idealen Nichtleiter gibt, fließt im Dielektrikum ein kleiner Strom. Außerdem wechseln die Molekulardipole ständig ihre Richtung. Beides bewirkt eine Erwärmung des Dielektrikums. Dadurch geht elektrische Energie verloren. Parallel zu einer als ideal angenommenen Kapazität C_{id} liegt der Verlustwiderstand R_P des Kondensators. Der Verlustfaktor ergibt sich aus:

$$\tan(\delta) = \frac{1}{\omega \cdot R_P \cdot C_{id}} \tag{8.27}$$

Der Verlustfaktor ist frequenzabhängig. Er sollte möglichst klein sein.

Temperaturkoeffizient α_C

Der Temperaturkoeffizient α_C gibt die Änderung der Kapazität mit der Temperatur wieder, und zwar relativ zur Nennkapazität C_{N20} bei der Bezugstemperatur von $+20\,°C$. Die Angabe erfolgt in der Regel in ppm/°C bzw. $10^{-6}/K$.

α_C ist positiv, wenn der Kapazitätswert mit ansteigender Temperatur größer wird. Nimmt der Kapazitätswert mit steigender Temperatur ab, dann ist α_C negativ. Kleine TK-Werte verlangt man insbesondere bei Kondensatoren für Schwingkreise und Messzwecke.

Bei Blockkondensatoren und Siebkondensatoren sind sie meist von untergeordneter Bedeutung.

Der Kapazitätswert C_ϑ bei einer von 20 °C abweichenden Umgebungstemperatur ϑ lässt sich mit Hilfe folgender Gleichung berechnen:

$$C_\vartheta = C_{N\,20} \cdot [1 + \alpha_C \cdot (\vartheta - 20\,°\mathrm{C})] \tag{8.28}$$

Impulsbelastbarkeit

Eine Spannungsänderung $\mathrm{d}u$ in der Zeit $\mathrm{d}t$ verursacht einen Strom i im Kondensator nach folgender bekannter Formel:

$$i(t) = C \cdot \frac{\mathrm{d}u(t)}{\mathrm{d}t}$$

Zu hohe Ströme schädigen die Kontaktierung zwischen den Elektroden und den Anschlussdrähten. In den Datenblättern findet man die zulässige Flankensteilheit $F_N = \mathrm{d}u/\mathrm{d}t$ (pulse rise time) für einen Spannungshub auf die Nennspannung U_N. F_N wird in V/µs angegeben. Für kleinere Betriebsspannungen als der Nennspannung sind höhere Impulsanstiegszeiten zulässig.

Mit der Angabe der Flankensteilheit F in V/µs ist indirekt die Angabe für die maximale Strombelastbarkeit verbunden.

$$I = F \cdot C \cdot 1{,}6 \tag{8.29}$$

C in µF, I in A

Isolationswiderstand und Zeitkonstante

Der Isolationswiderstand ist das Verhältnis der angelegten Gleichspannung (oft 100 V) zu dem nach einer festgelegten Zeit (oft 1 Minute) fließenden Strom. Die Angabe erfolgt in der Regel in Megaohm.

Die Zeitkonstante der Selbstentladung gibt an, wie viele Sekunden nach Abtrennen von der Gleichspannungsquelle die Spannung zwischen den Anschlüssen eines geladenen Kondensators auf $1/e \approx 37\,\%$ abgesunken ist. Die Zeitkonstante liegt typischerweise zwischen 10.000 s und 100.000 s.

Beide Größen sind ein Maß für die Güte des Isolators (Isolationsgüte) und damit des Kondensators.

8.9 Zusammenfassung

1. Kondensatoren sind sehr häufig verwendete Bauelemente der Elektronik.
2. Anwendungsgebiete von Kondensatoren sind z. B. die Glättung elektrischer Spannung, das Sperren von Gleichspannung bei gleichzeitiger Übertragung von Wechselspannung, die Entstörung elektrischer Anlagen, in Verbindung mit Widerständen das Trennen von Signalen mit unterschiedlichen Frequenzen.

3. Im Prinzip besteht ein Kondensator aus zwei sich gegenüberstehenden Metallplatten, zwischen denen sich ein Isolator (das Dielektrikum) befindet.

4. Die Kapazität eines Kondensators ist direkt proportional zur Fläche seiner Metallplatten.

5. Im elektrischen Feld eines Kondensators wird elektrische Energie gespeichert.

6. Ein Kondensator sperrt Gleichstrom und lässt Wechselstrom umso besser durch, je höher die Frequenz und je größer die Kapazität des Kondensators ist.

7. Im Gleichstromkreis kann ein Kondensator über einen Widerstand geladen oder entladen werden.

8. Im Wechselstromkreis eilt bei einem idealen Kondensator der Strom der Spannung um 90° voraus.

9. Im Wechselstromkreis ist der kapazitive Widerstand X_C ein Blindwiderstand, der durch ihn fließende Strom erzeugt keine Wärme.

10. Der Reststrom ist der im Betrieb mit Gleichstrom ständig durch einen Kondensator fließende geringe Gleichstrom.

11. Der Reststrom beträgt bei Aluminium-Elektrolytkondensatoren je nach Spannung etwa 0,05 bis 0,5 mA pro µF. Tantal-Elektrolytkondensatoren haben einen wesentlich kleineren Reststrom. Mit zunehmender Temperatur steigt der Reststrom stark an.

12. Die Materialeigenschaften der Dielektrika werden durch folgende Materialgrößen beschrieben: Permittivitätszahl ε_r, Volumenleitfähigkeit σ_V, Oberflächenleitfähigkeit σ_S, dielektrischer Verlustfaktor $\tan(\delta)$, elektrische Durchschlagsfestigkeit E_d.

13. Passive Dielektrika dienen hauptsächlich dazu, stromführende Leiter zu isolieren. Aktive Dielektrika nutzen die Polarisationseigenschaften der Materie aus.

14. Dielektrika können eingeteilt werden in unpolare Stoffe und polare Stoffe.

15. Durch ein Dielektrikum mit hoher Permittivitätszahl ε_r wird die Kapazität eines Kondensators beträchtlich erhöht.

16. Bei der Elektronenpolarisation erfolgt eine Deformation der Elektronenhülle.

17. Bei der Ionenpolarisation erfolgt eine Deformation des Kristallgitters.

18. Bei der Orientierungspolarisation richten sich bereits vorhandene Dipole im elektrischen Feld aus.

19. Bei niedrigen Frequenzen treten meist alle Polarisationsmechanismen in Erscheinung, aus der Gesamtpolarisation ergibt sich die Permittivitätszahl.

20. Die Abhängigkeit der Permittivitätszahl von der Frequenz wird als Dispersion bezeichnet.

21. Mit steigender Frequenz hört zuerst die Orientierungspolarisation, dann die Ionenpolarisation und schließlich die Elektronenpolarisation auf.

22. Die Temperaturabhängigkeit der Permittivitätszahl hängt von den im Material wirksamen Polarisationsmechanismen ab. Der Temperaturkoeffizient kann positiv oder negativ sein.

23. Bei unpolaren Stoffen erfolgt durch Anlegen eines elektrischen Feldes eine Verschiebungspolarisation (Deformationspolarisation, Elektronenpolarisation).

24. Die Permittivitätszahl unpolarer Stoffe ist kleiner als die polarer Stoffe, sie liegt ohne Verschiebung nahe 1, bei Verschiebung zwischen 2 und 3,5.

25. Unpolare Dielektrika sind: Edelgase, Diamant, Polyäthylen, Styroflex, Teflon.

26. Polare Dielektrika weisen bei Polarisation eine hohe Permittivitätszahl auf (bis zu 600).

27. Polare Dielektrika sind: PVC, Papier, Polyester, Polycarbonat, Zellstoff, Bakelit, Wasser.

28. Ferroelektrika (polare Substanzen) haben besonders hohe Werte der Dielektrizitätszahl. Bei ihnen hängt die Permittivität von der elektrischen Feldstärke ab.

29. Bei Ferroelektrika treten bei hohen E-Feldstärken Sättigungserscheinungen auf. Nach Abschalten des äußeren Feldes bleibt eine remanente Polarisation im Material zurück (Hystereseeffekt).

30. Eine vielfach verwendete ferroelektrische Substanz ist Barium-Titanat ($BaTiO_3$).

31. Die wichtigste Gruppe der dielektrischen Werkstoffe ist die der Kunststoffe (Plaste).

32. Kunststoffe werden in Plastomere, Elastomere und Duromere eingeteilt.

33. Ein wichtiger Herstellungsprozess der Kunststoffe ist die Polymerisation.

34. Die Volumenleitfähigkeit ist eine Werkstoffkonstante, die Oberflächenleitfähigkeit ist stark von Umwelteinflüssen abhängig.

35. Die Oberflächenleitfähigkeit wird im Wesentlichen durch die Beschaffenheit der Oberfläche und ihrer Reinheit (Feuchtigkeit) bestimmt.

36. Durchschlagsmechanismen sind: Lawinendurchschlag, elektromechanischer Durchschlag, thermischer Durchschlag, innerer Durchschlag.

37. Zur Beschreibung der bei einem Wechselfeld im Dielektrikum auftretenden Verluste dient der Verlustfaktor $\tan(\delta)$.

38. Der Verlustfaktor gibt das Verhältnis von Wirkleistung P zu Blindleistung Q_C an und stellt einen Materialkennwert dar.

39. Materialien mit einem hohen $\tan(\delta)$-Wert sind für Hochfrequenzanwendungen ungeeignet.

40. Liegt an einem Kondensator eine Gleichspannung an, so kann das Dielektrikum über längere Zeiten Ladungen aufnehmen. Damit erhöht sich allmählich die Kapazität des Kondensators. Man nennt diesen Vorgang dielektrische Nachladung.

41. Die Spannung (wiederkehrende Spannung oder Rückspannung) an den offenen Klemmen eines entladenen Kondensators kann nach längerer Zeit einen erheblichen Wert annehmen.

42. Der ESR ist temperaturabhängig, er nimmt mit sinkender Temperatur zu.

43. Parallelwiderstände verschlechtern den Kondensator vor allem bei niedrigen Frequenzen. Serielle Widerstände werden bei hohen Frequenzen wirksam.

44. Oberhalb der Resonanzfrequenz wirkt ein Kondensator wie eine Induktivität.

45. Der Scheinwiderstand Z eines Kondensators ist frequenz- und temperaturabhängig. Bei der Resonanzfrequenz erreicht Z ein Minimum (den ESR-Wert), bei höheren Frequenzen steigt Z wieder an.

8.10 Kennzeichnung von Kondensatoren

Die Nennkapazitäten der Kondensatoren sind nach den Normreihen E6, E12 oder E24 gestuft, deren Zahlenwerte im Abschn. 3.3 über Widerstandswerte angegeben sind. Bei den Kondensatoren gibt es keine so einheitliche Kennzeichnung wie bei Widerständen. Die Kennzeichnung von Kondensatoren mit der Nennkapazität, der Kapazitätstoleranz und der Nennspannung erfolgt je nach den geometrischen Abmessungen des Kondensators auf unterschiedliche Art.

8.10.1 Angabe der Nennkapazität

1. Möglichkeit
Der Aufdruck enthält eine vollständige Angabe mit Zahlenwert und Einheit.
  Beispiel: $2{,}2\,\mu\mathrm{F}$

2. Möglichkeit (Tab. 8.6)
Die Kennzeichnung der Kapazität erfolgt durch eine Buchstaben-Zahlen-Kombination in Form eines Aufdrucks auf dem Kondensator. Anstelle des Kommas wird ein Schlüsselbuchstabe verwendet, aus dem sich der Zehnerpotenz-Multiplikator ergibt.

Tab. 8.6 Angabe der Nennkapazität bei Kondensatoren durch eine Buchstaben-Zahlen-Kombination

Buchstabe	Multiplikator	Beispiele
p oder ohne	1 pF	6p8 = 6,8 pF 68 = 68 pF 680 = 680 pF
n	1 nF	6n8 = 6,8 nF 68n = 68 nF 680n = 680 nF
μ	1 μF	6μ8 = 6,8 μF

3. Möglichkeit (Tab. 8.7)
Drei Zeichen (drei Ziffern oder zwei Ziffern und der Buchstabe R) geben den Zahlenwert der Kapazität und den Multiplikator an. Dabei stehen die ersten beiden Ziffern für den Wert und die dritte Ziffer für den Faktor. Ausnahme: Ist das zweite Zeichen ein R, so ist es mit dem Dezimalpunkt gleichzusetzen. Alle Werte werden in pF angegeben.

Beispiel 8.1
Der Aufdruck 104 auf einem Kondensator bedeutet 10 mit 4 weiteren Nullen, also 100.000 pF oder 100 nF oder 0,1 μF.

Tab. 8.7 Zur Angabe der Nennkapazität bei Kondensatoren

3. Ziffer	Multiplikator	Resultierender Wertebereich
0	1	$10\ldots < 100\,\text{pF}$
1	10	$100\,\text{pF}\ldots < 1000\,\text{pF}\ (1\,\text{nF})$
2	100	$1000\,\text{pF}\ (1\,\text{nF})\ldots < 10.000\,\text{pF}\ (10\,\text{nF})$
3	1000	$10.000\,\text{pF}\ (10\,\text{nF})\ldots < 100.000\,\text{pF}\ (100\,\text{nF})$
4	10.000	$100.000\,\text{pF}\ (100\,\text{nF})\ldots < 1.000.000\,\text{pF}\ (1\,\mu\text{F})$
5	100.000	$1.000.000\,\text{pF}\ (1\,\mu\text{F})\ldots < 10.000.000\,\text{pF}\ (10\,\mu\text{F})$
6	Nicht verwendet	
7	Nicht verwendet	
8	0,01	
9	0,1	

4. Möglichkeit (Tab. 8.8)

Es erfolgt eine Farbkennzeichnung mit einem Farbcode.

Tab. 8.8 Farbcode von Kondensatoren

	1. Ring	2. Ring	3. Ring	4. Ring	4. Ring	5. Ring
Farbe	1. Ziffer	2. Ziffer	Multiplikator	Toleranz $(C < 10\,\text{pF})$	Toleranz $(C > 10\,\text{pF})$	Betriebs-spannung
Schwarz	0	0	$\times\,1\,\text{pF}$		$\pm 20\,\%$	
Braun	1	1	$\times\,10\,\text{pF}$	$\pm 0,1\,\text{pF}$	$\pm 1\,\%$	100 V
Rot	2	2	$\times\,100\,\text{pF}$	$\pm 0,25\,\text{pF}$	$\pm 2\,\%$	200 V
Orange	3	3	$\times\,1\,\text{nF}$			300 V
Gelb	4	4	$\times\,10\,\text{nF}$			400 V
Grün	5	5	$\times\,100\,\text{nF}$	$\pm 0,5\,\%$	$\pm 5\,\%$	500 V
Blau	6	6				600 V
Violett	7	7				700 V
Grau	8	8	$\times\,0,01\,\text{pF}$			800 V
Weiß	9	9	$\times\,0,1\,\text{pF}$	$\pm 1\,\text{pF}$	$\pm 10\,\%$	900 V
Gold						1000 V
Silber						2000 V
				$\pm 20\,\%$		500 V

5. Möglichkeit (Tab. 8.9)

SMD-Keramik-Kondensatoren werden häufig nach EIA mit einem Code aus einem Buchstaben und einer Ziffer gekennzeichnet. Alle Werte werden in pF angegeben.

Tab. 8.9 Angabe der Nennkapazität bei SMD-Kondensatoren nach EIA

Buchstabe	A	B	C	D	E	F	G	H	J	K	a	L
Wert	1,0	1,1	1,2	1,3	1,5	1,6	1,8	2,0	2,2	2,4	2,5	2,7
Buchstabe	M	N	b	P	Q	d	R	e	S	f	T	U
Wert	3,0	3,3	3,5	3,6	3,9	4,0	4,3	4,5	4,7	5,0	5,1	5,6
Buchstabe	m	V	W	n	X	t	Y	y	Z			
Wert	6,0	6,2	6,8	7,0	7,5	8,0	8,2	9,0	9,1			
Ziffer	0	1	2	3	4	5	6	7	8	9		
Multiplikator	10^0	10^1	10^2	10^3	10^4	10^5	10^6	10^7	10^8	10^{-1}		

Beispiel 8.2

$$A5 = 1{,}0 \times 10^5 = 100.000\,\mathrm{pF} = 0{,}1\,\mu\mathrm{F};\ f9 = 5{,}0 \times 10^{-1} = 0{,}5\,\mathrm{pF}$$

8.10.2   Angabe der Toleranz

Es erfolgt entweder eine vollständige prozentuale Zahlenangabe (Beispiel: ±5 %) oder eine Markierung mit einem Buchstabencode in Großbuchstaben. Zu beachten ist, dass bei Kapazitäten bis 10 pF die Toleranzen in pF gelten, bei Kapazitäten über 10 pF in Prozent.

Tab. 8.10 Kennzeichnung der Kapazitätstoleranzen durch Großbuchstaben

Kennbuchstabe	Toleranz in %	Kennbuchstabe	Toleranz in %
B	±0,1	N	±30
C	±0,25	P	$-0\ldots+100$
D	±0,5	Q	$-10\ldots+30$
F	±1	R	$-20\ldots+30$
G	±2	S	$-20\ldots+50$
H	±2,5	T	$-10\ldots+50$
J	±5	U	$-0\ldots+80$
K	±10	W	$-0\ldots20$
L	±15	Y	$-0\ldots+50$
M	±20	Z	$-20\ldots+80$

8.10.3   Angabe der Nennspannung

Die Nennspannung kann als Gleich- oder als Wechselspannungswert angegeben werden. Sie bezieht sich auf die Umgebungstemperatur 40 °C. Es erfolgt entweder eine Zahlenangabe in Volt (Beispiele: 230 V $\sim$, 125 V $-$) oder eine Markierung mit einem Buchstabencode in Kleinbuchstaben.

Tab. 8.11 Kennzeichnung der Nennspannung durch Kleinbuchstaben

Kennbuchstabe	Nennspannung in V	Kennbuchstabe	Nennspannung in V
a	50 –	g	750 –
b	125 –	h	1000 –
c	160 –	u	250 ∼
d	250 –	v	350 ∼
e	350 –	w	500 ∼
f	500 –		

Bei Tantal-Elektrolyt-Kondensatoren wird die Nennspannung auch in Form eines einstelligen Buchstabencodes angegeben.

Tab. 8.12 Angabe der Nennspannung bei Tantal-Elkos

Code	G	J	A	C	D	E	V	H
Spannung	4	6,3	10	16	20	25	35	50

8.10.4　Temperatur- und Toleranzangaben

Es wird ein Code aus „Buchstabe-Ziffer-Buchstabe" verwendet.

Tab. 8.13 Temperatur- und Toleranzangaben mit einem Code aus drei Zeichen

1. Zeichen	untere Betriebstemperatur	2. Zeichen	obere Betriebstemperatur	3. Zeichen	Max. Toleranz
Z	$+10\,°C$	2	$+45\,°C$	A	$\pm 1{,}0\,\%$
Y	$-30\,°C$	4	$+65\,°C$	B	$\pm 1{,}5\,\%$
X	$-55\,°C$	5	$+85\,°C$	C	$\pm 2{,}2\,\%$
		6	$+105\,°C$	D	$\pm 3{,}3\,\%$
		7	$+125\,°C$	E	$\pm 4{,}7\,\%$
				F	$\pm 7{,}5\,\%$
				P	$\pm 10\,\%$
				R	$\pm 15\,\%$
				S	$\pm 22\,\%$
				T	$+22\,\%, -33\,\%$
				U	$+22\,\%, -56\,\%$
				V	$+22\,\%, -82\,\%$

Beispiel 8.3

Der Aufdruck „224 Z5U" bedeutet 220.000 pF (oder 0,22 μF), eine untere Betriebstemperatur von $+10\,°C$, eine maximal erlaubte obere Betriebstemperatur von $+85\,°C$ und eine Toleranz von $+22\,\%, -56\,\%$.

8.10.5 Kennzeichnung des Außenbelages

Der Außenbelag von Kondensatoren kann als Abschirmung verwendet werden. Er liegt bei Farbringkennzeichnung an derjenigen Anschlussseite, die zu den Farbringen den größten Abstand hat. Bei anderen Kondensatoren ist der **Außenbelag** durch einen **Strich**, schwarzen Ring oder durch einen stilisierten Schirm gekennzeichnet.

8.11 Bauarten und Bauformen von Kondensatoren

Für die meisten Anwendungen haben Kondensatoren einen festen Kapazitätswert. Drehkondensatoren oder Trimmerkondensatoren mit veränderbarer Kapazität werden für Abstimmzwecke heute kaum noch eingesetzt. Die verschiedenen Kondensatortypen unterscheiden sich durch das Dielektrikum und durch die Ausführung der Beläge. Kondensatoren werden mit Kapazitäten von 10^{-12} Farad (1 pF = 1 Picofarad) bis einigen Farad und mit Nennspannungen von einigen Volt bis einigen Kilovolt hergestellt.

Eine Einteilung von Kondensatoren kann nach fester und variabler Kapazität, nach Art des Dielektrikums und Ausführung der Beläge erfolgen (Abb. 8.17).

Eine sehr übersichtliche Einteilung erhält man entsprechend dem inneren Aufbau des Kondensators aus Folien, Massen oder Schichten. Dabei sollten Schichtkondensatoren in z. B. Dickschichttechnik nicht verwechselt werden mit Folienkondensatoren mit geschichtetem Aufbau der Folienlagen.

Kondensatoren mit fester Nennkapazität können entsprechend ihres Aufbaus nach folgendem Schema eingeteilt werden.

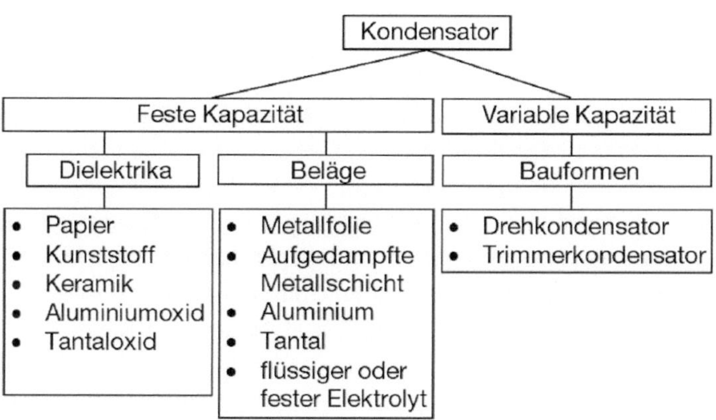

Abb. 8.17 Eine mögliche Einteilung von Kondensatoren nach Bauform, Dielektrikum und Ausführung der Beläge

- Folienkondensatoren (Wickelkondensatoren)
    - Papier-Kondensatoren
    - Metallpapier-Kondensatoren
    - Kunststofffolien-Kondensatoren
        * KF-Kondensatoren
        * MK-Kondensatoren
    - Elektrolytkondensatoren
        * Aluminium-Elektrolyt-Kondensatoren
        * Tantal-Folien-Kondensatoren
- Massekondensatoren
    - Keramikkondensatoren
    - Elektrolytkondensatoren
        * Tantal-Sinter-Kondensatoren nass
        * Tantal-Sinter-Kondensatoren trocken
    - Glaskondensatoren
- Schichtkondensatoren
    - Keramik-Mehrschicht-Kondensatoren
    - Dick- und Dünnschicht-Kondensatoren
    - Glimmerkondensatoren.

8.11.1 Folienkondensatoren (Wickelkondensatoren)

Eine große Kapazität kann mit dünnen Metallfolien als Kondensatorplatten erreicht werden, die gemeinsam mit den als Dielektrikum wirkenden Isolierfolien zu einem runden oder flachen Wickel aufgerollt werden (Abb. 8.18).

Grundsätzlich gibt es zwei verschiedene Aufbauformen von Folienkondensatoren.

- *Verschiedenartige* Folien werden aufgewickelt. Eine Metallfolie, die als Kondensatorbelag (als eine „Platte" des Kondensators) dient, wechselt sich ab mit einer Folie aus isolierendem Material, die das Dielektrikum bildet. Eine Metallfolie und eine dielektrische Folie liegen also abwechselnd übereinander, sie bilden einen Kondensator mit mehreren „Platten" und mit zwischen den Platten liegendem Dielektrikum.
  Diese Aufbauart wird hier als **Film-Folienaufbau** bezeichnet.
- *Eine* Folienart wird aufgewickelt (es werden nicht einzelne Metall- und Isolierstofffolien verwendet). Auf eine Folie aus Isolierstoff ist einseitig eine Metallschicht fest aufgebracht. Mehrere dieser Folien aus metallisiertem Isolierstoff werden so übereinander gelegt, dass sich Metallseite und Isolierstoffseite jeweils abwechseln. Die Folien werden dann zu einem festen Wickel gerollt. Besteht die Isolierstofffolie aus Kunststoff, so wird diese Bauart als **KF-Aufbau** bezeichnet

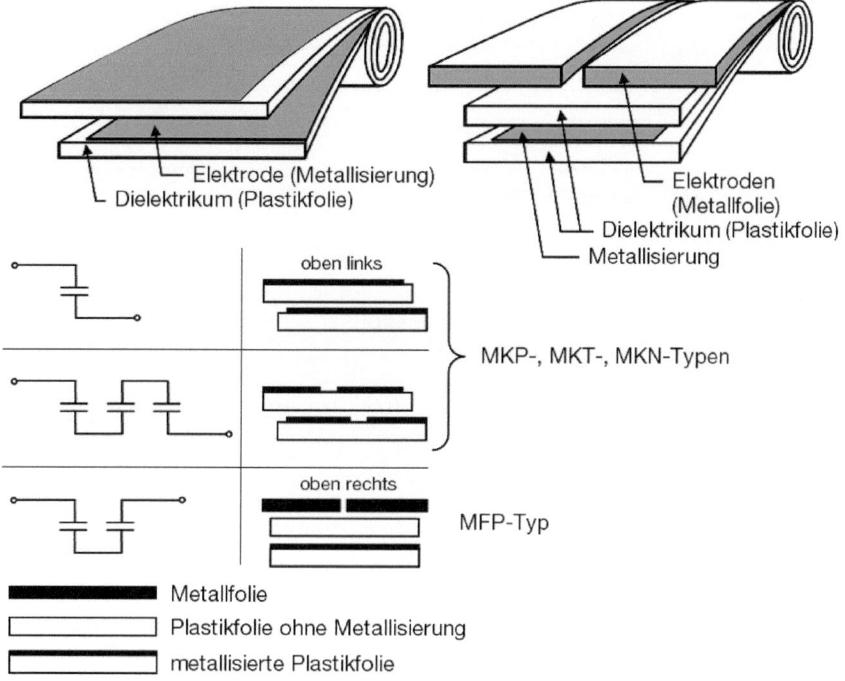

Abb. 8.18 Beispiele für die Anordnung verschiedener Folien in einem Kondensator und bei verschiedenen Kondensatortypen

Allgemein werden diese Kondensatoren entsprechend ihrem Aufbau aus Folien als Folienkondensatoren (auch als Wickelkondensatoren) bezeichnet.

Die beiden Aufbauformen aus verschiedenartigen Folien und einer Folienart werden in einem Kondensator auch kombiniert eingesetzt (MFP- und MFT-Typen). Damit wird eine Reihenschaltung von Teilkondensatoren innerhalb eines Kondensators erreicht.

8.11.1.1 Herstellung von Folienkondensatoren

Wickeltechnik

Bei der Herstellung von Kondensatoren mit der Wickeltechnik werden einzelne Bänder aus Metall und Isolierstoff *oder* Bänder aus metallisiertem Isolierstoff zu einem zylinderförmigen, festen Wickel aufgerollt. Der Wickel wird mit Anschlüssen versehen. Bei bedrahteten Bauteilen kann die Ausführung der Anschlüsse in radialer oder axialer Form erfolgen (Abb. 8.19). Der ganze Aufbau wird mit Kunststoff umpresst oder in einen Becher eingesetzt und vergossen, so dass das Eindringen von Feuchtigkeit verhindert wird. Statt der Zylinderform kann durch ein Flachpressen des Wickels eine Rechteckform des Kondensators erreicht werden.

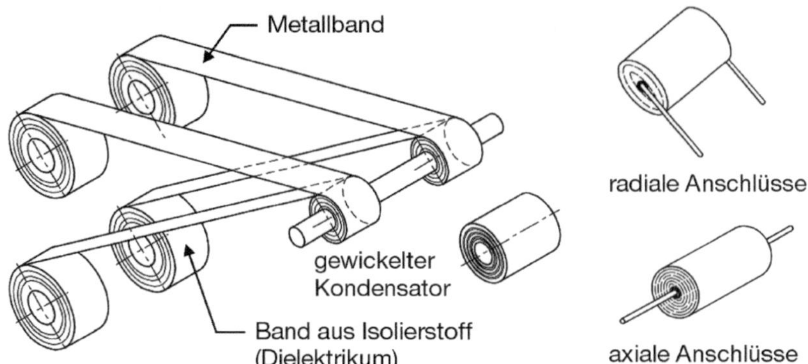

Abb. 8.19 Herstellung von Kondensatoren aus verschiedenartigen Folien mit der Wickeltechnik und den Anschlussarten

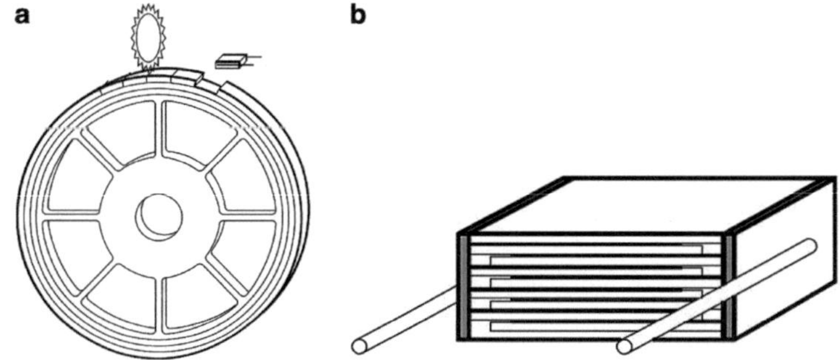

Abb. 8.20 Schema zur Herstellung von Kondensatoren mit der Stapeltechnik (**a**) und Aufbau eines „stacked-film capacitor" (**b**)

Stapeltechnik (Schichttechnologie)

Die Realisierung der einzelnen Folienlagen kann nicht nur durch Aufwickeln erfolgen (Wickeltechnik), sondern auch durch ein Übereinanderschichten mit darauf folgendem Ausschneiden eines Stapels (Schichttechnologie, Stapeltechnik) (Abb. 8.20).

Bei der Stapeltechnik (stacked-film technology) werden große Rollen metallisierter Isolierstoffbänder von bis zu 60 cm Durchmesser gebildet, aus denen die Körper der Kondensatoren, bestehend aus einer bestimmten Anzahl übereinander liegender Schichten, herausgeschnitten werden.

8.11.1.2 Aufbau von Folienkondensatoren

Metallfolie und dielektrische Folie abwechselnd gewickelt (Abb. 8.21)

Bei diesem Kondensatortyp werden abwechselnd bandförmige, dünne Metallfolien und bandförmige Isolierstofffolien auf Automaten so aufgewickelt, dass die Beläge allseitig durch die Dielektrikumsbänder voneinander isoliert sind. Die Metallfolien bestehen meist

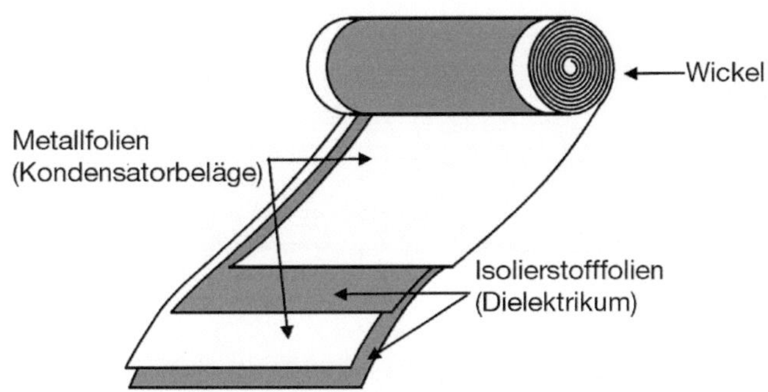

Abb. 8.21 Aufbau eines Folienkondensators als Wickel aus Metall- und Isolierfolie

aus Aluminium und haben eine Dicke von einigen μm (z. B. 5 μm). Bei manchen Kondensatortypen werden beim Wickelvorgang einzelne Metallstreifen eingewickelt, die später mit den Anschlussdrähten verbunden werden. Es müssen möglichst alle Windungen der Wicklung gleichmäßig kontaktiert werden, damit der ohmsche Serienwiderstand und die Induktivität (alle Windungen werden gegeneinander kurzgeschlossen) möglichst gering sind. Bei Metallfolien erreicht man dies z. B. durch Verpressen der überstehenden Folienteile oder durch ein Metallisieren mit einem Spritzverfahren (Abb. 8.22).

Als Dielektrikum finden imprägnierte Papiere und verschiedene Kunststofffolien Verwendung, wobei erstere wegen der ungünstigen dielektrischen Eigenschaften immer mehr zurückgedrängt werden. Ein besonderes Problem stellt die Wasseraufnahme des Dielektrikums dar, da hierdurch die Durchschlagfestigkeit verringert wird und sich gleichzeitig die Dielektrizitätszahl erhöht (Wasser: $\varepsilon_\mathrm{r} = 85$). Um die Luftfeuchtigkeit von dem Wickel fern zu halten verwendet man z. B. Kunstharzumhüllungen.

Es können relativ große Kapazitätswerte bei geringem Bauvolumen realisiert werden.
Bezeichnung von Metallfolien-Papier-Kondensatoren: P
Bezeichnung von Metallfolien-Kunststoff-Kondensatoren: K

Metallisierte Isolierstofffolie

Dielektrische Folien werden mit einem dünnen Metallfilm bedampft und dann mit einem leichten Versatz benachbarter Lagen eng gewickelt. Die überstehenden Enden werden anschließend durch Metallisierung kontaktiert (Abb. 8.23). Das Metallisieren ist ein

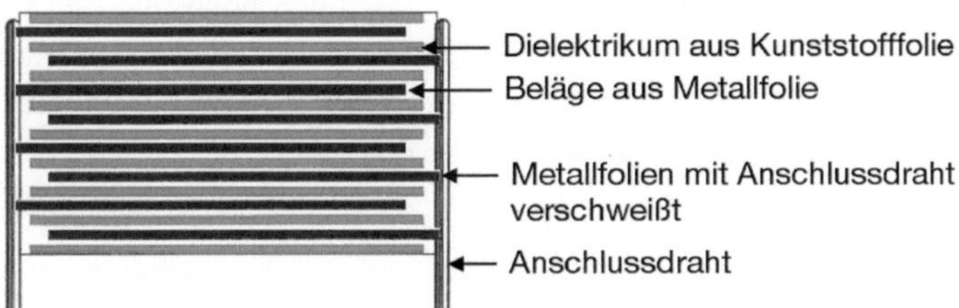

Abb. 8.22 Aufbau eines Kondensators mit abwechselnder Metallfolie und dielektrischer Folie

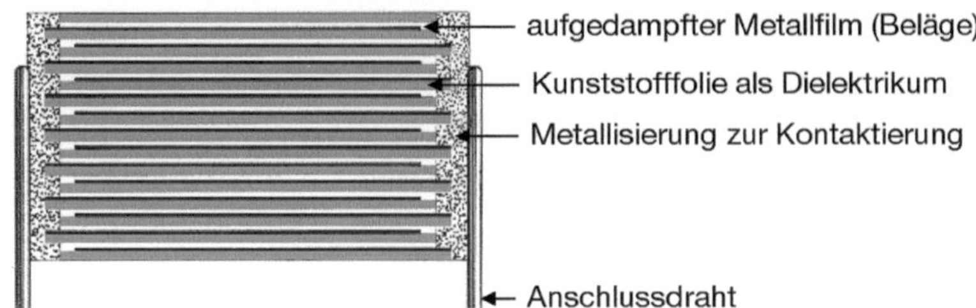

Abb. 8.23 Aufbau eines Kondensators aus metallisierter dielektrischer Folie

Spritzverfahren, das von Max Schoop[2] entwickelt wurde. Man nennt den Vorgang daher „schoopisieren" oder „schoopieren".

Als dielektrische Folien finden ebenfalls Papier und verschiedene Kunststoffe Verwendung.

Folienstärken von 1 μm sind realisierbar. Als Bauformen werden die zylindrische und die Blockform mit den gängigen Rastermaßen sowie SMD-Ausführungen gefertigt.

Die Block- und SMD-Formen erhalten eine Stirnkontaktierung, d. h. die Kanten der Beläge werden durch die Anschlussdrähte leitend verbunden, wodurch die Induktivität des Wickels kurzgeschlossen wird. So entstehen dämpfungsarme Kondensatoren mit einem außerordentlich günstigen Eigenresonanzverhalten.

Bezeichnung von metallisierter Papierfolie: MP

Bezeichnung von metallisierter Kunststofffolie: MK

8.11.1.3 Papierkondensator

Der Papierkondensator ist aus zwei verschiedenartigen Folien aufgebaut. Bei den Metallfolien-Papierkondensatoren wird als Dielektrikum ein in Isolieröl oder Vaseline getränktes Spezialpapier in zwei oder mehreren Lagen verwendet. Die Beläge werden von Aluminiumfolien gebildet. Die Anschlussdrähte sind an den eingewickelten dünnen Blechen angeschweißt. Der Wickel wird oft unter Vakuum mit einem flüssigen Isolierstoff imprägniert. Ein sicherer Schutz gegen Feuchtigkeit lässt sich durch Einbringen in ein Keramikröhrchen erreichen.

Papierkondensatoren werden aus Preisgründen überall dort verwendet, wo an die Güte des Kondensators keine besonderen Anforderungen gestellt werden. Der Verlustfaktor eines Papierkondensators ist mit $\tan(\delta) = 10^{-2}$ ziemlich hoch und die Zuverlässigkeit relativ klein. Bei einem Fehler in der Isolierpapierschicht oder bei Spannungsüberbeanspruchung bildet sich ein Kurzschluss, der die beiden Metallfolien verschweißt. In der Praxis werden Papierkondensatoren kaum noch verwendet.

---

[2] Max Ulrich Schoop (1870–1956), Schweizer Erfinder des Metallspritzverfahrens.

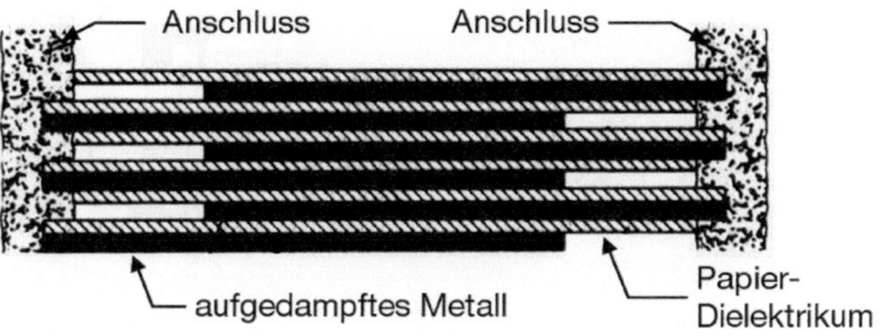

Abb. 8.24 Aufbau eines Metallpapierkondensators

8.11.1.4 Metallpapier-Kondensator (MP-Kondensator)

Bei MP-Kondensatoren sind die Elektroden als eine ca. $0{,}05\,\mu$m bis $1\,\mu$m dicke Metallschicht aus Aluminium oder Zink auf das Dielektrikum aus Papier unter Vakuum aufgedampft. Zusammen mit einer weiteren Isolierpapierlage wird ein Wickel gebildet. Die Papierdicke ist abhängig von der gewünschten Nennspannung. Der Wickel wird an den Stirnflächen im Metallspritzverfahren kontaktiert, in einen Becher eingebaut und mit Hartwachs oder Öl getränkt. Durch die Kontaktierung an den Stirnflächen wird der verhältnismäßig hohe ohmsche Widerstand der dünnen Metallschichten kompensiert und die Eigeninduktivität verringert. Den Aufbau zeigt Abb. 8.24.

Zu unterscheiden ist zwischen den für Gleichspannungsanwendungen vorgesehenen MP-Gleichspannungs-Kondensatoren, deren Papier mit Hartwachs imprägniert ist, und den MP-Wechselspannungs-Kondensatoren, die ölimprägniert sind.

MP-Kondensatoren sind selbstheilend (Abb. 8.25).

Kommt es bei einem MP-Kondensator zu einem Durchschlag durch Spannungsspitzen, so verdampft infolge der großen Stromdichte sofort die sehr dünne Metallschicht in der Umgebung der Durchschlagstelle, der Funken erlischt. Durch die entstehende metallfreie Zone wird ein bleibender Kurzschluss zwischen den Belägen und eine Zerstörung des

Abb. 8.25 Zur Selbstheilung
bei MP-Kondensatoren

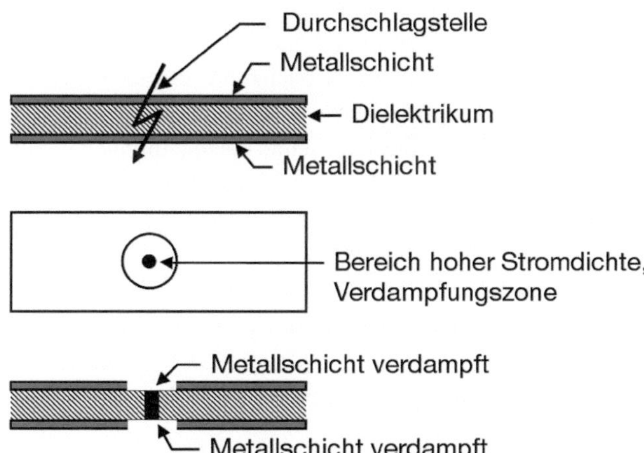

Abb. 8.26 MP-Kondensatoren; **b** MP-Kondensator als Funkentstörkombination

Kondensators verhindert. Eine einwandfreie Isolation beider Metallfilme ist bei geringfügig verringerter Kapazität wieder gegeben. Diesen Vorgang, der in ca. $10\,\mu s$ bis $50\,\mu s$ abläuft und mit einem störenden Stromimpuls verbunden ist, bezeichnet man als *Selbstheilung*. Nach 1000 Ausheilvorgängen verringert sich die Kapazität erst um ca. 1 %. Wegen der Fähigkeit zur Selbstheilung sind MP-Kondensatoren besonders zuverlässig.

MP-Kondensatoren werden bevorzugt im Bereich hoher Spannungen und Kapazitäten als Motor-, Filter, Funkentstör-, Glättungs-, Stoß- oder Stützkondensatoren eingesetzt. Als Koppel- und Glättungs-Kondensatoren werden sie auch in der Nachrichtentechnik verwendet.

Typische Daten von MP-Kondensatoren: Nennkapazität von 100 pF bis 10 mF, Toleranz: 10 % bis 20 %, Nennspannung: 200 V bis 5 kV, Verlustfaktor: 0,003 bis 0,01, TK: ca. 2 %. Verschiedene Ausführungsformen zeigt Abb. 8.26.

8.11.1.5 Kunststofffolienkondensator

Kunststofffolienkondensatoren werden in einem sehr breiten Kapazitätsbereich hergestellt. Sie sind aufgrund ihrer sehr guten Eigenschaften für die meisten Anwendungen gut geeignet und zudem relativ preiswert. Sie gehören zu der am häufigsten verwendeten Kondensatorbauform.

Bei Kunststofffolienkondensatoren wird als Dielektrikum eine Kunststofffolie verwendet. Da sich Kunststofffolien dünn und gleichmäßig herstellen lassen, ist ein kleines Bauvolumen möglich. Kunststoffe besitzen auch eine erheblich größere Durchschlagfestigkeit als Papier. Es wird zwischen zwei Bauformen unterschieden.

Tab. 8.14 enthält Kunststoffe und Bezeichnungen damit aufgebauter Kondensatoren. In Tab. 8.15 sind Eigenschaften von Kunststofffolien zusammengefasst. Abb. 8.27 zeigt den chemischen Aufbau einiger Kunststofffolien.

KF-Kondensatoren

Beim *Film-Folienaufbau* werden durch eine Kunststofffolie voneinander isolierte Metallfolien verwendet. Diese Film-Folien-Kondensatoren mit Metallfolien als Beläge werden KF-Kondensatoren genannt, die Bezeichnung der Kondensatoren beginnt mit einem K.

Tab. 8.14 Als Dielektrikum verwendbare Kunststoffe und Bezeichnungen der damit aufgebauten Kondensatoren

Dielektrikum			Kondensator-Bauartkennzeichen	
Name	Kurzzeichen	Handelsname, alternativer Name	Kurzzeichen für Film-Folien-Bauart	Kurzzeichen für MK-Bauart
Polycarbonat	PC	Makroflex	KC	MKC oder MKM
Polypropylen	PP		KP	MKP
Polystyrol	PS	Styroflex	KS	MKS oder MKY
Polyethylen-Terephthalat	PET	Polyester, Hostaphan, Mylar	KT	MKT oder MKH
Polyethylen-Naphthalat	PEN		KN	MKN
Polyphenylen-Sulfid	PPS		KI	MKI
Lackfilm		Zelluloseacetat, Polyurethan	KU oder ML	MKU oder MKL

Tab. 8.15 Überblick über Eigenschaften von Kunststofffolien

Eigenschaft	PET	PP	PC	PS	PPS	Lackfilm
Permittivitätszahl ε_r[a]	3,3	2,2	2,8	2,5	3	4,7
Durchgangswiderstand $(M\Omega)$[a]	$> 10^4$	$> 10^5$	$> 10^5$	$> 10^6$	$> 10^4$	n. a.
Durchschlagfestigkeit $(V/\mu m)$[a]	580 V	650 V	535 V	n. a.	470 V	n. a.
Verlustfaktor $\tan(\delta)$ in 10^{-3} [a]	4	0,25	1	0,5	0,6	10
Temperaturkoeffizient[a]	$< +100\,$ppm	$-350\,$ppm	~ 0	$-100\,$ppm	~ 0	n. a.
Temperaturbereich in °C	$-55\ldots+100$	$-55\ldots+85$	$-55\ldots+100$	$-40\ldots+80$	$-55\ldots+140$	$-40\ldots+70$
Verfügbarkeit in nF	$1\ldots1000$	$0,1\ldots1000$	$0,1\ldots1000$	$0,01\ldots10$	$0,1\ldots100$	n. a.
Nennspannung in V= in V~	$63\ldots1000$ $40\ldots250$	$63\ldots1000$	$63\ldots1000$ $63\ldots250$	$63\ldots630$ $25\ldots250$	$63\ldots400$	n. a.

[a] Angabe bei 25 °C und 1 kHz.

Anmerkung: Wird nun KF als Kunststofffolie übersetzt, so ist die Verwirrung komplett. Die MK-Kondensatoren verwenden ja auch Kunststofffolien, nur anders aufgebaute. Auch die übliche Bezeichnung „Metallfolien-Kondensator" ist nicht besonders glücklich, da sie nichts über das verwendete Dielektrikum aussagt. Bei der Verwendung von Kürzeln und

Abb. 8.27 Chemischer Aufbau einiger Kunststofffolien. Die Polyester zeichnen sich durch ihren Sauerstoffgehalt aus, der im Fall eines Durchschlags eine rückstandslose lokale Verbrennung (Selbstheilung) ermöglicht

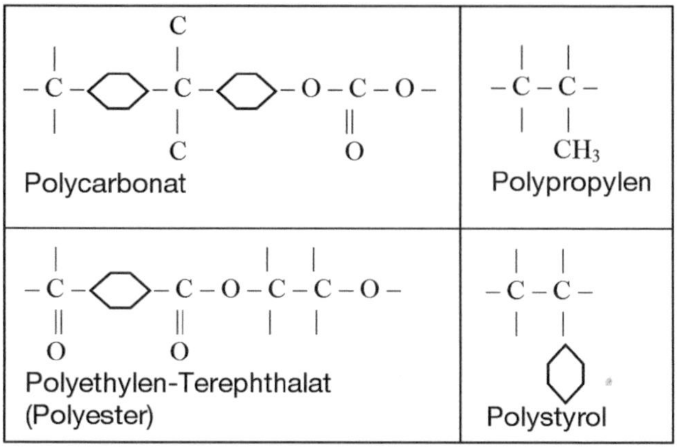

Bezeichnungen sollte man sich also über den Aufbau eines Kondensators exakt Klarheit verschaffen.

MK-Kondensatoren

MK-Kondensatoren sind im Prinzip wie MP-Kondensatoren aufgebaut. Beim *MK-Aufbau* (MK = Metallisierter Kunststoff) werden Kunststofffolien verwendet, die durch Aufdampfen metallisiert wurden. Die aufgedampfte Metallisierung ist nur ca. 20 bis 50 Nanometer dick und damit viel dünner als eine Metallfolie, die einige Mikrometer dick ist. MK-Kondensatoren sind daher bei gleicher Kapazität kleiner als Kondensatoren mit Film-Folienaufbau. Ein Nachteil von MK-Kondensatoren ist, dass die dünne Metallschicht eine geringere Strombelastbarkeit besitzt als die vergleichsweise dicken Folien. Für Impulsanwendungen, bei denen oft kurzzeitig Ströme von etlichen hundert Ampere fließen, verwendet man vorzugsweise Kondensatoren mit Film-Folienaufbau.

MK-Kondensatoren haben hingegen den Vorteil, *selbstheilend* zu sein, wie bereits beim MP-Kondensator erläutert.

Als Dielektrikum finden zahlreiche verschiedene Kunststoffarten Verwendung, wobei jeder Kunststoff materialabhängige Vor- und Nachteile besitzt. Für die jeweilige Anwendung muss der am besten geeignete Kondensator ausgewählt werden. Unterschiede gibt es z. B. bei Temperaturabhängigkeit, Frequenzabhängigkeit, Langzeitverhalten, Durchschlagfestigkeit, Höhe der Permittivitätszahl, Isolationswiderstand, dielektrischen Verlusten.

Beim MFP-Typ (Polypropylen) und beim MFT-Typ (Polyester) besteht der Aufbau der Kondensatoren aus einer Mischung von Film-Folienaufbau und MK-Aufbau. Es werden reine Kunststofffolien, metallisierte Kunststofffolien und Metallfolien zusammen in unterschiedlichen geometrischen Anordnungen verwendet.

Da die Namensgebung der Folienkondensatoren sehr verwirrend sein kann, folgt in Abb. 8.28 ein Diagramm als Übersicht der üblichen Abkürzungen von Kondensatortypen. In der englischen Fachliteratur ist übrigens mit „film" immer die isolierende Kunststofffo-

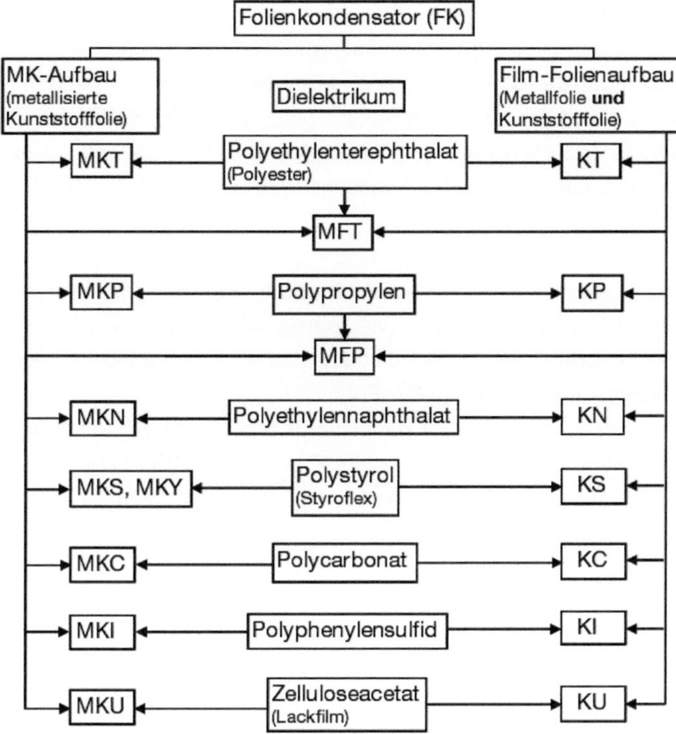

Abb. 8.28 Übersicht zur Klassifizierung von Folienkondensatoren

lie, mit „foil" die getrennt von der Isolierstofffolie verwendete Metallfolie gemeint. Eine metallisierte Kunststofffolie wird als „metallized film" bezeichnet.

8.11.1.6 Eigenschaften der Kunststofffolien, Anwendungsgebiete der Kondensatoren

Polyester-Folie (MKT)
Kondensatoren aus diesem Folienmaterial zeichnen sich durch ihre hohe Spannungs- und Impulsfestigkeit verbunden mit einer hohen Wärmebeständigkeit aus. Die relativ große Permittivitätszahl ε ermöglicht eine größere Volumenkapazität.

Polyesterfolien-Kondensatoren werden hauptsächlich als Koppel- und Block-Kondensatoren eingesetzt.

Polypropylen-Folie (MKP)
Die Kondensatoren zeichnen sich durch hohe Spannungsfestigkeit und einen sehr niedrigen Verlustfaktor aus. Kondensatoren aus diesem Folienmaterial haben einen negativen Temperaturkoeffizienten. Wegen der niedrigeren Permittivitätszahl ist die Volumenkapa-

zität kleiner, d. h. bei gleichem Kapazitätswert ist im Vergleich zu Kondensatoren aus anderen Folienmaterialien eine größere Bauform erforderlich.

Hauptanwendungen dieses Kondensatortyps sind Hochstrom-Impulsschaltungen, Converter und Hf-Inverter, Oszillatorschaltungen, Schaltnetzteile, du/di-Begrenzungen und Energiespeicherung bei elektronischen Zündsystemen. MKP-Kondensatoren werden in Oszillatoren, Filtern und als Leistungskondensatoren (von 250 V bis 600 V) eingesetzt.

Polycarbonat-Folie (MKC)

Kondensatoren mit dieser Folie zeichnen sich durch eine sehr gute Wärmebeständigkeit, geringe dielektrische Absorption, gute Langzeitstabilität, kleine Toleranz der Nennkapazität und geringe Feuchtigkeitsabhängigkeit aus. Die Permittivitätszahl liegt zwischen den Werten der Polyester- und Polypropylen-Folie.

Kondensatoren dieses Typs werden hauptsächlich bei Verstärkerschaltungen, in Filtern, in frequenzbestimmenden Kreisen sowie als Koppel- und Blockkondensator eingesetzt. MKC-Kondensatoren sind für den Einsatz bei erhöhten Umgebungstemperaturen ($T_{\mathrm{max}} \approx$ 130 °C) geeignet.

Polystyrol-Folie (MKS)

Sie besitzt die geringste Feuchtempfindlichkeit und den kleinsten Verlustfaktor im Vergleich zu den oben genannten Folien, außerdem eine gute Kapazitätskonstanz und einen sehr hohen Isolationswiderstand. Die Permittivitätszahl ist nahezu frequenzunabhängig. Der TK ist negativ. Ein Nachteil ist die geringe Spannungsfestigkeit der Folie.

Der Anwendungsbereich liegt bei Filtern, Hoch-/Tiefpässen und Schwingkreisen. Die nahezu lineare Abhängigkeit des Kapazitätswertes von der Temperatur ermöglicht eine Kompensation des Temperaturgangs z. B. in Resonanzkreisen (Filtern).

Kondensatoren mit Polystyrol als Dielektrikum verlieren über 70 °C ihre hervorragenden Eigenschaften. Daher sollten für höhere Temperaturen KP-Kondensatoren mit Polypropylen als Dielektrikum eingesetzt werden.

Polyphenylen-Sulfid (MKI)

Dieses Folienmaterial zeichnet sich durch einen niedrigen Verlustfaktor (ähnlich Polypropylen), eine hohe Permittivitätszahl (ähnlich Polyester) und vor allem eine sehr hohe Temperaturbeständigkeit (bis 140 °C) aus.

Die Anwendungen liegen in der Automobiltechnik.

Lackfilm (MKU)

Wegen der großen Dielektrizitätskonstanten und den sehr dünnen Lackfilmen (ca. 1 μm) haben diese Kondensatortypen ein sehr kleines Volumen. Bemerkenswert ist, dass hier eine Metallfolie mit einer Lackschicht überzogen wird. Trotz der hohen Betriebssicherheit werden diese Typen (ML-Kondensator) kaum mehr hergestellt. Der Grund liegt in dem hohen Verlustfaktor und der niedrigen maximalen Betriebstemperatur.

8.11.1.7 KS- und KP-Kondensatoren im Detail

Dieser Abschnitt beschreibt Kunststofffolien-Kondensatoren (KF-Kondensatoren im Film-Folienaufbau). KF-Kondensatoren enthalten als Grundelement zylindrische Kondensatorwickel in Folientechnik. Das Dielektrikum wird von flexiblen, biaxial gereckten Elektroisolierfolien aus Polystyrol (PS) oder Polypropylen (PP) gebildet. Die Kondensatorelektroden bestehen aus massiven Metallfolien aus Aluminium oder Zinn.

Das verwendete Kunststoffdielektrikum bestimmt die Eigenschaften des Kondensators so wesentlich, dass damit die Bauart gekennzeichnet wird. Entsprechend lauten die Bauartkennzeichen für die Bauarten:

KS = Kunststofffolien-Kondensatoren mit Polystyrol-Dielektrikum

KP = Kunststofffolien-Kondensatoren mit Polypropylen-Dielektrikum.

Für die aus Polystyrolfolie hergestellten KS-Kondensatoren ist auch der Name Styroflex-Kondensatoren gebräuchlich.

Aufbau

Nach dem Wickeln werden die Kondensatoren einer spezifischen Wärmebehandlung unterzogen. Durch einen gezielten Schrumpfvorgang der Kunststofffolie wird eine Verfestigung der mechanischen Eigenschaften und insbesondere eine Stabilisierung der elektrischen Eigenschaften erreicht. Selbst ungeschützte Bauformen ohne zusätzliche Schutzumhüllung erhalten damit bereits eine Qualität, die für viele Anwendungszwecke genügt.

Durch den Einbau der Kondensatorwickel in Kunststoffgehäuse mit Epoxidharz-Verguss oder durch allseitige Umhüllung mit Kunststoffmasse (Umspritzen) erhält man maßgetreue, für die automatische Bestückung besonders geeignete Kondensatorbauformen mit definierten Abständen der radialen Anschlussdrähte (Rastermaß) bzw. mit exakter Zentrizität der axialen Anschlussdrähte. Eigenschaften wie z. B. Lötwärme- und Lösungsmittelbeständigkeit, mechanische Robustheit, Flammwidrigkeit, niederinduktive Konfiguration, niedrige Verluste und hohe Packungsdichte ergeben Anwendungsmöglichkeiten in vielen Bereichen.

Bei Kondensatoren für erhöhte Anforderungen werden bei der Herstellung neben der Einhaltung der Kapazitätstoleranz und Spannungsfestigkeit besonders Verlustfaktor und Isolationswiderstand geprüft. Außerdem wird die Konstanz der Eigenschaften durch eine Wärme-Vorbehandlung mit mehreren Temperaturschleifen verbessert.

Die Anschlüsse der Kondensatoren sind je nach Bauform entweder an beiden Seiten des Wickels oder einseitig herausgeführt. Man unterscheidet folgende Ausführungen:

1. einseitige Anschlüsse (radial), Gehäuse rund oder viereckig
2. beidseitige Anschlüsse (axial), Gehäuse rund, Anschlüsse zentrisch oder exzentrisch.

Die Einzelheiten der Kondensatoranschlüsse sind in Maßbildern der Datenblätter festgelegt. Die Anschlüsse an den Kondensatorelektroden sind als Bändchen oder als Drähte

Tab. 8.16 Technische Grenzwerte für KS- und KP-Kondensatoren (Beispiele)

Technologie	KS	KP
Dielektrikum	Polystyrol (PS)	Polypropylen (PP)
Nennspannungen U_N	63/160/400/630 V–	63/100/160 V–
$U \sim$ zulässig	25/65/120/210 V$\sim$	25/40/65 V$\sim$
Kapazitätsbereich	10 pF bis 130 nF	2 pF bis 100 nF
Temperaturbereich	−40 bis +85 °C	−55 bis +85 °C
Zeitliche Inkonstanz i_Z	$\leq (0{,}25\,\% + 0{,}4\,\mathrm{pF})$	$\leq (0{,}3\,\% + 0{,}4\,\mathrm{pF})$
Isolationswiderstand	100 GΩ	100 GΩ
Temperaturkoeffizient	$-(60 \text{ bis } 160) \cdot 10^{-6}/\mathrm{K}$	$-(80 \text{ bis } 360) \cdot 10^{-6}/\mathrm{K}$
Impulsbelastbarkeit	800 V/μs bis 2500 V/μs	800 V/μs bis 2500 V/μs

kontaktsicher ausgeführt, so wird auch bei kleinsten Spannungen ein kleiner elektrischer Übergangswiderstand gewährleistet.

Anwendung

Polystyrol- und Polypropylen-Kondensatoren werden vorwiegend in solchen Schaltungen angewendet, in denen besonders verlustarme Kondensatoren mit hoher Kapazitätskonstanz, enger Kapazitätstoleranz und einem konstanten Temperaturkoeffizienten erforderlich sind.

Durch die kleinen dielektrischen Verluste und den konstanten negativen Temperaturkoeffizienten sind sie besonders als Schwingkreiskondensatoren geeignet. Bei Verwendung von Ferritspulen mit entsprechendem positiven Temperaturkoeffizienten kann die Resonanzfrequenz eines Schwingkreises von der Temperatur weitgehend unabhängig gehalten werden.

Polystyrol-Kondensatoren liegen mit ihrem Temperaturkoeffizienten bei etwa $-150 \cdot 10^{-6}\,\mathrm{K}^{-1}$ und haben eine bessere zeitliche Kapazitätstoleranz. Die Vorzüge der Polypropylen-Kondensatoren mit einem Temperaturkoeffizienten von etwa $-200 \cdot 10^{-6}\,\mathrm{K}^{-1}$ sind die geringere Lötwärme- und Feuchteempfindlichkeit sowie die bessere Lösungsmittelbeständigkeit.

Auswahl

Bei der Auswahl der Kunststofffolien-Kondensatoren sind u. a. folgende Gesichtspunkte von Bedeutung (siehe auch Tab. 8.16):

1. Art des Dielektrikums (elektrische Eigenschaften)
2. konstruktiver Aufbau (Maße, Anschlussart, Bestückungsmethode)
3. Anwendungsklasse bzw. IEC-Prüfklasse (klimatische Eigenschaften)
4. allgemeine oder erhöhte Anforderungen (Lebensdauer, Zuverlässigkeit).

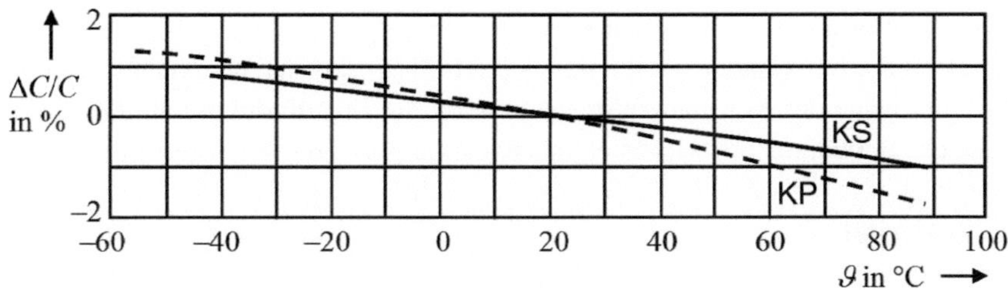

Abb. 8.29 Relative Kapazitätsänderung in Abhängigkeit der Temperatur bei KS- und KP-Kondensatoren (Richtwerte)

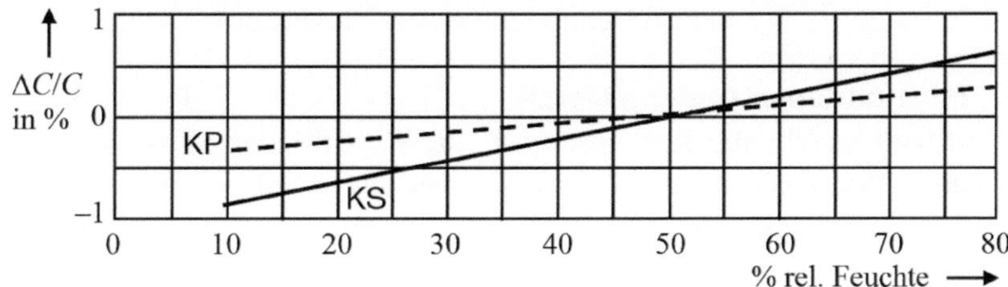

Abb. 8.30 Relative Kapazitätsänderung in Abhängigkeit der relativen Feuchte bei KS- und KP-Kondensatoren (Richtwerte)

Temperaturabhängigkeit der Kapazität

Die Kapazität eines KF-Kondensators ändert sich reversibel und wegen des konstanten Temperaturkoeffizienten annähernd linear im Temperaturbereich zwischen oberer und unterer Grenztemperatur, und zwar indirekt proportional zur Temperatur (Abb. 8.29).

Feuchteabhängigkeit der Kapazität

Die Kapazität eines KF-Kondensators ändert sich reversibel in Abhängigkeit von der Luftfeuchte. Polystyrol-Kondensatoren sind dabei empfindlicher als Polypropylen-Kondensatoren. Die Kapazitätsänderung in Abhängigkeit der Feuchte ist in etwa linear (Abb. 8.30).

Der Feuchtebeiwert ist für

- *KS-Kondensatoren*
  $\beta_C = +(60 \text{ bis } 200) \cdot 10^{-6}/\%$ rel. Feuchte (im Bereich 50 % bis 85 % relative Feuchte)
- *KP-Kondensatoren*
  $\beta_C = +(40 \text{ bis } 100) \cdot 10^{-6}/\%$ rel. Feuchte (im Bereich 50 % bis 95 % relative Feuchte).

Unter 30 % relativer Feuchte ist der Feuchtebeiwert klein, über 85 % relativer Feuchte streut der Feuchtebeiwert sehr stark.

Frequenzabhängigkeit der Kapazität

Die Kapazität der KF-Kondensatoren ist bis ca. 1 MHz praktisch unabhängig von der Frequenz. In der Nähe der Resonanzfrequenz bewirkt die Eigeninduktivität eine zusätzliche Abnahme der Impedanz. Sie wirkt sich aus wie eine Zunahme der Kapazität.

Eigeninduktivität

Die Eigeninduktivität eines KS- und KP-Kondensators ergibt sich aus der Induktivität der Anschlussdrähte und des Kondensatorkörpers in erster Näherung nach der Formel:

$$L = \frac{1\,\text{nH}}{\text{mm (Rasterabstand + Anschlusslänge)}} \tag{8.30}$$

8.11.1.8 MK-Kondensatoren im Detail

Dieser Abschnitt beschreibt Kondensatoren mit metallisierter Kunststofffolie (MK-Kondensatoren). Sie besitzen die Eigenschaft, bei Durchschlägen in wenigen Mikrosekunden selbst auszuheilen.

Je nach Art des Dielektrikums unterscheidet man:

1. MKT-Kondensatoren (Polyethylenterephthalat PET)
2. MKN-Kondensatoren (Polyethylennaphthalat PEN)
3. MKP-/MFP-Kondensatoren (siehe Abb. 8.18) (Polypropylen PP)
4. MKY-Kondensatoren (Polystyrol PS)
5. MKL-(MKU)Kondensatoren (Zelluloseacetat)
6. MKC-Kondensatoren (Polycarbonat PC)
7. MKI-Kondensatoren (Polyphenylensulfid PPS)

Aufbau

Das Dielektrikum von MK-Kondensatoren besteht aus Kunststofffolien, auf die im Vakuum Metallschichten als Beläge aufgedampft werden. Diese der Ladungsaufnahme dienenden Schichten sind etwa 20 bis 50 nm dick. Die Kondensatoren werden in Schichttechnologie (Stapeltechnik) hergestellt oder als Rund- oder Flachwickel gefertigt. Durch die Kontaktierung der Wickelstirnseiten nach dem Metallspritzverfahren werden alle Schichten bzw. Windungen erfasst und damit die Verbindung zu den Anschlusselementen hergestellt.

MK-Kondensatoren in SMD-Bauweise und radial bedrahtete MK-Kondensatoren in den Rastermaßen 5 bis 15 mm werden in Schichttechnologie hergestellt. Diese Schichtkondensatoren bestehen aus einer Vielzahl parallel geschalteter Einzelkondensatorelemente. Jedes einzelnen Kondensatorelement ist für sich durch die gemeinsame Kontaktschicht (Schoopschicht) mit den Anschlussdrähten verbunden. Dadurch wird erreicht, dass bei hohen Strömen bzw. raschen Spannungsänderungen Kondensatorausfälle ausgeschlossen sind, die durch eine Kettenreaktion bei örtlicher Überlastung der Kontakte entstehen könnten.

Tab. 8.17 Temperaturkoeffizienten einiger MK-Kondensatoren

Dielektrikum	PP	PET	PEN
Kondensatortyp	MKP	MKT	MKN
Temperaturkoeffizient α_C	$-250 \cdot 10^{-6}/\mathrm{K}$	$+600 \cdot 10^{-6}/\mathrm{K}$	$+200 \cdot 10^{-6}/\mathrm{K}$

Selbstheilung

Durch Schwachstellen, Poren oder Verunreinigungen im Dielektrikum kann lokal die Durchschlagsfeldstärke überschritten werden, es kommt zum Durchschlag. Während beim Kondensator in Film-Folienaufbau (Metallfolien-Kondensator) und Keramikkondensator ein Durchschlag zum bleibenden Kurzschluss führt, werden beim metallisierten Kondensator Fehlstellen mittels nicht zum Kurzschluss führender Selbstheilvorgänge beseitigt. Der Kondensator besitzt danach seine ursprünglich hohe Isolation und volle Funktionsfähigkeit.

Beim Durchschlag wird das Dielektrikum in einem Durchschlagskanal von etwa 5 bis 100 µm Durchmesser durch den sich zwischen den Elektroden bildenden Lichtbogen in seine atomaren Bestandteile zerlegt. Bei den dabei auftretenden hohen Temperaturen bis 6000 K bildet sich ein Plasma, das explosionsartig aus dem Kanalgebiet herausdrängt und dabei die Dielektrikumsschichten linsenförmig auseinander drückt. Der eigentlich Selbstheilvorgang beginnt damit, dass sich der Lichtbogen in dem sich ausbreitenden Plasma weiter fortsetzt. Dabei werden die Metallbeläge von den Stellen höchster Feldstärke aus, nämlich den Metallrändern, durch Verdampfen abgetragen. Die Belagränder werden also von dem Durchschlagskanal aus etwa kreisförmig zurückgedrängt, und es bilden sich zwei Isolierhöfe. Die rasche Ausdehnung des Plasmas über den Bereich der Isolierhöfe hinaus und seine Abkühlung in den Gebieten geringerer Feldstärke lassen die Entladung bereits nach wenigen Mikrosekunden erlöschen.

Zum einwandfreien Ablauf des Selbstheilvorganges ist ein möglichst druckfreier Aufbau des Kondensators notwendig. Dieser Aufbau wird nur mit der Schichttechnologie erreicht.

Temperaturabhängigkeit der Kapazität

Die Kapazitätsänderung im zulässigen Temperaturbereich verläuft nicht linear, ist aber reversibel. Polypropylen-Kondensatoren haben einen negativen, Polyester-Kondensatoren einen positiven Temperaturkoeffizienten (Tab. 8.17 und Abb. 8.31).

Feuchteabhängigkeit der Kapazität

Der Betrieb bei hohen relativen Feuchten bewirkt eine Kapazitätszunahme durch Feuchtigkeitsaufnahme des Kondensators bzw. Schichtpaketes (Tab. 8.18 und Abb. 8.32). Diese Kapazitätsänderung ist reversibel. Die Kapazität hermetisch dicht eingebauter Kondensatoren unterliegt keinen Feuchteeinflüssen.

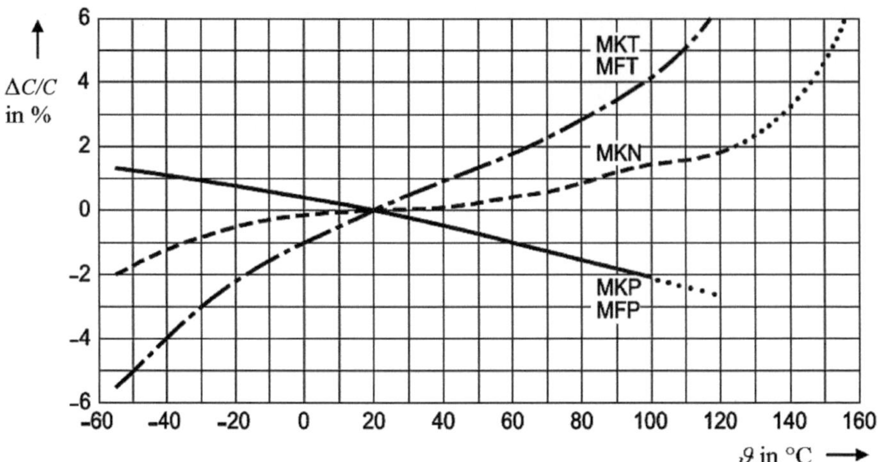

Abb. 8.31 Relative Kapazitätsänderung in Abhängigkeit der Temperatur bei MK-Kondensatoren (Richtwerte)

Tab. 8.18 Feuchtebeiwert einiger MK-Kondensatoren

Dielektrikum	PP	PET	PEN
Kondensatortyp	MKP	MKT	MKN
Feuchtebeiwert $\beta_\mathrm{C} \cdot 10^{-6}/\%$ rel. Feuchte	40 bis 100	500 bis 700	700 bis 900

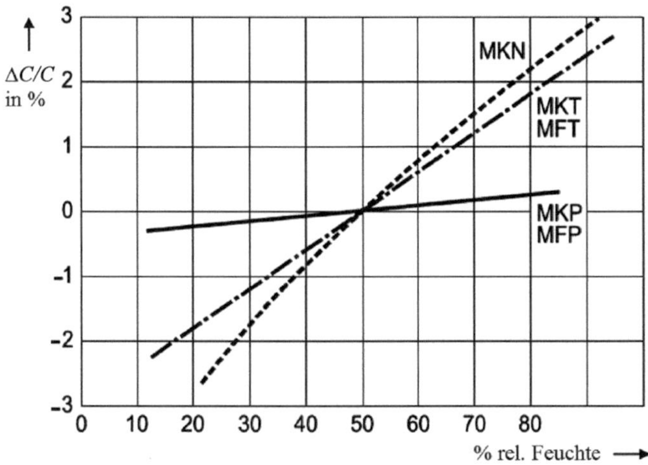

Abb. 8.32 Relative Kapazitätsänderung in Abhängigkeit der relativen Feuchte einiger MK-Kondensatoren (Richtwerte)

Abb. 8.33 Relative Kapazitätsänderung in Abhängigkeit der Frequenz (typisches Beispiel)

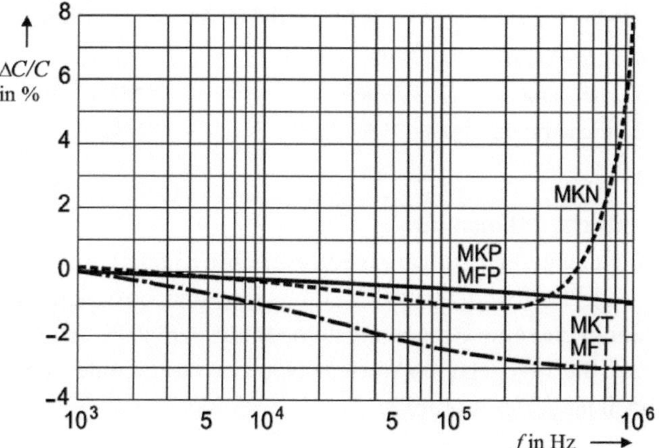

Frequenzabhängigkeit der Kapazität

Durch die Frequenzabhängigkeit der Dielektrizitätskonstante der Kunststofffolien nimmt die Kapazität mit steigender Frequenz ab (Abb. 8.33). Die Kapazität von Polypropylen-Kondensatoren ist bis ca. 1 MHz praktisch unabhängig von der Frequenz.

Eigeninduktivität

Die Eigeninduktivität eines MK-Kondensators ergibt sich wie beim KF-Kondensator in erster Näherung nach Gl. 8.30.

Impulsbelastbarkeit

Spannungsimpulse mit hohen Werten der Spannungssteilheit (Spannungsänderungsgeschwindigkeit) bewirken nach der Formel $i(t) = C \cdot \frac{du(t)}{dt}$ im Kondensator hohe Ströme i. Die von diesen Strömen in den Kontakten abgegebene Wärmeenergie ist proportional zu:

$$\int i(t)^2 dt \approx U_1 \cdot \frac{\Delta U_1}{t_1} + U_2 \cdot \frac{\Delta U_2}{t_2} + \dots \tag{8.31}$$

Daraus wird ersichtlich, dass die thermische Belastung der Kontakte nicht nur von der Spannungsänderungsgeschwindigkeit allein, sondern vom Produkt aus Spannungsänderungsgeschwindigkeit und Spannungshub bestimmt wird.

Tab. 8.19 Typische Werte der zeitlichen Inkonstanz der Kapazitätswerte

Dielektrikum	PP	PET	PEN
Kondensatortyp	MKP	MKT	MKN
Zeitliche Inkonstanz i_Z	3 %	3 %	2 %

Zeitliche Inkonstanz i_Z

Nach längerer Zeit tritt eine irreversible Kapazitätsänderung auf, die Drift $i_Z = \left| \frac{\Delta C}{C} \right|$ %.

Die Driftwerte sind Maximalwerte und beziehen sich auf einen Zeitraum von zwei Jahren und eine Umgebungstemperatur von 40 °C. Die Drift stabilisiert sich im Laufe der Zeit, die angegebenen Werte entsprechen somit einer maximalen Kapazitätsänderung auch nach langer Zeit (Tab. 8.19).

Verlustfaktor tan(δ)

Der Verlustfaktor tan(δ) wird im Wesentlichen bestimmt durch die dielektrischen Verluste der Kunststofffolien. Zusätzlich ist der ohmsche Widerstand der Beläge, der Kontaktierung und der Zuleitungen von Einfluss. Belag- und Kontaktiermaterialien werden so gewählt, dass die ohmschen Widerstände besonders niedrig und stabil sind.

Den Verlustfaktor in Abhängigkeit der Frequenz zeigt Abb. 8.34 und in Abhängigkeit der Temperatur Abb. 8.35.

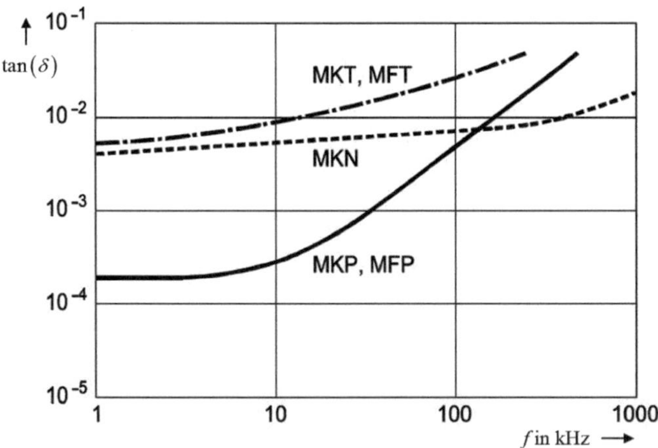

Abb. 8.34 Typischer Verlauf des Verlustfaktors in Abhängigkeit der Frequenz für einige Typen von MK-Kondensatoren

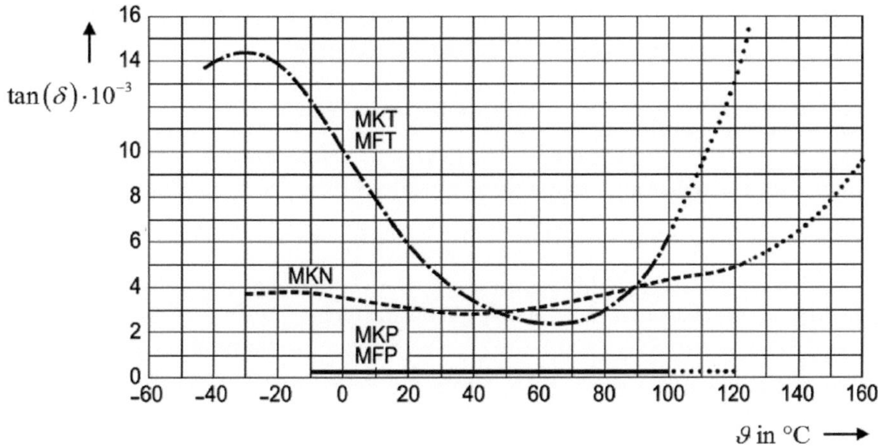

Abb. 8.35 Typischer Verlauf des Verlustfaktors in Abhängigkeit der Temperatur für einige Typen von MK-Kondensatoren ($f = 1\,\mathrm{kHz}$)

8.11.1.9 Eigenschaften und Anwendungsgebiete von MK-Kondensatoren im Überblick

Tab. 8.20 bis 8.24 enthalten Eigenschaften und Anwendungsgebiete von MK-Kondensatoren. Abb. 8.36 zeigt Beispiele von Ausführungsformen.

Tab. 8.20 Eigenschaften von MKL-, MKC-, MKI-, MKT-Kondensatoren

MKL	MKC	MKI	MKT
Optimales Selbstheilverhalten	Sehr gutes Selbstheilverhalten	Niedriger Verlustfaktor	Sehr gutes Selbstheilverhalten
Hohe Volumenkapazität	Gutes Impulsverhalten	Geringe Temperaturabhängigkeit der Kapazität	Hohe Impulsfestigkeit
Sehr hohe Zuverlässigkeit	Niedrige Verlustfaktoren	Geringe Feuchteabhängigkeit der Kapazität	Hohe Volumenkapazität
Universell einbaufähig	Geringe Temperaturabhängigkeit der Kapazität	–	Geringe Eigeninduktivität

Tab. 8.21 Typische Anwendungen von MKL-, MKI-, MKT-Kondensatoren

MKL	MKI	MKT
Für den Einsatz in der Raumfahrt zugelassen	Kfz-Elektronik	Sperren von Gleichstrom
Ergänzung zu Elektrolytkondensatoren	Mess-, Steuer- und Regelungstechnik	Koppeln von Signalen bis in den VHF-Bereich
Hochzuverlässige Schaltungen in der Industrieelektronik	Ersatz von MKC-Kondensatoren	Impuls-, Logik-, Zeitgeber-, Filter-, Entstörschaltungen
–	Ergänzung von Keramikkondensatoren zu höheren Kapazitätswerten	Stützkondensator

Polyester-Folienkondensatoren (Mylar) haben ungefähr die gleichen Eigenschaften, Daten und Anwendungsbereiche wie MKT-Kondensatoren.

Tab. 8.22 Eigenschaften von MKP-, MFP-, MKY-Kondensatoren

MKP	MFP	MKY
Sehr gutes Selbstheilverhalten	Sehr gutes Selbstheilverhalten	Sehr gutes Selbstheilverhalten
Hohe Impulsfestigkeit	Höchste Impulsfestigkeit (durch Beläge aus Metallfolien)	Sehr enge Kapazitätstoleranzen
Sehr niedrige Verlustfaktoren	Sehr niedrige Verlustfaktoren	Hohe zeitliche Konstanz der Kapazität
Negativer TK der Kapazität	Negativer TK der Kapazität	Sehr geringer Verlustfaktor

Tab. 8.23 Typische Anwendungen von MKP-, MFP-, MKY-Kondensatoren

MKP	MFP	MKY
Für hohe Impulsbelastungen und Wechselspannungsanwendungen (auch Netzwechselspannung)	Impulsschaltungen mit sehr hohen Flankensteilheiten	Schwingkreisanwendungen
Ablenk- und Hochspannungsstufen von TV-Geräten	Schutzschaltungen von Leistungshalbleitern	Zeitgeberschaltungen
Schaltnetzteile	Schaltnetzteile	–
Speicher- und Tangenskondensator	Kommutierungskondensator	–

Tab. 8.24 Impulsbelastbarkeit in $V/\mu s$ von MK-Kondensatoren

MKT	MKP	MFP	MKY	MKL	MKC	MKI
1,5 bis 1000	20 bis 1000	2700 bis 10.000	10 bis 30	1 bis 20	3 bis 100	200

Abb. 8.36 Beispiele für MK-Kondensatoren

8.11.2 Elektrolytkondensator

8.11.2.1 Allgemeines zu Elektrolykondensatoren

In vielen Geräten sind Kondensatoren mit sehr hohen Kapazitätswerten (bis einigen
10.000 μF) erforderlich. Gleichzeitig soll so wenig Platz wie möglich verbraucht werden.
Wenn es die technischen Anforderungen erlauben, werden in so einem Fall Elektrolytkondensatoren (kurz Elkos genannt) verwendet. Schaltzeichen für Elektrolytkondensatoren
sind in Abb. 8.37 dargestellt.

Der klassische Elektrolytkondensator gehört zur Familie der Wickelkondensatoren,
während die Elektrolyt-Sinter-Kondensatoren zur Familie der Massekondensatoren zählen.

Das Dielektrikum eines Elkos ist immer eine dünne Oxidschicht auf einer Metallelektrode. Elektrolytkondensatoren bestehen also aus einer Metallelektrode, die zur Bildung
eines Dielektrikums oxidiert wird. Hierzu wird an die Elektroden eine Gleichspannung
angelegt. Durch diesen als **Formierung** bezeichneten Prozess bildet sich an der Anode
eine dünne Oxidschicht, die als Dielektrikum dient. Die Anode besteht aus einer dünnen
Metallfolie, der Anodenfolie. Als Metalle für die Anode kommen Aluminium und Tantal
in Frage. Dieser Elko-Typ wird allgemein als Alu-Elko bzw. Tantal-Elko bezeichnet. Das
Dielektrikum bildet in diesen Fällen das Oxid des Anoden-Materials, das Aluminium-
Oxid (Al_2O_3) mit einer Permittivität $\varepsilon_r = 6$ bis 9 bzw. das Tantal-Pentoxid (Ta_2O_5) mit
einer Permittivität $\varepsilon_r = 25$ bis 27. In selteneren Fällen und für Spezialanwendungen wird
auch Niob, Titan oder Zirkonium als Metall für die Anode verwendet.

Der zweite Pol des Elkos (die Kathode) ist ein leitfähiger Elektrolyt, der flüssig, pastös
oder auch fest sein kann. Die Ankontaktierung des Elektrolyten erfolgt durch eine weitere
Metallfolie, die Kathodenfolie. Flüssige oder pastöse Elektrolyten sind in einem Spezialpapier gebunden. Die Kathode kann mit dem Gehäuse des Kondensators in leitender
Verbindung stehen, z. B. unmittelbar an einen Metallbecher grenzen.

Wegen der sehr dünnen, nur einige Nanometer dicken Oxidschicht (entsprechend einem geringen Kondensator-Plattenabstand) und der relativ hohen Permittivität des Dielektrikums haben alle Elkos eine besonders hohe Volumenkapazität, es sind große Kapazitätswerte bei kleinem Bauvolumen möglich.

Eine charakteristische Eigenschaft von Elektrolytkondensatoren ist die **Polung** der
Elektroden, die Metallelektrode ist stets der Pluspol, während der Elektrolyt den Minuspol
bildet. Die Polung muss unbedingt beim Einsatz in elektronischen Schaltungen beachtet
werden. Wird der Kondensator verpolt angeschlossen bzw. mit Wechselspannung betrieben, so wird die Oxidschicht an der Anode abgebaut und es entsteht ein Kurzschluss. Der

Abb. 8.37 Schaltzeichen für
Elektrolytkondensatoren

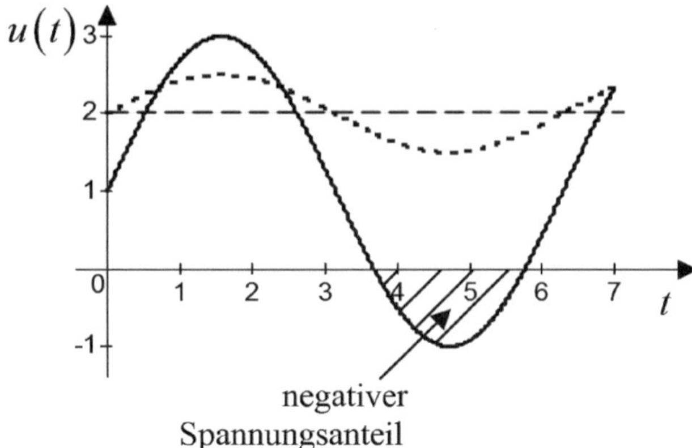

Abb. 8.38 Mischspannung an einem Elko

Kondensator wird dann durch die Wärmewirkung zerstört, evtl. wegen Gasentwicklung sogar explosionsartig. Große Elkos besitzen deshalb Ventile.

Unabhängig von der Bauweise dürfen Elkos nur mit Gleichspannung betrieben werden. Liegt eine Mischspannung an, so darf der negative Anteil nicht zu groß werden. Solche Mischspannungen treten auf, wenn Elkos als Koppelkondensatoren in Verstärkerstufen verwendet werden (Abb. 8.38).

Um Elkos auch an Wechselspannung betreiben zu können, müssen ungepolte Typen verwendet werden (häufig als bipolare Typen bezeichnet). Bei ihnen sind in einem Gehäuse zwei gepolte Kondensatoren in Reihe, aber gegeneinander (Kathode an Kathode) geschaltet. Auch zwei diskrete, gleichartige Elkos können auf diese Weise zusammengeschaltet und an Wechselspannung sowie an Gleichspannung beliebiger Polung betrieben werden (Abb. 8.39).

Die Toleranz von Elkos ist relativ groß, es können erhebliche Abweichungen von der Nennkapazität auftreten. Üblich sind $-10\,\%$ bis $+30\,\%$.

Elkos werden als Sieb- und Ladekondensatoren in Gleichrichterschaltungen und Netzteilen, als Koppelkondensatoren in NF-Verstärkern, für Entstörzwecke und zur Filterung hoher Ströme bei Frequenzen bis zu einigen MHz eingesetzt.

8.11.2.2 Aluminium-Elektrolytkondensatoren

Die Betriebsspannung liegt im Bereich von 3 V bis 600 V und typische Kapazitätswerte liegen zwischen 1 μF und 1 F. Die Betriebstemperatur liegt typischerweise zwischen $-40\,°C$ und $+105\,°C$. Kapazität und Verlustfaktor sind stark temperaturabhängig. Eine lange Lagerung kann zum Ausfall des Kondensators führen, da sich die Oxidschicht ab-

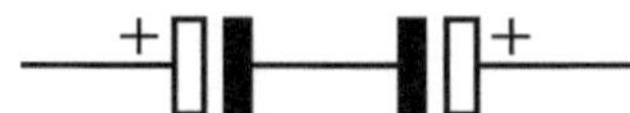

Abb. 8.39 Gegenpolige Reihenschaltung von zwei gepolten Elkos für den Wechselspannungsbetrieb

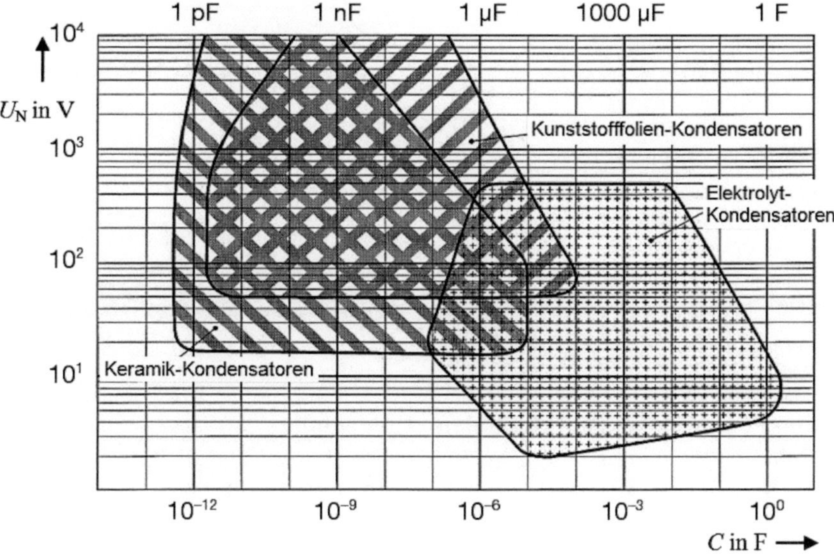

Abb. 8.40 Wertebereiche von Kapazität und Nennspannung von Keramik- und Folienkondensatoren sowie von Aluminium-Elektrolytkondensatoren

Abb. 8.41 Weitere Darstellung der Kapazitäts- und Spannungsbereiche üblicher Kondensatorbauformen

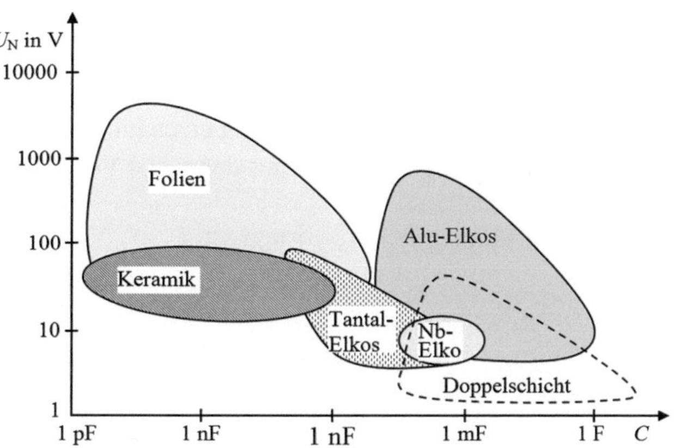

baut und es so zu einem Kurzschluss kommen kann. Eine Belastung durch überlagerte Wechselströme (Rippleströme) führt zu einer Erhöhung der Betriebstemperatur. Steigt diese um nur 10 °C, so halbiert sich die Lebensdauer des Elektrolytkondensators. Die gepolte Ausführung ist nur für Gleichspannungen bzw. Gleichspannungen mit überlagerter Wechselspannung mit richtiger Polung verwendbar. Bei Einsatz mit überlagerter Wechselspannung darf die Nennspannung nicht überschritten werden.

Wertebereiche von Kapazität und Nennspannung verschiedener Arten von Kondensatoren zeigen Abb. 8.40 und 8.41.

Abb. 8.42 Schliffbild einer
hoch aufgerauten Niedervolt-
Anodenfolie von 100 μm
Dicke (117.000-fache Vergrößerung) mit schwammartiger
Struktur der Anodenelektrode
zur Oberflächenvergrößerung.
Die dadurch erzielbare Vergrößerung der Oberfläche geht
bis etwa Faktor 120 gegenüber
einer glatten Oberfläche

Aufbau und Funktionsweise: Aluminium-Anodenfolie

Die Aluminium-Anodenfolie stellt im Betrieb den Pluspol dar. Es wird eine hochreine
Aluminiumfolie mit einem Reinheitsgrad von 99,99 % Aluminium und einer Dicke von
50 bis 100 μm verwendet. Bei der Herstellung erfolgt zur Bildung des Dielektrikums eine
anodische Oxidation (elektrolytische Formierung). Die nötige Gleichspannung ist dabei
ca. 1,4 V pro nm Oxidschicht. Das Aluminiumoxid hält hohen elektrischen Feldstärken
stand (ca. 1000 V/μm). Die Dicke der Oxidschicht der Anodenfolie ist somit meist kleiner
als 1 μm.

Die Anodenfolie kann durch elektrochemisches Ätzen aufgeraut werden (Abb. 8.42),
wodurch sich die Oberfläche und damit die Kapazität erhöht, eine Erhöhung bis zu einem
Faktor 120 ist möglich. Die Aufrauung erzeugt tiefe Poren, die im Betrieb durch Nachfor-
mierung zuwachsen können, woraus dann eine Variation der Kapazität resultiert.

Aufbau und Funktionsweise: Elektrolyt

Der Elektrolyt bildet die Kathode, er stabilisiert die Oxidschicht. Er ist meist eine komple-
xe Mischung organischer Säuren (Ameisen-, Bernstein-, Bor-, Essig-, Oxal-, Phosphor-,
Wein-, Zitronensäure mit Zusätzen von Dimethylacetamid, Dimethylformamid, Glyzerin,
Glykol, usw.).

Forderungen an den Elektrolyt sind:

- Er muss chemisch stabil sein, wenn er in Kontakt mit Materialien der Anode, Kathode
  und Papierschicht kommt.
- Er muss sich der (aufgerauten) Oberfläche der Elektroden gut anpassen.
- Er darf die Oxidschicht nicht angreifen und muss sie im Betrieb nachformieren können.
- Er darf kein freies Gas bilden und muss auch bei hohen Temperaturen nichtflüchtig
  sein.
- Er muss eine hohe elektrische Leitfähigkeit im gesamten Temperaturbereich besitzen.
- Er soll einen kleinen TK-Wert aufweisen.

Beim Elektrolyten unterscheidet man zwischen flüssigen und festen Typen.

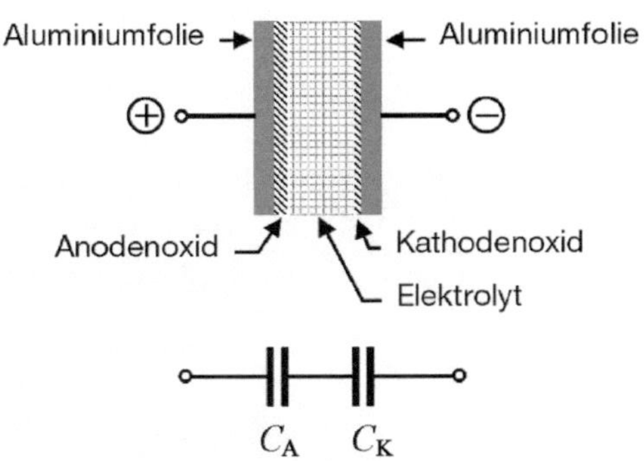

Abb. 8.43 Wechselstrom-Ersatzschaltbild eines Elektrolytkondensators. Die Oxide auf der Anoden- und Kathodenfolie bilden zwei Kapazitäten mit $C_K > C_A$

Beim „nassen" Elko befindet sich der freie, flüssige Elektrolyt zwischen dem oxidierten Alu-Wickel in einem dicht verschlossenem Gefäß. Wegen der Gefahr des Auslaufens werden derartige Typen heute nicht mehr hergestellt. Beim „trockenen" Elko ist der flüssige oder pastöse Elektrolyt in einem Spezialpapier oder Gewebe gebunden, das auch die Funktion des Abstandhalters zwischen den Wicklungen einnimmt. Vorteile sind eine platzsparende Wicklung und eine einfachere Becherung.

Aufbau und Funktionsweise: Kathodenfolie

Die Kathodenfolie aus Aluminium mit einer Dicke von 15 bis 60 μm wird auch als Stromzuführungsfolie bezeichnet, sie wird häufig fälschlicherweise als zweiter Belag angesehen. Sie dient zur Ankontaktierung des Elektrolyten und besitzt ein sehr dünne, durch natürliche Luftoxidation und durch die oxidierende Wirkung des Elektrolyten entstandene Oxidschicht (ca. 8 nm). Die Oxidschichten auf der Anoden- und der Kathodenfolie bilden zwei Kapazitäten C_A und C_K (Abb. 8.43). Da die Oxidschicht auf der Kathodenfolie viel dünner ist als auf der Anodenfolie (Abb. 8.44), ist C_K viel größer als C_A. Aufgrund der Serienschaltung der zwei Kapazitäten dominiert die kleinere Kapazität C_A. Bei Falschpolung oder häufigem, kurzschlussartigem Entladen kann die kathodenseitige Oxidschicht dicker werden, wodurch C_K kleiner wird. Die Gesamtkapazität des Elkos nimmt dann ab. Im Extremfall kann die Gesamtkapazität der Serienschaltung $1/2 \cdot C_A$ werden.

Das Wechselstrom-Ersatzschaltbild eines Elektrolytkondensators lässt sich entsprechend dem inneren Aufbau erweitern (Abb. 8.45). Die Gesamtkapazität C setzt sich zusammen aus der Serienschaltung der Anodenkapazität C_A und der Kapazität der Stromzuführungsfolie C_K. Die ohmschen Verluste setzen sich zusammen aus den Verlusten der Zuleitungen R_L, den frequenzabhängigen dielektrischen Verlusten R_A und R_K in den Dielektrika und den Leitungsverlusten R_{Elyt} im Elektrolyten. Der zusammengefasste äquivalente Serienwiderstand aller ohmschen Verluste wird ESR (**E**quivalent **S**eries **R**esistance) genannt.

Zum vollständigen Ersatzschaltbild gehören auch noch die Serieninduktivität L_{ESL} und der Isolationswiderstand R_{ins}, der den Reststrom im Gleichstrom-Ersatzschaltbild repräsentiert.

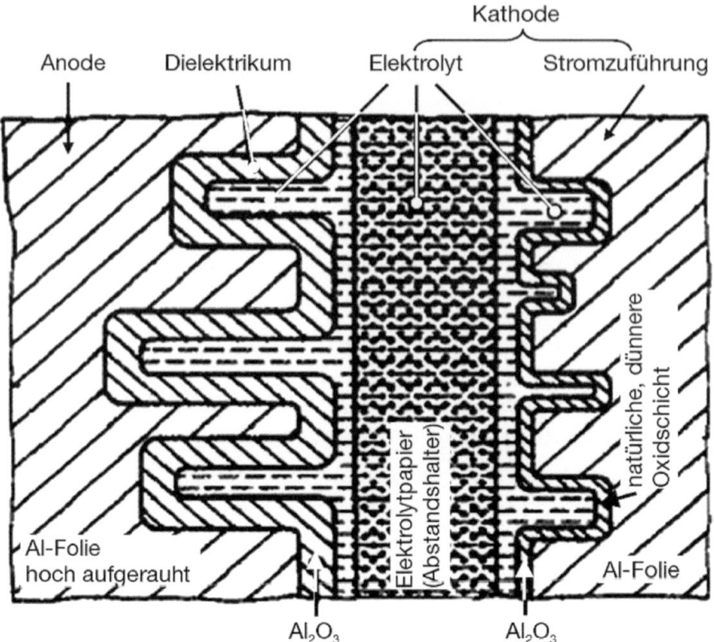

Abb. 8.44 Innerer Aufbau eines Aluminium-Elkos

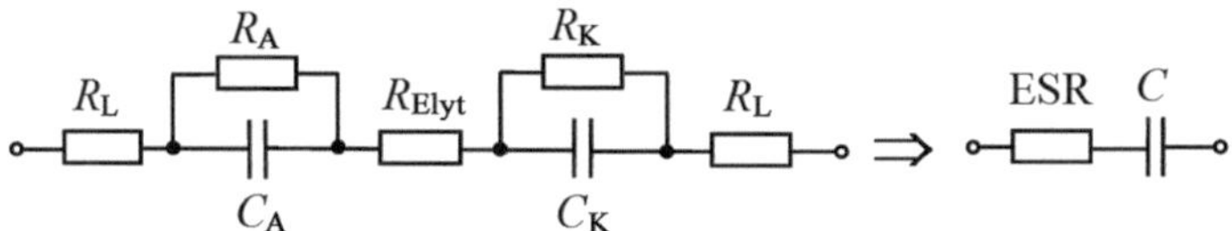

Abb. 8.45 Erweitertes Wechselstrom-Ersatzschaltbild des Aluminium-Elkos

Die ohmsch-wirkenden dielektrischen Verluste im Aluminiumoxid sind sehr gering und frequenzunabhängig bis 10^9 Hz. Ohm'sche Verluste treten hauptsächlich im Elektrolyten auf. Elektrolyte sind Ionenleiter und haben je nach Zusammensetzung einen spezifischen Widerstand in der Größenordnung 90 bis $900\,\Omega \cdot$ cm. Die ohmschen Verluste im Elko sind frequenzabhängig, weil bei Frequenzen $f > 10$ kHz die Poren in der Anode durch ihr träges Verhalten „abgeschaltet" werden und dadurch der Leitungswiderstand sinkt. Die Poren bilden mit ihren Widerständen und Kapazitäten ein Tiefpass-Netzwerk. Bei hohen Frequenzen und/oder tiefen Temperaturen verlieren ein Großteil der Poren ihre Funktion, bis nur noch die Oberflächenkapazität wirksam ist. Die ohmschen Verluste sind aber auch temperaturabhängig, da die Leitfähigkeit von flüssigen Elektrolyten mit steigender Temperatur zunimmt (weil ihre Viskosität abnimmt).

Die ohmschen Verluste im Elektrolyten werden von der Struktur der Elektroden beeinflusst, speziell von der Aufrauung der Anode. Der Leitungsstrom muss seinen Weg durch die engen Poren dieser Strukturen finden. Je höher die Aufrauung der Anode ist,

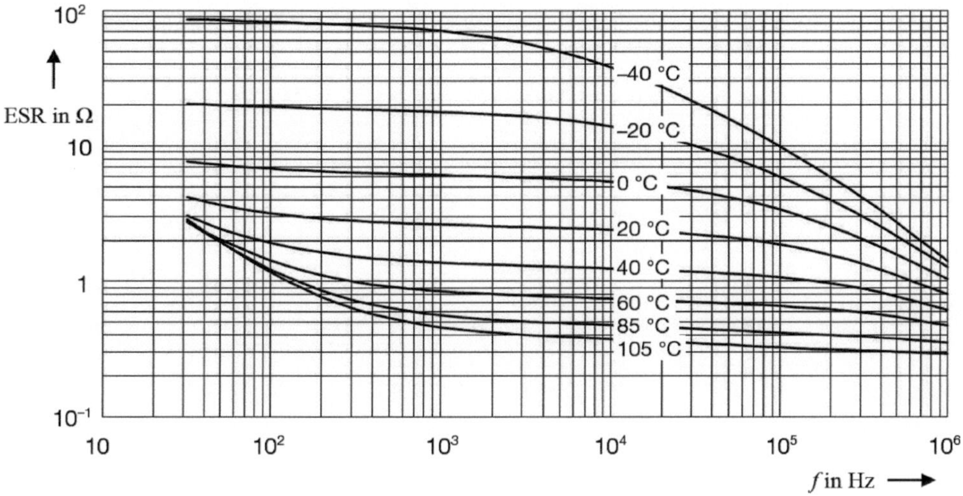

Abb. 8.46   Beispiel für den Scheinwiderstand eines Alu-Elkos als Funktion der Frequenz und der Temperatur

desto größer ist die Kapazität bei gegebener Spannungsfestigkeit. Eine höhere Aufrauung der Anode bedeutet aber auch engere Leitungswege in den Poren und damit höhere Leitungswiderstände, d. h. höhere Verluste. Aus diesem Grund besitzen Elkos mit extrem hohen Kapazitätswerten pro Bauvolumen, also mit extrem stark aufgerauten Anodenfolien, bei niedrigen Frequenzen einen höheren ESR als Elkos mit weniger stark aufgerauten Anodenfolien (gleiche Kapazität und gleiche Konstruktion vorausgesetzt). Bei Frequenzen $f > 10\,\text{kHz}$ spielt die Anodenstruktur keine große Rolle mehr, da die Poren dann „abgeschaltet" werden.

Der ESR eines Elkos ist nicht nur für die Güte einer Siebung, also die Restwelligkeit verantwortlich. Er ist auch der Grund für die interne Erwärmung des Kondensators, wenn eine überlagerte Wechselspannung am Bauteil anliegt.

Die Abhängigkeiten des ESR und der Kapazität von Frequenz und Temperatur zeigen Abb. 8.46 und 8.47.

Wichtige Begriffe und Betriebsgrößen

- **Falschpolung**
  Bei einer Falschpolung tritt eine Reduktion des Anodenoxids ein, das Oxid der Stromzuführungsfolie wächst, der Strom steigt stark an, der Kondensator wird warm. Wegen der oft unvermeidlichen Gasentwicklung kann der Elko explodieren. Große Elkos besitzen Ventile. Alu-Elkos tolerieren im Gegensatz zu Tantal-Elkos eine kurzzeitige Falschpolung.

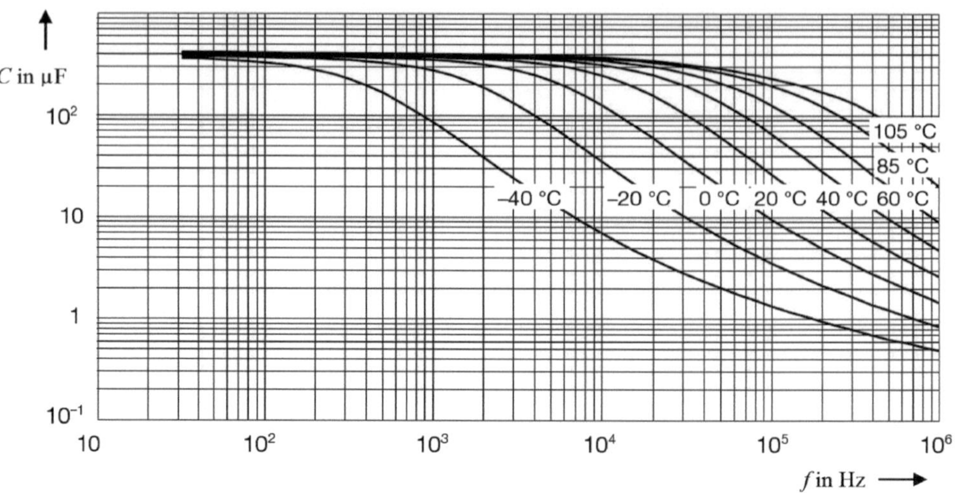

Abb. 8.47 Beispiel für die Abhängigkeit der Kapazität eines Alu-Elkos von der Frequenz und von der Temperatur

- **Bipolarer Elko**

  Der bipolare Elko ist ungepolt und kann daher mit Gleichspannungen beliebiger Polung oder auch mit Wechselspannungen betrieben werden. Bei bipolaren Elkos sind beide Folien werkseitig formiert.

  Beim Einsatz mit Wechselspannungen muss diese wegen der Eigenerwärmung des Kondensators erheblich unter der Nennspannung liegen.

  Durch die Serienschaltung von zwei Kondensatoren weist ein ungepolter Elko bei gleicher Nennkapazität/Nennspannung gegenüber einem gepolten Elko bei gleichem Aufbau ein bis zu doppeltes Volumen auf. Der Reststrom kann ebenfalls bis zu einem Faktor 2 größer sein.

- **Nennspannung U_N**

  Die Nennspannung ist die maximale Gleichspannung, bei welcher der Kondensator im Dauerbetrieb ohne Schädigung betrieben werden kann. Falls es die Gehäusegröße erlaubt, ist die Nennspannung auf dem Gehäuse aufgedruckt.

- **Spitzenspannung U_S**

  Die Spitzenspannung ist die maximale Spannung, die für kurze Zeit an den Kondensator angelegt werden darf, z. B. fünf mal in der Stunde für eine Minute. Eine Definition von U_S ist:

  für $U_N \leq 315\,\text{V}$: $U_S = 1{,}15 \cdot U_N$

  für $U_N > 315\,\text{V}$: $U_S = 1{,}10 \cdot U_N$

- **Überlagerte Wechselspannung (Ripplespannung)**

  An Aluminium-Elkos darf eine Gleichspannung mit überlagerter Wechselspannung angelegt werden (so genannte Ripplespannung). Bedingungen sind:

1. Die Summe aus Gleichspannung und überlagerter Wechselspannung darf nicht größer sein als die Nennspannung U_N.
2. Der Nennwert des überlagerten Wechselstroms darf nicht überschritten werden und es darf keine Polaritätsumkehr stattfinden.

- **Umpolspannung**

  Alu-Elkos sind gepolte Kondensatoren. Falls nötig, müssen Spannungen mit falscher Polarität durch eine Diode verhindert werden. Die Flussspannung einer Diode von ca. 0,8 V ist als Umpolspannung zulässig. Umpolspannungen $\leq 1,5$ V sind für weniger als eine Sekunde zulässig, jedoch nicht wiederholt oder dauernd anliegend.

- **Reststrom (Leckstrom)**

  Bei erstmaligem Betrieb oder nach längerer Lagerung fließt ein großer Reststrom, der bei richtiger Polung des Elko rasch abnimmt (so genannter Abnahmereststrom). Die Ursache hierfür ist ein Ionenstrom über gestörte, nicht formierte Fehlstellen in der Oxidschicht. Bei Betrieb heilen die Fehlstellen durch die Fähigkeit des Elektrolyten zur anodischen Oxidation aus. Der Elko ist also in gewissem Maße selbstheilend.

  Wird ein Alu-Elko gelagert, ohne dass an ihm eine Spannung anliegt, so wird die Oxidschicht vom Elektrolyt angegriffen. Bei der so genannten Oxid-Degeneration diffundieren ionische Bestandteile des Elektrolyten in das Oxid, die Kristallstruktur des Oxids wird verändert. Elektrische Fehlstellen (Defekte) im Oxid führen zu einem erhöhten Reststrom, wenn an den Alu-Elko nach längerer Zeit spannungsloser Lagerung wieder eine Gleichspannung angelegt wird. Für einige Minuten kann dann ein verhältnismäßig hoher Strom (bis zum Hundertfachen des normalen Reststromes) fließen, durch den die Anode neu formiert wird. Bei der Dimensionierung einer Schaltung muss die berücksichtigt werden.

  Ein bestimmter Reststrom ist durch das Funktionsprinzip bedingt nicht zu vermeiden, das Dielektrikum ist umso besser, je kleiner dieser ist. Bei gepolten Elkos beträgt der Reststrom ca. die Hälfte des Wertes bei ungepolten Typen. Der Reststrom wird häufig als *Leckstrom* bezeichnet.

  Der Leckstrom ist bei Anliegen einer Gleichspannung im Dauerbetrieb zur Aufrechterhaltung der Oxidschicht erforderlich. Er liegt in der Größenordnung von $100\,\mu$A und ist spannungs-, temperatur- und zeitabhängig. *Mit steigender Temperatur nimmt der Leckstrom zu.*

- **Wechselspannungskapazität**

  Die Kapazität eines Kondensators kann durch Messung seines Wechselstromwiderstandes (unter Berücksichtigung von Amplitude und Phase bei sinusförmiger Spannung) oder durch Messung der gespeicherten Ladung nach Anlegen einer Gleichspannung bestimmt werden. Die erste Methode ergibt die Wechselspannungskapazität, die zweite Methode die Gleichspannungskapazität. Die Ergebnisse beider Methoden sind leicht unterschiedlich, i. Allg. ist die Gleichspannungskapazität um den Faktor 1,1 bis 1,5 höher als die Wechselspannungskapazität. Entsprechend den häufigsten Einsatzfällen als Sieb- und Koppelkondensatoren wird von Alu-Elkos meist die Wechselspannungskapazität angegeben. Sie entspricht normalerweise der Nennkapazität und wird mit einer

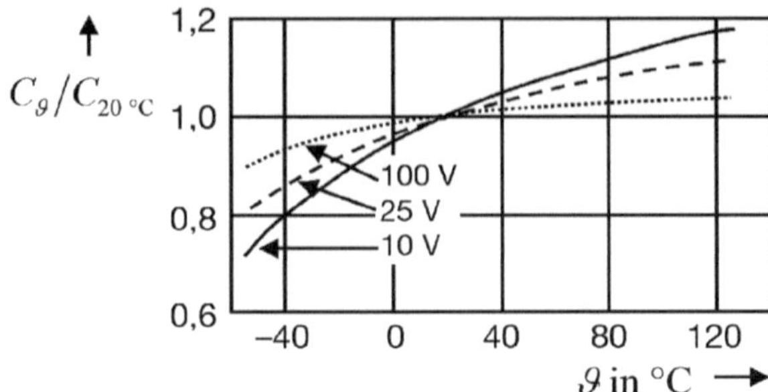

Abb. 8.48 Abhängigkeit der Kapazität von der Temperatur bei Alu-Elkos (Nennspannung U_N als Parameter)

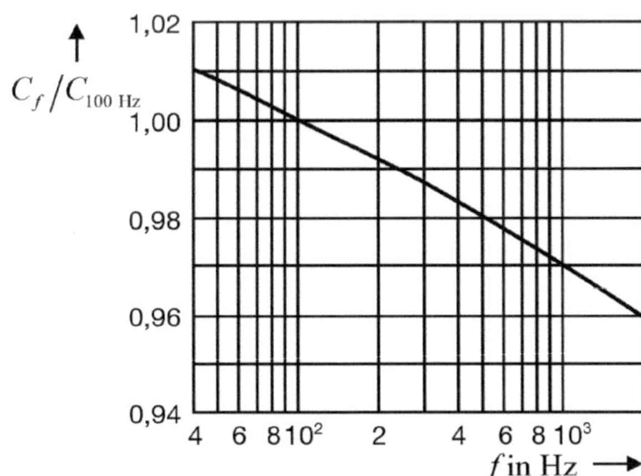

Abb. 8.49 Typischer Verlauf der Abhängigkeit der Kapazität von der Frequenz bei einem Alu-Elko bei 20 °C

Wechselspannung von $\leq$ 0,5 V und einer Messfrequenz von 100 Hz oder 120 Hz bei 20 °C ermittelt.

- **Gleichspannungskapazität**

  Sie ist bei Entladeschaltungen (Einhaltung von Zeitbedingungen) wichtig. Sie ergibt sich aus der Ladungsmenge, die bei der Nennspannung gespeichert ist. Die Gleichspannungskapazität beträgt etwa das 1,1- bis 1,5-fache der Wechselspannungskapazität.

- **Temperaturabhängigkeit der Kapazität**

  Der Temperaturkoeffizient ist positiv und wird durch den Elektrolyten bestimmt (Abb. 8.48). Bei hohen Temperaturen sinkt die Viskosität des Elektrolyten, damit steigt seine Leitfähigkeit an.

  Der TK ist ca. +0,2 bis 0,3 %/K.

- **Frequenzabhängigkeit der Kapazität**

  Die Wechselspannungskapazität ist nicht nur von der Temperatur sondern auch von der Messfrequenz abhängig (Abb. 8.49).

- **Scheinwiderstand**

  Der Scheinwiderstand ergibt sich aus dem Ersatzschaltbild des Elkos, welches aus dem allgemeinen Ersatzschaltbild für einen Kondensator hervorgeht (siehe Abb. 8.13). Vergleiche hierzu Abschn. 8.7. Die durch die Aufrauung der Anodenfolie entstandenen Po-

Abb. 8.50 Scheinwiderstand in Abhängigkeit der Frequenz eines Alu-Elkos, Temperatur als Parameter (Beispiel eines Kondensators mit 47 μF/350 VDC)

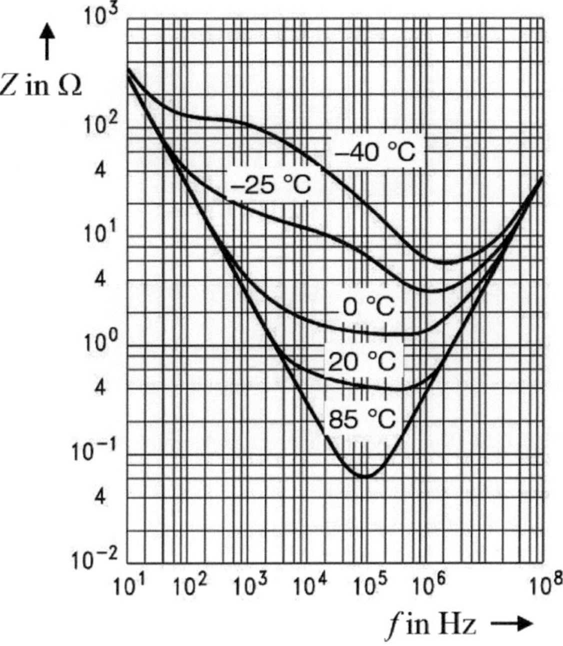

ren prägen wesentlich den Frequenz- und Temperaturgang des Scheinwiderstandes Z. Die über den Elektrolyten angekoppelten Porenkapazitäten können bei hohen Frequenzen mit der aufgeprägten Wechselspannung nicht in vollem Umfang mitschwingen, so dass sich der in Abb. 8.50 dargestellte Verlauf ergibt. Die Temperaturabhängigkeit des Widerstandes des Elektrolyten ist ebenfalls zu sehen.

Elkos mit festem Elektrolyten

Aluminium-Elkos können auch mit festem Elektrolyten hergestellt werden. Auf einem Glasfasergewebe ist halbleitendes Mangandioxid fixiert, das den Elektrolyten bildet. Diese Typen heißen SAL-Kondensatoren (SAL = Solid Aluminium) (Abb. 8.51). Die Bauformen lassen sich mit Tantal-Elkos vergleichen. Sie zeichnen sich durch eine extrem lange Lebensdauer und einen breiten Temperaturbereich von $-55\,°C$ bis $+125\,°C$ aus.

Reihenschaltung

Jeder Elektrolytkondensator weist einen Reststrom auf, der sich im Ersatzschaltbild als ohmscher Widerstand parallel zum (idealen) Kondensator darstellt. Werden zwei Elkos in Reihe geschaltet, so müssen Symmetrierwiderstände verwendet werden (Abb. 8.52). Ohne diese Widerstände ist bei Anlegen einer Gleichspannung an die Reihenschaltung der Reststrom durch beide Elkos gleich hoch. Da der Reststrom von einzelnen Elkos unterschiedlich groß sein kann (entsprechend unterschiedlichen Widerstandswerten der Isolationswiderstände im Ersatzschaltbild), würde sich eine ungleiche Spannungsaufteilung

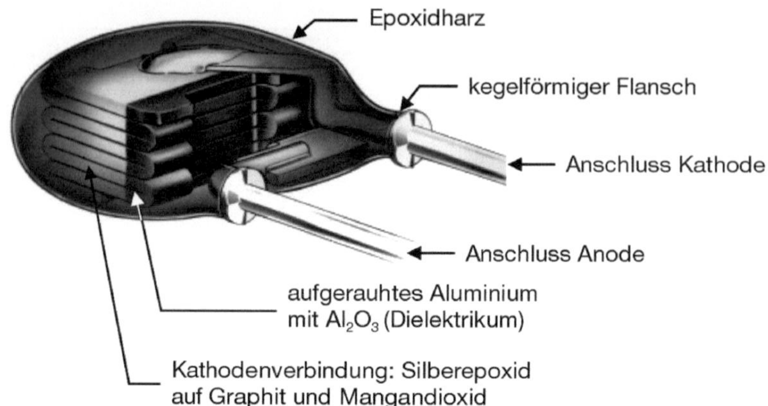

Abb. 8.51 Radial bedrahteter SAL-Aluminium-Elko

Abb. 8.52 Verwendung
von Symmetrierwiderstän-
den zur Symmetrierung der
Spannungsaufteilung bei der
Reihenschaltung von Elkos

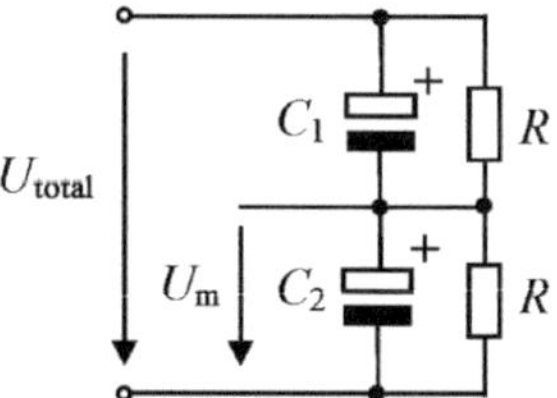

zwischen zwei in Reihe geschalteten Elkos ergeben. Als Folge kann die Nennspannung
eines Elkos überschritten werden. Durch die Symmetrierwiderstände R parallel zu jedem
Elko wird dies verhindert. In der Praxis kann der Widerstandswert von R nach folgender
Formel bestimmt werden:

$$R = 50\,\text{M}\Omega \cdot \mu\text{F} \cdot \frac{1}{C_\text{N}} \tag{8.32}$$

$C_\text{N} = $ Nennkapazität in μF

Bauformen

Als Bauform herrschen die radiale Bauform und die Becherform vor. Es sind aber auch
SMD-Bauteile erhältlich. Abb. 8.53 bis 8.58 zeigen Beispiele.

8.11.2.3 Tantal-Folien-Elektrolytkondensatoren

Tantal als Anodenmaterial besitzt gegenüber Aluminium Vorteile wie längere Lebensdauer, größere Korrosionsfestigkeit, wesentlich niedrigeren Leckstrom, hohe Konstanz der
Kapazität und des Verlustfaktors über einen weiten Temperaturbereich, wesentlich höhere
Volumenkapazität (da $\varepsilon_\text{r} \approx 26$) und eine Lagerfähigkeit für unbegrenzte Zeit ohne Verlust
der Anfangseigenschaften. Tantal ist aber um ein Mehrfaches teurer als Aluminium.

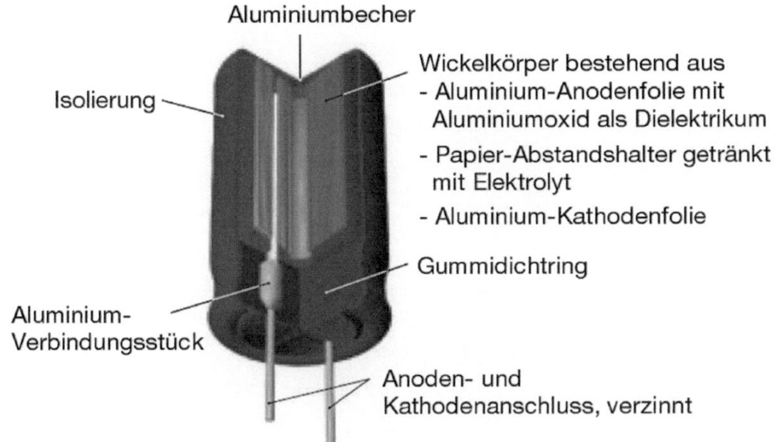

Abb. 8.53 Aluminium-Elko mit radialen Anschlüssen

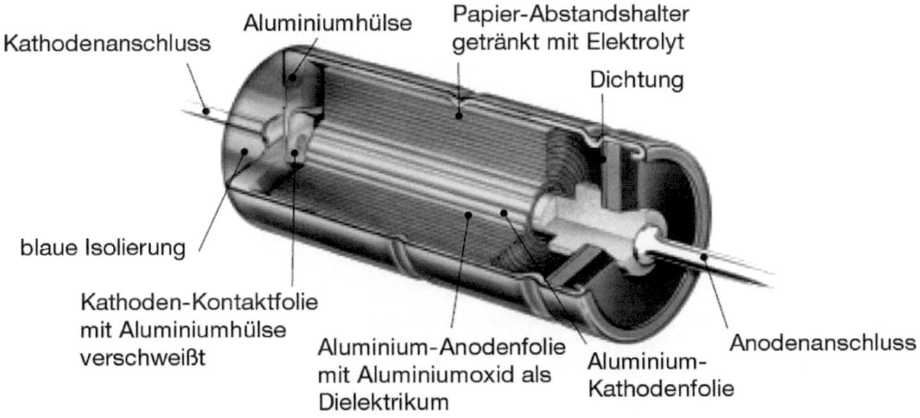

Abb. 8.54 Aluminium-Elko mit axialen Anschlüssen

Abb. 8.55 Typische Bauformen von Alu-Elkos

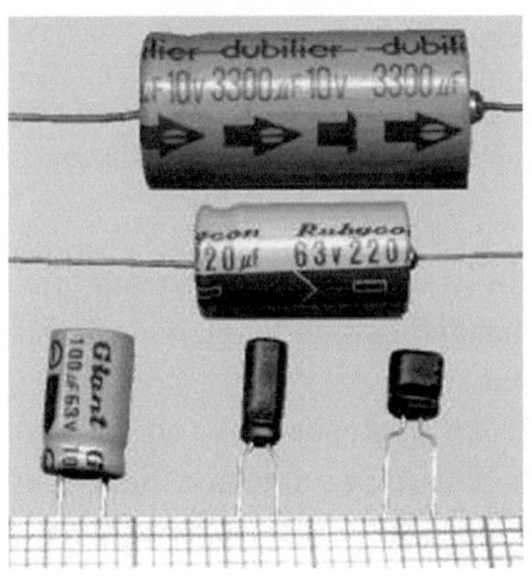

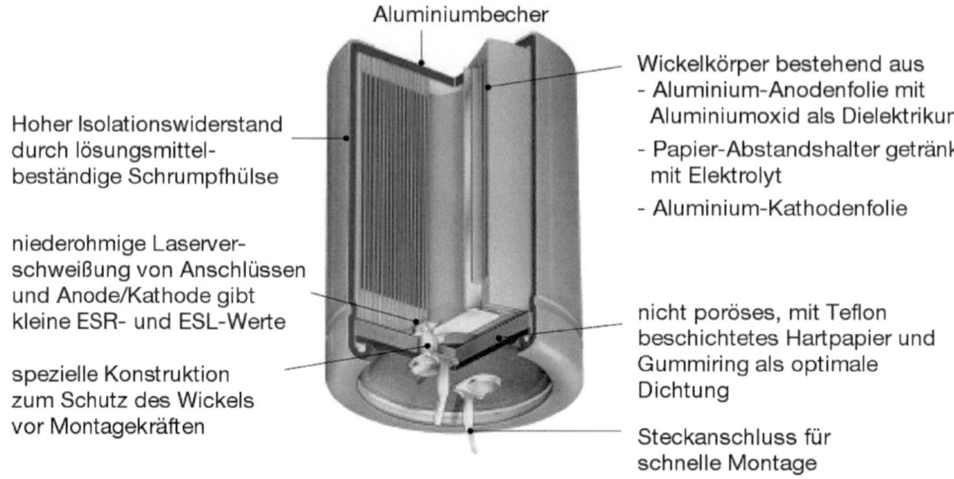

Abb. 8.56 Becher-Aluminium-Elko mit steckbaren Lötanschlüssen

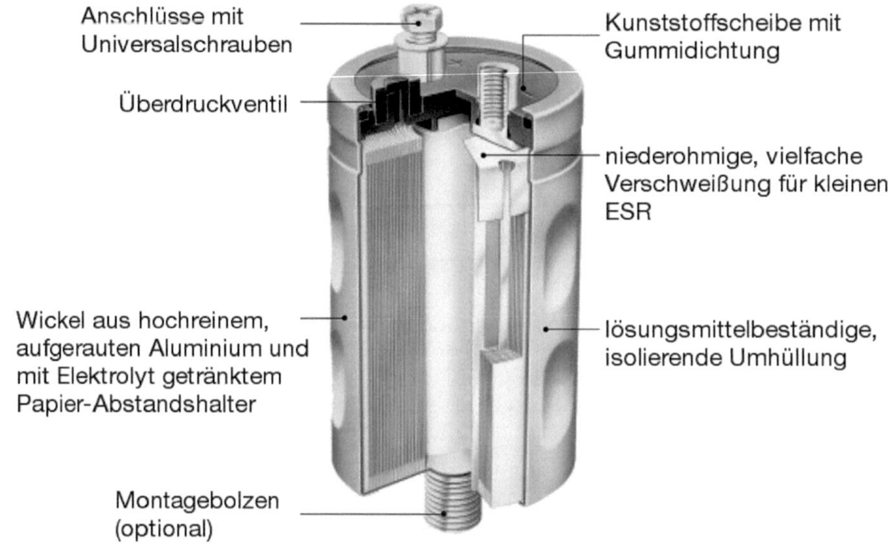

Abb. 8.57 Becher-Aluminium-Elko mit Schraubanschlüssen

Der Tantal-Kondensator ist als Wickelkondensator und als Massekondensator auf dem Markt. In beiden Fällen handelt es sich um gepolte Kondensatoren, die sehr empfindlich auf Falschpolung reagieren.

Beim Tantal-Wickel-Elektrolytkondensator wird als Anode eine Tantalfolie mit aufgerauter Oberfläche und als Elektrolyt schweflige Säure verwendet (Bauart F). Tantal lässt sich elektrolytisch oxidieren. Durch Oxidation entsteht bei der Formierung an der An-

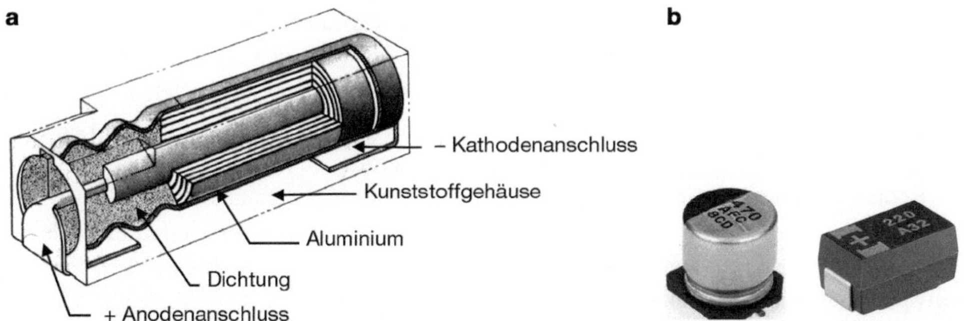

Abb. 8.58 Aufbau-Schema eines gewickelten Aluminium-Elektrolytkondensators in SMD-Bauweise (**a**) und zwei Alu-Elkos in SMD-Ausführung (**b**)

ode eine sehr durchschlagsfeste Schicht aus Tantalpentoxid (Ta_2O_5), die als Dielektrikum dient. Diese Schicht aus Ta_2O_5 verträgt außerdem aggressivere Elektrolyten (wie erwähnt z. B. Schwefelsäure), die einen geringeren Widerstand und eine geringere Temperaturabhängigkeit als andere Elektrolyten besitzen.

Tantal-Elkos haben kleine Restströme und genügen meistens erhöhten Anforderungen, sie haben gegenüber Alu-Elkos einen größeren Temperaturbereich von $-60\,°C$ bis $+125\,°C$. Die Nennspannungen reichen bis zu $U_N = 125\,V$, die Nennkapazitäten liegen bei $C_N \leq 560\,\mu F$. Der Verlustfaktor $\tan(\delta)$ von Tantal-Elkos ist frequenzabhängig, er ist wesentlich kleiner als von Alu-Elkos.

Wegen des teuren Herstellungsverfahrens (die Oxidationstemperaturen liegen sehr hoch) werden Wickelkondensatoren nur selten eingesetzt. Haupteinsatzgebiet ist die Raumfahrttechnik, in der die hohen Sicherheitsanforderungen nur von Ta-Wickelkondensatoren erreicht werden.

8.11.3 Massekondensatoren

Zur Familie der Massekondensatoren gehören die Keramik-, Tantal-Sinter-, und Glaskondensatoren. Glaskondensatoren kommen nur bei Spezialanwendungen zum Einsatz, beispielsweise in der Energietechnik für Hochspannungsanwendungen. Keramik- und Tantal-Sinter-Kondensatoren spielen dagegen beim Aufbau elektronischer Baugruppen eine große Rolle.

8.11.3.1 Keramikkondensatoren

Allgemeines

Der Begriff Keramikkondensator (kurz „Kerko" genannt) umfasst eine große Gruppe von Kondensatoren mit unterschiedlichen Eigenschaften. Ihr gemeinsames Merkmal ist die Verwendung von Oxidkeramik als Dielektrikum.

Unter Keramik versteht man allgemein einen anorganischen, polykristallinen Körper, der durch einen Brennprozess bei hohen Temperaturen entstanden ist.

Spezielle Fertigungsverfahren ermöglichen, aus keramischen Stoffen dünne Schichten herzustellen und daraus Kondensatoren aufzubauen, die in ihren elektrischen und mechanischen Eigenschaften hohen Ansprüchen gerecht werden.

Keramik-Einschicht-Kondensatoren bestehen im Wesentlichen aus einem dünnen Keramikplättchen. Der Grundkörper mit einer Stärke von $>0{,}1$ mm wird durch Pressen geformt und dann bei Temperaturen von 1200 bis 1400 °C gesintert. Die Elektroden bestehen entweder aus Einbrennsilber oder aus beidseitig aufgebrachten Kupferbelägen. Die im Tauchverfahren aufgebrachte Epoxyharz-Umhüllung verleiht dem Kondensator große mechanische Festigkeit, einen guten Feuchteschutz und gute Resistenz gegen Lösungsmittel.

Keramische Vielschicht-Kondensatoren bestehen aus einem monolithischen Keramikblock mit kammartig eingesinterten Elektroden. Diese treten an den Stirnseiten des Keramikquaders an die Oberfläche und werden dort durch eingebrannte Metallisierungen kontaktiert.

Der klassische Keramik-Kondensator bestand aus einem Keramikröhrchen. Übliche Ausführungen haben Scheiben- oder Tropfenform oder sind als Durchführungskondensatoren gestaltet. Vielschicht-Kondensatoren werden sowohl mit Anschlussdrähten als auch in SMD-Ausführung angeboten.

Keramikkondensatoren sind empfindlich gegenüber Überspannung, diese führt häufig zu einem Kurzschluss des Bauelementes. Ebenso kann es mit Ausnahme von COG/NPO-Typen zu Mikrofonie kommen. Sie unterliegen jedoch gegenüber Elektrolytkondensatoren einer geringeren Alterung.

Klasseneinteilung von Keramikkondensatoren

Bei Keramik-Kondensatoren unterscheidet man NDK- und HDK-Typen [14], die je nach Dielektrikum in drei Klassen eingeteilt werden.

NDK-Typen Kondensatoren der *Klasse* 1 weisen **n**iedrigere **D**ielektrizitäts-**K**onstanten (ε_r = 13 bis 500) auf. Sie werden auch NDK-Kondensatoren genannt. Das Dielektrikum mit Orientierungspolarisation wird als Klasse 1 Dielektrikum bezeichnet. Der Verlustfaktor $\tan(\delta)$ ist kleiner 0,0015. Die Temperaturabhängigkeit der Kapazität lässt sich durch geeignete Zusammensetzung der Keramik entweder ganz unterdrücken oder gezielt so einstellen, dass der Temperaturgang anderer Bauelemente in der Schaltung (z. B. in Schwingkreisen) kompensiert wird.

HDK-Typen HDK-Kondensatoren weisen eine **h**ohe **D**ielektrizitäts-**K**onstante (ε_r = 700 bis 15.000) auf. Der Verlustfaktor $\tan(\delta)$ liegt zwischen 0,005 und 0,07. Das Dielektrikum wird als Klasse 2 oder Klasse 3 Dielektrikum bezeichnet.

Klasse 2 Dielektrika beruhen auf ferroelektrischer Keramik. Damit lassen sich Kondensatoren mit sehr hoher Volumenkapazität herstellen, die allerdings temperatur-, spannungs- und zeitabhängig sind. Die Kapazität geht bei diesen Kondensatoren mit der Zeit zurück, lässt sich aber durch Erhitzen über die Curie-Temperatur (ca. 130 °C) wieder auf den ursprünglichen Wert erhöhen.

Klasse 3 Dielektrika bestehen aus einer Keramik, deren einzelne Körner innen halbleitend sind und außen an den Korngrenzen eine Sperrschicht aufweisen. Bei diesen so genannten keramischen Sperrschicht-Kondensatoren erhält man sehr hohe Kapazitäten auf kleinem Raum. Hier wird die Keramikmasse Bariumtitanat (ferroelektrisch) durch Entzug von Sauerstoff leitfähig und anschließend an der Oberfläche durch Oxidation wieder zum Isolator gemacht. So entstehen extrem dünne dielektrische Schichten. An diese Sperrschicht-Kondensatoren dürfen allerdings keine hohen Anforderungen hinsichtlich Kapazitätskonstanz, $\tan(\delta)$ und Temperaturkoeffizient gestellt werden. Auch die Betriebsspannung ist sehr gering.

HDK-Kondensatoren werden als Sieb-, Stütz- oder Koppelkondensatoren eingesetzt, wenn bei kleinen Abmessungen hohe Kapazitätswerte gewünscht werden.

Zusammenfassung der Typeneinteilung und Anwendungen
Je nach chemischer Zusammensetzung ihrer keramischen Dielektrika, welche die wesentlichen elektrischen Eigenschaften bestimmen, werden Keramikkondensatoren in drei Typen oder Klassen unterteilt und wie folgt klassifiziert.

Klasse 1 Kondensatoren
Das Dielektrikum (ε_r zwischen 13 und 500) ist hauptsächlich eine Mischung von Metalloxiden (z. B. Oxide der Lanthanide und Titandioxid TiO_2).

Dieser Typ zeichnet sich aus durch folgende Eigenschaften:

- reversible, annähernd linear von der Temperatur abhängige Kapazitätsänderung
- konstanter, kleiner Temperaturkoeffizient der Kapazität von ca. ± 30 ppm/K
- keine nennenswerte Alterung, d. h. hohe Stabilität des Kapazitätswertes
- Kapazität und Verlustfaktor sind nicht spannungsabhängig
- niedrige dielektrische Verluste, der Verlustfaktor ist ca. 0,001
- große Konstanz der Kapazität ermöglicht enge Toleranzen
- sehr hoher Isolationswiderstand, geringe elektrische Verluste bis in den UHF-Bereich.

Klasse 1 Kondensatoren werden zur Temperaturkompensation in Schwingkreisen und Filtern, in Messverstärkern, in Zeitgliedern und zur Kopplung/Entkopplung und Siebung in HF-Kreisen verwendet.

Klasse 2 Kondensatoren
Das Dielektrikum besteht vorwiegend aus Titanaten (Barium, Kalzium, Strontium) und Zirkonaten mit Perovskitstruktur (Materialgruppe mit der allgemeinen Aufbauformel ABO_3, wie Bariumtitanat $BaTiO_3$). Die Permittivitätszahl ε_r liegt hoch zwischen 700 und 15.000.

Dieser Typ zeichnet sich durch folgende Merkmale aus:

- nichtlineare Abhängigkeit der Kapazität von der Temperatur und der Spannung
- großer Temperaturkoeffizient im Bereich einige %/K
- erhebliche Alterung, wesentlich geringere zeitliche und elektrische Konstanz der Kapazität als Klasse 1 Kondensatoren
- größere Verluste als Klasse 1 Kondensatoren, der Verlustfaktor ist ca. 0,03
- hoher Isolationswiderstand
- hohe Volumenkapazität.

Die Anwendungen liegen im Bereich Abblocken und Siebung (Funkentstörung bei Kleinspannung) und bei Kopplung/Entkopplung, wenn höhere Kapazitäten verlangt werden, aber keine große Kapazitätskonstanz erforderlich ist, z. B. in NF-Filtern, Demodulatoren usw.

Klasse 3 Kondensatoren oder Sperrschicht-Kondensatoren

Als Dielektrikum findet ferroelektrisches, halbleitendes Barium- oder Strontium-Titanat Anwendung ($\varepsilon_r = 10^4$ bis 10^5). Ein Handelsname ist z. B. „Sibatit".

Dieser Typ hat folgende Eigenschaften:

- noch größere nichtlineare Abhängigkeit der Kapazität von der Temperatur und der Spannung als Klasse 2 Kondensatoren
- sehr induktivitätsarm
- bei großer Frequenzabhängigkeit relativ niedriger Isolationswiderstand
- hohe Volumenkapazität.

Die Anwendungen liegen ähnlich wie bei Klasse 2 Kondensatoren, wenn Bedarf an sehr hohen Kapazitätswerten bei kleinem Volumen und niedrigen Spannungen besteht. Beispiele sind Entkopplung und Siebung bei geringerem Anspruch an die Kapazitätskonstanz.

Kategorien von Keramikkondensatoren nach EIA

Keramikkondensatoren werden nach EIA in Kategorien eingeteilt, welche über die Qualität und den Einsatzbereich Aufschluss geben. Die Klassifizierung erfolgt über einen dreistelligen Code.

Klasse 1 Kondensatoren nach EIA 198-1; -2; -3

Tab. 8.25 Code nach EIA von Keramikkondensatoren mit Klasse 1 Dielektrika

Code	Temp.Koeff. α	Code	Multiplikator von α $\Rightarrow$ ergibt α in ppm/°C	Code	Kapazitätstoleranz in ppm/°C
C	0,0	0	-1	G	±30
M	1,0	1	-10	H	±60
P	1,5	2	-100	J	±120
R	2,2	3	-1000	K	±250
S	3,3	5	$+1$	L	±500
T	4,7	6	$+10$	M	±1000
U	7,5	7	$+100$	N	±2500
		8	$+1000$		

NP0 entspricht C0G

Klasse 1 Kondensatoren nach EN 132100 / IEC 60384-8

Tab. 8.26 Code nach IEC von Keramikkondensatoren mit Klasse 1 Dielektrika

Nennwert Temperaturkoeffizient α $(10^{-6}/°C)$	Max. Abweichung von α $(10^{-6}/°C)$	Klasse	Code für	
			α	Max. Abweichung
$+100$	±30	1B	A	G
0	±30	1B	C	G
-33	±30	1B	H	G
-75	±30	1B	L	G
-150	±30	1B	P	G
-220	±30	1B	R	G
-330	±60	1B	S	H
-470	±60	1B	T	H
-750	±120	1B	U	J
-1000	±250	1F	Q	K
-1500	±250	1F	V	K
$-1000 \leq \alpha \leq +140$		1C	SL	$-$
$-1750 \leq \alpha \leq +250$		1C	UM	$-$

Klasse 2 Kondensatoren nach EIA 198-1; -2; -3

Tab. 8.27 Code nach EIA von Keramikkondensatoren mit Klasse 2 Dielektrika

Code 1. Stelle	Minimale Temperatur	Code 2. Stelle	Maximale Temperatur	Code 3. Stelle	Max. Kapazitätstoleranz in % (bezogen auf Nennwert bei 25 °C)
X	$-55\,°C$	4	$+65\,°C$	A	$\pm1,0$
Y	$-30\,°C$	5	$+85\,°C$	B	$\pm1,5$
Z	$+10\,°C$	6	$+105\,°C$	C	$\pm2,2$
		7	$+125\,°C$	D	$\pm3,3$
		8	$+150\,°C$	E	$\pm4,7$
				F	$\pm7,5$
				P	$\pm10,0$
				R	$\pm15,0$
				S	$\pm22,0$
				T	$+22, -33$
				U	$+22, -56$
				V	$+22, -82$

Beispiel 8.4

Der Aufdruck X7R auf einem Keramikkondensator bedeutet, der Temperaturbereich reicht von $-55\,°C$ bis $+125\,°C$, die Kapazitätstoleranz ist $\pm15\,\%$.

Klasse 2 Kondensatoren nach EN 132100 / IEC 60384-10

Tab. 8.28 Code nach IEC von Keramikkondensatoren mit Klasse 2 Dielektrika

Klassen-Code	Max. Kapazitätsänderung in % im spezifizierten Temperaturbereich		Code für spezifizierten Temperaturbereich (°C)				
	Ohne Gleichspannung	Mit Gleichspannung	$-55/+125$	$-55/+85$	$-40/+85$	$-25/+85$	$+10/+85$
			1	2	3	4	6
2B	$\pm10\,\%$	$+10/-15\,\%$	–	X	X	X	–
2C	$\pm20\,\%$	$+20/-30\,\%$	X	X	X	–	–
2D	$+20/-30\,\%$	$+20/-40\,\%$	–	–	–	X	–
2E	$+22/-56\,\%$	$+20/-70\,\%$	–	X	X	X	X
2F	$+30/-80\,\%$	$+30/-90\,\%$	–	X	X	X	X
2R	$\pm15\,\%$	–	X	–	–	–	–
2X	$\pm15\,\%$	$+15/-25\,\%$	X	–	–	–	–

Tab. 8.29 Charakteristische Daten verschiedener Dielektrika von Keramikkondensatoren

Dielektrikum	Klasse 1	Klasse 2				
Keramikart	CG, C0G	BX	X7R	2C1	Z5U	2F4
Temperaturbereich	$-55\ldots+125\,°\text{C}$	$-55\ldots+125\,°\text{C}$			$+10\ldots+85\,°\text{C}$	$-25\ldots+85\,°\text{C}$
Max. rel. Kapazitätsänderung $\Delta C/C_{25\,°\text{C}}$ im Temperaturbereich	–	$\pm15\,\%$	$\pm15\,\%$	$\pm20\,\%$	$+22/{-}56\,\%$	$+30/{-}80\,\%$
Temperaturkoeffizient	±30 ppm/K	–				
Verlustfaktor $\tan(\delta)$	0,0015	< 0,025			< 0,030	
Isolationswiderstand in GΩ bei 25 °C	> 100	> 100			> 10	
Alterung (Kapazitätsänderung pro log. Zeitdekade	–	$-2\,\%$			$-5\,\%$	
E-Reihe	E12	E6				

Es sei noch erwähnt, dass es bei Keramikkondensatoren zu Mikrofonie-Effekten kommen kann. Durch mechanische Einwirkungen (Erschütterungen) werden durch den Piezo-Effekt am Kondensator steile und schmale Spannungsimpulse erzeugt, die in Audio-Verstärkerschaltungen zu Knackstörungen führen können. Durch Klopfen auf das Bauteil kann man mit einem Oszilloskop auch testen, ob es sich um einen Folien- oder einen Keramikkondensator handelt. Einige Ausführungen von Keramikkondensatoren zeigt Abb. 8.59. Abb. 8.60 zeigt schematisch den Aufbau eines Keramik-Vielschicht-Chip-Kondensators. In Abb. 8.61 ist die Abhängigkeit der Kapazität von der Temperatur von Keramikkondensatoren mit unterschiedlichen Dielektrika dargestellt.

Bruch von Keramikkondensatoren, Tipps aus der Praxis

Tritt in einem Keramik-Vielschicht-Chip-Kondensator ein Bruch auf, so führt dies zu einem Kurschluss zwischen dessen Schichten. Der zu Beginn fließende geringe Kurz-schlussstrom steigt im Laufe der Zeit an und kann schließlich zum Abbrand des Konden-sators führen, wenn er parallel zu einer Stromversorgung liegt.

Ein Bruch kann folgende Ursachen haben:

- Ein ungleicher Lotpastenauftrag führt zu einer schrägen Lage, es erfolgt ein Bruch durch den so genannten *Schraubstockeffekt* beim Abkühlen des Lotes. Abhilfe schafft eine identische Lotpastenmenge auf beiden SMD-Pads.

Abb. 8.59 Beispiele für Keramikkondensatoren unterschiedlicher Ausführung

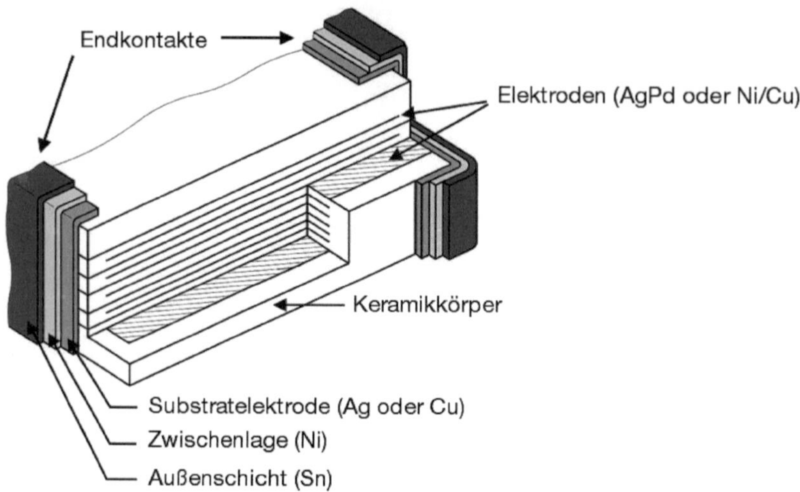

Abb. 8.60 Aufbau eines Keramik-Vielschicht-Chip-Kondensators

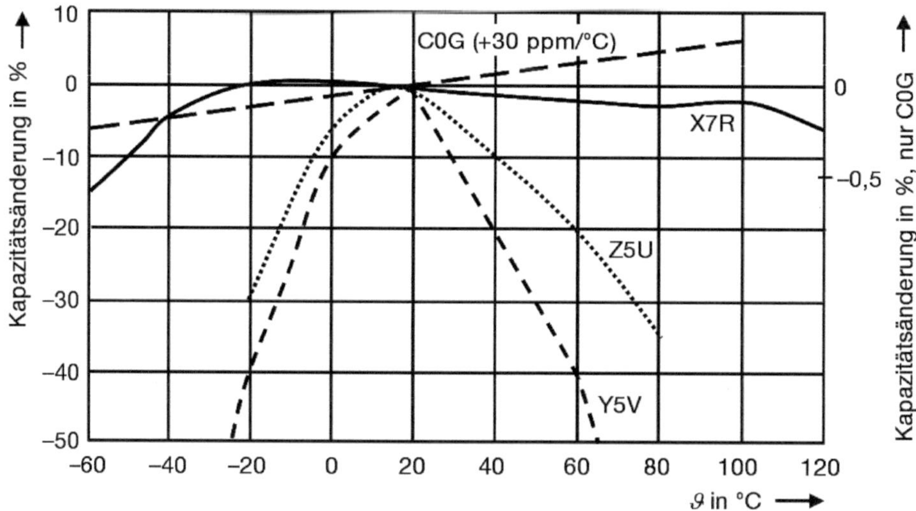

Abb. 8.61 Typische Abhängigkeit der Kapazität von der Temperatur von Keramikkondensatoren mit gebräuchlichen Dielektrika

- Bei der SMD-Bestückung können zu hohe Kräfte durch die Bestückmaschinen ausgeübt werden. Abhilfe schafft eine Kraftüberwachung oder eine Federung.
- Beim Reflowlöten kann ein zu schnelles Aufheizen oder Abkühlen erfolgen, erkennbar wird dies durch einen parallelen Bruch. Als Empfehlung gilt: Aufheizen mit $< 2\,\mathrm{K/s}$ und Abkühlung mit $< 3\,\mathrm{K/s}$.

- Beim Schwalllöten liegt eine falsche Lötrichtung vor. Damit der Kerko gleichmäßig erwärmt wird, soll er mit seinen Anschlüssen parallel zur Lötwelle liegen.

- Beim Einpressen von Steckkontakten treten zu hohe Kräfte auf und damit eine zu starke Durchbiegung/Torsion der Leiterplatte. Die Leiterplatte muss beim Einpressvorgang richtig aufliegen oder unterstützt werden.

- Beim *Nutzentrennen* erfolgt eine zu starke Durchbiegung/Torsion der Leiterplatte. Hierzu ist zu sagen: Ein Cutter ist besser als ein rotierendes Messer. Die Kerkos müssen im Layout mit ihren Anschlüssen parallel zur Trennlinie gesetzt werden, nicht im rechten Winkel. Vom Leiterplattenrand sollen die Kerkos einen möglichst großen Abstand haben, mindestens jedoch 5 mm.

- Bei der Montage einer Leiterplatte in ein Gehäuse erfolgt eine zu starke Durchbiegung/Torsion der Leiterplatte. Ein maschinelles Montieren ist zu bevorzugen.

- Bei der Montage einer Baugruppe erfolgt eine zu starke Durchbiegung/Torsion der Leiterplatte. Die auftretenden Kräfte bei der Montage einer fertigen Baugruppe müssen bei der Konstruktion der Baugruppe berücksichtigt werden.

Es sind auch spezielle Keramikkondensatoren im Handel, die bei Bruch keinen Kurzschluss verursachen (z. B. „Open Mode" oder „no short"-Typen). Auch eine Reihenschaltung von zwei Kondensatoren verhindert einen Kurzschluss (ist aber teurer als nur ein Kerko).

8.11.3.2 Tantal-Sinter-Elektrolytkondensatoren

Unterschieden wird zwischen Tantal-Sinter-Kondensatoren mit flüssigem Elektrolyten (Bauart S, nasser Typ) und trockenem Elektrolyten (Bauart SF, trockener Typ).

Tantal-Sinter-Kondensatoren haben eine Anode aus gesintertem Tantalpulver. Bei der Formierung entsteht durch Oxidation an der Oberfläche eine Tantalpentoxidschicht Ta_2O_5, die als Dielektrikum dient. Da sich in den Poren nur sehr dünne Oxidschichten (ca. 100 nm) aufwachsen lassen, sind Sinterkondensatoren nur für relativ niedrige Spannungen ($\leq$ 63 V) herstellbar. Ausführungsformen und Aufbau zeigen Abb. 8.62, 8.63, 8.64 und 8.65.

Die Kathode der Tantal-Sinterkondensatoren mit flüssigem Elektrolyt besteht aus Schwefelsäure oder Lithiumchloridlösung.

Bei den Bauformen mit festem Elektrolyt wird die Anode mit einer Mangannitratlösung getränkt, die sich in einem thermischen Prozess beim Erhitzen unter Bildung von Mangandioxid (MnO_2, n-leitendes Halbleitermaterial, Braunstein genannt) zersetzt und sich als fester Halbleiterelektrolyt in den Poren und an der Oberfläche der Anode abscheidet. Die Zuführung erfolgt durch eine Metallschicht, die auf den Elektrolyt aufgebracht ist. Die Kondensatorbauart SF ist besonders robust; sie darf mit Wechselspannung bis 15 % der Nennspannung betrieben werden. Sie ist jedoch gegen große Stromstärken (auch kurzfristig) empfindlich.

Da Mangandioxid eine hohe Leitfähigkeit besitzt, sind der Serienwiderstand und der Verlustwinkel klein. Tantal-Elkos sind sehr empfindlich gegen Falschpolung, auch wenn diese nur sehr kurzzeitig ist. Sie haben aber gegenüber den Alu-Elkos den Vorteil, dass

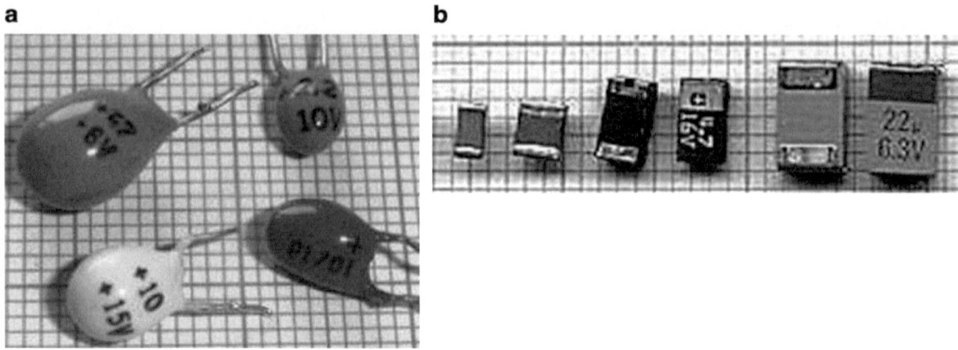

Abb. 8.62 Bedrahtete Tantal-Elkos in Tropfenform (**a**), SMD-Elkos (**b**)

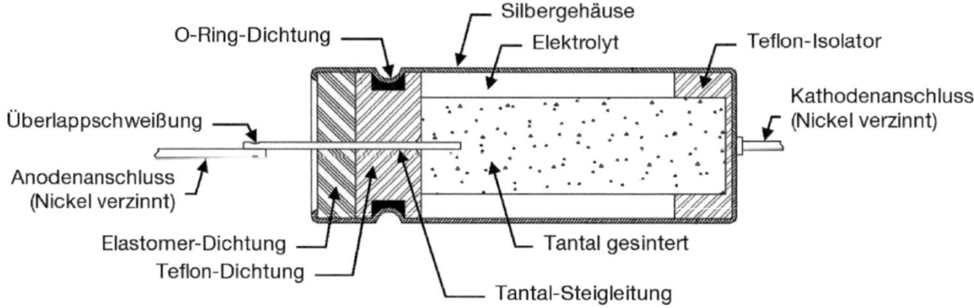

Abb. 8.63 Querschnitt eines nassen Tantal-Sinter-Elkos

Abb. 8.64 Querschnitt durch einen trockenen Tantal-Sinter-Elko

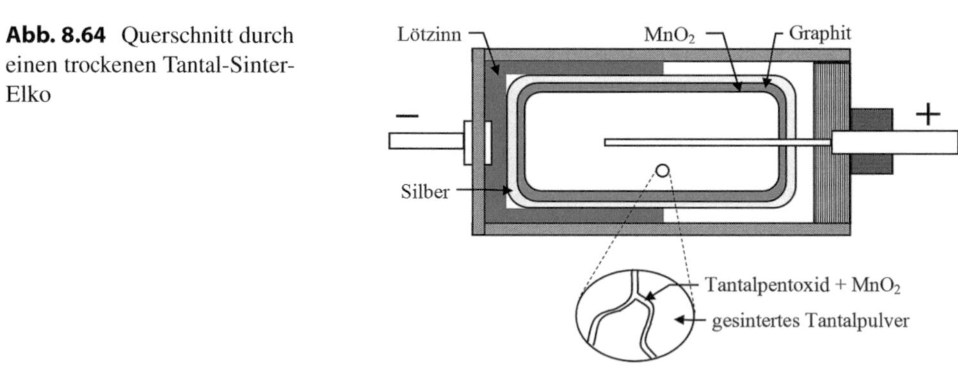

sich ihre Eigenschaften auch bei langer Lagerung (bis zu 3 Jahren) nicht verändern. Außerdem haben sie eine größere Lebensdauer als Alu-Elkos und eine hohe Zuverlässigkeit auch bei erhöhten Temperaturen. Abb. 8.66 zeigt den Verlauf des Verlustfaktors.

8.11.3.3 Niob-Elektrolytkondensatoren

Niob-Elkos haben im Prinzip den gleichen Aufbau wie Tantal-Elkos. Die Kathode besteht wieder aus halbleitenden Mangandioxid (MnO_2). Bei gleicher Bauform lässt sich etwa die dreifache Kapazität wie bei Tantal-Kondensatoren realisieren. Ein Nachteil ist, dass

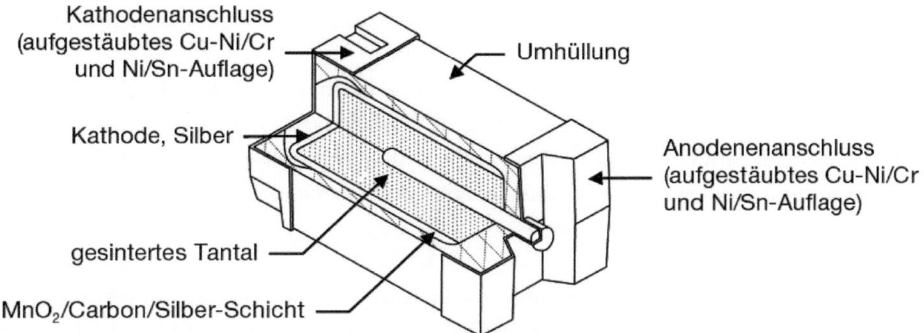

Abb. 8.65 Beispiel für den Aufbau eines Tantal-Chip-Elkos

Abb. 8.66 Prinzipieller Verlauf des Verlustfaktors in Abhängigkeit der Temperatur von Alu-Elkos und Tantal-Sinter-Elkos

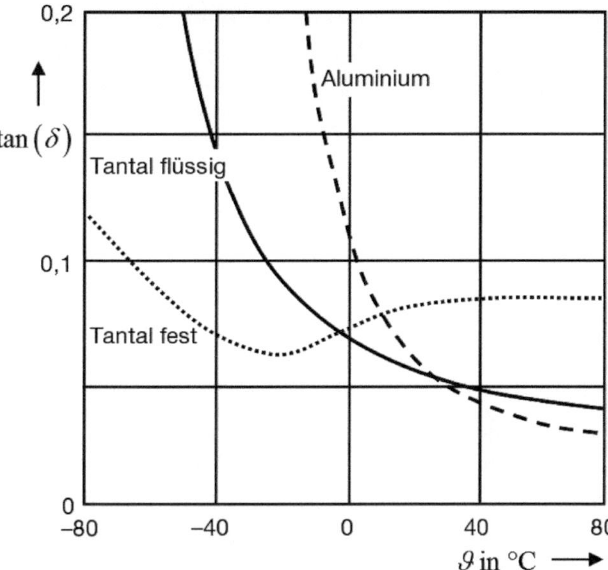

die Leckströme höher sind als bei den Tantal-Elkos. Der Bereich der Nennspannung geht bis ca. 10 Volt. Der größte Vorteil von Niob gegenüber Tantal ist die wesentlich höhere Verfügbarkeit und die dadurch bedingten niedrigeren Kosten.

8.11.3.4   Glaskondensatoren

Glaskondensatoren werden z. B. in der Raumfahrt, in Triebwerksensoren, in medizinischen Überwachungssystemen, in Audiogeräten und in ausfallkritischen Steuerschaltungen in Hochtemperatur-Ölquellen-Erkundungssystemen eingesetzt. In diesen Anwendungen muss der Kondensator starke Stoßbelastungen, große Temperaturschwankungen und Strahlungsbelastungen unterschiedlicher Art überstehen. Oft kommt erschwerend hinzu, dass der Kondensator während langer Zeit spannungs- und stromlos ist. Die meisten Anwendungen von Glaskondensatoren sind ausfallkritisch, typische Beispiele sind Schaltungen zum Aufwecken und Abtrennen von Steuerschaltungen, Empfängern und Sensoren und Sample-and-Hold-Schaltungen.

Vorteile von Glaskondensatoren sind ihre Rauscharmut, hohe Genauigkeit und sehr hohe Zuverlässigkeit in Umgebungen, die durch wiederholte starke Temperaturschwankungen und hohe Stoßbelastung gekennzeichnet sind. Weiterhin zeichnen sich Glaskondensatoren durch höchste Zuverlässigkeit, hohe Widerstandsfähigkeit gegen radioaktive Strahlung, kein piezoelektrisches Rauschen, ultra-geringe dielektrische Absorption und einen Betriebstemperaturbereich von $-188\,°\mathrm{C}$ bis $+200\,°\mathrm{C}$ aus. Glaskondensatoren sind die idealen „verlustfreien" Kondensatoren. Der Kapazitäts-Temperaturgang beträgt z. B. nur $\pm 5\,\mathrm{ppm}$. Der Temperaturgang ist unabhängig vom Alter des Bauteils und von der anliegenden Spannung.

Ein axial bedrahteter Glaskondensator besteht aus nur drei Materialien: Glas (Dielektrikum und Gehäuse), Aluminiumfolie (Elektroden) und Zuleitungsdrähte. Der Aufbau erfolgt in Multilayer-Technik. Die geschmolzen-monolithische Konstruktion des Glasdielektrikum-Kondensators führt zu einem großen Gütefaktor (Q) und einem kleinen Verlustfaktor mit nur geringer Frequenz- und Temperaturabhängigkeit.

8.11.4 Schichtkondensatoren

8.11.4.1 Keramik-Vielschicht-Kondensatoren

Die Vielschicht-Kondensatoren bestehen aus einem hochfesten, geschichteten Keramikblock. Weiche, gummiartig flexible Keramikfolien einer Stärke von ca. $25\,\mu\mathrm{m}$ werden mittels Siebdruck mit einer dünnen Metallschicht (ca. $5\,\mu\mathrm{m}$) metallisiert. Die einzelnen Folien werden anschließend in vielen Lagen übereinander geschichtet, gepresst und gesintert. Daraus resultiert ein monolithischer stabiler Block, der an den Stirnseiten durch eine zusätzliche Metallisierung mit anschließendem Einbrennprozess kontaktiert wird. Durch Abtragen der Elektroden lassen sich die Kondensatoren auf 1 % Genauigkeit abgleichen. Die Vielschicht-Kondensatoren haben eine lange Lebensdauer und eine sehr geringe Selbstinduktion, so dass Anwendungen bis in den GHz-Bereich möglich sind.

8.11.4.2 Dick- und Dünnschicht-Kondensatoren

In den Technologien Dünnschicht (Sputtern) oder Dickschicht (Siebdruck) können ebenfalls Kondensatoren realisiert werden. Kondensatorpasten erlauben die Herstellung integrierter Plattenkondensatoren. Verwendet werden dielektrische Pasten mit ferroelektrischen Zusätzen ($\varepsilon_\mathrm{r} \approx 1000$) oder dielektrischen Zusätzen ($\varepsilon_\mathrm{r} \approx 80$). Aus Platzgründen sind jedoch nur Kapazitäten in der Größenordnung bis $100\,\mathrm{pF}$ realisierbar. Außerdem sind die Ausbeuten wesentlich geringer und der Abgleich der Fertigungstoleranz ist erheblich schwieriger als bei Dickschichtwiderständen. Aus diesen Gründen wird meist auf die drucktechnische Realisierung von Kondensatoren verzichtet und stattdessen auf Chip-Kondensatoren zurückgegriffen.

8.11.4.3 Glimmerkondensatoren

Glimmerkondensatoren werden nach der englischen Übersetzung auch als Mica-Kondensatoren bezeichnet. Als Dielektrikum für Glimmer-Kondensatoren wird i. Allg. Kaliglimmer ausgewählt, der von Natur her Schichtstruktur aufweist. Eine sorgfältige Auswahl des Naturproduktes sorgt für einschlussfreie Glimmerschichten, die in dünne Plättchen gespalten werden. Die Plättchen werden metallisiert, gestapelt, gesintert und die Beläge miteinander verbunden. Abschließend erhält der Stapel eine gegen Umgebungseinflüsse schützende Hülle.

Glimmerschichten zeichnen sich durch eine hervorragende Wärmebeständigkeit (bis zu 1000 °C) und chemische Resistenz aus. Weitere Daten sind:

- Permittivitätszahl im Bereich zwischen 6,5 und 8
- Verlustfaktor: ca. 10^{-4}
- Durchschlagfestigkeit: 70 kV/mm
- sehr alterungsbeständig, Kapazitätskonstanz 2 ‰
- Temperaturkoeffizient: 10 bis 40 ppm/K
- zulässiger Temperaturbereich: -55 °C bis 150 °C.

Durch die hohe Langzeitkonstanz aller Parameter eignen sich Glimmerkondensatoren insbesondere für HF-Schwingkreise und Filter. Anwendungsgebiete sind Messzwecke, hohe Frequenzen, hohe Spannungen, Hochspannungsimpulse, hohe Umgebungstemperaturen und hochzuverlässige Impulsschaltungen.

8.11.5 Doppelschicht-Kondensatoren

Aufbau und Funktionsweise

Der Doppelschicht-Kondensator stellt eine besondere Form eines Kondensators dar, da er ohne Dielektrikum arbeitet.

Diese Kondensatoren bieten eine sehr hohe Kapazität bei kleiner Baugröße. Sie bestehen aus einem porösen, leitfähigen Material, z. B. Aktivkohle (mit Oberflächen bis 200 m²/g) oder sehr dünnen Folien aus einem speziellen Kohlenstofffilm als einer Elektrode und einem Elektrolyten, z. B. KOH, als zweiter Elektrode. Ionen sind in wässrigen Elektrolyten von Wassermolekülen umgeben. Diese werden wegen ihrer Dipoleigenschaft von den elektrisch geladenen Ionen angezogen. Um jedes Ion herum entsteht dadurch eine so genannte *Solvathülle* (Abb. 8.67). Außer wässrigen werden auch organische Elektrolyte verwendet.

Durch eine zwischen der porösen Elektrode und dem Elektrolyten angelegte Spannung wandern die Ionen zu der Elektrode. Ist die angelegte Spannung kleiner als die Zersetzungsspannung des Elektrolyten (bei der ein elektrolytischer Abscheidungsprozess beginnen würde), so bleiben die Ionen von der Elektrode getrennt, da sie von Solvathüllen umgeben sind. Es findet also kein Ladungsaustausch zwischen Elektrode und Ionen

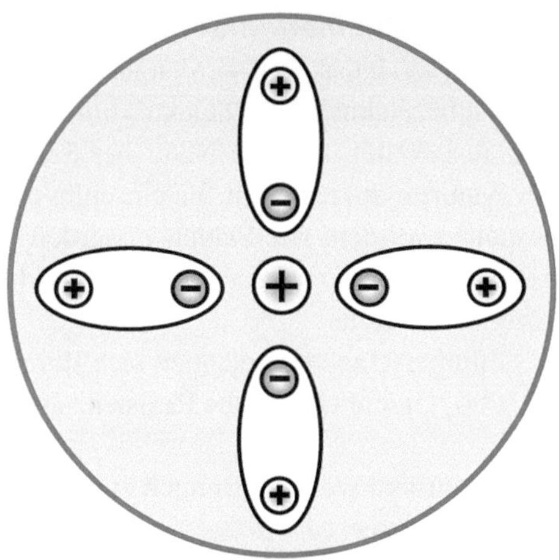

Abb. 8.67 Positives Ion mit Solvathülle

statt, die Ionen werden nicht entladen. Auf der Elektrodenoberfläche bildet sich eine elektrische Doppelschicht aus (bestehend aus Schichten mit entgegengesetzter Polarität bzw. Flächenladungsdichte). In dieser Doppelschicht werden die Ionen von der geladenen Elektrode festgehalten, von der sie nur durch die äußerst dünnen Solvathüllen mit einer Dicke von 0,1 bis 1 nm getrennt sind. Dieses „Festhalten" bleibt auch dann noch bestehen, wenn die angelegte Spannung abgeschaltet wird. Es liegt somit eine Speicherung von Ladung vor. Durch die extrem dünne Solvathülle entspricht die Anordnung einem Kondensator mit sehr kleinem Abstand der Platten und dadurch sehr hoher Kapazität. Ein Nachteil ist die geringe Spannungsfestigkeit, da die Solvathüllen durch die auftretenden Kräfte im elektrischen Feld bei höheren Spannungen zerstört würden. Da sich der Elektrolyt bei gebräuchlichen Bauformen von Doppelschicht-Kondensatoren zwischen zwei porösen Elektroden befindet, ist die Spannungsfestigkeit etwas höher, da zwei Kondensatoren in Reihe geschaltet sind.

Der größte Vorteil von Doppelschicht-Kondensatoren liegt in der Energie, die pro Volumen gespeichert werden kann. Doppelschicht-Kondensatoren haben eine bis zu 100-mal höhere Kapazität als herkömmliche Kondensatoren mit gleicher Baugröße. Die Energiedichte erreicht fast die Werte von Akkumulatoren, diese Kondensatoren liegen damit in ihrer Speicherdichte zwischen herkömmlichen Kondensatoren und Akkumulatoren. Die Energie kann allerdings sehr viel schneller als bei einem Akku gespeichert und wieder freigegeben werden, außerdem kann ein solcher Kondensator wesentlich häufiger ge- und entladen werden, da hier anders als beim Akkumulator keine elektrochemischen Vorgänge zur Ladungsspeicherung genutzt werden. Ferner sind sie ungepolt und damit unempfindlich gegenüber Falschpolungen.

Die max. Zellspannungen liegen je nach Elektrolyt zwischen 1,5 V und 3,0 V. Kapazitäten von bis zu 5000 F bei einer Nennspannung von 2,3 V sind realisierbar. Der Innenwiderstand ist ca. 1 mΩ. Der zulässige Temperaturbereich reicht von $-30\,°C$ bis $+70\,°C$. Der Leckstrom beträgt ca. 3 mA.

Typische Bezeichnungen für diese Kondensatoren sind „Goldcap" oder „Ultra-Cap".

Einsatzgebiete

Ultra-Caps eignen sich für den Einsatz als Pufferspannungsquelle für CMOS-Schaltungen zum Datenerhalt nach dem Abschalten der Versorgungsspannung. In unterbrechungsfreien Stromversorgungen können Ultra-Caps an Stelle von Blei-Akkumulatoren als Speichermedium verwendet werden.

Auch in der Automobiltechnik werden Doppelschicht-Kondensatoren eingesetzt. Sie lassen sich schneller aufladen als Akkumulatoren und ihre Leistungsdichte ist höher. Somit ist ihr Einsatz immer dann von Vorteil, wenn vorübergehend hohe Lade- oder Entladeströme benötigt werden. Dies ist bei regenerativen Bremssystemen der Fall, bei denen in Hybridfahrzeugen beim Abbremsen ein Teil der Bewegungsenergie des Fahrzeugs zurückgewonnen und in elektrische Energie umgewandelt wird.

Für Anwendungen im Bereich des Wechselstroms eignen sich Doppelschicht-Kondensatoren nicht. Durch die hohen Kapazitätswerte von bis zu einigen Farad liegen erreichbare Grenzfrequenzen in der Gegend von 1 Hz, selbst wenn die Serienwiderstände sehr klein sind und im Bereich von wenigen mΩ liegen.

Zusammenfassung der Eigenschaften

Vorteile
- Kurze Ladezeit
- Extrem lange Lebensdauer und mehr als 500.000 Lade/Entladezyklen
- Kurzschlussfest
- Große Entladeströme (0,5 kA)
- Wartungsfrei, kein Memoryeffekt
- Tiefentladungsfest
- Ladung ab sehr kleinen Strömen, keine spezielle Laderegelung notwendig
- Breiter Temperaturbereich ($-30\,°C$ bis $+70\,°C$)

Nachteile
- Keine Konstantspannung, Spannung steigt beim Laden und fällt beim Entladen
- Spez. Energiedichte niedriger als bei modernen Akkus
- Zusätzlicher Aufwand für Symmetrierung der Zellspannungen.

In Tab. 8.30 werden Richtgrößen der Kennwerte von Elektrolytkondensatoren, Doppelschicht-Kondensatoren und Akkumulatoren verglichen.

8.11.6 Veränderbare Kondensatoren

Veränderbare Kondensatoren werden als Drehkondensatoren oder Trimmkondensatoren gefertigt. Die Schaltzeichen zeigt Abb. 8.68. Diese Kondensatoren spielten früher beim Abgleich des Eingangskreises eines Rundfunkempfängers eine große Rolle, heute werden sie kaum noch verwendet.

Tab. 8.30 Vergleich der Kennwerte (Richtwerte) von Elektrolytkondensatoren, Doppelschicht-Kondensatoren und Akkumulatoren

Kennwert	Elko	Doppelschicht-Kondensator	Lithium-Ionen-Akkumulator
Wirkungsgrad (%)	98	95	90
Lade-, Entladezyklen	10^6	10^5 bis 10^6	10^3
Energiedichte (Wh/kg)	0,05 bis 0,3	1,5 bis 8	50 bis 250
Ladezeit	einige µs bis ms	100 ms bis einige s	0,5 bis 2 h
Entladezeit	einige µs bis ms	100 ms bis einige s	0,2 bis 4 h

Abb. 8.68 Schaltzeichen für Drehkondensator (**a**) und Trimmkondensator (**b**)

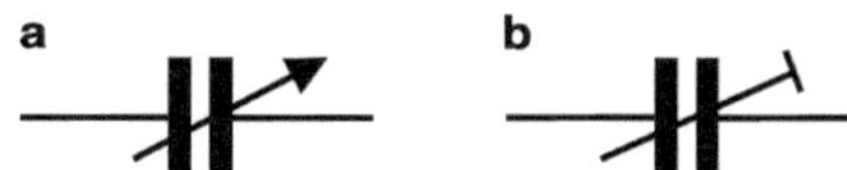

Drehkondensatoren bestehen aus einem feststehenden Stapel von Metallplatten, *Stator* genannt, und aus einem auf einer Achse drehbar montierten Plattenpaket, dem *Rotor*. Die beiden Plattenpakete greifen kammartig ineinander. Durch Drehen des Rotorpaketes werden die sich gegenüberstehenden, wirksamen Elektrodenoberflächen des Kondensators verändert, die Kapazität ist eine Funktion des Drehwinkels. Um größere Kapazitäten zu erreichen, sind jeweils die Platten des Rotorpaketes und des Statorpaketes leitend miteinander verbunden. Bei Drehkondensatoren (Abb. 8.69a) wird vorwiegend Luft als Dielektrikum verwendet. Der funktionale Verlauf der Kapazität richtet sich nach dem Querschnitt der Platten. Die Kennlinie kann, ähnlich wie bei einem Potenziometer, linear oder logarithmisch sein.

Bei den Trimmkondensatoren (Abb. 8.69b), auch Trimmer genannt, erfolgt die Einstellung mit einem Schraubendreher. Der Änderungsbereich von Trimmern ist relativ klein, sie werden daher meistens nur zum Feinabgleich auf bestimmte Kapazitätswerte eingesetzt. Lufttrimmer sind im Prinzip wie kleine Drehkondensatoren mit Stator- und Rotorpaket ausgeführt.

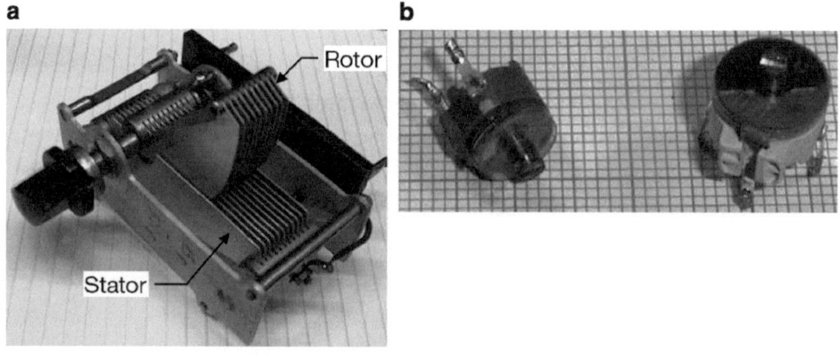

Abb. 8.69 Drehkondensator (**a**) und Trimmkondensator (**b**)

8.12 Zusammenfassung

1. Bei Kondensatoren gibt es keine einheitliche Kennzeichnung wie bei Widerständen. Die Kennzeichnung von Kondensatoren mit der Nennkapazität, der Kapazitätstoleranz und der Nennspannung erfolgt je nach den geometrischen Abmessungen des Kondensators auf unterschiedliche Art.

2. Die Angabe der Nennkapazität kann erfolgen durch eine vollständige Angabe mit Zahlenwert und Einheit, durch eine Buchstaben-Zahlen-Kombination in Form eines Aufdrucks, durch drei Zeichen, durch eine Kennzeichnung mit einem Farbcode, bei SMD-Keramik-Kondensatoren nach EIA mit einem Code aus einem Buchstaben und einer Ziffer.

3. Die Angabe der Toleranz erfolgt entweder als vollständige prozentuale Zahlenangabe oder mit einem Buchstabencode in Großbuchstaben.

4. Die Nennspannung wird für die Umgebungstemperatur 40 °C als Gleich- oder als Wechselspannungswert entweder als Zahlenangabe in Volt oder mit einem Buchstabencode in Kleinbuchstaben angegeben.

5. Für Temperatur- und Toleranzangaben wird auch ein Code aus „Buchstabe-Ziffer-Buchstabe" verwendet.

6. Der Außenbelag liegt bei der Farbringkennzeichnung an derjenigen Anschlussseite, die zu den Farbringen den größten Abstand hat. Der Außenbelag wird auch durch einen Strich, schwarzen Ring oder durch einen stilisierten Schirm gekennzeichnet.

7. Die verschiedenen Kondensatortypen unterscheiden sich durch das Dielektrikum und durch die Ausführung der Beläge.

8. Eine Einteilung von Kondensatoren kann auch entsprechend dem inneren Aufbau aus Folien, Massen oder Schichten erfolgen.

9. Folienkondensatoren (Wickelkondensatoren) gibt es in zwei verschiedenen Aufbauformen: Mit verschiedenartigen Folien (Film-Folienaufbau) und mit einer Folienart (z. B. KF-Aufbau).

10. Die Realisierung der einzelnen Folienlagen kann durch Aufwickeln (Wickeltechnik) oder durch ein Übereinanderschichten mit darauf folgendem Ausschneiden eines Stapels (Schichttechnologie, Stapeltechnik) erfolgen.

11. Ein Folienkondensator kann aus abwechselnd gewickelter Metallfolie und dielektrischer Folie aufgebaut sein.

12. Als dielektrische Folien werden auch metallisierte Isolierstofffolien verwendet (metallisierte Papierfolie = MP, metallisierte Kunststofffolie = MK).

13. Beim Metallpapier-Kondensator (MP) sind die Elektroden auf das Dielektrikum aus Papier aufgedampft.

14. MP-Kondensatoren sind selbstheilend.

15. Bei Kunststofffolienkondensatoren wird als Dielektrikum eine Kunststofffolie verwendet.

16. Bauformen von Kunststofffolienkondensatoren sind der KF-Kondensator mit einem Film-Folienaufbau (durch eine Kunststofffolie voneinander isolierte Metallfolien)

und der MK-Kondensator mit einem Aufbau aus durch Aufdampfen metallisierten Kunststofffolien (wie bei MP-Kondensatoren).

17. MK-Kondensatoren sind selbstheilend.

18. Als Dielektrikum finden bei Kunststofffolienkondensatoren zahlreiche verschiedene Kunststoffarten Verwendung, wobei jeder Kunststoff materialabhängige Vor- und Nachteile besitzt.

19. Kondensatoren mit Polyester-Folie (MKT) besitzen hohe Spannungs- und Impulsfestigkeit und hohe Wärmebeständigkeit, sie werden hauptsächlich als Koppel- und Block-Kondensatoren eingesetzt.

20. Kondensatoren mit Polypropylen-Folie (MKP) besitzen hohe Spannungsfestigkeit und einen sehr niedrigen Verlustfaktor, sie haben einen negativen Temperaturkoeffizienten. Hauptanwendungen sind Hochstrom-Impulsschaltungen, Converter und Hf-Inverter, Oszillatorschaltungen, Schaltnetzteile.

21. Kondensatoren mit Polycarbonat-Folie (MKC) zeichnen sich durch eine sehr gute Wärmebeständigkeit, geringe dielektrische Absorption, gute Langzeitstabilität, kleine Toleranz der Nennkapazität und geringe Feuchtigkeitsabhängigkeit aus. Anwendungsgebiete sind Verstärkerschaltungen, Filter, frequenzbestimmende Kreise, Koppel- und Blockkondensatoren.

22. Kondensatoren mit Polystyrol-Folie (MKS) besitzen die geringste Feuchtempfindlichkeit, den kleinsten Verlustfaktor, eine gute Kapazitätskonstanz und einen sehr hohen Isolationswiderstand. Die Permittivitätszahl ist nahezu frequenzunabhängig. Der TK ist negativ. Die Spannungsfestigkeit der Folie ist gering. Der Anwendungsbereich liegt bei Filtern und Schwingkreisen. Über 70 °C verlieren diese Kondensatoren ihre hervorragenden Eigenschaften.

23. Kondensatoren mit Polyphenylen-Sulfid-Folie (MKI) haben einen niedrigen Verlustfaktor und eine sehr hohe Temperaturbeständigkeit (bis 140 °C). Die Anwendungen liegen in der Automobiltechnik.

24. Kondensatoren mit Lackfilm (MKU) werden kaum eingesetzt (hoher Verlustfaktor und niedrige maximale Betriebstemperatur).

25. Bei Elektrolytkondensatoren sind große Kapazitätswerte bei kleinem Bauvolumen möglich.

26. Das Dielektrikum eines Elkos ist immer eine dünne Oxidschicht auf einer Metallelektrode.

27. Es gibt ungepolte (bipolare) und gepolte Elkos.

28. Bei gepolten Elektrolytkondensatoren muss die Polung unbedingt beachtet werden.

29. Unabhängig von der Bauweise dürfen Elkos nur mit Gleichspannung betrieben werden.

30. Die Toleranz von Elkos ist relativ groß ($-10\,\%$ bis $+30\,\%$).

31. Elkos werden als Sieb- und Ladekondensatoren in Gleichrichterschaltungen und Netzteilen, als Koppelkondensatoren in NF-Verstärkern, für Entstörzwecke und zur Filterung hoher Ströme bei Frequenzen bis zu einigen MHz eingesetzt.

32. Bei erstmaligem Betrieb oder nach längerer Lagerung eines Elkos fließt ein großer Reststrom (Leckstrom).

33. Eine Reihenschaltung von Elkos darf nur mit parallelgeschalteten Symmetrierwiderständen parallel zu jedem Elko erfolgen.

34. Zur Familie der Massekondensatoren gehören die Keramik-, Tantal-Sinter-, und Glaskondensatoren.

35. Beim Keramikkondensator wird Oxidkeramik als Dielektrikum verwendet.

36. Keramikkondensatoren sind empfindlich gegenüber Überspannung.

37. Bei Keramik-Kondensatoren unterscheidet man NDK- und HDK-Typen, die je nach Dielektrikum in drei Klassen eingeteilt werden.

38. Ein Bruch in einem Keramik-Vielschicht-Chip-Kondensator führt zu einem Kurschluss zwischen dessen Schichten.

39. Vielschicht-Kondensatoren können Keramik-Vielschicht-Kondensatoren, Dick- und Dünnschicht-Kondensatoren und Glimmerkondensatoren sein.

40. Doppelschicht-Kondensatoren arbeiten ohne Dielektrikum, sie haben eine sehr hohe Kapazität bei kleiner Baugröße.

41. Veränderbare Kondensatoren werden als Drehkondensatoren (sie werden kaum noch eingesetzt) oder Trimmkondensatoren gefertigt.

8.13 Kapazitäten von Leitern und Aufbauten

Oft benötigt man beim Berechnen von Schaltungen die Kapazität, die durch Leitungsanordnungen, Abschirmungen, Gehäuseteile oder ähnliches entsteht.

8.13.1 Kugel über einer unendlichen, leitenden und geerdeten Ebene

Abb. 8.70 Zur Kapazität einer Kugel über einer leitenden Fläche

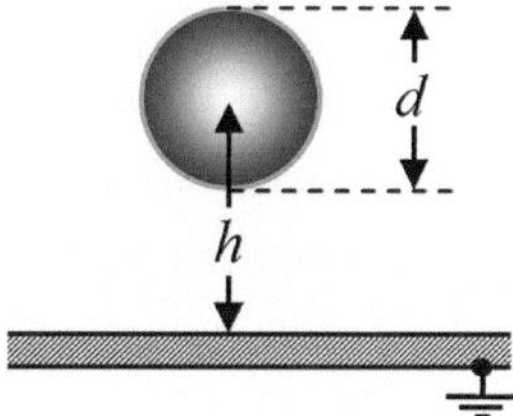

d = Kugeldurchmesser in cm, h = Mittelpunktabstand von der Erde in cm

$$C = 0{,}555 \cdot \left(1 + \frac{d}{4 \cdot h}\right) \text{ pF (gültig für } d < h) \tag{8.33}$$

8.13.2 Gerader Draht parallel zur Erde

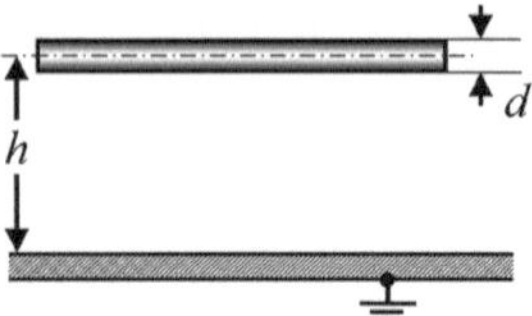

Abb. 8.71 Horizontaler Draht
über Erdfläche

d = Drahtdurchmesser in cm,

l = Drahtlänge in cm,

h = Abstand der Drahtachse von der Erde in cm.

$$C = \frac{0{,}241 \cdot l}{\lg\left[\frac{2h}{d}\left(1 + \sqrt{1 - \frac{1}{\left(\frac{2h}{d}\right)^2}}\right)\right]} \; \text{pF (gültig für } l > h) \tag{8.34}$$

$$C = \frac{0{,}241 \cdot l}{\lg\left(\frac{4h}{d}\right)} \; \text{pF (gültig für } l > h > d) \tag{8.35}$$

8.13.3 Zwei koaxiale Zylinder, konzentrische Rohrleitung

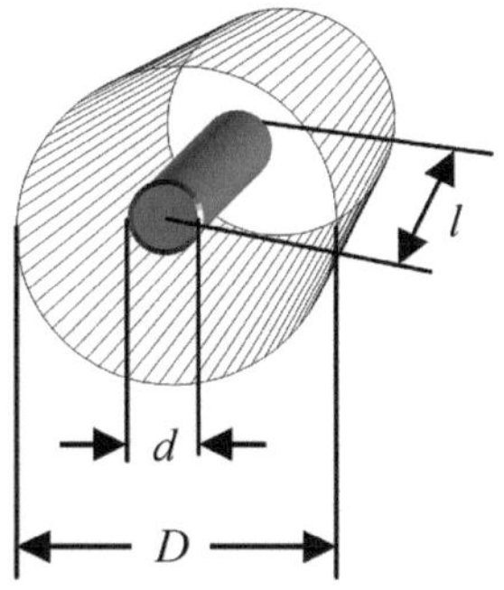

Abb. 8.72 Konzentrische
Rohrleitung (Zylinderkonden-
sator, Koaxialkabel)

l = Länge der Leitung in cm,

D = Innendurchmesser des äußeren Zylinders in cm

d = Außendurchmesser des inneren Zylinders in cm.

$$C = \frac{0{,}241 \cdot l}{\lg\left(\frac{D}{d}\right)} \; \text{pF (gültig für } l > D) \tag{8.36}$$

Allgemein:

$$C = 2\,\pi\,\varepsilon_0\,\varepsilon_\mathrm{r} \cdot \frac{l}{\ln\left(\frac{D}{d}\right)} \tag{8.37}$$

8.13.4   Paralleldrahtleitung

Abb. 8.73 Paralleldrahtleitung

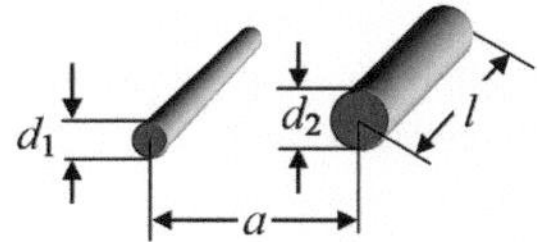

l = Länge der Leitung in cm,
d_1, d_2 = Drahtdurchmesser in cm,
a = Mittelpunktabstand in cm.

$$C = \frac{0{,}241 \cdot l}{\lg\left(\frac{4a^2}{d_1 \cdot d_2}\right)} \; \text{pF (gültig für } a \gg d_1, d_2) \tag{8.38}$$

$$C = \frac{0{,}12 \cdot l}{\lg\left(\frac{2a}{d}\right)} \; \text{pF (gültig für } d_1 = d_2 = d \text{ und } a \gg d) \tag{8.39}$$

8.13.5   Durchführung

Abb. 8.74 Durchführung

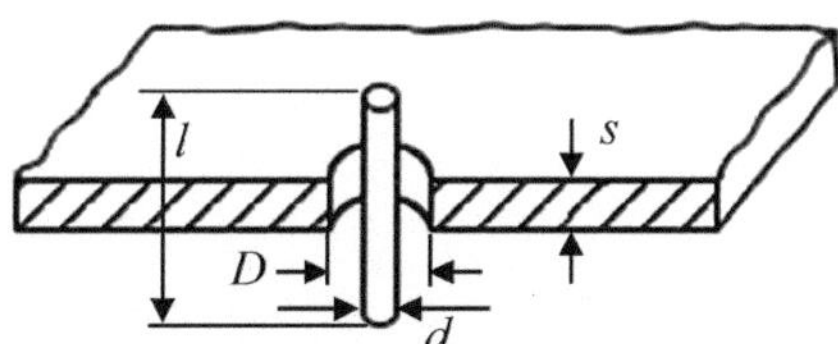

Für $d \ll D$ und $l \approx s$ (alle Maße in cm):

$$C \approx \frac{0{,}56 \cdot l}{\ln\left(\frac{2D}{d}\right)} \; \text{pF} \tag{8.40}$$

8.13.6   Kapazität einer Kugel

Abb. 8.75 Kapazität einer
einzelnen leitenden Kugel
gegen eine unendlich ferne
Elektrode

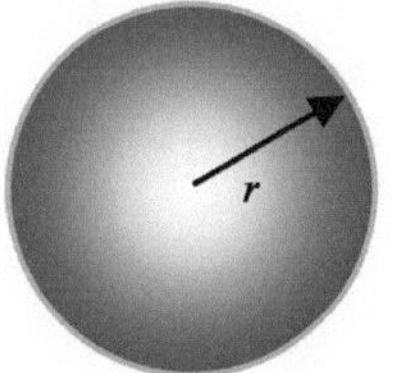

$$C = 4\,\pi\,\varepsilon_0 \cdot r \tag{8.41}$$

8.13.7 Kapazität von zwei Kugeln mit gleichem Radius

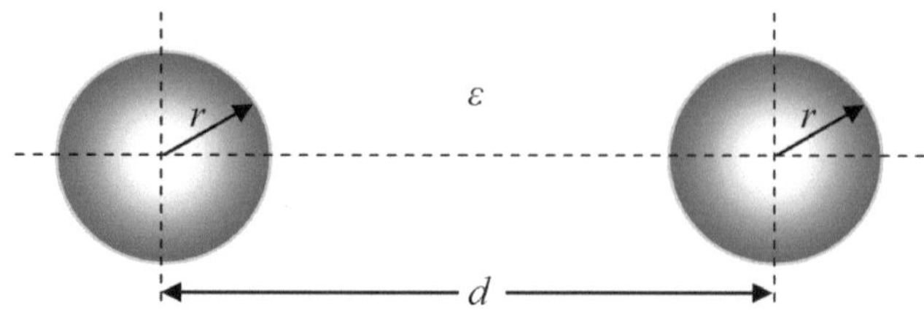

Abb. 8.76 Kapazität von zwei leitenden Kugeln

$$C = 2\pi\varepsilon \cdot r \cdot \frac{d^3 + d^2 \cdot r - r^3}{d \cdot (d^2 - r^2)} \ (d \gg r) \tag{8.42}$$

8.13.8 Kugelkondensator

Gegeben sind zwei konzentrische, leitende Kugeln mit den Radien r_1 (innere Kugel) und r_2 (äußere Kugel). Die Kapazität des Kugelkondensators ist:

$$C = 4\pi\varepsilon_0\,\varepsilon_\mathrm{r} \cdot \frac{r_1 \cdot r_2}{r_2 - r_1} \tag{8.43}$$

Für einen sehr großen Radius der äußeren Kugel ($r_2 \to \infty$) erhalten wir die Kapazität einer einzelnen leitenden Kugel $C = 4\pi\varepsilon_0\,\varepsilon_\mathrm{r} \cdot r_1$.

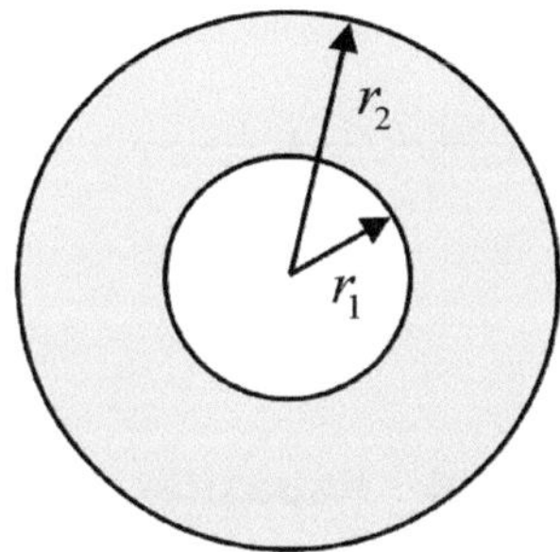

Abb. 8.77 Ein Kugelkondensator aus zwei konzentrischen Kugeln

8.13.9 Via (Durchkontaktierung Leiterplatte)

Eine Formel zur Berechnung der parasitären Kapazität zwischen Via und Masse ist:

$$C_{\mathrm{Via}} = 0{,}0555 \cdot \varepsilon_\mathrm{r} \cdot \frac{T \cdot d_1}{d_2 - d_1} \quad (\mathrm{pF}) \tag{8.44}$$

C_{Via} in pF (Piko-Farad)

Abb. 8.78 Aufbau einer Durchkontaktierung (Via) einer Leiterplatte

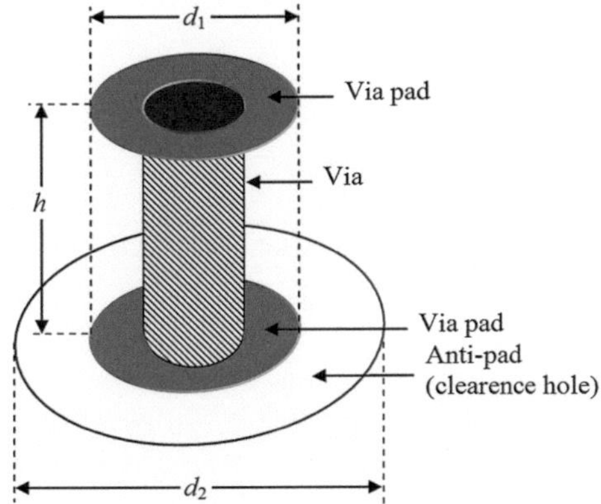

$\varepsilon_r = $ Permittivitätszahl des Leiterplattenmaterials ($= 4{,}0$ bis $4{,}5$ für FR4)

$T = h = $ Dicke der Leiterplatte (des dielektrischen Materials) in mm (Millimeter)

$h = $ Höhe der Durchkontaktierung ($=$ Dicke der Leiterplatte) in mm (Millimeter)

$d_1 = $ Durchmesser Via pad

$d_2 = $ Durchmesser Anti-pad (kupferfreie Fläche um das Via pad)

Beispiel: $h = 1{,}6\,\text{mm}$, $d = 0{,}4\,\text{mm}$, $d_1 = 0{,}8\,\text{mm}$, $d_2 = 1{,}6\,\text{mm}$, $\varepsilon_r = 4{,}0 \Rightarrow C_{\text{Via}} \approx 0{,}4\,\text{pF}$

Induktivitäten

9

9.1 Wirkungsweise und Eigenschaften von Induktivitäten

9.1.1 Allgemeines

Eine Spule, auch Induktivität genannt, ist prinzipiell nichts anderes als ein leitender, aufgewickelter Draht. Sie besitzt zwei Anschlüsse. Ein Spulenkörper (Wickelkörper) aus Kunststoff kann aus wickeltechnischen Gründen und zur mechanischen Fixierung des Drahtes verwendet werden. Eine frei in der Luft gewickelte Spule ohne Wickelkörper wird als *Luftspule* bezeichnet. Eine Spule mit einem Eisenkern wird auch *Drossel* genannt.

Beispiele für Ausführungsformen von Spulen zeigt Abb. 9.1.

Abb. 9.1 Spulen verschiedener Bauform

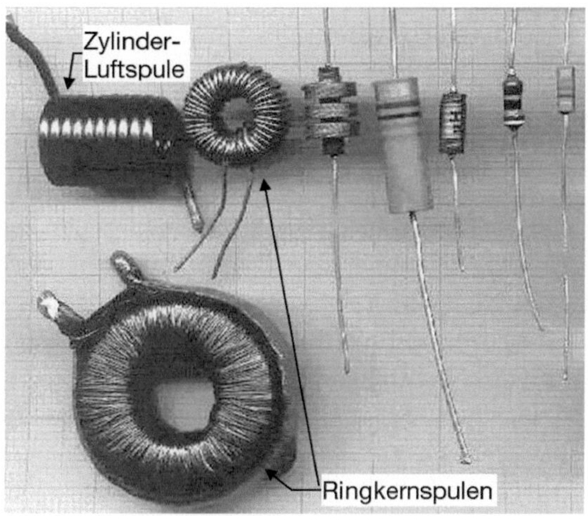

© Springer Fachmedien Wiesbaden GmbH, ein Teil von Springer Nature 2019

L. Stiny, *Passive elektronische Bauelemente*, https://doi.org/10.1007/978-3-658-24733-1_9

9.1.2　Grundlagen des Magnetismus

Um die Wirkungsweise einer Spule zu verstehen, sind Grundkenntnisse des Magnetismus und des magnetischen Feldes erforderlich.

Ein *Magnet* ist ein Stahlstück, welches Eisen und Stahl anzieht. Die Anziehungskraft heißt *Magnetismus*. Die zu den Metallen gehörenden Elemente Eisen, Nickel und Kobalt zeigen deutliche magnetische Eigenschaften. Der Magnetismus dieser Stoffe wird daher Ferromagnetismus (von lat. ferrum = Eisen) genannt, die Stoffe sind ferromagnetisch. Im Gegensatz hierzu sind z. B. Kupfer und Aluminium keine magnetischen Stoffe.

Außer natürlichen Magneten (Eisenerzstücke) gibt es künstliche Magnete aus Stahl oder bestimmten Legierungen in Form von z. B. Stabmagneten, Hufeisenmagneten oder Magnetnadeln.

Magnete üben aufeinander anziehende und abstoßende Kräfte aus. Ähnlich wie bei der elektrischen Ladung gibt es zwei *Pole*. Die Pole eines Magneten sind die Gebiete der stärksten Anziehung bzw. Abstoßung an den beiden Enden des Magneten.

Da die Erde selbst ein Magnet ist, richtet sich ein drehbar gelagerter Magnet (z. B. eine Magnetnadel auf einer Spitze ruhend) in geographische Nord-Südrichtung aus. Denjenigen Pol des Magneten, der nach Norden zeigt, nennt man *Nordpol*, den anderen *Südpol*.

Nähert man einander gleichnamige Pole (Nordpol, Nordpol oder Südpol, Südpol) zweier Magneten, so stellt man abstoßende Kräfte fest. Werden ungleichnamige Pole zweier Magneten einander genähert (Nord- und Südpol), so erhält man anziehende Kräfte. Die Kräfte der Anziehung bzw. Abstoßung sind umso größer, je kleiner der Abstand zwischen den Polen ist.

Nähert man einem Magneten ein Eisenstück, so wird dieses selbst zu einem Magneten. Dies wird als *magnetische Influenz* bezeichnet.

Erreicht der Magnetismus eines Magneten eine bestimmte Stärke, so kann er durch weiteres Magnetisieren nur noch wenig oder gar nicht mehr verstärkt werden. Der Magnet ist dann gesättigt.

Die Elektronen kreisen auf Bahnen um den Atomkern und drehen sich um ihre eigene Achse (Spin). Bewegte Ladungen verursachen ein Magnetfeld. Deshalb erzeugt jedes bewegte Elektron durch seinen Kreisstrom ein magnetisches Kraftfeld. Ihm kann ein magnetisches Moment zugeordnet werden. Somit kann jedes Atom als ein *Elementarmagnet* aufgefasst werden.

Die Momente der Elementarmagnete sind in vielen Werkstoffen regellos verteilt, so dass nach außen kein Magnetfeld in Erscheinung tritt. Bei magnetischen Werkstoffen liegen durch Wechselwirkung der Atome die magnetischen Momente parallel, so dass ganze Bezirke mit gleicher Ausrichtung der magnetischen Momente entstehen, dies sind die so genannten *Weiss'schen Bezirke*[1].

In den Weiss'schen Bezirken sind tausende von Elementarmagneten durch gegenseitige magnetische Beeinflussung gleich ausgerichtet (Abb. 9.2). Wird Eisen magnetisiert, so

---

[1] Pierre-Ernest Weiss (1865–1940), französischer Physiker.

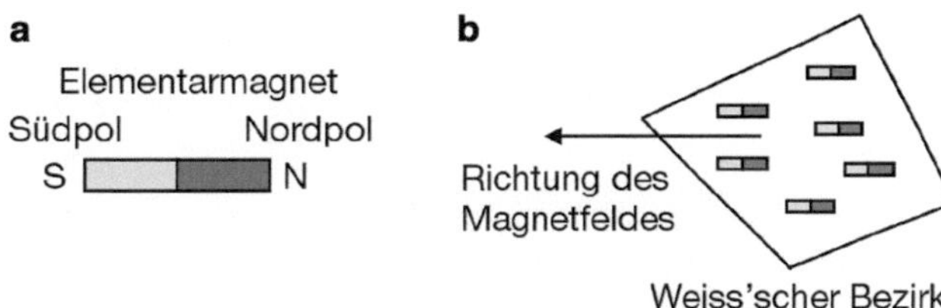

Abb. 9.2 Elementarmagnet (**a**, schematisch) und Weiss'scher Bezirk (**b**) eines ferromagnetischen Materials mit in gleiche Richtung ausgerichteten Elementarmagneten

richten sich auch die Weiss'schen Bezirke in gleiche Richtung aus und ergeben einen starken Magnetismus (Abb. 9.3). Aus einer vollständigen Ausrichtung aller Weiss'schen Bezirke ist auch die Sättigung eines Magneten erklärlich.

Aus dem stofflichen Aufbau als Ursache der magnetischen Wirkung ist auch folgende Aussage verständlich: Es gibt keine magnetischen Einzelpole, sondern nur vollständige Magnete mit Nord- und Südpol (magnetische Dipole). Die kleinsten Dipole eines Magneten sind die eben erwähnten Elementarmagnete.

Das *Magnetfeld ist quellenfrei*, d. h. es gibt keine magnetischen Ladungen. Während ein elektrischer Dipol in zwei freie, ungleichnamige elektrische Ladungen zerlegt werden kann, ist es unmöglich, einen magnetischen Dipol in freie Pole aufzuspalten. Beim Magnetismus gibt es auch keinen Leitungsvorgang, der mit dem Transport von Ladung wie beim elektrischen Strom verglichen werden könnte. Die magnetische Wirkung beruht auf der kreisförmigen Bewegung der Elektronen, den „Elementarströmen". Auch in der Umgebung eines stromdurchflossenen Leiters ist stets eine magnetische Kraftwirkung feststellbar.

Der Raum, in dem magnetische Kräfte wirksam sind, heißt *magnetisches Feld* oder *Magnetfeld*. Zur Veranschaulichung eines Magnetfeldes benutzt man den Begriff der magnetischen Feldlinie. Dies sind gedachte Linien, entlang derer magnetische Kräfte wirken (Kraftlinien). Richtung und Dichte der Magnetfeldlinien treffen eine Aussage über magnetische Kräfte. Je dichter die Feldlinien sind, umso größer ist die magnetische Kraft, welche in Richtung einer Feldlinie wirkt. Willkürlich festgelegt wurde: Die Feldlinien verlaufen außerhalb eines Magneten vom Nordpol (Austritt) zum Südpol (Eintritt, Südpol wie Senke) (Abb. 9.4). Im Inneren eines Magneten ist die Richtung der Feldlinien vom

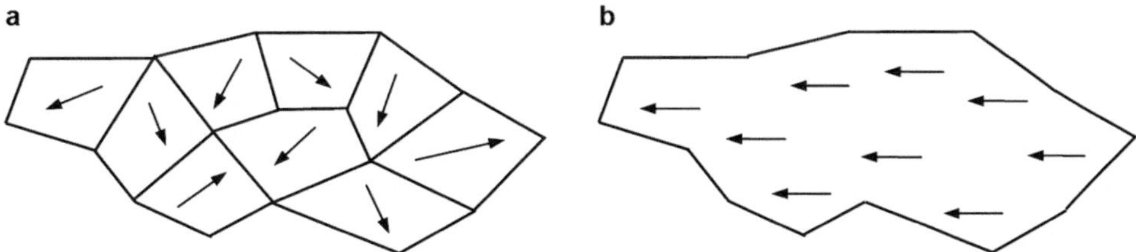

Abb. 9.3 Weiss'sche Bezirke eines nicht magnetisierten, ferromagnetischen Materials. Die *Pfeile* deuten die gleiche Ausrichtung der Elementarmagnete in einem Weiss'schen Bezirk an (**a**). Weiss'sche Bezirke nach der Magnetisierung des Materials (**b**)

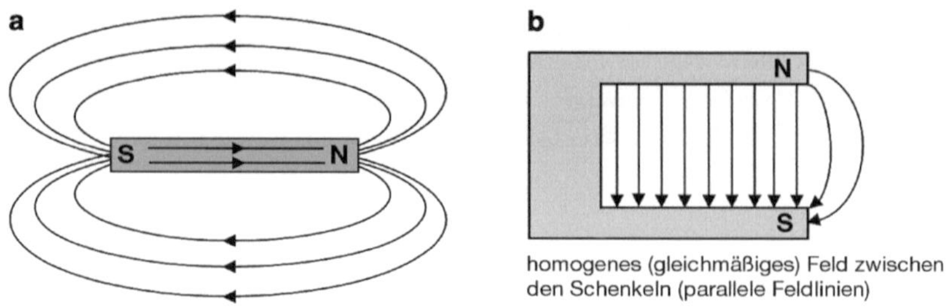

Abb. 9.4 Feldlinienbild eines Stabmagneten (**a**) und eines Hufeisenmagneten (**b**)

Süd- zum Nordpol. *Magnetische Feldlinien sind stets in sich geschlossene Linien.* Das Magnetfeld ist ein *Wirbelfeld* (stets geschlossene Feldlinien wie ein Wirbel). Im Gegensatz dazu ist das elektrostatische Feld ein *Quellenfeld*, die elektrischen Feldlinien beginnen auf positiven und enden auf negativen Ladungen.

Magnetische Werkstoffe werden in der Elektrotechnik z. B. in Datenspeichern, Elektromotoren, Generatoren, Transformatoren, dynamischen Lautsprechern und Mikrofonen oder in Spulen mit hohen Induktivitäten eingesetzt. Die eingesetzten Werkstoffe sind entweder ferro- oder ferrimagnetisch.

Weichmagnetische Werkstoffe lassen sich leicht magnetisieren und entmagnetisieren (reines Eisen, Eisen/Silizium, Eisen/Kobalt). Ohne äußeres Magnetfeld verlieren sie ihre Magnetisierung wieder weitgehend. Sie kommen vor allem dann zum Einsatz, wenn aufgrund von Wechselfeldern eine ständige Ummagnetisierung gefordert wird.

Hartmagnetische Werkstoffe zeigen einen hohen Restmagnetismus (*Remanenz*). Sie lassen sich schwer magnetisieren, behalten aber ihre Magnetisierung auch außerhalb eines äußeren Magnetfeldes, sie werden für Dauermagnete verwendet. Zu den hartmagnetischen Stoffen gehören Kohlenstoffstahl, Aluminium/Nickel-Legierungen und oxidische, hartmagnetische Werkstoffe (Ferrite).

Magnetische Stoffe haben ein gutes magnetisches Leitvermögen (bündeln magnetische Feldlinien), sie haben eine hohe Permeabilität.

9.1.3 Elektromagnetismus

Bewegte elektrische Ladung ruft stets ein Magnetfeld hervor. Ein gerader, stromdurchflossener Leiter ist von einem ringförmigen Magnetfeld umgeben (Abb. 9.5a). Die Richtung des Magnetfeldes ist von der Stromrichtung abhängig und kann mit der **Rechte-Hand-Regel für Leiter** bestimmt werden. Zeigt der abgespreizte Daumen der rechten Hand in die technische Stromrichtung (von Plus nach Minus), so zeigen die gekrümmten Finger, die den Leiter umschließen, in Richtung der Feldlinien des Magnetfeldes (Abb. 9.5b).

Der Leiter steht senkrecht zu der Ebene der konzentrischen, kreisförmigen Feldlinien. Die Richtung der Feldlinien kann man sich auch mit der *Schraubenregel* merken. Dreht

Abb. 9.5 Magnetfeld eines geraden stromdurchflossenen Leiters (**a**) und Rechte-Hand-Regel (**b**)

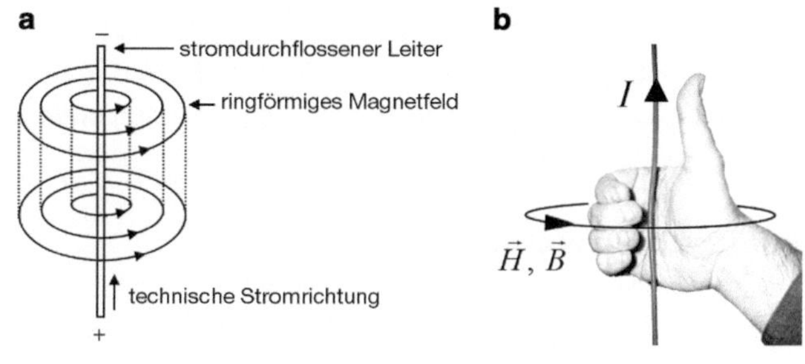

Abb. 9.6 Schnitt durch eine stromdurchflossene Spule mit Magnetfeld

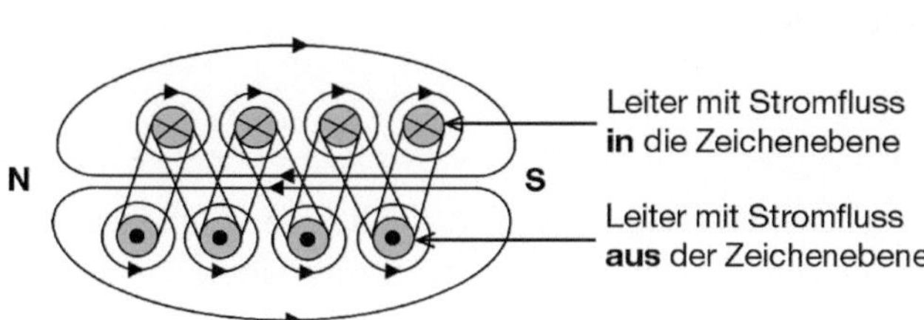

man eine Schraube mit Rechtsgewinde (oder einen Korkenzieher) in Richtung des Stromes, so gibt die Drehrichtung die Richtung der Feldlinien an.

Das Magnetfeld ist in der Nähe des Leiters am stärksten und wird nach außen immer schwächer.

Die einzelnen Ringe in Abb. 9.5 stellen nur einen Ausschnitt des Magnetfeldes dar, welches den stromdurchflossenen Leiter umgibt. Eigentlich müsste man sich das Magnetfeld als unendlich viele konzentrische Zylinder vorstellen, welche den Leiter in seiner gesamten Länge umschließen. Je weiter man sich vom Leiter entfernt, umso schwächer ist die magnetische Kraftwirkung auf der Oberfläche eines dieser Zylinder.

Im Inneren einer langen Zylinderspule (Abb. 9.6) überlagern sich die Feldlinien der einzelnen Spulendrähte zu einem homogenen Magnetfeld mit parallelen Feldlinien (vorausgesetzt die Spule ist lang genug). Die Richtung dieses Magnetfeldes kann mit der **Rechte-Hand-Regel der Spule** angegeben werden. Wird eine Spule mit der rechten Hand so umfasst, dass die vier Finger in die technische Stromrichtung in den Spulenwindungen zeigen, so zeigt der abgespreizte Daumen in Richtung der Feldlinien des Magnetfeldes im *Inneren* der Spule. Das Magnetfeld ist dem eines Stabmagneten ähnlich.

9.1.4 Wirkungsweise der Spule

9.1.4.1 Magnetwirkung des Stromes

Eine Spule besteht aus mehreren Schleifen eines Leiters. Wird eine Spule von Gleichstrom durchflossen, so wird ein in der Nähe befindliches Eisenstück angezogen. Den Raum, in dem die magnetische Kraft wirkt, nennt man magnetisches Kraftfeld oder kurz magnetisches Feld.

Eine von Gleichstrom durchflossene Spule bildet einen Elektromagneten.

Allgemein gilt: Bei jedem stromdurchflossenen Leiter kann in seiner Umgebung eine magnetische Wirkung beobachtet werden. Magnetismus ist stets eine Begleiterscheinung elektrischen Stromes.

9.1.4.2 Durchflutung

Die magnetische Wirkung einer Spule ist umso größer, je größer die Stromstärke ist und je mehr Windungen die Spule hat. Das Produkt aus Stromstärke und Windungszahl nennt man *Durchflutung*.

$$\Theta = I \cdot N \tag{9.1}$$

Θ = Durchflutung in Amperewindungen (Einheitenzeichen „A", nicht zu verwechseln mit dem Einheitenzeichen der Stromstärke),
I = Stromstärke in A,
N = Windungszahl.

9.1.4.3 Magnetische Feldstärke

Für die Stärke des Magnetfeldes ist nicht nur die Durchflutung, sondern auch die Länge des Feldes im Inneren der Spule maßgebend. Je länger die Spule ist, desto weiter liegen Nord- und Südpol voneinander entfernt und desto schwächer ist das Feld zwischen beiden Magnetpolen. Je kürzer das magnetische Feld und je größer die Durchflutung ist, desto größer ist die magnetische Feldstärke.

$$H = \frac{\Theta}{l} \tag{9.2}$$

H = magnetische Feldstärke in A/m,
Θ = Durchflutung in A,
l = Länge der Spule in m.

9.1.4.4 Magnetische Flussdichte

Für Spulen ist die magnetische Flussdichte B eine wichtige Größe. Für die Luftspule gilt:

$$B = \mu_0 \cdot H \tag{9.3}$$

B = magnetische Flussdichte in T = $\frac{Vs}{m^2}$ (Tesla),
μ_0 = magnetische Feldkonstante,
H = magnetische Feldstärke in A/m.

Die magnetische Flussdichte gibt die Wirkung eines Magnetfeldes an. Gl. 9.3 gilt nur für „lange" Spulen (Durchmesser : Länge $\leq$ 1 : 10) ohne ferromagnetischen Kern (Luftspulen). Die Konstante $\mu_0 = 4 \cdot \pi \cdot 10^{-7} \frac{Vs}{Am}$ (= H/m) wird als *magnetische Feldkonstante* des *leeren* Raumes, als *absolute Permeabilität* des leeren Raumes oder als *Induktionskonstante* bezeichnet.

Die Einheit für die magnetische Flussdichte ist *Tesla*[2] (T).

Das Einheitenzeichen der magnetischen Flussdichte ist „T", das Formelzeichen ist „B".

Ein Tesla ist definiert als: $1\,\text{T} = 1\,\frac{\text{Vs}}{\text{m}^2}$.

Bei Spulen mit ferromagnetischem Kern wird das Magnetfeld durch das Kernmaterial besser geleitet als durch Luft. Für die magnetische Flussdichte ergibt sich:

$$B = \mu_\text{r} \cdot \mu_0 \cdot H \tag{9.4}$$

B = magnetische Flussdichte in T,

μ_r = Permeabilitätszahl,

μ_0 = magnetische Feldkonstante,

H = magnetische Feldstärke in A/m.

Die Permeabilität gibt an, wie gut ein Material das Magnetfeld „leitet". Die relative magnetische Permeabilität oder *Permeabilitätszahl* μ_r ist der Faktor, um den die magnetische Flussdichte durch das Kernmaterial (bei gleicher magnetischer Feldstärke) gegenüber dem Vakuum erhöht wird. Die Permeabilitätszahl μ_r ist einheitenlos (Tab. 9.1).

Man unterscheidet:

- *Diamagnetische* Stoffe (Gold, Kupfer, Quecksilber, Silber, Wasser, Wismut, Zink, Glas), bei denen $\mu_\text{r} < 1$ ist (0,999830 bis 0,999991), die also das Magnetfeld schwächen.
- *Paramagnetische* Stoffe (Aluminium, Luft, Palladium, Platin, Hartgummi), bei denen $\mu_\text{r} > 1$ ist (1,0000004 bis 1,000690), die daher das Magnetfeld verstärken.
- *Ferromagnetische* Stoffe (Eisen, Nickel, Kobalt, Nickel-Eisenlegierungen) und ferrimagnetische Stoffe (Mangan-Zink-Ferrite, Nickel-Zink-Ferrite, Fe_2O_3), bei denen $\mu_\text{r} \gg 1$ ist. Das Magnetfeld wird bei diesen Stoffen wesentlich verstärkt.
- *Antiferromagnetische* Stoffe (Nickel-Mangan-Stahl, Nickel-Mangan-Chromstahl, Manganoxid, Eisenoxid, Nickeloxid), die sich unterhalb einer gewissen Grenztemperatur (Néel-Temperatur[3]) diamagnetisch und oberhalb paramagnetisch verhalten.

Bei paramagnetischen und diamagnetischen Werkstoffen ist die Abhängigkeit der Flussdichte B von der Feldstärke H linear.

Bei Spulen mit ferro- oder ferrimagnetischem Kern ist der Zusammenhang zwischen der Flussdichte und der Feldstärke nicht linear, da die Permeabilitätszahl von der Feldstärke abhängt. Die Permeabilitätszahl ist also nur so lange eine Materialkonstante, wie zwischen Flussdichte und Feldstärke ein linearer Zusammenhang besteht. Dies soll durch die Magnetisierungskurve (Hystereseschleife) von Eisen erklärt werden (Abb. 9.7).

---

[2] Nicola Tesla (1856–1943), kroatischer Physiker.
[3] Louis Néel (1904–2000), franz. Physiker.

Tab. 9.1 Permeabilitätszahl einiger Stoffe

Material	μ_r
Diamagnetismus: $\mu_r < 1$	
Silber	0,999921
Blei	0,999984
Kupfer	0,99999
Paramagnetismus: $\mu_r > 1$	
Vakuum	1
Luft	1,00000035
Aluminium	1,000024
Wolfram	1,000067
Platin	1,000256
Ferromagnetismus: $\mu_r \gg 1$	
Eisen	$\gg 1000$
Ferrite	bis 15.000
MuMetall(NiFe)	50.000 bis 140.000
amorphe Metalle	bis 500.000
nanokristalline Metalle	20.000 bis 150.000

Abb. 9.7 Magnetisierungskennlinien, Hystereseschleife eines ferromagnetischen Stoffes

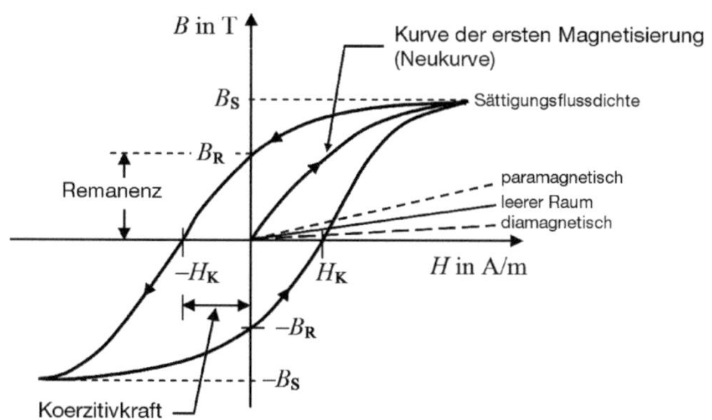

Wird Eisen zum ersten Mal magnetisiert, so durchläuft die Funktion $B(H)$ die Kurve der ersten Magnetisierung (Neukurve) bis zur Sättigung (bis praktisch alle Weiss'schen Bezirke ausgerichtet sind). Dies ist bei der Sättigungsflussdichte B_S der Fall. Wird anschließend die Feldstärke H auf Null reduziert, so bleibt im Eisen eine bestimmte magnetische Flussdichte B_R erhalten, die *Remanenz* genannt wird. Das Eisen bleibt somit zu einem Teil magnetisch. Um die Remanenz zu beseitigen, muss eine Feldstärke mit umgekehrtem Vorzeichen $-H_K$ (durch einen Strom in die umgekehrte Flussrichtung) erzeugt werden. Diese zur vollständigen Entmagnetisierung erforderliche Feldstärke nennt man *Koerzitivkraft* (des Eisens). Magnetisiert man in diese Richtung weiter, so erhält man bei $-B_S$ wieder die Sättigung und über $-B_R$ wiederholt sich der Vorgang.

Durch das „Umdrehen" der Elementarmagnete entsteht Wärme (Ummagnetisierungsverluste). Die von der Hystereseschleife umschlossene Fläche ist ein Maß für die Höhe der Ummagnetisierungsverluste.

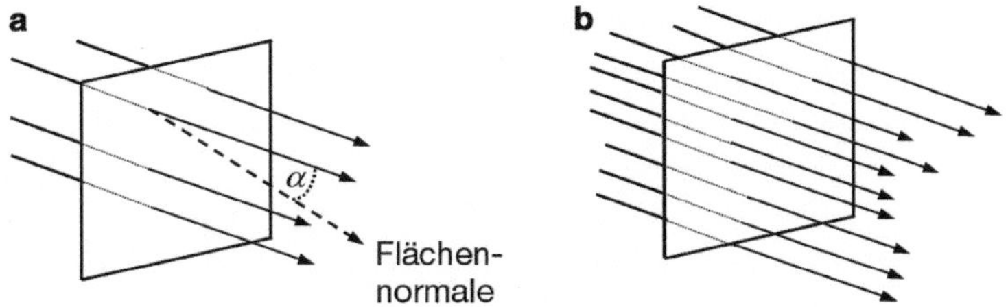

Abb. 9.8 Modellhafte Vorstellung des magnetischen Flusses (**a** klein, **b** groß)

Bei Wechselstrom ändert sich Größe und Richtung periodisch, die Hystereseschleife wird bei Wechselstrom ständig durchlaufen.

In Metallteilen werden durch Magnetfeldänderungen Spannungen induziert, die durch den niedrigen Widerstand der Metallteile Kurzschlussströme bilden. Die Stromwege liegen dabei nicht genau fest, deshalb spricht man von *Wirbelströmen*. Um die Wärmeverluste durch Wirbelströme möglichst klein zu halten, werden bei Spulen und Transformatoren die Eisenkerne in gegenseitig isolierte Bleche unterteilt. Da Ferritkerne zwar magnetische Eigenschaften aufweisen, aber gleichzeitig Isolatoren darstellen, sind bei ihnen die Wirbelstromverluste sehr gering.

In einem Blech aus Kupfer oder Aluminium entstehen durch ein Magnetfeld Wirbelströme, die ein entgegengesetztes Magnetfeld erzeugen und das erste Magnetfeld aufheben. Dies wird zur Abschirmung von Magnetfeldern genutzt, um eine Spule vor unerwünschten Einflüssen eines Magnetfeldes zu schützen oder zu verhindern, dass das Magnetfeld einer Spule auf seine Umgebung einwirkt.

9.1.4.5 Magnetischer Fluss

Der magnetische Fluss ist ein Maß dafür, wie stark ein Magnetfeld eine Fläche mit einem bestimmten Querschnitt durchsetzt. Denkt man sich das Magnetfeld in einzelne magnetische Feldlinien aufgeteilt, so gibt die magnetische Flussdichte an, wie viele Feldlinien durch eine bestimmte Fläche hindurchtreten (Abb. 9.8).

Der magnetische Fluss ist das Produkt aus der magnetischen Flussdichte B und der Fläche A.

Ist A die Fläche der Spulenöffnung, B die magnetische Flussdichte eines homogenen Magnetfeldes und N die Anzahl der Windungen der Spule, so ist die Flussumschlingung oder Flussumfassung der Spule:

$$\Psi = N \cdot \Phi = N \cdot B \cdot A \cdot \cos \alpha \tag{9.5}$$

Ψ = Flussumschlingung,

Φ = Magnetischer Fluss in Vs = Wb (Weber),

N = Anzahl der Windungen der Spule,

B = magnetische Flussdichte in Vs/m^2 = T (Tesla),

A = Spulenquerschnittsfläche,

α = Winkel zwischen Senkrechter zur Fläche (= Flächennormale) und Feldlinien.

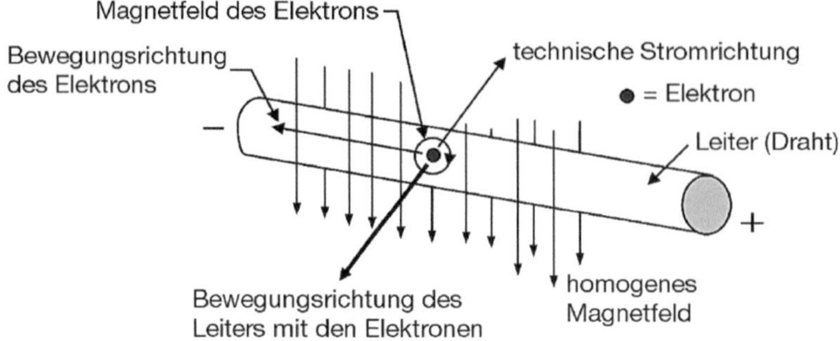

Abb. 9.9 Ein Leiter wird senkrecht zum Magnetfeld bewegt. Durch Lorentzkräfte wird Spannung induziert

Die Einheit für den magnetischen Fluss ist das Weber[4] (Wb).

Ein Weber ist definiert als 1 Wb = 1 Vs.

Ist der Winkel α zwischen der Flächennormalen und den Feldlinien null Grad, so ist der magnetische Fluss durch die Fläche maximal ($\cos(0) = 1$).

Zur Vertiefung:

Der magnetische Fluss Φ ist die Summe der wirksamen magnetischen Flussdichte durch eine Fläche. Formal wird dies durch ein Flächenintegral ausgedrückt.

$$\Phi = \int_A \vec{B} \cdot \mathrm{d}\vec{A} = \int_A |B| \cdot \mathrm{d}A \cdot \cos\left[\angle\left(\vec{B}, \mathrm{d}\vec{A}\right)\right] \tag{9.6}$$

Es besteht eine Analogie zwischen dem magnetischen Fluss und dem elektrischen Strom. Beide sind quellenfrei. Der magnetische Fluss in ein Kontrollvolumen ist gleich dem magnetischen Fluss aus dem Kontrollvolumen. Dies entspricht der Knotenregel bei Strömen.

9.1.4.6　Induktion

Wird ein Leiter quer zu einem Magnetfeld bewegt, so treten auf die Ladungsträger (Elektronen) des Leiters Kräfte auf, welche die Ladungsträger im Leiter verschieben. Die Kraft wird *Lorentzkraft* genannt. Durch die Ladungstrennung entsteht eine Potenzialdifferenz (Spannung) zwischen den Enden des Leiters. Die Spannung heißt induzierte Spannung oder *Induktionsspannung*. Der Vorgang wird als *Induktion* bezeichnet.

Abb. 9.9: Elektronen werden mit dem Leiter von hinten nach vorne quer zum Magnetfeld bewegt. Die technische Stromrichtung zeigt in die Zeichenebene hinein (sie ist entgegen der Bewegungsrichtung der Elektronen). Durch das Zusammenwirken der kreisförmigen Magnetfelder der Elektronen mit dem äußeren Magnetfeld werden die Elektronen nach links gedrückt.

---

[4] Wilhelm Eduard Weber (1804–1891), deutscher Physiker.

Abb. 9.10 Eine Leiterschleife wird aus einem Magnetfeld herausgezogen

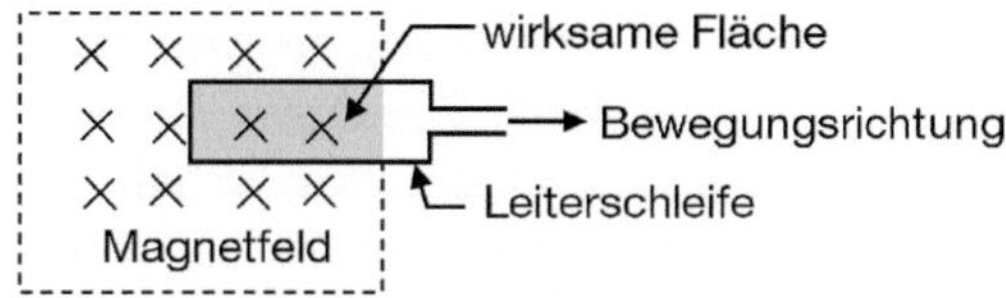

Zwischen den beiden Enden des Leiters entsteht eine Induktionsspannung mit dem Minuspol links und dem Pluspol rechts.

Die im Leiter induzierte Spannung kann nach folgender Formel berechnet werden:

$$u_{\text{ind}} = l \cdot v \cdot B \tag{9.7}$$

u_{ind} = induzierte Spannung,
l = wirksame Leiterlänge,
v = konstante Geschwindigkeit des Leiters quer zum Magnetfeld,
B = magnetische Flussdichte.

Wird eine Leiterschleife mit N Windungen, die quer zu einem Magnetfeld liegt, mit konstanter Geschwindigkeit aus diesem herausgezogen (Abb. 9.10), so ergibt sich die induzierte Spannung:

$$u_{\text{ind}} = N \cdot B \cdot \frac{\Delta A}{\Delta t} \tag{9.8}$$

u_{ind} = induzierte Spannung,
N = Anzahl der Windungen,
B = magnetische Flussdichte,
ΔA = *Änderung* der wirksamen Fläche während Δt,
Δt = Zeiteinheit.

Die Erzeugung einer Induktionsspannung ist auch ohne Bewegung eines Leiters möglich. Ändert sich der magnetische Fluss durch eine ruhende Leiterschleife, so wird in dieser eine Spannung induziert.

$$u_{\text{ind}} = -N \cdot \frac{\Delta \Phi}{\Delta t} \tag{9.9}$$

u_{ind} = induzierte Spannung,
N = Anzahl der Windungen der Leiterschleife,
$\Delta \Phi$ = Änderung des Flusses während Δt,
Δt = Zeiteinheit.

Anders ausgedrückt: In einem zu einem Stromkreis geschlossenen Leiter entsteht ein Induktionsstrom, wenn sich die Zahl der von ihm umschlossenen Magnetlinien ändert.

Der Induktionsstrom ist stets so gerichtet, dass sein Magnetfeld der induzierenden Feld-änderung entgegenwirkt (Lenz'sche[5] Regel).

Dies drückt das Minuszeichen der Induktionsspannung in Gl. 9.9 aus, welches sich auf eine andere im Stromkreis bestehende Spannung bezieht.

Wird in eine zum Stromkreis geschlossene Spule ein Stabmagnet eingeführt, so entsteht durch den Induktionsstrom ein Magnetfeld, das dem Feld des Stabmagneten entgegenge-richtet ist. Je schneller der Stabmagnet eingeführt wird (je größer $\Delta\Phi$ ist), umso höher ist der Induktionsstrom. Wird der Stabmagnet aus der Spule wieder herausgezogen, so dreht sich die Richtung des Induktionsstromes (und damit die Richtung des induzierten Magnetfeldes) um. Die Spule will ihr Magnetfeld aufrechterhalten.

Das Verhalten einer Spule im sich ändernden Magnetfeld kann man sich folgenderma-ßen merken:

Eine Spule will ihr bestehendes (oder nicht vorhandenes) Magnetfeld aufrechterhalten.
Oder: *Eine Spule wirkt einer Änderung ihres Magnetfeldes entgegen.*

Wird der magnetische Fluss durch eine Spule größer, so wird eine Spannung induziert. Wird der magnetische Fluss durch die Spule kleiner, so dreht sich die Polung der induzier-ten Spannung um. Sind beide Anschlüsse der Spule zu einem Stromkreis verbunden, so fließt jeweils ein Induktionsstrom und baut ein Magnetfeld auf, welches der induzierenden Magnetfeldänderung entgegenwirkt.

Technisch genutzt wird die Induktion bei bewegten Leitern z. B. in Generatoren zur Spannungserzeugung, bei denen sich Leiter in einem Magnetfeld drehen. Die Spannungs-induktion durch Änderung des Magnetfeldes wird z. B. bei Transformatoren genutzt.

9.1.4.7 Kraft auf stromdurchflossene Leiter

Auf die Elektronen eines quer zu einem Magnetfeld bewegten Leiters werden Kräfte ausgeübt und somit im Leiter eine Spannung induziert. Andererseits wird auf einen strom-durchflossenen Leiter, der quer zu einem Magnetfeld liegt, eine Kraft ausgeübt. Die Kraft auf N in gleicher Stromrichtung durchflossene Leiter ist:

$$F = N \cdot I \cdot l \cdot B \cdot \sin(\alpha) \tag{9.10}$$

F = Kraft,
N = Anzahl der Leiter,
I = Stromstärke,
l = wirksame Länge der Leiter,
B = magnetische Flussdichte,
α = Winkel zwischen Stromrichtung (Leiter) und Richtung des Magnetfeldes.

Ist der Winkel $\alpha = 90°$ (die Leiter stehen senkrecht zu den Feldlinien), so ist die Kraft auf die Leiter maximal $(\sin(90°) = 1)$.

---

[5] Heinrich Lenz (1804–1865), deutscher Physiker.

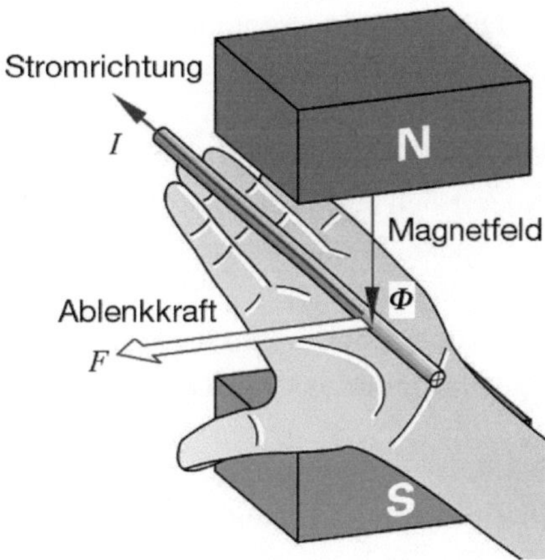

Abb. 9.11 Linke-Hand-Regel, Auslenkung eines stromdurchflossenen Leiters im Magnetfeld

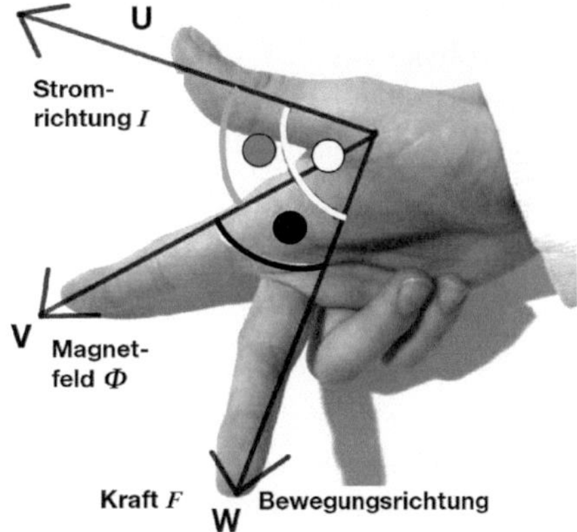

Abb. 9.12 Zur UVW-Regel

Das Zustandekommen der Kraft auf einen stromdurchflossenen Leiter kann man sich sinnbildlich so vorstellen, dass auf die bewegten Ladungen (Elektronen) durch das Magnetfeld eine Kraft ausgeübt wird, welche diese von ihrer geraden Bahn zum Rand des Leiters hin drängen und die „Leiterwand" in Kraftrichtung „anschieben".

Die Richtung der Kraft, welche auf die Elektronen wirkt, kann mit der *Linke-Hand-Regel* bestimmt werden (Abb. 9.11). Hält man die offene linke Hand so, dass die Magnetlinien in den Handteller eintreten und die vier ausgestreckten Finger in die technische Stromrichtung (von Plus nach Minus) zeigen, so zeigt der abgespreizte Daumen in Richtung der Kraft (in die Bewegungsrichtung des Leiters).

Die gleichwertige *UVW-Regel* (Abb. 9.12) der rechten Hand ist bekannter als die Linke-Hand-Regel. Daumen, Zeigefinger und Mittelfinger der *rechten* Hand werden im rechten Winkel zueinander abgespreizt. Zeigt der Daumen der rechten Hand in die technische Stromrichtung (U = Ursache), der Zeigefinger in Richtung der Magnetlinien (V = Vermittlung), so gibt der Mittelfinger die Bewegungsrichtung (W = Wirkung) des Leiters an.

Die Kraft auf stromdurchflossene Leiter im Magnetfeld wird bei Elektromotoren technisch genutzt.

9.1.4.8 Selbstinduktion

Ändert sich der Strom durch eine Spule, so ändert sich auch der magnetische Fluss durch die Spule. Folglich wird in der Spule eine Spannung induziert. Dieser Vorgang heißt *Selbstinduktion*.

Wird der Strom durch eine Spule abgeschaltet ($\Delta\Phi$ ist sehr groß), so wird eine hohe Spannung induziert, welche so gerichtet ist, dass sie das Magnetfeld aufrecht erhalten will.

9.1.4.9 Induktivität

In einer Spule kann eine Induktion stattfinden. Man nennt sie deshalb auch Induktivität. Das Wort Induktivität wird aber auch für die Eigenschaft einer Spule benutzt, eine Induktionsspannung bestimmter Größe zu erzeugen.

Als physikalische Größe drückt die Induktivität aus, wie groß die Fähigkeit einer Spule ist, eine Induktionsspannung zu erzeugen. Die induzierte Spannung bei Änderung des Stromes durch eine Spule mit der Induktivität L ist:

$$u_{\text{ind}} = -L \cdot \frac{\Delta I}{\Delta t} \tag{9.11}$$

Das Einheitenzeichen für die Induktivität ist „H" (Henry[6]), das Formelzeichen ist „L".

Ein Henry ist definiert als: $1\,\text{H} = 1\,\frac{\text{Vs}}{\text{A}} = 1\,\Omega \cdot \text{s}$.

Für eine „lange" Spule gilt als Faustregel: Die Länge „l" ist mindestens fünf- bis zehnmal größer als der Durchmesser „d".

Für eine langgestreckte, leere Zylinderspule gilt:

$$L = \mu_0 \cdot A \cdot \frac{N^2}{l} \tag{9.12}$$

L = Induktivität der Spule in Henry,

μ_0 = magnetische Feldkonstante,

A = Querschnittsfläche der Spule,

N = Windungszahl der Spule,

l = Länge der Spule.

9.1.4.10 Induktive Kopplung

Eine induktive Kopplung zweier Spulen liegt dann vor, wenn das sich ändernde Magnetfeld der einen Spule in der anderen Spule eine Induktion hervorruft (Spannung induziert).

Sind beide Spulen von Abb. 9.13 auf einen Eisenkern gewickelt, so ist die induktive Kopplung stärker.

---

[6] Joseph Henry (1797–1878), amerikanischer Physiker.

Abb. 9.13 Induktive Kopplung
zweier Spulen (Luftkopplung)

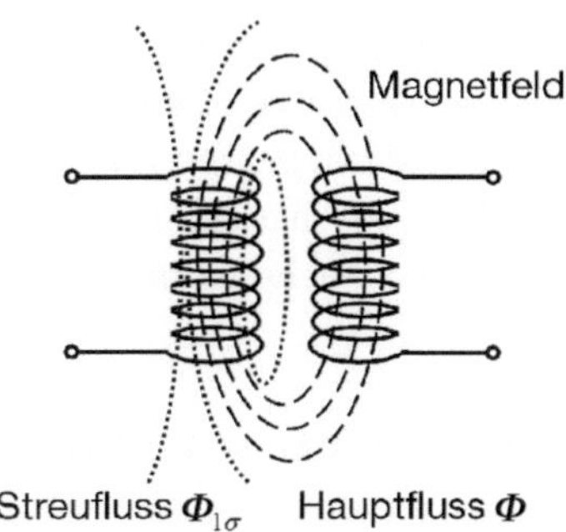

Die Funktion des Transformators beruht auf dem Prinzip der induktiven Kopplung. Fließt durch Spule 1 ein Wechselstrom, so ändert der fließende Strom periodisch seine Richtung und das von ihm erzeugte Magnetfeld wird ebenfalls im gleichen Rhythmus umgepolt. Durch diese Änderung des Magnetfeldes wird in Spule 2 ständig eine Wechselspannung induziert.

Eine Induktivität kann nicht nur wie bei einer Spule absichtlich, sondern auch unabsichtlich gebildet werden. So stellt jede elektrische Leitung eine unbeabsichtige Induktivität dar, die in technischen Aufbauten im Allgemeinen unerwünscht ist und besonders bei Anwendungen im Hochfrequenzbereich störend sein kann.

Verlaufen Leitungen parallel und ändert sich der Strom durch eine der Leitungen sprunghaft, so können durch die induktive Kopplung der Leitungen unerwünschte Spannungsspitzen in die andere Leitung induziert werden.

Für eine ideale Spule wird folgendes Schaltzeichen verwendet:

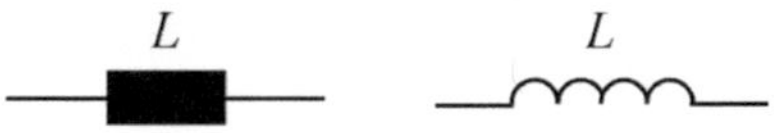

Abb. 9.14 Zwei gebräuchliche Schaltzeichen einer Spule (Induktivität)

9.1.4.11 Induktiver Widerstand

Fließt durch eine Spule ein Gleichstrom, so ist als Widerstand nur der rein ohmsche Widerstand des Drahtes wirksam. Da sich bei Gleichstrom das Magnetfeld der Spule nicht ändert (es findet keine *Änderung* des Stromes statt), tritt somit auch keine Selbstinduktion auf und es fließt kein Selbstinduktionsstrom, welcher der Stromänderung entgegenwirkt.

Für Gleichstrom stellt eine Spule einen rein ohmschen Widerstand dar.

Fließt Wechselstrom durch eine Spule, so ändert das Magnetfeld im Takt der Wechselspannung seine Polung. Durch die Selbstinduktion wird der Strom am Erreichen seines Höchstwertes gehindert. Je schneller dies geschieht (je höher die Frequenz des Wechselstromes ist), desto weniger Zeit bleibt dem Wechselstrom, seinen Höchstwert zu erreichen. Dies bedeutet:

Für Wechselstrom ist der Widerstand einer Spule frequenzabhängig. Der Widerstand wird umso größer, je höher die Frequenz und je größer die Induktivität der Spule ist.

Vereinfacht gesagt: Eine Spule lässt Gleichstrom durch und sperrt Wechselstrom.

Die *Spule* hat somit *umgekehrtes Verhalten wie der Kondensator*, der Gleichstrom sperrt und Wechselstrom durchlässt.

9.1.5 Aufbau der Spule

Eine Spule besteht meist aus mehreren Lagen von Drahtwindungen, welche allgemein als *Wicklung* der Spule bezeichnet werden.

Je nach Anwendung unterscheiden sich die Spulen in ihrem Aufbau.

Die Wicklung kann aus Volldraht mit oder ohne Lackisolation sein. Ist der Draht nicht isoliert, so dürfen sich die einzelnen Windungen natürlich nicht berühren. Solche Spulen werden für sehr hohe Frequenzbereiche verwendet. Der Draht kann auch aus *HF-Litze* bestehen. Eine HF-Litze besteht aus vielen einzelnen, gegenseitig isolierten, sehr dünnen Drähten und hat die Eigenschaft, Wechselstrom höherer Frequenz besser zu leiten als ein einzelner voller Draht, mag er auch noch so dick sein. Wegen des Skineffekts leitet bei Wechselstrom mit zunehmender Frequenz eine immer dünnere Schicht an der Oberfläche eines Leiters, und nicht der gesamte Leiterquerschnitt.

Der Kern besteht beim Elektromagneten aus massivem Eisen, beim Transformator aus gegenseitig isolierten Blechen. Für Anwendungen im Bereich mittlerer Frequenzen (einige 100 Kilohertz) werden für den Kern Stifte oder Schalen aus Ferriten verwendet.

Um die Induktivität einer Spule auf einen bestimmten Wert einzustellen (abzugleichen), werden Spulen mit einschraubbarem Kern hergestellt. Die Induktivität wird mit wachsender Eintauchtiefe des Kerns größer.

9.1.5.1 Luftspule

Eine Luftspule besteht aus Windungen bzw. Wicklungen eines Drahtes. Entweder die Steifheit des Volldrahtes ermöglicht eine freitragende Wicklungsform oder der Draht ist auf einen nicht magnetisierbaren Isolierkörper (z. B. aus Keramik oder Kunststoff) aufgewickelt. Eine Luftspule hat keinen Eisenkern bzw. keinen ferromagnetischen Kern (Abb. 9.15).

9.1.5.2 Spule mit Kern

Außer Luftspulen gibt es auch Spulen mit einem Kern. Bringt man ein magnetisches Material in das Magnetfeld einer Spule, so ändert sich die magnetische Flussdichte. Unter

Abb. 9.15 Freitragende Luftspule (**a**) und auf einen Körper gewickelt (**b**, im Schnitt)

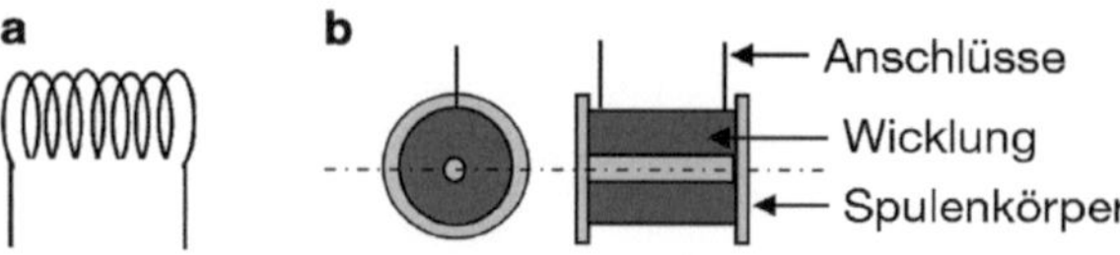

Einfluss des magnetischen Feldes orientieren sich die im Stoff vorhandenen „magnetischen Dipole" in Feldrichtung und erhöhen die magnetische Flussdichte und damit auch die Induktivität der Spule. Der Zuwachs an Induktivität hängt sowohl vom verwendeten Kernmaterial, als auch von der Kernbauform ab. Wird ein Kern mit einem Luftspalt versehen, so kann eine Sättigung des Kerns vermieden werden.

Ein beweglicher Kern dient zur Veränderung (zum Abgleich) der Induktivität.

Bei Drosseln ist im magnetischen Kreis häufig ein Wegabschnitt durch einen Luftspalt geführt. Die in der Drossel gespeicherte Energie steckt fast vollständig in diesem Luftspalt. Der Drosselkern selbst besteht meistens aus einem hochpermeablen Material (Ferrit oder geblechtes Eisen). Der Kern dient nur zur Führung des Magnetfeldes und verbessert die magnetische Kopplung zwischen Windungen und Wicklungen. Der Luftspalt dient der Verringerung der gesamten Kernpermeabilität und somit der Verringerung der magnetischen Flussdichte. Dies vermindert die Sättigung des Kernmaterials und gewährleistet auch bei hohen Drosselenergien eine konstante Induktivität.

Für den Kern einer Spule benutzt man je nach Anwendungszweck unterschiedliche Werkstoffe. Als Kernmaterialien werden vorzugsweise ferromagnetische oder ferrimagnetische Stoffe (Ferrite) eingesetzt. Zur Gruppe der ferromagnetischen Materialien gehören alle Eisenwerkstoffe. Ein Eisenkern aus Vollmaterial wird praktisch nur bei reinem Gleichstrombetrieb verwendet (z. B. beim Elektromagnet).

Bei Betrieb der Spule im Nieder- oder Mittelfrequenzbereich (also bei Wechselstrom) besteht der Kern aus einem geschichteten Paket dünner, durch Papier, Lack oder Kunststoff voneinander isolierter Eisenbleche (Eisenblechkern). Auf diese Weise sind Netztransformatoren aufgebaut. Durch die Lamellierung des Kerns (voneinander elektrisch isolierte Kernbleche) werden die Wirbelstromverluste beim Dynamoblech kleingehalten. Die Wirbelstromverluste sind für niedrige Frequenzen proportional zum Quadrat der Blechdicke. Da Blechdicken unter 0,03 mm kaum hergestellt werden, sind Frequenzen $f < 20\,\text{kHz}$ für Blechkerne zulässig. Die Sättigungsflussdichten liegen bei $B_\text{S} \approx 1,8\,\text{T}$.

Spulen für den Einsatz im Hochfrequenzbereich sind mit so genannten Ferritkernen ausgestattet. Weichmagnetische Ferrite gehören zur Werkstoffgruppe der Oxidkeramiken. Ferrite sind ferrimagnetische Werkstoffe, die aus elektrisch nicht leitenden Metalloxiden aufgebaut sind (NiO, MnO, MgO, ZnO, CoO). Aus weichmagnetischen Ferriten werden sehr hochwertige Spulenkerne gefertigt. Ferrite haben einen hohen spezifischen Widerstand von $\rho = 10^2\,\Omega \cdot \text{cm}$ bis $\rho = 10^7\,\Omega \cdot \text{cm}$ (Metalle: $\rho = 10^{-6}\,\Omega \cdot \text{cm}$ bis $\rho = 10^{-4}\,\Omega \cdot \text{cm}$).

Ferrite sind nichtmetallische Werkstoffe die auf keramischem Wege hergestellt werden. Ferritkerne werden aus Oxidpulver in die gewünschte Form gepresst und anschließend gesintert (die pulverförmige Substanz wird bei hoher Temperatur zu einem festen, homogenen Körper verbacken, wobei die einzelnen Körnchen miteinander verschweißen).

Da Ferritkerne praktisch nicht leitfähig sind, können sich auch keine Wirbelströme ausbilden. Sie weisen geringe Verluste auf und sind für höchste Frequenzen geeignet. Die mechanischen Daten der Ferrite unterscheiden sich deutlich von den anderen ferroma-

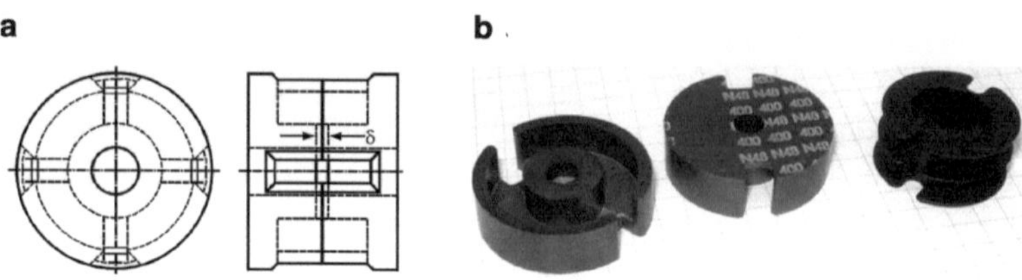

Abb. 9.16 Schalenkern (**a**), Bausatz einer Spule mit Schalenkern (**b**)

gnetischen Werkstoffen. Sie sind sehr hart, wasser- und bedingt säurefest, besitzen einen kleinen Ausdehnungskoeffizienten und sind sehr bruchempfindlich. Die spezifische Dichte ist kleiner als die der ferromagnetischen Stoffe. Ferritkerne können z. B. in Stabform vorliegen oder als Schalenkern (Abb. 9.16) ausgebildet sein.

Bei höheren Frequenzen werden für Filterspulen auch gepresste Gemische aus Eisen-, und Kunststoffpulver eingesetzt. Eine andere Möglichkeit ist, spezielles isolierstoffumhülltes Eisen- oder Nickelpulver zu sintern. Auf diese Weise werden Pulverkerne für Anwendungen in der Leistungselektronik (Speicherdrosseln) hergestellt. Gegenüber Ferritkernen haben diese Pulverkerne höhere Sättigungsflussdichten sowie einen zum Magnetfeld nichtlinearen Induktivitätsverlauf ohne scharfe Sättigung, man spricht auch von einem verteilten Luftspalt. Dadurch sind diese Drosseln besonders als kompakte Speicherdrosseln in Schaltnetzteilen und Schaltreglern geeignet.

Für die Signalübertragung werden Ferritkerne mit hoher Sättigungsflussdichte B_S, möglichst hoher Permeabilität μ und geringer Koerzitivfeldstärke H_K (sehr schmale Hystereseschleife) ausgewählt.

Für Spulen mit einer gewünschten hohen Güte für Schwingkreise und Filter bis 30 MHz wählt man hauptsächlich Schalenkerne mit Luftspalt δ, die häufig auch mit einem Ferritkern abgestimmt werden können.

Für Impulsübertrager werden häufig U- oder UI-Kerne verwendet (Abb. 9.17). Diese Kerne werden auch für Speicherdrosseln und Transformatoren zum Aufbau von Leistungsübertragern verwendet.

Für Wechselstromanwendungen im Audiobereich wird von einem Kernmaterial leichte Ummagnetisierbarkeit ohne große Energieverluste gefordert. Eine zweite Forderung ist eine lineare Magnetisierungskennlinie, da sonst nichtlineare Verzerrungen die Folge sind (der Klirrfaktor steigt an).

Abb. 9.17 Schnitte der Kernbleche von Schichtkernen

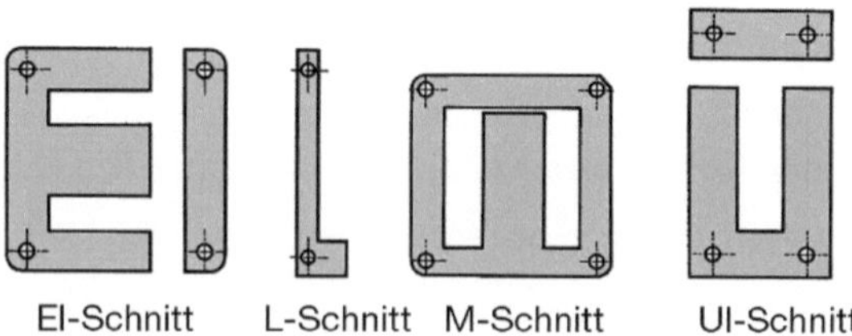

Bei HF-Übertragern mit einem großen Frequenzband (Breitbandübertrager) und Spulen für ähnliche Frequenzen kommen der Schalenkern, der Ringkern oder der E-Kern als Kernbauform in Frage. E-Kerne werden in verschiedenen Ausführungen mit und ohne Luftspalt gefertigt. E-Kerne mit eckigem Mittelschenkel sind auch für Kleinsignalanwendungen und Funkentstöreinsätze geeignet. Bei kleinen Abmessungen sind auch SMD-Spulenkörper lieferbar.

EFD-Kerne sind E-Kerne mit abgeflachtem, tiefer gelegtem Mittelschenkel für besonders flache Trafo-Bauweise.

EC-Kerne weisen einen großen Wickelraum auf. Der runde Mittelsteg ist vorteilhaft bei der Verwendung von dicken Drähten.

ETD-Kerne (Abb. 9.18) eignen sich für den Aufbau von Schaltnetzteilübertragern mit optimiertem Gewichts-/Volumen-/Leistungs-Verhältnis. Sie zeichnen sich durch einen annähernd konstanten Querschnitt entlang des magnetischen Flussweges sowie ein optimiertes Zubehör aus.

Bei starken Strömen können bei Eisendrosseln und bei Ferritkerndrosseln Sättigungserscheinungen im Kern auftreten. Man vermeidet diese, indem man die Drosseln mit einem Luftspalt versieht oder einen offenen Magnetkreis gestaltet (Stabkern). Werden Ferritkerndrosseln zur Gleichtaktunterdrückung eingesetzt (z. B. Netzfilter), verwendet man stromkompensierte Drosseln. Diese besitzen zwei gleichartige Wicklungen und die Magnetfelder des hin- und zurückfließenden Stromes heben sich gegenseitig auf. Stromkompensierte Drosseln benötigen daher keinen Luftspalt. Anwendungen von UI-Kernen sind Netzfilter, Speicherdrosseln in Schaltnetzteilen und Frequenzweichen in Lautsprecherboxen.

Auch für EMV-Filter werden stromkompensierte Spulen mit Ringkernen eingesetzt. Als Kernmaterial kommen Ferrite (z. B. N27 mit $\mu_r \approx 2000$, T38 mit $\mu_r \approx 10.000$, $B_S \approx 0{,}35\,T$) und *nanokristalline* Werkstoffe (Ringbandkerne aus sehr dünnen, ca. $20\,\mu m$ dicken Bändern, Handelsname *Vitroperm*) mit besonders flacher Hystereseschleife ohne nennenswerte Remanenz und großer Sättigungsinduktion zum Einsatz.

Induktivitäten können auch gebaut werden, indem ein Ferritkern einen geraden Leiter umgibt. Entweder wird ein Draht durch ein Loch im Ferritkern gesteckt, oder der elektrische Leiter und das Ferritmaterial wechseln sich ab, indem sie als Schichten übereinander angeordnet sind. Vor allem SMD-Bauelemente werden in der geschichteten Bauart realisiert. Die beschriebenen Induktivitäten werden oft für das Abblocken von Hochfre-

Abb. 9.18 Hälfte eines ETD-Kerns (**a**), Spule mit ETD-Kern (**b**), U-/I-Kerne (**c**)

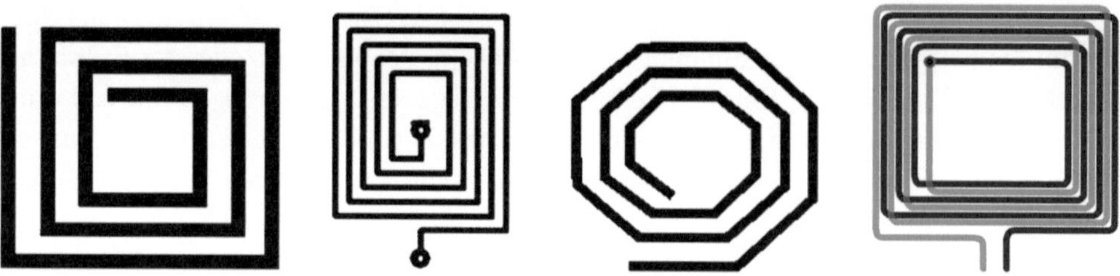

Abb. 9.19 Ausführungsformen von planaren (gedruckten) Induktivitäten

Tab. 9.2 Technologie von Spulen

Technologie	Aufbau	Eigenschaften
Luftspule	Wicklung freitragend oder auf unmagnetischem Kern	Hohe Ströme möglich, keine Sättigung, max. Werte bis ca. $100\,\mu\mathrm{H}$, starke Streuung des Magnetfeldes
Schwingkreisspule	Wicklung auf Wickelkörper mit Abgleichkern, evtl. mit Abschirmbecher	Induktivität mit Kern abgleichbar, hohe Güte
Ferritspule	Wicklung auf permeablem Kern	Begrenzte Ströme wegen Sättigung, größere Induktivitäten bis mH, starke Streuung des Magnetfeldes
Ringkernspule	Wicklung auf Ringkern aus Ferrit oder Blech	Höhere Induktivitäten, sehr geringe Feldstreuung
Schalenkernspule	Wicklung auf Wickelkörper in Ferrit-Schalenkern	Sehr geringe Feldstreuung, hochwertige Spulen, auch für HF
Eisenkernspule (Drossel)	Wicklung auf Eisenblechkern	Große Induktivitäten möglich, nur bis $50\,\mathrm{Hz}$ oder Niederfrequenz
„Gedruckte" Spule	Realisierung als Leiterbahn auf einer Leiterplatte	Wie Luftspule, aus Kostengründen auf Leiterplatte integriert

quenzstörungen auf Leitungen der Versorgungsspannung verwendet. Von Vorteil sind ihre hohe Zuverlässigkeit und kompakte Bauweise. Ein Anwendungsgebiet sind tragbare Geräte wie Mobiltelefone. Je nach Ausführungsform kann die Eigenresonanzfrequenz bis in den Bereich von einigen GHz reichen. Speziell für hohe Frequenzen gibt es Ferritperlen zum Aufstecken auf einem Draht, die aber keine große Induktivität erzielen.

Außer einer Bauform als Drahtwicklung sind Induktivitäten fertigungstechnisch wesentlich günstiger auf einer Leiterplatte als Leiterbahnen in Form von kreisförmigen oder rechteckigen Spiralen herstellbar (Abb. 9.19). Eine solche „gedruckte" Spule wird als planare (ebene, flache) Spule bezeichnet. Die Bauart ist nicht nur für einzelne, sondern auch für gekoppelte Induktivitäten (Übertrager) einsetzbar, vor allem bei der Verwendung von mehrlagigen Leiterplatten. Die Ausführungsformen von Spulen stellt Tab. 9.2 gegenüber.

9.1.6 Kenngrößen von Spulen

Induktivität

Die Induktivität ist die wichtigste Kenngröße einer Spule. Häufig ist sie auf dem Spulenkörper nicht aufgedruckt und kann nur mit einem speziellen Messgerät gemessen werden.

Induktivitätstoleranz

Sie ist von geringer Bedeutung. Soll die Induktivität sehr genau sein, so muss sie abgeglichen werden. Beim Einsatz als Drossel ist der genaue Wert der Induktivität unkritisch.

Stabilität

Die Stabilität gibt die Änderung der Induktivität über längere Zeit an. Beim Einsatz in Schwingkreisen darf sich die Induktivität im Laufe der Zeit nicht ändern.

Belastbarkeit, zulässiger Gleichstrom

Eine Spule darf durch den Stromfluss nicht zu stark belastet werden (Erwärmung der Wicklung, Sättigung des Kerns). Die Dimensionierung (Wicklungswiderstand, Kühlung) muss entsprechend der Verlustleistung ($I^2 \cdot R$) erfolgen.

Ersatzschaltbild

Die reale Spule wird häufig durch eine Ersatz-Serienschaltung eines ohmschen Widerstandes R_S und einer idealen Spule mit der Induktivität L dargestellt (Abb. 9.20). Diese Ersatzschaltung berücksichtigt die Stromwärmeverluste und bei Spulen mit magnetischem Kern zusätzlich die Kernverluste. Der Phasenwinkel φ (Phasenverschiebungswinkel zwischen Strom und Spannung) der realen Spule weicht von 90° ab, der Strom eilt der Spannung um weniger als 90° nach.

Güte

Verluste in Spulen treten auf durch den ohmschen Widerstand der Wicklung, durch den Skineffekt, durch die Hysterese (Ummagnetisierungsverluste) und durch Wirbelströme im Kern.

Der Drahtwiderstand steigt wegen des Skineffektes proportional zur Wurzel aus der Frequenz an. Die Hystereseverluste sind proportional zur Frequenz, während die Wirbelstromverluste proportional zum Quadrat der Frequenz verlaufen.

Die Spulengüte ist umso größer, je kleiner der ohmsche Wicklungswiderstand ist und je kleiner die Verluste im Kern sind. Die Güte Q wird bei einer Messfrequenz angegeben

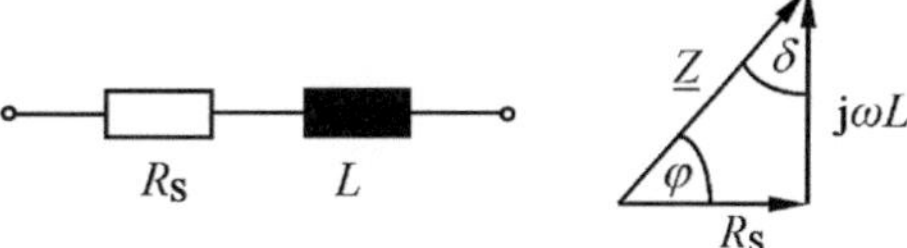

Abb. 9.20 Einfaches Ersatzschaltbild einer realen Spule und zugehöriges Widerstandsdreieck

und ist:

$$Q = \frac{\omega \cdot L}{R_S} \tag{9.13}$$

Der Verlustfaktor $\tan(\delta)$ ist der Kehrwert der Güte Q.

$$\tan(\delta) = \frac{1}{Q} = \frac{R_S}{\omega \cdot L} \tag{9.14}$$

9.1.7 Eigenkapazität der Spule

Bei einer stromdurchflossenen Spule bestehen Spannungen zwischen benachbarten Windungen und daher auch elektrische Felder in der Umgebung der Wicklung. Die Feldlinien verlaufen vorzugsweise zwischen benachbarten Windungen, aber auch zwischen entfernteren Windungen und zwischen der Wicklung und dem Eisenkern bzw. der anderen Umgebung (Abb. 9.21a).

Bei Spulen mit größerer Blindleistung muss diese Feldstärke annähernd bekannt sein, um durch ausreichende Leiterabstände und isolierendes Dielektrikum die Spannungsfestigkeit der Spule zu gewährleisten. Diese Felder enthalten eine elektrische Feldenergie, die kapazitive Wirkungen verursacht. Zwischen den Spulendrähten und auch gegen die Umgebung entstehen zahlreiche Kapazitäten (Abb. 9.21b), deren Leitwerte mit wachsender Frequenz zunehmen und ein kompliziertes Verhalten der Spule ergeben.

Für niedrigere Frequenzen kann man diese kapazitiven Wirkungen näherungsweise durch eine einzige Parallelkapazität C_P beschreiben. Dieses C_P nennt man die Eigenkapazität der Spule (Abb. 9.22).

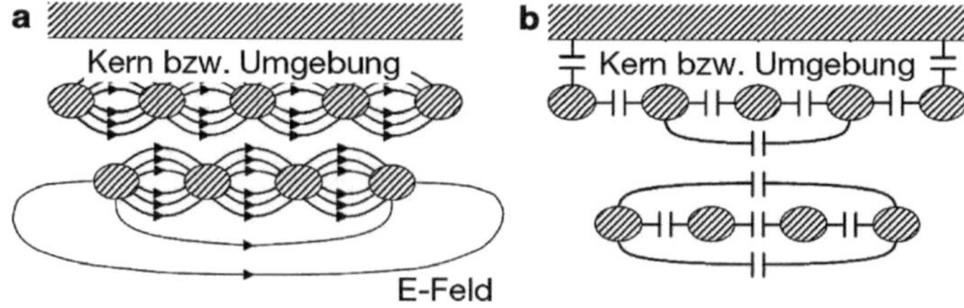

Abb. 9.21 Querschnitt durch eine Zylinderspule; elektrische Felder zwischen den Windungen (**a**) und verteilte, parasitäre Kapazitäten (**b**)

Abb. 9.22 Eigenkapazität einer Spule

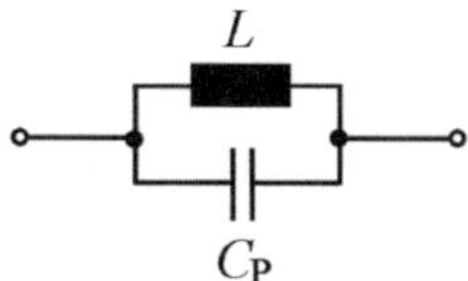

Die Parallelschaltung von L und C_P stellt einen Parallelschwingkreis ohne Verluste dar. Die Resonanzfrequenz ist

$$f_0 = \frac{1}{2\pi \sqrt{L \cdot C_\mathrm{P}}} \tag{9.15}$$

Bis zu der Resonanzfrequenz verhält sich die Spule als Induktivität, für höhere Frequenzen verhält sie sich kapazitiv.

Bezüglich der Frequenz liegt die Brauchbarkeitsgrenze von Spulen bei ca. 10 % der Resonanzfrequenz. Nur für Frequenzen $f < 0{,}1 \cdot f_0$ wirkt eine Spule wie eine reine Induktivität L mit einem frequenzproportionalen Blindwiderstand ωL.

Bei sehr kleinen Induktivitätsbauformen (SMD, für sehr hohe Frequenzen) kann bereits die Parallelkapazität der Landeflächen auf der Leiterplatte störend sein.

Um möglichst geringe Spulenkapazitäten zu erhalten, sollte die Wicklung einlagig erfolgen. Sind mehrere getrennte Wicklungen erforderlich, sollten diese möglichst in getrennten Kammern nebeneinander ausgeführt werden.

Zur Verminderung der Eigenkapazität einer Spule und der dielektrischen Verluste dieser Eigenkapazität können folgende Maßnahmen dienen:

- Vergrößerung des Abstandes benachbarter Windungen
- Vermeidung dielektrisch wirkenden Isolationsmaterials zwischen den Windungen
- Wickelkörper aus Isoliermaterial mit kleinem ε_r und kleinem Verlustwinkel
- Verwendung von Bauformen mit möglichst wenig dielektrischem Material
- Vergrößerung des Abstandes zwischen Wicklung und Kern bzw. zwischen Wicklung und Umgebung allgemein.

9.1.8 Elektrisches Verhalten von Induktivitäten

Die Wirkungsweise der Spule beruht darauf, dass ein stromdurchflossener Leiter ein magnetisches Feld erzeugt. Im Inneren einer von elektrischem Strom durchflossenen Zylinderspule befindet sich ein homogenes Magnetfeld. Somit verhält sich diese Spule wie ein Stabmagnet. Die Stärke des Magnetfeldes steigt mit wachsender Stromstärke. Ein Eisenkern im Inneren der Spule verstärkt den magnetischen Effekt. Bei Umkehrung der Stromrichtung kehrt sich auch die Richtung des magnetischen Feldes um.

9.1.8.1 Selbstinduktion

An einer Spule kann man zweierlei physikalische Phänomene beobachten. Zum einen führt ein Strom durch die Spule zu einem Magnetfeld im Inneren der Spule. Zum anderen erzeugt jede Änderung des Magnetfeldes (Flussdichteänderung) in der Spule eine Spannung zwischen ihren Drahtenden. Dies wird Induktion genannt.

Ändert man den Strom durch die Spule, dann tritt die so genannte Selbstinduktion auf. Da sich mit der Stromänderung auch gleichzeitig das Magnetfeld ändert, wird durch eine Stromänderung (genauso wie durch eine Magnetfeldänderung) eine Spannung induziert.

Da in einer Spule eine Induktion stattfinden kann, nennt man sie auch Induktivität. Das Wort Induktivität wird aber auch als Kenngröße für die Eigenschaft einer Spule benutzt, eine Induktionsspannung bestimmter Größe erzeugen zu können. Die Induktivität einer Spule nimmt mit der Windungszahl zu.

Die wichtigste Kenngröße einer Spule ist ihre Induktivität in Henry.

Die Formel für die Höhe der Selbstinduktionsspannung ist

$$u_{ind} = L \cdot \frac{I_1 - I_2}{t_1 - t_2} = L \cdot \frac{\Delta I}{\Delta t} \tag{9.16}$$

Die Selbstinduktionsspannung ist umso größer,

- je größer die Induktivität L ist
- je größer die Stromänderung ΔI ist
- je kleiner die Zeit Δt der Stromänderung ist.

In Differenzialschreibweise ergibt sich für die Spannung an der Spule:

$$u(t) = L \cdot \frac{di(t)}{dt} \tag{9.17}$$

$\frac{di(t)}{dt}$ kann man betrachten als Änderung des Stromes pro sehr kleiner Zeiteinheit.

Die selbstinduzierte Spannung wirkt entgegengesetzt der von außen an die Spule angelegten Spannung (Lenz'sche Regel). Die Selbstinduktionsspannung ist also so gerichtet, dass sie einer Änderung entgegen wirkt. Eine Zunahme des Stromes führt zur Erhöhung der induzierten Spannung, die stromreduzierend wirkt. Eine Abnahme des Stromes führt zur Erhöhung der induzierten Spannung, die der Abnahme des Stromes entgegen wirkt.

Mit anderen Worten: Die induzierte Spannung ruft einen Strom hervor, welcher der Stromänderung, durch den er entsteht, entgegenwirkt.

9.1.8.2 Ein- und Ausschalten von Gleichspannung an einer Spule

Wird an eine Spule über einen ohmschen Widerstand eine Gleichspannung angelegt (Abb. 9.23), so verhalten sich Strom und Spannung gerade umgekehrt wie bei einem Kondensator. Die induzierte Spannung an der Spule springt im Augenblick des Einschaltens auf den Wert der speisenden Spannungsquelle und nimmt im Laufe der Zeit ab (Abb. 9.24). Der Strom durch die Spule wächst nach dem Einschalten von kleinen Werten heran und strebt für große Zeiten gegen seinen Endwert, der sich nach dem ohmschen Gesetz aus Speisespannung und strombegrenzenden Widerstand ergibt: $I_L = U/R$.

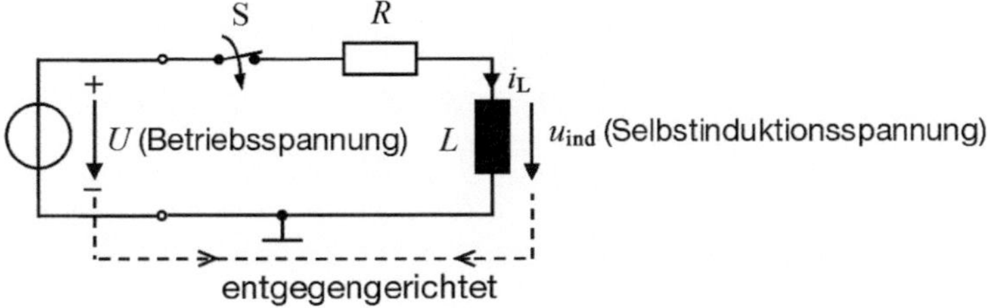

Abb. 9.23 Einschalten der Spannung an einer Spule

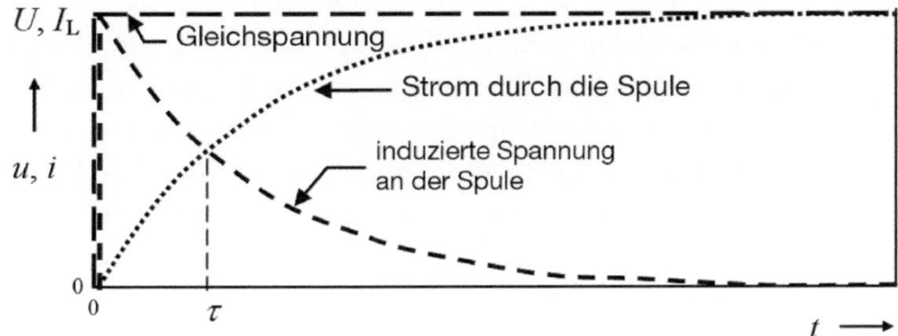

Abb. 9.24 Verlauf von induzierter Spannung und Spulenstrom beim Einschalten einer Gleichspannung an einer Spule

Wie beim Kondensator gibt es auch hier eine Zeitkonstante τ, die sich als Verhältnis von L zu R ergibt.

$$\tau = \frac{L}{R} \tag{9.18}$$

τ = Zeitkonstante in Sekunden,
L = Induktivität in Henry,
R = Widerstandswert in Ohm.

Die im Magnetfeld einer Spule gespeicherte Energie W_L ist:

$$W_\mathrm{L} = \frac{1}{2}LI^2 \tag{9.19}$$

Die Augenblickswerte von Spannung und Strom einer Spule sind

- beim *Einschalten:*

$$u_\mathrm{L}(t) = U \cdot \mathrm{e}^{-\frac{t \cdot R}{L}} \tag{9.20}$$

$$i_\mathrm{L}(t) = \frac{U}{R} \cdot \left(1 - \mathrm{e}^{-\frac{t \cdot R}{L}}\right) \tag{9.21}$$

- beim *Ausschalten:*

$$u_\mathrm{L}(t) = -U \cdot \mathrm{e}^{-\frac{t \cdot R}{L}} \tag{9.22}$$

$$i_\mathrm{L}(t) = \frac{U}{R} \cdot \mathrm{e}^{-\frac{t \cdot R}{L}} \tag{9.23}$$

9.1.8.3 Spule im Wechselstromkreis

Die Spule wird jetzt als Widerstand in einem Stromkreis betrachtet. Sie verhält sich im Gleichstromkreis anders als im Wechselstromkreis.

Bei Gleichstrom ist der Widerstand der Spule sehr klein. Es liegt dann nur der ohmsche Gleichstromwiderstand des Spulendrahtes (Wicklungswiderstand) vor. Bei einer idealen Spule ohne ohmschen Widerstand des Drahtes wäre der Widerstand gleich Null. Der Widerstand bleibt auch dann gleich, wenn ein Eisenkern in die Spule eingeführt wird.

Auf Grund der Selbstinduktion ist der Wechselstromwiderstand einer Spule größer als der Gleichstromwiderstand. Da sich bei Wechselstrom die Strompolarität ständig umkehrt, ändert sich dauernd die Richtung und damit die Stärke des Magnetfeldes, da dieses andauernd ab- und in umgekehrter Richtung wieder aufgebaut wird. So findet auch fortwährend eine Induktion statt. Deshalb nennt man den im Wechselstromkreis auftretenden Widerstand einer Spule den „induktiven Widerstand" X_L. Er ist abhängig von der Induktivität L der Spule und der Frequenz f des Wechselstromes. Die Selbstinduktionsspannung und damit der Wechselstromwiderstand ist umso größer, je größer die Induktivität der Spule und je kleiner die Zeit der Stromänderung (also je größer die Frequenz des Stromes) ist. Durch das Einführen eines Eisenkerns wird der Wechselstromwiderstand vergrößert, da die Induktivität L der Spule vergrößert wird.

Für den induktiven Widerstand X_L (in Ohm) einer Spule im Wechselstromkreis gilt:

$$X_\mathrm{L} = 2 \cdot \pi \cdot f \cdot L = \omega \cdot L \tag{9.24}$$

Für Wechselstrom ist der Widerstand einer Spule umso größer, je höher die Frequenz des Wechselstromes und je größer die Induktivität der Spule ist.

Eine Spule hat umgekehrtes Verhalten wie ein Kondensator. Sie lässt Gleichstrom durch und sperrt Wechselstrom umso stärker, je höher die Frequenz des Wechselstromes und je größer die Induktivität der Spule ist. Spule und Kondensator verhalten sich entgegengesetzt, sie sind *duale* Bauelemente.

Im Wechselstromkreis gibt es eine Phasenverschiebung zwischen Spannung und Strom (Abb. 9.25). Aus Richtung und Größe der Selbstinduktionsspannung ergibt sich, dass die Spannung an der Spule ihr Maximum erreicht, wenn der Strom durch die Spule null ist, und umgekehrt der Strom am größten ist, wenn die Spannung null ist. Für sinusförmige Wechselspannung bedeutet dies: **Der Strom eilt der Spannung um 90° in der Phase nach**.

Der komplexe Wechselstromwiderstand der idealen Spule ist:

$$\underline{Z}_\mathrm{L} = \mathrm{j}\omega L \tag{9.25}$$

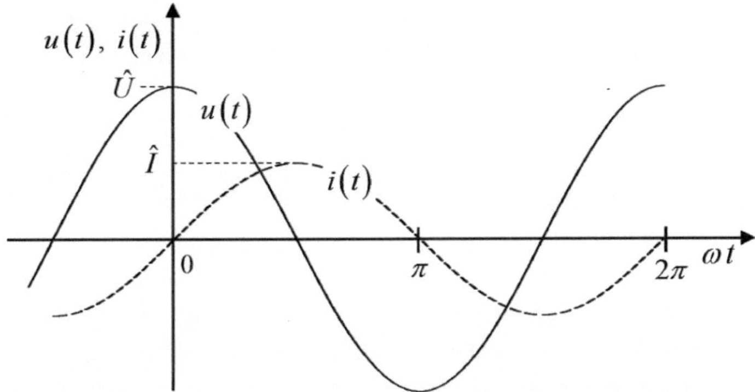

Abb. 9.25 Phasenverschiebung zwischen Spannung und Strom bei der Spule im Wechselstromkreis

9.1.9 Reihen- und Parallelschaltung von Spulen

Bei der Reihenschaltung von n magnetisch *nicht* gekoppelten Spulen gilt für die Gesamtinduktivität:

$$L_{ges} = L_1 + L_2 + \ldots + L_n \tag{9.26}$$

Sind zwei Spulen magnetisch gekoppelt und haben sie gleichen Wicklungssinn, so verlaufen die gemeinsamen Feldlinien in gleicher Richtung. Bei Reihenschaltung der Spulen ist:

$$L_{ges} > L_1 + L_2.$$

Ist der Wicklungssinn beider Spulen entgegengesetzt, so ist:

$$L_{ges} < L_1 + L_2.$$

Bei der Parallelschaltung von n magnetisch *nicht* gekoppelten Spulen gilt für die Gesamtinduktivität:

$$L_{ges} = \frac{1}{\frac{1}{L_1} + \frac{1}{L_2} + \ldots + \frac{1}{L_n}} \tag{9.27}$$

Die Ersatzinduktivität ist durch die Parallelschaltung kleiner als die kleinste der Einzelinduktivitäten.

Für zwei parallel geschaltete Spulen gilt:

$$L_{ges} = \frac{L_1 \cdot L_2}{L_1 + L_2} \tag{9.28}$$

Die Formel für die Parallelschaltung magnetisch nicht gekoppelter Spulen ist der Formel für die Parallelschaltung von Widerständen bzw. der Formel für die Reihenschaltung von Kondensatoren ähnlich.

9.2 Zusammenfassung

1. Eine Spule (Induktivität) besitzt zwei Anschlüsse, sie besteht aus leitendem, aufgewickelten Draht.
2. Magnete üben aufeinander anziehende und abstoßende Kräfte aus.
3. Die Pole eines Magneten sind die Gebiete der stärksten Anziehung bzw. Abstoßung des Magneten.
4. Erreicht der Magnetismus eines Magneten eine bestimmte Stärke, so kann er durch weiteres Magnetisieren nur noch wenig oder gar nicht mehr verstärkt werden. Der Magnet ist dann gesättigt.
5. Jedes Atom kann als ein Elementarmagnet aufgefasst werden.
6. Bezirke mit gleicher Ausrichtung der magnetischen Momente heißen Weiss'sche Bezirke.
7. Es gibt keine magnetischen Einzelpole, sondern nur magnetische Dipole.
8. Das Magnetfeld ist quellenfrei, d. h. es gibt keine magnetischen Ladungen.
9. Bewegte elektrische Ladung ruft stets ein Magnetfeld hervor. In der Umgebung eines stromdurchflossenen Leiters ist stets eine magnetische Kraftwirkung feststellbar.
10. Der Raum, in dem magnetische Kräfte wirksam sind, heißt magnetisches Feld (Magnetfeld).
11. Magnetische Feldlinien sind stets in sich geschlossene Linien. Das Magnetfeld ist ein Wirbelfeld.
12. Weichmagnetische Werkstoffe lassen sich leicht magnetisieren und entmagnetisieren.
13. Hartmagnetische Werkstoffe lassen sich schwer magnetisieren, sie zeigen einen hohen Restmagnetismus (Remanenz).
14. Die Richtung des Magnetfeldes eines stromdurchflossenen geraden Leiters kann mit der Rechte-Hand-Regel für Leiter bestimmt werden.
15. Die magnetische Flussdichte gibt die Wirkung eines Magnetfeldes an.
16. Die relative magnetische Permeabilität (Permeabilitätszahl) ist der Faktor, um den die magnetische Flussdichte durch das Kernmaterial (bei gleicher magnetischer Feldstärke) gegenüber dem Vakuum erhöht wird.
17. Man unterscheidet diamagnetische, paramagnetische, ferromagnetische und antiferromagnetische Stoffe.
18. Bei paramagnetischen und diamagnetischen Werkstoffen ist die Abhängigkeit der Flussdichte von der Feldstärke linear.
19. Bei Spulen mit ferro- oder ferrimagnetischem Kern ist der Zusammenhang zwischen der Flussdichte und der Feldstärke nicht linear.

20. Die von der Hystereseschleife umschlossene Fläche ist ein Maß für die Höhe der Ummagnetisierungsverluste.

21. Durch Wirbelströme entstehen Wärmeverluste.

22. Ändert sich der magnetische Fluss durch eine ruhende Leiterschleife, so wird in dieser eine Spannung induziert.

23. Der Induktionsstrom ist stets so gerichtet, dass sein Magnetfeld der induzierenden Feldänderung entgegenwirkt (Regel von Lenz).

24. Auf einen stromdurchflossenen Leiter im Magnetfeld wird eine Kraft ausgeübt.

25. Für Gleichstrom stellt eine Spule einen rein ohmschen Widerstand (Wicklungswiderstand) dar.

26. Für Wechselstrom ist der Widerstand einer Spule frequenzabhängig. Der Widerstand wird umso größer, je höher die Frequenz und je größer die Induktivität der Spule ist.

27. Es gibt Luftspulen und Spulen mit einem Kern.

28. Ferritkerne weisen geringe Verluste auf und sind für höchste Frequenzen geeignet.

29. Die Kernbleche von Schichtkernen weisen verschiedene Formen auf (EI-, L-,M-, UI-Schnitt).

30. Induktivität und Güte sind Kenngrößen von Spulen.

31. Die Spulengüte ist umso größer, je kleiner der ohmsche Wicklungswiderstand ist und je kleiner die Verluste im Kern sind.

32. Bis zu der Resonanzfrequenz verhält sich die Spule als Induktivität, für höhere Frequenzen verhält sie sich kapazitiv.

33. Die Selbstinduktionsspannung einer Spule ist umso größer, je größer die Induktivität ist, je größer die Stromänderung ist und je schneller die Stromänderung erfolgt.

34. Im Magnetfeld einer Spule wird Energie gespeichert.

35. Im Wechselstromkreis eilt bei einer idealen Spule der Strom der Spannung um $90°$ nach.

9.3 Dimensionierung von Spulen, Induktivitätswerte

9.3.1 A_L-Wert

Für die Berechnung von Spulen mit magnetischem Kernmaterial ist es für die Praxis sinnvoll, die mechanischen und die werkstoffabhängigen Größen des Kerns in einem Faktor zusammenzufassen. Der *Induktivitätsfaktor* A_L (A_L-Wert) wird üblicherweise in nH angegeben. Für die Höhe des A_L-Wertes ist vor allem die Permeabilität des Kernmaterials sowie der Querschnitt und die Länge des feldtragenden Bereiches maßgebend.

Der A_L-Wert hat die Einheit **nH/(Windung)^2**. Die Induktivität für N Windungen ist:

$$L = A_\mathrm{L} \cdot N^2 \tag{9.29}$$

mit N = Windungszahl und $A_\mathrm{L} = \mu_0 \cdot \mu_\mathrm{r} \cdot \frac{A}{l}$.

Abb. 9.26 Zur Induktivität
einer einlagigen, langen, zylinderförmigen Luftspule

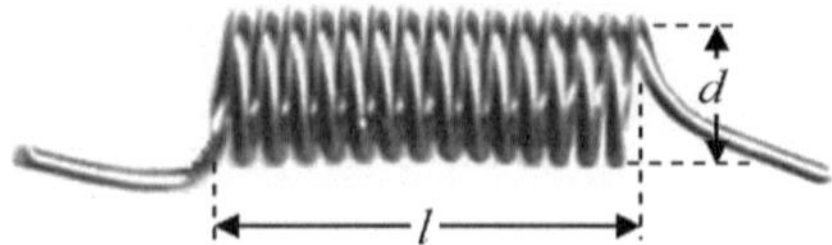

Beispiel 9.1

Werden $N = 10$ Windungen auf einen Kern mit einem A_L-Wert von 25 aufgebracht,
so erhält man eine Induktivität von

$$L = N^2 \cdot A_\mathrm{L} = 10^2 \cdot 25\,\mathrm{nH} = 100 \cdot 25\,\mathrm{nH} = \underline{\underline{2,5\,\mu\mathrm{H}}}$$

9.3.2 Zylinderspule, einlagig, mit und ohne Kern

Die Formel zur Berechnung der Induktivität einer langgestreckten, leeren Spule (Luftspule) (Abb. 9.26) wurde bereits mit Gl. 9.12 angegeben. Ist in der Spule ein Kern vorhanden,
so gilt:

$$L = \mu_0 \cdot \mu_\mathrm{r} \cdot A \cdot \frac{N^2}{l} = \mu_0 \cdot \mu_\mathrm{r} \cdot \frac{d^2 \cdot \pi \cdot N^2}{4 \cdot l}\ (\mathrm{H}) \quad (l > 5 \ldots 10 \cdot d) \qquad (9.30)$$

L = Induktivität der Spule in Henry,

μ_0 = magnetische Feldkonstante,

μ_r = Permeabilitätszahl des Kernmaterials,

A = Querschnittsfläche der Spule,

N = Windungszahl der Spule,

l = Länge der Spule.

Die Formel nach Gl. 9.30 ergibt einen überschlägigen Wert. Die Induktivität einer realen
Spule kann damit nur annähernd berechnet werden, da $l \gg d$ vorausgesetzt wird.

9.3.3 Zylinderspule, einlagig, ohne Kern

Formel von Wheeler

Für eine *einlagige*, zylinderförmige *Luft*spule wurde von Wheeler[7] in den Anfangszeiten
der Rundfunktechnik (1928) die Formel Gl. 9.31 aufgestellt. Die Genauigkeit der Formel

---

[7] Harold A. Wheeler (1903–1996), amerikanischer Elektrotechniker.

liegt bei ca. 1 % für $l > 0{,}3 \cdot d$ („lange" Spule).

$$L = \frac{d^2 \cdot N^2}{18 \cdot d + 40 \cdot l} \ (\mu\text{H}) \qquad (9.31)$$

L in μH (Mikro-Henry), $N = $ Anzahl der Windungen, Durchmesser d und Länge l der Spule in Inch (!!), 1 Inch $= 25{,}4$ mm, Frequenzbereich $f < 10$ MHz

Bei Verwendung metrischer Einheiten und unter Berücksichtigung der Arbeiten von Hantaro Nagaoka erhält man aus Gl. 9.31 folgende Formel:

$$L = \frac{d^2 \cdot N^2}{l + 0{,}45 \cdot d} \ (\mu\text{H}) \qquad (9.32)$$

L in μH (Mikro-Henry), $N = $ Anzahl der Windungen, Durchmesser d und Länge l der Spule in m (Meter)

Genauigkeit der Formel: ca. 1 % für $l > 0{,}4 \cdot d$.

Formel von MCI

Eine genauere Formel (MCI = Microwave Components Incorporated) berücksichtigt den Drahtdurchmesser und den Abstand zwischen den Windungen.

$$L = \frac{17 \cdot N^{1,3} \cdot (d + D_1)^{1,7}}{(D_1 + S)^{0,7}} \ (\text{nH}) \qquad (9.33)$$

$L \quad$ in nH (Nano-Henry),
$N \quad = $ Anzahl der Windungen,
$d \quad = $ Innendurchmesser in Inch,
$D_1 = $ Durchmesser des blanken Drahtes in Inch,
$S \quad = $ Abstand der Windungen in Inch.

Genauere Formel von Wheeler

Wheeler veröffentlichte 1982 eine genauere Formel als die von ihm 1928 angegebene Gl. 9.31. Die Formel ist für lange und kurze Spulen gültig.

$$L = 0{,}002 \cdot \pi \cdot d \cdot N^2 \cdot \left[\ln\left(1 + \frac{\pi \cdot d}{2 \cdot l}\right) + \frac{1}{2{,}3004 + 3{,}2 \cdot \frac{l}{d} + 1{,}7636 \cdot \left(\frac{l}{d}\right)^2} \right] \ (\mu\text{H})$$

$$(9.34)$$

L in μH (Mikro-Henry), $N = $ Anzahl der Windungen, Durchmesser d und Länge l der Spule in cm (Zentimeter)

Genauigkeit der Formel: $\leq 0{,}1$ %

Formel von Weaver

Zur Berechnung der Induktivität einer einlagigen, eng gewickelten, zylinderförmigen Luftspule wurde im Jahr 2012 von Robert Weaver auf der Basis der genaueren Formel von Wheeler folgende optimierte Formel angegeben:

$$L = \frac{\mu_0 \cdot d \cdot N^2}{2}$$
$$\cdot \left[\ln\left(1 + \frac{\pi \cdot d}{2 \cdot l}\right) + \frac{1}{2{,}3 + 3{,}427 \cdot \frac{l}{d} + 1{,}764 \cdot \left(\frac{l}{d}\right)^2 - \frac{1}{2 \cdot \left(0{,}847 + \frac{d}{l}\right)^{\frac{3}{2}}}} \right] \quad (\text{H})$$

$$(9.35)$$

L in H (Henry), N = Anzahl der Windungen, Durchmesser d und Länge l der Spule in m (Meter)

Genauigkeit der Formel: $\leq 18{,}5\,$ppm, *unabhängig von den Abmessungen der Spule*

9.3.4 Zylinderspule, mehrlagig, ohne Kern

Formel von Wheeler

Für eine *mehrlagige*, zylinderförmige *Luft*spule nach Abb. 9.27 hat Wheeler ebenfalls eine Formel angegeben:

$$L = \frac{0{,}8 \cdot r^2 \cdot N^2}{6 \cdot r + 9 \cdot l + 10 \cdot c} \quad (\mu\text{H}) \tag{9.36}$$

L in μH (Mikro-Henry),
N = Anzahl der Windungen,
$r = \frac{r_1 + r_2}{2}$ = mittlerer Radius der Spule in Inch,
l = Spulenlänge in Inch,
$c = r_2 - r_1$ = Höhe (Dicke) der Wicklung in Inch (äußerer Radius minus innerer Radius).

Genauigkeit: ca. 1 %, falls die Terme im Nenner ungefähr gleich groß sind. Voraussetzungen: $f < 3\,$MHz, Verwendung von eng gewickeltem Kupferlackdraht

Bei Verwendung metrischer Einheiten erhält man statt Gl. 9.36:

$$L = \frac{31{,}6 \cdot r_1^2 \cdot N^2}{6 \cdot r_1 + 9 \cdot l + 10 \cdot (r_2 - r_1)} \quad (\mu\text{H}) \tag{9.37}$$

L in μH (Mikro-Henry),
N = Anzahl der Windungen,
r_1 = Innenradius der Spule in m (Meter),
r_2 = Außenradius der Spule in m (Meter),
l = Spulenlänge in m (Meter).

Abb. 9.27 Luftspule mit mehreren Lagen

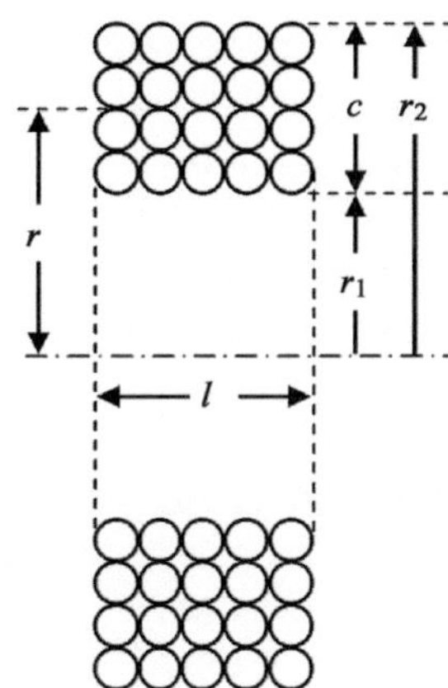

Nutzung von Tabellenwerken

Die Induktivität einer *langen*, mehrlagigen, zylinderförmigen Luftspule nach Abb. 9.28 kann auch mit Werten aus Tabellenwerken berechnet werden.

$$L = D \cdot N^2 \cdot \left[K - 2 \cdot \pi \cdot \frac{c}{l} \cdot (0{,}693 + \gamma) \right] \cdot 10^{-9} \ (\mathrm{H}) \tag{9.38}$$

L in H (Henry),

N = Anzahl der Windungen,

$D = 2 \cdot r = r_1 + r_2$ = mittlerer Durchmesser in cm (Zentimeter),

$c = r_2 - r_1$ = Höhe (Dicke) der Wicklung in cm (Zentimeter) (äußerer Radius minus innerer Radius),

l = Spulenlänge in cm (Zentimeter),

K aus Tab. 9.3,

γ aus Tab. 9.4.

Abb. 9.28 Lange, zylinderförmige, mehrlagige Luftspule

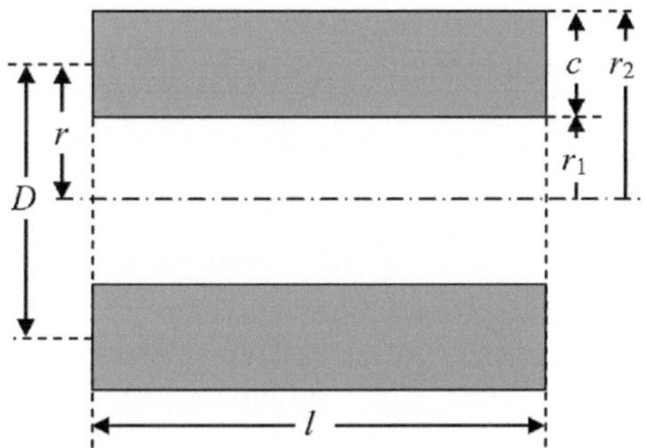

Tab. 9.3 Werte von K in Abhängigkeit von D/l in Gl. 9.38

D/l	K	D/l	K	D/l	K	D/l	K
0,02	0,1957	0,32	2,769	0,80	5,803	2,20	10,93
0,04	0,3882	0,34	2,919	0,85	6,063	2,40	11,41
0,06	0,5776	0,36	3,067	0,90	6,171	2,60	12,01
0,08	0,7643	0,38	3,212	0,95	6,559	2,80	12,30
0,10	0,9465	0,40	3,355	1,00	6,795	3,00	12,71
0,12	1,126	0,42	3,497	1,10	7,244	3,50	13,63
0,14	1,303	0,44	3,635	1,20	7,670	4,00	14,43
0,16	1,477	0,46	3,771	1,30	8,060	4,50	15,14
0,18	1,648	0,48	3,905	1,40	8,453	5,00	15,78
0,20	1,817	0,50	4,039	1,50	8,811	6,00	16,90
0,22	1,982	0,55	4,358	1,60	9,154	7,00	17,85
0,24	2,144	0,60	4,668	1,70	9,480	8,00	18,68
0,26	2,305	0,65	4,969	1,80	9,569	9,00	19,41
0,28	2,406	0,70	5,256	1,90	10,09	10,00	20,07
0,30	2,616	0,75	5,535	2,00	10,37	12,00	21,21

Tab. 9.4 Werte von γ in Abhängigkeit von l/h in Gl. 9.38

l/h	γ	l/h	γ	l/h	γ	l/h	γ
1	0,0000	9	0,2730	17	0,3041	25	0,3169
2	0,1202	10	0,2792	18	0,3062	26	0,3180
3	0,1753	11	0,2844	19	0,3082	27	0,3190
4	0,2076	12	0,2888	20	0,3099	28	0,3200
5	0,2292	13	0,2927	21	0,3116	29	0,3209
6	0,2446	14	0,2961	22	0,3131	30	0,3218
7	0,2563	15	0,2991	23	0,3145	–	–
8	0,2656	16	0,3017	24	0,3157	–	–

Eine Formel für eine *kurze*, mehrlagige, zylinderförmige Luftspule nach Abb. 9.29 ist:

$$L = \frac{25 \cdot \pi \cdot D^2 \cdot N^2}{3 \cdot D + 9 \cdot l + 10 \cdot c} \cdot 10^{-9} \ (\text{H}) \tag{9.39}$$

L in H (Henry),

N = Anzahl der Windungen,

$D = 2 \cdot r = r_1 + r_2$ = mittlerer Durchmesser in cm (Zentimeter),

$c = r_2 - r_1$ = Höhe (Dicke) der Wicklung in cm (Zentimeter) (äußerer Radius minus innerer Radius).

Abb. 9.29 Kurze, zylinderförmige, mehrlagige Luftspule

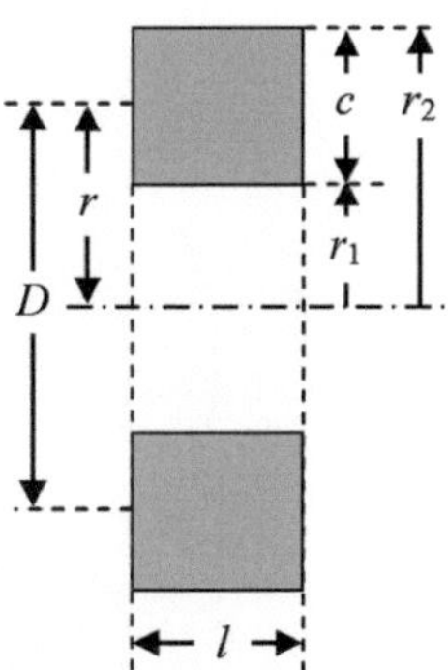

9.3.5 Spiralförmige, ebene Spule

Für eine Spule aus *spiralförmig in einer Ebene* aufgewickeltem Draht (Abb. 9.30) gibt Wheeler folgende Formel an:

$$L = \frac{r^2 \cdot N^2}{8 \cdot r + 11 \cdot c} \ (\mu H) \tag{9.40}$$

L in μH (Mikro-Henry),
N = Anzahl der Windungen,
r = mittlerer Radius in Inch,
c = Höhe (Dicke) der Wicklung in Inch (äußerer Radius minus innerer Radius)
   Genauigkeit ca. 1 % für $c > 0{,}2 \cdot r$.

Formel 9.40 ist eigentlich für runden Draht gültig, kann aber bei reduzierter Genauigkeit auch für spiralförmig auf einer Leiterplatte angeordnete Leiterbahnen verwendet werden.

9.3.6 Toroidspule

Rechteckiger Querschnitt
Die Induktivität einer eng gewickelten Toroidspule (Kreisringspule, Ringkernspule) ohne Luftspalt mit rechteckigem Querschnitt des Toroids (Abb. 9.31) kann mit folgender Formel berechnet werden:

$$L = \frac{\mu_0 \cdot \mu_r}{2 \cdot \pi} \cdot h \cdot N^2 \cdot \ln\left(\frac{r_a}{r_i}\right) \ (H) \qquad L = 2 \cdot \mu_r \cdot h \cdot N^2 \cdot \ln\left(\frac{r_a}{r_i}\right) \ (nH) \tag{9.41}$$

Abb. 9.30 Spiralförmige
Spule

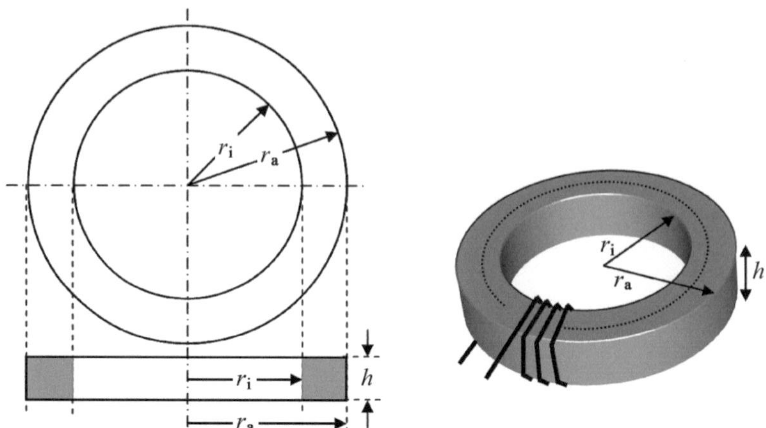

Abb. 9.31 Zur Induktivität einer Toroidspule mit rechteckigem Querschnitt

L in H (Henry) bzw. in nH (Nano-Henry),

N = Anzahl der Windungen,

μ_0 = magnetische Feldkonstante,

μ_r = Permeabilitätszahl des Kernmaterials,

r_i = Innenradius der Spule in m (Meter),

r_a = Außenradius der Spule in m (Meter),

$h = r_a - r_i$ = Höhe (Dicke) der Wicklung in m (Meter) (äußerer Radius minus innerer
              Radius = Durchmesser des Kerns).

Runder Querschnitt

Besitzt die Ringkernspule einen kreisförmigen Querschnitt (Abb. 9.32), so lautet eine Näherungsformel:

$$L = \mu_0 \cdot \mu_r \cdot \frac{N^2 \cdot r^2 \cdot \pi}{2 \cdot R} \ \text{(H)} \quad (R \gg r) \tag{9.42}$$

L in H (Henry),

N = Anzahl der Windungen,

μ_0 = magnetische Feldkonstante,

μ_r = Permeabilitätszahl des Kernmaterials,

r = Radius des kreisförmigen Kernquerschnitts in m (Meter),

R = mittlerer Radius der Spule in m (Meter).

Wird R kleiner und kommt in die Größenordnung von r, so kann mit folgender Näherungsformel gerechnet werden:

$$L = 12{,}57 \cdot N^2 \cdot \left(R - \sqrt{R^2 - r^2} \right) \ \text{(nH)} \tag{9.43}$$

Abb. 9.32 Zur Induktivität
einer Toroidspule mit rundem
Querschnitt

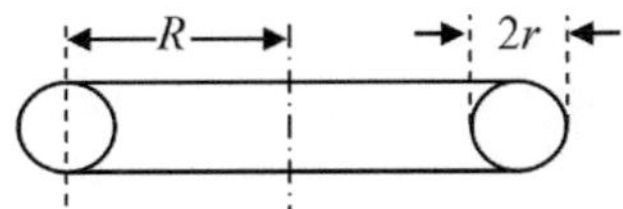

L in nH (Nano-Henry),

N = Anzahl der Windungen,

r = Radius des kreisförmigen Querschnitts in cm (Zentimeter),

R = mittlerer Radius der Spule in cm (Zentimeter).

9.3.7 Drahtring (ohne Kern)

Abb. 9.33 Zur Induktivität
eines Drahtringes

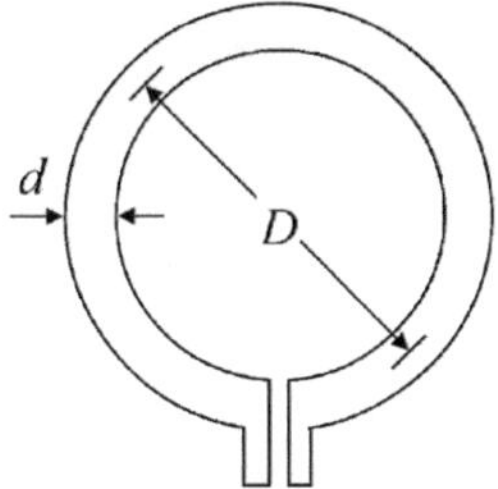

Für runden Draht und Niederfrequenz lautet eine Näherungsformel:

$$L = 2 \cdot \pi \cdot 10^{-7} \cdot D \cdot \left[\ln\left(\frac{8 \cdot D}{d}\right) - 1{,}75 \right] \ (\text{H}) \quad (D \gg d) \qquad (9.44)$$

L in H (Henry),

d = Drahtdurchmesser in m (Meter),

D = Kreisdurchmesser in m (Meter).

Wegen dem Argument der ln-Funktion ist der Induktivitätswert nur schwach vom Drahtdurchmesser abhängig ($\ln(a/b) = \ln(a) - \ln(b)$).

Beispiel: Ein Draht mit einem Durchmesser von 1,024 mm (entspricht der amerikanischen Einheit für Drahtdurchmesser AWG18) und einer Länge von einem Meter wird zu einem Kreis geformt. Dieser Drahtring hat die Induktivität 1,21 µH.

9.3.8 Rechteckige, planare Leiterschleife auf Leiterplatte

$$L = 0{,}02339 \cdot \left[(s_1 + s_2) \cdot \log\left(\frac{2{,}0 \cdot s_1 \cdot s_2}{b + c}\right) - s_1 \cdot \log(s_1 + g) - s_2 \cdot \log(s_2 + g) \right]$$

$$+ 0{,}01016 \cdot \left[2{,}0 \cdot g - \frac{s_1 + s_2}{2{,}0} + 0{,}447 \cdot (b + c) \right] \ (\mu\text{H}) \qquad (9.45)$$

Abb. 9.34 Zur Induktivität
einer planaren, rechteckigen
Leiterschleife

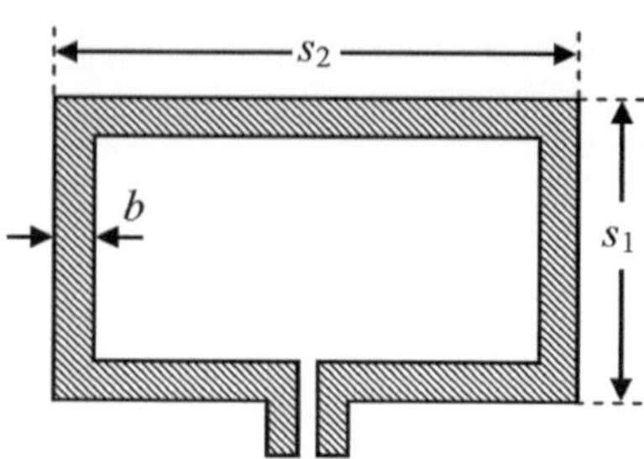

Alle Maße in Abb. 9.34 in Inch, L in μH (Mikro-Henry), b = Leiterbahnbreite, c =
Leiterbahndicke und $g = \sqrt{s_1^2 + s_2^2}$

Für eine quadratische Form mit $s_1 = s_2 = s$ vereinfacht sich Gl. 9.45 zu:

$$L = 0{,}04678 \cdot s \cdot \left\{ \log \left[\frac{2{,}0 \cdot s^2}{\left(s + \sqrt{2} \cdot s\right) \cdot (b + c)} \right] \right\}$$

$$+ 0{,}01016 \cdot \left[2 \cdot \sqrt{2} \cdot s - s + 0{,}447 \cdot (b + c) \right] \quad (\mu H) \tag{9.46}$$

Alle Maße in Inch, L in μH (Mikro-Henry), b = Leiterbahnbreite, c = Leiterbahndicke

9.3.9 Induktivitäten auf Leiterplatte

Eine einfache Näherungsformel zur Berechnung der Induktivität einer gedruckten Spule
ist:

$$L = 8{,}5 \cdot \sqrt{A} \cdot N^{\frac{5}{3}} \quad (\text{nH}) \tag{9.47}$$

L in nH (Nano-Henry),
N = Anzahl der Windungen,
A = Fläche der Spule in cm^2 (Quadratzentimeter).

Eine weitere Formel zur Berechnung des Induktivitätswertes einer planaren, quadratischen, spiralförmigen Spule in integrierter Form (Abb. 9.35) ist eine modifizierte Formel
von Wheeler, die dieser für diskret (aus Draht) aufgebaute Spulen aufstellte. Die Formel
lautet:

$$L = 2{,}34 \cdot \mu_0 \cdot \frac{N^2 \cdot d_{\text{avg}}}{1 + 2{,}75 \cdot \rho} \quad (L \text{ in Henry}) \tag{9.48}$$

mit

$$d_{\text{avg}} = 0{,}5 \cdot (d_{\text{out}} + d_{\text{in}}), \quad \rho = \frac{d_{\text{out}} - d_{\text{in}}}{d_{\text{out}} + d_{\text{in}}}$$

Genauigkeit: ca. 2 bis 3 %

Abb. 9.35 Zur Induktivität einer quadratischen Spule auf einer Leiterplatte

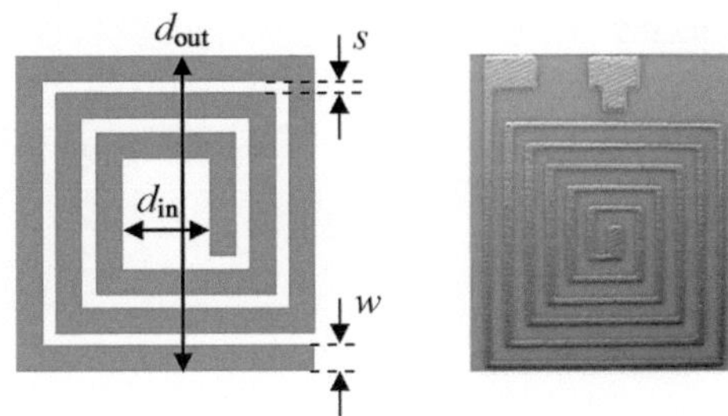

Da die Leiterbahndicke nur einen sehr kleinen Einfluss auf den Induktivitätswert hat, fehlt sie in der Formel.

Eine zusätzliche Formel mit der gleichen Genauigkeit ist:

$$L = \frac{\mu_0 \cdot N^2 \cdot d_{\mathrm{avg}}}{\pi} \cdot \left[2{,}00 \cdot \log \left[\frac{2{,}00}{\rho} \right] + 0{,}54 \cdot \rho \right] \tag{9.49}$$

Wird das Verhältnis von s/w groß, so wird Gl. (9.49) ungenau. In der Praxis spielt dies keine Rolle, da integrierte Spulen mit $s < w$ realisiert werden. Ein kleiner Leiterbahnabstand s ergibt eine bessere induktive Kopplung zwischen den Windungen und eine kleinere Fläche der Spule.

Eine gedruckte Spule kann außer der quadratischen Form auch anders gestaltet sein. Abb. 9.36 zeigt Spulen mit hexagonaler, oktagonaler und kreisförmiger Struktur.

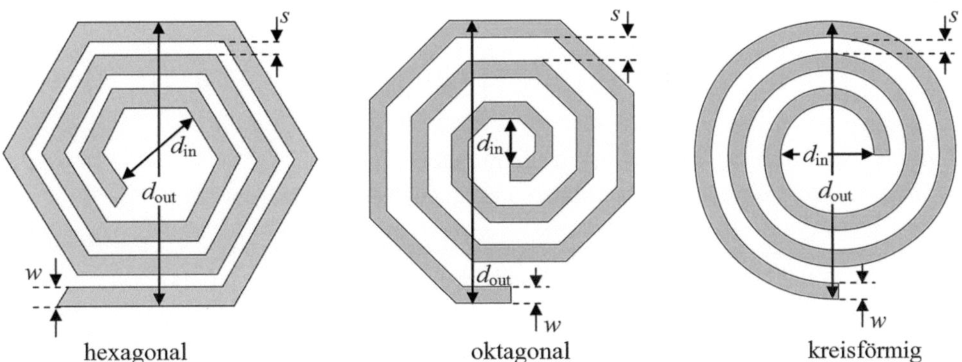

Abb. 9.36 Zur Induktivität einer hexagonalen, oktagonalen und kreisförmigen Spule in gedruckter Ausführung

Tab. 9.5 Werte der Konstanten k_1 bis k_4 in Gl. 9.49 je nach Spulenform

Spulenform	k1	k2	k3	k4
Quadratisch	1,27	2,07	0,18	0,13
Hexagonal	1,09	2,23	0	0,17
Oktagonal	1,07	2,29	0	0,19
Kreisförmig	1,0	2,46	0	0,20

Der Induktivitätswert errechnet sich nach folgender Formel:

$$L = 0{,}5 \cdot k_1 \cdot \mu_0 \cdot N^2 \cdot d_{\mathrm{avg}} \cdot \left[\ln\left(\frac{k_2}{\rho}\right) + k_3 \cdot \rho + k_4 \cdot \rho^2 \right] \tag{9.50}$$

L in Henry,
μ_0 = magnetische Feldkonstante = $4 \cdot \pi \cdot 10^{-7}$ H/m,
N = Anzahl der Windungen,
$d_{\mathrm{avg}} = 0{,}5 \cdot (d_{\mathrm{out}} + d_{\mathrm{in}})$,
$\rho = \frac{d_{\mathrm{out}} - d_{\mathrm{in}}}{d_{\mathrm{out}} + d_{\mathrm{in}}}$.

Die Konstanten k_1 bis k_4 sind abhängig von der Spulenform und in Tab. 9.5 enthalten.

9.3.10 Gerader Leiter

Eine Näherungsformel für niedrige Frequenzen für einen runden Leiter im freien Raum (Abb. 9.37) ist:

$$L = 2 \cdot l \cdot \left[\ln\left(\frac{4 \cdot l}{d}\right) - 0{,}75 \right] \ (\mathrm{nH}) \quad (l \gg d, l > 1000 \cdot d) \tag{9.51}$$

L in nH (Nano-Henry), l und d in cm (Zentimeter)

Eine genauere Berechnung bei höheren Frequenzen nach Grover ergibt:

$$L = 0{,}002 \cdot l \cdot \left[\ln\left(\frac{4{,}0 \cdot l}{d}\right) - 1{,}00 + \frac{d}{2{,}0 \cdot l} + \frac{\mu \cdot T(x)}{4{,}0} \right] \ (\mu\mathrm{H}) \tag{9.52}$$

Abb. 9.37 Zur Induktivität eines geraden Leiters im freien Raum

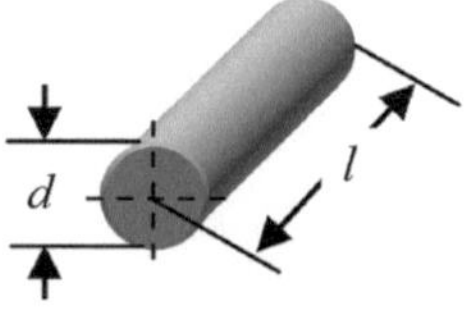

mit

$$x = 2{,}0 \cdot \pi \cdot r \cdot \sqrt{\frac{2{,}0 \cdot \mu_0 \cdot \mu_\mathrm{r} \cdot f}{\sigma}} \quad (0{,}0 \le x \le 100{,}0) \tag{9.53}$$

$$T(x) = \sqrt{\frac{0{,}873011 + 0{,}00186128 \cdot x}{1{,}0 - 0{,}278381 \cdot x + 0{,}127964 \cdot x^2}} \tag{9.54}$$

L in μH (Mikro-Henry),
l = Drahtlänge in cm (Zentimeter),
d = Drahtdurchmesser in cm,
$r = d/2$ = Drahtradius in cm,
f = Frequenz in Hz,
σ = spezifische Leitfähigkeit,
μ_0 = magnetische Feldkonstante,
μ_r = Permeabilitätszahl des Drahtmaterials, $\mu = \mu_0 \cdot \mu_\mathrm{r}$.

9.3.11 Gerader Leiter über Massefläche

Die Induktivität eines runden, geraden Leiters über einer Massefläche (Abb. 9.38) ist ungefähr:

$$L = \frac{\mu_0 \cdot \mu_\mathrm{r}}{2 \cdot \pi} \cdot \cosh^{-1}\left(\frac{h}{r}\right) \; (\mathrm{H/m}) \; (h \gg r)(\cosh^{-1} = \mathrm{arcosh}) \tag{9.55}$$

L in H/m (Henry/Meter),
h = Abstand des Leiters von der Massefläche in m (Meter),
r = Radius des Leiters in m (Meter),
l = Länge des Leiters in m (Meter),
μ_0 = magnetische Feldkonstante,
μ_r = Permeabilitätszahl des Materials, das den Leiter umgibt.

Abb. 9.38 Zur Induktivität
eines geraden Leiters über
einer Massefläche

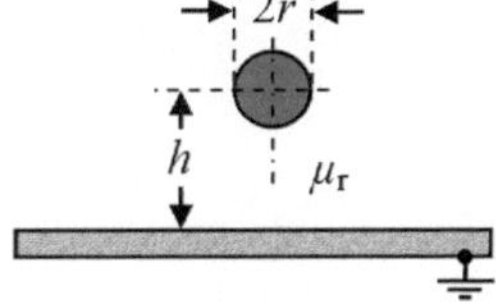

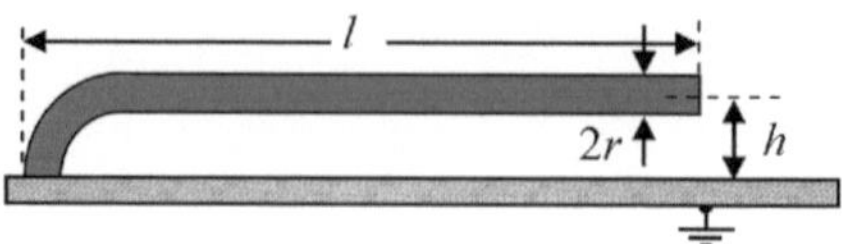

Abb. 9.39 Zur Induktivität eines geraden Leiters über einer Massefläche, ein Ende des Leiters ist mit Masse verbunden

9.3.12 Gerader Leiter über Massefläche, ein Ende an Masse

Ein Ende eines runden, geraden Leiters über einer Massefläche ist mit dieser verbunden (Abb. 9.39). Die Induktivität ist:

$$
\begin{aligned}
L = 0{,}0117 \cdot l \cdot &\left\{ \log\left[\frac{2 \cdot h}{r} \cdot \left(\frac{l + \sqrt{l^2 + r^2}}{l + \sqrt{l^2 + 4 \cdot h^2}} \right) \right] \right\} \\
&+ 0{,}00508 \cdot \left(\sqrt{l^2 + 4 \cdot h^2} - \sqrt{l^2 + r^2} + \frac{l}{4} - 2 \cdot h + r \right) \ (\mu H)
\end{aligned}
\tag{9.56}
$$

L in μH (Mikro-Henry),
l = Drahtlänge in Inch,
r = Radius des Leiters in Inch,
h = Abstand Leitermitte zu Massefläche in Inch

9.3.13 Gerader Bandleiter

Der Bandleiter kann eine Kupferleiterbahn auf einer Leiterplatte sein (Abb. 9.40).
Die Induktivität ist:

$$
L = 2{,}0 \cdot 10^{-3} \cdot l \cdot \left[\ln\left(\frac{l}{b + d} \right) + 1{,}193 + 0{,}2235 \cdot \left(\frac{b + d}{l} \right) \right] \ (nH)
\tag{9.57}
$$

L in nH (Nano-Henry), alle Maße in cm (Zentimeter)
Statt Gl. 9.57 wird häufig folgende, gleichwertige Formel angegeben:

$$
L = 2{,}0 \cdot 10^{-3} \cdot l \cdot \left[\ln\left(\frac{2{,}0 \cdot l}{b + d} \right) + 0{,}5 + 0{,}2235 \cdot \left(\frac{b + d}{l} \right) \right] \ (nH)
\tag{9.58}
$$

Der Faktor 0,2235 in Gl. 9.57 und Gl. 9.58 variiert zwischen 0,22313 für $d = 0$ und 0,22352 für $d = b$.

Abb. 9.40 Zur Induktivität eines geraden Bandleiters

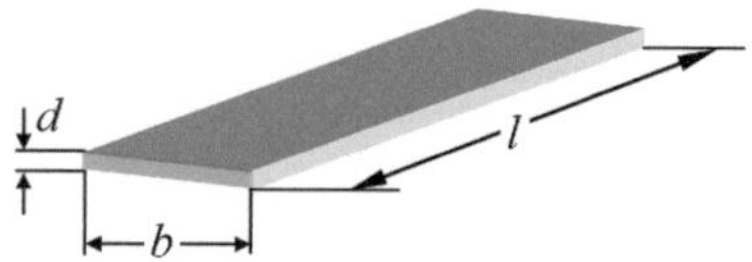

Abb. 9.41 Zur Induktivität
einer Paralleldrahtleitung

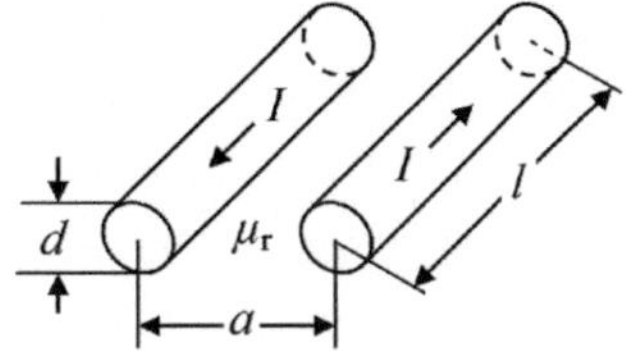

In Abhängigkeit der Frequenz ist die Induktivität:

$$L = 0{,}002 \cdot l \cdot \left[\ln\left(\frac{2{,}0 \cdot l}{b + d} \right) + 0{,}25049 + \frac{b + d}{3{,}0 \cdot l} + \frac{\mu \cdot T\,(x)}{4{,}0} \right] \text{ (nH)} \qquad (9.59)$$

mit x wie Gl. 9.53 und $T(x)$ wie Gl. 9.54.

L in nH (Nano-Henry), alle Maße in cm (Zentimeter)

9.3.14 Paralleldrahtleitung (Zweidrahtleitung, Doppelleitung)

Die Ströme in den beiden runden Leitern mit gleichen Durchmessern sind gleich groß und
entgegengesetzt gerichtet (Abb. 9.41).

$$L = \frac{\mu_0 \cdot \mu_\mathrm{r}}{\pi} \cdot l \cdot \ln\left(\frac{2 \cdot a}{d} \right) = \frac{\mu_0 \cdot \mu_\mathrm{r}}{\pi} \cdot l \cdot \cosh^{-1}\left(\frac{a}{d} \right) \text{ (H) } (a \gg d) \ (\cosh^{-1} = \mathrm{arcosh})$$

$$(9.60)$$

L in H (Henry), alle Maße in Abb. 9.41 in m (Meter), $\mu_0 = $ magnetische Feldkonstante,
$\mu_\mathrm{r} = $ Permeabilitätszahl des Materials zwischen den Leitern

Statt Gl. 9.60 ist auch folgende Formel gebräuchlich:

$$L = \frac{\mu_0 \cdot \mu_\mathrm{r}}{\pi} \cdot l \cdot \ln\left(\frac{2 \cdot a}{d} - \frac{a}{l} + \frac{1}{4} \right) \qquad (9.61)$$

Sind die Ströme in den beiden Leitern *gleich* gerichtet, so lautet die Formel für die
Induktivität:

$$L = \frac{\mu_0 \cdot \mu_\mathrm{r}}{2 \cdot \pi} \cdot l \cdot \left[\ln\left(\frac{2 \cdot l}{\sqrt{\frac{d}{2} \cdot a}} \right) - \frac{7}{8} \right] \qquad (9.62)$$

9.3.15 Hohlzylinder

Die Induktivität ist (Abb. 9.42):

$$L = 0{,}002 \cdot l \cdot \left[\ln\left(\frac{2{,}0 \cdot l}{r_1} + \ln \xi - 1{,}0 \right) \right] \text{ (}\mu\text{H)} \qquad (9.63)$$

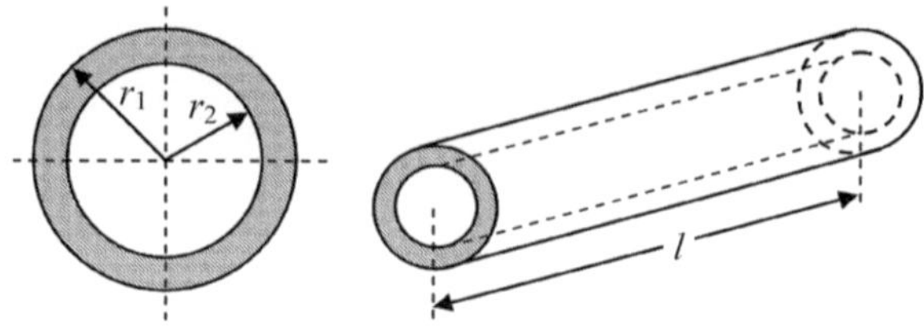

Abb. 9.42 Zur Induktivität eines Hohlzylinders

mit

$$\ln \xi = 0{,}25009128 - 0{,}0017049618 \cdot \frac{r_2}{r_1} - 0{,}51598981 \cdot \left(\frac{r_2}{r_1}\right)^2$$
$$+ 0{,}37420782 \cdot \left(\frac{r_2}{r_1}\right)^3 - 0{,}10669571 \cdot \left(\frac{r_2}{r_1}\right)^4 \tag{9.64}$$

L in μH (Mikro-Henry), alle Maße in cm (Zentimeter)

9.3.16 Koaxialleitung

Koaxialkabel bestehen aus einem Innenleiter und einem zylindrischen Außenleiter. Durch die spezielle Geometrie des Koaxialkabels dient der Außenleiter auch als Abschirmung gegen Störfelder. Den Aufbau eines Koaxialkabels zeigt Abb. 11.20.

Die Induktivität eines Koaxialkabels ist:

$$L = \frac{\mu_0 \cdot \mu_r}{2 \cdot \pi} \cdot l \cdot \ln\left(\frac{r_a}{r_i}\right) \tag{9.65}$$

L in H (Henry),
r_a = Radius des Außenleiters in m (Meter),
r_i = Radius des Innenleiters in m (Meter),
l = Länge im m (Meter),
μ_0 = magnetische Feldkonstante,
μ_r = Permeabilitätszahl des Isoliermaterials (des Dielektrikums), meist ist $\mu_r = 1$.

9.3.17 Via (Durchkontaktierung Leiterplatte)

Eine Formel zur Berechnung der Induktivität der Durchkontaktierung einer Leiterplatte ist:

$$L_{Via} = 0{,}2 \cdot \left[h - \ln\left(\frac{h + \sqrt{r^2 + h^2}}{r}\right) + \frac{3}{2} \cdot \left(r - \sqrt{r^2 + h^2}\right) \right] \quad (\text{pH}) \tag{9.66}$$

L_{Via} in pH (Piko-Henry)

r = Radius der Durchkontaktierung in Mikrometer

h = Höhe der Durchkontaktierung in Mikrometer

Eine einfachere Formel:

$$L_{\text{Via}} \approx \frac{h}{5} \cdot \left[1 + \ln\left(\frac{4 \cdot h}{d}\right) \right] \quad (\text{nH}) \tag{9.67}$$

L_{Via} in nH (Nano-Henry)

d = Durchmesser der Durchkontaktierung in mm (Millimeter)

h = Höhe der Durchkontaktierung in mm (Millimeter)

Beispiel: $h = 1{,}6\,\text{mm}$, $d = 0{,}4\,\text{mm} \Rightarrow L_{\text{Via}} = 1{,}2\,\text{nH}$

9.4 Verwendungszweck, Beispiele zur Anwendung von Spulen

Induktivitäten werden zur Signalformung bzw. -übertragung verwendet. In der industriellen Elektronik werden sie überwiegend in Transformatoren, Übertragern und Relais eingesetzt. Mit Übertragern ergibt sich die Möglichkeit der potenzialfreien bzw. galvanisch getrennten Signalübertragung.

Parasitär tritt die Induktivität in Form der Leitungsinduktivität immer auf und muss als solche ggf. entsprechend beachtet werden. Die wichtigste Eigenschaft der Leitungsinduktivität ist der Laufzeiteffekt und die damit verbundene Reflexion einer Welle bei Fehlanpassung. Dadurch können Signalverzerrungen auf der Leitung entstehen, die schaltungstechnisch nur schlecht korrigierbar sind. Sie müssen deshalb mit Hilfe der Leitungsanpassung weitgehend vermieden werden. Als Anpassbedingung gilt: Der Abschlusswiderstand R der Leitung muss gleich ihrem Wellenwiderstand Z_0 sein (vgl. Abschn. 11.2.1).

9.4.1 Verwendung von Spulen im Gleichstromkreis

In einem Gleichstromkreis ist eine Spule nur als Elektromagnet von Bedeutung. Wenn sich der Strom durch die Spule nicht ändert, kann keine Induktion stattfinden und es bleibt nur das stationäre (gleichbleibende) Magnetfeld mit seiner magnetischen Wirkung.

Bei einem *Relais* wird durch Magnetwirkung ein beweglich gelagertes Eisenstück (der *Anker*) angezogen. Dadurch werden ein oder mehrere mechanische Kontakte geschlossen oder geöffnet. So lassen sich durch einen relativ kleinen Strom hohe Ströme in einiger Entfernung ein- und ausschalten.

9.4.2 Verwendung von Spulen im Wechselstromkreis

Der Transformator ist die wohl bekannteste Anwendung von Spulen. Beim Transformator sind zwei Spulen durch einen gemeinsamen Eisenkern induktiv stark gekoppelt. Mit ihm können hohe Wechselspannungen auf niedrige umgesetzt werden, oder umgekehrt, niedrige auf hohe Wechselspannungen.

In Wechselstromkreisen wird das langsame Ansteigen des Stromes in einer Induktivität häufig als Strombegrenzung eingesetzt.

Bei Leuchtstoffröhren werden Drosseln vorgeschaltet (Vorschaltdrossel), die zum einen durch ihren Blindwiderstand den Betriebsstrom während des Leuchtens stabilisieren und zum anderen mit Hilfe eines zusätzlichen Starters die notwendige hohe Zündspannung erzeugen.

In Schaltwandlern (Schaltnetzteilen) werden Induktivitäten als Energiespeicher (Speicherspule) eingesetzt.

Die stromkompensierte Drossel (CMC = Common Mode Choke), hat zwei gleiche Wicklungen, die gegensinnig betrieben werden, für die Arbeitsströme ergibt sich ein resultierendes Feld von null. CMCs werden unter anderem zur Dämpfung von Störemissionen an Ein- und Ausgängen eines Schaltnetzteils eingesetzt.

Ist eine Gleichspannung durch eine überlagerte Wechselspannung „verschmutzt", so lässt die Spule die Gleichspannung durch, während sie die Wechselspannung sperrt. Eine Gleichspannung kann so von einer überlagerten Wechselspannung „gereinigt" (gefiltert, gesiebt) werden. Bei einem solchen Einsatz wird die Spule als *Drossel* bezeichnet. Als Drossel dienen Spulen in Stromversorgungszuführungen zur Unterdrückung von Wechselspannung, die einer Gleichspannung überlagert ist.

Mit Induktivitäten kann man also (evtl. unter Zusammenschaltung mit Kondensatoren und/oder Widerständen) ähnliche Filterfunktionen aufbauen wie mit Kondensatoren (z. B. Hochpass, Tiefpass). Da Spulen aber größer und teurer sind, werden sie nur selten verwendet.

In Schwingkreisen (Reihen- oder Parallelschaltung aus einem Kondensator und einer Spule) dienen Spulen zur Trennung von Spannungen mit unterschiedlichen Frequenzen. Mit einem Schwingkreis können bestimmte Frequenzen aus einer Vielzahl von Frequenzen unterdrückt oder hervorgehoben werden. Bei der Resonanzfrequenz ist die Hervorhebung oder Unterdrückung einer Spannung mit dieser Frequenz am stärksten. Die Resonanzfrequenz berechnet sich aus der Kapazität und Induktivität zu

$$f = \frac{1}{2\pi\sqrt{LC}} \tag{9.68}$$

Die Erhöhung des induktiven Widerstandes mit wachsender Frequenz wird in Frequenzweichen für Lautsprechersysteme ausgenutzt (Abb. 9.43). Der Tieftöner erhält eine Drossel als Vorwiderstand, so dass hohe Frequenzen nur abgeschwächt zu ihm übertragen werden (Tiefpassfilter).

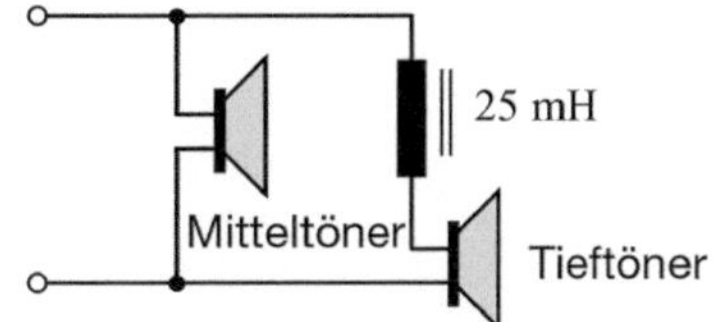

Abb. 9.43 Eine Drossel in der Frequenzweiche eines Lautsprechersystems

Eine andere Lautsprecher-Frequenzweiche wäre mit einem Kondensator als Vorwiderstand realisierbar. Da sich der kapazitive Widerstand mit sinkender Frequenz vergrößert, verkleinert ein Kondensator in Reihe zu einem Hochtonlautsprecher den Strom vor allem bei tiefen Frequenzen (Hochpassfilter).

Viele Bauteile wie z. B. Relais, Transformatoren, Lautsprecher, Elektromotoren usw. enthalten Spulen und besitzen damit auch eine Induktivität. Dies muss man in der Elektronik oft beachten. Typisch ist z. B. ein Spannungsstoß beim Ausschalten eines Stromes. Da hierbei die Stromänderung sehr schnell erfolgt, entsteht eine hohe Induktionsspannung, oft mit Spannungsspitzen bis zu einigen hundert Volt. Bei der klassischen Zündung von Automotoren wurde dieser Effekt gewollt herbeigeführt (Zündspule). Halbleiterbauteile dagegen können zerstört werden, wenn man keine Schutzmaßnahmen ergreift. Ein typischer Anwendungsfall ist das Schalten einer Relaisspule durch einen Transistor. Wird die Relaisspule abgeschaltet (die Kollektor-Emitter-Strecke des Transistors sperrt dann), so kann der Transistor durch die dabei entstehende Spannungsspitze zerstört werden. Eine in diesem Einsatzfall als *Freilaufdiode* bezeichnete Halbleiterdiode schützt den Transistor, indem sie die Spannungsspitze vernichtet (Abb. 9.44).

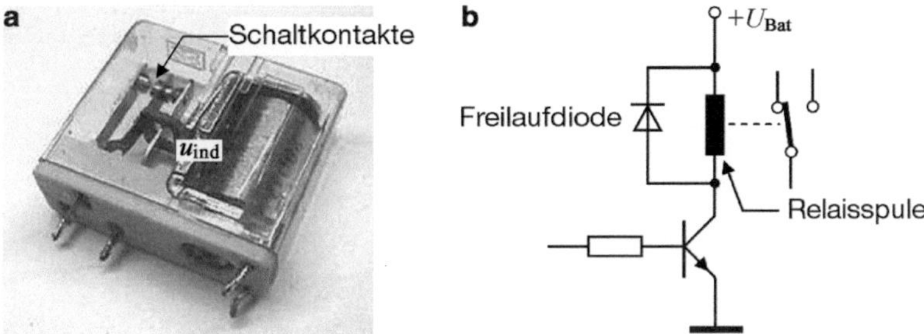

Abb. 9.44   Ein Relais (**a**). Eine Freilaufdiode schützt den Transistor vor Zerstörung. Die beim Abschalten der Relaisspule entstehende hohe Spannungsspitze wird durch die Diode kurzgeschlossen

10.1 Aufgaben und Einsatzbereiche

Der Transformator (kurz Trafo) hat als Umspanner in der elektrischen Energietechnik die Aufgabe, elektrische Energie mit gegebener Spannung U_1 und Frequenz f unter Beibehaltung der Frequenz in elektrische Energie mit einem größeren oder kleineren Spannungswert U_2 zu übertragen. Die Umwandlung der elektrischen Wechselstromenergie erfolgt über ein magnetisches Wechselfeld.

Beim Einsatz als *Trenntransformator* zur Schutztrennung erfolgt eine galvanische Trennung eines Verbrauchers vom öffentlichen Stromnetz.

In der *Messtechnik* dient der Trenntransformator zur Potenzialtrennung von Messgeräten und als Spannungswandler oder Stromwandler zur Anpassung der zu messenden Signale an den Messbereich eines Messgerätes.

In der *Nachrichtentechnik* kommen spezielle Transformatoren zum Einsatz. Sie werden als *Übertrager* bezeichnet und dienen zur breitbandigen Anpassung eines Verbrauchers an eine Quelle. Die Eigenschaft der Widerstandsübersetzung eines Transformators wird bei Übertragern genutzt, wenn Widerstände an Wechselspannungsquellen angepasst werden müssen. Ein Beispiel ist die Kopplung von zwei Verstärkerstufen durch einen Übertrager, um eine Leistungsanpassung zu erreichen.

10.2 Magnetische Kopplung von Spulen

Befindet sich in der Nähe einer stromdurchflossenen Spule 1 eine zweite Spule 2, und verläuft ein Teil des von der Spule 1 erzeugten magnetischen Flusses auch durch die Spule 2, so bezeichnet man die Spulen als *magnetisch gekoppelt*. Ein Transformator besteht aus (mindestens) zwei magnetisch gekoppelten Spulen (Abb. 10.1). Beide Spulen werden von einem wechselnden Magnetfeld durchdrungen, welches in der Primärspule durch Anlegen einer Wechselspannung beliebiger Frequenz erzeugt wird. In der Sekundärspule erzeugt

© Springer Fachmedien Wiesbaden GmbH, ein Teil von Springer Nature 2019
L. Stiny, *Passive elektronische Bauelemente*, https://doi.org/10.1007/978-3-658-24733-1_10

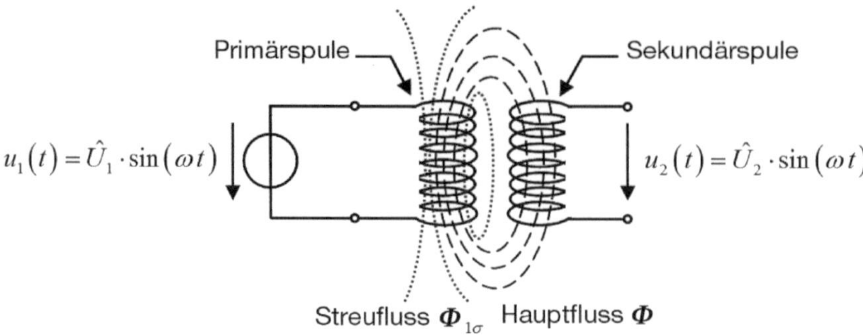

Abb. 10.1 Prinzip des Transformators, magnetisch gekoppelte Spulen

das wechselnde Magnetfeld durch Induktion eine Wechselspannung gleicher Frequenz, gegenüber der Eingangsspannung aber mit meist unterschiedlicher Amplitude. Die Eingangsseite eines Transformators ist die *Primärseite* mit der *Primärwicklung* (∼spule), die Ausgangsseite ist die *Sekundärseite* mit der *Sekundärwicklung* (∼spule).

Durchdringen alle Feldlinien, die in der Primärspule erzeugt werden, auch die Sekundärspule, so ist die Kopplung fest (ideal, 100 %-ig), der *Kopplungsfaktor* ist dann $k = 1$. Eine 100 %-ige Kopplung ist nur theoretisch möglich und nur annähernd (z. B. $k = 0{,}98$) mit einem geschlossenen Kern aus ferromagnetischem Material (Eisenkern) realisierbar. Der Kern sorgt dafür, dass möglichst der ganze in der Primärwicklung erzeugte magnetische Fluss auch durch die Sekundärwicklung hindurchgeführt wird und somit die Streuung des Magnetfeldes gering ist.

Der *Hauptfluss* durchdringt jeweils beide Spulen. Der *Streufluss* (das *Streufeld*) durchdringt nur die Spule, durch deren Strom der magnetische Fluss hervorgerufen wird. Der *Gesamtfluss* durch eine Spule ist die Summe aus Hauptfluss und Streufluss.

10.3 Gegeninduktion

Die Wirkungsweise des Transformators beruht auf der Gegeninduktion (gegenseitigen Induktion) zwischen zwei unbeweglichen magnetischen Kreisen. In Abb. 10.2 sind zwei magnetisch gekoppelte Spulen dargestellt. Ändert sich der in Spule 1 fließende Strom, so tritt in Spule 1 eine Selbstinduktionsspannung auf. Außerdem wird in Spule 2 durch die *Gegeninduktion* eine *Gegeninduktionsspannung* induziert.

10.3.1 Kopplungsfaktor, Streufaktor, Streuinduktivität

10.3.1.1 Kopplungsfaktor

In Abb. 10.2 wird mit $i_1 > 0$ und $i_2 = 0$ der magnetische *Gesamtfluss* Φ_1 von der Spule 1 erzeugt. Je nach Abstand und Lage der beiden Spulen zueinander durchdringt ein

Abb. 10.2 Zwei magnetisch gekoppelte Spulen mit dem Vorgang der Gegeninduktion

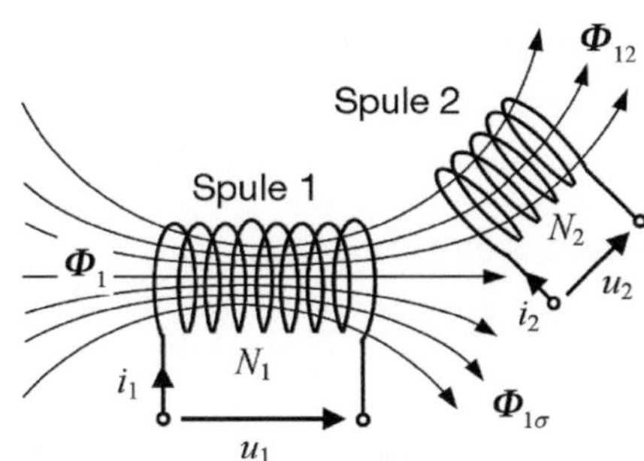

Bruchteil dieses Gesamtflusses die Spule 2:

$$\Phi_{12} = k_1 \cdot \Phi_1 \quad (0 \le k_1 \le 1) \tag{10.1}$$

Für zwei Indizes des Flusses gilt hier: Die erste Ziffer im Index des magnetischen Flusses gibt an, von welcher Spule der Fluss herstammt (durch die er natürlich auch verläuft). Die zweite Ziffer gibt die Nummer der Spule an, durch die der (Teil-)Fluss außerdem verläuft.

$$k_1 = \frac{\Phi_{12}}{\Phi_1} \tag{10.2}$$

Der *magnetische Kopplungsfaktor* k_1 gibt den Grad der Kopplung an ($k_1 = 0$ keine, $k_1 = 1$ vollständige Kopplung).

Für $i_1 = 0$ und $i_2 > 0$ wird die Spule 1 von einem Bruchteil Φ_{21} des von Spule 2 erzeugten Gesamtflusses Φ_2 durchdrungen:

$$\Phi_{21} = k_2 \cdot \Phi_2 \quad (0 \le k_2 \le 1) \tag{10.3}$$

$$k_2 = \frac{\Phi_{21}}{\Phi_2} \tag{10.4}$$

Kopplungsfaktor = Verhältnis von Hauptfluss zu Gesamtfluss

Gilt $k_1 \ne k_2$, so wird der geometrische Mittelwert beider Kopplungsfaktoren als *totaler Kopplungsfaktor k* angegeben:

$$k = \sqrt{k_1 \cdot k_2} \tag{10.5}$$

10.3.1.2 Streufaktor

Statt mit dem Kopplungsfaktor kann (gleichwertig) mit dem *Streufaktor* σ gearbeitet werden.

Der *Streufluss* $\Phi_{1\sigma}$ durchdringt nur die Spule 1 und wird durch deren Strom verursacht. Der Streufluss $\Phi_{2\sigma}$ verläuft nur durch Spule 2 und wird durch den Strom durch diese Spule verursacht. Der Streufluss ist jeweils nur mit der Spule des Flussursprungs verkettet. Der Hauptfluss ist auch mit der jeweils anderen Spule verkettet.

Der Streufluss der Spule 1 ist:

$$\Phi_{1\sigma} = \Phi_1 - \Phi_{12} = \Phi_1 \cdot (1 - k_1) \tag{10.6}$$

Der Streufluss der Spule 2 ist:

$$\Phi_{2\sigma} = \Phi_2 - \Phi_{21} = \Phi_2 \cdot (1 - k_2) \tag{10.7}$$

Die Streufaktoren von Spule 1 und Spule 2 sind:

$$\sigma_1 = \frac{\Phi_{1\sigma}}{\Phi_1} \quad (0 \leq \sigma_1 \leq 1) \tag{10.8}$$

$$\sigma_2 = \frac{\Phi_{2\sigma}}{\Phi_2} \quad (0 \leq \sigma_2 \leq 1) \tag{10.9}$$

$$\text{Streufaktor} = \text{Verhältnis von Streufluss zu Gesamtfluss}$$

10.3.1.3 Streuinduktivität

Der primäre magnetische Fluss Φ_1 teilt sich auf in den Hauptfluss Φ_{12}, der von den Windungen N_2 der Spule 2 umfasst wird, und in den Streufluss $\Phi_{1\sigma}$, der nur Spule 1 durchdringt und außerhalb der Spule 2 verläuft.

$$\Phi_1 = \Phi_{12} + \Phi_{1\sigma} \tag{10.10}$$

Wird diese Gleichung mit N_1/i_1 multipliziert, so ergeben sich Induktivitäten:

$$\underbrace{\frac{N_1 \cdot \Phi_1}{i_1}}_{L_1} = \underbrace{\frac{N_1 \cdot \Phi_{12}}{i_1}}_{L_{1h}} + \underbrace{\frac{N_1 \cdot \Phi_{1\sigma}}{i_1}}_{L_{1\sigma}} \tag{10.11}$$

$$L_1 = L_{1h} + L_{1\sigma} \tag{10.12}$$

Die Induktivität der Primärwicklung ist:

$$L_1 = \frac{N_1 \cdot \Phi_1}{i_1} \tag{10.13}$$

Die primärseitige *Hauptinduktivität* ist:

$$L_{1h} = \frac{N_1 \cdot \Phi_{12}}{i_1} \tag{10.14}$$

Die primärseitige *Streuinduktivität* ist:

$$L_{1\sigma} = \frac{N_1 \cdot \Phi_{1\sigma}}{i_1} \tag{10.15}$$

Wird die primärseitige Hauptinduktivität mit N_2 erweitert, so erhält man einen Zusammenhang mit der in Abschn. 10.3.2 erläuterten Gegeninduktivität L_{12}:

$$L_{1h} = \frac{N_1 \cdot \Phi_{12}}{i_1} \cdot \frac{N_2}{N_2} = \frac{N_2 \cdot \Phi_{12}}{i_1} \cdot \frac{N_1}{N_2}$$

$$L_{1h} = L_{12} \cdot \frac{N_1}{N_2} \tag{10.16}$$

Für die primärseitige Induktivität der Wicklung ergibt sich somit:

$$L_1 = L_{12} \cdot \frac{N_1}{N_2} + L_{1\sigma} \tag{10.17}$$

Mit der gleichen Betrachtungsweise folgt für die sekundärseitige Induktivität der Wicklung:

$$L_2 = L_{21} \cdot \frac{N_2}{N_1} + L_{2\sigma} \tag{10.18}$$

Die primär- und sekundärseitigen Streuinduktivitäten $L_{1\sigma}$ und $L_{2\sigma}$ lassen sich mit den Streufaktoren in Abhängigkeit der Induktivitätswerte von Primär- und Sekundärwicklung angeben:

$$L_{1\sigma} = \sigma_1 \cdot L_1 \tag{10.19}$$

$$L_{2\sigma} = \sigma_2 \cdot L_2 \tag{10.20}$$

10.3.1.4 Zusammenhang zwischen Kopplungsfaktor und Streufaktor

$$k_1 + \sigma_1 = \frac{\Phi_{12}}{\Phi_1} + \frac{\Phi_{1\sigma}}{\Phi_1} \text{ mit } \Phi_1 = \Phi_{12} + \Phi_{1\sigma} \tag{10.21}$$

Somit folgt:

$$k_1 + \sigma_1 = 1 \tag{10.22}$$

$$k_2 + \sigma_2 = 1 \tag{10.23}$$

Das Produkt der beiden Kopplungsfaktoren ist:

$$k_1 \cdot k_2 = k^2 = (1 - \sigma_1) \cdot (1 - \sigma_2) = 1 - \sigma_1 - \sigma_2 + \sigma_1 \cdot \sigma_2 \tag{10.24}$$

Der Ausdruck $\sigma_1 + \sigma_2 - \sigma_1 \cdot \sigma_2$ wird als *totaler Streufaktor* σ definiert. Die Zusammenhänge zwischen beiden totalen Faktoren sind dann:

$$k = \sqrt{1 - \sigma} \tag{10.25}$$

$$\sigma = 1 - k^2 \tag{10.26}$$

Das Produkt $\sigma_1 \cdot \sigma_2$ ist gegenüber σ_1 und σ_2 sehr klein. Der totale Streufaktor kann somit näherungsweise auch aus der Summe der Streufaktoren berechnet werden:

$$\sigma = \sigma_1 + \sigma_2 \qquad (10.27)$$

10.3.2 Gegeninduktionsspannungen

Stromfluss durch *eine* Spule

Zunächst sei $i_2 = 0$ (Abb. 10.2). Ändert sich der Strom i_1, so ändert sich auch der Fluss Φ_{12} durch Spule 2. In dieser wird dadurch die Gegeninduktionsspannung u_2 induziert:

$$u_2 = N_2 \cdot \frac{\mathrm{d}\Phi_{12}}{\mathrm{d}t} = L_{12} \cdot \frac{\mathrm{d}i_1}{\mathrm{d}t} \qquad (10.28)$$

L_{12} wird als *Gegeninduktivität* bezeichnet. Mit der Gegeninduktivität kann aus der Stromänderungsgeschwindigkeit in Spule 1 die induzierte Spannung in Spule 2 berechnet werden.

Wie bei der Induktivität ist die Einheit der Gegeninduktivität das Henry:

$$[L_{12}] = \mathrm{H} \ (\text{Henry}) \qquad (10.29)$$

Jetzt sei $i_1 = 0$. Ändert sich der Strom i_2, so wird in Spule 1 die Gegeninduktionsspannung u_1 induziert:

$$u_1 = N_1 \cdot \frac{\mathrm{d}\Phi_{21}}{\mathrm{d}t} = L_{21} \cdot \frac{\mathrm{d}i_2}{\mathrm{d}t} \qquad (10.30)$$

L_{21} ist wieder die Gegeninduktivität.

Die beiden Gegeninduktivitäten L_{12} und L_{21} werden häufig mit M_{12} und M_{21} bezeichnet.

Falls gilt $\mu = \text{const.}$ und *nicht* $\mu_\mathrm{r} = f(H)$, falls also keine ferromagnetischen Stoffe mit dem Effekt der Hysterese beteiligt sind, so lässt sich mit Hilfe einer Energiebetrachtung zeigen, dass beide Gegeninduktivitäten gleich groß und konstant sind:

$$M = L_{12} = L_{21} \qquad (10.31)$$

Stromfluss durch *beide* Spulen

Sind beide Spulen von Strom durchflossen, so setzt sich die gesamte Spannung an ihnen nach dem Superpositionsprinzip aus zwei Anteilen, einem selbstinduktiven und einem gegeninduktiven Anteil zusammen.

Spule 1: Anteil Selbstinduktion $= L_1 \cdot (\mathrm{d}i_1/\mathrm{d}t)$,

Anteil Gegeninduktion $= M_{21} \cdot (\mathrm{d}i_2/\mathrm{d}t)$

Spule 2: Anteil Selbstinduktion $= L_2 \cdot (\mathrm{d}i_2/\mathrm{d}t)$,

            Anteil Gegeninduktion $= M_{12} \cdot (\mathrm{d}i_1/\mathrm{d}t)$

Fließen in beiden Spulen Ströme, so gelten entsprechend der Superposition folgende Zusammenhänge:

$$u_1 = L_1 \cdot \frac{\mathrm{d}i_1}{\mathrm{d}t} + M_{21} \cdot \frac{\mathrm{d}i_2}{\mathrm{d}t}$$
$$u_2 = M_{12} \cdot \frac{\mathrm{d}i_1}{\mathrm{d}t} + L_2 \cdot \frac{\mathrm{d}i_2}{\mathrm{d}t} \tag{10.32}$$

Mit $M = L_{12} = L_{21}$ (für $\mu = \text{const.}$) folgt:

$$u_1 = L_1 \cdot \frac{\mathrm{d}i_1}{\mathrm{d}t} + M \cdot \frac{\mathrm{d}i_2}{\mathrm{d}t}$$
$$u_2 = M \cdot \frac{\mathrm{d}i_1}{\mathrm{d}t} + L_2 \cdot \frac{\mathrm{d}i_2}{\mathrm{d}t} \tag{10.33}$$

Man kann herleiten, dass mit dem totalen Kopplungsfaktor $k = \sqrt{k_1 \cdot k_2}$ für die Gegeninduktivität folgt:

$$M = k \cdot \sqrt{L_1 \cdot L_2} \tag{10.34}$$

Mit Gl. 10.26 folgt:

$$\sigma = 1 - \frac{M^2}{L_1 \cdot L_2} \tag{10.35}$$

Beim Transformator wird der Fall der vollständigen Kopplung mit $k = 1$ und $M = \sqrt{L_1 \cdot L_2}$ angestrebt.

Die Gegeninduktion nimmt zu, wenn ein möglichst großer Teil des Flusses einer Spule die andere Spule durchdringt. Beim Bau von Transformatoren werden deshalb Materialien mit hoher Permeabilität (Eisen) als Kern verwendet, damit nahezu der gesamte Fluss einer Spule auch durch die andere Spule fließt.

Vorzeichen der Gegeninduktivität

Die Selbstinduktivität L ist stets positiv, die *Gegeninduktivität M kann auch negativ sein*. Ob $M > 0$ oder $M < 0$ gilt, hängt vom Wicklungssinn der Spulen *und* von der Richtung der durch sie fließenden Ströme ab.

    Eigener Fluss und Fluss der Gegeninduktion gleich gerichtet: $M > 0$.

    Eigener Fluss entgegen dem Fluss der Gegeninduktion gerichtet: $M < 0$.

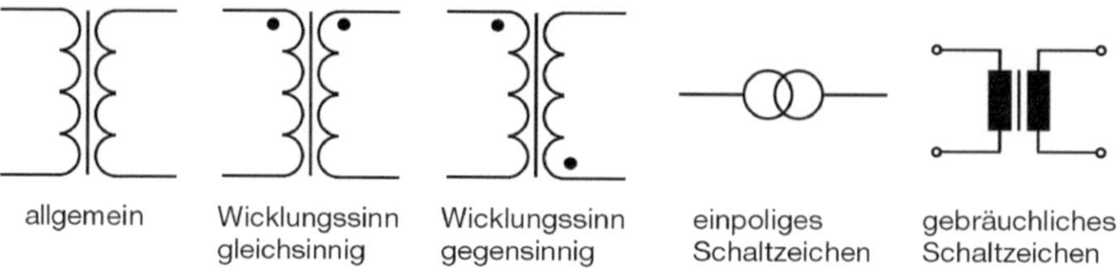

Abb. 10.3 Schaltzeichen des Transformators, der Strich zwischen den Induktivitäten deutet einen Eisenkern an

Da das Vorzeichen von M vom Windungssinn der Spulen und von den Stromrichtungen abhängt, muss im Schaltzeichen des Transformators außer den Zählpfeilen für die Ströme auch der Wicklungssinn der beiden Wicklungen angegeben werden. Dazu wird im Schaltzeichen bei jeder Wicklung ein Punkt auf einer Seite einer Wicklung gezeichnet (Abb. 10.3). Der Punkt gibt den Wicklungssinn der Wicklung an. Dadurch wird festgelegt, dass beim Durchlaufen der Wicklungen vom Punkt aus der gemeinsame Kern in gleichem Sinn umkreist wird. Mit diesen Kennzeichnungen und den Stromrichtungen kann ermittelt werden, ob eine gleichsinnige oder eine gegensinnige Kopplung vorliegt. Daraus ergibt sich das Vorzeichen von M.

- Die Ströme von zwei gekoppelten Spulen fließen über die mit einem Punkt gekennzeichneten Klemmen entweder beide hinein oder beide heraus, die Kopplung ist gleichsinnig:
  Die Gegeninduktivität ist positiv ($M > 0$).
- Ein Strom fließt über eine mit einem Punkt gekennzeichnete Klemme hinein, der andere Strom fließt über eine mit einem Punkt gekennzeichnete Klemme heraus, die Kopplung ist gegensinnig:
  Die Gegeninduktivität ist negativ ($M < 0$).

10.4 Der verlustlose, streufreie Transformator

Bei einem idealen Einphasen-Transformator (Abb. 10.4) seien die Spulen gleichsinnig gewickelt. Es werden folgende Idealisierungen angenommen:

1. Der Transformator weist *keine Eisenverluste* durch Wirbelströme auf. Außerdem sollen die Hystereseverluste (Ummagnetisierungsverluste) null sein.
2. Es treten *keine Kupferverluste* auf. Die Wicklungsdrähte der Spulen werden als widerstandslos betrachtet.
3. Es existieren *keine Streuverluste*. Die Flusskopplung zwischen Primär- und Sekundärspule ist ideal ($k = 1$), der Transformator hat keine Streuflüsse, die relative Permeabilität des Kernmaterials geht gegen unendlich.

Abb. 10.4 Idealer Transformator, Ersatzschaltbild

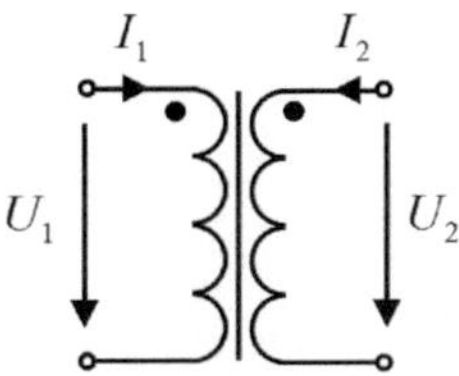

10.4.1   Sekundärseite unbelastet

10.4.1.1   Transformatorenhauptgleichung

Wird an die Primärseite des idealen Transformators eine sinusförmige Spannung angelegt, so fließt ein um 90° nacheilender sinusförmiger *Magnetisierungsstrom* (*Leerlaufstrom*). Diesen Strom nimmt der leerlaufende Transformator auf, um die sekundärseitige Klemmenspannung aufzubauen.

Wegen der vorausgesetzten hohen magnetischen Leitfähigkeit des Eisenkerns ist bei vorhandenem Fluss Φ der notwendige Magnetisierungsstrom sehr klein. Er ist umso kleiner, je idealer der Transformator ist ($\mu_\mathrm{r} \to \infty$). Ein sekundärseitig leerlaufender idealer Transformator nimmt folglich primärseitig keinen Strom auf, führt aber dennoch einen magnetischen Fluss.

Der Magnetisierungsstrom ist phasengleich mit dem ebenfalls sinusförmig verlaufenden magnetischen Fluss Φ.

Für kleine Werte gilt für den Magnetisierungsstrom und den Magnetfluss:

Primärspannung: $\qquad\qquad u_1 = \hat{U}_1 \cdot \sin(\omega t)$

Magnetisierungsstrom: $\qquad i_1 = \hat{I}_1 \cdot \sin\left(\omega t - \dfrac{\pi}{2}\right) = -\hat{I}_1 \cdot \cos(\omega t)$

Magnetfluss: $\qquad\qquad\quad \Phi = -\hat{\Phi} \cdot \cos(\omega t);\ \text{mit}\ \Phi = B \cdot A\ \text{folgt:}$

$$\Phi = -\hat{B} \cdot A_\mathrm{Fe} \cdot \cos(\omega t)$$

Die in der Primärwicklung induzierte Selbstinduktionsspannung (selbstinduzierte Quellenspannung) ist gleich der angelegten Spannung. Nach der Regel von Lenz wirkt sie ihrer Entstehungsursache, also der Stromänderung entgegen. Die induzierte Spannung ist abhängig von der magnetischen Flussänderung und der Windungszahl der Primärwicklung. Der Primärfluss durchsetzt auch vollständig die Sekundärwicklung, deshalb wird in ihr pro Windung die gleiche Spannung induziert wie in der Primärwicklung.

Die induzierte Selbstinduktionsspannung ist:

$$u_{10} = N_1 \cdot \frac{\mathrm{d}\Phi}{\mathrm{d}t} = -N_1 \cdot \hat{B} \cdot A_\mathrm{Fe} \cdot \frac{\mathrm{d}(\cos(\omega t))}{\mathrm{d}t}$$

$$u_{10} = \omega \cdot N_1 \cdot \hat{B} \cdot A_\mathrm{Fe} \cdot \sin(\omega t) = \hat{U}_{10} \cdot \sin(\omega t)$$

Effektivwert:

$$U_{10} = \frac{2\pi}{\sqrt{2}} \cdot N_1 \cdot f \cdot \hat{B} \cdot A_{\mathrm{Fe}} = 4{,}44 \cdot N_1 \cdot f \cdot \hat{B} \cdot A_{\mathrm{Fe}}$$

U_{10} = induzierte Spannung,
N = Windungszahl,
f = Frequenz,
$\hat{B}$ = Scheitelwert der Flussdichte,
A_{Fe} = Querschnittsfläche des Eisenkerns.

Die in Primär- und Sekundärwicklung induzierten Spannungen werden nach der *Transformatorenhauptgleichung* berechnet:

$$U_1 = 4{,}44 \cdot N_1 \cdot f \cdot \hat{B} \cdot A_{\mathrm{Fe}} \tag{10.36}$$

$$U_2 = 4{,}44 \cdot N_2 \cdot f \cdot \hat{B} \cdot A_{\mathrm{Fe}} \tag{10.37}$$

Von den Eingangsklemmen aus betrachtet wirkt der ideale Transformator bei sekundärseitigem Leerlauf wie eine verlustlose Spule mit dem Blindwiderstand $X_{\mathrm{h}} = \omega \cdot L_{\mathrm{h}}$. Die Größe X_{h} wird als *Hauptreaktanz* des Transformators bezeichnet.

10.4.1.2 Spannungs- und Stromtransformation

Entsprechend der Transformatorenhauptgleichung Gl. 10.36 bzw. Gl. 10.37 ist das *Übersetzungsverhältnis ü* von Eingangs- zu Ausgangsspannung:

$$\frac{U_1}{U_2} = \frac{N_1}{N_2} = ü \tag{10.38}$$

Primär- und Sekundärspannung eines idealen Transformators verhalten sich wie die zugehörigen Windungszahlen.

Durch die Wahl der Windungszahlen von Primär- und Sekundärspule wird festgelegt, ob eine Primärspannung herauf- oder heruntertransformiert wird.

Die Wicklung, an der die höhere Spannung anliegt, heißt *Oberspannungsseite*, die andere Seite wird als *Unterspannungsseite* bezeichnet.

Das Spannungsübersetzungsverhältnis kann auch aus den Induktivitätswerten von Primär- und Sekundärspule berechnet werden:

$$\frac{U_1}{U_2} = \sqrt{\frac{L_1}{L_2}} = ü \tag{10.39}$$

Das Übersetzungsverhältnis *ü* ist eine reelle Zahl. Daraus folgt, dass der Nullphasenwinkel der Sekundärspannung gleich dem Nullphasenwinkel der Primärspannung ist. Es besteht keine Phasendifferenz zwischen Eingangs- und Ausgangsseite.

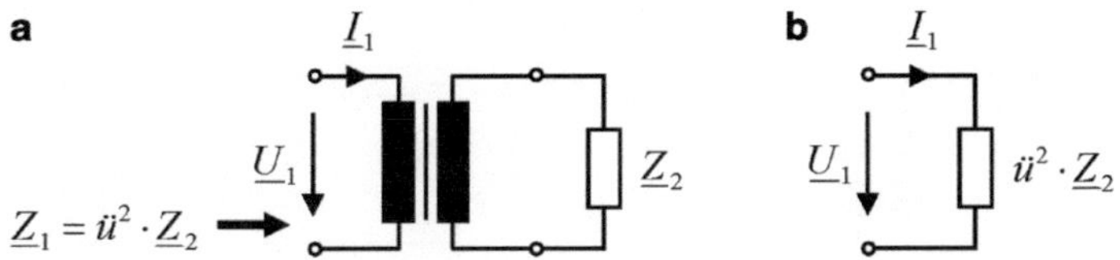

Abb. 10.5 Eingangswiderstand des idealen Transformators (**a**), Ersatzschaltung (**b**)

Beim idealen Transformator treten keine Verluste auf. Die an der Sekundärseite abgegebene Leistung muss deshalb gleich der an der Primärseite aufgenommenen Leistung sein:

$$S = U_1 \cdot I_1 = U_2 \cdot I_2 \tag{10.40}$$

Der ideale Transformator verbraucht weder Energie noch kann er Energie speichern. Alle Eigenschaften sind frequenzunabhängig.

Aus Gl. 10.40 folgt:

$$\frac{I_1}{I_2} = \frac{U_2}{U_1} = \frac{N_2}{N_1} = \frac{1}{\ddot{u}} \tag{10.41}$$

Die Ströme eines idealen Transformators verhalten sich umgekehrt wie die zugehörigen Windungszahlen bzw. Spannungen.

10.4.2   Sekundärseite belastet

10.4.2.1   Impedanztransformation

Die Impedanz auf der Primärseite des Transformators ist $\underline{Z}_1 = \underline{U}_1/\underline{I}_1$.

Ist $\underline{Z}_2 = \underline{U}_2/\underline{I}_2$ die Impedanz auf der Sekundärseite des Transformators, so gilt:

$$\underline{Z}_1 = \ddot{u}^2 \cdot \underline{Z}_2 \tag{10.42}$$

Die Abschlussimpedanz auf der Sekundärseite wird mit dem Quadrat des Übersetzungsverhältnisses auf die Primärseite transformiert.

Eine an der Primärseite angeschlossene Quelle „sieht" den Widerstand $\ddot{u}^2 \cdot \underline{Z}_2$. Der Eingangswiderstand des idealen Transformators entspricht dem $\ddot{u}^2$-fachen des sekundären Lastwiderstandes (Abb. 10.5).

Für das Verhältnis von Eingangsimpedanz $\underline{Z}_1$ und Ausgangsimpedanz $\underline{Z}_2$ gilt:

$$\frac{\underline{Z}_1}{\underline{Z}_2} = \frac{N_1^2}{N_2^2} = \frac{U_1 \cdot I_2}{U_2 \cdot I_1} = \ddot{u}^2 \tag{10.43}$$

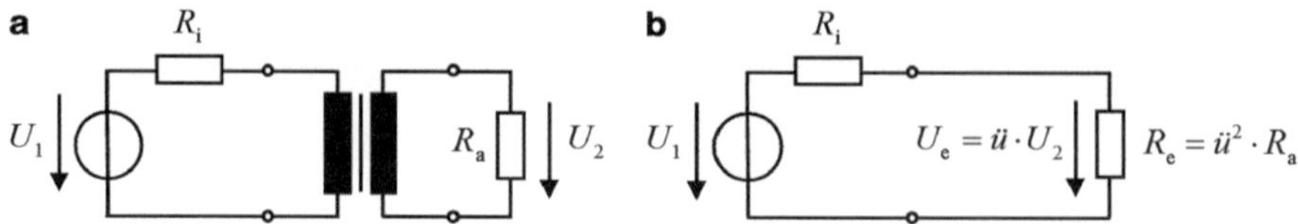

Abb. 10.6 Idealer Übertrager zwischen ohmschen Widerständen (**a**) und Ersatznetzwerk (**b**)

Wird die Eigenschaft der Impedanztransformation ausgenutzt, so wird der Transformator als *Anpassungsübertrager* bezeichnet (zur Anpassung von Verbraucherwiderständen an die Innenwiderstände von Signalquellen).

10.4.2.2　Übertrager zwischen ohmschen Widerständen

Die Eigenschaft der Impedanztransformation wird jetzt bei einem Übertrager für zwei spezielle Fälle untersucht, wenn Primär- und Sekundärseite mit einem ohmschen Widerstand abgeschlossen sind. Die Primärseite wird aus einer Spannungsquelle U_1 mit dem Innenwiderstand R_i gespeist. Auf der Sekundärseite ist ein Verbraucher mit dem reellen Widerstand R_a angeschlossen (Abb. 10.6). Gesucht ist jeweils die Ausgangsspannung U_2 des Übertragers als Funktion der Quellenspannung U_1 und des Übersetzungsverhältnisses $\ddot{u}$.

Idealer Übertrager unter Vernachlässigung der Wicklungswiderstände

Der Abschlusswiderstand erscheint transformiert als $R_e = \ddot{u}^2 \cdot R_a$ auf der Eingangsseite und kann dort statt des Übertragers direkt eingezeichnet werden. An R_e fällt die Spannung $U_e = \ddot{u} \cdot U_2$ ab.

Nach der Spannungsteilerformel ergibt sich:

$$U_e = U_1 \cdot \frac{R_e}{R_i + R_e} = U_1 \cdot \frac{\ddot{u}^2 \cdot R_a}{R_i + \ddot{u}^2 \cdot R_a} \tag{10.44}$$

$$U_2 = \frac{U_e}{\ddot{u}} = U_1 \cdot \frac{\ddot{u} \cdot R_a}{R_i + \ddot{u}^2 \cdot R_a} \tag{10.45}$$

Idealer Übertrager mit Wicklungswiderständen

R_1 und R_2 sind die ohmschen Widerstände der Primär- und Sekundärwicklung, die jetzt bei dem ansonsten idealen Übertrager nicht vernachlässigt werden. Man erhält das Ersatznetzwerk in Abb. 10.7.

Abb. 10.7 Ersatznetzwerk des idealen Übertragers beim Betrieb zwischen reellen Widerständen unter Berücksichtigung der Wicklungswiderstände

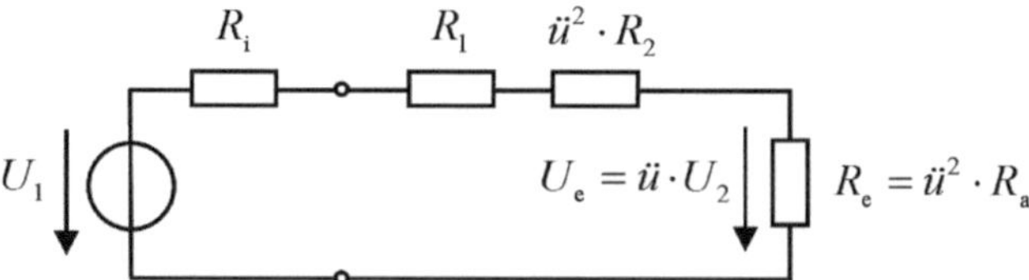

Da der sekundäre Wicklungswiderstand mit R_a in Reihe liegt, erscheint er mit $\ddot{u}^2$ transformiert ebenfalls (wie R_a) auf der Eingangsseite. Die Spannung U_2 errechnet sich wieder nach der Spannungsteilerformel.

$$U_2 = U_1 \cdot \frac{\ddot{u} \cdot R_a}{R_i + R_1 + \ddot{u}^2 \cdot (R_2 + R_a)} \tag{10.46}$$

Bei Leistungsanpassung ist der Lastwiderstand gleich dem Innenwiderstand der Quelle. An den Verbraucherwiderstand wird dann soviel Leistung wie möglich abgegeben. Im obigen Fall ist Leistungsanpassung gegeben, wenn gilt:

$$\ddot{u}^2 \cdot R_a = R_i + R_1 + \ddot{u}^2 \cdot R_2 \tag{10.47}$$

10.5   Realer (technischer) Transformator

10.5.1   Verlustarten

Transformatorverluste werden eingeteilt in

- Kupferverluste (Wicklungsverluste)
- Eisenverluste (Kernverluste).

Eisenverluste sind wiederum unterteilbar in

- Wirbelstromverluste
- Hystereseverluste
- Streuverluste.

Die Verluste werden in einem Ersatzschaltbild mittels zusätzlicher Schaltungselemente berücksichtigt.

Kupferverluste
Durch die ohmschen Widerstände der Wicklungsdrähte von Primär- und Sekundärspule entstehen Kupferverluste in Form einer Erwärmung der Wicklungsdrähte. Diese Verluste werden durch ohmsche Widerstände R_1 und R_2 in Reihe zu Primär- und Sekundärspule berücksichtigt.

Wirbelstromverluste
Wirbelströme im Eisenkern führen zu einer Wärmeentwicklung im Eisen. Die Wirbelstromverluste werden im Ersatzschaltbild des Transformators berücksichtigt, indem der idealen (verlustlosen) Spule mit dem Hauptblindwiderstand $X_h = \omega \cdot L_h$ ein Widerstand R_{Fe} parallel geschaltet wird. Der Widerstand R_{Fe} repräsentiert alle Verluste, die dem Eisenkern zuzuordnen sind, also in Summe die Wirbelstrom-, Hysterese- und Streuverluste.

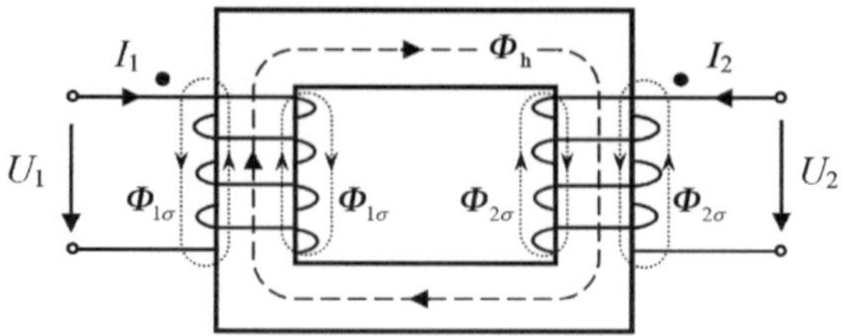

Abb. 10.8 Magnetische Streuflüsse beim Transformator

Hystereseverluste

Beim Ummagnetisieren geht Energie, welche zur Verschiebung der Blochwände und zur Umorientierung der Molekularmagnete erforderlich ist, teilweise in Wärme über. Diese Hystereseverluste (Ummagnetisierungsverluste) sind (wie die Wirbelstrom- und Streuverluste) bedingt durch das Eisen und somit ein Teil der Eisenverluste.

Streuverluste

Der Hauptfluss Φ_h durchsetzt beide Wicklungen. Die Streuverluste ergeben sich aus den Streuflüssen der nicht ideal gekoppelten Wicklungen. Sowohl die Primär- als auch die Sekundärspule führen Flussanteile, die *nicht* durch die jeweils andere Spule verlaufen (Abb. 10.8). Der Streufluss $\Phi_{1\sigma}$ der Primärspule durchsetzt nur diese selbst, nicht aber die Sekundärspule. Er wirkt deshalb selbstinduktiv und nicht gegeninduktiv. Gleiches gilt für die Sekundärspule mit ihrem Streufluss $\Phi_{2\sigma}$. Darum werden die Streuflüsse im Ersatzschaltbild des Transformators durch induktive Blindwiderstände $X_{1\sigma} = \omega \cdot L_{1\sigma}$ und $X_{2\sigma} = \omega \cdot L_{2\sigma}$ (*Streublindwiderstände, Streureaktanzen*) in den Zuleitungen von Primär- und Sekundärspule berücksichtigt.

10.5.2 Verlustloser Transformator mit Streuung

Der Transformator weist in der Praxis stets Streuflüsse auf, es gilt $k < 1$. Weiterhin vernachlässigt werden Kupferverluste von Primär- und Sekundärwicklung sowie Wirbelstrom- und Hystereseverluste („eisenloser Transformator" oder „Lufttransformator").

Für *kleine Streuung* und *kleine Spannungen* kann unter diesen Voraussetzungen das so genannte M-Ersatzschaltbild eingesetzt werden. Es wird häufig in der Nachrichtentechnik für Übertrager verwendet.

Im Primär- und Sekundärkreis werden durch Selbst- und Gegeninduktion Teilspannungen hervorgerufen, die sich zur Gesamtspannung addieren (vgl. Gl. 10.33):

$$u_1 = L_1 \cdot \frac{\mathrm{d}i_1}{\mathrm{d}t} - M \cdot \frac{\mathrm{d}i_2}{\mathrm{d}t}$$
$$u_2 = M \cdot \frac{\mathrm{d}i_1}{\mathrm{d}t} - L_2 \cdot \frac{\mathrm{d}i_2}{\mathrm{d}t} \tag{10.48}$$

Abb. 10.9 M-Ersatzschaltbild
des verlustlosen Transformators mit Streuung zu den Gl.
10.50

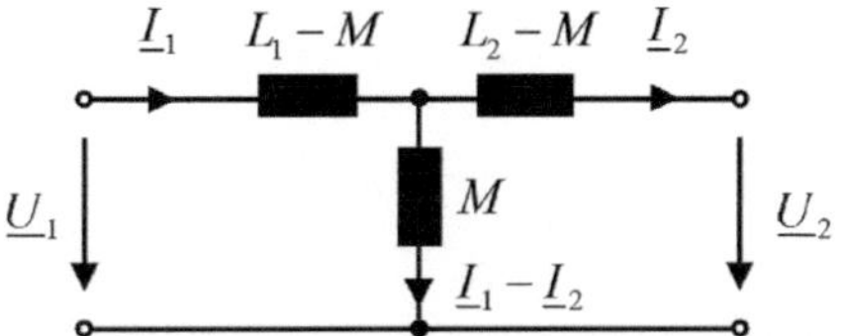

Man beachte: Das Vorzeichen von i_2 ist negativ, der Strom fließt auf der Sekundärseite aus der oberen Klemme heraus und nicht hinein. Es wurde das Erzeugerzählpfeilsystem gewählt. Diese Zählpfeilrichtung ist entsprechend dem Energiefluss von der Primär- zur Sekundärseite und zur dort angeschlossenen Last häufig sinnvoll.

Bei sinusförmigen Strömen und Spannungen werden die Gl. 10.48 in komplexer Darstellung zu:

$$\underline{U}_1 = j\omega L_1 \cdot \underline{I}_1 - j\omega M \cdot \underline{I}_2$$
$$\underline{U}_2 = j\omega M \cdot \underline{I}_1 - j\omega L_2 \cdot \underline{I}_2$$

$$(10.49)$$

Die beiden Gl. 10.49 können so umgeformt werden, dass Maschengleichungen entstehen.

$$\underline{U}_1 = j\omega \cdot (L_1 - M) \cdot \underline{I}_1 + j\omega M \cdot (\underline{I}_1 - \underline{I}_2)$$
$$\underline{U}_2 = -j\omega \cdot (L_2 - M) \cdot \underline{I}_2 + j\omega M \cdot (\underline{I}_1 - \underline{I}_2)$$

$$(10.50)$$

Aus diesen beiden Gleichungen lässt sich das einfachste Ersatzschaltbild des verlustlosen Übertragers mit Streuung entnehmen (Abb. 10.9). Es ist ein gut berechenbares, passives T-Netzwerk mit galvanischer Kopplung. Man sieht anschaulich die Verkopplung der Primär- und Sekundärspule über die mittlere Spule mit der Induktivität M. Die durch die mathematischen Umformungen enthaltenen Induktivitäten $(L_x - M)$ sind allerdings physikalisch nicht deutbar und stellen reine Rechengrößen dar. Ein Netzwerkelement kann auch negativ werden, z. B. für $M < 0$ oder $L_1 < M$ bzw. $L_2 < M$. Die Ersatzschaltung ist physikalisch nicht anschaulich und technisch nicht realisierbar, sie genügt aber formal den umgewandelten Spannungsgleichungen. Das Ersatzschaltbild ist nur brauchbar unter der Einschränkung $M > 0$, $L_1 - M > 0$, $L_2 - M > 0$. Das Umpolen einer Wicklung beschreibt dieses Ersatzschaltbild nicht, dazu müsste M negativ werden.

Beim realen Übertrager sind natürlich Primär- und Sekundärkreis nicht miteinander verbunden, sondern galvanisch getrennt.

Kupferverluste können durch eine Reihenschaltung von ohmschen Widerständen auf Primär- und Sekundärseite berücksichtigt werden.

10.5.3   Transformator mit Wicklungs- und Kernverlusten

Treten *hohe Spannungen* und *große Streuungen* auf, so wird das so genannte L_σ-Ersatzschaltbild verwendet. Es wird wegen der hohen Spannungen in der Energietechnik eingesetzt.

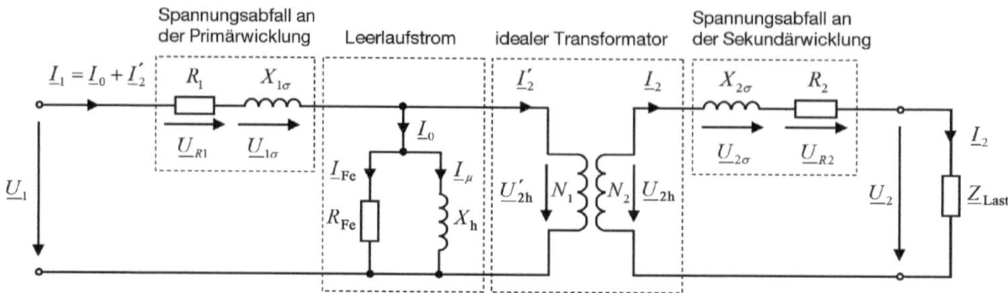

Abb. 10.10 Ersatzschaltbild des realen Transformators

Die unter Abschn. 10.5.1 besprochenen, repräsentierenden Bauelemente der Kupferverluste, Eisenverluste und Streuverluste werden in ein Ersatzschaltbild des realen Transformators (Abb. 10.10) eingetragen.

Zu beachten ist, dass in obigem Ersatzschaltbild auf der Sekundärseite für die Zählpfeile das Erzeugerzählpfeilsystem gewählt wurde.

Die komplexen Größen beziehen sich auf rein sinusförmige Vorgänge.

Alle Elemente dieses Ersatzschaltbildes sind eindeutig physikalisch begründet. Es sind:

R_1, R_2 = sehr niederohmige Wicklungswiderstände der Drähte, Stromwärmeverluste
in den Kupferwicklungen

$X_{1\sigma}$, $X_{2\sigma}$ = Blindwiderstände der Streuinduktivitäten der Primär- und Sekundärseite,
Streuverluste

X_h = Blindwiderstand der Hauptinduktivität. Der reale Transformator nimmt auch
im Leerlauf ($\underline{I}_2 = 0$) einen geringen Strom auf, den Magnetisierungsstrom $\underline{I}_\mu$,
der für die Ausbildung des Magnetfeldes verantwortlich ist

R_Fe = hochohmiger Eisenverlustwiderstand (Wirbelströme, Ummagnetisierung).

Die Kopplung von Primär- und Sekundärseite erfolgt in Abb. 10.10 über einen idealen Transformator. Um die Wirkung eines Transformators in einem elektrischen Netzwerk zu beschreiben, kann es vorteilhaft sein, die magnetische Kopplung zwischen Primär- und Sekundärseite statt durch einen Transformator durch eine äquivalente Schaltung mit einer galvanischen Verbindung der Netzwerkelemente zu ersetzen. Dabei werden für die Erstellung des Ersatzschaltbildes die beiden magnetisch gekoppelten Stromkreise in einer Schaltung ohne magnetische Kopplung vereinigt, indem die Spannungen, Ströme und komplexen Widerstände von der Sekundärseite auf die Primärseite umgerechnet (übersetzt, transformiert) werden. Die sekundärseitigen Werte werden mit dem Übersetzungsfaktor $\ddot{u}$ auf die primäre Windungszahl umgerechnet, nach der Umrechnung wird also eine Übersetzung $N_2 = N_1$ bzw. $\ddot{u} = 1$ verwendet. Die umgerechneten sekundärseitigen Größen werden mit einem Hochkomma (′) gekennzeichnet („Strichgrößen", „gestrichene Größen", „auf die Primärseite bezogene Größen").

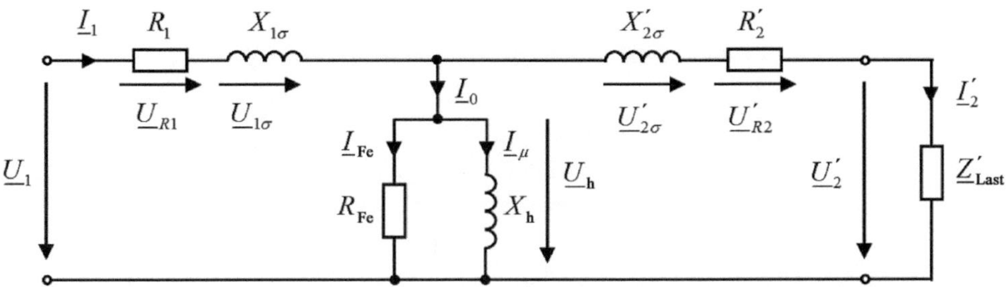

Abb. 10.11 Auf die Primärseite bezogenes, vollständiges Ersatzschaltbild des realen Transformators

Bei einem Transformator sind die Spannungen auf der Primär- und der Sekundärseite oft stark unterschiedlich. Zeigerbilder müssten für Primär- und Sekundärseite einen anderen Maßstab erhalten. Dieser Aufwand wird vermieden, indem die Sekundärseite des Transformators auf die Spannungsebene der Primärseite umgerechnet wird. Für Berechnungen und die Darstellung und Auswertung elektrischer Größen in Zeigerdiagrammen liegt also der Vorteil der Verwendung eines Ersatzschaltbildes ohne magnetisch gekoppelten Spulen und mit umgerechneten Größen darin, dass die Zeiger der Primär- und Sekundärgrößen etwa die gleiche Länge haben. Dadurch wird die Darstellung von Zeigerdiagrammen in übersichtlicher Form möglich. Außerdem wird das Ersatzschaltbild des realen Transformators einfacher, weil der ideale Transformator entfällt.

Mit dem Übersetzungsverhältnis $\ddot{u} = N_1/N_2$ sind die von der Sekundär- auf die Primärseite umgerechneten Größen:

$$\underline{U}_2' = \ddot{u} \cdot \underline{U}_2 \tag{10.51}$$

$$\underline{I}_2' = \frac{1}{\ddot{u}} \cdot \underline{I}_2 \tag{10.52}$$

$$\underline{X}_{2\sigma}' = \ddot{u}^2 \cdot \underline{X}_{2\sigma} \ \text{bzw.} \ L_{2\sigma}' = \ddot{u}^2 \cdot L_{2\sigma} \tag{10.53}$$

$$\underline{Z}_2' = \ddot{u}^2 \cdot \underline{Z}_2 \tag{10.54}$$

Mit diesen umgerechneten Größen erhalten wir das Ersatzschaltbild nach Abb. 10.11. Es wird als *vollständiges Ersatzschaltbild* des realen Transformators bezeichnet.

Wird mit dem vollständigen Ersatzschaltbild gearbeitet, so ist darauf zu achten, dass die Sekundärgrößen in umgerechneter Form vorliegen. Wurde z. B. ein U_2' berechnet, so muss diese Größe erst durch die Umrechnung

$$\underline{U}_2 = \frac{1}{\ddot{u}} \cdot \underline{U}_2' \tag{10.55}$$

in die wirkliche Größe U_2 umgewandelt werden, die am Transformator tatsächlich messbar ist. Diese Umrechnung wird in einem Ersatzschaltbild nach Abb. 10.11 häufig durch einen idealen Transformator mit dem Übersetzungsverhältnis $\ddot{u}$ berücksichtigt, der zwischen die Ausgangsklemmen und die Lastimpedanz geschaltet wird (Abb. 10.12). Ein-

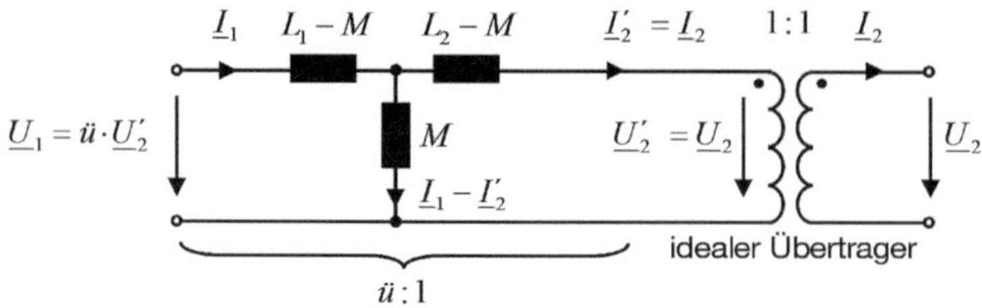

Abb. 10.12 M-Ersatzschaltbild mit idealem Übertrager am Ausgang

gangsspannung und -strom dieses Transformators sind dann $\underline{U}'_2$ und $\underline{I}'_2$, Ausgangsspannung und -strom sind $\underline{U}_2$ und $\underline{I}_2$.

10.5.4 Verbesserte M-Ersatzschaltung

Mit den Kenntnissen über gestrichene Größen kann nun das Ersatzschaltbild nach Abb. 10.9 in eine für praktische Zwecke besser verwendbare Form ohne die dort genannten Einschränkungen umgeformt werden.

Die M-Ersatzschaltung bildet das Übertragungsverhalten des Transformators nach, berücksichtigt aber nicht die Potenzialtrennung. Um auch die galvanische Trennung zwischen Primär- und Sekundärseite zum Ausdruck zu bringen, schalten wir einen idealen Übertrager mit der Übersetzung 1 : 1 vor die Ausgangsklemmen des Sekundärkreises. Die Übersetzung $\ddot{u}$: 1 erfolgt immer noch durch das T-Netzwerk.

Jetzt wird noch die Übersetzung $\ddot{u}$: 1 vom T-Glied auf den idealen Übertrager verlagert. Die Größen der rechten Seite des T-Gliedes ändern sich durch den idealen Übertrager zu den umgerechneten Größen $\underline{U}'_2 = \ddot{u} \cdot \underline{U}_2$ und $\underline{I}'_2 = \frac{1}{\ddot{u}} \cdot \underline{I}_2$.

In den Transformatorgleichungen 10.50 müssen also folgende Substitutionen durchgeführt werden: $\underline{U}_2 = \frac{1}{\ddot{u}} \cdot \underline{U}'_2$ und $\underline{I}_2 = \ddot{u} \cdot \underline{I}'_2$.

Mit diesen Substitutionen und durch Umformen folgt:

$$\underline{U}_1 = j\omega \cdot (L_1 - \ddot{u}M) \cdot \underline{I}_1 + j\omega\,\ddot{u}M \cdot (\underline{I}_1 - \underline{I}'_2)$$
$$\underline{U}'_2 = -j\omega \cdot (\ddot{u}^2 L_2 - \ddot{u}M) \cdot \underline{I}'_2 + j\omega\,\ddot{u}M \cdot (\underline{I}_1 - \underline{I}'_2) \tag{10.56}$$

Zu diesen Gleichungen gehört das folgende Ersatzschaltbild.

Abb. 10.13 M-Ersatzschaltbild des verlustlosen Transformators mit Streuung zu den Gl. 10.56

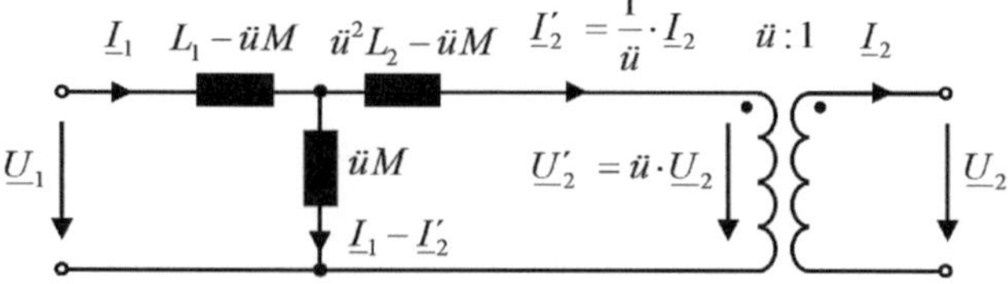

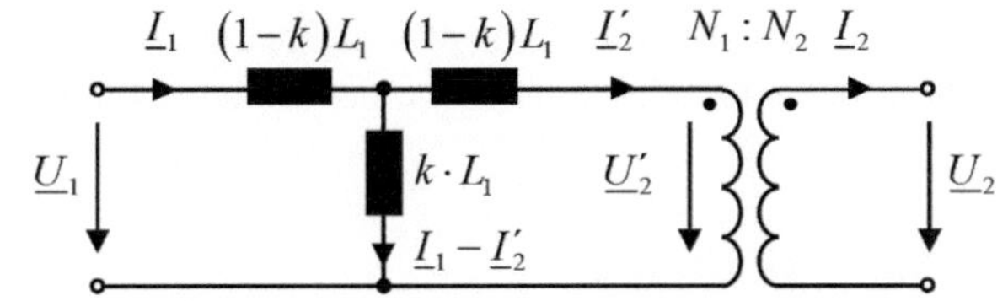

Abb. 10.14 Ersatzschaltbild mit zwei gleich großen Längsinduktivitäten mit Kopplungsfaktor

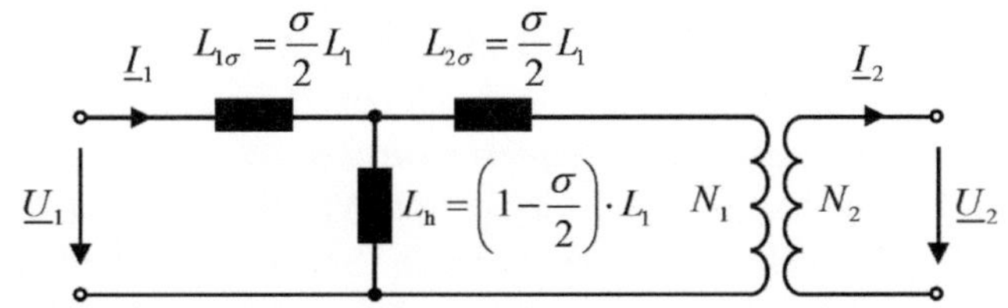

Abb. 10.15 Symmetrisches T-Ersatzschaltbild mit Streufaktor

Unter Verwendung der Zusammenhänge zwischen Übersetzungsverhältnis $\ddot{u} = \frac{\sqrt{L_1}}{\sqrt{L_2}}$ und Gegeninduktivität $M = k \cdot \sqrt{L_1 \cdot L_2}$ ist daraus ein geändertes Ersatzschaltbild ableitbar.

Die beiden Längsinduktivitäten können als Streuinduktivitäten und die Querinduktivität kann als Hauptinduktivität gedeutet werden.

Mit $k = \sqrt{1 - \sigma}$ nach Gl. 10.25 wird die Ersatzschaltung noch so verändert, dass statt des Kopplungsfaktors k der Streufaktor σ verwendet wird.

Für $\sigma \ll 1$ gilt für k in guter Näherung:

$$k = \sqrt{1 - \sigma} \approx 1 - \frac{\sigma}{2} \tag{10.57}$$

Der Faktor $(1 - k)$ im Ersatzschaltbild nach Abb. 10.14 wird jetzt zu $\sigma/2$. Das daraus folgende symmetrische T-Ersatzschaltbild zeigt Abb. 10.15.

Bei einem symmetrisch aufgebauten Transformator entspricht $L_{1\sigma} = \frac{\sigma}{2} L_1$ in den Längsspulen den Streuflüssen, die nur mit jeweils einer Wicklung verkettet sind und außerhalb des Eisenkerns verlaufen.

$L_\mathrm{h} = \left(1 - \frac{\sigma}{2}\right) \cdot L_1$ entspricht dem gemeinsamen Fluss durch beide Spulen, im Wesentlichen innerhalb des Eisenkerns.

10.6 Aufbau und Bauformen

10.6.1 Aufbau

Transformatoren gibt es in unterschiedlichsten Größen, mit einem Volumen von weniger als ein Kubikzentimeter zur Übertragung von Signalen bis zu sehr großen Geräten mit einem Gewicht von hunderten Tonnen und Leistungen im Bereich von Millionen Voltampere (VA) in Stromnetzen. Die Ausführungen der Wicklungen, des Transformatorkerns, der Montage- und Befestigungselemente und die Art der Kühlung zur Abführung der Verlustwärme bei großen Leistungstransformatoren fallen somit sehr unterschiedlich aus.

10.6.2   Wicklungen

Als Leitermaterial für die Wicklungen wird meist *massiver Kupferdraht* verwendet. Damit die einzelnen Windungen der Wicklungen gegeneinander isoliert sind, hat der Draht eine Kunstharz-Lackierung (*Kupferlackdraht*).

Ein *Spulenkörper* hilft dabei, die Wicklungen in passender Form auf einer automatischen Wickelmaschine herzustellen. Spulenkörper bestehen meist aus Kunststoffspritzguss und besitzen oft eingespritzte Kontaktstifte oder Lötanschlüsse für die entsprechenden Wicklungsenden.

Bei Netztransformatoren mit nur einer Wickelkammer liegt die Primärwicklung mit dem dünneren Draht meist unter der Sekundärwicklung mit dem dickeren Draht. Das Übereinanderwickeln von Primär- und Sekundärspule wird auch *Mantelwicklung, Röhrenwicklung* oder *Zylinderwicklung* genannt.

Ein Transformator kann statt einer einzelnen auch mehrere getrennte Sekundärwicklungen für unterschiedliche Spannungen oder für getrennte Stromkreise haben.

Wicklungen werden mit Kunstharz fixiert um die Isolation, die Wärmeableitung und die mechanische Festigkeit zu verbessern und das Eindringen von Feuchtigkeit zu verringern.

Damit ein Transformator an unterschiedlich hohe Primärspannungen angeschlossen werden kann, ist eine Ausführung der Primärwicklung mit mehreren *Anzapfungen* möglich. Auch die Sekundärwicklung kann Anzapfungen besitzen, um z. B. mehrere, unterschiedlich hohe Spannungen mit gleichem Bezug zu erzeugen. Als *Mittelanzapfung* wird die Herausführung der Mitte einer Sekundärwicklung bezeichnet. Eine solche Wicklung kann z. B. zur Speisung einer Zweiweg-Gleichrichtung eingesetzt werden (Zweipulsmittelpunktschaltung M2). *Stelltransformatoren* erlauben durch einen gleitenden Abgriff der Sekundärwicklung ein fast stufenloses Einstellen der Ausgangsspannung.

10.6.3   Transformatorkern

10.6.3.1   Material

Je nach Einsatzgebiet des Transformators besteht der Transformatorkern aus *Eisen* oder aus *Ferriten*.

Die magnetische Leitfähigkeit von ferromagnetischem Material im Spulenkern ist wesentlich größer als die von Luft, der magnetische Fluss ist dadurch höher. Ab einer bestimmten magnetischen Flussdichte B tritt jedoch eine Sättigung mit einer Reduzierung der magnetischen Flussdichte ein. Daraus folgt ein nicht lineares Übertragungsverhalten mit einer Hystereseschleife.

Am häufigsten eingesetzt werden Eisenlegierungen und ferromagnetischer Stahl. Für Transformatoren mit einer Betriebsfrequenz von 50 Hz wird so genanntes *Dynamoblech* aus *Eisen-Silizium-Legierungen* verwendet. Die maximale Flussdichte liegt bei Eisen bei ca. 1,5 bis 2 Tesla.

Der Kern wird aus einem Stapel aus *einzelnen Blechen* aufgebaut, zwischen denen sich elektrisch isolierende Schichten befinden. Die Isolation erfolgt durch Papier, eine Lackierung oder sehr dünne Silikat-Phosphatschichten, die beim Walzen der Bleche aufgebracht werden. Es sind Blechstärken zwischen 0,23 bis 0,35 mm üblich. Die Flächen der Bleche sind so ausgerichtet, dass sie parallel zur Richtung des magnetischen Flusses liegen. Im elektromagnetischen Feld stehen elektrisches und magnetisches Feld senkrecht aufeinander. Somit stehen die Blechflächen senkrecht zum induzierten elektrischen Feld, die Wirbelstromverluste werden dadurch reduziert.

Je höher die Frequenz ist, desto dünner müssen die Bleche sein. Ab Frequenzen im Kilohertzbereich würden die Wirbelstromverluste bei Eisenkernen auch bei sehr dünnen Blechen zu groß. Bei hohen Frequenzen werden deshalb Ferritkerne verwendet. Ferrite haben eine hohe Permeabilität, aber nur eine geringe elektrische Leitfähigkeit. Die Möglichkeiten einer Formgebung sind wesentlich vielfältiger als bei Blechpaketen. Bei Ferriten liegt die maximale Flussdichte bei etwa 400 mT.

10.6.3.2 Bauformen

Bezüglich der Bauformen der Eisenkerne wird zwischen *Mantelbauform* und *Kernbauform* unterschieden.

Bei einem Einphasen-Transformator in *Mantelbauform* befinden sich beide Windungen auf dem Mittelschenkel des Kerns, entweder nebeneinander (*Scheibenwicklung*) oder übereinander (*Röhrenwicklung*). Die beiden Außenschenkel tragen keine Wicklung. Der Kern kann aus unterschiedlich geformten Blechen aufgebaut werden (M-Schnitt, EI-Schnitt).

Bei der *Kernbauform* fehlt der Mittelschenkel. Die Windungen sind meist getrennt auf den beiden Außenschenkeln angebracht. Der Kern kann aus Blechen mit UI-Schnitt gebildet werden.

Eingesetzt wird vorwiegend der Manteltyp, da sich bei ihm Primär- und Sekundärspule auf einem gemeinsamen Spulenkörper befinden. Dadurch ist eine bessere Flusskopplung als bei den räumlich entfernten Spulen des Kerntyps gegeben.

Ringkerntransformatoren besitzen einen hohen Wirkungsgrad bei kleiner Baugröße. Die magnetische Kopplung zwischen Primär- und Sekundärwicklung ist besonders gut, die Streuinduktivität somit klein. Sie werden oft als Impulsübertrager eingesetzt.

Transformatoren mit *Schnittbandkern* haben ähnlich gute Eigenschaften wie Ringkerntransformatoren, die Wicklungsherstellung ist jedoch einfacher. Transformatoren mit Schnittbandkern haben aufgrund ihrer Restluftspalte eine kleinere Remanenz als Ringkerntransformatoren und damit kleinere Einschaltströme. Der Einsatz erfolgt hauptsächlich in der Nachrichtentechnik und Leistungselektronik.

Schalenkerne aus Ferrit werden bei Übertragern im Nieder- und Mittelfrequenzbereich eingesetzt. Sie besitzen ein im Querschnitt rundes Profil.

10.7 Drehstromtransformator

Drehstromtransformatoren haben im einfachsten Fall drei Primär- und drei Sekundärwicklungen, die jeweils in Stern oder Dreieck geschaltet sein können. Daneben gibt es so genannte Zick-Zack-Wicklungen, bei denen die Primär- und/oder die Sekundärwicklung auf mehrere Schenkel verteilt sind. Primär- und Sekundärseite werden bei Drehstromtransformatoren als Ober- und Unterspannungsseite bezeichnet.

Bei einem Dreischenkeltransformator trägt jeder Schenkel die Oberspannungs- und die Unterspannungsseite jeweils einer Phase.

Die Oberspannungs- und die Unterspannungswicklungen sind jeweils miteinander verbunden, daher werden nur 6 Klemmpunkte benötigt.

Das Verschalten der Wicklungen jeweils einer Spannungsseite (der Ober- *oder* der Unterspannungsseite) kann im Dreieck, im Stern oder im Zickzack erfolgen. Bei der *Zickzackschaltung* werden die Wicklungen jeder Phase auf der Unterspannungsseite auf zwei Schenkel aufgeteilt, damit bei unsymmetrischer Belastung des Transformators eine bessere Flussverteilung erreicht wird.

Die unterschiedlichen Schaltungsmöglichkeiten und Kombinationen der Ober- und Unterspannungsseite werden *Schaltgruppen* genannt. Sie werden zur Kennzeichnung von Transformatoren mit genormten Kurzbezeichnungen von Kombinationen aus Buchstaben und Ziffern angegeben. Die Schaltgruppe kennzeichnet die Verschaltung von Ober- und Unterspannungsseite. Außerdem gibt sie die Phasenlage zwischen Ober- und Unterspannungsseite an.

10.8 Zusammenfassung

1. Ein Transformator besteht aus (mindestens) zwei magnetisch gekoppelten Spulen.
2. Bei gekoppelten Spulen durchdringt der Hauptfluss jeweils beide Spulen. Der Streufluss (das Streufeld) durchdringt nur die Spule, durch deren Strom der magnetische Fluss hervorgerufen wird.
3. Die Wirkungsweise des Transformators beruht auf der Gegeninduktion.
4. Die magnetische Kopplung von Spulen wird mit dem Kopplungsfaktor oder mit dem Streufaktor beschrieben.
5. Es wird zwischen Hauptinduktivität und Gegeninduktivität unterschieden.
6. Die Transformatorenhauptgleichung lautet:

$$U_1 = 4{,}44 \cdot N_1 \cdot f \cdot \hat{B} \cdot A_{\mathrm{Fe}}, \quad U_2 = 4{,}44 \cdot N_2 \cdot f \cdot \hat{B} \cdot A_{\mathrm{Fe}}.$$

7. Die Spannungen eines idealen Transformators verhalten sich wie die zugehörigen Windungszahlen: $\frac{U_1}{U_2} = \frac{N_1}{N_2} = \ddot{u}$.

8. Mit den Induktivitätswerten von Primär- und Sekundärspule gilt: $\frac{U_1}{U_2} = \sqrt{\frac{L_1}{L_2}} = \ddot{u}$.

9. Die Ströme eines idealen Transformators verhalten sich umgekehrt wie die zugehörigen Windungszahlen bzw. Spannungen:

$$\frac{I_1}{I_2} = \frac{U_2}{U_1} = \frac{N_2}{N_1} = \frac{1}{\ddot{u}}.$$

10. Die sekundärseitige Abschlussimpedanz wird mit dem Quadrat des Übersetzungsverhältnisses auf die Primärseite transformiert:

$$\underline{Z}_1 = \ddot{u}^2 \cdot \underline{Z}_2.$$

11. Die Transformatorverluste werden in Kupferverluste (Wicklungsverluste) und Eisenverluste (Kernverluste) eingeteilt.

12. Die Eisenverluste sind unterteilbar in Wirbelstromverluste, Hystereseverluste und in Streuverluste.

13. Kupferverluste werden im Ersatzschaltbild des Transformators durch ohmsche Widerstände R_1 und R_2 in Reihe zu Primär- und Sekundärspule berücksichtigt.

14. Wirbelstrom-, Hysterese- und Streuverluste (Eisenverluste) werden im Ersatzschaltbild des Transformators durch einen Widerstand R_{Fe} repräsentiert.

15. Für den verlustlosen Übertrager mit kleiner Streuung und für kleine Spannungen kann das M-Ersatzschaltbild eingesetzt werden.

16. Bei hohen Spannungen und großen Streuungen wird das L_σ-Ersatzschaltbild verwendet.

17. Im Ersatzschaltbild des Transformators werden sekundärseitige Größen häufig auf die Primärseite umgerechnet.

18. Häufig benutzt wird das vollständige Ersatzschaltbild des realen Transformators.

19. Für die Wicklungen eines Transformators wird meist massiver Kupferlackdraht verwendet.

20. Ein Spulenkörper nimmt die Wicklungen auf.

21. Es gibt die Mantelwicklung (Röhrenwicklung, Zylinderwicklung) und die Scheibenwicklung.

22. Ein Transformator kann mehrere getrennte Sekundärwicklungen für unterschiedliche Spannungen oder für getrennte Stromkreise haben.

23. Die Wicklungen von Transformatoren können Anzapfungen haben.

24. Der Transformatorkern besteht aus Eisen oder aus Ferriten.

25. Die maximale Flussdichte liegt bei Eisen bei ca. 1,5 bis 2 Tesla.

26. Bei den Bauformen der Eisenkerne wird zwischen Mantelbauform und Kernbauform unterschieden.

27. Beispiele für die Form von Kernblechen sind der M-, der EI-, und der UI-Schnitt.

28. Ringkerntransformatoren und Transformatoren mit Schnittbandkern besitzen einen hohen Wirkungsgrad (kleine Streuung).

29. Schalenkerne aus Ferrit werden bei Übertragern im Nieder- und Mittelfrequenzbereich eingesetzt.

Elektrische Leitungen 11

11.1 Übersicht der Übertragungsmedien

Die Informationsübermittlung (Nachrichtenübertragung) erfolgt mit Hilfe physikalischer Signale. Beispiele hierfür sind elektrische Spannung, elektrischer Strom, elektromagnetische Welle, Lichtwelle. Die physikalischen Signale sind an physikalische Medien gebunden, welche wiederum verschiedene Ausführungsformen haben (Abb. 11.1):

- Metallische Leiter
  - Zweidrahtleitung
  - verdrillte Adernpaare, mit/ohne Abschirmung
  - Koaxialleitung
  - Freileitung
  - Hochspannungsleitungen
- Lichtwellenleiter
  - Multimodefasern
  - Monomodefasern
  - Infrarotstrecken
- Freier Raum
  - Terrestrischer Rundfunk, Satellitenrundfunk
  - Mobilfunkstrecken
  - Richtfunkstrecken
  - Satellitenstrecken.

Elektrische Leitungen sind der einfachste Fall zur Weiterleitung von Information, die als elektrische Größe vorliegt. Die drahtlose Übertragung durch freie Wellenausbreitung (Funkverbindung) wird z. B. für mobile Anwendungen verwendet. Lichtwellenleiter finden ihren Einsatz in der optischen Übertragungstechnik bei Bedarf an hoher Bandbreite.

Nachfolgend werden die leitungsgebundenen Übertragungsmedien besprochen.

© Springer Fachmedien Wiesbaden GmbH, ein Teil von Springer Nature 2019
L. Stiny, *Passive elektronische Bauelemente*, https://doi.org/10.1007/978-3-658-24733-1_11

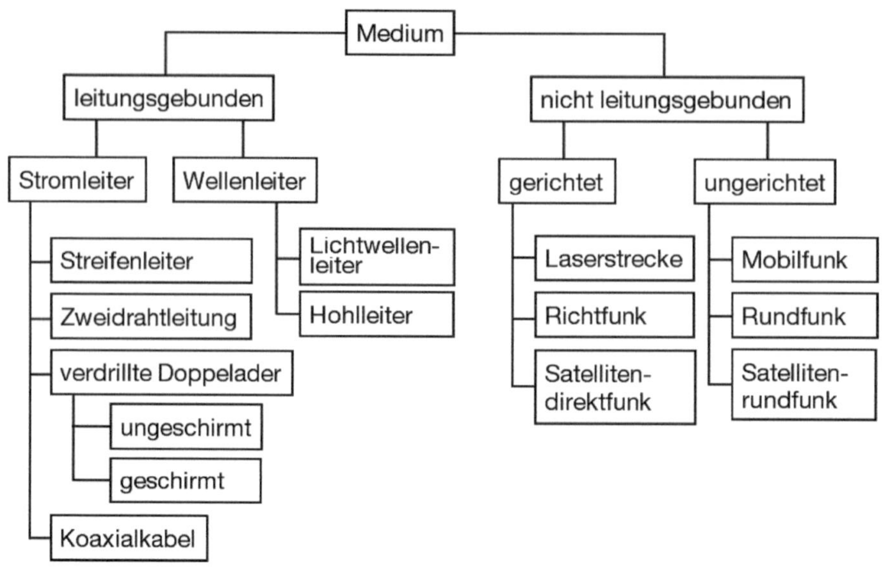

Abb. 11.1 Signalübertragung über Leitungen und freien Raum

11.2   Grundlagen zu elektrischen Leitungen

Elektrische Leitungen sind die ältesten und einfachsten Transportmedien für Daten in elektrischer Form. Die Leitungen können elektrisch direkt mit der Schaltung verbunden werden. Normalerweise werden keine speziellen Sende- oder Empfangsbausteine benötigt, außer evtl. Leitungstreiber. Bei hohen Signalfrequenzen haben bestimmte Leitungseigenschaften einen wesentlichen Einfluss auf die Schnelle Übertragung von Informationen, sie können zu Störungen führen.

Zur Informationsübertragung werden verschiedene Arten von Leitungen verwendet.

Es werden kurz die verschiedenen Arten der Wellenausbreitung erläutert.

- TEM-Leitungen (transversal elektromagnetisch): z. B. Zweidrahtleitungen, Koaxialleitungen, Streifenleitungen (evtl. Quasi-TEM). Bei TEM-Leitungen stehen die Feldlinien des elektrischen und des magnetischen Feldes senkrecht zueinander und zur Ausbreitungsrichtung. Bei diesen Leitungen ist eine Ausbreitung von Gleichstrom an möglich. Hin- und Rückleiter sind klar definierbar.
- Nicht-TEM-Leitungen: z. B. Hohlleiter, Lichtwellenleiter. Eine Ausbreitung ist erst ab einer bestimmten Frequenz möglich. Hin- und Rückleiter sind bei diesen Leitungen nicht mehr definierbar.
- Ausbreitung im freien Raum: Die elektromagnetischen Wellen werden nicht von einer Leitung geführt, sondern breiten sich mehr oder weniger frei aus (Funkverbindungen, Richtstrahl).

11.2.1 Wellenwiderstand

Für Leitungen und Kabel ist der Wellenwiderstand Z_0[1] (characteristic impedance) eine wichtige Kenngröße. Der Wert von Z_0 in Ohm wird von den Herstellern von Leitungen angegeben.

Eine am Ende offene oder kurzgeschlossene Leitung reflektiert die hinlaufende Welle vollständig, die eingespeiste Energie kann ja nicht abfließen. Wird die Leitung am Ende mit dem reellen Wellenwiderstand Z_0 abgeschlossen, so wird die Welle in dem Widerstand in Wärmeenergie umgewandelt. Die für die Signalübertragung sehr störenden Reflexionen werden dann unterdrückt.

Für eine reflexionsfreie Übertragung muss eine Leitung mit einem ohmschen Widerstand $R = Z_0$ abgeschlossen werden.

Wenn die doppelte Laufzeit einer Leitung größer wird als die Anstiegszeit der Signale, so treten Leitungsreflexionen auf, die zur Verfälschung logischer Pegel führen können. In diesem Fall muss man die Leitung mit einem Lastwiderstand abschließen, der dem Wellenwiderstand der Leitung entspricht (reflexionsfreier Abschluss = *angepasste* Leitung).

Daumenregel: Da die typ. Laufzeit 5 ns/m beträgt, müssen Leitungsreflexionen beachtet werden, wenn die Leitung länger als 10 cm mal Anstiegszeit in ns ist.

Z_0 ist an jedem Punkt einer Leitung gleich groß und unabhängig von der Leitungslänge. Der Wellenwiderstand ist eine charakteristische Größe einer Leitung.

Z_0 liegt typisch im Bereich $Z_0 = 30 \ldots 300\,\Omega$ und ist sehr stark von der Ausführung der Leitung abhängig (Eindrahtleitung, Koaxialkabel mit 50 bis 75 Ohm, verdrillte oder unverdrillte Zweidrahtleitung, usw).

Die Eigenschaften einer Leitung sind nicht an einem Punkt konzentriert, sondern über die ganze Leitungslänge verteilt. Man spricht dabei von den *Leitungsbelägen*, die auf eine Längeneinheit (m oder km) bezogen sind (Abb. 11.2):

- Der *Induktivitätsbelag L'* mit der Einheit H/km stellt die Längsinduktivitäten der Leiter dar (Induktivität der Leitung bei Kurzschluss am Ende).
- Der *Kapazitätsbelag C'* mit der Einheit F/km wird durch die Kapazität zwischen den beiden Leitern bei offenem Ende gebildet. C' und L' hängen nur relativ wenig von der Frequenz ab.
- Der *Ableitungsbelag* oder Leitwertbelag G' mit der Einheit S/km wird durch die Verluste im Dielektrikum zwischen bzw. den Leitwert zwischen den Leitern bei offenem Ende gebildet. G' nimmt etwa proportional mit der Frequenz zu.
- Der *Widerstandsbelag R'* mit der Einheit Ω/km stellt die ohmschen Verluste der Leiter (Widerstand von Hin- und Rückleiter) dar, er hat den weitaus größten Einfluss auf die Signalübertragung. Für hohe Frequenzen nimmt der Widerstandsbelag aufgrund des Skineffekts nahezu proportional mit der Wurzel der Frequenz zu.

---

[1] Z_0 wird häufig als Z_L oder Z_W bezeichnet.

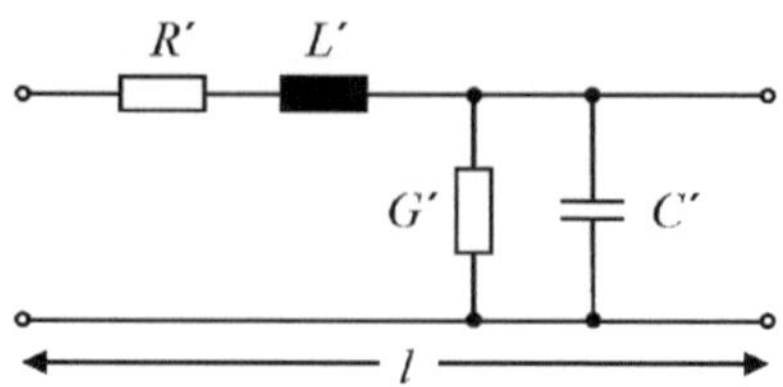

Abb. 11.2 Ersatzschaltbild eines Leitungsabschnittes einer verlustbehafteten homogenen Zweidrahtleitung

Induktivitäts- und Widerstandsbelag bilden die *Längsbeläge*, Kapazitäts- und Leitwertbelag sind die *Querbeläge*. Durch die vier Leitungsbeläge ist eine homogene Leitung unabhängig von ihrer Länge vollständig definiert. Homogene Leitung bedeutet: Die Leitung hat auf ihrer ganzen Länge konstanten Leiterquerschnitt, gleiches Leitermaterial, konstanten Leiterabstand und gleichförmige Isolation. Die vier Leitungsbeläge sind längs der Leitung konstant.

Strom und Spannung von hinlaufender und (bei Fehlanpassung durch Reflexion am Leitungsende entstehender) rücklaufender Welle sind jeweils über den Wellenwiderstand miteinander verknüpft. Bildet man an einem beliebigen Ort längs der Leitung zu einem beliebigen Zeitpunkt den Quotienten aus Spannung und Strom der hinlaufenden oder auch der rücklaufenden Welle, so ergibt sich ein konstanter Wert, der Wellenwiderstand $\underline{Z}_0$. Er lässt sich mit den Leitungsbelägen berechnen. Im allgemeinen Fall ist die Wellenimpedanz einer Leitung komplex und frequenzabhängig.

$$\underline{Z}_0 = \sqrt{\frac{R' + j\omega L'}{G' + j\omega C'}} = \sqrt{\frac{L'}{C'}} \cdot \sqrt{\frac{1 - j \cdot \frac{R'}{\omega \cdot L'}}{1 - j \cdot \frac{G'}{\omega \cdot C'}}} \tag{11.1}$$

Bei einer verlustlosen Leitung mit $R' = 0$ und $G' = 0$ bzw. bei genügend hoher Betriebsfrequenz ($f > 10\,\text{kHz}$) wird der Wellenwiderstand reell und frequenzunabhängig. Der Wellenwiderstand der *verlustlosen* TEM-Leitung ist:

$$Z_0 = \sqrt{\frac{L'}{C'}} \tag{11.2}$$

Die Isolierung ist bei Kabeln normalerweise sehr gut und der Ableitungsbelag G' somit sehr klein. Auch der Widerstandsbelag R' ist durch gute Leiter sehr klein. Dies bedeutet, dass der Wellenwiderstand normaler Kabel reell ist und durch Gl. (11.2) beschrieben wird.

Mit dem Wellenwiderstand können Induktivitäts- und Kapazitätsbelag bestimmt werden.

$$L' = \frac{Z_0 \cdot \sqrt{\varepsilon_\text{r}}}{c_0} \tag{11.3}$$

$$C' = \frac{\sqrt{\varepsilon_\text{r}}}{Z_0 \cdot c_0} \tag{11.4}$$

c_0 = Lichtgeschwindigkeit im Vakuum $\approx 3 \cdot 10^8 \, \frac{\text{m}}{\text{s}}$

ε_r = Permittivitätszahl des Isoliermaterials.

11.2.2 Ausbreitungskoeffizient

Der Spannungsverlauf längs einer Leitung hängt außer vom Ort x auch von der Frequenz f ab. Diese Frequenzabhängigkeit wird bei sinusförmigen Signalen formelmäßig durch das Übertragungsmaß $\underline{\gamma}(\omega)$ erfasst. Der komplexe Ausbreitungskoeffizient $\underline{\gamma}$ (Übertragungsmaß, komplexes Fortpflanzungsmaß, Fortpflanzungsbelag, Ausbreitungskonstante, Fortpflanzungskonstante, Übertragungskonstante) beschreibt zusammen mit dem Wellenwiderstand $\underline{Z}_0$ die Eigenschaften einer Leitung vollständig, $\underline{\gamma}$ und $\underline{Z}_0$ sind Leitungskenngrößen. $\underline{\gamma}$ wird immer in Komponentenform geschrieben.

$$\underline{\gamma}(\omega) = \alpha(\omega) + \mathrm{j} \cdot \beta(\omega) = \sqrt{(R' + \mathrm{j}\omega L')(G' + \mathrm{j}\omega\, C')} \tag{11.5}$$

α = Dämpfungskoeffizient oder *Dämpfungsbelag* mit der Einheit dB/m
β = Phasenkoeffizient (Phasenkonstante) oder *Phasenbelag* mit der Einheit rad/m.

Der Dämpfungskoeffizient α beschreibt die Dämpfung der sich auf der Leitung ausbreitenden Welle, der Phasenkoeffizient β beschreibt die Phasendrehung der Welle entlang der Leitung.

$$\alpha = \sqrt{\frac{1}{2} \cdot (G' \cdot R' - \omega^2 \cdot L' \cdot C') + \frac{1}{2} \cdot \sqrt{(R'^2 + \omega^2 \cdot L'^2)(G'^2 + \omega^2 \cdot C'^2)}} \tag{11.6}$$

$$\beta = \sqrt{\frac{1}{2} \cdot (\omega^2 \cdot L' \cdot C' - G' \cdot R') + \frac{1}{2} \cdot \sqrt{(R'^2 + \omega^2 \cdot L'^2) \cdot (G'^2 + \omega^2 \cdot C'^2)}} \tag{11.7}$$

Für tiefe Frequenzen gelten die Näherungen:

$$\alpha \approx \beta \approx \sqrt{\frac{1}{2}\omega \cdot C' \cdot R'} \tag{11.8}$$

Für geringe Verluste (verlust*arme* Leitung) bzw. für hohe Frequenzen (bereits im unteren kHz-Bereich) gelten die Näherungen:

$$\alpha \approx \frac{R'}{2 \cdot Z_0} \approx \frac{R'}{2} \cdot \sqrt{\frac{C'}{L'}} + \frac{G'}{2} \cdot \sqrt{\frac{L'}{C'}} \tag{11.9}$$

$$\beta \approx \omega \cdot \sqrt{L'C'} \tag{11.10}$$

Ist die Länge einer Leitung l, so wird als Dämpfung oder *Dämpfungsmaß a* bezeichnet:

$$a = \alpha \cdot l \quad [a] = \mathrm{dB} \tag{11.11}$$

Als Phase oder *Phasenmaß b* wird bezeichnet:

$$b = \beta \cdot l \quad [b] = \mathrm{rad} \tag{11.12}$$

Bei einer verlust*losen* Leitung ist der Ausbreitungskoeffizient:

$$\underline{\gamma} = \sqrt{-\omega^2 \cdot L' \cdot C'} = \mathrm{j}\omega \cdot \sqrt{L'C'} = \mathrm{j} \cdot \beta, \quad \alpha = 0 \tag{11.13}$$

11.2.3   Ausbreitungsgeschwindigkeit (Phasengeschwindigkeit)

Wir betrachten eine bestimmte Phasenlage einer fortschreitenden Welle, z. B. einen aufsteigenden Nulldurchgang. Bei einer Momentaufnahme finden wir dieselbe Phase wieder vor. Per Definition ist dieser Abstand, in welchem die Phase um 2π dreht, die Wellenlänge λ im Ausbreitungsmedium.

$$\lambda = \frac{2\pi}{\beta} \tag{11.14}$$

Andererseits erscheint an einer räumlich festen Stelle nach der Zeit $T = 1/f$ wieder dieselbe Phasenlage. Der Vergleich des räumlichen und des zeitlichen Abstandes bis zur gleichen Phase ergibt die Phasengeschwindigkeit v_P (Geschwindigkeit der einzelnen Wellenpunkte).

$$v_\mathrm{P} = \frac{\lambda}{T} = \frac{2\pi}{\beta} \cdot f = \frac{\omega}{\beta} \tag{11.15}$$

Wellenlänge und Ausbreitungsgeschwindigkeit sind somit nicht einfach zu berechnen, da zur Berechnung des Phasenkoeffizienten β die Leitungsbeläge bekannt sein müssen.

Die Ausbreitungsgeschwindigkeit elektromagnetischer Wellen ist von den elektrischen und magnetischen Eigenschaften des Ausbreitungsmediums (ε_r und μ_r) abhängig. Im Vakuum (und angenähert in Luft) ist die Phasengeschwindigkeit maximal.

$$v_{\mathrm{P\,max}} = \frac{1}{\sqrt{\varepsilon_0 \cdot \mu_0}} = c_0 \tag{11.16}$$

$c_0 = $ Lichtgeschwindigkeit im Vakuum $\approx 3 \cdot 10^8 \, \frac{\mathrm{m}}{\mathrm{s}}$
$\varepsilon_0 = 8{,}8543 \cdot 10^{-12} \, \frac{\mathrm{As}}{\mathrm{Vm}}; \quad \mu_0 = 4\pi \cdot 10^{-7} \, \frac{\mathrm{Vs}}{\mathrm{Am}}.$

Für grobe Abschätzungen verwendet man die Freiraumwellenlänge λ_0:

$$\lambda_0 = v_{\mathrm{P\,max}} \cdot T = c_0 \cdot T = \frac{c_0}{f} \tag{11.17}$$

Für andere Ausbreitungsmedien als Vakuum (Isolator zwischen Drähten) ist die Ausbreitungsgeschwindigkeit einer elektromagnetischen Welle auf einer Leitung kleiner als die Lichtgeschwindigkeit:

$$v_\mathrm{P} = \frac{1}{\sqrt{\varepsilon_0 \cdot \mu_0 \cdot \varepsilon_\mathrm{r} \cdot \mu_\mathrm{r}}} = \frac{c_0}{\sqrt{\varepsilon_\mathrm{r} \cdot \mu_\mathrm{r}}}, \quad \lambda = \frac{\lambda_0}{\sqrt{\varepsilon_\mathrm{r} \cdot \mu_\mathrm{r}}} \tag{11.18}$$

Für die meisten Isolatoren ist:

- μ_r nahezu 1 (vor allem ε_r sorgt für eine Verkürzung der Wellenlänge)
- ε_r in der Größenordnung $\varepsilon_r \approx 2 \ldots 12$ (nur selten größer als 12).

Für die *verlustlose* Leitung gilt:

$$v_p = \frac{1}{\sqrt{L'C'}} \tag{11.19}$$

$$Z_0 = v_P \cdot L' = \frac{1}{v_P \cdot C'} \tag{11.20}$$

11.2.4 Phasenlaufzeit

Die Phasenlaufzeit t_{pd} einer Leitung der Länge l ist:

$$t_{pd} = \frac{l}{v_P} = \frac{\beta \cdot l}{\omega} = \frac{b}{\omega} = \frac{l \cdot \sqrt{\mu_r \cdot \varepsilon_r}}{c_0} \tag{11.21}$$

Die Phasenlaufzeit gibt an, um welche Zeit ein Signal am Ende einer Leitung gegenüber dem Eingangssignal verspätet ankommt. Ist das Eingangssignal periodisch, so kann t_{pd} nur als Phasenverschiebung zwischen Ein- und Ausgangssignal gemessen werden.

Die Phasenlaufzeit wird auch Verzögerungszeit, Signallaufzeit, Laufzeitverzögerung, (engl.: propagation delay time) genannt.

Allgemein ist die Phasenlaufzeit eines Systems der Quotient aus Phasengang $\varphi(\omega)$ und ω:

$$t_{pd} = \frac{\varphi(\omega)}{\omega} \quad \text{(Laufzeit einer Einzelfrequenz)} \tag{11.22}$$

Physikalisch gesehen liefert die Phasenlaufzeit die Verzögerung einer einzelnen Schwingung der Frequenz ω gegenüber null.

Eine konstante Phasenlaufzeit bedeutet, dass alle Frequenzen beim Durchlaufen eines Systems zeitlich gleichmäßig verzögert werden und das Signal somit nicht verzerrt wird.

11.2.5 Gruppenlaufzeit

Betrachtet man nur die Einhüllende einer Schwingungsgruppe, so kommt man zu dem Begriff der Gruppenlaufzeit. Die Gruppenlaufzeit gibt an, um welche Zeit ein beliebiger Punkt auf der Einhüllenden eines Schwingungspaketes am Ende der Leitung gegenüber dem am Anfang der Leitung angelegten Schwingungspaket verzögert eintrifft. Allgemein ist die Gruppenlaufzeit t_g eines Systems die erste Ableitung des Phasenganges $\varphi(\omega)$ nach der Frequenz. Die Gruppenlaufzeit macht eine Aussage darüber, wie stark sich die Phasenlaufzeit in Abhängigkeit der Frequenz ändert.

$$t_\mathrm{g} = \frac{\mathrm{d}\varphi(\omega)}{\mathrm{d}\omega} \quad \text{(Laufzeit einer schmalen Gruppe von Frequenzkomponenten)} \quad (11.23)$$

Sind Phasen- und Gruppengeschwindigkeit verschieden, so bedeutet dies, dass die Phasengeschwindigkeiten der Teilschwingungen der Schwingungsgruppe frequenzabhängig, also verschieden sind. Die Leitung hat *Dispersion*, es treten Laufzeitverzerrungen ein. Die Trägerschwingung füllt in diesem Fall die Hüllkurve des zeitverschobenen Signals (am Ende des Leiters) anders aus als im ursprünglichen Signal (am Anfang des Leiters). Um am Ausgang eines Systems ein unverzerrtes (nur verzögertes) Signal zu erhalten, muss die Gruppenlaufzeit konstant sein. Man sagt, das System muss *linearphasig* sein, es muss also gelten:

$$\varphi(\omega) = t_\mathrm{pd} \cdot \omega = \text{const.} \cdot \omega \qquad (11.24)$$

Dies ist eine lineare Beziehung, die beim Dividieren durch ω den Wert t_pd und beim Differenzieren nach ω den Wert $t_\mathrm{g} = t_\mathrm{pd}$ ergibt. Im Zeitbereich ergeben sich also keine Verzerrungen des Ausgangssignals, wenn alle Frequenzkomponenten gleiche Phasen- und Gruppenlaufzeit besitzen. Das System verursacht dann nur eine Zeitverzögerung.

11.2.6 Messung von Kurzschluss- und Leerlaufwiderstand

Der Kurzschlusswiderstand Z_K sowie der Leerlaufwiderstand Z_L eines Kabels wird gemessen, indem am Kabelanfang ein Wechselspannungssignal eingespeist wird. Am Anfang der Leitung wird jeweils bei offenen (ergibt I_L) und kurzgeschlossenen (ergibt I_K) Leitungsenden der Strom gemessen. Nach den Strommessungen wird jeweils aus der Generatorspannung U_G und gemessenem Strom der Kurzschlusswiderstand Z_K und der Leerlaufwiderstand Z_L berechnet.

$$Z_\mathrm{K} = \frac{U_\mathrm{G}}{I_\mathrm{K}}; \quad Z_\mathrm{L} = \frac{U_\mathrm{G}}{I_\mathrm{L}}$$

Der Wellenwiderstand Z_0 der Leitung ergibt sich aus Kurzschluss- und Leerlaufwiderstand.

$$Z_0 = \sqrt{Z_\mathrm{K} \cdot Z_\mathrm{L}} \qquad (11.25)$$

Für Z_K und Z_L gelten die Beziehungen:

$$Z_\mathrm{K} = Z_0 \cdot \tanh(\gamma \cdot l) \qquad (11.26)$$
$$Z_\mathrm{L} = Z_0 \cdot \coth(\gamma \cdot l) \qquad (11.27)$$

Eine Welle wird am offenen oder kurzgeschlossenen Ende total reflektiert. Auf der Leitung entsteht eine stehende Welle.

11.2.7   Eingangsimpedanz

Am Ende einer Leitung ist die Lastimpedanz $\underline{Z}_2$ angeschlossen. Die am Anfang dieser Leitung wirkende Eingangsimpedanz $\underline{Z}_1$ ist:

$$\underline{Z}_1 = \underline{Z}_0 \cdot \frac{\underline{Z}_2 + \underline{Z}_0 \cdot \tanh(\gamma \cdot l)}{\underline{Z}_2 \cdot \tanh(\gamma \cdot l) + \underline{Z}_0} \tag{11.28}$$

Die Leitung bewirkt eine Impedanztransformation $\underline{Z}_2 \rightarrow \underline{Z}_1$.

Für eine verlustlose Leitung mit $\alpha = 0$, $\underline{\gamma} = \mathrm{j}\cdot\beta = \mathrm{j}\cdot\frac{2\pi}{\lambda}$ und mit $\tanh(\mathrm{j}\beta\, l) = \mathrm{j}\cdot\tan(\beta\, l)$ folgt:

$$\underline{Z}_1 = \frac{\underline{Z}_2 + \mathrm{j} \cdot \underline{Z}_0 \cdot \tan\left(\frac{2\pi\, l}{\lambda}\right)}{1 + \mathrm{j} \cdot \frac{\underline{Z}_2}{\underline{Z}_0} \cdot \tan\left(\frac{2\pi\, l}{\lambda}\right)} \tag{11.29}$$

Bei Abschluss mit dem Wellenwiderstand ($\underline{Z}_2 = Z_0$) gilt unabhängig von der Leitungslänge:

$$\underline{Z}_1\big|_{\underline{Z}_2 = Z_0} = Z_0 \tag{11.30}$$

Die Eingangsimpedanz ist gleich dem Wellenwiderstand der Leitung, eine rücklaufende (reflektierte) Welle gibt es in diesem Fall nicht. Dieser Betrieb wird bei Übertragungsleitungen bevorzugt, da die Übertragung der Leistung von der Quelle zur Last optimal ist.

11.2.8   Resonanz

Für die Resonanzfrequenz ω_0 gilt:

$$\omega_0 = \frac{\pi}{2l\sqrt{L'C'}} \tag{11.31}$$

Die Elemente des äquivalenten Parallelschwingkreises ergeben sich zu:

$$R = \frac{Z_0}{\alpha \cdot l} \tag{11.32}$$

$$L = \frac{8}{\pi^2} \cdot L' \cdot l \tag{11.33}$$

$$C = \frac{1}{2} C' \cdot l \tag{11.34}$$

Dabei kennzeichnet l die Leitungslänge.

Die Güte beträgt:

$$Q = \frac{1}{2}\frac{\beta}{\alpha} \tag{11.35}$$

11.2.9 Gekoppelte Leitungen

Zwei Leitungen sind gekoppelt, wenn sie sich in einem Abstand zueinander befinden, der klein genug ist, dass sich die elektromagnetischen Felder (die Wellenausbreitung) der beiden Leitungen gegenseitig bemerkbar beeinflussen können. Gleich- und Gegentakterregung sind zwei Ansteuerungsarten für die Wellenausbreitung eines Signals auf zwei gekoppelten Leitungen. Zu den beiden Leitungen gehört eine dritte Leitung, die Masseverbindung.

Bei Gleichtakterregung sind die Ströme in beiden Leitungen gleich groß und fließen in die gleiche Richtung. Dies wird als „even mode" bezeichnet (daher das „e" im Index von $Z_{0,\mathrm{e}}$). Beide Leitungen führen gegenüber Masse (z. B. einer Massefläche auf einer Leiterplatte) positive Signale, die Rückleitung erfolgt über die Masse.

Bei Gegentakterregung sind die Ströme in beiden Leitungen gleich groß und fließen in entgegengesetzte Richtungen. Dies wird als „odd mode" bezeichnet („o" im Index von $Z_{0,\mathrm{o}}$). Die eine Leitung führt gegenüber Masse ein positives, die andere ein negatives Signal. Werden beide Leitungen mit einem differenziellen Signal gespeist (differenzielle Signalübertragung), so besteht zwischen den Leitungen eine Spannung wie bei Gegentakterregung. Die Signale sind dann auf den beiden Leitungen gleich groß und gegeneinander um $180°$ phasenverschoben.

Eine einzelne Leitung mit einer Masseleitung oder Massefläche als Rückleitung hat den Wellenwiderstand Z_0. Laufen zwei Leitungen in nicht zu großem Abstand parallel, so ändern beide Leitungen wegen der Verkopplung ihren eigenen Wellenwiderstand Z_0 zum so genannten Gleichtakt-Wellenwiderstand $Z_{0,\mathrm{e}}$ bei Gleichtakterregung bzw. zum Gegentakt-Wellenwiderstand $Z_{0,\mathrm{o}}$ bei Gegentakterregung.

Bei Gleichtakterregung ist $Z_{0,\mathrm{e}}$, bei Gegentakterregung ist $Z_{0,\mathrm{o}}$ der Wellenwiderstand *einer* der beiden Leitungen *gegen Masse*, er ist jeweils für beide Leitungen bei Gleichtakt- und Gegentakterregung gleich groß.

Der differenzielle Wellenwiderstand Z_{diff} ist die Impedanz *zwischen* zwei gekoppelten Leitungen bei Gegentakterregung. Es gilt:

$$Z_{\mathrm{diff}} = 2 \cdot Z_{0,\mathrm{o}} \tag{11.36}$$

Bei schwacher Kopplung bzw. wenn die Leitungen nicht gekoppelt sind, ist der differenzielle Wellenwiderstand das Doppelte des Wellenwiderstandes einer einzelnen Leitung:

$$Z_{\mathrm{diff}} = 2 \cdot Z_0 \tag{11.37}$$

11.3 Zusammenfassung

1. Die Informationsübermittlung (Nachrichtenübertragung) erfolgt mit Hilfe physikalischer Signale.
2. Medien zur Übertragung von Signalen können metallische Leiter, Lichtwellenleiter oder der freie Raum sein.
3. Beispiele für metallische Leiter sind: Zweidrahtleitung, verdrillte Adernpaare (mit/ohne Abschirmung), Koaxialleitung, Streifenleitung, Freileitung.
4. Arten der Wellenausbreitung sind TEM-Leitungen, Nicht-TEM-Leitungen, Ausbreitung im freien Raum.
5. Beispiele für TEM-Leitungen sind Zweidrahtleitungen, Koaxialleitungen, Streifenleitungen.
6. Bei TEM-Leitungen stehen die Feldlinien des elektrischen und des magnetischen Feldes senkrecht zueinander und zur Ausbreitungsrichtung. Bei diesen Leitungen ist eine Ausbreitung von Gleichstrom an möglich. Hin- und Rückleiter sind klar definierbar.
7. Beispiele für Nicht-TEM-Leitungen sind Hohlleiter und Lichtwellenleiter.
8. Bei Nicht-TEM-Leitungen ist eine Ausbreitung erst ab einer bestimmten Frequenz möglich. Hin- und Rückleiter sind bei diesen Leitungen nicht mehr definierbar.
9. Elektromagnetische Wellen werden nicht von einer Leitung geführt, sondern breiten sich mehr oder weniger frei im Raum aus (Funkverbindungen, Richtstrahl).
10. Für Leitungen und Kabel ist der Wellenwiderstand in Ohm eine wichtige Kenngröße.
11. Für eine reflexionsfreie Übertragung muss eine Leitung mit einem ohmschen Widerstand, der gleich dem Wellenwiderstand der Leitung ist, abgeschlossen werden.
12. Der Wellenwiderstand ist sehr stark von der Ausführung der Leitung abhängig.
13. Die Leitungsbeläge einer Leitung sind auf eine Längeneinheit (m oder km) bezogen.
14. Induktivitäts- und Widerstandsbelag bilden die Längsbeläge, Kapazitäts- und Leitwertbelag sind die Querbeläge.
15. Durch die vier Leitungsbeläge ist eine homogene Leitung unabhängig von ihrer Länge vollständig definiert.
16. Bei einer homogenen Leitung sind die vier Leitungsbeläge längs der Leitung konstant.
17. Der Wellenwiderstand lässt sich mit den Leitungsbelägen berechnen.
18. Im allgemeinen Fall ist die Wellenimpedanz einer Leitung komplex und frequenzabhängig.
19. Bei einer verlustlosen Leitung bzw. bei genügend hoher Betriebsfrequenz wird der Wellenwiderstand reell und frequenzunabhängig.
20. Der komplexe Ausbreitungskoeffizient (Übertragungsmaß) beschreibt zusammen mit dem Wellenwiderstand die Eigenschaften einer Leitung vollständig.
21. Der Dämpfungskoeffizient α beschreibt die Dämpfung der sich auf der Leitung ausbreitenden Welle, der Phasenkoeffizient β beschreibt die Phasendrehung der Welle entlang der Leitung.

22. Die Ausbreitungsgeschwindigkeit (Phasengeschwindigkeit) elektromagnetischer Wellen ist von den elektrischen und magnetischen Eigenschaften des Ausbreitungsmediums abhängig.

23. Im Vakuum (und angenähert in Luft) ist die Phasengeschwindigkeit maximal (gleich der Lichtgeschwindigkeit).

24. Für andere Ausbreitungsmedien als Vakuum (Isolator zwischen Drähten) ist die Ausbreitungsgeschwindigkeit einer elektromagnetischen Welle auf einer Leitung kleiner als die Lichtgeschwindigkeit.

25. Die Phasenlaufzeit (Verzögerungszeit, Signallaufzeit, Laufzeitverzögerung) gibt an, um welche Zeit ein Signal am Ende einer Leitung gegenüber dem Eingangssignal verspätet ankommt (Phasenverschiebung zwischen Ein- und Ausgangssignal).

26. Bei konstanter Phasenlaufzeit werden alle Frequenzen beim Durchlaufen eines Systems zeitlich gleichmäßig verzögert, das Signal wird nicht verzerrt.

27. Die Gruppenlaufzeit gibt an, um welche Zeit ein beliebiger Punkt auf der Einhüllenden eines Schwingungspaketes am Ende der Leitung gegenüber dem am Anfang der Leitung angelegten Schwingungspaket verzögert eintrifft.

28. Um am Ausgang eines Systems ein unverzerrtes (nur verzögertes) Signal zu erhalten, muss die Gruppenlaufzeit konstant sein (linearphasiges System).

29. Am offenen oder kurzgeschlossenen Ende einer Leitung wird eine Welle total reflektiert. Auf der Leitung entsteht eine stehende Welle.

30. Bei Abschluss einer Leitung mit ihrem Wellenwiderstand ist unabhängig von der Leitungslänge die Eingangsimpedanz gleich dem Wellenwiderstand. Es gibt keine reflektierte Welle.

31. Gleich- und Gegentakterregung sind zwei Ansteuerungsarten für die Wellenausbreitung eines Signals auf zwei gekoppelten Leitungen.

32. Bei Gleichtakterregung sind die Ströme in beiden Leitungen gleich groß und fließen in die gleiche Richtung (even mode).

33. Bei Gegentakterregung sind die Ströme in beiden Leitungen gleich groß und fließen in entgegengesetzte Richtungen (odd mode).

34. Zwei parallele Leitungen ändern wegen ihrer Verkopplung ihren eigenen Wellenwiderstand zum Gleichtakt-Wellenwiderstand bei Gleichtakterregung bzw. zum Gegentakt-Wellenwiderstand bei Gegentakterregung.

35. Der differenzielle Wellenwiderstand ist die Impedanz zwischen zwei gekoppelten Leitungen bei Gegentakterregung.

11.4 Eindrahtleitung

Die Eindrahtleitung in der Ausführung als Einzeldraht oder Leiterzug auf Leiterplatten ist die einfachste Verbindung und wird für kurze Entfernungen sehr oft verwendet. Als kurze Leitung wirkt sie bezüglich der Schaltflanken eines Signals wie eine kapazitive Last. Als lange Leitung ist ihr Wellenwiderstand Z_0 stark vom geometrischen Aufbau, besonders vom Abstand zum nächstgelegenen Masseleiter abhängig. Eine Anpassung ist daher schwierig. Eindrahtleitungen sollten deshalb nur für elektrisch kurze Leitungen verwendet werden. Für lange Leitungen sollten verdrillte Zweidrahtleitungen verwendet werden, mit denen auch eine symmetrische Signalübertragung möglich ist. Die Eindrahtleitung erlaubt nur eine unsymmetrische Übertragung. Bei Eindrahtleitungen dient der Leiter zur eigentlichen Signalübertragung, als Rückleitung wird für alle Verbraucher die gemeinsame Masseleitung genutzt

Die Genauigkeit der folgenden Näherungsformeln liegt im Bereich < 10 bis $15\,\%$.

11.4.1 Rundleiter nahe einer Massefläche

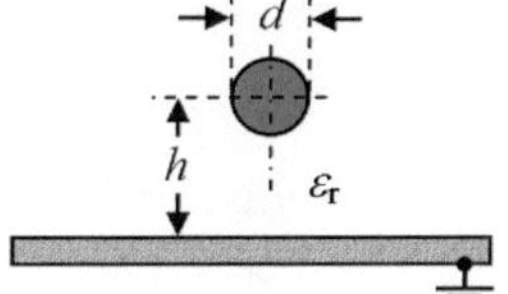

Abb. 11.3 Runder Leiter in der Nähe einer Massefläche. Die Anordnung kann um die Längsachse des Leiters gedreht werden

$$Z_0 = \frac{60}{\sqrt{\varepsilon_r}} \cdot \ln\left(\frac{4h}{d}\right)\,\Omega = \frac{60}{\sqrt{\varepsilon_r}} \cdot \operatorname{arcosh}\left(\frac{2h}{d}\right)\,\Omega \text{ für } h \gg d \tag{11.38}$$

Laufzeitverzögerung t_{pd}:

$$t_{pd} \approx 33{,}4\,\frac{ps}{cm} \tag{11.39}$$

11.4.2 Rundleiter im rechten Winkel einer Massefläche

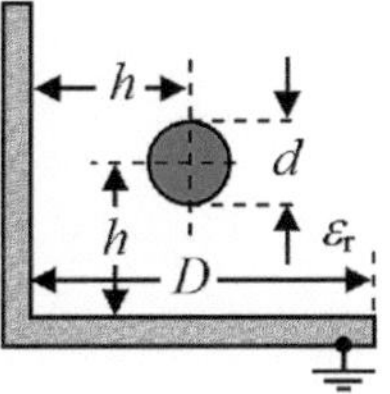

Abb. 11.4 Runder Leiter in der Nähe einer rechtwinkligen Massefläche

$$Z_0 = \frac{60}{\sqrt{\varepsilon_r}} \cdot \ln\left(\frac{2{,}8 \cdot h}{d}\right)\,\Omega \text{ für } h > d \tag{11.40}$$

Für $D = 2 \cdot h$ gilt folgende Formel mit einer Genauigkeit von ca. $1\,\%$:

$$Z_0 = \frac{30}{\sqrt{\varepsilon_r}} \cdot \ln\left\{\left(\frac{D}{d}\right)^2 + \sqrt{\left[\left(\frac{D}{d}\right)^2 - 1\right]^2 + \left(\frac{D}{d}\right)^2 - 1}\right\}\,\Omega \tag{11.41}$$

11.4.3   Rundleiter zwischen zwei parallelen Masseflächen (Slab Line)

Abb. 11.5 Runder Leiter in
gleichem Abstand zwischen
zwei parallelen Masse-Ebenen

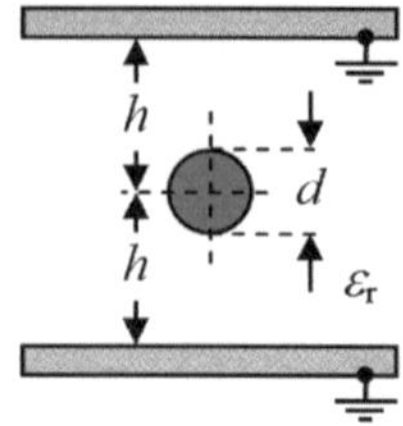

$$Z_0 = \frac{60}{\sqrt{\varepsilon_\mathrm{r}}} \cdot \ln\left(\frac{4}{\pi} \cdot \frac{2h}{d}\right)\ \Omega\ \text{für } h > d \tag{11.42}$$

Der Fehler ist kleiner als $1{,}0\,\%$ für $h \geq d$, er wird mit zunehmendem Z_0 (mit wachsendem Abstand der Masseflächen) kleiner.

11.4.4   Rundleiter mit U-Schirm (Trough Line, Channel Line)

Abb. 11.6 Einzelner Leiter mit
U-förmiger Abschirmung

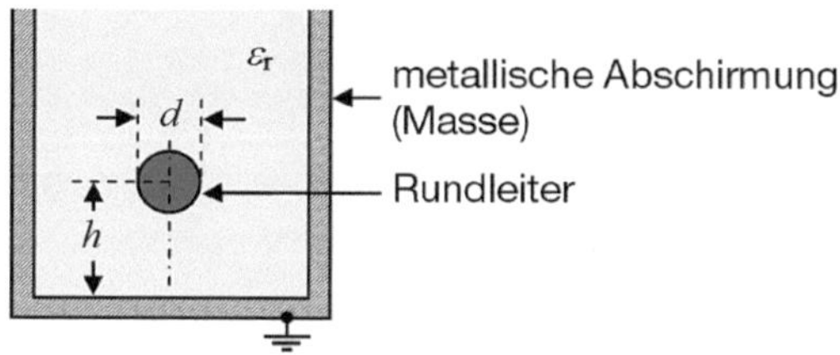

Z_0 mit einer Genauigkeit von ca. $1\,\%$:

$$Z_0 = \frac{30}{\sqrt{\varepsilon_\mathrm{r}}} \cdot \ln\left[1 + \left(B \cdot A + \sqrt{B^2 \cdot A^2 + \frac{4}{9} \cdot A}\right)\right]\ \Omega \tag{11.43}$$

mit

$$B = \frac{8}{\pi^2} \cdot \left(\tanh\left(\frac{\pi}{2}\right)\right)^2;\quad A = \left(\frac{h}{d}\right)^2 - 1$$

11.4.5   Rundleiter auf einem Substrat mit rückwärtiger Massefläche

Abb. 11.7 Runder Draht (z. B. Bonddraht) auf einem Substrat (z. B. Leiterplatte oder Keramikträger) mit Massefläche

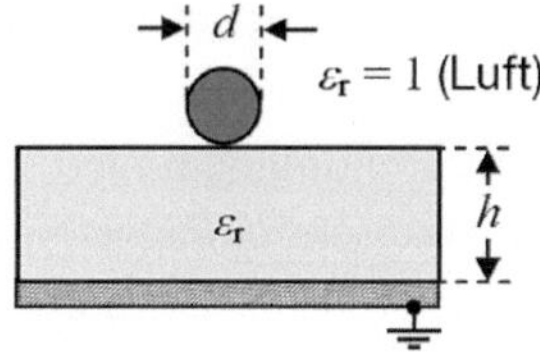

$$Z_0 = \frac{60}{\sqrt{\varepsilon_{\text{eff}}}} \cdot \text{arcosh}\left(\frac{2h}{d}\right) \approx \frac{60}{\sqrt{\varepsilon_{\text{eff}}}} \cdot \ln\left(\frac{4h}{d}\right) \; \Omega \; \text{für } h \gg d \qquad (11.44)$$

mit der Näherung $\varepsilon_{\text{eff}} = \frac{\varepsilon_r + 1}{2}$.

11.4.6   Rundleiter oberhalb eines Substrats mit rückwärtiger Massefläche

Abb. 11.8 Runder Leiter oberhalb eines Substrats mit rückseitiger Massefläche

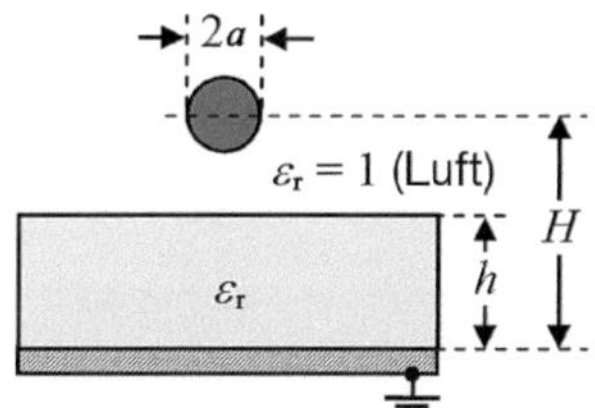

$$Z_0 = \frac{60}{\sqrt{\varepsilon_{\text{eff}}}} \cdot \text{arcosh}\left(\frac{1 - u^2}{2R} + \frac{R}{2}\right) \; \Omega \qquad (11.45)$$

mit

$$R = \frac{2}{4 \cdot \frac{H}{a} - \frac{a}{H}}; \quad u = \frac{1}{\left(2 \cdot \frac{H}{a}\right)^2 - 1}; \quad \varepsilon_{\text{eff}} = \frac{\ln\left(\frac{2H}{a}\right)}{\ln\left[\frac{2 \cdot (H - h)}{a} + \frac{2h}{a \cdot \varepsilon_r}\right]}$$

11.5 Zweidrahtleitungen

11.5.1 Paralleldrahtleitung

Die Zweidrahtleitung (Lecherleitung, Doppeldrahtleitung, Paralleldrahtleitung, Aderpaar) ist eine sehr einfache Anordnung von Leitungen (Abb. 11.9). Der Wellenwiderstand der symmetrischen Zweidrahtleitung ist abhängig von Abstand a und Durchmesser d der Leitungen (Abb. 11.10), sowie vom Isoliermaterial mit der relativen Dielektrizitätskonstanten ε_r, welches den Raum ausfüllt, der die Leiter umgibt. Die Berechnung des Wellenwiderstandes erfolgt nach folgender Formel[2]:

$$Z_0 = \frac{120}{\sqrt{\varepsilon_r}} \cdot \ln\left[\frac{a}{d} + \sqrt{\left(\frac{a}{d}\right)^2 - 1}\right] = \frac{120}{\sqrt{\varepsilon_r}} \cdot \text{arcosh}\left(\frac{a}{d}\right) \, \Omega \tag{11.46}$$

Für $a \gg d$ $(a > 2{,}5 \cdot d)$ ergibt sich vereinfacht:

$$Z_0 = \frac{120}{\sqrt{\varepsilon_r}} \cdot \ln\left(\frac{2a}{d}\right) \, \Omega \tag{11.47}$$

Ein typischer Wert des Wellenwiderstandes einer Zweidrahtleitung ist $Z_0 = 120 \, \Omega$.

Im Folgenden ist ε_r die Dielektrizitätskonstante und μ_r die Permeabilitätskonstante des Materials, in welches die Leiter eingebettet sind.

Der **Kapazitätsbelag** der Zweidrahtleitung ist (siehe auch Abb. 11.11):

$$C' = \frac{\varepsilon_r \varepsilon_0 \pi}{\ln\left[\frac{a}{d} + \sqrt{\left(\frac{a}{d}\right)^2 - 1}\right]} \tag{11.48}$$

Mit $a \gg d$ folgt daraus:

$$C' = \frac{\varepsilon_r \varepsilon_0 \pi}{\ln\left(\frac{2a}{d}\right)} \tag{11.49}$$

$\varepsilon_0 = $ absolute Dielektrizitätskonstante (elektrische Feldkonstante) $= 8{,}854187 \, \frac{\text{pF}}{\text{m}}$

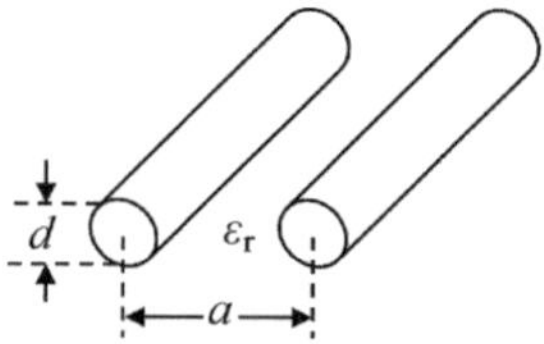

Abb. 11.9 Symmetrische Zweidrahtleitung

---

[2] arcosh (= „Area cosinus hyperbolicus" = Umkehrfunktion der Hyperbelfunktion „Cosinus hyperbolicus") wird häufig als arccosh oder, vor allem in der englischsprachigen Literatur, als $\cosh^{-1}$ geschrieben.

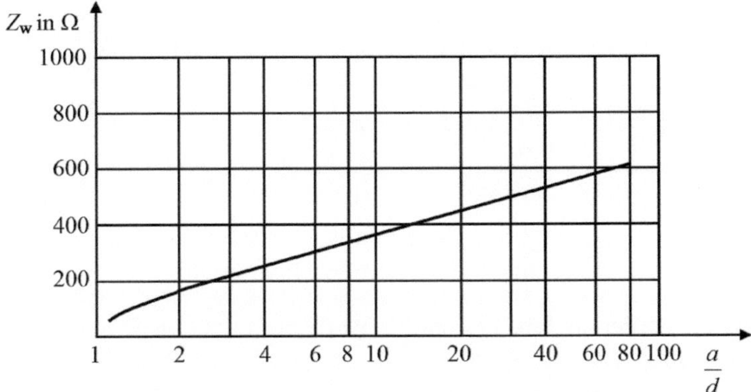

Abb. 11.10 Wellenwiderstand einer Zweidrahtleitung in Abhängigkeit von Abstand und Durchmesser der Adern (Beispiel)

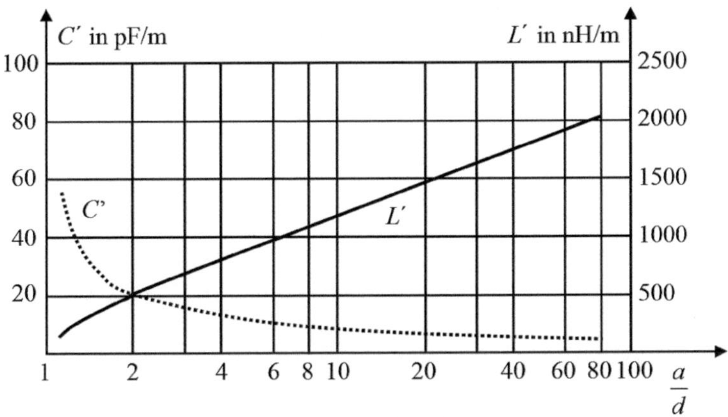

Abb. 11.11 Kapazitäts- und Induktivitätsbelag einer Zweidrahtleitung in Abhängigkeit von Abstand und Durchmesser der Adern (Beispiel)

Der **Induktivitätsbelag** L' der Zweidrahtleitung (siehe auch Abb. 11.11) besteht aus zwei Anteilen, die sich addieren:

- äußere Induktivität L_a, bedingt durch das Magnetfeld außerhalb des Leiters
- innere Induktivität L_i, bedingt durch das Magnetfeld innerhalb des Leiters.

L_a ist praktisch konstant. L_i ist wegen des Skineffekts frequenzabhängig bzw. eine Funktion F des Drahtdurchmessers d und der frequenzabhängigen Eindringtiefe δ.

$$L' = \underbrace{\frac{\mu_0\mu_\mathrm{r}}{\pi} \cdot \ln\left(\frac{2a}{d}\right)}_{L_\mathrm{a}} + \underbrace{\frac{\mu_0\mu_\mathrm{r}}{\pi} \cdot F\left(\frac{d}{2\delta}\right)}_{L_\mathrm{i}} \tag{11.50}$$

$$\left(\mu_0 = 4\pi \cdot 10^7 \frac{\mathrm{V}\cdot\mathrm{s}}{\mathrm{A}\cdot\mathrm{m}} = \begin{array}{l}\text{Permeabilitätskonstante des Vakuums,}\\ \text{magnetische Feldkonstante}\end{array}\right)$$

Ohne Herleitung werden in Tab. 11.1 einige Werte der Funktion F in Abhängigkeit von $\kappa = d/2\delta$ angegeben.

Die Frequenz nimmt in Tab. 11.1 von links nach rechts zu. Wie man sieht, hat F für niedrige Frequenzen den Wert $\frac{1}{4}$ und verschwindet für hohe Frequenzen.

Gl. 11.50 kann daher für *niedrige* Frequenzen folgendermaßen geschrieben werden:

$$L' = 0{,}4 \cdot \left(\ln\left(\frac{2a}{d}\right) + \frac{1}{4}\right) \frac{\mathrm{mH}}{\mathrm{km}} \tag{11.51}$$

Für *hohe* Frequenzen gilt:

$$L' = \frac{\mu_0\mu_\mathrm{r}}{\pi} \cdot \ln\left(\frac{2a}{d}\right) \tag{11.52}$$

Der **Widerstandsbelag** einer Zweidrahtleitung errechnet sich für Gleichstrom und für niedrige Frequenzen bei Berücksichtigung von Hin- und Rückleitung zu:

$$R_0' = \frac{2\rho}{A} \tag{11.53}$$

ρ = spezifischer Widerstand des Materials,
A = Querschnittsfläche des Leiters.

Mit wachsender Frequenz f wächst der Widerstandsbelag infolge des Skineffekts zunächst langsam an, bei hohen Frequenzen nimmt er etwa mit der Wurzel aus der Frequenz zu.

Die Dämpfung durch ohmsche Verluste des Leitermaterials und durch den Skineffekt kann für hohe Frequenzen mit folgender Näherungsformel berechnet werden.

$$\alpha_m = \frac{8{,}6858 \cdot a}{2 \cdot d^2 \cdot \sqrt{\left(\frac{a}{d}\right)^2 - 1}} \cdot \frac{1}{\mathrm{arcosh}\left(\frac{a}{d}\right)} \cdot \sqrt{\frac{\varepsilon_\mathrm{r}}{\sigma} \cdot f} \, \frac{\mathrm{dB}}{\mathrm{cm}} \tag{11.54}$$

Tab. 11.1 Werte der Funktion F

κ	0,1	1	2	5	10	20	50	100
F	0,25	0,25	0,24	0,1	0,05	0,02	0,01	0,005

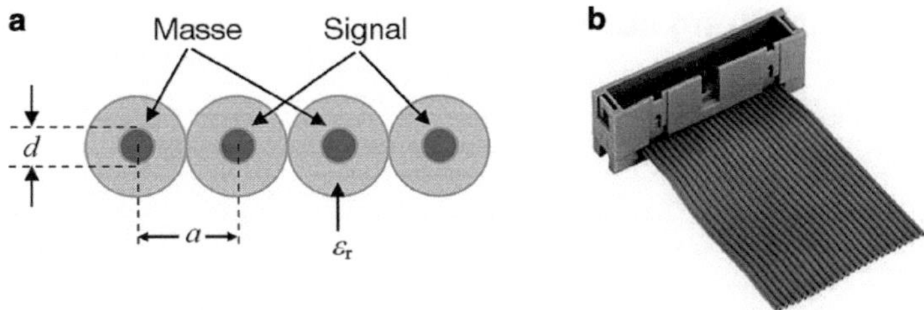

Abb. 11.12 Flachbandkabel mit sich abwechselnden Signal- und Masseadern (**a**), Flachbandkabel mit Stecker (**b**)

Der **Ableitungsbelag** G' (Isolationsleitwertbelag zwischen den Leitern) ist i. Allg. sehr stark frequenzabhängig. Bei Gleichstrom ist der Ableitungsbelag durch den normalerweise sehr hohen Isolationswiderstand des Materials zwischen den Leitern bestimmt, G' ist also verschwindend klein. Mit wachsender Frequenz nimmt G' wegen der dielektrischen Verluste in einem weiten Frequenzbereich etwa proportional mit der Frequenz zu, bei hohen Frequenzen meist noch rascher.

Eine Paralleldrahtleitung kann bis ca. 100 kBaud ohne Abschlusswiderstand betrieben werden. Bei größeren Übertragungsraten machen sich Reflexionen störend bemerkbar, wenn die Leitung nicht mit einem Widerstand mit dem Wert des Wellenwiderstandes der Leitung abgeschlossen wird. Auch die an die Leitung angeschlossenen Teilnehmer müssen dann einen Innenwiderstand aufweisen, der hinreichend nahe bei dem Wert des Wellenwiderstandes liegt.

Zusammen mit einer Signalspannungsquelle am Anfang der Zweidrahtleitung und einer Last an deren Ende entsteht eine Leiterschleife. Befindet sich diese Leiterschleife in einem sich zeitlich ändernden magnetischen Feld, so werden in ihr Spannungen induziert, welche sich der eigentlichen Signalspannung überlagern und das Signal evtl. so stark stören, dass der Empfänger nicht mehr die gewünschte Information erhält. Da die induzierte Störspannung proportional zur Fläche der Leiterschleife ist, kann die Störung minimiert werden, wenn die Drähte möglichst kurz gehalten und mit kleinem Drahtabstand geführt werden.

Zweidrahtleitungen werden in Form von Bandkabeln (Flachbandleitungen) zusammengefasst. Diese stellen z. B. vielpolige Busverbindungen, Systemverdrahtungen innerhalb von Geräten oder Peripherieverbindungen dar. Damit sich die Signale nicht gegenseitig beeinflussen, können bei einem Flachbandkabel abwechselnd Signal- und Masseleitung nebeneinander geführt werden (Abb. 11.12).

Der typische Wellenwiderstand eines Bandkabels liegt zwischen 50 bis 600 Ohm.

11.5.2 Zweidrahtleitung über Massefläche

Abb. 11.13 Zweidrahtleitung über Masseebene

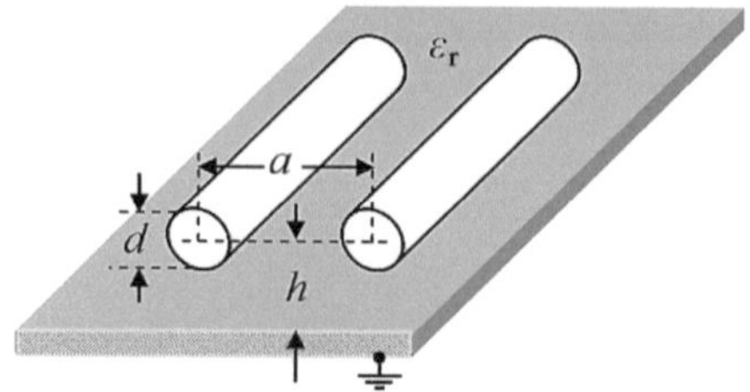

$$Z_0 = 120 \cdot \ln \left(\frac{2a}{d \cdot \sqrt{1 + \left(\frac{a}{2h}\right)^2}} \right) \, \Omega \text{ für } a/d > 3 \qquad (11.55)$$

11.5.3 Zweidrahtleitung mit unterschiedlichen Leiterdurchmessern

Abb. 11.14 Zweidrahtleitung mit ungleichen Drahtdurchmessern

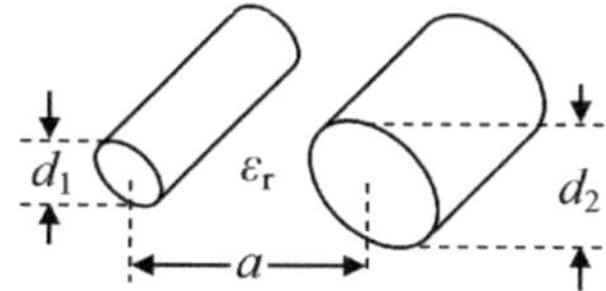

$$Z_0 = \frac{60}{\sqrt{\varepsilon_r}} \cdot \operatorname{arcosh} \left(\frac{4 \cdot a^2 - d_1^2 - d_2^2}{2 \cdot d_1 \cdot d_2} \right) \, \Omega \qquad (11.56)$$

Die Genauigkeit dieser Näherungsformel ist besser als 0,24 %.

11.5.4 Zweidrahtleitung in runder Abschirmung

Eine symmetrische Zweidrahtleitung kann wie in Abb. 11.15 in ein Dielektrikum mit der relativen Dielektrizitätszahl ε_r eingebettet und von einem Schirm umgeben sein (z. B. für eine differenzielle Signalübertragung).

$$Z_0 \approx \frac{120}{\sqrt{\varepsilon_r}} \cdot \ln \left[\frac{2a \cdot \left(\frac{D^2}{a^2} - 1\right)}{d \cdot \left(\frac{D^2}{a^2} + 1\right)} - \frac{1 + 3{,}75 \cdot \frac{a^2}{d^2}}{14 \cdot \frac{a^4}{d^4}} \cdot \left(1 - 3{,}75 \cdot \frac{a^2}{d^2}\right) \right] \, \Omega \qquad (11.57)$$

Abb. 11.15 Symmetrische Zweidrahtleitung in einem Abschirmrohr (shielded pair)

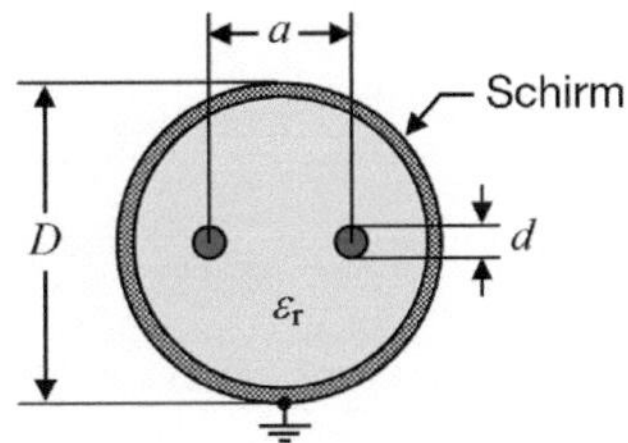

Bei Berücksichtigung einer Kopplung ist der Wellenwiderstand bei Gegentakterregung (odd mode) $Z_{0,\mathrm{o}}$ und bei Gleichtakterregung (even mode) $Z_{0,\mathrm{e}}$.

$$Z_{0,\mathrm{o}} = \frac{120}{\sqrt{\varepsilon_\mathrm{r}}} \cdot \left\{ \ln\left[\frac{2a}{d} \cdot \frac{1 - \left(\frac{a}{D}\right)^2}{1 + \left(\frac{a}{D}\right)^2} \right] - \frac{\left[1 + 4\left(\frac{a}{d}\right)^2 \right] \left[1 - 4\left(\frac{a}{D}\right) \right]^2}{16\left(\frac{a}{d}\right)^4} \right\} \, \Omega \qquad (11.58)$$

$$Z_{0,\mathrm{e}} = \frac{60}{\sqrt{\varepsilon_\mathrm{r}}} \cdot \ln\left\{ \frac{\frac{a}{d}}{2 \cdot \left(\frac{a}{D}\right)^2} \cdot \left[1 - \left(\frac{a}{D}\right)^4 \right] \right\} \, \Omega \qquad (11.59)$$

Die Gl. 11.58 und 11.59 sind gültig für $d \ll D$ und $d \ll a$.

11.5.5 Twisted Pair

Zur Reduzierung induzierter Störspannungen können die Leitungen einer Zweidrahtleitung verdrillt werden (engl.: twistet pair) (Abb. 11.16). Dadurch heben sich die in Hin- und Rückleiter gegenläufig induzierten Störspannungen gegenseitig auf. Eine Verdrillung macht die Leitung unempfindlicher gegenüber äußeren elektromagnetischen Feldern und gegen ein Übersprechen zwischen Leitungspaaren.

Unter einer Twisted-Pair-Leitung versteht man zwei Leiter aus Metall (meist Kupfer), sie werden als *Adern* bezeichnet, die jeweils mit einem isolierenden Dielektrikum (z. B. Polyethylen) konzentrisch umgeben und umeinander verdrillt (verseilt) sind. Die Anzahl der Windungen pro Längeneinheit wird *Schlagzahl* genannt.

Ein verdrilltes Adernpaar (*TP-Kabel*) kann noch mit einem metallischen Schirm umgeben sein. Diese Ausführung wird auch *Shielded Twisted Pair* (STP) genannt. Ist kein Schirm vorhanden, spricht man von *Unshielded Twisted Pair* (UTP).

Verdrillte Adernpaare werden bei der klassischen Telefonverkabelung eingesetzt. Eine Hauptanwendung ist die Verwendung als Teilnehmeranschlussleitung von der Ortsvermittlungsstelle zur Anschlussdose eines Fernsprechteilnehmers. Dabei werden die beiden Adern der Zweidrahtleitung mit den Buchstaben a und b bezeichnet und repräsentieren daher die a/b-Schnittstelle. Konventionell werden bei dieser Anwendung analoge Signale

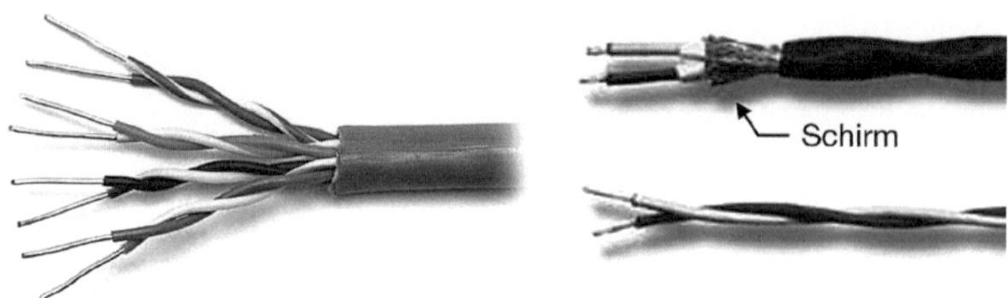

Abb. 11.16 Verdrillte Zweidrahtleitungen

im Frequenzbereich von 300 Hz bis 3400 Hz übertragen. Oft erfolgt der Einsatz von TP-Kabeln bei ISDN-Anschlüssen (digitale Signale mit einer Netto-Bitrate von 144 kbit/s) bzw. ADSL-Anschlüssen (bis 6 Mbit/s und höher).

Verdrillte Leitungen sind auch im Zusammenhang mit Computern besonders gut einsetzbar, da sie an die dort verwendeten Steckleisten einfach anzuschließen und leicht verlegbar sind. Für LAN-Anwendungen (LAN = local area network) werden Twisted-Pair-Kabel zur Datenübertragung bis zu einer Ausdehnung des Netzwerkes von einigen hundert Metern und einer Übertragungsgeschwindigkeit bis zu einigen Mbit/s eingesetzt. Ein Anwendungsgebiet sind auch Feldbusse zur Prozessdatenkommunikation.

Eine Verkabelung mit Twisted Pair benötigt wenig Platz, es sind enge Biegungsradien realisierbar und sie ist sehr preiswert. Konfektionierung und Installation sind sehr einfach, die Verlegbarkeit ist sehr gut.

Einige Beispiele von Zahlenwerten der Leitungsbeläge gibt Tab. 11.2.

Anmerkungen

R' in Ω/km gilt nur bis 20 kHz, darüber wird der Skineffekt wirksam.

G' wird häufig mit 0 μS/km angenommen.

Der Wellenwiderstand einer Twisted-Pair-Leitung ist abhängig vom Grad der Verdrillung (der *Schlagzahl*), dem Drahtdurchmesser (Durchmesser der Metallader), der Stärke der Isolation sowie deren Dielektrizitätszahl. Der Wellenwiderstand hängt somit vom Verdrillwinkel ab (siehe Abb. 11.17), d. h. vom Drahtdurchmesser und der Anzahl der

Tab. 11.2 Leitungsbeläge von Twisted-Pair-Leitungen (Kupfer, verschiedene Durchmesser der Adern)

$\varnothing$ in mm	R' in Ω/km	L' in mH/km	G' in μS/km	C' in nF/km
0,4	300	0,7	1	36
0,6	130	0,7	1	42
0,8	73,2	0,7	1	42
1,2	32,8	0,7	1	42

Abb. 11.17 Zur Definition des
Verdrillwinkels

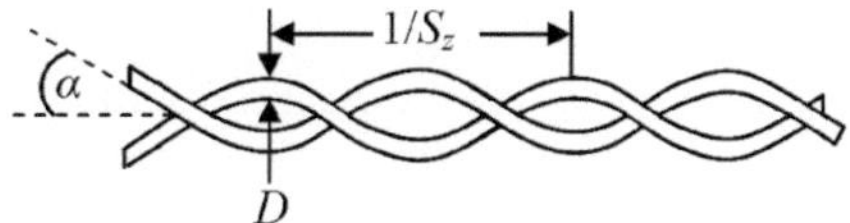

Umdrehungen je Längeneinheit. Er kann mit folgender Formel berechnet werden:

$$Z_0 = \frac{120}{\sqrt{\varepsilon_{r,\text{eff}}}} \cdot \ln\left[\frac{D}{d} + \sqrt{\left(\frac{D}{d}\right)^2 - 1}\right] \Omega = \frac{120}{\sqrt{\varepsilon_{r,\text{eff}}}} \cdot \text{arcosh}\left(\frac{D}{d}\right) \Omega \qquad (11.60)$$

D = Drahtdurchmesser mit Isolation

d = Drahtdurchmesser ohne Isolation

$\varepsilon_{r,\text{eff}}$ = effektive Dielektrizitätszahl, die von der Dielektrizitätszahl ε_{r2} der Isolation, der
Dielektrizitätszahl ε_{r1} des umgebenden Mediums und dem Verdrillwinkel α abhängt.

$$\varepsilon_{r,\text{eff}} = \varepsilon_{r1} + \left(0{,}25 + 4 \cdot 10^{-4} \cdot \alpha^2\right) \cdot (\varepsilon_{r2} - \varepsilon_{r1}) \quad \alpha \text{ in Grad} \qquad (11.61)$$

Für sehr weiches Isoliermaterial der Drähte wie PTFE (Teflon) ist der Term „$4 \cdot 10^{-4}$"
in Gl. 11.61 durch „$1 \cdot 10^{-3}$" zu ersetzen.

Sind die beiden gegenseitig isolierten und verdrillten Drähte nicht noch einmal von
einer Isolierstoffhülle sondern von Luft umgeben, so ist $\varepsilon_{r1} = 1$.

Der Verdrillwinkel α kann aus dem Drahtdurchmesser mit Isolation D und der Anzahl
der Umdrehungen je Längeneinheit S_z bestimmt werden.

$$\alpha = \frac{360°}{2\pi} \cdot \arctan(\pi \cdot S_z \cdot D) \qquad (11.62)$$

Die Drahtlänge vor dem Verdrillen ist:

$$l = S_z \cdot \pi \cdot D \cdot \sqrt{1 + \frac{1}{[\tan(\alpha)]^2}} \qquad (11.63)$$

Üblich sind Verdrillwinkel zwischen 20° und 45°. Bei kleinem Verdrillwinkel können
sich die Drähte leicht gegeneinander verschieben, ein zu großer Verdrillwinkel führt zu
großen mechanischen Spannungen in den Drähten.

Üblicherweise hat eine verdrillte Twisted-Pair-Leitung einen Wellenwiderstand in der
Größe von 100 bis 150 Ohm, bei 100 Windungen pro Meter beträgt er ca. 110 Ohm. Kabel
für EDV-Netzwerke haben meist einen Wellenwiderstand von 100 Ohm.

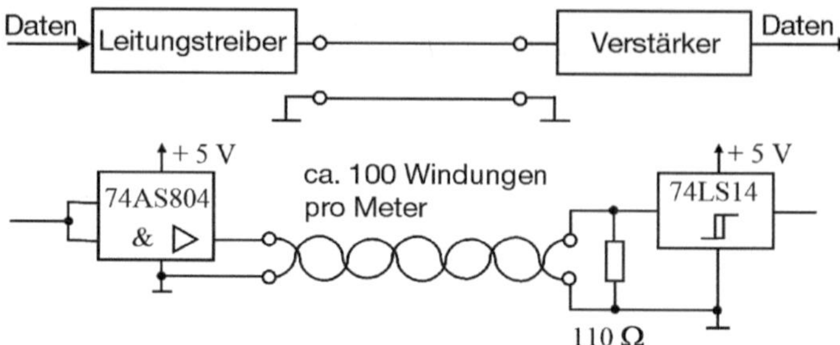

Abb. 11.18 Datenübertragung über eine unsymmetrisch angesteuerte Twisted-Pair-Leitung

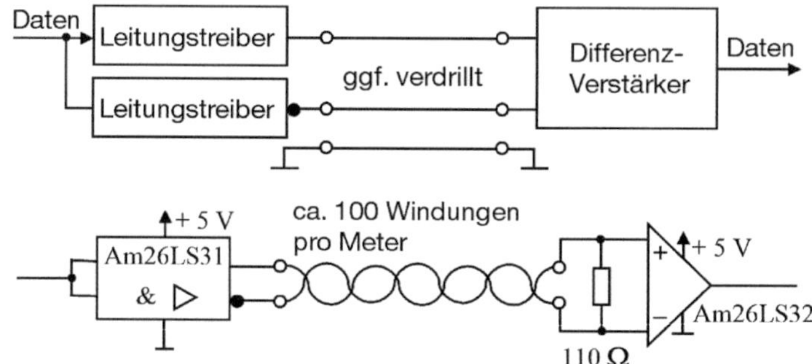

Abb. 11.19 Datenübertragung über eine symmetrisch angesteuerte Twisted-Pair-Leitung

Twisted-Pair-Kabel werden wahlweise als unsymmetrische (Abb. 11.18) oder symmetrische (Abb. 11.19) Leitungspaare betrieben. Die wichtigste Eigenschaft einer symmetrischen Übertragung ist ihre *Störsicherheit* bei größeren Leitungslängen. Bei der symmetrischen Übertragung führen die beiden Leitungen ein differenzielles Signal, auf der einen Leitung wird ein Signal, auf der anderen Leitung dasselbe, aber invertierte Signal übertragen. Der Empfänger verstärkt nur die Differenz der Spannungen der beiden Signalleiter. In beide Leitungen eingekoppelte Störungen heben sich somit gegenseitig auf, das Nutzsignal wird ungestört verstärkt.

11.6   Koaxialleitung

11.6.1   Aufbau und Anwendungen der runden Koaxialleitung

Die Koaxialleitung hat gegenüber Adernpaaren die Vorteile, dass sie gegenüber äußere Störer besser geschützt ist und für hohe Bandbreiten verwendet werden kann. Ein Nachteil sind die höheren Kosten bei Fertigung und Verlegung. Den mechanischen Aufbau zeigt Abb. 11.20. Verschiedene Ausführungsformen sind in Abb. 11.21 enthalten.

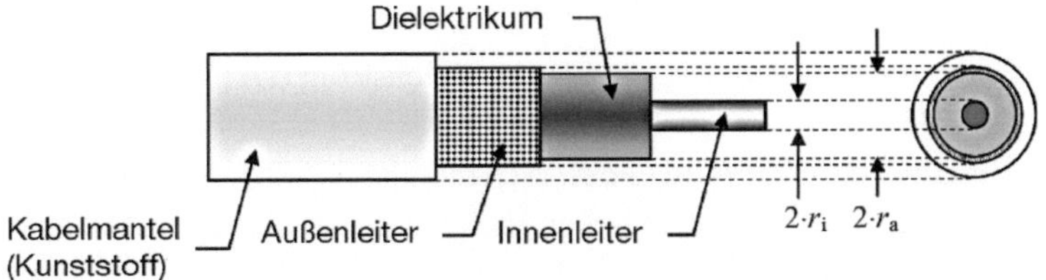

Abb. 11.20 Mechanischer Aufbau eines runden, konzentrischen Koaxialkabels

Abb. 11.21 Verschiedene Koaxialkabel

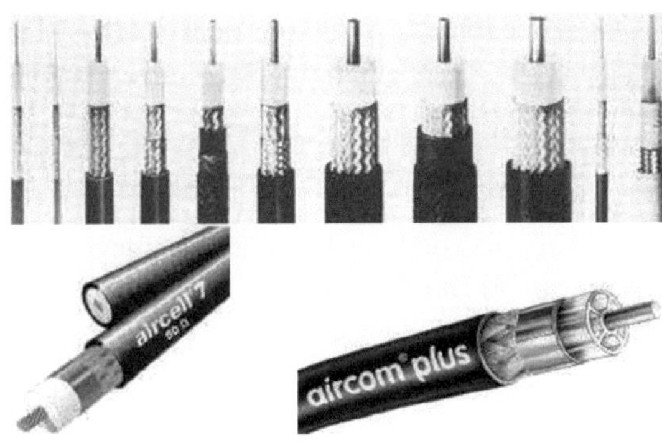

Beispiele für Anwendungen von Koaxialkabeln:

- Zur Übertragung höherer PCM-Multiplexsignale (bis 34 Mbit/s)
- Als Zuleitung von Sendeendstufen zu den Antennen, Antennenzuleitungen von Rundfunk- und Fernsehempfängern
- Innerhalb von Lokalen Netzen (LANs), Ethernet 10 Mbit/s... 1000 Mbit/s.

Koaxialkabel sind die bevorzugten Medien für Lokale Netze mit hohen Übertragungs-raten, z. B. 10 Mbit/s über mehrere hundert Meter. Bis zu 50 Mbit/s über einen Kilometer oder z. B. 400 Mbit/s über kürzere Strecken sind möglich. Diese günstigen Werte verbun-den mit hoher Störsicherheit folgen aus der koaxialen Bauweise mit einem rohrförmigen Außenleiter, der den signalführenden Innenleiter abschirmt.

11.6.2   Eigenschaften von Koaxialkabeln

Die Eigenschaften eines Koaxialkabels werden hauptsächlich durch das verwendete Di-elektrikum, aber auch durch die Abmessungen und den Aufbau des Innenleiters und der Abschirmung bestimmt.

Frequenzbereich

Koaxialkabel arbeiten im TEM-Wellentyp von Gleichstrom (DC) bis in den Mikrowellenbereich (ca. 40 GHz).

Die obere Frequenzgrenze wird durch das mögliche Auftreten anderer Wellentypen (Moden[3]) bestimmt. Bei ausreichend hohen Frequenzen werden auch Nicht-TEM-Wellen (TE-, TM-Wellen) ausbreitungsfähig, ein Teil der Energie geht in diese Wellentypen über. Dadurch entstehen stark erhöhte Verluste. Ab einigen GHz kann z. B. ein Koaxialkabel auch als runder Hohlleiter wirken, das Kabel weist dann höhere Verluste auf.

Als erster höherer Wellentyp kann der H_{11}-Mode (oder TE_{11}-Mode) mit der niedrigsten Frequenz ab folgender Grenzwellenlänge (cut-off wavelength) λ_{cH11} auftreten.

$$\lambda_{cH11} = \frac{\pi}{2} \cdot (D + d) \tag{11.64}$$

$D = 2 \cdot r_\mathrm{a}$ = Isolationsdurchmesser (Innendurchmesser des Außenleiters)
$d = 2 \cdot r_\mathrm{i}$ = Durchmesser des Innenleiters
D, d und λ in m (Meter).

Genauigkeit von Gl. 11.64: Besser als 3 % für 50 Ω-Koaxialkabel.

Werden die Eigenschaften des Dielektrikums berücksichtigt, so gilt:

$$\lambda_{cH11} = \frac{\pi}{2} \cdot (D + d) \cdot \sqrt{\mu_\mathrm{r} \cdot \varepsilon_\mathrm{r}} \tag{11.65}$$

Die obere Frequenzgrenze liegt also umso tiefer, je größer die Kabelabmessungen sind. Übliche RG-58/U-Laborkabel sind mit geeigneten Steckern bis ca. 20 GHz einsetzbar.

Die Grenzfrequenz, oberhalb der ein Koaxialkabel nicht mehr genutzt werden kann, ist somit:

$$f_\mathrm{c} = \frac{c_0}{\lambda_\mathrm{c}} = \frac{2 \cdot c_0}{\pi \cdot (D + d) \cdot \sqrt{\mu_\mathrm{r} \cdot \varepsilon_\mathrm{r}}} \tag{11.66}$$

c_0 $= 3 \cdot 10^8 \, \mathrm{m/s}$,
f_c in Hz (Hertz),
D und d in m (Meter),
μ_r = Permeabilitätszahl und
ε_r = Dielektrizitätszahl des Dielektrikums zwischen den Leitern.

Für die meisten Dielektrika gilt $\mu_\mathrm{r} = 1$. Die folgende Formel ergibt die Grenzfrequenz in Gigahertz:

$$f_\mathrm{c} = \frac{191}{(D + d) \cdot \sqrt{\varepsilon_\mathrm{r}}} \tag{11.67}$$

---

[3] Wellentypen werden auch als Moden bezeichnet.

f_c in GHz (Gigahertz),

D und d in mm (Millimeter),

ε_r = Dielektrizitätszahl des Dielektrikums zwischen den Leitern.

In der Praxis werden Koaxialkabel meist nur bis maximal $0{,}9 \cdot f_\mathrm{c}$ eingesetzt.

Dielektrika

Die Isolierung (das Dielektrikum) zwischen beiden Leitern beeinflusst wesentlich die Signal-Ausbreitungsgeschwindigkeit. Bei Luft würde sie etwa $0{,}98 \cdot c_0$ betragen ($c_0 = $ Lichtgeschwindigkeit $= 3 \cdot 10^8\,\mathrm{m/s}$). Mit den üblichen Materialien werden $0{,}65 \cdot c_0$ bis $0{,}8 \cdot c_0$ erreicht. Das beste Dielektrikum wäre somit Luft, dies führt allerdings zu konstruktiven Problemen. Einigermaßen gelöst werden diese Probleme mit PE-Stützscheiben, durch speziell geformte Dielektrika mit Lücken (z. B. „Aircom Plus" Luftzellen-Kabel) oder mit geschäumten Materialien, die viel Luft enthalten (z. B. „aircell" Luft-Schaum-Kabel).

Am häufigsten wird Polyethylen (PE) mit einem $\varepsilon_\mathrm{r} \approx 2{,}3$ eingesetzt. PE ist bis zu sehr hohen Frequenzen äußerst verlustarm, hat aber eine geringe Wärmefestigkeit. Besser ist in dieser Hinsicht Teflon (PTFE) mit einem $\varepsilon_\mathrm{r} \approx 2{,}1$.

Wellenwiderstand

Der Wellenwiderstand Z ist eine der wichtigsten Bestimmungsgrößen für Koaxialkabel, er ist im Allgemeinen eine komplexe Größe. Für praktische Anwendungen genügt jedoch die Kenntnis des Realteils. In der allgemeinen Hochfrequenztechnik und Messtechnik sind Koaxialkabel mit $50\,\Omega$ Wellenwiderstand üblich, im Kabelfernsehbereich meist $75\,\Omega$, teilweise auch $60\,\Omega$. Spezialkabel mit anderen Wellenwiderständen sind ebenfalls erhältlich. Optimale Koaxialkabel haben folgende Wellenwiderstände: $77\,\Omega$ für kleinste Dämpfung (mit $r_\mathrm{a}/r_\mathrm{i} = 3{,}59$ bei gleicher Leitfähigkeit von Innen- und Außenleiter), $60\,\Omega$ für größte Spannungsfestigkeit (mit $r_\mathrm{a}/r_\mathrm{i} = 2{,}718$), $30\,\Omega$ für größte Leistungsbelastbarkeit (mit $r_\mathrm{a}/r_\mathrm{i} = 1{,}65$) und $50\,\Omega$ als guten Kompromiss-Wert.

Kapazitätsbelag

Kurze Kabel ($l \ll \lambda/4$, tiefe Frequenzen) wirken vorwiegend mit ihrem Kapazitätsbelag. Dieser beträgt bei den üblichen $50\,\Omega$-Koaxialkabeln ca. $100\,\mathrm{pF/m}$.

Dämpfungsverhalten

Hauptverantwortlich für die Dämpfung sind der Skineffekt im Innenleiter und die Verluste im Dielektrikum. Die Dämpfung von Koaxialkabeln ist relativ groß, der Dämpfungsbelag α steigt annähernd proportional zur Wurzel aus der Frequenz.

Belastbarkeit

Bis zu einer Frequenz von ca. 1 MHz ist die Belastbarkeit durch die Durchschlagsfestigkeit der Isolation begrenzt. Bei höheren Frequenzen spielt die Erwärmung des Dielektrikums

Tab. 11.3 Wichtigste Eigenschaften von einigen ausgewählten 50 Ω-Koaxialkabeln

Kabel-Typ	Dielektr.	Außen-durchm.	Dämpfung bei 100 MHz	Dämpfung bei 1 GHz	P_{max} bei 100 MHz	P_{max} bei 1 GHz
RG-174/U	PE	2,5 mm	0,28 dB/m	0,93 dB/m	80 W	27 W
RG-58/U	PE	5,0 mm	0,17 dB/m	0,5 dB/m	240 W	73 W
RG-400/U	PTFE	5,0 mm	0,13 dB/m	0,4 dB/m	> 400 W	> 150 W
RG-213/U	PE	10,3 mm	0,065 dB/m	0,23 dB/m	920 W	260 W
Aircom +	Luft/PE	10,8 mm	0,037 dB/m	0,13 dB/m	> 1 kW	> 400 W

und des Innenleiters eine begrenzende Rolle. Dicke Kabel mit verlustarmen Dielektrika haben die größte Belastbarkeit. Die maximal möglichen Spannungs- und Leistungswerte sind den Datenblättern der Kabel zu entnehmen. Sie liegen in der Größenordnung von einigen Kilovolt und einigen Kilowatt.

Innenleiter

Der Innenleiter besteht aus massivem Kupferdraht oder Kupferlitze. Letztere ergibt ein flexibleres Kabel, hat aber etwas größere Verluste zur Folge. Bei dämpfungsarmen Kabeln ist der Innenleiter versilbert.

Abschirmung

Die Abschirmung (Außenleiter) ist bei flexiblen Kabeln meist aus Kupfergeflecht oder versilbertem Kupfergeflecht aufgebaut. Die Abschirmwirkung eines einfachen Kupferge-flechts ist recht bescheiden. Deshalb gibt es auch doppelt abgeschirmte Kabel mit zwei Lagen Kupfergeflecht, die aber bereits deutlich weniger flexibel sind (z. B. RG-400/U). Für noch bessere Abschirmungen, wie sie z. B. in Kabelfernsehanlagen nötig sind, wer-den Folien oder sogar massive Abschirmungen verwendet.

Armierung

Zum Schutz vor mechanischen Beschädigungen haben armierte Kabel außerhalb des Kunststoffmantels ein weiteres Metallgeflecht angebracht.

Weitere Informationen zu Kabeln sind den Datenblättern der Hersteller zu entnehmen. Die Tab. 11.3 stellt von gebräuchlichen 50 Ω-Koaxialkabeln einige Kennwerte zusammen.

Die Störsicherheit von Koaxialkabeln nimmt ab, wenn *Erdschleifen* gebildet werden oder Störfelder durch die Koaxialanordnung hindurchgreifen. Erdschleifen entstehen, wenn ein signalverarbeitendes System an mehreren, räumlich getrennten Stellen geerdet wird. Haben diese Erdungsstellen infolge unkontrollierbarer Erdströme unterschiedliches Potenzial, so fließt ein Störstrom über den Außenleiter. Die Gefahr der Entstehung stör-anfälliger Erdschleifen wächst mit der Anzahl der Erdungsstellen. Es ist also wichtig, ein System immer nur an einer zentralen Stelle zu erden. Optimal ausgeführt ist eine Leitungsverbindung, wenn nur die Signalquelle geerdet wird. Um Erdschleifen zu vermeiden werden in Kabelverbindungen häufig Optokoppler zur Potenzialtrennung eingesetzt.

11.6.3 Leitungsbeläge von Koaxialleitungen bei hohen Frequenzen

Der Außenleiter nach Abb. 11.20 sei relativ dünnwandig. Bei hohen Frequenzen gelten dann nachfolgende Formeln zur Berechnung der Leitungsbeläge.

$$R' = \frac{1}{2 \cdot r_a} \cdot \sqrt{\frac{\mu_0 \mu_r f}{\pi \, \sigma_a}} + \frac{1}{2 \cdot r_i} \cdot \sqrt{\frac{\mu_0 \mu_r f}{\pi \, \sigma_i}} \tag{11.68}$$

$$L' = \frac{\mu_0 \, \mu_r}{2\pi} \cdot \ln\left(\frac{r_a}{r_i}\right) \frac{\mathrm{H}}{\mathrm{m}} \tag{11.69}$$

$$C' = \frac{2\pi \, \varepsilon_0 \, \varepsilon_r}{\ln\left(\frac{r_a}{r_i}\right)} \frac{\mathrm{F}}{\mathrm{m}} \tag{11.70}$$

$$G' = \omega \cdot \frac{2\pi \, \varepsilon_0 \, \varepsilon_r}{\ln\left(\frac{r_a}{r_i}\right)} \cdot \tan(\delta) = \omega \cdot C' \cdot \tan(\delta) \tag{11.71}$$

μ_0, μ_r = Permeabilitätskonstanten

δ = Verlustwinkel des Dielektrikums

$\varepsilon_0, \varepsilon_r$ = Dielektrizitätskonstanten

σ_i, σ_a = spezifische Leitwerte (i = innen, a = außen)

μ_0 = magnetische Feldkonstante = $4 \cdot \pi \cdot 10^{-7} \frac{\mathrm{Vs}}{\mathrm{Am}}$

ε_0 = elektrische Feldkonstante = $8{,}854187 \cdot 10^{-12} \frac{\mathrm{As}}{\mathrm{Vm}}$.

Für Koaxialkabel gelten i. Allg. die Beziehungen für verlustarme Leitungen:

$$R' \ll \omega \, L' \text{ und } G' \ll \omega \, C'.$$

Der Wellenwiderstand ergibt sich dann zu:

$$Z_0 = \sqrt{\frac{L'}{C'}} = \frac{1}{2\pi} \cdot \sqrt{\frac{\mu_0 \, \mu_r}{\varepsilon_0 \, \varepsilon_r}} \cdot \ln\left(\frac{r_a}{r_i}\right) \, \Omega \tag{11.72}$$

Mit $\mu_r = 1$ (gültig für die meisten Dielektrika) kann Gl. 11.72 als Produkt von drei Faktoren geschrieben werden:

$$Z_0 = \underbrace{\sqrt{\frac{\mu_0}{\varepsilon_0}}}_{\substack{= 120\,\pi\,\Omega \approx 377\,\Omega \\ \text{Wellenwiderstand im Vakuum}}} \cdot \underbrace{\frac{1}{\sqrt{\varepsilon_r}}}_{\text{Dielektrikum}} \cdot \underbrace{\frac{\ln\left(\frac{r_a}{r_i}\right)}{2\,\pi}}_{\text{Geometrie der Leitung}} \tag{11.73}$$

Weiterhin ist die Dämpfungskonstante (Dämpfungsbelag):

$$\alpha \approx \frac{1}{2} \cdot \sqrt{\frac{\varepsilon_0\, \varepsilon_r}{2\sigma_a\, \sigma_i}} \cdot \frac{r_i \cdot \sqrt{\sigma_i} + r_a \cdot \sqrt{\sigma_a}}{r_i r_a \cdot \ln\left(\frac{r_a}{r_i}\right)} \cdot \sqrt{\omega} + \frac{1}{2} \cdot \omega \cdot \sqrt{\varepsilon_0\, \varepsilon_r\, \mu_0\, \mu_r} \cdot \tan(\delta) \qquad (11.74)$$

Für ein Verhältnis der Durchmesser $D/d = r_a/d = r_a/r_i = 3{,}59$ wird die Dämpfungskonstante minimal, man erhält die kleinstmögliche Dämpfung. Für $D/d = r_a/r_i = 2{,}718$ wird die höchste Spannungsfestigkeit erreicht. Die Leistungsübertragung ist maximal für $D/d = r_a/r_i = 1{,}65$. Bei den drei Fällen wird vorausgesetzt, dass Innen- und Außenleiter gleiche Leitfähigkeit besitzen.

Die Phasenkonstante (der Phasenbelag) ist:

$$\beta \approx \omega \cdot \sqrt{\mu_0\, \mu_r\, \varepsilon_0\, \varepsilon_r} \qquad (11.75)$$

Der Wellenwiderstand der verlustlosen Koaxialleitung ($R' = G' = 0$) ist:

$$Z_0 = \frac{60}{\sqrt{\varepsilon_r}} \cdot \ln\left(\frac{r_a}{r_i}\right) \, \Omega \qquad (11.76)$$

Vereinfachte Formeln für die Materialdämpfung α_m und die Dämpfung durch das Dielektrikum α_d sind:

$$\alpha_m = \frac{0{,}014272}{Z_0} \cdot \left(\frac{1}{2 \cdot r_i} + \frac{1}{2 \cdot r_a}\right) \cdot \sqrt{f} \, \frac{\text{dB}}{\text{m}} \qquad (11.77)$$

$$\alpha_d = 0{,}091207 \cdot f \cdot \sqrt{\varepsilon_r} \cdot \tan(\delta) \, \frac{\text{dB}}{\text{m}} \qquad (11.78)$$

Die Gesamtdämpfung ist:

$$\alpha = \alpha_m + \alpha_d \qquad (11.79)$$

Die Verzögerungszeit t_{pd} ist:

$$t_{pd} \approx 0{,}033 \cdot \sqrt{\varepsilon_r} \, \frac{\text{ns}}{\text{cm}} \qquad (11.80)$$

11.6.4 Koaxialkabel mit geschichtetem Dielektrikum

Besteht das Dielektrikum eines runden Koaxialkabels aus einer Schicht festen Materials um den Innenleiter (ε_r) mit einer anschließenden Luftschicht (ε_0) (Abb. 11.22), so wird

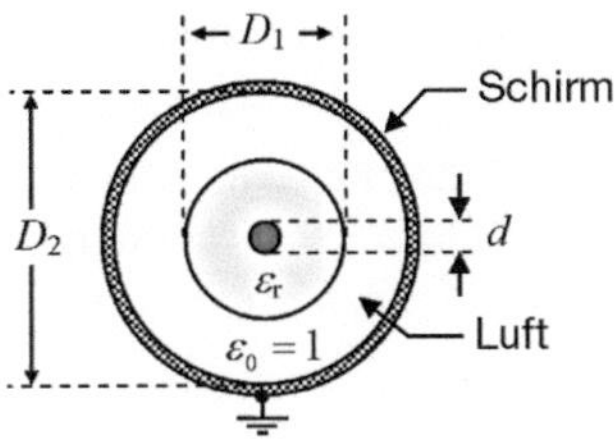

Abb. 11.22 Koaxialkabel mit geschichtetem Dielektrikum (Partially Filled Round Coaxial Cable)

Z_0 nach Gl. 11.81 berechnet. In der Praxis sind natürlich Abstandshalter zwischen Dielektrikum und Schirm nötig.

$$Z_0 = 60 \cdot \ln\left(\frac{D_2}{d}\right) \cdot \sqrt{\frac{\varepsilon_\mathrm{r} \cdot \ln\left(\frac{D_2}{d}\right) + \ln\left(\frac{D_1}{d}\right)}{\varepsilon_\mathrm{r} \cdot \ln\left(\frac{D_2}{d}\right)}}\ \Omega \tag{11.81}$$

11.6.5 Rundes, exzentrisches Koaxkabel

Mit der Gleichung für Z_0 einer exzentrischen koaxialen Leitung können Auswirkungen von Toleranzen bei der Kabelherstellung abgeschätzt werden, die sich durch eine Abweichung der konzentrischen Lage des Innenleiters ergeben. Eine Anwendung als kontinuierlich abstimmbare $\lambda/4$-Leitung ist ebenfalls möglich. Durch eine mechanische Verschiebung des Innenleiters kann der Wellenwiderstand stufenlos verändert werden.

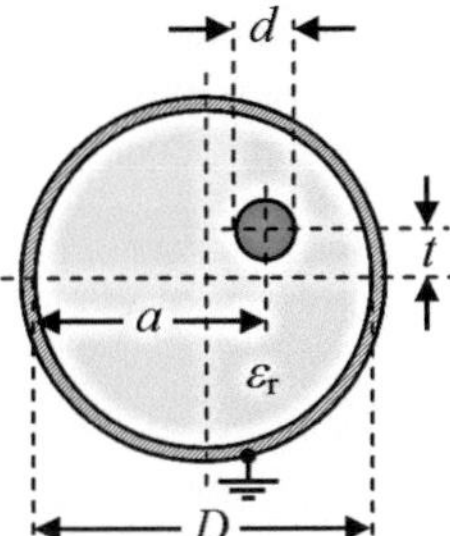

Abb. 11.23 Koaxiale Leitung mit exzentrischem Innenleiter (Eccentric Round Coaxial Cable)

$$Z_0 = \frac{60}{\sqrt{\varepsilon_\mathrm{r}}} \cdot \ln\left(\frac{D}{d}\right) \cdot \left[1 - \frac{4 \cdot t^2}{(4 \cdot a^2 - d^2) \cdot \log\left(\frac{2a}{d}\right)}\right]\ \Omega \tag{11.82}$$

11.6.6 Koaxialleitung mit quadratischer Schirmung

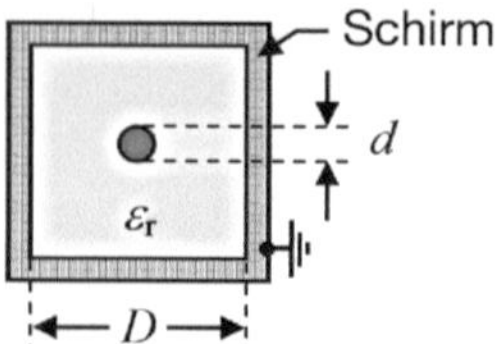

Abb. 11.24 Koaxialleitung mit quadratischem Schirm (Square Coaxial Cable)

Bei sehr hohen Frequenzen kann diese Form der Koaxialleitung ein platzsparender Ersatz für einen Hohlleiter sein.

$$Z_0 = \frac{60}{\sqrt{\varepsilon_r}} \cdot \ln\left(1{,}0787 \cdot \frac{D}{d}\right) \,\Omega \ \text{Fehler für } Z_0 > 17\,\Omega: < 1{,}5\% \tag{11.83}$$

Für $Z_0 \leq 2\,\Omega$ gilt:

$$Z_0 = 21{,}2 \cdot \sqrt{\frac{D}{d} - 1{,}0}\;\Omega \ \text{Genauigkeit: } 0{,}5\,\Omega \tag{11.84}$$

11.6.7 Koaxiale Bandleitung mit Rechteckform von Schirm und Innenleiter

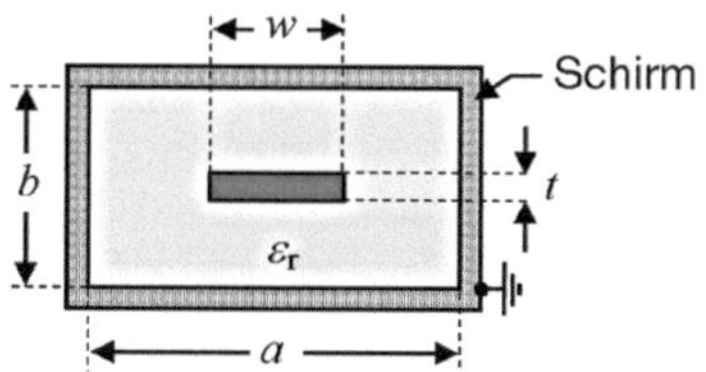

Abb. 11.25 Schirm und Innenleiter einer Koaxial-Bandleitung sind rechteckig (Rectangular Coaxial Line)

Diese Form stellt einen Übergang von der runden Koaxialleitung zur Streifenleitung dar. In dieser Bauweise können auf Leiterplatten mittels fotolithografischer Prozesse oder in Dickschichttechnik vollkommen abgeschirmte Leitungen mit einem bestimmten Wellenwiderstand realisiert werden.

$$Z_0 = \frac{377}{4{,}0 \cdot \sqrt{\varepsilon_r}} \left[\frac{\frac{w}{b}}{1 - \frac{t}{b}} + \frac{2}{\pi} \cdot \ln\left(\frac{1}{1 - \frac{t}{b}} + \coth\left(\frac{\pi \cdot a}{2 \cdot b}\right)\right)\right]^{-1} \Omega \tag{11.85}$$

11.6.8 Koaxiale Bandleitung mit rundem Schirm

Abb. 11.26 Rund abgeschirmte Koaxial-Bandleitung
(Strip-Centered Coaxial Line)

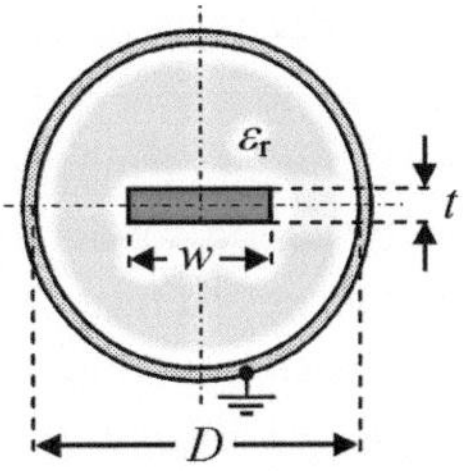

$$Z_0 = \frac{60}{\sqrt{\varepsilon_\mathrm{r}}} \ln\left(\frac{2 \cdot D}{w + t}\right)\ \Omega \tag{11.86}$$

11.7 Streifenleitung

11.7.1 Vor- und Nachteile, Grundformen und Anwendungen der Streifenleitung

Streifenleitungen können ebenso wie Drahtleitungen als Bauteile betrachtet werden. Die Ausführungsformen sowie die Anwendungen in der HF-Technik sind vielfältig, die genauen Berechnungsverfahren zur Analyse und Synthese sind relativ kompliziert und mathematisch anspruchsvoll. Anhand einiger unterschiedlicher Typen von Streifenleitungen werden ihre grundlegenden Eigenschaften erläutert und einige Berechnungsverfahren aufgezeigt. Die Berechnungen können bei einfachen Näherungsformeln mit einem Taschenrechner erfolgen. Mit steigender Genauigkeit sind zum Teil Systeme mit mehreren Gleichungen zu lösen. Dabei müssen Zahlenwerte in Gleichungen eingesetzt und die Ergebnisse wieder in andere Gleichungen eingesetzt werden. Kenntnisse höherer Mathematik sind hierzu nicht erforderlich. Es muss nur ein diszipliniertes Vorgehen eingehalten werden, wobei die Verwendung eines Tabellen-Kalkulationsprogrammes (z. B. Excel) oder Mathematikprogrammes (z. B. Mathcad oder Maple) vor allem dann sinnvoll ist, wenn die Auswirkungen geänderter Eingangsgrößen auf die Ergebnisse untersucht oder Ergebnisse grafisch dargestellt werden sollen.

Theoretisch berechnete Daten müssen in der Praxis immer durch Messungen überprüft werden, ein Abgleichvorgang ist häufig erforderlich.

Streifenleiter sind leitende Streifen auf dielektrischem Substrat über einer metallischen Grundplatte.

Verglichen mit dem Hohlleiter besitzt die Mikrostreifenleitung gravierende Vorteile hinsichtlich ihrer Größe, ihres Gewichtes, der Herstellungskosten und der Integrierbarkeit.

Vorteile von Streifenleiterschaltungen sind:

- Einfache Herstellung mittels Ätzverfahren bei Kunststoffsubstrat (Leiterplatten), bei keramischen Trägermaterial mit Dickschicht- oder Dünnfilmtechnik
- Einfacher Einbau von konzentrierten (engl.: lumped) Schaltelementen wie Halbleiterbauteilen, Widerständen und Kondensatoren
- Kleine Abmessungen und die Möglichkeit, viele Schaltfunktionen auf einer Leiterplatte vereinigen zu können (gedruckte Hochfrequenzschaltungen oder so genannte Hochfrequenz-Hybridschaltungen bis hin zu monolithisch integrierten HF-Schaltungen).

Nachteile von Streifenleiterschaltungen sind:

- Die Dämpfung ist relativ hoch (hohe Leitungsverluste). Je nach Substratdicke, Material und Frequenz beträgt sie $1 \ldots 20\,\text{dB/m}$. Der Grund ist, dass die Querabmessungen normalerweise klein sind und die ungleichmäßige Stromverteilung teilweise zu örtlich hohen Stromdichten führt. Die Verluste sind über 100-mal höher als bei Hohlleitern. Resonatoren mit hoher Güte (> 500) sind nicht realisierbar.
- Möglichkeit nur kleine Leistungen zu übertragen. Dieser Nachteil fällt aber kaum ins Gewicht, da diese Leitungen nicht für die Übertragung von Signalen über große Distanzen eingesetzt werden, sondern nur für die Realisierung von Schaltungsfunktionen, z. B. für den Bau von Verstärkern, Modulatoren oder Schaltern.
- Die offene Struktur, welche ggf. eine zusätzliche Schirmung nötig macht.

Die **Leiterbahnen einer Leiterplatte** können als Streifenleitungen angesehen werden. Dies ist besonders beim Layout schneller Digitalschaltungen mit Datenraten im Bereich Gbit/s (Beispiel: Videoanimationen) zu beachten. Durch die begrenzte Lichtgeschwindigkeit wird die Signallaufzeit auf der Leitung einer Leiterplatte (die Zeit, die ein Impuls vom Sender zum Empfänger benötigt) größer als die Impulsanstiegszeit t_r. Damit wird die Leiterbahn zur Wellenleitung mit Signalreflexionen an den Enden und Abstrahlungseffekten (EMV). Sie muss als Hochfrequenzleitung ausgelegt werden, um Störungen und Fehlfunktionen zu vermeiden. Es werden Leiterbahnen mit konstanter Impedanz (Wellenwiderstand), deren richtige Verlegung und Terminierung mit Widerständen (High-Speed-Design) benötigt. Dies führt zu so genannten impedanzkontrollierten Leiterplatten in Multilayer-Ausführung (Aufbau als microstrip und stripline). Reflexionsquellen bei impedanzkontrollierten elektrischen Leitungen können sein: Nicht angepasste oder nicht abgeschlossene homogene Leitungen, Änderung der Leiterbahnbreite, Leiterbahnverzweigungen, Durchkontaktierungen, Lagenwechsel, Stecker.

Streifenleitungen werden vor allem bei **Mikrowellenschaltungen** eingesetzt, sie ermöglichen eine Miniaturisierung der Schaltungen.

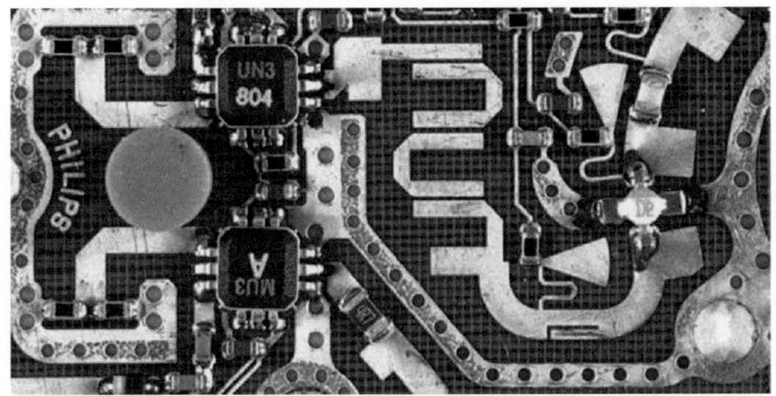

Abb. 11.27 Ausschnitt eines MIC

Hohlleiter können dort, wo reduzierte Dämpfungs- und Leistungsanforderungen es erlauben, durch Streifenleitungen ersetzt werden. Schaltungen in Streifenleitertechnik sind zusammen mit konzentrierten aktiven und passiven Elementen auf einer gemeinsamen Trägerplatte, dem Substrat (z. B. aus Keramik), aufgebaut. Man spricht dabei von integrierten Mikrowellenschaltungen **MIC** (**M**icrowave **I**ntegrated **C**ircuits) (Abb. 11.27). Meist werden asymmetrische Streifenleitungen (microstrip) eingesetzt.

Eigenschaften der MIC-Technik sind:

- Kleine Abmessungen, geringes Gewicht. Übliche Substrate aus Aluminiumkeramik (Al_2O_3) haben Abmessungen von z. B. 50,8 mm × 50,8 mm × 0,635 mm.
- Vielseitige Integrationsmöglichkeiten. Meist können die gesamten Mikrowellenfunktionen eines Systems auf einer einzigen Substratplatte untergebracht werden.
- Gute Reproduzierbarkeit durch den fotolithografischen Herstellungsprozess.
- Große Bandbreite. Die eingesetzten Leitungstypen haben praktisch keine Frequenzgrenzen. Der Frequenzbereich einer MIC wird hauptsächlich durch die eingesetzten aktiven Bauelemente begrenzt.

Bei MICs werden häufig Mikrostreifenleitungen (microstrips) in Form von festen Leiterbahnen auf Leiterplatten aus FR4 (glasfaserverstärktes Epoxidharz als Trägersubstrat) verwendet. Der Feldraum ist teils Luft, teils dielektrisches Trägermaterial mit einer relativen Dielektrizitätskonstanten (relativen Permittivität) von $\varepsilon_r \approx 4\ldots5$ bei FR4-Leiterplatten, $\varepsilon_r \approx 10$ bei Keramiksubstrat. Der Aufbau ist offen, teilweise oder ganz abgeschirmt. Durch Änderungen der Leiterbahn-Geometrie wie Knicke, Abschrägungen oder Stichleitungen werden Bauteile und Schaltungsteile realisiert.

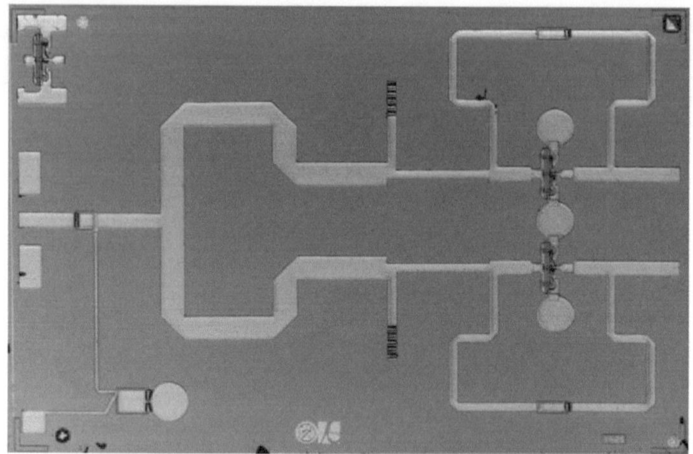

Abb. 11.28 Foto eines MMIC

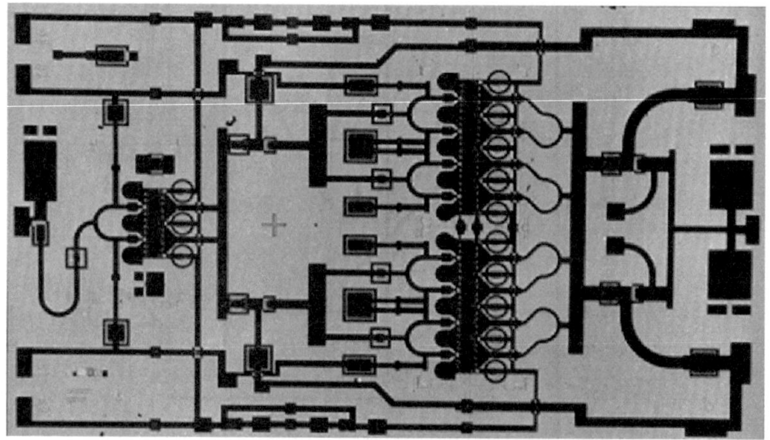

Abb. 11.29 Mikrowellen-Verstärkerschaltung als MMIC

Bei sehr hohen Frequenzen lässt sich eine weitere Miniaturisierung durch den Einsatz von Silizium (Si) und Galliumarsenid (GaAs) erreichen, indem sowohl aktive wie passive Schaltungen gemeinsam integriert werden. Hier spricht man von **MMIC** (**M**onolithic **M**icrowave **I**ntegrated **C**ircuit) (Abb. 11.28 und 11.29). Oft werden Koplanar-Leitungen mit Streifenleiter und Massefläche auf der Substratoberfläche sowie ein relativ dickes Substrat mit hohem ε_r verwendet. Planare Transistoren können leicht integriert werden. Durch eine rückseitige Metallisierung ist der Übergang zu Microstrips möglich. Eine Mischform Koplanar/Microstrip gestattet bei Verwendung moderner Leiterplattentechnik eine Bestückung mit SMD[4]-Bauteilen.

---

[4] SMD = Surface Mounted Device = oberflächenbestückbares Bauteil ohne Drahtanschlüsse.

11.7.2 Materialien und Substrate von Streifenleiterschaltungen

Für Streifenleiterschaltungen aller Art verwendet man als Trägersubstrat teils normales Leiterplattenmaterial, bei Frequenzen oberhalb von 1 GHz aber häufig spezielle Materialien mit kleineren Verlusten und/oder höheren relativen Dielektrizitätskonstanten. Die folgende Zusammenstellung gibt eine kleine Auswahl der gebräuchlichsten Materialien an (siehe auch Tab. 11.4).

- Glasfaserverstärktes Teflon (Handelsname Duroid): $\varepsilon_r = 2{,}2$
- Glasfaserverstärktes Teflon mit Keramikpulverzusätzen (verschiedene Lieferanten und Dielektrizitätskonstanten): $\varepsilon_r = 2{,}4 \ldots 10$
- Quarz: $\varepsilon_r = 3{,}8$
- Normales Leiterplattenmaterial: $\varepsilon_r = 5{,}4$ ($\varepsilon_r = 4{,}1$ bei 1 GHz)
- Aluminiumoxid (Keramik): $\varepsilon_r = 9{,}9$.

Die Substrate für MIC sollten vor allem verlustarm sein. Materialien mit einer hohen Dielektrizitätskonstante ermöglichen einen sehr kompakten Aufbau der Struktur, da sie zu einer geringen Leitungswellenlänge führen. Vor allem bei Mikrostreifenleitungen führt dieses aber zu einer Konzentration des Feldes im Substrat, was wiederum zu höheren Verlusten führt. Für Antennen verwendet man Materialien mit einer möglichst geringen Dielektrizitätskonstante, da man dort das Feld im Außenraum haben möchte. Damit steigt der Wirkungsgrad der Antenne.

Tab. 11.4 Eigenschaften von Substratmaterialien im Zusammenhang mit Streifenleitungen

Substrat	Beidseitig Kupfer	Kupferauflage in μm	Substratdicke in mm	Dielektrizitäts-konstante ε_r	Typischer Frequenzbereich in GHz
FR4	ja	35/70	1,58	5	< 2
RT/Duroid 5870	Ja	5/9/17/35/70	3,18/1,575 0,79/0,51 0,38/0,25 0,13	2,33	1…8 4…12 8…24 24…60
RT/Duroid 5880	Ja	5/9/17/35/70	Wie 5870	2,20	Wie 5870
RT/Duroid 6010 (Keramik PTFE)	Ja	35	1,27/0,635 0,25	10,2…10,8	1…12 12…24
Aluminium-keramik (Al_2O_3)	Nein	2…70	0,635/0,508 0,381/0,254	9,8	1…18 18…35
Epsilan 10	Nein	2…70	0,508	9,8	1…12
Ferrit	Nein	2…70	0,635/0,508	12…16	4…12
Galliumarsenid	Nein	2…70	0,1	12…13	4…40

Hohe mechanische Stabilität und gute Verarbeitbarkeit sind ebenfalls wichtige Faktoren. Oft werden auch aktive Bauelemente mit integriert, daher ist eine gute thermische Leitfähigkeit der Materialien ein weiterer wichtiger Faktor bei der Auswahl des Substrates. Bei MIC ist es oft nicht möglich metallische Wärmesenken zu verwenden, da diese das Feld unerwünscht und unvorhersagbar stören.

Die bei der Herstellung der Leiterplatten verwendeten Materialien sind oft untauglich für Mikrowellenschaltungen, da sowohl die Dielektrizitätskonstante als auch die Dicke des Substrates großen Schwankungen (bis zu 20 %) unterliegen. Außerdem sind die Verluste bei hohen Frequenzen vergleichsweise hoch. Für Filter sind die Abmessungen oft sehr kritisch und solche Toleranzen nicht vertretbar. Die großen Schwankungen würden Abstimmelemente nötig machen, die oft schwer zu implementieren sind und es würden manuelle, sehr teure Abstimmvorgänge benötigt.

Ein häufig verwendetes Material ist PTFE (Teflon), das mit einer Dielektrizitätskonstante von etwa 2 bis 15 zu erhalten ist. Teflonbasierte Materialien mit einer Dielektrizitätskonstante von $\varepsilon_r > 5$ sind mit Keramiken gefüllt, um die Dielektrizitätskonstante zu erhöhen. Für eine bessere mechanische Stabilität werden Glasfasern mit eingebaut, dies führt aber auch zu leichten Anisotropien[5]. Ein Standardmaterial für Mikrowellenanwendungen ist Aluminiumoxid (Alumina, Al_2O_3), es weist eine gute Wärmeleitfähigkeit und sehr geringe Verluste auf, ist jedoch sehr teuer und mechanisch schlecht zu verarbeiten.

GaAs und Si sind Halbleitermaterialien, die ebenfalls als Träger bei MMIC-Anwendungen Verwendung finden.

Die Substrate werden ein- oder beidseitig mit einem Leiter (Cu, Ag) beschichtet. Typische Substratdicken sind 0,05″ (1,27 mm), 0,025″ (0,635 mm) und 0,02″ (0,5 mm).

Mögliche Fertigungsverfahren sind z. B. Dickschicht- und Dünnschichttechnologie.

11.7.3 Bauformen von Streifenleitungen

Von einigen möglichen Streifenleitungstypen in Abb. 11.30 wird bevorzugt die *Mikrostreifenleitung* verwendet, da sie mit einer einzigen Leiterplatte realisiert werden kann, und auf der Oberfläche sehr gut konzentrierte Bauelemente eingebaut werden können.

11.7.4 Einfache Näherungsformeln zur Analyse bestimmter Bauformen von Streifenleitungen

Alle Einheiten werden im SI-System angegeben. Basiseinheiten: Meter (m), Sekunde (s)
Abgeleitete SI-Einheiten: Farad (F), Henry (H), Ohm ($\Omega = V/A$)
Berechnet werden Wellenwiderstand Z_0 in Ohm, Kapazitätsbelag C' in F/m, Induktivitätsbelag L' in H/m und die Laufzeitverzögerung (propagation delay time) t_{pd} in s/m.
Die Genauigkeit der einfachen Formeln ist im Bereich < 10 bis $15\,\%$.

---

[5] Richtungsabhängigkeit der physikalischen Eigenschaften.

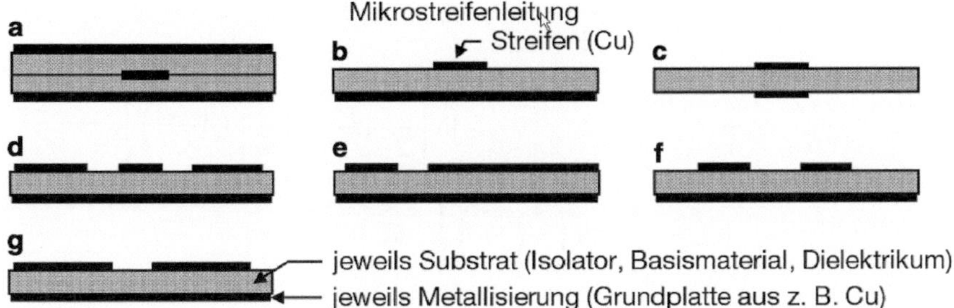

Abb. 11.30 Querschnitt verschiedener Bauformen von Streifenleitungen: **a** symmetrische Streifenleitung (stripline, triplate), **b** Mikrostreifenleitung (microstrip), **c** Doppelbandleitung, **d** Koplanarleitung (coplanar line), **e** unsymmetrische Koplanarleitung, **f** koplanare Zweibandleitung, **g** Schlitzleitung (slot line)

11.7.4.1 Doppelbandleitung

Ein Grundtyp eines Streifenleiters ist die so genannte Doppelbandleitung, die man sich als verbreiterte Zweidrahtleitung vorstellen kann (Abb. 11.31). Die Doppelbandleitung kann mittels Kupferbahnen auf beiden Seiten einer dielektrischen Platte, d. h. einer gewöhnlichen Leiterplatte hergestellt werden.

Für die Doppelbandleitung gelten näherungsweise die Zusammenhänge:

$$C' \approx \varepsilon \cdot \frac{w}{h} \tag{11.87}$$

$$L' \approx \mu \cdot \frac{h}{w} \tag{11.88}$$

$$Z_0 \approx \sqrt{\frac{L'}{C'}} = \sqrt{\frac{\mu}{\varepsilon} \cdot \left(\frac{h}{w}\right)^2} = \frac{h}{w} \cdot \sqrt{\frac{\mu}{\varepsilon}} \tag{11.89}$$

Mit $\mu = \mu_0 \cdot \mu_\mathrm{r}$, $\varepsilon = \varepsilon_0 \cdot \varepsilon_\mathrm{r}$, $\mu_0 = 4\pi \cdot 10^{-7}\,\frac{\mathrm{Vs}}{\mathrm{Am}}$, $\varepsilon_0 = 8{,}854 \cdot 10^{-12}\,\frac{\mathrm{As}}{\mathrm{Vm}}$ folgt:

$$Z_0 \approx 377 \cdot \frac{h}{w} \cdot \sqrt{\frac{\mu_\mathrm{r}}{\varepsilon_\mathrm{r}}}\,\Omega \tag{11.90}$$

Genauere Werte für Z_0 mit einem Fehler $< 1\,\%$ ergeben die folgenden Formeln.

Abb. 11.31 Symmetrische Doppelbandleitung

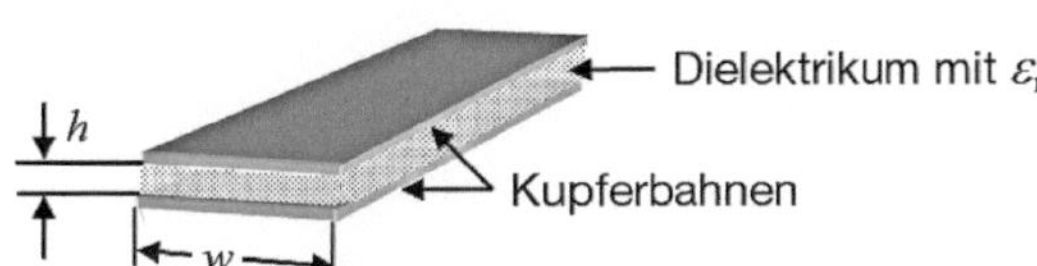

Für *breite* Streifen $\frac{w}{h} > 1$:

$$Z_0 = \frac{377}{\sqrt{\varepsilon_r}} \cdot \left\{ \frac{w}{h} + \frac{\ln(4)}{\pi} + \frac{\varepsilon_r + 1}{2\pi \cdot \varepsilon_r} \cdot \ln\left[\frac{1}{2} \cdot \pi \cdot \varepsilon \cdot \left(\frac{w}{h} + 0{,}94 \right) \right] \right.$$
$$\left. + \frac{\varepsilon_r - 1}{2\pi \cdot \varepsilon_r^2} \cdot \ln\left(\frac{\varepsilon \cdot \pi^2}{16} \right) \right\}^{-1} \Omega \tag{11.91}$$

Für *schmale* Streifen $\frac{w}{h} < 1$:

$$Z_0 = \frac{120}{\sqrt{\varepsilon_r}} \cdot \left[\ln\left(\frac{4 \cdot h}{w} \right) + \frac{1}{8} \cdot \left(\frac{w}{h} \right)^2 - \frac{\varepsilon_r - 1}{2 \cdot (\varepsilon_r + 1)} \cdot \left(\ln\left(\frac{\pi}{2} \right) + \frac{\ln\left(\frac{4}{\pi} \right)}{\varepsilon_r} \right) \right] \Omega \tag{11.92}$$

11.7.4.2 Mikrostreifenleitung (microstrip)

Abb. 11.32 Mikrostreifenleitung

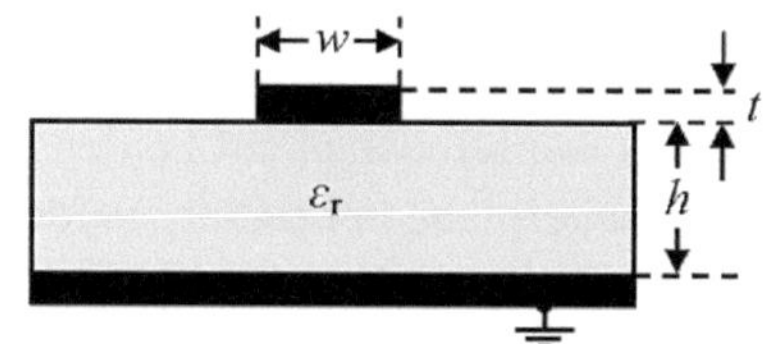

Gegeben: w, h, t, ε_r; Bedingungen: $w/h < 1$; $1 < \varepsilon_r < 15$

$$Z_0 = \frac{87}{\sqrt{\varepsilon_r + 1{,}41}} \cdot \ln\left(\frac{5{,}98 \cdot h}{0{,}8 \cdot w + t} \right) \tag{11.93}$$

$$C' = \frac{2{,}64 \cdot 10^{-11} \cdot (\varepsilon_r + 1{,}41)}{\ln\left(\frac{5{,}98 \cdot h}{0{,}8 \cdot w + t} \right)} \tag{11.94}$$

$$L' = C' \cdot Z_0^2 \tag{11.95}$$

$$t_{pd} = 3{,}34 \cdot 10^{-9} \cdot \sqrt{0{,}475 \cdot \varepsilon_r + 0{,}67} \tag{11.96}$$

11.7.4.3 Eingebettete Mikrostreifenleitung (embedded microstrip)

Die Schicht oberhalb der Streifenleitung kann z. B. Lötstopplack oder Schutzlack sein.

Abb. 11.33 Eingebettete
Mikrostreifenleitung

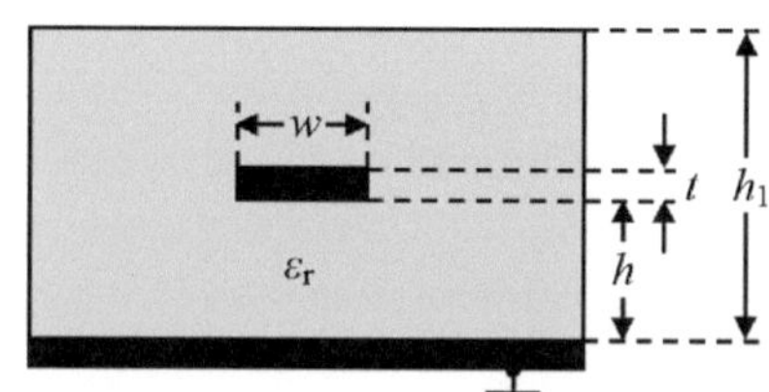

Gegeben: $w, h, h_1, t, \varepsilon_r$; Bedingung: $h_1 > 1{,}2 \cdot h$

$$\varepsilon_{\text{eff}} = \varepsilon_r \left(1 - e^{-1{,}55 \cdot \frac{h_1}{h}}\right) \tag{11.97}$$

$$Z_0 = \frac{60}{\sqrt{\varepsilon_{\text{eff}}}} \cdot \ln\left(\frac{5{,}98 \cdot h}{0{,}8 \cdot w + t}\right) \tag{11.98}$$

$$C' = \frac{5{,}55 \cdot 10^{-11} \cdot \varepsilon_{\text{eff}}}{\ln\left(\frac{5{,}98 \cdot h}{0{,}8 \cdot w + t}\right)} \tag{11.99}$$

$$L' = C' \cdot Z_0^2 \tag{11.100}$$

$$t_{\text{pd}} = 2{,}78 \cdot 10^{-10} \cdot \sqrt{\varepsilon_{\text{eff}}} \tag{11.101}$$

11.7.4.4 Symmetrisch geschirmte Streifenleitung (stripline, centered stripline, triplate)

Abb. 11.34 Symmetrisch geschirmte Streifenleitung

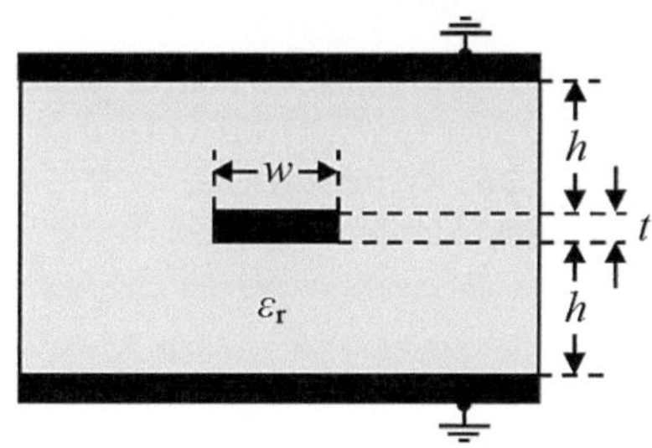

Gegeben: w, h, t, ε_r; Bedingungen: $0{,}1 < \frac{w}{h} < 2{,}0$ und $\frac{t}{h} < 0{,}25$

$$Z_0 = \frac{60}{\sqrt{\varepsilon_r}} \cdot \ln\left[\frac{1{,}9 \cdot (2 \cdot h + t)}{0{,}8 \cdot w + t}\right] \tag{11.102}$$

$$C' = \frac{5{,}55 \cdot 10^{-11} \cdot \varepsilon_r}{\ln\left(\frac{3{,}81 \cdot h}{0{,}8 \cdot w + t}\right)} \tag{11.103}$$

$$L' = C' \cdot Z_0^2 \tag{11.104}$$

$$t_{\text{pd}} = 3{,}34 \cdot 10^{-9} \cdot \sqrt{\varepsilon_r} \tag{11.105}$$

11.7.4.5 Doppelte, geschirmte Streifenleitung (dual stripline)

Abb. 11.35 Doppelte, geschirmte Streifenleitung

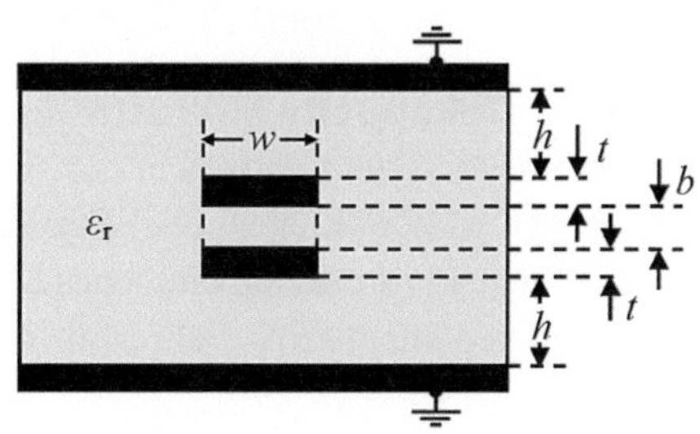

Gegeben: $w, h, b, t, \varepsilon_\mathrm{r}$; Bedingungen: $0{,}1 < \frac{w}{h} < 2{,}0$ und $\frac{t}{h} < 0{,}25$

$$Z_0 = \frac{80}{\sqrt{\varepsilon_\mathrm{r}}} \cdot \ln\left[\frac{1{,}9 \cdot (2 \cdot h + t)}{0{,}8 \cdot w + t}\right] \cdot \left[1 - \frac{h}{4 \cdot (h + b + t)}\right] \tag{11.106}$$

$$Z_\mathrm{diff} \approx \frac{80}{\sqrt{\varepsilon_\mathrm{r}}} \cdot \ln\left[\frac{1{,}9 \cdot (2h + t)}{0{,}8w + t}\right]\left[1 - \frac{h}{4 \cdot (h + b + t)}\right] \Omega \tag{11.107}$$

Z_diff siehe auch Abschn. 11.7.4.7.

$$C' = \frac{1{,}11 \cdot 10^{-10} \cdot \varepsilon_\mathrm{r}}{\ln\left[\frac{2 \cdot (h-t)}{0{,}268 \cdot w + 0{,}335 \cdot t}\right]} \tag{11.108}$$

$$L' = C' \cdot Z_0^2 \tag{11.109}$$

$$t_\mathrm{pd} = 3{,}34 \cdot 10^{-9} \cdot \sqrt{\varepsilon_\mathrm{r}} \tag{11.110}$$

11.7.4.6 Asymmetrische, geschirmte Streifenleitung (asymmetric stripline)

Abb. 11.36 Asymmetrische,
geschirmte Streifenleitung

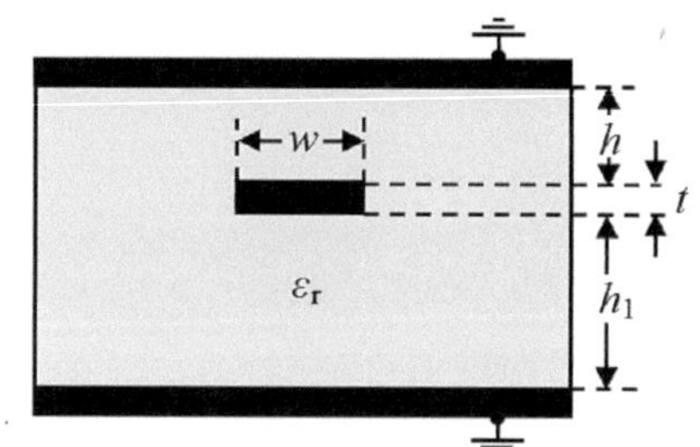

Gegeben: $w, h, h_1, t, \varepsilon_\mathrm{r}$; Bedingungen: $0{,}1 < \frac{w}{h} < 2{,}0$ und $\frac{t}{h} < 0{,}25$

$$Z_0 = \frac{80}{\sqrt{\varepsilon_\mathrm{r}}} \cdot \ln\left[\frac{1{,}9 \cdot (2 \cdot h + t)}{0{,}8 \cdot w + t}\right] \cdot \left[1 - \frac{h}{4 \cdot h_1}\right] \tag{11.111}$$

$$C' = \frac{1{,}11 \cdot 10^{-10} \cdot \varepsilon_\mathrm{r}}{\ln\left[\frac{2 \cdot (h-t)}{0{,}268 \cdot w + 0{,}335 \cdot t}\right]} \tag{11.112}$$

$$L' = C' \cdot Z_0^2 \tag{11.113}$$

$$t_\mathrm{pd} = 3{,}34 \cdot 10^{-9} \cdot \sqrt{\varepsilon_\mathrm{r}} \tag{11.114}$$

11.7.4.7 Gekoppelte Mikrostreifenleitung (differential microstrip)

Beim Einleitersystem entspricht der Wellenwiderstand Z_0 der Impedanz der Streifenleitung gegen Masse. Liegen zwei Streifenleitungen mit gleichbleibendem Abstand s nebeneinander, so ist dies ein einfaches Mehrleitersystem aus kantengekoppelten Leitungen (edge coupled microstrip). Führen die beiden Leitungen ein differenzielles Signal, so wird auf der einen Leitung ein Signal, auf der anderen Leitung dasselbe, aber invertierte Signal übertragen. Die differenzielle Impedanz Z_{diff} ist die Impedanz zwischen den beiden Leitungen.

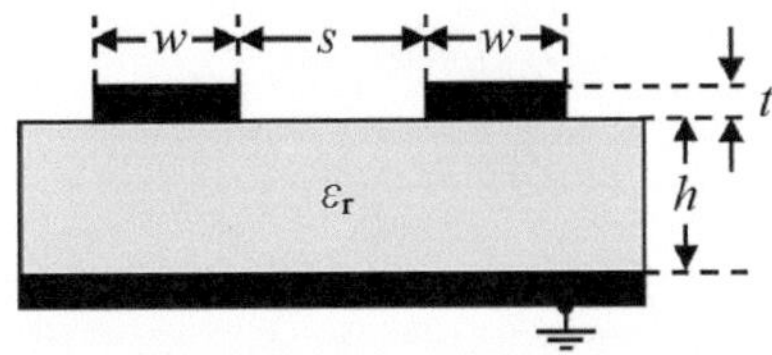

Abb. 11.37 Gekoppelte Mikrostreifenleitung

$$Z_{\text{diff}} \approx 2 \cdot Z_0 \cdot \left(1 - 0{,}48 \cdot e^{-0{,}96 \cdot \frac{s}{h}}\right) \tag{11.115}$$

$$\text{mit } Z_0 = \frac{60}{\sqrt{0{,}475 \cdot \varepsilon_r + 0{,}67}} \ln\left[\frac{4h}{0{,}67 \cdot (0{,}8w + t)}\right]\,\Omega$$

11.7.4.8   Gekoppelte, geschirmte Streifenleitung (differential stripline)

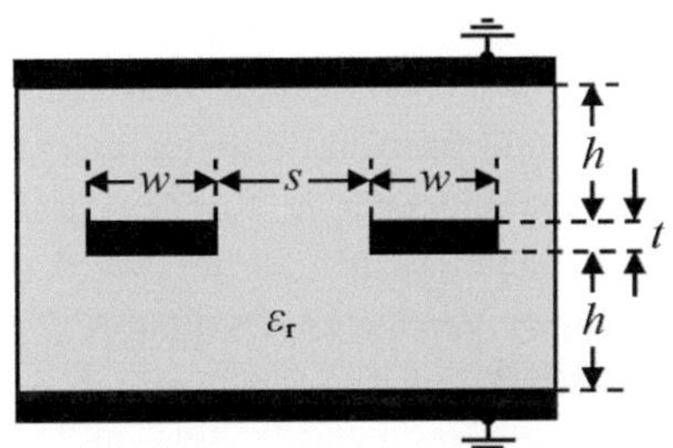

Abb. 11.38 Gekoppelte, geschirmte Streifenleitung

$$Z_{\text{diff}} \approx 2 \cdot Z_0 \cdot \left(1 - 0{,}374 \cdot e^{-2{,}9 \cdot \frac{s}{h}}\right) \tag{11.116}$$

$$\text{mit } Z_0 = \frac{60}{\sqrt{\varepsilon_r}} \ln\left[\frac{4b}{0{,}67 \cdot \pi \cdot (0{,}8w + t)}\right]\,\Omega$$

In Gl. 11.116 kann der Wert „0,374" durch den Wert „0,748" ersetzt werden, wenn eine feste Kopplung vorliegt ($s < 12\,\text{mils}$, also $s < 0{,}012$ Inch bzw. $s < 0{,}03\,\text{mm}$).

11.7.5   Einfluss einer kapazitiven Last auf t_{pd} und Z_0

Sind kapazitive Lasten an eine Streifenleitung angeschlossen (z. B. die Eingänge integrierter Schaltungen), so vergrößert sich die Verzögerungszeit t_{pd} um den Faktor k und der Wellenwiderstand Z_0 wird um den Faktor $1/k$ kleiner.

$$k = \sqrt{1 + \frac{C_L}{C'}} \quad (C_L = \text{Summe aller kapazitiven Lasten}) \tag{11.117}$$

$$t_{\text{Lpd}} = k \cdot t_{\text{pd}} \tag{11.118}$$

$$Z_{\text{L0}} = \frac{Z_0}{k} \tag{11.119}$$

11.7.6 Mikrostreifenleitung (microstrip)

Bei der Mikrostreifenleitung ist eine dielektrische Trägerplatte (Substrat) an der Unterseite durchgehend als Massefläche metallisiert und trägt an der Oberseite einen metallischen Streifen. Bei sehr dünnen Leiterbahnen beträgt die Schichtdicke weniger als ein Zehntel der Bahnbreite.

Hat das Substrat eine hohe Dielektrizitätszahl, so verlaufen die elektrischen Feldlinien zwischen dem Leiter und der Rückseitenmetallisierung. Der Wellenwiderstand der Mikrostreifenleitung ist demnach eine Funktion der Breite des Streifenleiters, der Dicke des Substrats und der Dielektrizitätskonstanten ε_r des Substrats.

Da Wellenwiderstand und Länge leicht über die Geometrie eingestellt werden können, sind Mikrostreifenleiter äußerst flexibel einsetzbar. Gewöhnliche elektrische Komponenten (Widerstände, Kondensatoren, Halbleiterbauteile) können durch Auflöten auf der Oberfläche leicht integriert werden. Dies führt zu einer preisgünstigen Technologie für Mischer, Verstärker, Oszillatoren etc. Die Leiterbahn kann zur Realisierung von Schaltungsfunktionen unterschiedlich geformt sein, so dass auf einem Substrat vollständige Systeme erstellt werden können.

Mit Ausnahme der symmetrischen Streifenleitung haben alle anderen Leitungen in Abb. 11.30 die Eigenschaft, dass nicht der gesamte Feldraum mit Dielektrikum ausgefüllt ist. Auch bei der Mikrostreifenleitung ist das *Dielektrikum nicht homogen*.

Bei einer Leitung mit homogenem Dielektrikum liegen die elektrischen und magnetischen Feldkomponenten ausschließlich in der Ebene senkrecht zur Ausbreitungsrichtung, es liegt eine transversal elektromagnetische oder TEM-Leitung vor. Bei TEM-Leitungen ist die Feldverteilung der Welle in der Querschnittsebene identisch mit der statischen elektrischen und magnetischen Feldverteilung (z. B. bei der Koaxialleitung). Sobald das Dielektrikum nicht mehr homogen ist, gilt dies nicht mehr exakt. Die Folgen dieses inhomogenen Dielektrikums bei einer Mikrostreifenleitung werden kurz erläutert.

Bei einer Mikrostreifenleitung würde sich das Feld innerhalb des Dielektrikums mit der Geschwindigkeit $v = \frac{c_0}{\sqrt{\varepsilon_r}}$ ausbreiten. In der Luft über dem Dielektrikum hingegen wäre die Geschwindigkeit gleich der Lichtgeschwindigkeit c_0 ($= 3 \cdot 10^8\,\text{m/s}$). Die tatsächliche Ausbreitungsgeschwindigkeit liegt zwischen diesen beiden Werten. Als Folge verläuft ein kleiner Anteil der Feldlinien des elektrischen Feldes E und des magnetischen Feldes H auch in Ausbreitungsrichtung. Der Hauptanteil der Feldlinien liegt immer noch

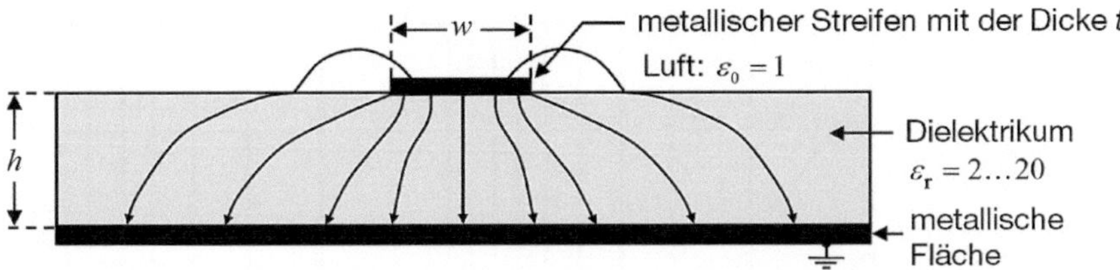

Abb. 11.39 Querschnitt durch eine Mikrostreifenleitung mit elektrischen Feldlinien in statischer Näherung

in einer Ebene senkrecht zur Ausbreitungsrichtung und entspricht ungefähr der statischen Feldverteilung, wie dies Abb. 11.39 für die Mikrostreifenleitung zeigt.

Man nennt solche Leitungen **Quasi-TEM-Leitungen** (QTEM). Alle Leitungen, die nicht mehr reine TEM-Leitungen sind, weisen eine gewisse Dispersion auf, d. h. ihre Phasenkonstante β ist nicht mehr ganz proportional zu ω, und auch der Wellenwiderstand ist leicht frequenzabhängig. Sehr oft vernachlässigt man jedoch diese Effekte.

Bei Leitungen, die *kein* homogenes Dielektrikum aufweisen, ist die Berechnung des Wellenwiderstandes und der Ausbreitungsgeschwindigkeit schwierig, da es keine geschlossene feldtheoretische Lösung gibt.

Der Schaltungsentwickler muss die Leiterabmessungen und die relativen Dielektrizitätskonstanten der verwendeten Materialien berücksichtigen. Computerprogramme (z. B. AWR Microwave Office, CST MicroWave Studio, Sonnet, APLAC, Zeland, Ansoft Designer, Agilent AppCAD) bieten die erforderlichen Daten zum Teil zur Auswahl und erlauben komfortable und genaue Berechnungen. Aus den mechanischen Dimensionen und Materialwerten werden Wellenwiderstand Z_0 und Ausbreitungsgeschwindigkeit v berechnet oder umgekehrt.

Statt der Ausbreitungsgeschwindigkeit v gibt man sehr oft eine effektive Dielektrizitätskonstante ε_{eff} an, mit der man die Ausbreitungsgeschwindigkeit $v = \frac{c_0}{\sqrt{\varepsilon_{\text{eff}}}}$ berechnen kann. Die Einführung von ε_{eff} berücksichtigt die Aufteilung der elektrischen Feldenergie auf den Luftbereich ($\varepsilon = \varepsilon_0 = 1$) und auf das Substrat ($\varepsilon_r$). ε_{eff} ist immer kleiner als ε_r des Substratmaterials, es gilt stets: $1 < \varepsilon_{\text{eff}} < \varepsilon_r$.

Die Größe ε_{eff} charakterisiert eine äquivalente, hypothetische Struktur gleicher Metallflächen, die homogen gefüllt ist, so dass die Wellenlänge λ_Z der realen Mikrostreifenleitung auf den TEM-Fall reduziert werden kann. TEM: $\lambda_Z = \frac{\lambda_0}{\sqrt{\varepsilon_r}}$; QTEM: $\lambda_Z = \frac{\lambda_0}{\sqrt{\varepsilon_{\text{eff}}}}$ ($\lambda_0 =$ Wellenlänge für ε_0)

Je dünner der Leiterstreifen ist, desto größer ist der Anteil des Feldes in der Luft oberhalb des Leiters. Dies hat zur Folge, dass ε_{eff} immer kleiner wird. Auf dünnen Leitungen mit hohem Wellenwiderstand breitet sich eine Welle schneller aus als auf breiten Leitungen mit niedrigem Wellenwiderstand.

Für sehr *schmale* Streifen $\frac{w}{h} \ll 1$ wird $\varepsilon_{\text{eff}} = \frac{1}{2} \cdot (\varepsilon_r + 1)$, da die Felder etwa zu gleichen Teilen in Luft und Dielektrikum liegen. Die Felder erscheinen hauptsächlich als Streufelder.

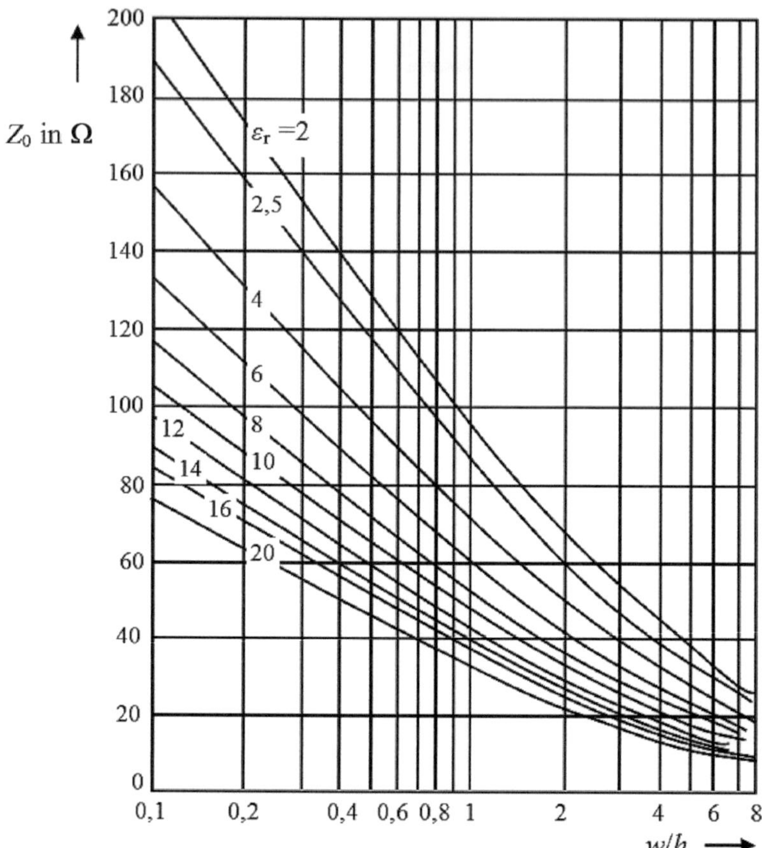

Abb. 11.40 Wellenwiderstand Z_0 der Mikrostreifenleitung in Abhängigkeit von w/h mit ε_r als Parameter (Leiterdicke t ist vernachlässigt)

Für sehr *breite* Streifen $\frac{w}{h} \gg 1$ wird $\varepsilon_{\text{eff}} = \varepsilon_r$. Die Streufelder sind gegenüber dem großen Bereich der Felder zwischen Leiterstreifen und Grundfläche vernachlässigbar.

Berechnungsmethoden, welche die Dispersion, also die Frequenzabhängigkeit von Wellenwiderstand Z_0 und effektiver Dielektrizitätskonstante ε_{eff} vernachlässigen, werden *statisch* genannt, ansonsten werden sie als *dynamisch* bezeichnet.

Abb. 11.40 zeigt die Wellenwiderstände für Mikrostreifenleitungen auf verschiedenen Substratmaterialien und Abb. 11.41 zeigt ε_{eff} in Abhängigkeit des Verhältnisses von Streifenbreite zu Substrathöhe.

Für Mikrostreifenleiter existieren analytische Näherungen zur Analyse und Synthese, von denen hier einige vorgestellt werden.

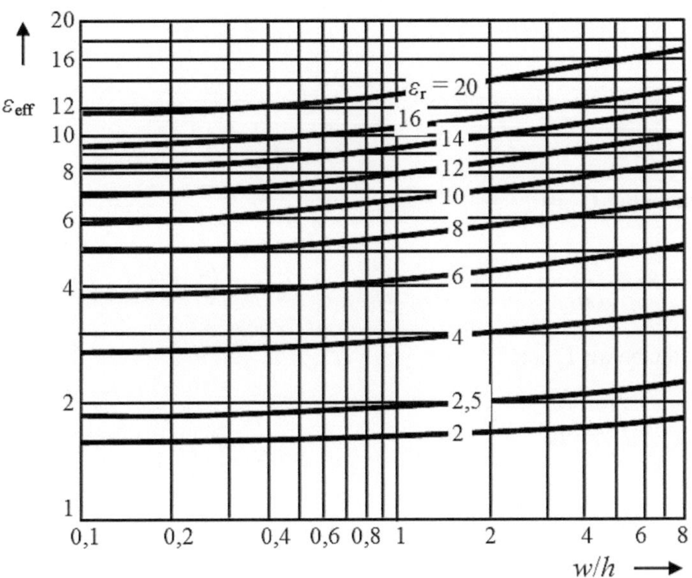

Abb. 11.41 Effektive Dielektrizitätskonstante ε_{eff} der Mikrostreifenleitung als Funktion von w/h mit ε_{r} als Parameter (Leiterdicke t ist vernachlässigt)

11.7.6.1 Statische Analyse einer Mikrostreifenleitung

Festlegungen:

1. Die Leiterbahnhöhe t ist zu vernachlässigen ($t = 0$), es handelt sich um eine dünne Leiterbahn, bei der die Schichtdicke weniger als ein Zehntel der Bahnbreite beträgt.
2. Die Dispersion wird *nicht* berücksichtigt, die Näherungslösungen basieren auf einer statischen Approximation.

Gegeben: $\varepsilon_{\text{r}} = $ relative Permittivität des Dielektrikums, $h = $ Dicke des Dielektrikums, $w = $ Breite des Streifenleiters

Gesucht: $\varepsilon_{\text{eff}} = $ effektive Dielektrizitätszahl, daraus wird ermittelt $Z_0 = $ Wellenwiderstand.

Näherungsberechnung nach E. O. Hammerstad

Für **breite** Leitungen $\frac{w}{h} > 1$ ist der Wellenwiderstand:

$$Z_0 = \frac{120\pi}{\sqrt{\varepsilon_{\text{eff}}}} \cdot \frac{1}{1{,}393 + \frac{w}{h} + 0{,}667 \cdot \ln\left(1{,}444 + \frac{w}{h}\right)} \, \Omega \qquad (11.120)$$

mit der effektiven Dielektrizitätszahl

$$\varepsilon_{\text{eff}} = \frac{\varepsilon_{\text{r}} + 1}{2} + \frac{\varepsilon_{\text{r}} - 1}{2} \frac{1}{\sqrt{1 + 12 \cdot \frac{h}{w}}} \tag{11.121}$$

Der Kapazitätsbelag C' ist:

$$C' = 88{,}3 \, \frac{\text{fF}}{\text{cm}} \cdot \varepsilon_{\text{eff}} \cdot \left[1{,}393 + \frac{w}{h} + 0{,}667 \cdot \ln\left(1{,}444 + \frac{w}{h}\right) \right] \tag{11.122}$$

Der Induktivitätsbelag L' ist:

$$L' = 12{,}5 \, \frac{\text{nH}}{\text{cm}} \cdot \frac{1}{1{,}393 + \frac{w}{h} + 0{,}667 \cdot \ln\left(1{,}444 + \frac{w}{h}\right)} \tag{11.123}$$

Für **schmale** Leitungen $\frac{w}{h} \leq 1$ gilt:

$$Z_0 = \frac{60}{\sqrt{\varepsilon_{\text{eff}}}} \cdot \ln\left(8\frac{h}{w} + 0{,}25\frac{w}{h}\right) \, \Omega \tag{11.124}$$

$$\text{mit } \varepsilon_{\text{eff}} = \frac{\varepsilon_{\text{r}} + 1}{2} + \frac{\varepsilon_{\text{r}} - 1}{2} \left[\frac{1}{\sqrt{1 + 12\frac{h}{w}}} + 0{,}04 \cdot \left(1 - \frac{w}{h}\right)^2 \right] \tag{11.125}$$

Der Kapazitätsbelag C' ist:

$$C' = 0{,}556 \, \frac{\text{pF}}{\text{cm}} \cdot \frac{\varepsilon_{\text{eff}}}{\ln\left(\frac{8h}{w} + \frac{w}{4h}\right)} \tag{11.126}$$

Der Induktivitätsbelag L' ist:

$$L' = 2 \, \frac{\text{nH}}{\text{cm}} \cdot \ln\left(\frac{8h}{w} + \frac{w}{4h}\right) \tag{11.127}$$

Näherungsberechnung nach Hammerstad und Jansen

Diese Näherungsberechnung verwendet zur Ermittlung der effektiven Permittivität ε_{eff} eine Näherungsformel, die für $0{,}01 \leq w/h \leq 100$ und $1 \leq \varepsilon_{\text{r}} \leq 128$ eine Genauigkeit für die effektive relative Permittivität besser als $0{,}2\,\%$ ergibt. Die effektive Dielektrizitätszahl ist:

$$\varepsilon_{\text{eff}} = \frac{\varepsilon_{\text{r}} + 1}{2} + \frac{\varepsilon_{\text{r}} - 1}{2} \left(1 + 10 \cdot \frac{h}{w}\right)^{-ab} \tag{11.128}$$

In Gl. 11.128 sind a und b:

$$a = 1 + \frac{1}{49} \cdot \ln \frac{\left(\frac{w}{h}\right)^4 + \left(\frac{w}{52h}\right)^2}{\left(\frac{w}{h}\right)^4 + 0{,}432} + \frac{1}{18{,}7} \cdot \ln\left[1 + \left(\frac{1}{18{,}1} \cdot \frac{w}{h}\right)^3\right] \tag{11.129}$$

$$b = 0{,}564 \cdot \left(\frac{\varepsilon_\mathrm{r} - 0{,}9}{\varepsilon_\mathrm{r} + 3}\right)^{0{,}053} \tag{11.130}$$

Das so ermittelte ε_eff wird in die Näherungsformel für den Leitungswellenwiderstand Z_0 eingesetzt:

$$Z_0 = \frac{60}{\sqrt{\varepsilon_\mathrm{eff}}} \cdot \ln\left[F \cdot \frac{h}{w} + \sqrt{1 + \left(2\frac{h}{w}\right)^2}\right] \Omega \tag{11.131}$$

mit

$$F = 6 + (2\pi - 6) \cdot \mathrm{e}^{-\left(30{,}666 \cdot \frac{h}{w}\right)^{0{,}7528}} \tag{11.132}$$

Die berechnete Genauigkeit von Z_0 ist besser als 0,3 %.

Der Wellenwiderstand Z_0 kann Werte im Bereich von etwa $20 \ldots 180\,\Omega$ annehmen, wobei die Obergrenze durch Herstellungstoleranzen, die Untergrenze durch das Auftreten höherer Wellentypen gegeben ist.

Die obere Frequenzgrenze für die Anwendung einer statischen Näherungsrechnung ist ca:

$$f_\mathrm{g} \approx 0{,}01 \cdot \frac{c_0}{2 \cdot w \cdot \sqrt{\varepsilon_\mathrm{r}}} \tag{11.133}$$

Liegen die verwendeten Frequenzen oberhalb f_g, so sollte die anschließend erläuterte dynamische Analyse einer Mikrostreifenleitung angewandt werden, um eine höhere Genauigkeit zu erhalten. Die Werte von ε_eff nach (11.128) und Z_0 nach (11.131) der statischen Näherung werden im Laufe der Berechnungen einer dynamischen Analyse benötigt, und müssen somit auf alle Fälle berechnet werden.

Einfache Berücksichtigung der Leiterbahnhöhe t

Soll die Leiterbahndicke t berücksichtigt werden, so kann statt der Leiterbahnbreite w eine „korrigierte" (fiktiv verbreiterte) Leiterbahnbreite w' in obigen Formeln zur Berechnung von Z_0 verwendet werden.

$$w' = w + \frac{t}{\pi} \cdot \ln\left[\frac{4 \cdot \mathrm{e}}{\sqrt{\left(\frac{t}{h}\right)^2 + \left(\frac{\frac{1}{\pi}}{\frac{w}{t} + 1{,}1}\right)^2}}\right] \quad (\mathrm{e} = 2{,}71828) \tag{11.134}$$

Der Fehler von Z_0 durch die Berücksichtigung von t ist für beliebige ε_r, w kleiner als 2 %.

Genauere Berücksichtigung der Leiterbahnhöhe *t*

Soll bei der Berechnung des Wellenwiderstandes die Leiterbahndicke t genau berücksichtigt werden, so wird zuerst eine Korrektur Δu_t der normierten Streifenbreite $u = \frac{w}{h}$ für die homogen aufgebaute (Substrat und Material oberhalb des Streifens sind gleich) Streifenleitung berechnet.

$$\Delta u_t = \frac{t}{\pi} \cdot \ln \left(1 + \frac{4 \cdot e \cdot \tanh^2 \left(\sqrt{6{,}517 \cdot u} \right)}{t} \right) \quad (e = 2{,}71828) \tag{11.135}$$

Die effektive Streifenbreite ergibt sich aus

$$u_t = u + \Delta u_t \tag{11.136}$$

Wie man sieht, wirkt sich die Berücksichtigung der Streifenhöhe in einer fiktiv vergrößerten Streifenbreite aus.

u_t wird in die folgenden zwei Formeln (11.137) und (11.138) eingesetzt:

$$Z_{0t} = 60 \cdot \ln \left[\frac{F_t}{u_t} + \sqrt{1 + \left(\frac{2}{u_t} \right)^2} \right] \tag{11.137}$$

mit

$$F_t = 6 + (2\pi - 6) \cdot e^{-\left(\frac{30{,}666}{u_t} \right)^{0{,}7528}} \tag{11.138}$$

Im nächsten Schritt wird die effektive Streifenbreite der Streifenleitung mit einem Substrat der relativen Permittivität ε_r berechnet.

$$u_{t\varepsilon r} = u + \frac{\Delta u_t}{2} \cdot \left(1 + \frac{1}{\cosh \left(\sqrt{\varepsilon_\mathrm{r} - 1} \right)} \right) \tag{11.139}$$

Das Ergebnis $u_{t\varepsilon r}$ wird eingesetzt in (11.140), (11.141), (11.142) und (11.143).

$$\varepsilon_{\mathrm{eff},ut\varepsilon r} = \frac{\varepsilon_\mathrm{r} + 1}{2} + \frac{\varepsilon_\mathrm{r} - 1}{2} \left(1 + \frac{10}{u_{t\varepsilon r}} \right)^{-ab} \tag{11.140}$$

mit

$$a = 1 + \frac{1}{49} \cdot \ln \frac{u_{t\varepsilon r}^4 + \left(\frac{u_{t\varepsilon r}}{52} \right)^2}{u_{t\varepsilon r}^4 + 0{,}432} + \frac{1}{18{,}7} \cdot \ln \left[1 + \left(\frac{u_{t\varepsilon r}}{18{,}1} \right)^3 \right] \tag{11.141}$$

und b nach Gl. 11.130.

Jetzt wird berechnet:

$$Z_{0t,ut\varepsilon r} = 60 \cdot \ln\left[\frac{F_{t,ut\varepsilon r}}{u_{t\varepsilon r}} + \sqrt{1 + \left(\frac{2}{u_{t\varepsilon r}}\right)^2}\right] \tag{11.142}$$

mit

$$F_{t,ut\varepsilon r} = 6 + (2\pi - 6) \cdot e^{-\left(\frac{30{,}666}{u_{t\varepsilon r}}\right)^{0{,}7528}} \tag{11.143}$$

Die effektive relative Permittivität ist dann:

$$\varepsilon_{\mathrm{eff},t} = \varepsilon_{\mathrm{eff},ut\varepsilon r} \cdot \left(\frac{Z_{0t}}{Z_{0t,ut\varepsilon r}}\right)^2 \tag{11.144}$$

mit Z_{0t} aus (11.137). Der Wellenwiderstand mit Berücksichtigung der Leiterbahnhöhe ist dann

$$Z_0(t \neq 0) = \frac{Z_{0t,ut\varepsilon r}}{\sqrt{\varepsilon_{\mathrm{eff},t}}} \tag{11.145}$$

11.7.6.2 Dynamische Analyse einer Mikrostreifenleitung

Mit zunehmender Frequenz f wird der Fehler der Quasi-TEM-Approximation größer, sowohl der Wellenwiderstand als auch die effektive Permittivität sind wegen der Dispersion frequenzabhängig. Die effektive relative Permittivität nimmt mit wachsender Frequenz zu und nähert sich asymptotisch ε_r. Der Wellenwiderstand wird für hohe Frequenzen etwas größer. Wird die Dispersion berücksichtigt (empfehlenswert ab ca. 2 GHz), ergibt sich eine Steigerung der Genauigkeit gegenüber einer statischen Näherung.

Eine Lösung unter Berücksichtigung der Frequenzabhängigkeit und damit der Längskomponente des Feldes wurde von Jansen und Kirschning 1983 durchgeführt, sie ermittelten ein approximatives Funktionensystem. Der Gleichungssatz ist im Folgenden aufgeführt. Die Genauigkeit ist besser als 0,6 % für $1 \leq \varepsilon_r \leq 20; 0{,}1 \leq \frac{w}{h} \leq 100;$ $0 \leq \frac{h}{\lambda_0} \leq 0{,}13$.

Die frequenzabhängige effektive Permittivität ist $\varepsilon_{\mathrm{eff,dyn}}(f)$.

$$\varepsilon_{\mathrm{eff,dyn}}(f) = \varepsilon_r - \frac{\varepsilon_r - \varepsilon_{\mathrm{eff}}}{1 + P(f)} \tag{11.146}$$

$$f_n = \frac{f \cdot h}{10^6} \tag{11.147}$$

f_n = normierte Frequenz in (GHz · mm) bezogen auf die Substrathöhe h

$$u = \frac{w}{h} \tag{11.148}$$

u = normierte Streifenbreite bezogen auf die Substrathöhe h.

$\varepsilon_{\mathrm{eff}}$ in Gl. 11.146 wird mit Gl. 11.128 berechnet, falls die Leiterbahnhöhe t nicht berücksichtigt wird. Andernfalls wird statt $\varepsilon_{\mathrm{eff}}$ das $\varepsilon_{\mathrm{eff},t}$ aus Gl. 11.144 eingesetzt.

Die weiteren Gleichungen zur Berechnung von $P(f)$ sind:

$$P_1 = 0{,}27488 + u \cdot \left[0{,}6315 + \frac{0{,}525}{(1 + 0{,}0157 \cdot f_n)^{20}} \right] - 0{,}065683 \cdot \mathrm{e}^{-8{,}7513 \cdot u} \tag{11.149}$$

$$P_2 = 0{,}33622 \cdot \left(1 - \mathrm{e}^{-0{,}03442 \cdot \varepsilon_\mathrm{r}} \right) \tag{11.150}$$

$$P_3 = 0{,}0363 \cdot \mathrm{e}^{-4{,}6u} \cdot \left[1 - \mathrm{e}^{-\left(\frac{f_n}{3{,}87} \right)^{4{,}97}} \right] \tag{11.151}$$

$$P_4 = 1 + 2{,}751 \cdot \left[1 - \mathrm{e}^{\left(\frac{-\varepsilon_\mathrm{r}}{15{,}916} \right)^8} \right] \tag{11.152}$$

$$P(f) = P_1 \cdot P_2 \cdot \left[f_n \cdot (0{,}1844 + P_3 \cdot P_4) \right]^{1{,}5763} \tag{11.153}$$

Jetzt müssen mit R_1 beginnend die Werte von R_1 bis R_{17} aus den folgenden Gleichungen berechnet werden.

$$R_1 = 0{,}03891 \cdot \varepsilon_\mathrm{r}^{1{,}4} \tag{11.154}$$

$$R_2 = 0{,}267 \cdot u^7 \tag{11.155}$$

$$R_3 = 4{,}766 \cdot \mathrm{e}^{-3{,}228 \cdot u^{0{,}641}} \tag{11.156}$$

$$R_4 = 0{,}016 + (0{,}0514 \cdot \varepsilon_\mathrm{r})^{4{,}524} \tag{11.157}$$

$$R_5 = \left(\frac{f_n}{28{,}843} \right)^{12} \tag{11.158}$$

$$R_6 = 22{,}2 \cdot u^{1{,}92} \tag{11.159}$$

R_1 bis R_6 werden jetzt zur Berechnung von R_7, R_8, R_9 gebraucht.

$$R_7 = 1{,}206 - 0{,}3144 \cdot \mathrm{e}^{-R_1} \cdot \left(1 - \mathrm{e}^{-R_2} \right) \tag{11.160}$$

$$R_8 = 1 + 1{,}275 \cdot \left[1 - \mathrm{e}^{-0{,}004625 \cdot R_3 \cdot \varepsilon_\mathrm{r}^{1{,}674} \cdot \left(\frac{f_n}{18{,}365} \right)^{2{,}745}} \right] \tag{11.161}$$

$$R_9 = 5{,}086 \cdot R_4 \cdot \frac{R_5}{0{,}3838 + 0{,}386 \cdot R_4} \cdot \frac{\mathrm{e}^{-R_6}}{1 + 1{,}2992 \cdot R_5} \cdot \frac{(\varepsilon_\mathrm{r} - 1)^6}{1 + 10 \cdot (\varepsilon_\mathrm{r} - 1)^6} \tag{11.162}$$

Weitere Berechnung:

$$R_{10} = 0{,}00044 \cdot \varepsilon_\mathrm{r}^{2{,}136} + 0{,}0184 \tag{11.163}$$

$$R_{11} = \frac{\left(\frac{f_n}{19{,}47} \right)^6}{1 + 0{,}0962 \cdot \left(\frac{f_n}{19{,}47} \right)^6} \tag{11.164}$$

$$R_{12} = \frac{1}{1 + 0{,}00245 \cdot u^2} \tag{11.165}$$

$\varepsilon_{\text{eff,dyn}}(f)$ wurde nach Gl. 11.146 berechnet und wird jetzt benötigt.

$$R_{13} = 0{,}9408 \cdot \left(\varepsilon_{\text{eff,dyn}}(f)\right)^{R_8} - 0{,}9603 \tag{11.166}$$

ε_{eff} wurde mit Gl. 11.128 für die Leiterbahnhöhe $t = 0$ oder mit Gl. 11.144 für $t \neq 0$ berechnet, wurde bereits in Gl. 11.146 eingesetzt und wird jetzt wieder benötigt.

$$R_{14} = (0{,}9408 - R_9) \cdot \varepsilon_{\text{eff}}^{R_8} - 0{,}9603 \tag{11.167}$$

$$R_{15} = 0{,}707 \cdot R_{10} \cdot \left(\frac{f_n}{12{,}3}\right)^{1{,}097} \tag{11.168}$$

$$R_{16} = 1 + 0{,}0503 \cdot \varepsilon_r^2 \cdot R_{11} \cdot \left[1 - e^{-\left(\frac{u}{15}\right)^6}\right] \tag{11.169}$$

$$R_{17} = R_7 \cdot \left(1 - 1{,}1241 \cdot \frac{R_{12}}{R_{16}} \cdot e^{-0{,}026 \cdot f_n^{1{,}15656} - R_{15}}\right) \tag{11.170}$$

Der frequenzabhängige Wellenwiderstand unter Berücksichtigung der Dispersion ergibt sich jetzt nach der Formel:

$$Z_0(f) = Z_0 \cdot \left(\frac{R_{13}}{R_{14}}\right)^{R_{17}} \tag{11.171}$$

mit dem in der statischen Analyse berechneten Z_0 nach Gl. 11.131 bzw. $Z_0(t \neq 0)$ nach Gl. 11.145.

11.7.6.3 Synthese einer Mikrostreifenleitung

Gegeben: ε_r = relative Permittivität des Dielektrikums, h = Dicke des Dielektrikums, Z_0 = geforderter Wellenwiderstand

Gesucht: Leiterbahnbreite w

Die folgende Berechnung nach Wheeler und Hammerstad mit Hilfe geschlossener Formeln weist eine Genauigkeit besser als 1 % auf.

$$w = \frac{8 \cdot h \cdot e^A}{e^{2A} - 2} \tag{11.172}$$

falls $\frac{w}{h} < 2$ und $\varepsilon_r < 16$.

$$w = \frac{2h}{\pi} \left[B - 1 - \ln(2B - 1)\right] + \frac{\varepsilon_r - 1}{2\varepsilon_r} \left[\ln(B - 1) + 0{,}39 - \frac{0{,}61}{\varepsilon_r}\right] \tag{11.173}$$

falls $2 < \frac{w}{h} < 20$ und $\varepsilon_r < 16$.

Die Größen A und B sind in obigen Formeln Abkürzungen für

$$A = \frac{Z_0[\Omega]}{60}\sqrt{\frac{\varepsilon_r + 1}{2}} + \frac{\varepsilon_r - 1}{\varepsilon_r + 1}\left(0{,}23 + \frac{0{,}11}{\varepsilon_r}\right);$$

$$B = \frac{60 \cdot \pi^2}{Z_0[\Omega] \cdot \sqrt{\varepsilon_r}}$$

Beispiel 11.1

Wie breit muss eine Mikrostreifenleitung sein, die einen Wellenwiderstand von
50 Ohm haben soll? Daten des Dielektrikums: Höhe $= 1{,}6\,$mm, $\varepsilon_r = 4{,}7$.

Lösung: Die Bedingung $\varepsilon_r < 16$ ist erfüllt. Es wird angenommen, dass $\frac{w}{h} < 2$
ist.

Somit wird A berechnet. $A = \frac{50}{60}\sqrt{\frac{5{,}7}{2}} + \frac{3{,}7}{5{,}7}\left(0{,}23 + \frac{0{,}11}{4{,}7}\right) = 1{,}571$; w ergibt

sich zu $w = \frac{8 \cdot 1{,}6 \cdot e^{1{,}571}}{e^{3{,}142} - 2} = 2{,}91$. Die Breite muss $\underline{w = 2{,}91\,\text{mm}}$ sein. Die Bedingung

$\frac{w}{h} = 1{,}8 < 2$ ist erfüllt, somit durfte Formel (11.172) verwendet werden.

11.7.6.4 Dämpfung der Mikrostreifenleitung

Die Dämpfung von Mikrostreifenleitungen ist relativ hoch, je nach Substratdicke, Material
und Frequenz beträgt sie $1\ldots 20\,$dB$/$m. Werte zeigt Abb. 11.42.

Die folgenden Formeln zur Berechnung der Dämpfung der Mikrostreifenleitung berücksichtigen das Material, den geometrischen Aufbau und die Frequenz. Streifendicke t,
Strahlungsverluste und die Oberflächenrauigkeit der metallischen Streifenleiter werden
vernachlässigt.

Die Gesamtdämpfung ist:

$$\alpha_{\text{ges}} = \alpha_d + \alpha_m \tag{11.174}$$

Der Dämpfungsbeitrag α_d des Substratmaterials beruht auf den Polarisationsverlusten im
Dielektrikum.

$$\alpha_d = \frac{20 \cdot \pi}{\ln(10)} \cdot \frac{f}{c_0} \cdot \frac{\varepsilon_r}{\sqrt{\varepsilon_{\text{eff}}}} \cdot \frac{\varepsilon_{\text{eff}} - 1}{\varepsilon_r - 1} \cdot \tan\delta_d \left[\frac{\text{dB}}{\text{m}}\right] \tag{11.175}$$

$c_0 \quad = 3 \cdot 10^8\,\frac{\text{m}}{\text{s}}$,
$\tan\delta_d = $ Verlustfaktor des verwendeten Dielektrikums,
$\varepsilon_{\text{eff}} \quad$ berechnet nach Gl. 11.128.

Das Substratmaterial weist im Allgemeinen geringe Verluste auf, die gegenüber den ohmschen Verlusten der Leiter vernachlässigbar sind. Beispiele: Hartpapier mit $\tan\delta_d = 8 \cdot$

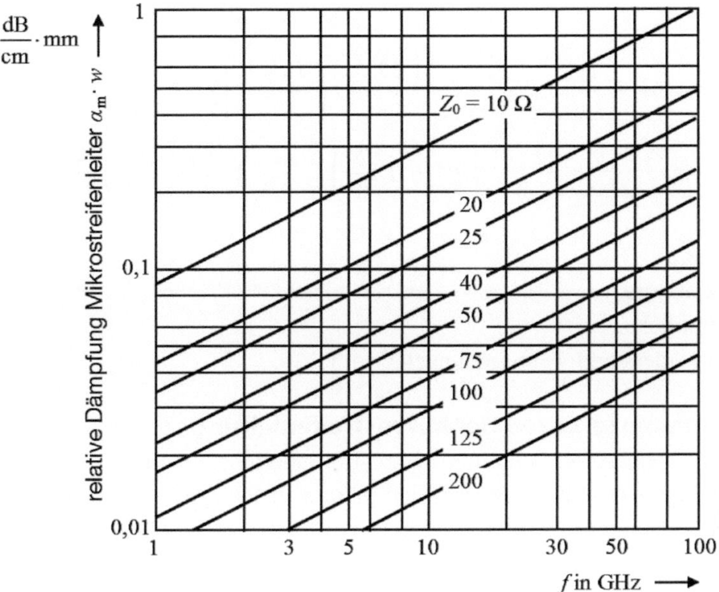

Abb. 11.42 Dämpfungsverlauf einer Mikrostreifenleitung mit Au-Leitern (Substratverluste vernachlässigt)

10^{-2}, FR4 mit $\tan\delta_\mathrm{d} = 1{,}5 \cdot 10^{-2}$, Keramik mit $\tan\delta_\mathrm{d} = 3 \cdot 10^{-3}$, Teflon mit $\tan\delta_\mathrm{d} = 5 \cdot 10^{-4}$.

Der Dämpfungsbeitrag α_m des Leitermaterials aufgrund ohmscher Verluste und ausgeprägtem Skineffekt in den Leitern ist wesentlich größer als α_d.

Für *breite* Streifenleiter kann folgende Näherung verwendet werden (Pucel et al., 1968):

$$\alpha_m = \frac{20}{\ln(10)} \cdot \frac{\sqrt{\pi \cdot \mu_0 \cdot f \cdot \rho}}{w \cdot Z_0} \left[\frac{\mathrm{dB}}{\mathrm{m}}\right] \tag{11.176}$$

$\mu_0 = 4\pi \cdot 10^7 \frac{\mathrm{V \cdot s}}{\mathrm{A \cdot m}} = $ Permeabilitätskonstante des Vakuums,

$\rho \quad = $ spezifischer Widerstand des Streifenmaterials,

$f \quad = $ Frequenz,

$w \quad = $ Streifenbreite,

$Z_0 \quad = $ Wellenwiderstand berechnet nach Gl. 11.120

Eine andere Näherung für α_m verwendet folgende Formeln (Bahl und Bhartia, 1988):

$$\alpha_m = -6{,}1 \cdot 10^{-5} \left[2{,}52 \cdot 10^{-7} \cdot \frac{1}{h} \cdot \sqrt{f} \cdot Z_0 \cdot \varepsilon_{\mathrm{eff}} \left(\frac{w}{h} + \frac{0{,}667\frac{w}{h}}{\frac{w}{h} + 1{,}444}\right)\right] \cdot B \tag{11.177}$$

mit

$$B = \left\{ 1 + \frac{h}{w} \left[1{,}25 \frac{t}{\pi w} + \frac{1{,}25}{\pi} \cdot \ln\left(\frac{4\pi w}{t} \right) \right] \right\} \tag{11.178}$$

$$\varepsilon_{\text{eff}} = \frac{\varepsilon_{\text{r}} + 1}{2} + \frac{\varepsilon_{\text{r}} - 1}{2} \left[\left(1 + 12 \frac{h}{w} \right)^{-0{,}5} + 0{,}04 \left(1 - \frac{w}{h} \right)^2 \right] \tag{11.179}$$

f = Frequenz,

w = Streifenbreite,

h = Substratdicke,

Z_0 = Wellenwiderstand, berechnet nach Gl. 11.120.

11.7.6.5 Frequenzgrenzen der Mikrostreifenleitung

Der nutzbare Frequenzbereich einer Mikrostreifenleitung ist durch verschiedene parasitäre Effekte begrenzt, d. h. es breiten sich höhere Wellentypen aus und Strahlungsfelder machen sich zunehmend bemerkbar. Für eine praktische Anwendung muss der zulässige Frequenzbereich einer Mikrostreifenleitung abgeschätzt werden, wofür Näherungsformeln existieren. Es sollten alle Frequenzen der nachfolgend aufgeführten drei Effekte berechnet und der jeweils kritischste Fall zugrunde gelegt werden.

Der erste höhere (unerwünschte) Wellentyp des Modenspektrums ist gegeben durch:

$$f_{\text{c}} \approx \frac{300}{\sqrt{\varepsilon_{\text{r}}} \cdot (2w + 0{,}8h)} \qquad f_{\text{c}} \text{ in GHz, } w \text{ und } h \text{ in mm} \tag{11.180}$$

Die Strahlung einer Mikrostreifenleitung ist u. a. durch die Anregung von Oberflächenwellen gegeben. Die Oberflächenwelle vom TM-Typ niedrigster Ordnung hat keine untere Frequenzgrenze, d. h. sie kann sich bei beliebiger Frequenz ausbreiten. Sie wird jedoch nur dann von dem Quasi-TEM-Typ nennenswert angeregt, wenn die Phasengeschwindigkeit beider Typen annähernd übereinstimmt. Synchronismus ist gegeben bei:

$$f_s \approx \frac{150}{\pi \cdot h} \cdot \sqrt{\frac{2}{\varepsilon_{\text{r}} - 1}} \cdot \arctan\left(\varepsilon_{\text{r}} \right) \qquad f_s \text{ in GHz, } h \text{ in mm} \tag{11.181}$$

Von einer offenen, ungeschirmten Mikrostreifenleitung können Strahlungsfelder angeregt werden, deren Ankopplung an den Quasi-TEM-Typ jedoch nur an Diskontinuitäten erfolgt. Die Frequenz, bei welcher dieser Effekt signifikant wird, ist nach Hammerstad und Bekkadal wie folgt abzuschätzen:

$$f\,(\text{GHz}) \cdot h\,(\text{mm}) > 2{,}14 \cdot \sqrt[4]{\varepsilon_{\text{r}}} \tag{11.182}$$

11.7.6.6 Mikrostreifenleitung und weitere Bauelemente

Bei der Mikrostreifenleitung zeigt das elektrische Feld hauptsächlich vom Streifen zur rückseitigen Massefläche, d. h. die Leitungsspannung liegt zwischen Streifen und Rückseite. Daher müssen Bauelemente, die quer zur Leitung eingebaut werden, eine Verbindung zur Rückseite der Leiterplatte bekommen, z. B. durch einen Durchbruch in der Leiterplatte oder mit Hilfe einer durchmetallisierten Bohrung (via hole). Dies trifft bei Transistoren zu, die an Basis (Gate) und Kollektor (Drain) mit dem eingangsseitigen bzw. dem ausgangsseitigen Streifen verbunden werden und deren Emitter (Source) auf Masse liegt, d. h. zur Rückseite verbunden werden muss.

Das damit verbundene Problem der Fertigung (THT statt SMD, d. h. Durchstecktechnik statt Oberflächenmontage), aber auch die Verschlechterung der Schaltungseigenschaften durch eine parasitäre Induktivität der Durchverbindung zur rückseitigen Masse, wird vermieden mit der koplanaren Anordnung, bei der die Masse in derselben Ebene liegt wie der Leiterstreifen.

11.7.7 Koplanare Streifenleitung (CPW = Coplanar Waveguide)

Die Leitungsspannung liegt zwischen dem inneren Streifenleiter und den beiden rechts und links daneben liegenden Masseflächen (Abb. 11.43). Der Leitungswellenwiderstand wird durch die Streifenbreite w, die Spaltbreite s sowie die Dicke h und die Dielektrizitätszahl ε_r des Trägersubstrates bestimmt. In monolithischen Schaltungen (MMIC) auf GaAs-Substrat sind die Schlitzweiten gewöhnlich klein im Verhältnis zur Substrathöhe ($s/h < 1$), so dass die Felder kaum noch bis zum unteren Rand des Substrates vordringen. Dadurch geht die Substrathöhe h nicht mehr in die Bestimmung der Leitungskenngrößen ein (ebenso wie eine Rückseitenmetallisierung kaum Einfluss hat). In erster Näherung ist dann die effektive Dielektrizitätszahl ε_{eff} frequenzunabhängig und der Wellenwiderstand Z_0 hängt nur vom Verhältnis w/d ab.

$$Z_0 = \frac{120}{\sqrt{\varepsilon_{\text{eff}}}} \cdot \ln\left(2 \cdot \sqrt{\frac{d}{w}}\right) \ \Omega \ \text{für} \ 0 < \frac{w}{d} < 0{,}173 \tag{11.183}$$

$$Z_0 = \frac{120}{\sqrt{\varepsilon_{\text{eff}}}} \cdot \frac{\pi^2}{4} \cdot \left[\ln\left(2 \cdot \frac{1 + \sqrt{\frac{w}{d}}}{1 - \sqrt{\frac{w}{d}}}\right)\right]^{-1} \ \Omega \ \text{für} \ 0{,}173 < \frac{w}{d} < 1 \tag{11.184}$$

In (11.183) und (11.184) ist $\varepsilon_{\text{eff}} = \frac{1}{2} \cdot (\varepsilon_r + 1)$.

Um eine Ausbreitung höherer Moden zu vermeiden, sollte $d < \lambda/2$ sein. Die Masseflächen beiderseits der Schlitze sollten breiter als $5 \cdot d$ sein.

Bauteile mit einer Verbindung von Signalleiter zu Masse können leicht eingebaut werden. In praktischen Anwendungen wird das Trägersubstrat rückseitig metallisiert und die beiden koplanaren Masseflächen mit der rückseitigen Fläche verbunden (gleiches Potenzial, gleiche Masse), z. B. mit Hilfe von Durchkontaktierungen (via holes) entlang der Leitung. Diese Leitungsform eignet sich auch zur einfachen Kombination mit Microstrip-Leitungen. Koplanarleitungen kann man sehr dicht packen, ohne dass sie sich beeinflussen.

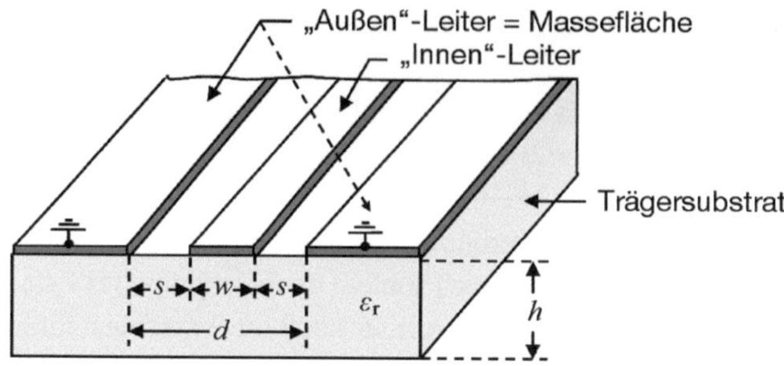

Abb. 11.43 Aufbau der Koplanar-Streifenleitung

11.7.8 Symmetrischer Streifenleiter (stripline)

Bei der homogenen symmetrischen Streifenleitung (Abb. 11.44) (triplate-stripline, stripline, centered stripline, sandwich line) ist die wirksame Permittivität ε_eff gleich dem ε_r des Dielektrikums, da im Gegensatz zu den Mikrostreifenleitern kein geschichteter Aufbau mit verschiedenen ε_r vorliegt. Es liegt eine reine TEM-Welle vor. Hier gilt somit:

$$\varepsilon_\mathrm{eff} = \varepsilon_\mathrm{r} \text{ und } \lambda = \lambda_0 \cdot \frac{1}{\sqrt{\varepsilon_\mathrm{r}}}$$

Die folgende Formel gibt an, wie der Wellenwiderstand Z_0 mit guter Näherung (Fehler $< 0{,}5\,\%$) berechnet werden kann.

$$Z_0 = \frac{30}{\sqrt{\varepsilon_\mathrm{r}}} \cdot \ln\left[1 + A \cdot \left(2 \cdot A + \sqrt{4 \cdot A^2 + 6{,}27}\right)\right] \tag{11.185}$$

Zuerst werden zwei Hilfsgrößen bestimmt:

$$x = \frac{t}{b}; \quad m = \frac{2}{1 + \frac{2}{3} \cdot \frac{x}{1-x}};$$

Mit x und m wird berechnet:

$$\Delta w = \frac{x \cdot (b - t)}{\pi\,(1 - x)} \cdot \left\{1 - \frac{1}{2} \cdot \ln\left[\left(\frac{x}{2 - x}\right)^2 + \left(\frac{0{,}0796 \cdot x}{\frac{w}{b} + 1{,}1 \cdot x}\right)^m\right]\right\}$$

Der Wert für $A = \frac{4}{\pi} \cdot \frac{b-t}{w+\Delta w}$ wird in (11.185) eingesetzt.

Abb. 11.44 Aufbau einer symmetrischen Streifenleitung

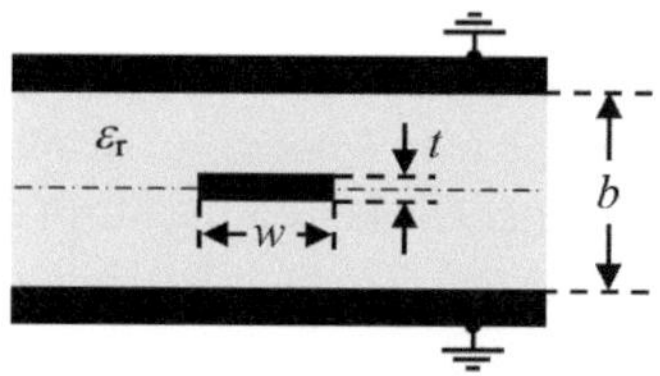

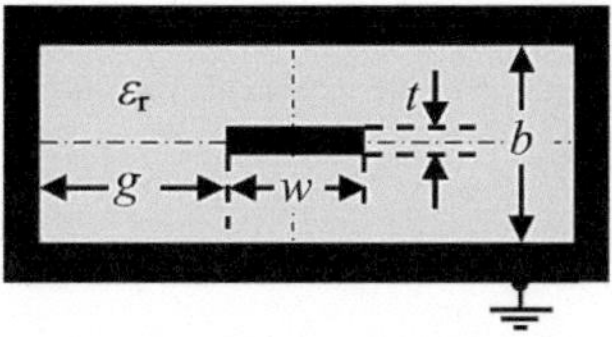

Abb. 11.45 Aufbau einer geschirmten, symmetrischen Streifenleitung

Ein Vorteil der symmetrischen Streifenleitung ist eine Abschirmung der Struktur gegenüber der Außenwelt. Eine sehr flache Bauweise der gesamten (passiven) Schaltung ist möglich. Da die effektive Permittivität ε_eff gleich dem ε_r des Dielektrikums entspricht und daher vergleichsweise hoch ist, führt dies zu einer kompakten Schaltung. Die Dispersion ist gering.

Nachteilig sind der höhere Aufwand (man benötigt noch eine Deckschicht). Die Tatsache, dass die gesamte Energie im Dielektrikum geführt wird, führt zu höheren Verlusten. Konzentrierte Bauelemente sind schwierig einzubauen.

Auch für die symmetrische Streifenleitung kann eine obere Grenzfrequenz f_c angegeben werden. Oberhalb dieser Frequenz entstehen zur dominierenden TEM-Welle gleichberechtigte Wellen höherer Ordnung.

$$
f_\mathrm{c} = \frac{1{,}5 \cdot 10^8}{b \cdot \sqrt{\varepsilon_\mathrm{r}}} \cdot \frac{1}{\frac{w}{b} + \frac{\pi}{4}} \quad (w \text{ und } b \text{ in cm}) \tag{11.186}
$$

11.7.9 Abgeschirmter symmetrischer Streifenleiter (shielded stripline)

Bei der symmetrischen Streifenleitung nach Abschn. 11.7.8 wird eine unendliche Ausdehnung der Ebenen angenommen. Mit der Form in Abb. 11.45 kann der Einfluss abschirmender Seitenwände berücksichtigt werden.

$$
\begin{aligned}
Z_0 = \frac{30\pi}{\sqrt{\varepsilon_\mathrm{r}}} \Bigg[&\frac{\frac{w}{b}}{1 - \frac{t}{b}} + \frac{1}{\pi \cdot \ln 2} \left\{ \frac{b}{b-t} \cdot \ln\left(\frac{2b-t}{t}\right) + \ln\left[\frac{t(2b-t)}{(b-t)^2}\right] \right\} \\
&\cdot \ln\left(1 + \coth\frac{\pi g}{b}\right) \Bigg]^{-1} \Omega
\end{aligned} \tag{11.187}
$$

11.7.10 Koplanare Zweibandleitung (CPS = Coplanar Strips)

Die koplanare Zweibandleitung (Abb. 11.46) besitzt durch ihre einseitige Struktur ähnliche Vorteile gegenüber der Microstripleitung wie die CPW des Abschn. 11.7.7. Auch bei der CPS sind keine Durchkontaktierungen zur Herstellung von Masseverbindungen erforderlich. Dies ist besonders in hybrid integrierten Streifenleiterschaltungen in Verbindung

Abb. 11.46 Schnittdarstellung der koplanaren Zweibandleitung

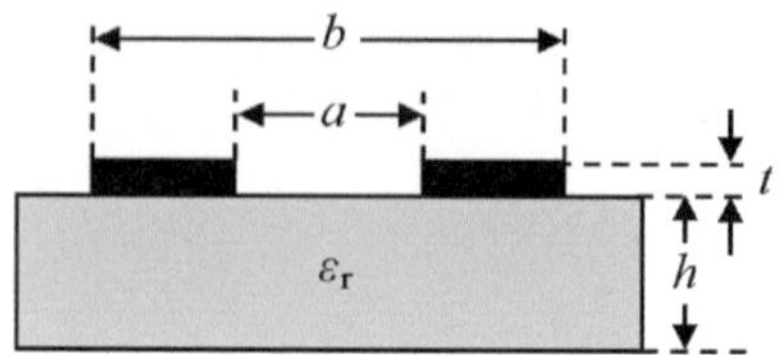

mit SMD-Bauelementen ein Vorteil.

$$Z_0 = \frac{120 \cdot \pi}{\sqrt{\varepsilon_{\text{eff}}}} \frac{K(k)}{K(k')}\ \Omega \tag{11.188}$$

mit

$$\varepsilon_{\text{eff}} = 1 + \frac{\varepsilon_r - 1}{2} \cdot \frac{K\left(k'\right) K\left(k_1\right)}{K\left(k\right) K\left(k_1'\right)}; \quad k = \frac{a}{b}; \qquad k' = \sqrt{1 - k^2};$$

$$k_1 = \frac{\sinh\left(\frac{\pi}{4}\frac{a}{h}\right)}{\sinh\left(\frac{\pi}{4}\frac{b}{h}\right)}; \quad k_1' = \sqrt{1 - k_1^2}$$

Wie man sieht, beinhalten die Ausdrücke für **k und k_1** die **Maße**, nach denen der **Streifenleiter aufgebaut** ist.

Anmerkung zum vollständigen elliptischen Integral

In Gl. 11.188 stellt der Ausdruck $K(k)$ ein „vollständiges elliptisches Integral erster Ordnung" oder „erster Art" dar, mit dem Modul k und dem komplementären Modul $k' = \sqrt{1 - k^2}$.

Als vollständiges elliptisches Integral erster Ordnung wird folgendes Integral bezeichnet:

$$K(k) = \int\limits_0^{\pi/2} \frac{\mathrm{d}\theta}{\sqrt{1 - k^2 \cdot \sin^2 \theta}} = \int\limits_0^1 \frac{\mathrm{d}x}{\sqrt{(1 - x^2)(1 - k^2 x^2)}} \quad (k^2 < 1) \tag{11.189}$$

Eine Lösung dieses Integrals über einen geschlossenen Formelausdruck ist nicht möglich. Die Integration ist also nicht mittels elementarer Funktionen in analytisch geschlossener Form möglich.

$K(k)$ kann für einen Wert von k nicht als geschlossener mathematischer Ausdruck, sondern nur mit einem geeigneten numerischen Näherungsverfahren berechnet werden, z. B. mit der Reihenentwicklung:

$$K(k) = \frac{\pi}{2}\left[1 + \left(\frac{1}{2}\right)^2 k^2 + \left(\frac{1 \cdot 3}{2 \cdot 4}\right)^2 k^4 + \left(\frac{1 \cdot 3 \cdot 5}{2 \cdot 4 \cdot 6}\right)^2 k^6 + \dots\right] \tag{11.190}$$

In der Literatur taucht häufig das *komplementäre* elliptische Integral erster Ordnung $K'(k)$ auf. Es gilt:

$$K'(k) = K(k')$$

(11.191)

Das komplementäre Integral ist gleich dem Integral mit komplementärem Argument.

Der Strich in $K'(k)$ hat nichts mit Differenzieren zu tun.

Ein vollständiges elliptisches Integral kann grundsätzlich von Hand oder mit dem Computer berechnet werden.

Zur Berechnung von Hand von $\frac{K(k)}{K(k')}$ werden hier einfache Näherungsformeln mit hoher Genauigkeit angegeben.

Zur Berechnung des Verhältnisses von vollständigen elliptischen Integralen erster Ordnung wurden von Hilberg[6] sehr genaue Näherungsformeln angegeben.

$$\frac{K(k)}{K(k')} = \begin{cases} \frac{1}{2\pi} \cdot \ln\left(2 \cdot \frac{\sqrt{1+k}+\sqrt[4]{4k}}{\sqrt{1+k}-\sqrt[4]{4k}}\right) & \text{für } 1 \leq \frac{K(k)}{K(k')} \leq \infty \text{ und } \frac{1}{\sqrt{2}} \leq k \leq 1 \\[2ex] \frac{2\pi}{\ln\left(2 \cdot \frac{\sqrt{1+k'}+\sqrt[4]{4k'}}{\sqrt{1+k'}-\sqrt[4]{4k'}}\right)} & \text{für } 0 \leq \frac{K(k)}{K(k')} \leq 1 \text{ und } 0 \leq k \leq \frac{1}{\sqrt{2}} \end{cases}$$

(11.192)

Die Genauigkeit diese Näherungsberechnungen ist besser als $4 \cdot 10^{-12}$.

Statt Gl. 11.192 können folgende Näherungsformeln verwendet werden (Genauigkeit besser als 10^{-5}):

$$\frac{K(k)}{K(k')} = \begin{cases} \frac{1}{\pi} \cdot \ln\left(2 \cdot \frac{1+\sqrt{k}}{1-\sqrt{k}}\right) & \text{für } 0{,}5 \leq k^2 \leq 1 \\[2ex] \frac{\pi}{\ln\left(2 \cdot \frac{1+\sqrt{k'}}{1-\sqrt{k'}}\right)} & \text{für } 0 \leq k^2 \leq 0{,}5 \end{cases}$$

(11.193)

Bei der Untersuchung von Streifenleitungen mit dem Verfahren der konformen (winkeltreuen) Abbildung erhält man in den Ausdrücken für Z_0 und ε_{eff} das besprochene Verhältnis $\frac{K(k)}{K(k')}$.

Kurzanleitung zur Berechnung von Z_0

In den Ausdrücken für k bzw. k_1 sind die Abmessungen des Streifenleiteraufbaus enthalten. k und k_1 werden berechnet. Je nachdem, in welches Intervall k bzw. k_1 fällt, werden k' und k_1' bestimmt, wobei immer gilt: $k' = \sqrt{1-k^2}$, $k_1' = \sqrt{1-k_1^2}$. Mit den oben angegebenen Näherungsformeln wird dann das Verhältnis $\frac{K(k)}{K(k')}$ und $\frac{K(k_1)}{K(k_1')}$ bestimmt und in die Ausdrücke für ε_{eff} und Z_0 eingesetzt (bzw. der Kehrwert des Verhältnisses wird eingesetzt!).

---

[6] Hilberg, Wolfgang: „From Approximation to Exact Relations for Characteristic Impedances", IEEE Transactions on Microwave Theory and Techniques, Vol. MTT-17, No. 5, May 1969, pp. 259–265.

Mit dem Computer können die vollständigen elliptischen Integrale natürlich viel schneller als von Hand berechnet werden. Außerdem hat man den Vorteil, dass das Ergebnis bei einer Änderung der Maße des Streifenleiters praktisch sofort vorliegt. Das anschließende Beispiel zeigt eine Berechnung von Z_0 einer koplanaren Zweibandleitung nach Abb. 11.46 bzw. Gl. 11.188 mit Mathcad Prime.

Beispiel 11.2

Folgende Daten einer koplanaren Zweibandleitung sind gegeben:

$$a := 2\,\text{mm}; \quad b := 3\,\text{mm}; \quad h = 2\,\text{mm}; \quad \varepsilon_\text{r} := 4$$

Somit folgt:

$$k := \frac{a}{b}; \quad k = 0{,}667; \quad k' = \sqrt{1 - k^2}; \quad k' = 0{,}745$$

$$k_1 := \frac{\sinh\left(\frac{\pi \cdot a}{4 \cdot h}\right)}{\sinh\left(\frac{\pi \cdot b}{4 \cdot h}\right)}; \quad k_1 = 0{,}591; \quad k_1' = \sqrt{1 - k_1^2}; \quad k_1' = 0{,}807$$

$$ellipticKnum(k) := \int_0^1 \frac{1}{\sqrt{1 - x^2} \cdot \sqrt{1 - k \cdot x^2}}\mathrm{d}x;$$

$$K(k) := ellipticKnum(k); \quad K(k) = 2{,}029$$

$$ellipticKnum(k) := \int_0^1 \frac{1}{\sqrt{1 - x^2} \cdot \sqrt{1 - k' \cdot x^2}}\mathrm{d}x;$$

$$K(k') := ellipticKnum(k'); \quad K(k') = 2{,}148$$

$$K_{k'k} := \frac{K(k')}{K(k)}; \quad K_{k'k} = 1{,}059$$

$$ellipticKnum(k_1) := \int_0^1 \frac{1}{\sqrt{1 - x^2} \cdot \sqrt{1 - k_1 \cdot x^2}}\mathrm{d}x;$$

$$K(k_1) := ellipticKnum(k_1); \quad K(k_1) = 1{,}94$$

$$ellipticKnum(k_1') := \int_0^1 \frac{1}{\sqrt{1 - x^2} \cdot \sqrt{1 - k_1' \cdot x^2}}\mathrm{d}x;$$

$$K(k_1') := ellipticKnum(k_1'); \quad K(k_1') = 2{,}273$$

$$K_{k1k1'} := \frac{K(k_1)}{K(k_1')}; \quad K_{k1k1'} = 0{,}853; \quad K_{\text{gesamt}} := \frac{K(k')}{K(k)} \cdot \frac{K(k_1)}{K(k_1')}$$

$$K_{\text{gesamt}} := K_{k'k} \cdot K_{k1k1'}; \quad K_{\text{gesamt}} = 0{,}904$$

$$\varepsilon_{\text{eff}} := 1 + \frac{\varepsilon_r - 1}{2} \cdot K_{\text{gesamt}}; \quad \varepsilon_{\text{eff}} = 2{,}355$$

$$Z_0 := \frac{120 \cdot \pi}{\sqrt{\varepsilon_{\text{eff}}}} \cdot \frac{K(k)}{K(k')}; \quad Z_0 = 231{,}992 \ (\text{Ohm})$$

Für die koplanare Zweibandleitung nach Abb. 11.46 wird noch die Dämpfung angegeben.

Der Dämpfungsbeitrag durch das Leitermaterial ist:

$$\alpha_m = 17{,}34 \frac{R_s}{Z_0} \frac{A}{\pi a} \left(1 + \frac{b-a}{2a}\right) \left\{ \frac{\frac{1{,}25}{\pi} \ln\left[\frac{4\pi(b-a)}{2t}\right] + \frac{2{,}5 \cdot t}{\pi(b-a)} + 1}{\left\{1 + \frac{b-a}{a} + \frac{1{,}25 \cdot t}{\pi a}\left[1 + \ln\left[\frac{2\pi(b-a)}{t}\right]\right]\right\}^2} \right\} \frac{\text{dB}}{\text{m}} \tag{11.194}$$

mit $R_s = \sqrt{\pi \mu_0 \rho f}$ und

$$A = \begin{cases} \frac{k}{(k')^{\frac{3}{2}} \cdot (1-k')} \left[\frac{K(k)}{K(k')}\right] & \text{für } 0 \le k^2 \le 0{,}5 \\[2ex] \frac{1}{\sqrt{k} \cdot (1-k)} & \text{für } 0{,}5 \le k^2 \le 1 \end{cases}$$

Die Dämpfung durch das Dielektrikum ist (wie bei der Mikrostreifenleitung, siehe Abschn. 11.7.6.4):

$$\alpha_d = \frac{20 \cdot \pi}{\ln(10)} \cdot \frac{f}{c_0} \cdot \frac{\varepsilon_r}{\sqrt{\varepsilon_{\text{eff}}}} \cdot \frac{\varepsilon_{\text{eff}} - 1}{\varepsilon_r - 1} \cdot \tan\delta_d \ \frac{\text{dB}}{\text{m}} \tag{11.195}$$

Die Gesamtdämpfung ist die Summe aus α_m und α_d.

Auf der Basis des oben erläuterten Verhältnisses $\frac{K(k)}{K(k')}$ werden nun Berechnungsformeln für einige Strukturen von Streifenleitern angegeben.

11.7.11   Asymmetrische koplanare Zweibandleitung

Abb. 11.47 Schnittdarstellung
der asymmetrischen koplanaren Zweibandleitung

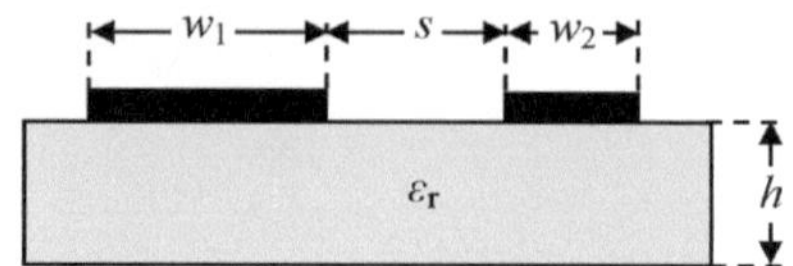

$$Z_0 = \frac{60 \cdot \pi}{\sqrt{\varepsilon_{\text{eff}}}} \frac{K\left(k\right)}{K\left(k'\right)} \, \Omega \tag{11.196}$$

$$\varepsilon_{\text{eff}} = 1 - \frac{(\varepsilon_{\text{r}} - 1)}{2} \frac{K(k)}{K(k')} \frac{K\left(k_1\right)}{K\left(k_1'\right)} \tag{11.197}$$

mit

$$k = \sqrt{\frac{s}{b}\left(1 + \frac{b}{d} - \frac{s}{d}\right)}; \quad b = w_2 + s; \quad d = w_1 + s;$$

$$k_1 = \sqrt{\frac{(x_1 - x_2)(x_3 - x_2)}{(x_1 + x_2)(x_3 + x_2)}};$$

$$x_n = \frac{e^{\alpha_n} - 1}{e^{\alpha_n} + 1} \, (n = 1, 2, 3); \quad \alpha_1 = \frac{\pi}{2}\left(\frac{2 \cdot w_2}{h} + \frac{s}{h}\right); \quad \alpha_2 = \frac{\pi \cdot s}{2 \cdot h};$$

$$\alpha_3 = \frac{\pi}{2}\left(\frac{2 \cdot w_1}{h} + \frac{s}{h}\right);$$

$$k' = \sqrt{1 - k^2}; \quad k_1' = \sqrt{1 - k_1^2}$$

11.7.12   Koplanare Dreibandleitung

Abb. 11.48 Schnittdarstellung
der koplanaren Dreibandleitung

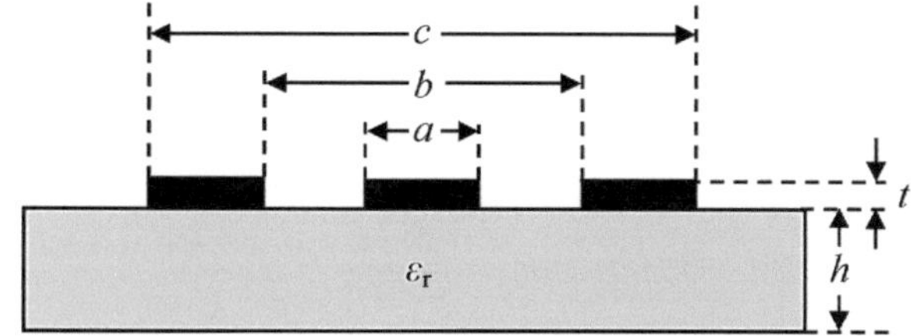

$$Z_0 = \frac{30 \cdot \pi}{\sqrt{\varepsilon_{\text{eff}}}} \frac{K\left(k_1\right)}{K\left(k_1'\right)} \, \Omega \tag{11.198}$$

$$\varepsilon_{\text{eff}} = 1 + \frac{\varepsilon_{\text{r}} - 1}{2} \frac{K\left(k_1\right)}{K\left(k_1'\right)} \frac{K\left(k_2'\right)}{K\left(k_2\right)} + \frac{\varepsilon_{\text{r}} - 1}{2} \frac{K\left(k_2'\right)}{K\left(k_2\right)} \left[\frac{K\left(k_1\right)}{K\left(k_1'\right)}\right]^2 \left(\frac{t}{b - a}\right)$$

$$+ \frac{2 \cdot t}{b - a} \frac{K\left(k_1\right)}{K\left(k_1'\right)} + \left[\frac{t}{b - a} \frac{K\left(k_1\right)}{K\left(k_1'\right)}\right]^2 \tag{11.199}$$

mit

$$k_1 = \frac{c}{b}\sqrt{\frac{b^2 - a^2}{c^2 - a^2}};$$

$$k_2 = \frac{\sinh\left(\frac{\pi c}{4h}\right)}{\sinh\left(\frac{\pi b}{4h}\right)}\sqrt{\frac{\sinh^2\left(\frac{\pi b}{4h}\right) - \sinh^2\left(\frac{\pi a}{4h}\right)}{\sinh^2\left(\frac{\pi c}{4h}\right) - \sinh^2\left(\frac{\pi a}{4h}\right)}};$$

$$k_n' = \sqrt{1 - k_n^2}\ (n = 1, 2)$$

11.7.13 Koplanare Dreibandleitung mit Massefläche

Abb. 11.49 Schnittdarstellung der koplanaren Dreibandleitung mit rückseitiger Massefläche

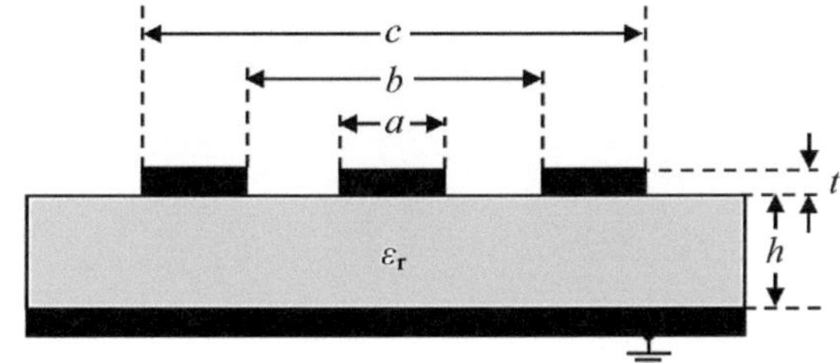

$$Z_0 = \frac{60\pi}{\sqrt{\varepsilon_{\text{eff}}}}\cdot\frac{1}{\dfrac{K(k_1)}{K(k_1')} + \dfrac{K(k_2)}{K(k_2')} + \dfrac{2t}{b-a}} \tag{11.200}$$

$$\varepsilon_{\text{eff}} = \frac{\dfrac{K(k_1)}{K(k_1')} + \varepsilon_r\dfrac{K(k_2)}{K(k_2')} + \dfrac{2t}{b-a}}{\dfrac{K(k_1)}{K(k_1')} + \dfrac{K(k_2)}{K(k_2')} + \dfrac{2t}{b-a}} \tag{11.201}$$

mit

$$k_1 = \frac{c}{b}\sqrt{\frac{b^2 - a^2}{c^2 - a^2}};$$

$$k_2 = \frac{\tanh\left(\frac{\pi a}{4h}\right)}{\tanh\left(\frac{\pi b}{4h}\right)};$$

$$k_n' = \sqrt{1 - k_n^2}\ (n = 1, 2)$$

11.7.14 Koplanare Streifenleitung (CPW) mit Berücksichtigung der Leiterdicke

Abb. 11.50 Schnittdarstellung der koplanaren Streifenleitung (siehe auch Abschn. 11.7.7)

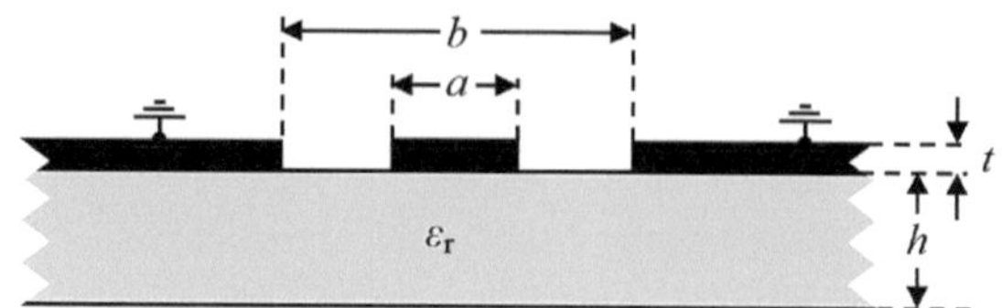

$$Z_0 = \frac{30\pi}{\sqrt{\varepsilon_{\mathrm{eff},t}}} \frac{K\left(k_t'\right)}{K\left(k_t\right)} \tag{11.202}$$

$$\varepsilon_{\mathrm{eff},t} = \varepsilon_{\mathrm{eff}} - \frac{\varepsilon_{\mathrm{eff}} - 1}{\frac{b-a}{1{,}4\cdot t}\frac{K(k)}{K(k')} + 1} \tag{11.203}$$

$$\varepsilon_{\mathrm{eff}} = 1 + \frac{\varepsilon_{\mathrm{r}} - 1}{2}\frac{K(k')}{K(k)}\frac{K\left(k_1\right)}{K\left(k_1'\right)} \tag{11.204}$$

mit

$$k = \frac{a}{b}; \quad k_t = \frac{a_t}{b_t}; \quad a_t = a + \frac{1{,}25\cdot t}{\pi}\left[1 + \ln\left(\frac{4\pi a}{t}\right)\right];$$

$$b_t = b - \frac{1{,}25\cdot t}{\pi}\left[1 + \ln\left(\frac{4\pi a}{t}\right)\right]$$

$$k' = \sqrt{1 - k^2}; \quad k_t' = \sqrt{1 - k_t^2}; \quad k_1 = \frac{\sinh\left(\frac{\pi a_t}{4h}\right)}{\sinh\left(\frac{\pi b_t}{4h}\right)}; \quad k_1' = \sqrt{1 - k_1^2}$$

Der Dämpfungsbeitrag durch das Leitermaterial dieser Struktur ist:

$$\alpha_m = \frac{\sqrt{\pi\mu_0\rho f}\,\sqrt{\varepsilon_{\mathrm{eff}}}\,[\Phi(a) + \Phi(b)]}{480\cdot\pi\cdot K(k)\cdot K(k')\cdot k'}\ \mathrm{Np/m}\ (1\,\mathrm{Np} = 8{,}686\,\mathrm{dB}) \tag{11.205}$$

mit

$$\Phi(a) = \frac{\pi}{a} + \frac{\ln\left[\frac{8\pi a(1-k)}{t(1+k)}\right]}{a}; \quad \Phi(b) = \frac{\pi}{b} + \frac{\ln\left[\frac{8\pi b(1-k)}{t(1+k)}\right]}{b}$$

11.7.15   Koplanare Streifenleitung (CPW) mit rückseitiger Massefläche

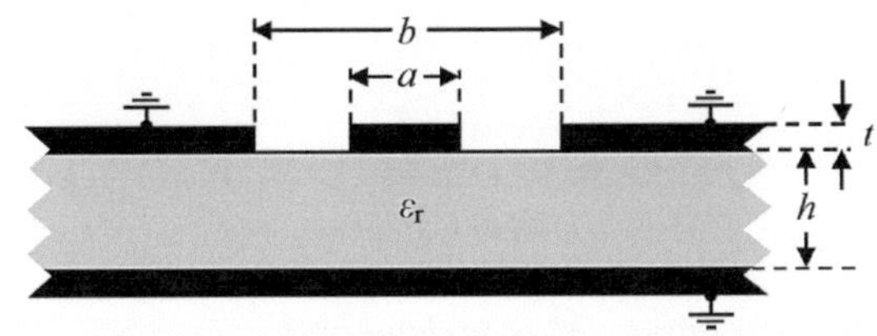

Abb. 11.51 Schnittdarstellung
der koplanaren Streifenleitung
mit rückseitiger Massefläche

$$Z_0 = \frac{60\pi}{\sqrt{\varepsilon_{\text{eff}}}} \frac{1}{\frac{K(k)}{K(k')} + \frac{K(k_1)}{K(k_1')}} \tag{11.206}$$

$$\varepsilon_{\text{eff}} = \frac{1 + \varepsilon_{\text{r}} \frac{K(k')}{K(k)} \frac{K(k_1)}{K(k_1')}}{1 + \frac{K(k')}{K(k)} \frac{K(k_1)}{K(k_1')}} \tag{11.207}$$

mit

$$k = \frac{a}{b}; \quad k' = \sqrt{1 - k^2}; \quad k_1 = \frac{\tanh\left(\frac{\pi a}{4h}\right)}{\tanh\left(\frac{\pi b}{4h}\right)}; \quad k_1' = \sqrt{1 - k_1^2}$$

11.7.16   Koplanare Streifenleitung mit oberer Masse-Abschirmfläche

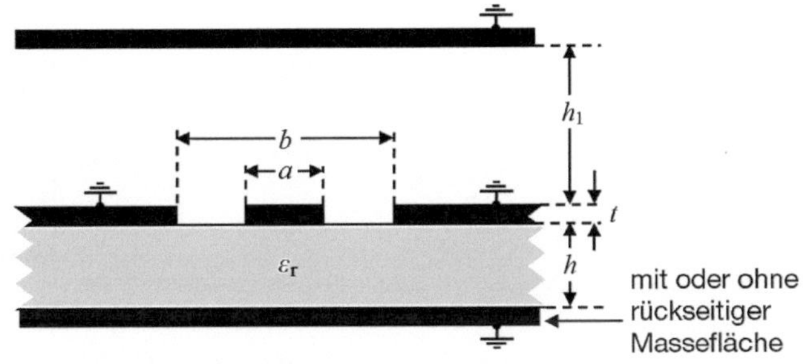

Abb. 11.52 Schnitt durch oben
mit Massefläche abgeschirmte,
koplanare Streifenleitung

Ohne rückseitiger Massefläche gelten die Gleichungen:

$$Z_0 = \frac{60\pi}{\sqrt{\varepsilon_{\text{eff}}}} \frac{1}{\frac{K(k)}{K(k')} + \frac{K(k_2)}{K(k_2')}} \tag{11.208}$$

$$\varepsilon_{\text{eff}} = 1 + \frac{\frac{K(k_1)}{K(k_1')}}{\frac{K(k)}{K(k')} + \frac{K(k_2)}{K(k_2')}} (\varepsilon_{\text{r}} - 1) \tag{11.209}$$

mit

$$k = \frac{a}{b}; \quad k' = \sqrt{1 - k^2}; \quad k_1 = \frac{\sinh\left(\frac{\pi a}{h}\right)}{\sinh\left(\frac{\pi b}{h}\right)}; \quad k_1' = \sqrt{1 - k_1^2};$$

$$k_2 = \frac{\tanh\left(\frac{\pi a}{h_1}\right)}{\tanh\left(\frac{\pi b}{h_1}\right)}; \quad k_2' = \sqrt{1 - k_2^2}$$

Mit rückseitiger Massefläche gilt:

$$Z_0 = \frac{60\pi}{\sqrt{\varepsilon_{\text{eff}}}} \frac{1}{\frac{K(k)}{K(k')} + \frac{K(k_1)}{K(k_1')}} \tag{11.210}$$

$$\varepsilon_{\text{eff}} = 1 + \frac{\frac{K(k)}{K(k')}}{\frac{K(k)}{K(k')} + \frac{K(k_1)}{K(k_1')}} (\varepsilon_{\text{r}} - 1) \tag{11.211}$$

mit

$$k = \frac{\tanh\left(\frac{\pi a}{h}\right)}{\tanh\left(\frac{\pi b}{h}\right)}; \quad k' = \sqrt{1 - k^2}; \quad k_1 = \frac{\tanh\left(\frac{\pi a}{h_1}\right)}{\tanh\left(\frac{\pi b}{h_1}\right)}; \quad k_1' = \sqrt{1 - k_1^2}$$

11.7.17 Kantengekoppelter symmetrischer Streifenleiter (narrow side coupled stripline)

Abb. 11.53 Kantengekoppelte
stripline unter Vernachlässigung der Leiterdicke

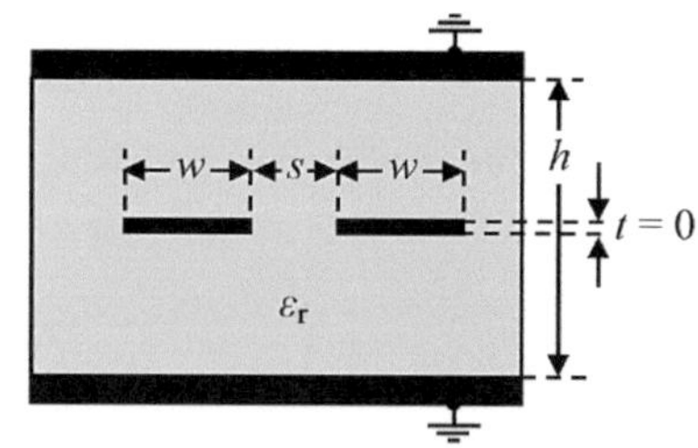

Der Wellenwiderstand für *Gleichtakterregung* ist:

$$Z_{0,e} = \frac{30\pi}{\sqrt{\varepsilon_{\text{r}}}} \frac{K\left(k_e'\right)}{K\left(k_e\right)} \tag{11.212}$$

Der Wellenwiderstand für *Gegentakterregung* ist:

$$Z_{0,o} = \frac{30\pi}{\sqrt{\varepsilon_{\text{r}}}} \frac{K\left(k_o'\right)}{K\left(k_o\right)} \tag{11.213}$$

mit

$$k_e = \tanh\left(\frac{\pi}{2}\frac{w}{h}\right)\cdot\tanh\left(\frac{\pi}{2}\frac{w+s}{h}\right); \quad k_o = \tanh\left(\frac{\pi}{2}\frac{w}{h}\right)\cdot\coth\left(\frac{\pi}{2}\frac{w+s}{h}\right);$$

$$k_e' = \sqrt{1-k_e^2}; \quad k_o' = \sqrt{1-k_o^2}$$

11.8   Bauelemente in Microstrip-Technik und Anwendungsbeispiele

Konzentrierte (lumped) Bauelemente sind ideale Bauteile ohne parasitäre Größen. Verteilte Bauelemente sind nichtideale Bauteile, die durch eine Ersatzschaltung aus konzentrierten Bauteilen beschrieben werden.

Mit Streifenleitungen können passive konzentrierte und passive verteilte Bauelemente realisiert werden. Die folgenden Beispiele beziehen sich auf Mikrostreifenleitungen. Meist ist die Realisierung auch mit anderen Leitungstypen möglich.

Für einige grundsätzliche Realisierungen erfolgen Angaben zur Dimensionierung in Form von Näherungsformeln.

Diskontinuitäten

Unter Diskontinuitäten in Streifenleitungen (und anderen Leitungstypen) werden alle die Wellenausbreitung durch Feldverzerrung gewollt oder ungewollt störenden Änderungen der kontinuierlichen Leitungsgeometrie verstanden. Typische Diskontinuitäten sind Leitungsknicke, plötzliche Änderungen des Leitungsquerschnitts, Leitungsverzweigungen und Durchkontaktierungen (Vias). Mit Diskontinuitäten können Bauteile oder Filter realisiert werden. Diskontinuitäten der Leiterbahnen verändern aber auch den Wellenwiderstand der Leitung und verursachen evtl. störende Reflexionen.

Durch Diskontinuitäten der Leitungen können also z. B. auf einer Leiterplatte passive Bauteile wie Kondensatoren oder Induktivitäten bzw. deren Zusammenschaltung realisiert werden, die Effekte der Diskontinuitäten sind dann beabsichtigt. Andererseits können durch eine notwendige Leitungsführung bedingte Diskontinuitäten (z. B. durch eine Leitungsverzweigung) bei hohen Frequenzen ungewollte Effekte hervorgerufen werden, z. B. eine Tiefpasswirkung oder Reflexionen von Signalen. Diese unerwünschten Effekte können durch geeignete Maßnahmen (Leitungsführung bzw. Leitungsgeometrie) kompensiert werden.

Leitungsdiskontinuitäten entstehen bei einem abrupten Wechsel eines der Parameter der Leitung. Da sie meist klein gegenüber der Wellenlänge sind, können sie als konzentriert aufgefasst werden. Es folgen einige wichtige Diskontinuitäten und ihre Ersatzschaltbilder aus konzentrierten Bauelementen.

11.8.1 Rechtwinkliger Leitungsknick

Ein rechtwinkliger Leitungsknick entspricht einem Tiefpass.

Mit den geschlossenen Näherungsformeln von Gupta et al. können die Werte von C und L berechnet werden.

$$\frac{C}{w} = \begin{cases} \dfrac{(14\cdot\varepsilon_r+12{,}5)\cdot\frac{w}{h}-(1{,}83\cdot\varepsilon_r-2{,}25)}{\sqrt{\frac{w}{h}}} + \dfrac{0{,}02\cdot\varepsilon_r}{\frac{w}{h}} \ \left(\frac{\mathrm{pF}}{\mathrm{m}}\right) & \text{für } \frac{w}{h} < 1 \\[2ex] (9{,}5 \cdot \varepsilon_r + 1{,}25) \cdot \frac{w}{h} + 5{,}2 \cdot \varepsilon_r + 7{,}0 \ \left(\frac{\mathrm{pF}}{\mathrm{m}}\right) & \text{für } \frac{w}{h} \geq 1 \end{cases} \qquad (11.214)$$

Der Fehler von C ist kleiner als 5 % für $2{,}5 \leq \varepsilon_r \leq 15$ und $0{,}1 \leq \frac{w}{h} \leq 5$.

$$\frac{L}{h} = 100 \cdot \left(4 \cdot \sqrt{\frac{w}{h}} - 4{,}21 \right) \frac{\mathrm{nH}}{\mathrm{m}} \qquad (11.215)$$

Der Fehler von L ist kleiner als 3 % für $0{,}5 \leq \frac{w}{h} \leq 2{,}0$.

$w = $ Leiterbahnbreite, $h = $ Substratdicke, die Formeln sind gültig bis ca. 10 GHz.

Beispiel 11.3

Wie groß sind die beiden Längsinduktivitäten L und die Querkapazität C eines rechtwinkligen Leitungsknicks einer Mikrostreifenleitung mit der Streifenbreite des Leiters $w = 2{,}8\,\mathrm{mm}$, der Substrathöhe $h = 1{,}57\,\mathrm{mm}$ und einem ε_r des Substrats $\varepsilon_r = 4{,}2$?

Lösung: $\frac{w}{h} = \frac{2{,}8}{1{,}57} = 1{,}783 \geq 1$; damit ist nach Gl. 11.214 unten:

$$\frac{C}{w} = 1{,}783 \cdot (9{,}5 \cdot 4{,}2 + 1{,}25) + 5{,}2 \cdot 4{,}2 + 7$$

$$= 102{,}21 \frac{\mathrm{pF}}{\mathrm{m}} \quad \Rightarrow \quad C = 102{,}21 \cdot 0{,}0028\,\mathrm{pF};$$

$$\underline{\underline{C = 0{,}286\,\mathrm{pF}}}$$

$$\frac{L}{h} = 100 \left(4 \cdot \sqrt{1{,}783} - 4{,}21 \right) = 113{,}12 \frac{\mathrm{nH}}{\mathrm{m}};$$

$$L = 113{,}12 \cdot 0{,}00157\,\mathrm{nH}; \quad L = 0{,}1776\,\mathrm{nH}$$

Häufig ist die Tiefpasswirkung des 90°-Leitungsknicks unerwünscht, da die obere Frequenzgrenze des Systems herabgesetzt wird. Handelt es sich also nicht um erwünschte „Bauteile" eines Filters, sondern um parasitäre Effekte, die möglichst kompensiert werden sollen, so können die Werte von L und C in Abb. 11.54 verkleinert werden, indem die Diskontinuität weniger abrupt ausführt wird. Beispiele sind eine Abschrägung des 90°-Leitungsknicks (Abb. 11.55) oder eine abgerundete Leitungsführung (Abb. 11.56).

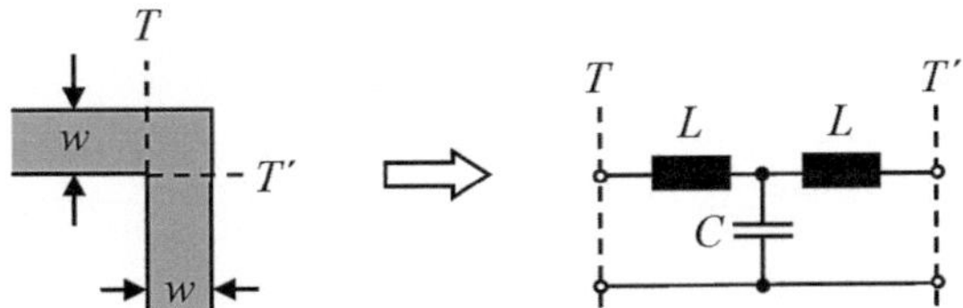

Abb. 11.54 Leitungsknick einer Mikrostreifenleitung und Ersatzschaltbild, T und T' sind jeweils die Bezugsebenen von Ort in der Leitung und Schnittstelle der Ersatzschaltung

Eine optimale Abschrägung (Abb. 11.55) (Optimal Right-Angle Mitered Bend) wird erreicht für:

$$\frac{L}{w} = \sqrt{2} \cdot \left(1{,}04 + 1{,}3 \cdot e^{-1{,}35 \cdot \frac{w}{h}}\right) \tag{11.216}$$

$$d - x = \sqrt{2} \cdot w - \frac{L}{2} \tag{11.217}$$

w = Leiterbahnbreite,
h = Substratdicke.

Die Gleichungen sind gültig für $\frac{w}{h} \geq 0{,}25$ und $\varepsilon_r \leq 25$.

Der Effekt der Diskontinuität wird kompensiert, die Tiefpasswirkung des 90°-Leitungsknicks verschwindet.

Die Abrundung der Leitungsführung (Abb. 11.56b) ist optimal (Kompensation der Diskontinuität), wenn gilt:

$$R \geq 4 \cdot h \tag{11.218}$$

h = Substratdicke

Der Nachteil der Abrundung ist ein relativ hoher Platzbedarf.

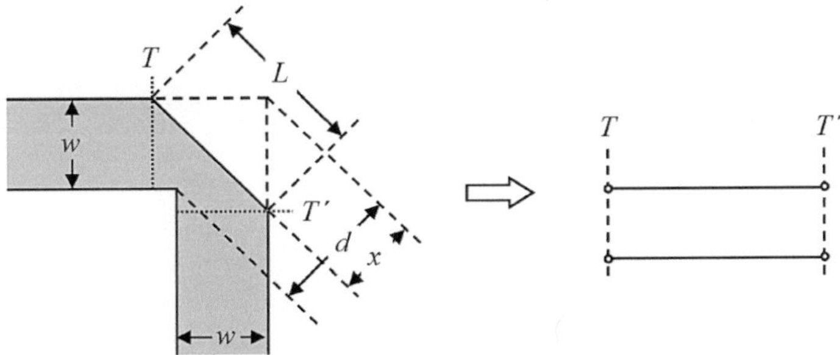

Abb. 11.55 Abgeschrägter 90°-Leitungsknick und Ersatzschaltbild

Abb. 11.56 Abschwächung der Diskontinuität durch 45°-Abschrägung (**a**) und durch Abrundung (**b**)

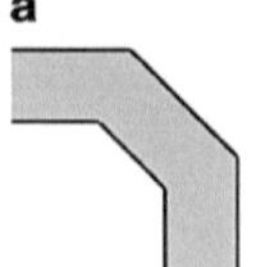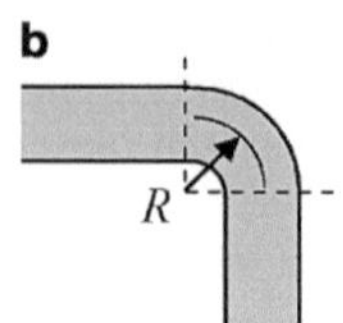

11.8.2 Leitungsunterbrechung

Abb. 11.57 Leitungsunterbrechung einer Mikrostreifenleitung und Ersatzschaltbild

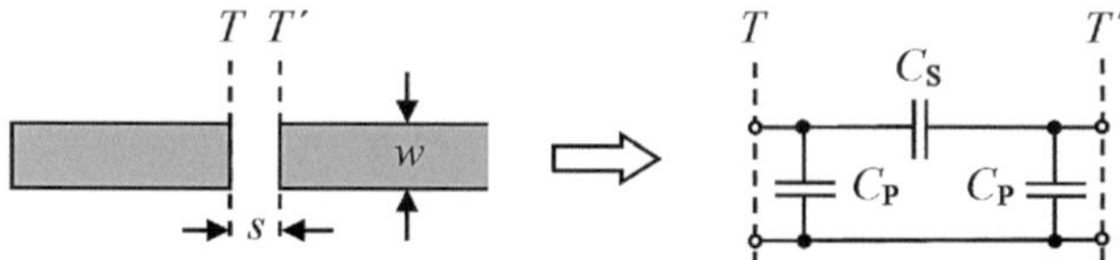

$$C_P = 0{,}5 \cdot C_e \tag{11.219}$$

$$C_S = 0{,}5 \cdot C_o - 0{,}25 \cdot C_e \tag{11.220}$$

Hierin sind:

$$\frac{C_o}{w} = \left(\frac{\varepsilon_r}{9{,}6}\right)^{0{,}8} \cdot \left(\frac{s}{w}\right)^{m_o} \cdot e^{k_o} \, \frac{\mathrm{pF}}{\mathrm{m}} \tag{11.221}$$

$$\frac{C_e}{w} = \left(\frac{\varepsilon_r}{9{,}6}\right)^{0{,}9} \cdot 12 \cdot \left(\frac{s}{w}\right)^{m_e} \cdot e^{k_e} \left[\frac{\mathrm{pF}}{\mathrm{m}}\right] \tag{11.222}$$

mit

$$\left.\begin{aligned} m_o &= \frac{w}{h}\left[0{,}619 \cdot \log\left(\frac{w}{h}\right) - 0{,}3853\right] \\ k_o &= 4{,}26 - 1{,}453 \cdot \log\left(\frac{w}{h}\right) \end{aligned}\right\} \text{ für } 0{,}1 \leq \frac{s}{w} \leq 1{,}0 \tag{11.223}$$

Für m_e und k_e liegt der Bereich von s/w in zwei Intervallen:

$$\left.\begin{aligned} m_e &= 0{,}8675 \\ k_e &= 2{,}043 \cdot \left(\frac{w}{h}\right)^{0{,}12} \end{aligned}\right\} \text{ für } 0{,}1 \leq \frac{s}{w} \leq 0{,}3 \tag{11.224}$$

$$\left.\begin{aligned} m_e &= \frac{1{,}565}{\left(\frac{w}{h}\right)^{0{,}16}} - 1 \\ k_e &= 1{,}97 - \frac{0{,}03}{\frac{w}{h}} \end{aligned}\right\} \text{ für } 0{,}3 \leq \frac{s}{w} \leq 1{,}0 \tag{11.225}$$

w = Leiterbahnbreite,
h = Substratdicke.

Der Fehler ist kleiner als 7 % für $2{,}5 \leq \varepsilon_r \leq 15$ und $0{,}5 \leq \frac{w}{h} \leq 2$.

11.8.3 Leiterbreitenstufe

Abb. 11.58 Leiterbreitenstufe
einer Mikrostreifenleitung und
Ersatzschaltbild

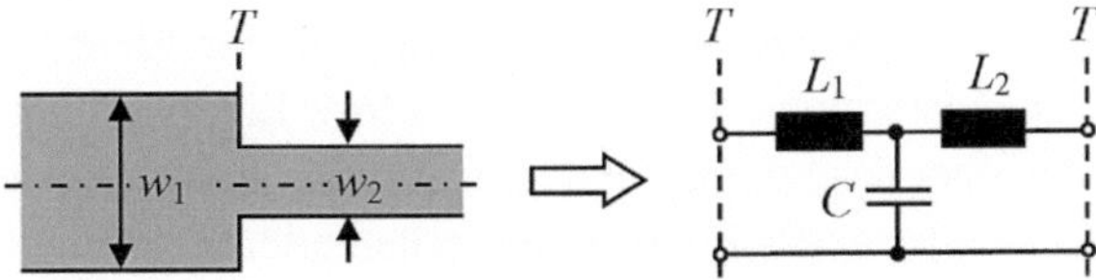

Springt die Leiterbreite von einer Breite w_1 auf eine Breite w_2 ($w_1 > w_2$), so ändert
sich der Wellenwiderstand sprunghaft, zusätzlich müssen parasitäre Effekte berücksichtigt werden. Die Felddiskontinuitäten zeigen sich in einer Einschnürung der Stromlinien
und einem Streufeld an der Stirnseite des breiteren Leiters. Die Stromeinschnürung wirkt
induktiv, das Streufeld kapazitiv.

$$C = 0{,}00137 \cdot h \cdot \frac{\sqrt{\varepsilon_{\text{eff1}}}}{Z_{01}} \left(1 - \frac{w_2}{w_1}\right) \left(\frac{\varepsilon_{\text{eff1}} + 0{,}3}{\varepsilon_{\text{eff1}} - 0{,}258}\right) \left(\frac{\frac{w_1}{h} + 0{,}264}{\frac{w_1}{h} + 0{,}8}\right) \text{ pF} \qquad (11.226)$$

$$L_1 = \frac{L_{w1}}{L_{w1} + L_{w2}} L \qquad (11.227)$$

$$L_2 = \frac{L_{w2}}{L_{w1} + L_{w2}} L \qquad (11.228)$$

mit

$$L_{wi} = \frac{Z_{0i}}{c_0} \cdot \sqrt{\varepsilon_{\text{eff}i}} \qquad (11.229)$$

$$L = 0{,}000987 \cdot h \cdot \left(1 - \frac{Z_{01}}{Z_{02}} \sqrt{\frac{\varepsilon_{\text{eff1}}}{\varepsilon_{\text{eff2}}}}\right)^2 \text{ nH} \qquad (11.230)$$

Für $i = 1, 2$ sind L_{wi} die Induktivitäten pro Längeneinheit (Induktivitätsbeläge), Z_{0i}
die Wellenwiderstände (nach Gl. 11.131) und $\varepsilon_{\text{eff}i}$ die effektiven Permittivitäten (nach
Gl. 11.128) der jeweiligen Mikrostreifenleitung mit der Breite w_1 und w_2. c_0 ist die Lichtgeschwindigkeit im Vakuum, h ist die Substratdicke in Mikrometer.

Eine Abschrägung oder Abrundung der Änderung der Leiterbreite verringert die Diskontinuität, die Tiefpasswirkung wird geringer.

11.8.4 Mikrostreifenleerlauf

Abb. 11.59 Offenes Leitungsende (Leerlauf) einer
Mikrostreifenleitung und Ersatzschaltbild

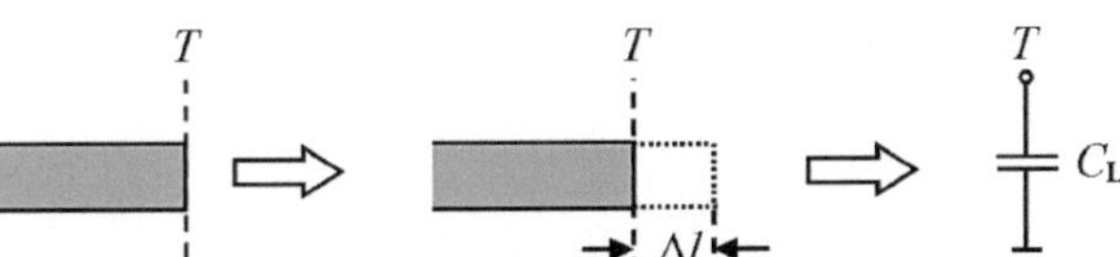

Endet eine Mikrostreifenleitung abrupt, so sollte sich idealerweise eine Impedanz von $Z_L = \infty$ (idealer Leerlauf) einstellen. Das Feld der Microstrip endet jedoch nicht abrupt am Leitungsende, sondern setzt sich als Streufeld (als zusätzliches Endfeld) noch weiter in Längsrichtung des Microstrips fort. Einerseits entspricht die Verlängerung der Feldlinien über das Leitungsende hinaus einer Belastung des Leitungsendes mit einer Kapazität C_L. Andererseits können die verlängerten Feldlinien auch als eine Verlängerung Δl der Leitung betrachtet werden. Der Zusammenhang zwischen Δl und C_L lautet:

$$\Delta l = C_L \cdot Z_0 \cdot \frac{c_0}{\sqrt{\varepsilon_{\text{eff}}}} \tag{11.231}$$

mit Z_0 nach Gl. 11.131 und ε_{eff} nach Gl. 11.128.

$c_0 =$ Lichtgeschwindigkeit im Vakuum

Die Verlängerung Δl der Leitung (und damit C_L) kann berechnet werden.

Die folgenden Gleichungen gehen vom statischen (frequenzunabhängigen) Fall für relativ niedrige Frequenzen aus. Für $f < 10\,\text{GHz}$ liegt die frequenzabhängige Δl-Verlängerung unter 2 %.

Für $0{,}2 \leq \frac{w}{h} < 3$ und $2 \leq \varepsilon_r \leq 50$ ergibt folgende Formel einen Fehler unter 4 %:

$$\Delta l = h \cdot 0{,}412 \cdot \frac{(\varepsilon_{\text{eff}} + 0{,}3)\left(\frac{w}{h} + 0{,}264\right)}{(\varepsilon_{\text{eff}} - 0{,}258)\left(\frac{w}{h} + 0{,}813\right)} \tag{11.232}$$

Die folgende Formel von Hammerstad hat einen Fehler kleiner 1,7 % für $w/h < 20$.

$$\frac{\Delta l}{h} = 0{,}102 \cdot \frac{\frac{w}{h} + 0{,}106}{\frac{w}{h} + 0{,}264} \cdot \left\{ 1{,}166 + \frac{\varepsilon_r + 1}{\varepsilon_r}\left[0{,}9 + \ln\left(\frac{w}{h} + 2{,}475\right)\right]\right\} \tag{11.233}$$

Die Genauigkeit des nachstehenden Gleichungssystems nach Kirschning, Jansen und Koster ist besser als 0,2 % für $0{,}01 \leq \frac{w}{h} \leq 100$ und $1 \leq \varepsilon_r \leq 128$.

$$\frac{\Delta l}{h} = \frac{A \cdot C \cdot E}{D} \tag{11.234}$$

mit

$$A = 0{,}434907 \cdot \frac{\left(\varepsilon_{\text{eff}}^{0{,}81} + 0{,}26\right)\left[\left(\frac{w}{h}\right)^{0{,}8544} + 0{,}236\right]}{\left(\varepsilon_{\text{eff}}^{0{,}81} - 0{,}189\right)\left[\left(\frac{w}{h}\right)^{0{,}8544} + 0{,}87\right]} \tag{11.235}$$

$$B = 1 + \frac{\left(\frac{w}{h}\right)^{0{,}371}}{2{,}358 \cdot \varepsilon_r + 1} \tag{11.236}$$

$$C = 1 + \frac{0{,}5274}{\varepsilon_{\text{eff}}^{0{,}9236}} \cdot \arctan\left[0{,}084 \cdot \left(\frac{w}{h}\right)^{\frac{1{,}9413}{B}}\right] \tag{11.237}$$

$$D = 1 + 0{,}0377 \cdot \left[6 - 5 \cdot e^{0{,}036 \cdot (1-\varepsilon_r)}\right] \cdot \arctan\left[0{,}067 \cdot \left(\frac{w}{h}\right)^{1{,}456}\right] \qquad (11.238)$$

$$E = 1 - 0{,}218 \cdot e^{-7{,}5 \cdot \frac{w}{h}} \qquad (11.239)$$

11.8.5 Beispiele für die Realisierung von Bauelementen und elementaren Schaltungen

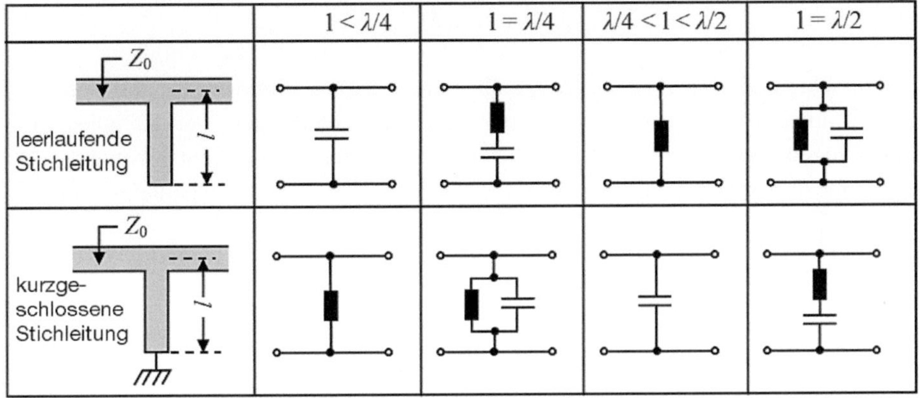

Abb. 11.60 Stichleitungen als verteilte Elemente. Der Wellenwiderstand der Stichleitung kann vom Wellenwiderstand der anderen Leitung abweichen

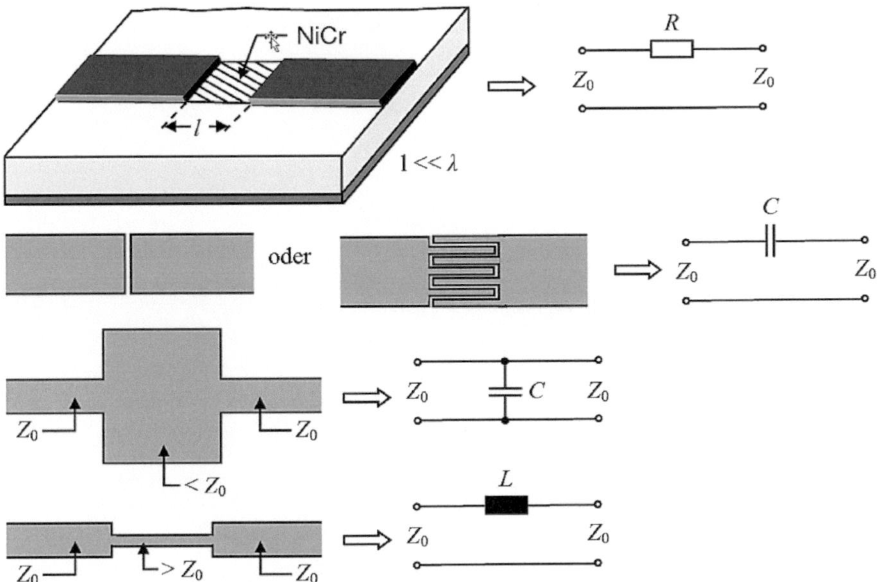

Abb. 11.61 Beispiele für die Realisierung von „konzentrierten" Streifenleitungsbauteilen, R: bis 200 Ω, C: 0,1 bis 50 pF, L: bis 10 nH

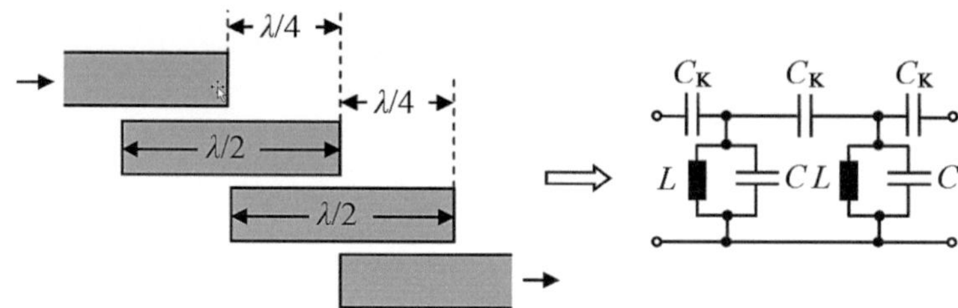

Abb. 11.62 Bandpassfilter können mit Leitungsstücken der Länge $\lambda/2$ aufgebaut werden, welche über eine Länge von $\lambda/4$ miteinander gekoppelt sind

Zum Schluss dieses Kapitels sei noch einmal darauf hingewiesen, dass es wegen der Vielfältigkeit der Ausführungsformen von Streifenleitungen, der Komplexität der Berechnungen und des hohen Rechenaufwandes sehr sinnvoll ist, entsprechende CAD-Programme anzuwenden, von denen einige bereits in Abschn. 11.7.6 genannt wurden.

Lichtwellenleiter 12

12.1 Vor- und Nachteile des Lichtwellenleiters

Der Begriff Lichtwellenleiter ist in der DIN 47002 und VDE 0888 genormt und besagt, dass es sich um einen Leiter handelt, in dem moduliertes Licht übertragen wird. Glasfasern (optical fibers) werden aus Kunststoff oder Glas hergestellt. Lichtwellenleiter (LWL) oder optische Fasern sind kaum teurer als Kupferleitungen und haben zudem, insbesondere auf längeren Übertragungsstrecken, erhebliche Vorteile.

Vorteile

- geringe Dämpfung $d < 0{,}1 \ldots 0{,}5\,\mathrm{dB/km}$
- vollkommen unempfindlich gegen elektrische und magnetische Störungen
- kein Übersprechen zwischen den Leitungen, keine Abstrahlung von Störfeldern, abhörsicher
- nicht explosionsgefährlich, keine Stromschläge oder Kurzschlüsse möglich
- Potenzialfreiheit, geeignet für Signalübertragung zwischen Orten unterschiedlichen Potenzials bis zu einigen $100\,\mathrm{kV}$, durch die galvanische Trennung keine Erdungsprobleme (keine Erdschleifen)
- hohe Bandbreiten, d. h. extrem hohe Übertragungsleistung, sowohl Datenrate (bis zu mehreren Tbit/s) als auch Entfernung (bis zu $100\,\mathrm{km}$ ohne Repeater) betreffend
- kleine Abmessungen, geringes Gewicht, große Biegsamkeit.

Nachteile

- Lichtleiter können keine größeren Energiemengen übertragen. Für Zwischenverstärker muss eine eigene Stromversorgung bereitgestellt oder Kupferkabel mitverlegt werden.
- Bei Arbeiten an Lichtleitern sind Schutzbrillen erforderlich. Blickt man direkt in einen von einem Laser gespeisten Lichtleiter, kann in Sekundenbruchteilen ein permanenter Schaden an der Retina entstehen.

© Springer Fachmedien Wiesbaden GmbH, ein Teil von Springer Nature 2019
L. Stiny, *Passive elektronische Bauelemente*, https://doi.org/10.1007/978-3-658-24733-1_12

- Besonders Kunststoff-Lichtleiter sind sehr temperaturempfindlich. Bei extremen Temperaturen verändert sich das Brechzahlverhältnis zwischen Mantel und Kern. Die Totalreflexion wird gestört und zunehmend mehr Strahlen verlassen den Kern.
- Aufwendige Anschlusstechnik: Verbindungen von Lichtleitern mit Geräten oder anderen Lichtleitern sind verhältnismäßig aufwendig und teuer.

12.2   Einsatz von Lichtwellenleitern

Lichtwellenleiter werden in der Nachrichtentechnik zur Informationsübertragung eingesetzt. Abb. 12.1 zeigt Beispiele von Ausführungsformen.

Das Prinzip der optischen Nachrichtenübertragung besteht darin, dass die Strahlungsleistung eines optischen Senders (z. B. LED, Laserdiode) durch ein elektrisches Signal moduliert, das modulierte optische Signal über ein geeignetes Medium (Lichtwellenleiter) zu einem optischen Empfänger (z. B. Fotodiode) übertragen und dort das elektrische Signal zurückgewonnen wird.

Bei der analogen Informationsübertragung mit Lichtwellenleitern werden unterschiedliche Signalpegel in verschiedene Helligkeitsgrade umgesetzt, die dann durch den Lichtleiter übertragen werden. Bei der direkten Signalumwandlung werden die Spannungsschwankungen eines analogen elektrischen Signals direkt als Helligkeitsschwankungen durch den Lichtleiter übertragen. Ein Nachteil dieses Verfahrens ist, dass die Lichtintensität besonders beim Laser nicht proportional zur Eingangsleistung sondern unregelmäßig ansteigt, wodurch die Signale verfälscht werden können. Die elektrooptische Wandlung ist also nur eingeschränkt linear. Durch den Einsatz der digitalen Informationsübertragung, z. B. durch die Übertragung von binären PCM-Signalen (**p**ulse **c**ode **m**odulated), wird dieser Nachteil vermieden. Durch Kompression binärer Daten sowie verschiedener Multiplexverfahren (Trägerfrequenz-, Zeitmultiplexing) werden hohe Übertragungsraten erreicht.

Lichtleiter können aber nicht nur zur Datenübertragung, sondern auch für verschiedene andere Aufgaben genutzt werden. Beispiele sind Endoskope in Medizin und Technik oder die Beleuchtung eines Objektes ohne Lichtquelle vor Ort (z. B. an explosionsgefährdeten Stellen). Lichtleiter können auch als Sensoren zur Messung physikalischer oder chemischer Größen eingesetzt werden.

Abb. 12.1 Fotos von Lichtwellenleitern

12.3   Aufbau und Funktionsprinzip des Lichtwellenleiters

Der Brechungsindex n (= Brechzahl) ist eine Eigenschaft lichtdurchlässiger Stoffe. Beispiele für Werte von n zeigt Tab. 12.1. Für die Lichtgeschwindigkeit $c(n)$ in einem Stoff gilt:

$$c(n) = \frac{c_0}{n} \tag{12.1}$$

$c_0 = $ Lichtgeschwindigkeit im Vakuum $= 2{,}99792485 \cdot 10^8 \,\text{m/s} \approx 3 \cdot 10^8 \,\text{m/s}$

Tab. 12.1 Brechzahlen einiger Stoffe

Stoff	n
Vakuum	1
Luft	1,00027
Glas	1,4…1,9
Wasser	1,33

Ein Medium mit dem größeren Brechungsindex, also der kleineren Lichtgeschwindigkeit, wird als das optisch dichtere Medium bezeichnet. Der Brechungsindex ist abhängig von der Wellenlänge des Lichtes (außer bei Vakuum), dies wird als *chromatische Dispersion* bezeichnet.

Ein schräg einfallender Lichtstrahl wird beim Eintreten in das dichtere Medium zum Lot hin gebrochen, andersherum vom Lot weg, wie in Abb. 12.2 ersichtlich. Der Strahlengang an sich ist unabhängig von der Richtung gleich.

Das Brechungsgesetz von Snellius lautet:

$$n_1 \cdot \sin\alpha = n_2 \cdot \sin\beta \tag{12.2}$$

Die Ausbreitung der Wellen in Glasfasern beruht auf dem Gesetz der Totalreflexion eines Lichtstrahls an der Grenzfläche zweier Medien mit verschiedenen Brechungsindizes n_K und n_M. Bei hinreichend kleinem Einfallwinkel der Lichtstrahlen an der Grenze zwischen einem optisch dichteren und einem optisch dünneren Medium können keine Lichtstrahlen das optisch dichtere Medium verlassen, sie laufen durch wiederholte Totalreflexionen zickzackförmig durch den Leiter. Der LWL wirkt als „optische Röhre" (Abb. 12.3). Totalreflexion kann nur beim Übergang eines Lichtstrahls aus einem optisch dichteren Stoff in einen optisch dünneren Stoff auftreten, nie im umgekehrten Fall.

Abb. 12.2 Brechung eines Lichtstrahls

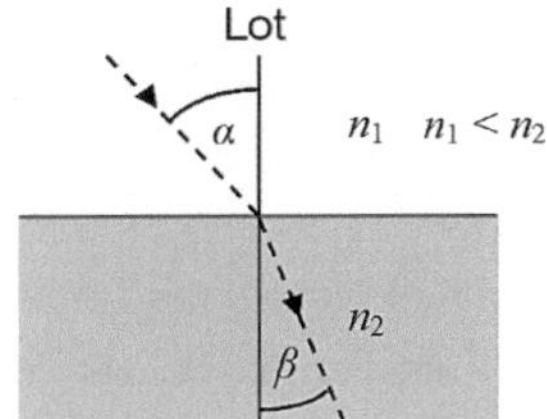

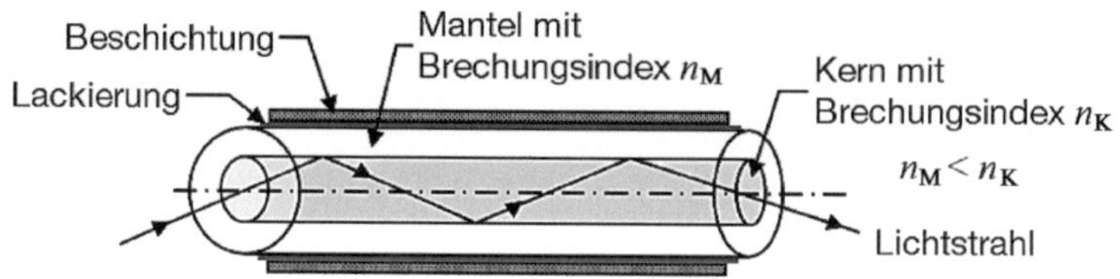

Abb. 12.3 Aufbau und Funktionsprinzip eines Lichtwellenleiters

Lichtwellenleiter bestehen z. B. aus Quarzglas, dessen Brechzahl durch Einbringen von Fremdstoffen variiert werden kann. Sie besitzen je nach Wellenlänge des Lichts eine außerordentlich geringe Dämpfung (bis zu 0,2 dB/km, d. h. nach 50 km ist noch ein Zehntel der eingestrahlten Lichtleistung messbar).

Bei technischen Lichtwellenleitern findet die Totalreflexion an einer Grenzschicht im Quarzglas statt. Es werden Materialien mit unterschiedlichen Brechzahlen verwendet. Man unterscheidet den *Kern* (Core) des Lichtwellenleiters mit einer hohen Brechzahl und den *Mantel* (Cladding) mit einer niedrigeren Brechzahl. Der Mantel ist von einer 150 bis 500 µm dicken *Beschichtung* (Coating) aus Kunststoff zum Schutz vor mechanischen Beschädigungen umgeben. Zwischen dem Mantel und der Beschichtung befindet sich noch eine 2 bis 5 µm dicke Lackierung als Schutz gegen eine feuchte Atmosphäre. Beispiele von Brechzahlen eines LWL sind Kern = 1,48, Mantel = 1,46 und Beschichtung = 1,52.

Das Grundmaterial von Mantel und Kern ist Quarzglas, dessen Brechzahl durch gezielte Verunreinigungen variiert wird. Erfolgt der Übergang der Brechzahl zwischen Mantel und Kern sprunghaft mit einem *Stufenprofil*, so liegt eine **Multimode-Faser** mit zickzackförmiger Wellenausbreitung vor. Der Übergang der Brechzahl kann auch kontinuierlich erfolgen, dieser Lichtwellenleitertyp wird **Gradientenfaser** genannt. Bei der Gradientenfaser laufen die Lichtstrahlen nicht mehr zickzackförmig, sondern in Form von Sinusbahnen durch den Lichtwellenleiter. Bei beiden genannten Fasertypen breiten sich Lichtstrahlen bis zum Winkel der Totalreflexion zum Teil geradlinig, aber auch schräg zur Längsachse des Kerns aus. Ist durch einen sehr kleinen Kerndurchmesser ausschließlich eine „geradlinige" Lichtausbreitung (parallel zur Faserachse) möglich, so handelt es sich um eine **Monomode-Faser**.

Die drei verschiedenen Fasertypen werden in den nächsten Abschnitten näher erläutert.

Die **numerische Apertur** (NA) ist ein faserspezifischer Parameter und eine Kenngröße für die Bündelung von Lichtstrahlen in optischen Systemen. Bei der optischen Übertragungstechnik mit Lichtwellenleitern ist die NA ein Maß für die in Lichtwellenleiter einkoppelbare Lichtleistung. Die NA ist abhängig vom Einkopplungswinkel unter dem das Licht einer Lichtquelle in den Lichtwellenleiter eingespeist wird. *Je größer die numerische Apertur einer Glasfaser ist, desto mehr Licht bzw. desto besser kann ein Lichtimpuls in die Faser eingekoppelt werden.*

Die Führung des Lichtes erfolgt durch fortgesetzte Totalreflexion. Weil aber der Brechzahlunterschied n_K (Kern) zu n_M (Mantel) oft sehr klein ist, werden nur Strahlen geführt,

Abb. 12.4 Zur Definition der numerischen Apertur

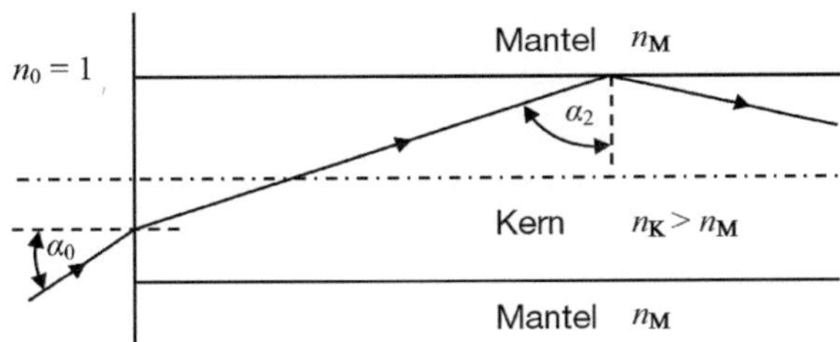

die ungefähr in Richtung der Faserachse zeigen. Dies ist bei der Einkopplung von Licht in die Faser von Bedeutung: Die Lichtquelle muss möglichst paralleles Licht möglichst hoher Intensität liefern.

Die Lichtwelle wird aus dem freien Raum mit der Brechzahl $n_0 = 1$ (Luft) unter dem *Einfallswinkel* α_0 in die Faser eingekoppelt (Abb. 12.4). α_2 ist der Winkel, mit dem die eingekoppelte Welle auf die Grenzfläche zwischen Kern und Mantel trifft (= Reflexionswinkel). Die Welle wird nur dann im Kern geführt, wenn $\alpha_2 \geq \alpha_T$ ist, anderenfalls wird das Licht in den Fasermantel eingekoppelt und sehr schnell absorbiert. α_T ist der *Grenzwinkel*, bei dem zwischen Kern und Mantel gerade noch Totalreflexion auftritt.

$$\alpha_T = \arcsin\left(\frac{n_M}{n_K}\right) \tag{12.3}$$

Damit Totalreflexion auftritt, muss der Einfallswinkel α_0 kleiner oder gleich dem maximalen Einfallswinkel α_{0max} (*Akzeptanzwinkel*) sein: $\alpha_0 \leq \alpha_{0max}$.

Nach dem Snellius'schen Brechungsgesetz erhält man die *numerische Apertur* NA.

$$\text{NA} = n_0 \cdot \sin\alpha_{0\,max} = \sqrt{n_K^2 - n_M^2} \tag{12.4}$$

Der Akzeptanzwinkel ist:

$$\alpha_{0\,max} = \arcsin\left(\frac{\sqrt{n_K^2 - n_M^2}}{n_0}\right) \tag{12.5}$$

Die Faser kann umso mehr Licht aufnehmen, je größer die numerische Apertur NA ist. Man sollte also einen möglichst großen Unterschied der Brechzahlen von Kern und Mantel anstreben.

Beispiel 12.1

Für einen Brechungsindex des Kerns $n_K = 1{,}57$ und einen Brechungsindex des Mantels $n_M = 1{,}51$ mit Luft ($n_0 = 1$) als äußeres Medium ergibt sich NA $= 0{,}43$ und damit der Akzeptanzwinkel $\alpha_{0max} = 25{,}5°$.

Strahlen, die bei ihrer Ausbreitung im Lichtleiter einem helixförmigen Weg folgen, sind weit häufiger als Strahlen, die sich in einer Ebene ausbreiten. In diesem Fall ist der Strahl zusätzlich zu seinem Winkel α_2 gegen die Mittelachse noch um den Winkel β gegen den Radius geneigt. Für solche Strahlen gilt:

$$\mathrm{NA} = \cos\beta \cdot n_0 \cdot \sin\alpha_{0\,\mathrm{max}} = \sqrt{n_\mathrm{K}^2 - n_\mathrm{M}^2} \tag{12.6}$$

Der Akzeptanzwinkel ist bei helixförmigem Weg:

$$\alpha_{0\,\mathrm{max}} = \arcsin\left(\frac{\sqrt{n_\mathrm{K}^2 - n_\mathrm{M}^2}}{n_0 \cdot \cos\beta} \right) \tag{12.7}$$

12.4 Wellenausbreitung im Lichtwellenleiter, Moden, Dispersion

Bei Lichtwellenleitern kann das Licht auf mehreren Wegen von einem Ende zum anderen Ende gelangen. Der Weg hängt maßgeblich von der Art der Einstrahlung und dem Einstrahlwinkel ab. Eine Lichtquelle ist normalerweise nicht völlig ausgerichtet und scharf gebündelt, so dass in einem realen Lichtwellenleiter das Licht gleichzeitig mehrere Pfade nutzt. Besonders wenn die Weglängen dieser Pfade und dadurch die Zeiten zum Zurücklegen der Weglängen unterschiedlich sind, erreichen Teile des Lichts das Ende des Lichtwellenleiters vor anderen Teilen. Die durch verschiedene Einfallwinkel unterschiedlich langen Wege der Lichtwellen innerhalb der Leitung (Teilschwingungen) werden als **Moden** bezeichnet. Falls sich Licht mit unterschiedlichen Winkeln ausbreitet, also verschiedene Moden existieren, entstehen unterschiedliche optische Weglängen und damit auch unterschiedliche Laufzeiten, die Wellen breiten sich unterschiedlich schnell aus. Dies wird **Modendispersion** genannt. Durch die Dispersion können schmale Eingangssignale verbreitert am Ausgang erscheinen. Wird z. B. ein rechteckförmiger Lichtimpuls eingestrahlt, so erscheint am Ausgang des Lichtwellenleiters der Impuls verschliffen und verbreitert. Dieser Effekt vermindert die Übertragungsbandbreite und/oder die nutzbare Länge der Leitung. Die einzelnen Signalpulse werden bei der Übertragung durch den Lichtleiter immer breiter und gehen schließlich ineinander über, sie überlagern sich, es kann nicht mehr zwischen einzelnen Signalen unterschieden werden. Ab einer bestimmten kritischen Länge der Leitung sind die Pulse derart unscharf geworden, dass sich aus ihnen keine verwertbaren Informationen mehr zurückgewinnen lassen (Abb. 12.5).

Durch eine Dispersion mit der damit verbundenen Pulsverbreiterung wird die obere Modulationsfrequenzgrenze herabgesetzt.

Eine **Modendispersion** tritt naturgemäß nur in Multimode-Fasern auf, sie ist viel größer als die Materialdispersion oder als die Wellenleiterdispersion. Ihre Ursache liegt in der unterschiedlichen Gruppenlaufzeit der einzelnen Moden. Dieser Unterschied kommt

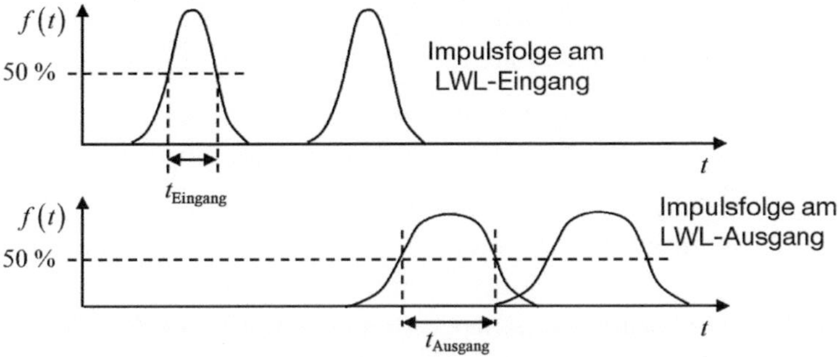

Abb. 12.5 Pulsverbreiterung beim Durchgang durch einen Lichtwellenleiter

durch unterschiedliche Eintrittswinkel von Lichtstrahlen in die Stirnfläche der Glasfaser zustande. Dies führt zu unterschiedlichen Reflexionsbedingungen an der Grenzfläche zwischen Kern und Mantel und damit zu unterschiedlichen Weglängen. Das Licht wird innerhalb der Multimode-Faser mit einer Vielzahl von Moden übertragen, die stark variierende Ausbreitungsgeschwindigkeiten aufweisen. Das folgt anschaulich daraus, dass die Zickzack-Strahlen unterschiedliche Steigungen aufweisen können.

Anmerkung: Bei Gradientenfasern unterscheiden sich die Gruppenlaufzeiten der einzelnen Moden nur wenig, diese Fasern haben eine wesentlich kleinere Modendispersion als Fasern mit Stufenindexprofil. Besonders günstig für eine kleine Modendispersion ist ein Gradientenprofil mit parabolischem Verlauf.

Für die Anzahl N der möglichen Moden gilt:

$$N = \frac{\pi \cdot d^2 \cdot (\text{NA})^2}{2\lambda^2} = \frac{\pi \cdot d^2 \cdot \left(n_\text{K}^2 - n_\text{M}^2\right)}{2\lambda^2} \tag{12.8}$$

d = der Durchmesser des Faserkerns,
λ = Wellenlänge des Lichtes,
NA = numerische Apertur,
n_K = Brechzahl Kern,
n_M = Brechzahl Mantel.

Bei der Multimode-Faser mit Stufenindexprofil gibt es durch Modendispersion zwei Extremfälle fortpflanzungsfähiger Moden:

a) die eine Mode folgt der Faserachse und legt damit den kürzesten Weg zurück
b) die andere Mode trifft auf die Grenzfläche zwischen Kern und Mantel jeweils unter dem Grenzwinkel der Totalreflexion auf und legt dadurch den längsten Weg zurück.

Zwischen diesen beiden Moden besteht der größte Laufzeitunterschied, der zwischen Moden möglich ist. Der Laufzeitunterschied pro Meter Länge des Lichtwellenleiters ist:

$$\Delta\tau = \frac{1}{c_0} \cdot \frac{n_K}{n_M} \cdot (n_K - n_M) \tag{12.9}$$

c_0 = Lichtgeschwindigkeit im Vakuum $\approx 3 \cdot 10^8$ m/s Gäbe es nur die beiden oben genannten extremen Wege, so kämen bei einem langen LWL am Empfänger von jedem gesendeten Impuls zwei zeitlich verschobene Impulse an. Da es jedoch sehr viele Moden gibt, wird der Impuls verschmiert, aus einem rechteckförmigen Signal wird ein langgezogener Buckel. Damit sich solche Buckel nicht überlappen und dadurch die Signale nicht mehr unterscheidbar sind, darf die Frequenz mit der die Impulse aufeinander folgen nicht zu hoch bzw. die LWL-Strecke nicht zu lang sein.

Beispiel 12.2
Eine Multimode-Faser mit Stufenindexprofil hat eine Mantelbrechzahl von $n_M = 1{,}47$ und eine Kernbrechzahl von $n_K = 1{,}52$. Pro Meter Länge des LWL wird ein Eingangssignal um folgenden Betrag verzögert:

$$\Delta\tau = \frac{1}{3 \cdot 10^8 \, \frac{m}{s}} \cdot \frac{1{,}52}{1{,}47} \cdot (1{,}52 - 1{,}47); \quad \Delta\tau = 1{,}723 \cdot 10^{-10} \, \frac{s}{m}$$

Nach einem Kilometer beträgt die Signalverzögerung $\Delta t = 1{,}723 \cdot 10^{-7}$ s $= 172{,}3$ ns.

Damit dieses verzögerte Signal vollständig rekonstruiert werden kann, darf maximal ein Signalwechsel von $2 \cdot \Delta t = 345$ ns stattfinden. Dies entspricht einer maximalen Übertragungsfrequenz von $f = \frac{1}{2 \cdot \Delta t} = \frac{1}{345\,\text{ns}} = 2{,}97$ MHz.

Erläuterung zum maximal erlaubten Signalwechsel: Ein Rechteckimpuls der Breite 172,3 ns am Eingang des LWL erscheint am Ausgang um das Doppelte verbreitert, also mit einer Breite von ca. 345 ns. Erst nach dieser Zeit darf der nächste Impuls am Eingang angelegt werden, damit sich die (abgerundeten) Ausgangsimpulse nicht überlappen.

Bei der Multimodefaser mit Gradientenindexprofil beträgt die Zeitverschiebung pro Meter Länge des Lichtwellenleiters:

$$\Delta\tau = \frac{1}{c_0} \cdot \frac{(n_K - n_M)^2}{2n_K} \tag{12.10}$$

Wegen $n_K \approx n_M$ ist das Quadrat der Differenz klein und somit $\Delta\tau$ entsprechend gering.

Unter **Materialdispersion** versteht man die Änderung der Phasengeschwindigkeit mit der Wellenlänge in einem Medium, dessen Brechungsindex von der Wellenlänge abhängt. Die Materialdispersion entsteht also, weil sich die Brechzahl des Glases für verschiedene Wellenlängen des Lichts etwas ändert (chromatische Dispersion). Die Materialdispersion nimmt mit der Breitbandigkeit der Strahlungsquelle (Sender) zu.

Die **Wellenleiterdispersion** bei der Monomode-Faser beruht darauf, dass sich mit kleiner werdender Wellenlänge die Lichtenergie zunehmend im Faserkern konzentriert, sich ein Teil aber auch im Mantel ausbreitet. Weil die Brechzahl des Kerns größer als jene des Mantels ist, verlangsamt sich die Welle. Aufgrund des geringen Brechzahlunterschiedes zwischen Kern und Mantel ist dieser Effekt klein.

Modenumwandlung

Wegen zufällig auftretenden Krümmungen, Elliptizitäten im Querschnitt oder anderen Störstellen kann sich der Strahlverlauf in einem Lichtwellenleiter ändern. Beim Durchlaufen einer Krümmung des Lichtleiters kann ein steiler Strahl flacher oder ein flacher Strahl steiler werden, d. h. ohne Energieverlust in eine andere Mode übergehen. Wird ein flacher Strahl steiler, so besteht auch die Gefahr eines Lichtverlusts, falls der Totalreflexionswinkel überschritten wird oder dass allgemein eine nicht mehr ausbreitungsfähige Mode entsteht.

Durch das Phänomen der Modenwandlung hat sich im Lichtleiter erst nach einer gewissen Länge eine ausgewogene Energieverteilung, ein so genanntes *Modengleichgewicht*, eingestellt. Diese Länge nennt man „kritische Länge" oder „*Koppellänge*", sie liegt zwischen einigen hundert Metern und einigen Kilometern. Hat sich ein Modengleichgewicht eingestellt, so sind die hohen Moden nur noch mit einem geringeren Anteil enthalten, weil sie bei Modenwandlungen eher dazu neigen, den Lichtleiter zu verlassen. Daraus ergibt sich ein Vorteil der Modenwandlung: Da hohe Moden gegenüber dem Achsenstrahl die größten Laufzeitdifferenzen aufweisen, wird durch die Modenwandlung die Impulsverbreiterung gemindert. Ein zweiter Vorteil ist der Effekt, dass durch die ständige Modenmischung permanent langsame Moden schneller und schnellere Moden langsamer werden, was den Effekt der Modendispersion vermindert. Diese Effekte führen dazu, dass bei langen Übertragungsstrecken die Impulsverbreiterung zunächst zwar proportional zur Länge ansteigt, ab der Koppellänge jedoch weniger schnell anwächst und die nutzbare Bandbreite ebenfalls weniger stark abfällt.

12.5 Multimode-Faser

Die einfachste Faser ist die Multimode-Faser mit Stufenindexprofil. Bei dieser weitverbreiteten Faser ist der Kerndurchmesser mit z. B. 80 μm sehr groß im Vergleich zu der Wellenlänge des Lichtsignals (Infrarot mit $\lambda = 1350$ nm). Deshalb ist eine genaue Justierung der Quelle nicht nötig. Der Brechungsindex des Mantels ist kleiner als der des Kerns. Dadurch findet die Lichtführung durch wiederholte Reflexionen der Lichtwelle

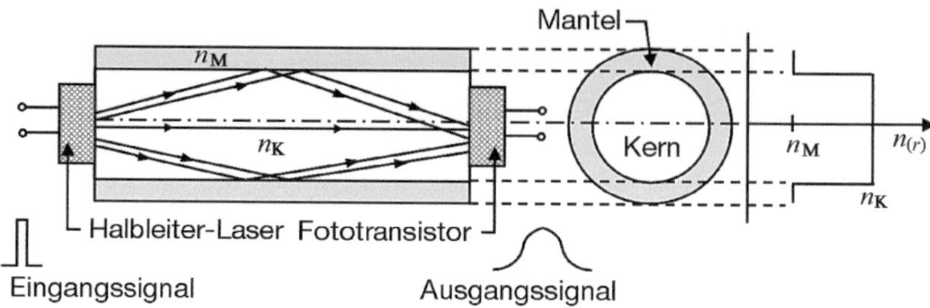

Abb. 12.6 Aufbau einer Multimode-Faser

an der Grenze zwischen Kern und Mantel statt. Da sich Lichtstrahlen mit verschiedenen Winkeln auch schräg im Glas ausbreiten, existieren mehrere Moden (Weglängen), daher der Name Multimode-Faser. Multimode-Fasern (step-index fiber oder Stufenindex-Faser) sind mit Manteldurchmessern von 125 μm bis 250 μm und Kerndurchmessern von 50 μm bis 80 μm lieferbar. Den Aufbau zeigt Abb. 12.6.

Durch die Dispersion ist bei einer bestimmten Länge des Kabels die maximale Impulsfrequenz festgelegt, bei welcher der Empfänger ein Signal noch sicher erkennen kann.

Das Bandbreite-Länge-Produkt ist eingeschränkt:

$$B \cdot L = 4\,\mathrm{MHz} \cdot \mathrm{km} \tag{12.11}$$

Die Modendispersion liegt in der Größenordnung von 50 ns/km. Bei einer Wellenlänge des verwendeten Lichts von 850 nm beträgt die Dämpfung ca. 5 dB/km bis 30 dB/km.

Dem Nachteil der kleinen Bandbreite steht gegenüber, dass diese Faser einfach herzustellen ist und das Signal über LEDs leicht eingekoppelt werden kann. Die Multimode-Faser wird als Bussystem im Kfz-Bereich eingesetzt.

12.6 Gradientenfaser

Bei der Gradientenfaser (graded-index multimode) mit Gradientenindexprofil nimmt der Brechungsindex des Kerns vom Faserzentrum nach außen zum Mantel hin kontinuierlich ab. Dadurch wird ein Lichtstrahl, der vom Zentrum nach außen wandert, bei jedem Übergang in ein Medium niedrigerer Brechzahl abgeflacht, bis er totalreflektiert wird. Die nach außen gerichteten Strahlen werden nach innen zurückgebeugt. Das Licht wird dadurch wellenförmig geführt und beschreibt keinen „Zickzack-Kurs" (Abb. 12.7).

Eine stark wellenförmige Mode ist für einen Großteil ihres Weges im Randbereich des Kerns, wo der Brechungsindex niedriger und damit die Fortpflanzungsgeschwindigkeit des Lichts höher ist als an der Kernachse. Eine Mode entlang der Kernachse hat zwar einen kürzeren geometrischen Weg, sie läuft jedoch dauernd im Bereich mit hohem Brechungsindex und ist daher langsamer. Es erfolgt eine teilweise Kompensation der unterschiedlichen Durchlaufzeiten, die verschiedenen Moden pflanzen sich annähernd gleich

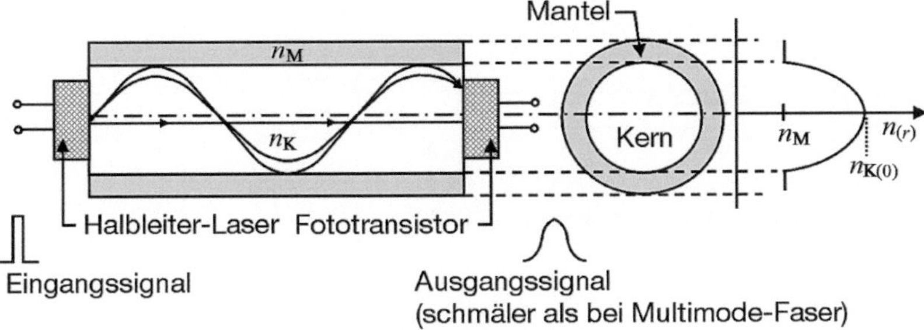

Abb. 12.7 Aufbau der Gradientenfaser

schnell fort. Dies führt zu geringerer Dispersion bei der Gradientenindex-Multimodefaser gegenüber der Stufenindex-Multimodefaser.

Wie man sieht, ist auch die Gradientenfaser eine Multimode-Faser. Allerdings ist das Bandbreite-Länge-Produkt der Gradientenfaser größer als bei der Multimode-Faser:

$$B \cdot L = 1,5\,\mathrm{GHz} \cdot \mathrm{km}. \tag{12.12}$$

Die Modendispersion liegt in der Größenordnung von 1 ns/km. Bei einer Wellenlänge des verwendeten Lichts von 850 nm beträgt die Dämpfung ca. 3 dB/km bis 10 dB/km.

Wie bei der Multimode-Faser ist auch hier ein Vorteil, dass durch den großen Kerndurchmesser eine einfache Kopplung erfolgen kann. Gradientenfasern werden in LANs mit moderaten Anforderungen eingesetzt.

12.7 Monomode-Faser

Die Monomode-Faser weist ein Stufenprofil auf. Bei ihr entspricht der Kerndurchmesser der Größenordnung der Wellenlänge des durchlaufenden Lichts ($\approx 10\,\mu$m). Damit ist es möglich, dass nur eine Mode die Faser durchläuft, es kann nur noch die Grundschwingung der Lichtwelle übertragen werden, da nur ein Pfad durch den LWL möglich ist. Nur der achsenparallele Lichtstrahl (Mode 0) kann sich ausbilden. Da der elektromagnetische Wellencharakter des Lichts auf den umgebenden Mantel einwirkt, verschleift ein Impuls längs des Weges ebenfalls, aber weit weniger als bei den anderen beiden Fasertypen. Die Modendispersion ist bei der Monomode-Faser sehr klein (0,1 ns/km), eine Impulsverbreiterung findet nur durch Materialdispersion statt. Damit ist das Bandbreite-Länge-Produkt sehr groß:

$$B \cdot L \gg 10\,\mathrm{GHz} \cdot \mathrm{km} \tag{12.13}$$

Zur weiteren Erhöhung der Bandbreite einer Faser können mehrere „Farbimpulse", d. h. Infrarot verschiedener Wellenlängen, gleichzeitig übertragen werden, die dann auf der Empfängerseite mit optischen Filtern getrennt werden können.

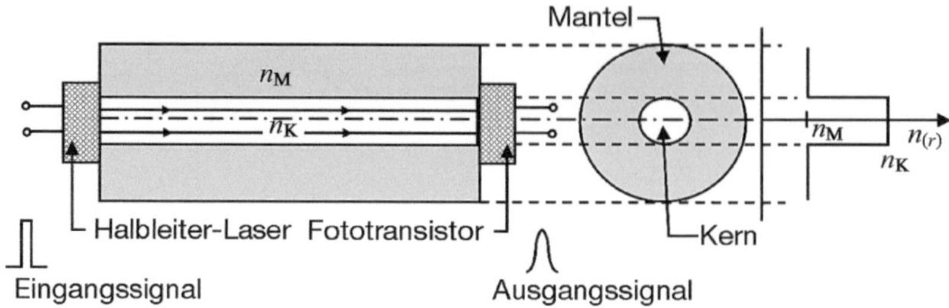

Abb. 12.8 Aufbau der Monomode-Faser

Bei einer Wellenlänge des verwendeten Lichts von 850 nm beträgt die Dämpfung ca.
2 dB/km.

Nachteilig bei dieser Faser ist der geringe Kerndurchmesser, der eine genaue Justierung
der Quelle erforderlich macht. Als Quelle dient bei diesen Leitern meist eine Laserdiode.

Monomode-Fasern werden in der Weitverkehrstechnik oder bei anspruchsvollen LANs
eingesetzt. Der Aufbau dieser Faser ist in Abb. 12.8 dargestellt.

12.8 Sende- und Empfangselemente von Lichtwellenleitern

Zur Übertragung müssen auf der Senderseite die elektrischen Signale in optische Signale bzw. Lichtimpulse umgewandelt werden. Als Lichtquellen stehen Leuchtdioden (Light
Emitting Diodes, LEDs) oder Laserdioden (LDs) zur Verfügung. Am Ende der Übertragungsstrecke werden die optischen Signale wieder in elektrische Signale zur weiteren
Verarbeitung umgewandelt. Als Detektoren auf der Empfangsseite werden spezielle Fotodioden oder Fototransistoren eingesetzt. Die optischen Sender und Empfänger müssen genau auf die Faser abgestimmt sein, um verlustarm und reflexionsfrei übertragen zu können.

12.8.1 Sender von Lichtwellenleitern

Als Sendeelemente (Lichtquellen) kommen Halbleiterdioden zum Einsatz. Es werden spezielle Leuchtdioden mit hoher Leuchtdichte bzw. kleinem Leuchtfleck sowie Laserdioden
eingesetzt.

Bei der **Leuchtdiode** (LED) erfolgt eine Abstrahlung von inkohärentem Licht diffus
über die Oberfläche des Halbleiters, es kann nur ein kleiner Teil der Energie in den Lichtwellenleiter eingekoppelt werden (Einkoppeleffizienz ca. 1,5 %). Das Licht mit relativ
großer spektraler Bandbreite ergibt eine hohe Materialdispersion, die Höhe der Modulati-
onsfrequenz ist dadurch beschränkt. LEDs sind allerdings wesentlich billiger als Laserdioden.

LEDs verwenden Halbleiterkristalle wie Gallium-Arsenid (GaAs), um elektrische Signale in Lichtsignale zu wandeln. Sie werden primär in Verbindung mit Multimodefasern eingesetzt. LEDs gibt es für Wellenlängen von 850 nm und 1300 nm mit typischen Ausgangsleistungen von 1 mW und Koppelverlusten von 17 dB. Die spektrale Fensterbreite von LEDs beträgt ca. 70 nm, sie können mit Modulationsfrequenzen bis zu 250 MHz moduliert werden.

LEDs können aufgrund ihres Aufbaus in seitlich und in frontal abstrahlende Dioden eingeteilt werden.

Bei seitlich abstrahlenden (edge-emitting) Dioden wird das Licht seitlich ausgekoppelt (Kantenemitter). Eine sehr dünne aktive Schicht ergibt einen kleinen Abstrahlungswinkel. Somit wird eine gute Kopplung an Fasern mit kleiner numerischer Apertur erreicht.

Bei frontal abstrahlenden (top-emitting, surface-emitting) Dioden wird das Licht an der Oberseite des Chips abgestrahlt (Oberflächenemitter). Diese Dioden sind relativ preiswert. Durch den großen Abstrahlungswinkel ergeben sich jedoch hohe Koppelverluste. Ein Beispiel einer verbesserten Ausführung ist die nach ihrem Erfinder benannte Burrus-LED, bei welcher der n-Bereich bis zum np-Übergang herausgeätzt und die Glasfaser direkt angeklebt ist.

Bei den dünnen Monomode-Fasern würde sich mit LEDs ein geringer Einkopplungswirkungsgrad ergeben, bei ihnen müssen Laserdioden verwendet werden.

Bei der **Laserdiode** (LD) mit einem höheren Herstellungsaufwand gegenüber der LED erfolgt eine Abstrahlung von stark gebündeltem, kohärenten Licht[1] mit geringer spektraler Bandbreite (deutlich weniger Moden als bei der LED). Die Einkoppeleffizienz ist ca. 50 %. Laser werden in der Datenkommunikation als Signalquelle in Verbindung mit Monomode-Fasern eingesetzt. Sie können Ausgangsleistungen von einigen Milliwatt (5 mW) erzeugen, und haben gegenüber LEDs wesentlich geringere Koppelverluste von 4 dB. Dadurch kann ein Laser eine Leistung von einigen Milliwatt (2 mW gegenüber 20 pW bei der LED) in die Glasfaser einspeisen. Die Spektralfrequenzen von Lasern liegen meistens bei 1300 nm und 1550 nm, LDs können mit Frequenzen bis zu 1 GHz moduliert werden. Die spektrale Strahlungsbreite des generierten Lichtes hat eine extrem geringe Strahlungsbreite von 1 nm bis 3 nm. Tab. 12.2 enthält einen Vergleich der Daten von Leucht- und Laserdiode.

12.8.2   Empfänger von Lichtwellenleitern

Als Empfangselemente werden Fotowiderstand, Fotodiode und Fototransistor eingesetzt.

Beim **Fotowiderstand** ist der elektrische Widerstand abhängig von der Beleuchtungsstärke. Ein Nachteil ist die hohe Verzögerungszeit im Millisekundenbereich sowie das „Gedächtnis", durch welches sich ein erhöhter Widerstand ergibt, wenn es längere Zeit hell war.

---

[1] Lichtbündel von gleicher Wellenlänge und Schwingungsart.

Tab. 12.2 Vergleich von Leucht- und Laserdiode, Einsatz beim LWL

	Leuchtdiode	Laserdiode
Lichttyp	Inkohärent	Kohärent
Wellenlänge	850 nm und 1300 nm	1300 nm
Spektralbreite	30 bis 70 nm	1 bis 3 nm
Abstrahlwinkel	Mittel bis hoch	Gering
Einkoppelbare Leistung	Gering	Hoch
Lebensdauer	10^6 Stunden	10^5 Stunden

Die **Fotodiode** ist eine Halbleiterdiode, deren pn-Übergang vom Licht durch ein Fenster erreicht werden kann. Die Fotodiode wird in Sperrrichtung betrieben, so dass sich die Sperrschicht, also eine an Ladungsträgern verarmte Schicht, aufbaut. Durch Lichtquanten können in der Sperrschicht spontan Elektronen aus dem Gitterverbund gelöst werden. Dadurch entstehen freie Elektronen und Löcher, welche zu einem Strom führen. Der Strom in Sperrrichtung der Diode wird umso größer, je höher die Lichtstärke ist. Auf diese Weise können Lichtstärkeänderungen wieder in elektrische Signale umgeformt werden. Ein Vorteil der Fotodiode ist die schnelle Reaktionszeit bis in den GHz-Bereich. Ein Nachteil liegt darin, dass die kleinen Sperrströme verstärkt werden müssen. Eingesetzt werden pin-, Avalanche- und MSM- (Metal-Semiconductor-Metal) Fotodioden.

Der **Fototransistor** entspricht einer Fotodiode mit eingebautem Verstärker. Ein Vorteil ist der 100 bis 1000-mal größere Strom. Ein Nachteil liegt in der Reaktionszeit durch die interne Verstärkung, wodurch der Einsatz auf ca. max. 300 kHz begrenzt wird.

12.9   Dämpfung von Lichtwellenleitern

12.9.1   Bedeutung der Dämpfung

Bei Lichtwellenleitern ist die Dämpfung der Energieverlust des Lichtstrahls, der beim Durchlaufen der Faser in Form von Streuung und Absorption auftritt. Die Dämpfung wird in dB angegeben und meistens auf eine Länge von einem Kilometer bezogen (dB/km). Die Dämpfung ist abhängig von der verwendeten Wellenlänge. Günstige Wellenlängen für Quarzglas liegen bei 850 nm, 1300 nm und 1550 nm. Die Dämpfung sollte so niedrig wie möglich sein, um die Signalverluste bei der Übertragung so gering wie möglich zu halten. Bei größeren Übertragungsstrecken sind Zwischenverstärker (Repeater) erforderlich.

Typische Dämpfungswerte liegen bei ca. 3 dB/km für 850 nm Wellenlänge. Zum Vergleich haben Koaxialkabel eine Dämpfung von ca. 17 dB/km (Tab. 12.3 und Abb. 12.9).

Tab. 12.3 Maximale Länge von LWL-Kabeln ohne Verstärkung

	Stufenindex	Gradientenindex	Monomode
Dämpfung	20 dB/km bei 850 nm	3 dB/km bei 850 nm	0,1 dB/km bei 1300 nm
Bitraten-Längenprodukt	5 MHz · km	1,5 GHz · km	250 GHz · km
Max. Länge (ohne Repeater)	1 km	10 km	50 km

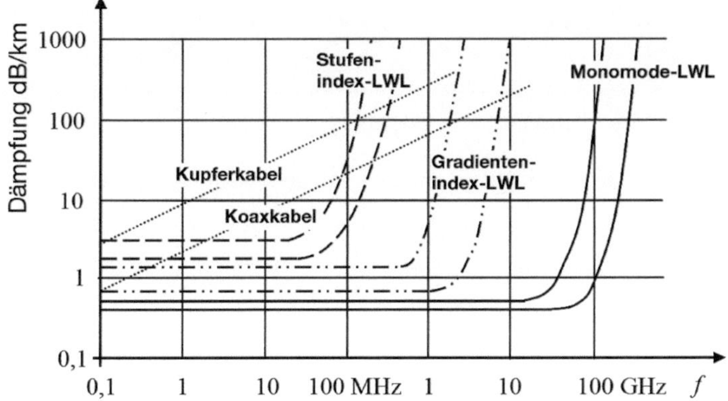

Abb. 12.9 Vergleich der Bandbreite (Dämpfungsverlauf) verschiedener Kupferkabel und Lichtwellenleiter

12.9.2 Dämpfung und verwendete Wellenlängen bei Lichtwellenleitern

Die Dämpfung drückt den Leitungsverlust des Signals auf dem Übertragungsmedium aus. Komponenten der Dämpfung sind die Streuung und die Absorption. Die Dämpfung eines Lichtsignals lässt sich in folgende Unterpunkte aufteilen:

- **Dämpfung durch Fehlerstellen**
  Die Materialdämpfung findet aufgrund von Fehlerstellen in der Glasfaser statt, die durch Verunreinigungen des Glaskerns, Luftblasen oder Risse entstehen können.
- **Installationsdämpfung**
  Durch die Gesamtlänge der Verbindung sowie durch Installationsfehler, wie die Nichteinhaltung vorgeschriebener Biegeradien, schlechtes Spleißen oder Kleben, schlecht poliertes Faserende, Achsversatz, Fehlwinkel oder Verkippung der Glasfaser, wird das Signal geschwächt. Während Spleißverbindungen im Mittel eine Dämpfung von nur 0,1 dB besitzen, kommt man durch Kleben oder Verschmelzen bereits auf Werte von 0,5 bis 0,8 dB.
- **Materialbedingte Dämpfung**
  Sie lässt sich einteilen in Verluste durch Lichtstreuung und Verluste durch Absorption bedingt durch Verunreinigungen (Abb. 12.10).

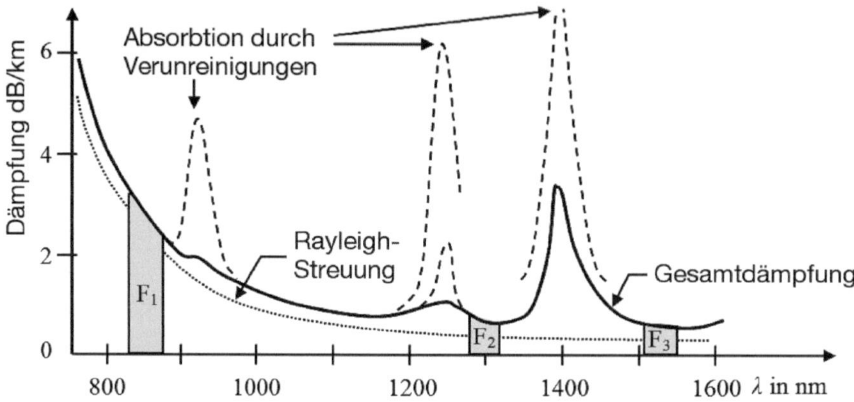

Abb. 12.10 Materialbedingte Dämpfung von LWL mit genutzten Arbeitswellenlängenbereichen

Der hauptsächliche Dämpfungsmechanismus ist die *Rayleigh-Streuung*, die bis zu 95 % der gesamten Dämpfung ausmacht. Sie rührt von mikroskopischen Dichteschwankungen (kleinsten Materialinhomogenitäten) im Glas her und ist die theoretische untere Grenze der Dämpfung. Die Verluste durch Streuung nehmen mit zunehmender Wellenlänge ab. Die Dämpfung der Faser durch die Rayleigh-Streuung liegt in der Größenordnung von

$$\alpha = \frac{k}{\lambda^4} \text{ dB/km mit } k = 0{,}8 \ldots 1{,}2 \text{ und } \lambda \text{ in } \mu\text{m} \tag{12.14}$$

Die optische Nachrichtentechnik nutzt fast ausschließlich Strahlung mit großer Wellenlänge. Das verwendete Licht liegt vorzugsweise im Infrarotbereich mit einer Wellenlänge von 800 nm bis 1600 nm. Die Dämpfung durch Absorption ist abhängig von der Wellenlänge. Schon minimale Verunreinigungen, z. B. durch Metallionen, Sauerstoffionen oder OH-Ionen, die bei der Herstellung in die Faser gelangen, absorbieren das Licht bei verschiedenen Wellenlängen besonders stark (Absorptionsspitzen). Bedingt durch die Absorptionsspitzen gibt es Dämpfungsspitzen bei ca. 950 nm, 1200 nm und 1400 nm und günstige Wellenlängenbereiche, die auch „Fenster" oder „Arbeitswellenlängenbereiche" genannt werden. Bei LWL-Systemen werden drei optische Fenster bei 850 nm, 1300 nm und 1550 nm genutzt (F1, F2 und F3 in Abb. 12.10).

12.10   Verstärker in LWL-Strecken

Ohne Verstärkung würde das Lichtsignal nach einer bestimmten Leiterlänge in der Glasfaser so schwach werden, dass es im Rauschen verschwindet. Zur Verstärkung verwendet man entweder so genannte *Repeater* oder *optische Verstärker*.

Anmerkung: Optische Verstärker werden auch als Lichtleiter-Repeater bezeichnet.

Repeater

Ein Repeater in einer Lichtwellenleiter-Übertragungsstrecke ist ein „Verstärker", der das optische Signal in ein elektrisches umwandelt, dieses verstärkt, und nach einer Rückwandlung in ein optisches Signal wieder in die Strecke des Lichtwellenleiters einspeist. In Kommunikationsnetzwerken sind es meist digitale Signale, die vor dem Weitersenden rekonstruiert und regeneriert werden. In solchen Fällen findet also keine rein elektrische Signalverstärkung im Sinne einer Amplitudenvergrößerung statt.

Faserverstärker

Im Gegensatz zum Repeater vergrößert der optische Verstärker die Signalamplitude direkt in der Faser auf optischem Weg (unter Nutzung eines Quanteneffekts). Von praktischer Bedeutung ist der *Faserverstärker*.

Er funktioniert praktisch wie ein Laser, aber mit dem Unterschied, dass die Lichtwelle im aktiven Medium nicht resonant ist. Wie beim Laser werden durch Zuführung externer Energie die Mehrzahl der Atome in den angeregten Zustand gebracht. Das schwache, zu verstärkende Lichtsignal läuft durch diese aktive Zone und induziert dabei die Emission von Lichtquanten durch die angeregten Atome. Weil diese stimulierte Emission in Frequenz, Phase und räumlicher Richtung mit der anregenden Welle übereinstimmt, wird das anregende Lichtsignal verstärkt. Im Faserverstärker erfolgt die Anregung der potenziell aktiven Atome (Elektronen werden auf ein metastabiles Energieniveau gehoben) mit Laserlicht kürzerer Wellenlänge, also höherer Energie, mit dem so genannten Pumplaser. Die so angeregten Teilchen geben schnell etwas Energie wieder ab (als Phonon, also Wärme) und bleiben in einem zweiten angeregten Zustand „hängen", wo sie auf das zu verstärkende schwache Lichtsignal warten. Der Durchgang eines „Signal-Photons" löst eine Rückkehr der Elektronen auf ein niedrigeres Energieniveau aus, verbunden mit der Emission weiterer Photonen. Dies entspricht einer Verstärkung, die Lichtintensität wächst exponentiell an, während Licht durch den LWL läuft.

Praktisch basiert dieser Verstärker auf einer mit einer seltenen Erde dotierten Glasfaser von einigen zehn Metern Länge. Diese aktive Faser kann relativ einfach mit anderen Fasern verbunden werden. Zur Dotierung wird Erbium (für Signalwellenlänge 1500 nm) und Praseodym (für Signalwellenlänge 1300 nm) verwendet. Sogenannte *EDFA* (Erbium Doped Fiber Amplifiers) sind Stand der Technik und werden breit angewendet (Abb. 12.11).

Ein EDFA kompensiert durch Verstärkung (ca. 30 dB) auf einigen Metern Länge die Verluste von einigen Kilometern Glasfaser. Solche Verstärker können kaskadiert werden. Weil aber jeder Verstärker dem Signal etwas Rauschen hinzufügt und das bereits vorhandene Rauschen gleichfalls verstärkt wird, ist die maximal überbrückbare Distanz limitiert, da statt einer Signalregeneration eine reine Verstärkung unter einer Verschlechterung des Signal-Rausch-Abstandes stattfindet. Dazu kommt die Dispersion als distanzlimitierende Größe.

Beide Probleme könnten mit einer Datenübertragung mit *Solitonen* (Lichtimpulse, die sich bei der Ausbreitung nicht verändern) gelöst werden, die sich allerdings teilweise noch im Forschungsstadium befindet. Solitonen werden damit erklärt, dass das lineare

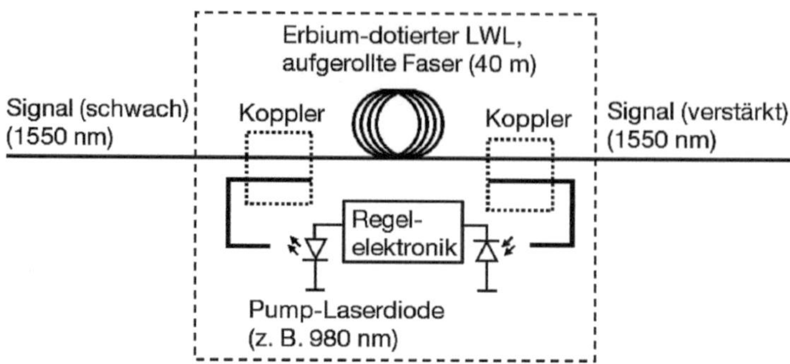

Abb. 12.11 Blockschaltbild eines optischen Faserverstärkers (EDFA)

Phänomen der Dispersion (unterschiedliche Ausbreitungsgeschwindigkeit bei verschiedenen Frequenzen) durch das nichtlineare Phänomen der Selbstphasenmodulation (unterschiedliche Ausbreitungsgeschwindigkeit bei verschiedener Leistung) ausgeglichen wird. In Lichtwellenleitern lassen sich Solitonen im Bereich anomaler Dispersion (die Ausbreitungsgeschwindigkeit ist hier bei höheren Frequenzen größer) erzeugen, also bei Wellenlängen von $\lambda > 1{,}3\,\mu$m. Hierzu ist nur eine Leistung von wenigen Milliwatt erforderlich. Die Impulsbreite beträgt einige Pikosekunden, was Übertragungsraten im Bereich von Terabits/Sekunde (10^{12} Bits/s) über weite Strecken ermöglichen könnte.

12.11 Verbindungen von Lichtwellenleitern

Grundsätzlich gibt es zwei verschiedene Arten von Faserverbindungen: Permanente Verbindungen zweier Fasern (Spleiße) und lösbare Verbindungen (Stecker). Da die Qualität von Faserverbindungen erheblich die Zahl der notwendigen Repeater für eine bestimmte Übertragungsstrecke beeinflusst, werden bei langen Übertragungsstrecken bevorzugt Spleiße eingesetzt. Sie lassen sich genauer justieren und anschließend dauerhaft arretieren. Gute Spleißverbindungen haben einen Dämpfungsverlust von ca. 0,1 dB.

Folgende Anforderungen werden an Faserverbindungen gestellt:

- möglichst kein Zwischenraum zwischen den Fasern
- eventuelle Zwischenräume mit geeignetem Material gefüllt
- möglichst guter Ausgleich verschiedener Durchmesser, numerischer Aperturen, Brechzahlverläufe und Deformationen der Faser (Elliptizität, azentrische Faserkerne)
- möglichst gute Ausrichtung der Faserkerne (zentrisch, 0°).

12.11.1 Spleißverbindungen von Lichtwellenleitern

Um zwei Fasern dauerhaft miteinander zu verbinden, gibt es zwei verschiedene Techniken: Das Fusionsspleißen und das mechanisches Spleißen.

Fusionsspleiße
Beim Fusionsspleißen werden die beiden zu verbindenden Faserenden z. B. durch einen elektrischen Überschlag erhitzt und zusammengeschmolzen, wobei sich die Faserkerne aufgrund der Oberflächenspannung zu einem gewissen Maß sogar selbsttätig ausrichten. Der Vorteil des Fusionsspleißens liegt in der niedrigen Dämpfung der Verbindungsstelle. Da verspleißte Fasern praktisch eine Einheit bilden, ist der Brechzahlunterschied und damit die Dämpfung beim Übergang eines Impulses von einer Faser in die andere minimal. Die Technik des Fusionsspleißens lässt sich aber bei Endinstallationen nur schwer anwenden, da dazu kompliziertere Apparaturen als zur mechanischen Verspleißung erforderlich sind. Außerdem schwächt die Hitze beim Fusionsspleißen die Faser enorm, so dass diese Stelle extrem bruchgefährdet ist.

Mechanische Spleiße
Für den Einsatz bei der Endinstallation sind mechanische Spleiße besser geeignet. Zur Verbindung werden hier die Faserenden lediglich ausgerichtet und mechanisch fixiert, z. B. durch Kleben. Einer der einfachsten mechanischen Spleiße ist ein Schrumpfschlauch, in dem die Lichtleiter fixiert werden. Bessere Spleiße lassen eine genaue Ausrichtung der Faserenden und eine eventuelle Demontage des Spleißes zu.

12.11.2 Steckverbindungen für Lichtwellenleiter

Steckverbindungen (connector) sind lösbare und wieder herstellbare Verbindungen. Bei einfachen Lichtleiterverbindern wird jedes Lichtleiterende dauerhaft in einem Metallzylinder fixiert. Die beiden Metallzylinder werden dann mit möglichst gut aufeinander ausgerichteten Faserenden Kopf an Kopf in eine Röhre geschoben, wo sie mit Hilfe von zwei Federn fixiert werden. Kompliziertere Stecker erlauben eine genauere Justierung der Faserenden und ergeben eine geringe Dämpfung.

Da der Kern von Lichtwellenleitern sehr dünn ist, müssen Steckverbinder extrem präzise gefertigt werden und der Lichtwellenleiter plan geschliffene Enden haben. Die Steckverbinder sind daher verglichen mit elektrischen Steckverbindern teuer.

Gut aufeinander abgestimmte Steckverbindungen verfügen über einen Dämpfungsverlust von ca. 0,1 bis 0,8 dB.

Abb. 12.12 Keramische
Ferrule

Es folgt die Definition einiger Begriffe, die im Zusammenhang mit LWL-Steckern wichtig sind.

Einfügungsdämpfung (IL, insertion loss)

Wird ein Bauelement (LWL-Stecker, Koppler) oder ein Spleiß in ein optisches Übertragungssystem eingebracht, so entsteht eine Dämpfung des Signals. Diese Dämpfung wird Einfügungsdämpfung genannt.

Rückflussdämpfung (RL, return loss)

Die Rückflussdämpfung, auch Rückstreudämpfung genannt, gibt es bei drahtgebundenen und optischen Übertragungsmedien. Es handelt sich dabei um ein logarithmisches Maß für das Verhältnis von ausgesendeter zu reflektierter Energie.

Bei metallischen Kabeln tritt eine Rückstreuung an Inhomogenitäten innerhalb des Kabels auf, bei ihnen versteht man unter der Rückflussdämpfung das Verhältnis von eingespeister Energie zu rückgestreuter Energie.

Bei optischen Übertragungsmedien stellt die Rückflussdämpfung das Verhältnis von eingespeister Lichtenergie zu reflektierter Lichtenergie dar. Die Rückflussdämpfung ist abhängig von der Wellenlänge der eingespeisten Lichtenergie und von dem Lichtwellenleiter. So haben Multimodefasern typischerweise eine Rückflussdämpfung von 20 dB bei 850 nm und 1300 nm, und Monomodefasern von 26 dB bei 1300 nm und 1550 nm.

Die Rückstreudämpfung kennzeichnet die Qualität (Präzision der Herstellung) des Lichtwellenleiters, der Spleiße und LWL-Stecker. Der Wert für die Rückflussdämpfung ist frequenzabhängig und wird in Dezibel angegeben, er sollte möglichst hoch sein.

Ferrule nennt man die hochpräzisen mechanischen Führungsröhrchen, die in LWL-Steckern die Faser aufnimmt (Abb. 12.12). Sie sind in aus Material mit hohem Härtegrad gefertigt, aus verchromten Metall, Hartmetall, Keramik oder Kunststoff und zeichnen sich durch geringste Führungstoleranzen und damit durch höchst präzise Fertigung aus. Kleinste Toleranzabweichungen in der Ferrule haben unmittelbare Auswirkungen auf den axialen Versatz der zu verbindenden Lichtwellenleiter mit direktem Einfluss auf die Einfügungsdämpfung. Auch der Außendurchmesser darf über die gesamte Länge der Ferrule keine Abweichungen aufweisen. Wichtig ist, dass Ferrulen nach Möglichkeit keinen Achsversatz hervorrufen, auch nicht unter Druck, Temperatureinfluss oder anderer mechanischer Beanspruchung.

Auch die Genauigkeit des Bohrloches ist ein entscheidender Punkt für die Qualität von Ferrulen. Diese Bohrung muss bezüglich der Zentrizität, des Lochdurchmessers und dessen Rundung eine hohe Genauigkeit aufweisen, weil die Faser in dieses Loch geschoben wird und nicht gequetscht werden darf.

Verdrehschutz

Sicherung von LWL-Steckern gegen Verdrehen, um zu verhindern, dass die Stirnflächen der Lichtwellenleiter aufeinander reiben und dabei zerkratzen. Dies würde die Dämpfung beträchtlich erhöhen.

Numerische Apertur

Die numerische Apertur (siehe Abschn. 12.3 und Abb. 12.4) wirkt sich besonders beim Zusammenfügen von zwei Lichtwellenleitern aus, da an diesen Stoßstellen Inhomogenitäten und unterschiedliche Materialdichten auftreten können. Die numerische Apertur der Fasern spielt für die Steckerdämpfung eine Rolle: Sie geht unmittelbar in die Dämpfungswerte für den Stirnflächenabstand ein. Bei zwei Fasern mit unterschiedlicher numerischer Apertur haben beide Übertragungsrichtungen verschiedene Dämpfungswerte. Kommt nämlich die Strahlung aus einer LWL-Faser mit hoher Apertur und wird in eine mit niedriger Apertur übertragen, dann wird sie von dieser Faser nicht voll aufgenommen. Anders verhält es sich in Gegenrichtung: Die Lichtenergie aus der LWL-Faser mit niedriger Apertur wird komplett von der mit hoher Apertur aufgenommen.

12.11.3   Einflüsse auf die Einfügungsdämpfung

Axialer Versatz (Luftspalt) (Abb. 12.13)

Unter axialem Versatz versteht man den Abstand der beiden Faserendflächen. Bei der Lichtübertragung in einem LWL-Steckverbinder werden die beiden Fasern sehr dicht zusammengeführt, um möglichst viel Lichtenergie von der einen Faser in die andere zu übertragen. An den Stirnflächen der beiden Fasern entstehen Lichtreflexionen und Dämpfungen. Die auftretende Dämpfung ist abhängig der Größe des Luftspalts zwischen den beiden Fasern. Um konstante Dämpfungswerte bei wiederholten Steckzyklen zu erreichen, ist eine möglichst geringe, aber präzise einzuhaltende Spaltbreite von etwa $10\,\mu\text{m}$ entscheidend. Dieser Abstand wird z. B. durch genaue Ferrulenlängen erreicht. Für den gleichen Fehler wie beim Kernversatz darf der Abstand bei Multimode-Fasern etwa $15\,\mu\text{m}$ und bei Monomode-Fasern $1{,}5\,\mu\text{m}$ betragen.

Radialer Versatz (Kernversatz) (Abb. 12.14)

Unter Kernversatz ist der Abstand der Symmetrieachsen der beiden optischen Wellenleiter zu verstehen. Ein radialer Versatz der beiden Fasern erhöht die Dämpfung sehr stark. Er entsteht durch ungenaue Führung der Ferrule in der Kupplung, exzentrischer oder zu großer Bohrung in der Ferrule und bei Versatz des Kernglases aus der Mittelachse.

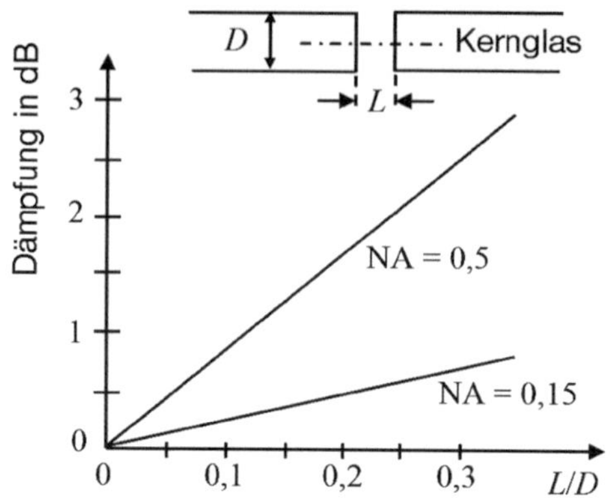

Abb. 12.13 Dämpfung von
LWL-Verbindungen in Ab-
hängigkeit des Luftspaltes der
Fasern

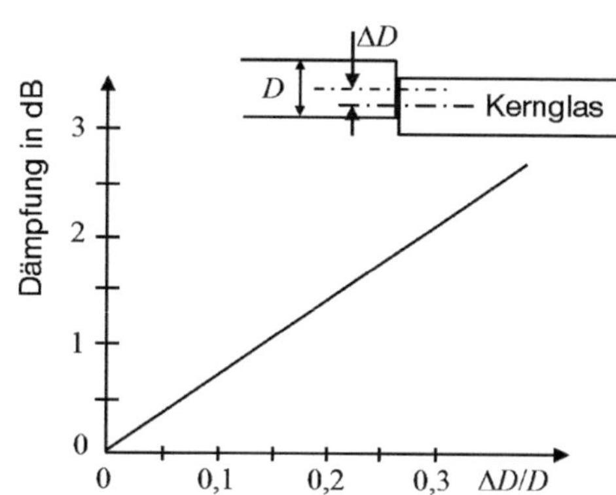

Abb. 12.14 Dämpfung von
LWL-Verbindungen in Abhängigkeit des radialen Versatzes

Um die Dämpfung klein zu halten, muss der Kernversatz kleiner als ein zehntel des
Kerndurchmessers sein. Dies bedeutet für Multimode-Fasern eine radiale Positionierge-
nauigkeit von etwa 2 μm und für Monomode-Fasern von etwa 200 nm.

Winkelfehler (Kippwinkel) (Abb. 12.15)
Der Kippwinkel (Verkippung der Faserachsen gegeneinander) zwischen den beiden Fasern hat einen wesentlichen Einfluss auf die Dämpfung des Lichtsignals. Der Kippwinkel
entsteht bei unpräziser Verbindungstechnik, vor allem bei schlechten Kupplungen mit zu
großer Bohrung oder Federführung. Um den gleichen Fehler wie beim Kernversatz oder
beim axialen Abstand zu haben, muss der Winkelfehler kleiner 1° sein.

Nichtparallele Stirnflächen der Lichtwellenleiter und gekrümmte oder raue Faserstirn-
flächen (Verschmutzungen, Kratzer) erzeugen ebenfalls zusätzliche Dämpfungen.

12.11.4 Einige Beispiele von Standard-LWL-Steckern

Aus der Vielzahl erhältlicher Steckverbindungen werden einige Beispiele von Standard-
LWL-Steckern beschrieben.

Abb. 12.15 Dämpfung in Abhängigkeit vom Kippwinkel

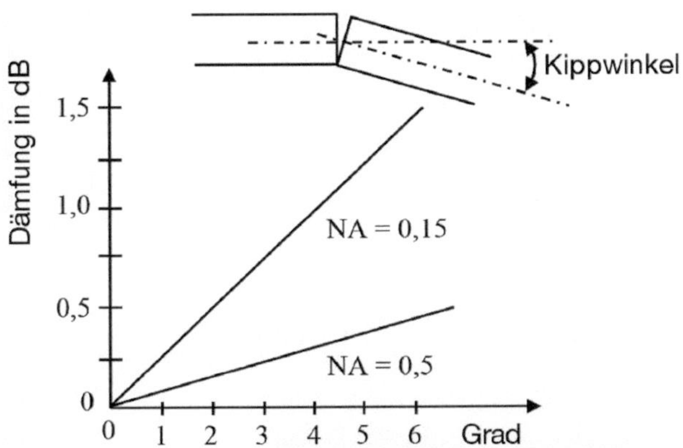

Abb. 12.16 DIN-Stecker (Foto: Huber + Suhner)

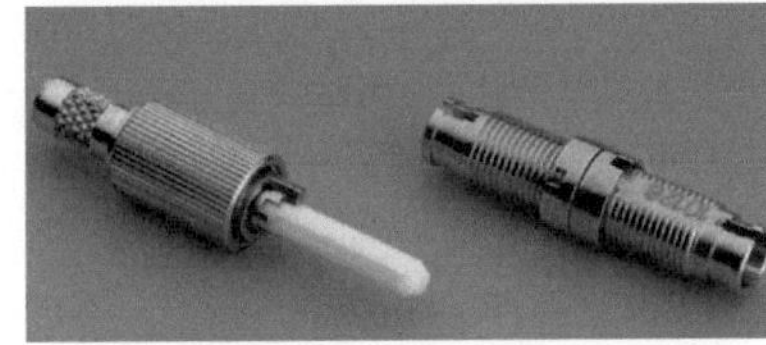

Abb. 12.17 FC-Stecker (Foto: Huber + Suhner)

DIN-Stecker (Abb. 12.16)

Der DIN-Stecker ist kompatibel nach DIN 47256 (CECC 86 135, IEC 874-6). Er ist für Monomodefasern und Multimodefasern geeignet. Dieser Stecker besitzt eine Schraubverriegelung ohne Verdrehschutz. Der DIN-Stecker hat eine sehr lange metallische Ferrule von 10 mm Länge und 2,5 mm Durchmesser. Die typischen Werte für die Einfügungsdämpfung liegen bei 0,1 dB.

FC-Stecker (Abb. 12.17)

Dieser LWL-Stecker in Schraubtechnik ohne Verdrehschutz ist für Multimode- und Monomodefasern einsetzbar. Seine Einfügungsdämpfung liegt typischerweise bei 0,5 dB. Die Faser ist mit dem Stecker verklebt und wird in einer Ferrule aus Keramik oder Stahl mit einer Länge von 4 mm und einem Stiftdurchmesser von 2,5 mm geführt. Die Steckerendflächen sind konvex geschliffen und sorgen für einen Stirnflächenkontakt (Physical Contact, PC).

Abb. 12.18 ST-Stecker (Foto: Huber + Suhner)

Abb. 12.19 SC-Stecker (Foto: Huber + Suhner)

ST-Stecker (ST: straight tip) (Abb. 12.18)

Dieser von AT&T spezifizierte LWL-Stecker (BFOC/2,5 nach IEC-874-10) ist sowohl für Monomodefasern als auch für Multimodefasern geeignet. Der ST-Stecker ist ein weit verbreiteter Stecker, der in LANs (local area network), MANs (metropolitan area network) und WANs (wide area network) Verwendung findet. Als Verschluss hat er eine Bajonett-Halterung. Den ST-Stecker gibt es in normaler Ausführung und mit Verriegelungsmöglichkeit (VST-Stecker).

Der Lichtwellenleiter wird bei diesem LWL-Stecker durch eine Keramik- oder Metall-Ferrule mit einer Länge von 8 mm und einem Stiftdurchmesser von 2,5 mm geführt und durch einen Metallstift am Verdrehen gehindert. Die Keramik-Ferrule ist an der Kontaktfläche konvex geschliffen. Durch eine Feder wird ein ständiger Stirnflächenkontakt der zu verbindenden Fasern erreicht. Durch diese Eigenschaften wird das Dämpfungsverhalten im Vergleich zu anderen LWL-Steckern verbessert. Die geringe Einfügungsdämpfung prädestiniert diesen Steckertyp für den Einsatz bei passivem Rangieren (Patching) bzw. für Anwendungen mit geringem Dämpfungsbudget. Die mittlere Einfügungsdämpfung liegt bei 0,3 dB, die maximale bei 0,5 dB. Der ST-Stecker hat eine gute Reproduzierbarkeit und hält seine Spezifikationen bis zu 1000 Steckzyklen. Die ST-Steckverbindung ist aufgrund ihrer einfachen Handhabung eine bevorzugte Steckverbindung und bietet besondere Vorteile beim Einsatz an Patchkabeln und Rangierkabeln.

SC-Stecker (Abb. 12.19)

Der SC-Stecker (IEC 874-19) ist ein LWL-Stecker, der sich als polarisierter Push/Pull-Stecker durch seine geringen Abmessungen und hohe Packungsdichte auszeichnet. Er hat ein quadratisches Design und kann für Multimodefasern und Monomodefasern benutzt werden. Mit dem Stecker können Simplex-, Duplex- und Mehrfachverbindungen aufgebaut werden.

Abb. 12.20 LC-Stecker mit
geringem Platzbedarf

Abb. 12.21 FSMA-Stecker mit
Schraubverschluss

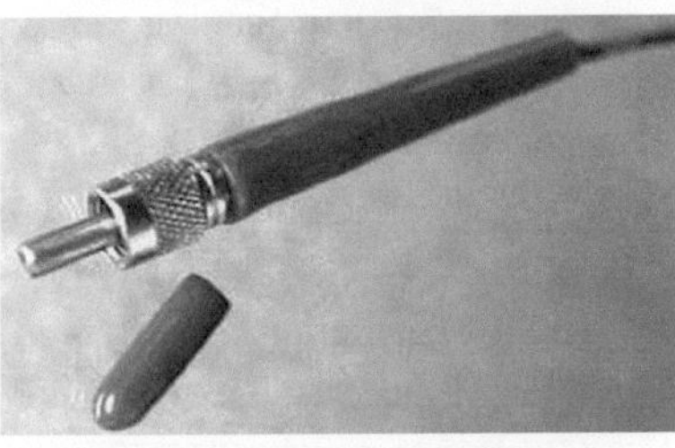

Abb. 12.22 FSMA-Stecker
(Foto: Huber + Suhner)

Die typische Einfügungsdämpfung liegt bei 0,2 dB bis 0,4 dB, die Rückflussdämpfung bei Monomodefasern bei 50 dB und bei Multimodefasern bei mindestens 40 dB. Der SC-Stecker zeichnet sich durch seine Kompaktheit und eine gleich bleibende reproduzierbare Verbindungsqualität aus. Durch seinen Aufbau ist er verdrehsicher und besitzt eine automatische Verriegelung.

LC-Stecker (Abb. 12.20)
Der LC-Stecker ist ein Lichtwellenleiterstecker und gehört zur Gruppe der SFF-Stecker (**S**mall **F**orm **F**actor). Der LC-Stecker ist ein leistungsfähiger LWL-Stecker für Singlemode- und Multimode-Anwendungen und besticht durch eine Einfügungsdämpfung von nur 0,1 dB und eine Rückflussdämpfung von 55 dB. Der Aufbau des LC-Steckers basiert auf einer Einzelfaser-Keramikferrule mit 1,25 mm Durchmesser für einen Lichtwellenleiter.

FSMA-Stecker (field installable subminiature assembly) (Abb. 12.21 und 12.22)
Der FSMA-Stecker ist einer der ersten LWL-Stecker, der international standardisiert wurde. Bei dem FSMA-Stecker handelt es sich um einen Schraubstecker, bei dem die Faser in einer relativ langen metallischen Ferrule mit einem Stiftdurchmesser von 3,175 mm geführt wird, die an der Kontaktfläche plan geschliffen ist. Der Stecker weist keinen Verdrehschutz auf, dies macht sich in der Einfügedämpfung bei mehrfachem Öffnen und Schließen negativ bemerkbar. Der Stecker kann bei hohen Anzugsdrehmomenten durch

Verbiegen der Faserführung in Mitleidenschaft gezogen und dadurch seine Einfügedämpfung drastisch verschlechtert werden. Andererseits kann bei einer lockeren Verbindung ein Luftspalt mit zusätzlicher Dämpfung zwischen den zu verbindenden Leiterenden entstehen. Die typische Einfügungsdämpfung liegt bei 1,0 dB, die maximale bei 2,0 dB. Die FSMA-Steckverbindung kann für Multimodefasern, Gradientenindex- und Stufenindex-Profilfasern eingesetzt werden. Der Lichtwellenleiter ist mittels Klebstoff dauerhaft und zuverlässig mit dem Stecker verbunden.

12.12 Zusammenfassung

1. Lichtwellenleiter (LWL) werden in der Nachrichtentechnik zur Informationsübertragung eingesetzt. Sie übertragen moduliertes Licht.
2. Glasfasern werden aus Kunststoff oder Glas hergestellt.
3. Vorteile von Lichtwellenleitern sind hohe Bandbreiten, geringe Dämpfung, Unempfindlichkeit gegen elektrische und magnetische Störungen, kein Übersprechen zwischen den Leitungen, keine Abstrahlung von Störfeldern, Abhörsicherheit, keine Explosionsgefahr, keine Stromschläge oder Kurzschlüsse möglich, Potenzialfreiheit.
4. Bei der optischen Nachrichtenübertragung wird prinzipiell die Strahlungsleistung eines optischen Senders durch ein elektrisches Signal moduliert, das modulierte optische Signal über einen Lichtwellenleiter zu einem optischen Empfänger übertragen und dort das elektrische Signal zurückgewonnen.
5. Ein Medium mit dem größeren Brechungsindex (der kleineren Lichtgeschwindigkeit) wird als das optisch dichtere Medium bezeichnet.
6. Der Brechungsindex ist abhängig von der Wellenlänge des Lichtes (außer bei Vakuum), dies wird als chromatische Dispersion bezeichnet.
7. Ein schräg einfallender Lichtstrahl wird beim Eintreten in das dichtere Medium zum Lot hin gebrochen, andersherum vom Lot weg.
8. Die Ausbreitung der Wellen in Glasfasern beruht auf dem Gesetz der Totalreflexion eines Lichtstrahls an der Grenzfläche zweier Medien mit verschiedenen Brechungsindizes.
9. Lichtstrahlen laufen durch wiederholte Totalreflexionen durch den LWL.
10. Man unterscheidet Multimode-Faser, Gradientenfaser und Monomode-Faser.
11. Bei der Multimode-Faser erfolgt der Übergang der Brechzahl zwischen Mantel und Kern sprunghaft mit einem Stufenprofil, es liegt eine zickzackförmige Wellenausbreitung vor.
12. Bei der Gradientenfaser erfolgt der Übergang der Brechzahl kontinuierlich, die Lichtstrahlen laufen nicht mehr zickzackförmig, sondern in Form von Sinusbahnen durch den Lichtwellenleiter.
13. Ist durch einen sehr kleinen Kerndurchmesser ausschließlich eine „geradlinige" Lichtausbreitung (parallel zur Faserachse) möglich, so handelt es sich um eine Monomode-Faser.

14. Die numerische Apertur (NA) ist ein faserspezifischer Parameter und eine Kenngröße für die Bündelung von Lichtstrahlen in optischen Systemen.

15. Je größer die numerische Apertur einer Glasfaser ist, desto besser kann ein Lichtimpuls in die Faser eingekoppelt werden.

16. Die Lichtquelle zur Einkopplung von Licht in die Faser muss möglichst paralleles Licht möglichst hoher Intensität liefern.

17. Bezüglich der Totalreflexion sind der Grenzwinkel (zwischen Kern und Mantel tritt gerade noch Totalreflexion auf) und der Akzeptanzwinkel (maximaler Einfallswinkel) zu beachten.

18. Die durch verschiedene Einfallwinkel unterschiedlich langen Wege der Lichtwellen innerhalb des Lichtwellenleiters (Teilschwingungen) werden als Moden bezeichnet.

19. Breitet sich Licht mit unterschiedlichen Winkeln aus (es existieren verschiedene Moden), so entstehen unterschiedliche optische Weglängen und damit auch unterschiedliche Laufzeiten, die Wellen breiten sich unterschiedlich schnell aus. Dies wird Modendispersion genannt.

20. Durch die Dispersion entsteht eine Pulsverbreiterung, die Übertragungsbandbreite und/oder die nutzbare Länge der Leitung wird vermindert.

21. Eine Modendispersion tritt naturgemäß nur in Multimode-Fasern auf, sie ist viel größer als die Materialdispersion oder als die Wellenleiterdispersion.

22. Unter Materialdispersion versteht man die Änderung der Phasengeschwindigkeit mit der Wellenlänge in einem Medium, dessen Brechungsindex von der Wellenlänge abhängt.

23. Die Wellenleiterdispersion bei der Monomode-Faser beruht darauf, dass sich mit kleiner werdender Wellenlänge die Lichtenergie zunehmend im Faserkern konzentriert, sich ein Teil aber auch im Mantel ausbreitet.

24. Bei der Multimode-Faser ist das Bandbreite-Länge-Produkt $B \cdot L = 4\,\text{MHz} \cdot \text{km}$. Modendispersion: ca. $50\,\text{ns/km}$. Dämpfung: ca. $5\,\text{dB/km}$ bis $30\,\text{dB/km}$ (Licht mit $850\,\text{nm}$). Die Faser ist einfach herzustellen, das Signal kann über LEDs leicht eingekoppelt werden. Einsatzgebiet: Bussystem im Kfz-Bereich.

25. Bei der Gradientenfaser ist das Bandbreite-Länge-Produkt $B \cdot L = 1{,}5\,\text{GHz} \cdot \text{km}$. Das Licht wird wellenförmig geführt (kein Zickzack-Kurs). Modendispersion: ca. $1\,\text{ns/km}$. Dämpfung: ca. $3\,\text{dB/km}$ bis $10\,\text{dB/km}$ (Licht mit $850\,\text{nm}$). Einsatzgebiet: LANs mit moderaten Anforderungen.

26. Bei der Monomode-Faser ist das Bandbreite-Länge-Produkt $B \cdot L \gg 10\,\text{GHz} \cdot \text{km}$. Modendispersion: $0{,}1\,\text{ns/km}$. Dämpfung: ca. $2\,\text{dB/km}$ (Licht mit $850\,\text{nm}$). Der geringe Kerndurchmesser macht eine genaue Justierung der Quelle erforderlich. Einsatzgebiet: Weitverkehrstechnik, anspruchsvolle LANs.

27. Als Lichtquellen für Lichtwellenleiter werden Leuchtdioden oder Laserdioden eingesetzt.

28. Als Empfangselemente werden Fotowiderstand, Fotodiode und Fototransistor eingesetzt.

29. Die Dämpfung eines Lichtsignals lässt sich aufteilen in die Dämpfung durch Fehlerstellen (Fehlerstellen in der Glasfaser, Verunreinigungen des Glaskerns, Luftblasen oder Risse), in die Installationsdämpfung (Biegeradien, schlechtes Spleißen, Achsversatz) und in die materialbedingte Dämpfung (Lichtstreuung, Absorption)

30. Zur Verstärkung in LWL-Strecken verwendet man entweder Repeater oder optische Verstärker (Faserverstärker).

31. Arten von Faserverbindungen sind: Permanente Verbindungen (Spleiße), lösbare Verbindungen (Stecker).

13.1 Einsatzgebiete, Vor- und Nachteile von Hohlleitern

Mikrowellen sind elektromagnetische Strahlen im Bereich der Wellenlänge von 30 cm bis 0,3 mm bzw. im Frequenzbereich von 1 GHz bis 1 THz. Bauteile von üblichen elektrischen Schaltungen wirken wegen der Wellenlänge der Mikrowellen als Antennen, deshalb können Mikrowellen nicht über gewöhnliche Drähte als Leiter transportiert werden. In Koaxialleitungen steigen die Verluste mit zunehmenden Frequenzen so stark an, dass auch kurze Distanzen nicht wirtschaftlich überbrückt werden können. Statt Drahtleitungen werden Hohlleiter verwendet, die nach außen keinerlei Strahlung abgeben. Mit Hohlleitern ist eine dämpfungsarme Fortleitung (z. B. ca. 0,2 dB/m bei 10 GHz) hochfrequenter elektromagnetischer Wellen möglich, z. B. zwischen Sender und Richtstrahlantenne. Hohlleiter besitzen auch eine größere Spannungsfestigkeit als Koaxialleitungen, dies ist bei der Übertragung großer Leistungen (Radar) von Bedeutung.

Die wesentlichen Vor- und Nachteile von Hohlleitern sind:

Vorteile

- dämpfungsarme Übertragung von Mikrowellen
- Übertragung hoher Leistungen
- hohe Güten (z. B. Filter) auch für hohe Leistungen.

Nachteile

- Schaltungen besitzen komplizierte Strukturen mit sehr engen Toleranzen, dies bedeutet teure Herstellung und somit bedingte Eignung für die Massenproduktion.

Hohlleiter werden im Höchstfrequenzbereich ($f > 1\,\mathrm{GHz}$) in der Nachrichtentechnik (Fernsehen, Richtfunk), in Mikrowellen- und Radargeräten sowie in der Satellitenkommunikation eingesetzt.

© Springer Fachmedien Wiesbaden GmbH, ein Teil von Springer Nature 2019

L. Stiny, *Passive elektronische Bauelemente*, https://doi.org/10.1007/978-3-658-24733-1_13

13.2 Grundsätzlicher Aufbau von Hohlleitern

Hohlleiter bestehen aus mit Luft gefüllten Metallröhren mit elektrisch leitenden Innenwänden (ohne Innenleiter, im Gegensatz zur Koaxialleitung). Der Röhrenquerschnitt ist
meist rechteckig oder kreisrund, in speziellen Fällen elliptisch. Ein Hohlleiter bewirkt die
geführte Ausbreitung elektromagnetischer Wellen in Luft durch Reflexion an seinen Innenwänden. Meist sind die Hohlleiterwände aus innen poliertem Messing gefertigt. Die
Innenwände können auch versilbert oder vergoldet sein (ab 40 GHz). Ausführungsformen
zeigen die Abb. 13.1, 13.2, 13.3.

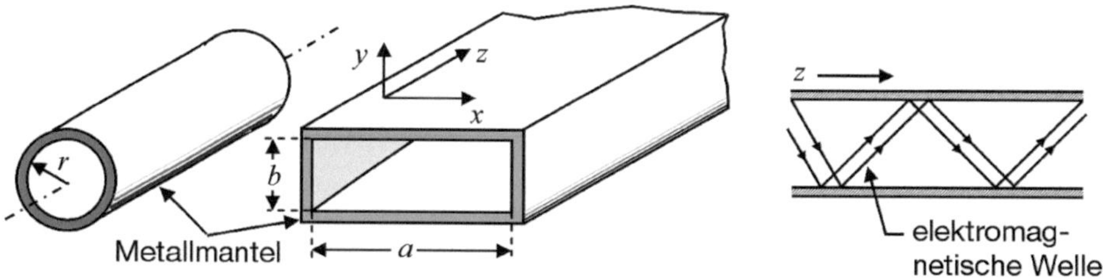

Abb. 13.1 Rund- und Rechteckhohlleiter und Prinzip der Wellenausbreitung

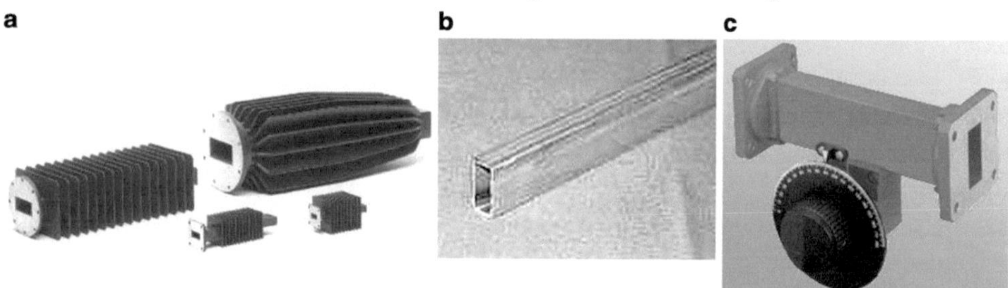

Abb. 13.2 Verschiedene Hohlleiterabschlüsse mit rechteckigem Querschnitt (**a**), 10 GHz Rechteckhohlleiter als Meterware (**b**), stetig regelbarer Absorber (**c**)

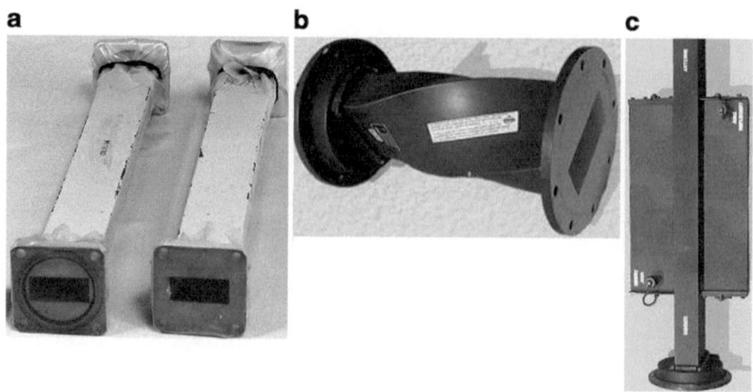

Abb. 13.3 Rechteckhohlleiter (**a**), verdrehter Rechteckhohlleiter zur Drehung des elektromagnetischen Feldes (**b**), Richtkoppler (**c**)

13.3 Wellenfortpflanzung und Wellentypen in Hohlleitern

Bei den in der klassischen Leitungstheorie üblichen Transversal-Elektromagnetischen Wellen (TEM-Wellen) verläuft die Feldverteilung in der Querschnittsebene (in der x-y-Ebene) gemäß der statischen Feldverteilung. Bei TEM-Wellen stehen elektrisches und magnetisches Feld senkrecht zur Ausbreitungsrichtung (der z-Richtung), es treten keine magnetischen und elektrischen Komponenten *in* Ausbreitungsrichtung auf. Solche Wellen sind für eine ungedämpfte Ausbreitung im Hohlleiter ungeeignet, da das statische Feld im Hohlleiter null ist.

Wellen, die eine Feldkomponente *in* Ausbreitungsrichtung haben, können sich längs eines homogenen Hohlleiters beliebiger Form ausbreiten, sofern sie mit ihrer Frequenz oberhalb einer kritischen Frequenz liegen, bei der die halbe Wellenlänge der größten Querschnittsabmessung entspricht. Die **Grenzwellenlänge** (kritische Wellenlänge) λ_c eines Hohlleiters entspricht also dem doppelten seiner lateralen Ausdehnung. Voraussetzung für die Ausbreitung von Hohlleiterwellen ist somit das Überschreiten einer **Grenzfrequenz** f_c (cutoff frequency, kritische Frequenz, Cutoff-Frequenz), welche vom Wellentyp, den Querschnittsabmessungen des Hohlleiters und dem Dielektrikum abhängt. Unterhalb dieser Frequenz klingt die dem Hohlleiter zugeführte Schwingung aperiodisch ab.

Hohlleiter weisen Bandpasscharakter auf, die Leitung überträgt erst ab einer gewissen unteren Grenzfrequenz f_c. Die obere Frequenzgrenze für den Betrieb kommt dadurch zustande, dass ab einer gewissen oberen Grenzfrequenz zusätzlich zu dem ausbreitungsfähigen Grundwellentyp noch weitere Wellentypen angeregt werden können, die eine eindeutige Signalübertragung verhindern, da die Gruppengeschwindigkeiten verschiedener Wellentypen unterschiedlich groß sind und zu nicht mehr korrigierbaren nichtlinearen Verzerrungen führen.

In Hohlleitern können eine Vielzahl von Wellentypen, so genannte **Moden** existieren. Diese unterschiedlichen Schwingungsformen werden in zwei Gruppen aufgeteilt.

Die angeregten elektromagnetischen Wellen besitzen nicht nur Komponenten der elektrischen Feldstärke E und der magnetischen Feldstärke H *senkrecht* zur Ausbreitungsrichtung (transversale Komponenten), sondern auch eine Feldkomponente *in* Ausbreitungsrichtung (eine axiale Komponente). Je nachdem, welche Art Feldkomponente in Ausbreitungsrichtung vorhanden ist, unterscheidet man im Hohlleiter zwei Feld- bzw. Wellentypen:

- H-Wellen (auch TE-Wellen genannt) mit *magnetischer* Feldkomponente H_z in Ausbreitungsrichtung. Das elektrische Feld ist transversal (quer) zur Ausbreitungsrichtung gerichtet (TE: Transversal-Elektrisch).
- E-Wellen (auch TM-Wellen genannt) mit *elektrischer* Feldkomponente E_z in Ausbreitungsrichtung. Das magnetische Feld steht senkrecht zur Ausbreitungsrichtung, liegt also nur in der Transversalebene (TM: Transversal-Magnetisch).

E- und H-Wellen können in Hohlleitern beliebigen Querschnitts auch gleichzeitig nebeneinander auftreten.

Um die vielfältigen Wellentypen voneinander zu unterscheiden, werden zwei Indexziffern „mn" an den Buchstaben E oder H bzw. an die Abkürzungen TM oder TE angehängt, um den jeweiligen Wellentyp genau anzugeben. Diese Indexziffern beschreiben in Kurzform die elektrischen bzw. magnetischen Feldbilder in der *Querschnittsebene* des Hohlleiters. Die Indizes m und n charakterisieren den Verlauf des E- oder H-Transversalfeldes in den Querschnittsebenen, sie geben an, welche Moden sich in einem Hohlleiter ausbilden können.

E_{mn}-Wellen (TM$_{mn}$-Wellen) beziehen sich auf die magnetische Feldverteilung in der Querschnittsebene.

H_{mn}-Wellen (TE$_{mn}$-Wellen) beziehen sich auf die elektrische Feldverteilung in der Querschnittsebene.

m **und** n geben die **Anzahl der Extremwerte** (Halbwellen) **in** x**- und** y**-Richtung** an. Eine H_{21}-Welle hat somit zwei Extremwerte in x- und einen Extremwert in y-Richtung.

Technisch von Bedeutung sind nur 4 Wellentypen:

- H_{10} (TE$_{10}$): gebräuchlichster, tiefst möglicher Modus im Rechteckhohlleiter
- H_{11} (TE$_{11}$): Rundhohlleiter und Komponenten mit Rundhohlleiter
- H_{01} (TE$_{01}$): extrem dämpfungsarme Rundhohlleiter
- TEM: in Hohlleitern nicht möglich (Normalfall bei anderen Wellenleitern).

Bei speziellen Bauteilen, z. B. Richtkopplern, werden auch Kombinationen verschiedener Wellentypen eingesetzt. Diese breiten sich mit unterschiedlichen Geschwindigkeiten aus und führen so zum gewünschten Gesamtverhalten.

In praktischen Hohlleiterschaltungen sollte im Normalfall immer nur ein Wellentyp auftreten. Dies ist sichergestellt, wenn man sich auf denjenigen Frequenzbereich beschränkt, bei dem nur ein einziger Ausbreitungsmode besteht. Dieser tiefste Mode wird auch **Haupt-** oder **Grundmode** genannt.

Oberhalb der Grenzfrequenz des nächst höheren Modus kann die Existenz dieses höheren Wellentyps nicht mehr ausgeschlossen werden. Der für einen bestimmten Hohlleiter zulässige Frequenzbereich ist daher relativ schmal.

Die Ein- und Auskopplung der HF-Energie erfolgt durch Schlitze, Koppelschleifen, Stäbe, Trichter (Hornstrahler) oder Löcher – je nachdem, ob die Energie in einen anderen Hohlleiter, in ein Koaxialkabel oder ins Freie gelangen soll. Ort und Gestalt dieser Koppelelemente bestimmen die Ausbreitungsmoden und die Ausbreitungsrichtung der Wellen.

13.4 Rechteckhohlleiter

Bei einem rechteckigen Hohlleiter ist a die Breite und b die Höhe (Schmalseite). Der erste Modenindex m gibt die Anzahl der Maxima (Anzahl der Halbwellen) der betrachteten Feldkomponente über der Breitseite a, der zweite Index n die Anzahl der Maxima über der Schmalseite b an.

λ ist die Wellenlänge einer elektromagnetischen Welle im freien Raum. Wird diese Welle in einen Rechteckhohlleiter eingekoppelt, so wird λ_H als **Hohlleiterwellenlänge** bezeichnet. Die Länge λ_H gibt in der z-Richtung als Fortpflanzungsrichtung den Abstand von Maximum zu Maximum der Welle im Hohlleiter an.

Zwischen der Freiraumwellenlänge λ und der Hohlleiterwellenlänge λ_H der H-Welle besteht folgender allgemeiner Zusammenhang:

$$\lambda_H = \frac{1}{\sqrt{\left(\frac{1}{\lambda}\right)^2 - \left[\left(\frac{m}{2a}\right)^2 + \left(\frac{n}{2b}\right)^2\right]}} \tag{13.1}$$

a = Breitseite mit Modenindex m,
b = Schmalseite mit Modenindex n.

Für jeden Wellenmodus gibt es eine untere Grenzfrequenz f_c (bzw. eine Grenzwellenlänge λ_c). Unterhalb der Grenzfrequenz ist für den jeweiligen Wellenmodus keine Ausbreitung möglich, die Wellen werden aperiodisch gedämpft. Ab seiner Grenzfrequenz ist jeder Wellentyp ausbreitungsfähig.

Beim Rechteckhohlleiter gilt für den Mode TE$_{mn}$ (H_{mn}):

$$f_c = \frac{c}{\lambda_c} \tag{13.2}$$

$$c = \frac{c_0}{\sqrt{\mu_r \varepsilon_r}} \tag{13.3}$$

Für das Dielektrikum Luft ist $\mu_r = 1$ und $\varepsilon_r = 1$.

$$\lambda_c = \frac{1}{\sqrt{\left(\frac{m}{2a}\right)^2 + \left(\frac{n}{2b}\right)^2}} = \frac{2ab}{\sqrt{n^2 a^2 + m^2 b^2}} \tag{13.4}$$

a = Breitseite mit Modenindex m,
b = Schmalseite mit Modenindex n.

Mit Gl. 13.4 folgt aus Gl. 13.1:

$$\lambda_H = \frac{1}{\sqrt{\frac{1}{\lambda^2} - \frac{1}{\lambda_c^2}}} = \frac{\lambda}{\sqrt{1 - \left(\frac{\lambda}{\lambda_c}\right)^2}} \tag{13.5}$$

Da die E-Felder an den Wänden eine Knotenlinie haben müssen, muss transversal mindestens eine halbe Wellenlänge in den Hohlleiter passen. Deshalb gibt es eine untere Grenzfrequenz, unter der eine Wellenführung nicht möglich ist. Der unterste Mode (mit der längsten Wellenlänge) in einem rechteckförmigen Wellenleiter ist der TE$_{10}$-Mode oder

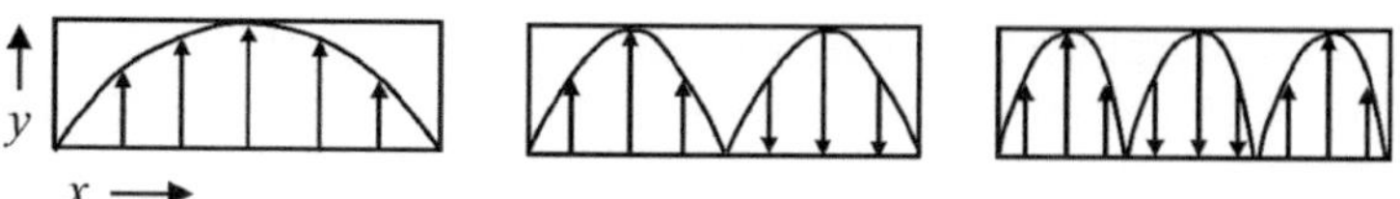

Abb. 13.4 E-Felder der TE10-, TE20- und TE30-Mode im Rechteckhohlleiter

Abb. 13.5 Feldlinienbild der
TE10-(H10)-Mode im Recht-
eckhohlleiter. Das E-Feld hat
im Querschnitt einen sinusförmigen Verlauf

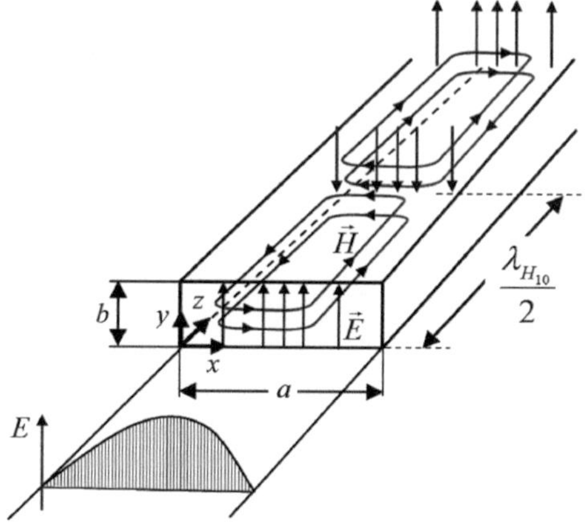

auch H_{10}-Mode genannt. Die erste Bezeichnung drückt aus, dass das E-Feld senkrecht zur
Ausbreitungsrichtung steht, also transversal ist. Die zweite Bezeichnung besagt, dass das
H-Feld eine longitudinale Komponente hat, die nur in einer geführten Welle existieren
kann. Bei beiden Bezeichnungen gibt der erste Index die Zahl der halben Sinusbögen über
der längeren Seite an, der zweite die Zahl der halben Sinusbögen über der kürzeren Seite
(Abb. 13.4).

Die technisch wichtigste Welle im Rechteckhohlleiter ist für $a > b$ die TE_{10}-Welle mit
den Feldkomponenten E_y, H_x und H_z (Abb. 13.5). Dieser (Haupt-)Mode hat von allen
möglichen Wellen die niedrigste Grenzfrequenz

$$f_{c\,10} = \frac{c}{2a} \tag{13.6}$$

bzw. die größte Grenzwellenlänge

$$\lambda_{c\,10} = 2a \tag{13.7}$$

Der Abstand zwischen zwei Maxima in z-Richtung entspricht der Hohlleiterwellenlänge λ_H, sie ist immer größer als die Freiraumwellenlänge λ.

$$\lambda_{H_{10}} = \frac{\lambda}{\sqrt{1 - \left(\frac{\lambda}{2a}\right)^2}} \tag{13.8}$$

Wird $\lambda = 2a$, so ergibt sich für die Hohlleiterwellenlänge $\lambda_H = \infty$, dies entspricht der Cutoff-Frequenz f_c.

Für die **Gruppengeschwindigkeit** v_G (Transportgeschwindigkeit der Information) des Rechteckhohlleiters gilt:

$$v_G = v \cdot \sqrt{1 - \left(\frac{\lambda}{2a}\right)^2} \tag{13.9}$$

Die **Phasengeschwindigkeit** v_P des Rechteckhohlleiters ist:

$$v_P = \frac{v}{\sqrt{1 - \left(\frac{\lambda}{2a}\right)^2}} \tag{13.10}$$

v entspricht der normalen Ausbreitungsgeschwindigkeit der elektromagnetischen Welle. In Luft oder Vakuum ist $v = c_0$.

Gl. 13.10 besagt, dass die Phasengeschwindigkeit der elektromagnetischen Welle innerhalb eines Hohlleiters größer (!!) ist als die Lichtgeschwindigkeit. Punkte konstanter Phase breiten sich also im Hohlleiter schneller als mit Lichtgeschwindigkeit aus. Anschaulich kann man sich die Phasengeschwindigkeit als die Geschwindigkeit vorstellen, mit der das Wellenbild innerhalb des Hohlleiters voranschreitet.

In der Regel soll ein möglichst großer **Betriebsfrequenzbereich** für einen gegebenen Hohlleiter erreicht werden. Der Betriebsfrequenzbereich wird nach unten durch die Grenzfrequenz $f_{c\,10}$ des Grundmodes und nach oben durch die Grenzfrequenzen höherer Wellentypen eingeschränkt, nämlich dem TE_{20}-Typ mit

$$f_{c\,20} = \frac{c}{a} \tag{13.11}$$

und dem TE_{01}-Typ mit

$$f_{c\,01} = \frac{c}{2b} \tag{13.12}$$

Störungen in der Hohlleitergeometrie, wie z. B. Knicke, Übergänge, Verdrehungen regen diese zusätzlichen Feldtypen an. Daher wird nach oben ein Sicherheitsabstand von den Grenzfrequenzen höherer Moden eingehalten, um z. B. einen Energieübertrag in diese Moden (Modenkonversion) zu verhindern.

In realen verlustbehafteten Hohlleitern steigt die Dämpfung der Grundwelle bei Annäherung an ihre Grenzfrequenz stark an, so dass auch nach unten ein entsprechender Abstand eingehalten werden sollte.

Üblicherweise wird einem Hohlleiter mit gegebenen Abmessungen für die Betriebsfrequenz f_B der Bereich $1{,}25 \cdot f_c \leq f_B \leq 1{,}90 \cdot f_c$ zugeordnet, mit $f_c =$ Grenzfrequenz entsprechend Gl. 13.2.

Beispiel 13.1

Ein Rechteckhohlleiter hat die Breite $a = 2,5\,\text{cm}$. Im Wellenlängenbereich von $\lambda = 2,5\ldots 5\,\text{cm}$ kann innerhalb des Hohlleiters nur der H_{10}-Wellentyp auftreten. Wird die Wellenlänge kleiner als $2,5\,\text{cm}$, so kann in demselben Hohlleiter auch die H_{20}-Welle auftreten. Unterhalb der Wellenlänge $\lambda = 1,66\,\text{cm}$ kann die H_{30}-Welle und allgemein unterhalb der Wellenlänge $\lambda = \frac{2a}{m}$ die H_{mn}-Welle auftreten. Die Eindeutigkeit des Wellentyps besteht nur in dem Wellenlängenbereich von $\lambda = a \ldots 2a$.

Ein weiterer Gesichtspunkt bei der Wahl der Querschnittsabmessungen a und b ist die durch die Spannungsfestigkeit gegebene **maximal übertragbare Leistung**. Die Durchschlagsfestigkeit eines Hohlleiters hängt von den Abständen der Hohlleiterwände ab. Im Querschnitt kleine Hohlleiter (für hohe Frequenzen) weisen eine geringere Durchschlagsfestigkeit auf als Hohlleiter mit großem Querschnitt. Beim Rechteckhohlleiter ist die Länge der Seite b als geringster Wandabstand maßgebend. Gewöhnlich wird $a = 2 \cdot b$ als Verhältnis zwischen Breite und Höhe des Rechteckhohlleiters gewählt.

Der **Wellenwiderstand** Z_H des Hohlleiters ist allgemein für die H-Wellen:

$$Z_{\mathrm{H\,H}} = \frac{377\,\Omega}{\sqrt{1 - \left(\frac{\lambda}{\lambda_\mathrm{c}}\right)^2}} = \frac{377\,\Omega}{\sqrt{1 - \left(\frac{f_\mathrm{c}}{f}\right)^2}} \tag{13.13}$$

Der Hohlleiterwellenwiderstand der E-Wellen ist:

$$Z_{\mathrm{H\,E}} = 377\,\Omega \cdot \sqrt{1 - \left(\frac{\lambda}{\lambda_\mathrm{c}}\right)^2} = 377\,\Omega \cdot \sqrt{1 - \left(\frac{f_\mathrm{c}}{f}\right)^2} \tag{13.14}$$

Physikalisch gesehen gibt der Hohlleiterwellenwiderstand das Verhältnis der elektrischen Feldstärke zur magnetischen Feldstärke in der Querschnittsebene an. Im Hohlleiter gibt es keine elektrischen Spannungen oder Ströme, mit denen man rechnen kann.

Sowohl für die H- als auch für die E-Wellen ist der Hohlleiterwellenwiderstand frequenzabhängig und außerdem abhängig von dem im Hohlleiter existierenden Wellentyp.

Für die H_{10}-Welle ist der Wellenwiderstand:

$$Z_{\mathrm{H\,H10}} = \frac{377\,\Omega}{\sqrt{1 - \left(\frac{\lambda}{2a}\right)^2}} \tag{13.15}$$

Eine **Dämpfung** der Wellenausbreitung erfolgt oberhalb der Grenzfrequenz durch die Wandströme und deren resistiven Verluste. Die Verluste sind für den Grundmode H_{10} minimal.

Für die Gesamtdämpfung der H_{10}-Welle im Rechteckhohlleiter gilt:

$$\alpha_{\mathrm{ges}} = \alpha_m + \alpha_{\mathrm{d}} \tag{13.16}$$

α_m = Dämpfungsbeitrag des Leitermaterials aufgrund ohmscher Verluste und Skineffekt
α_d = Dämpfungsbeitrag eines evtl. vorhandenen Dielektrikums mit Verlusten.

Als Leitungsverlust für die H_{10}-Welle im Rechteckhohlleiter aus Kupfer ergibt sich für die Dämpfungskonstante α_m:

$$\alpha_{m\,\mathrm{Cu\,H10}} = \frac{0{,}212}{a \cdot \sqrt{\lambda}} \cdot \frac{\frac{a}{2b} + \left(\frac{\lambda}{2a}\right)^2}{\sqrt{1 - \left(\frac{\lambda}{2a}\right)^2}} \, \frac{\mathrm{dB}}{\mathrm{m}} \qquad (a \text{ und } \lambda \text{ in cm}) \tag{13.17}$$

Für beliebiges anderes Material x gilt

$$\alpha_x = \alpha_{m\,\mathrm{Cu\,H10}} \cdot \sqrt{\frac{\sigma_{\mathrm{Cu}}}{\sigma_x}} \tag{13.18}$$

Die Dämpfungskonstante α_{d} eines verlustbehafteten Dielektrikums ist für alle Wellentypen:

$$\alpha_{\mathrm{d}} = \frac{\pi}{\lambda} \frac{\tan\delta}{\sqrt{1 - \left(\frac{f_{\mathrm{c}}}{f}\right)^2}} = \frac{\pi \cdot f}{c} \frac{\tan\delta}{\sqrt{1 - \left(\frac{f_{\mathrm{c}}}{f}\right)^2}} \tag{13.19}$$

Die **übertragene Leistung** durch die H_{10}-Welle ist:

$$P_{\mathrm{H10}} = \frac{E_0^2}{Z_{\mathrm{H\,H10}}} \frac{ab}{4} = E_0^2 \cdot \sqrt{1 - \left(\frac{\lambda}{2a}\right)^2} \cdot \frac{ab}{1508\,\Omega} \tag{13.20}$$

E_0 ist der Maximalwert des elektrischen Feldes (welches nur eine y-Komponente aufweist).

Beispiel 13.2
Welche maximale Leistung kann bei 10 GHz mit einem Hohlleiter vom Typ R100 (Bezeichnung nach IEC) durch die H_{10}-Welle übertragen werden? Die maximale elektrische Feldstärke im Hohlleiter soll die Hälfte der Durchschlagsfeldstärke der Luft von ca. 3 kV/mm betragen.

Lösung:
Der Hohlleiter hat nach Tab. 13.3 die Abmessungen $a = 22{,}86\,\mathrm{mm}$ und $b = 10{,}16\,\mathrm{mm}$. 10 GHz entsprechen einer Wellenlänge $\lambda = 30\,\mathrm{mm}$. Mit $E_0 = 1500\,\mathrm{V/mm}$ erhält man nach Gl. 13.20: $\underline{P = 0{,}26\,\mathrm{MW}}$.

Beispiel 13.3

Zu entwerfen ist ein luftgefüllter Rechteckhohlleiter aus Kupfer, der bei 5 GHz betrieben wird. Die Betriebsfrequenz soll in der Mitte des Betriebsfrequenzbereiches liegen. Zu bestimmen sind Breite a und Höhe b des Hohlleiters, die Dämpfung in dB/m und die maximal übertragene Leistung unter der Annahme, dass die maximale elektrische Feldstärke im Hohlleiter die Hälfte der Durchschlagsfeldstärke der Luft von ca. 3 kV/mm beträgt.

Lösung:

f liegt in der Mitte des Betriebsfrequenzbereiches: $f_c \leq f \leq 2f_c$ mit $f_c = \frac{c}{2a}$. Somit ist $f = 1{,}5 \cdot f_c = 0{,}75 \cdot \frac{c}{a}$. Aufgelöst nach a folgt:

$$a = \frac{0{,}75 \cdot c}{f} = \frac{0{,}75 \cdot 3 \cdot 10^{10}\,\frac{\text{cm}}{\text{s}}}{5 \cdot 10^{9}\,\frac{1}{\text{s}}} = \underline{\underline{4{,}5\,\text{cm}}}$$

Für die maximal übertragbare Leistung wird $b = \frac{a}{2} = \underline{\underline{2{,}25\,\text{cm}}}$ gewählt.

Mit $\lambda = 6\,\text{cm}$ erhält man mit Gl. 13.17:

$$\alpha_{m\,\text{Cu H10}} = \frac{0{,}212}{4{,}5 \cdot \sqrt{6}} \cdot \frac{\frac{4{,}5}{4{,}5} + \left(\frac{6}{9}\right)^2}{\sqrt{1 - \left(\frac{6}{9}\right)^2}}\,\frac{\text{dB}}{\text{m}} = 1{,}923 \cdot 10^{-2} \cdot \frac{1{,}444}{0{,}745} = \underline{\underline{0{,}037\,\frac{\text{dB}}{\text{m}}}}$$

Mit $E_0 = 15.000\,\frac{\text{V}}{\text{cm}}$ folgt aus Gl. 13.20:

$$P_{\text{H10}} = 15.000^2 \cdot \sqrt{1 - \left(\frac{6}{9}\right)^2} \cdot \frac{4{,}5 \cdot 2{,}25}{1508}\,\text{MW} = \underline{\underline{1{,}13\,\text{MW}}}$$

13.5 Rundhohlleiter

Für den Kreisquerschnitt gibt m die Anzahl der Extremwerte bzw. der Halbperioden längs des halben Umfangs, n die Anzahl der Extremwerte bzw. der Halbwellen längs des Radius an.

Die Hohlleiterwellenlänge λ_H wird auch für den Hohlleiter mit Kreisquerschnitt entsprechend der Gl. 13.5 berechnet.

Für die Grenzwellenlänge λ_c eines kreisrunden Hohlleiters ergibt die Theorie:

$$\lambda_c = \frac{\pi}{K_{mn}} \cdot D \tag{13.21}$$

Tab. 13.1 Wellentypen beim kreisrunden Hohlleiter mit zugehörigem Faktor $\frac{\pi}{K_{mn}}$

Wellentyp	$\frac{\pi}{K_{mn}}$	Wellentyp	$\frac{\pi}{K_{mn}}$
E_{01}	1,31	H_{01}	0,820
E_{02}	0,569	H_{02}	0,448
E_{03}	0,364	H_{03}	0,309
E_{11}	0,820	H_{11}	1,71
E_{12}	0,448	H_{12}	0,59
E_{13}	0,309	H_{13}	0,362
E_{21}	0,61	H_{21}	1,03
E_{22}	0,375	H_{22}	0,469
E_{23}	0,27	H_{23}	0,316

Hierin sind:

D = Hohlleiterdurchmesser

K_{mn} für E-Wellen = n-te Nullstelle der Besselfunktion m-ter Ordnung

K_{mn} für H-Wellen = n-te Nullstelle des Differenzialquotienten der Besselfunktion m-ter Ordnung.

Eine evtl. vorhandene Nullstelle bei $r = 0$ wird beide Male nicht mitgezählt.

Tab. 13.1 gibt für die wichtigsten Wellentypen des kreisrunden Hohlleiters den Faktor $\frac{\pi}{K_{mn}}$ an.

Die H_{01}-Welle ist im kreisrunden Hohlleiter der Wellenmode mit der geringstmöglichen Dämpfung.

Für die Dämpfung der H_{01}-Welle durch das Hohlleitermaterial Kupfer gilt:

$$\alpha_{\text{Cu}} = \frac{0{,}212}{D \cdot \sqrt{\lambda}} \cdot \frac{\frac{\lambda}{0{,}82 \cdot D}}{\sqrt{1 - \left(\frac{\lambda}{0{,}82 \cdot D}\right)^2}} \, \frac{\text{dB}}{\text{m}} \quad (D \text{ und } \lambda \text{ in cm}) \tag{13.22}$$

Die Dämpfung der H_{11}-Welle ist:

$$\alpha_{\text{Cu}} = \frac{0{,}212}{D \cdot \sqrt{\lambda}} \cdot \frac{\frac{\lambda}{1{,}706 \cdot D} + 0{,}4185}{\sqrt{1 - \left(\frac{\lambda}{1{,}706 \cdot D}\right)^2}} \, \frac{\text{dB}}{\text{m}} \quad (D \text{ und } \lambda \text{ in cm}) \tag{13.23}$$

Beispiel 13.4

Wie groß ist die Dämpfung in dB/m eines kreisrunden Hohlleiters aus Kupfer mit dem Radius 3,5 mm bzw. 20 mm bei 60 GHz für die H_{01}-Welle?

Lösung:

Nach Gl. 13.22 erhält man für $D = 0{,}7\,\text{cm}$ den Wert $\underline{0{,}76\,\text{dB/m}}$ und für $D = 4\,\text{cm}$ nur noch den kleineren Wert $\underline{\underline{0{,}012\,\text{dB/m}\;(1{,}2\,\text{dB/100\,m})}}$.

13.6 Einige Daten von Hohlleitern

Tab. 13.2 Grenzwellenlängen für verschiedene Hohlleiter und Wellentypen

Rechteckhohlleiter		Quadratischer Hohlleiter		Rundhohlleiter	
$a = 2b$		$a = b$		Radius $= a$	
Mode	Cutoff-Wellenlänge	Mode	Cutoff-Wellenlänge	Mode	Cutoff-Wellenlänge
TE_{10}	$2 \cdot a$	TE_{10}	$2 \cdot a$	TE_{11}	$3{,}41 \cdot a$
TE_{01}	a	TE_{01}	$2 \cdot a$	TM_{01}	$2{,}61 \cdot a$
TE_{20}	a	TE_{11}	$1{,}4 \cdot a$	TE_{21}	$2{,}06 \cdot a$
TE_{11}	$0{,}89 \cdot a$	TM_{11}	$1{,}4 \cdot a$	TE_{01}	$1{,}64 \cdot a$
TM_{11}	$0{,}89 \cdot a$	TE_{20}	a	TM_{11}	$1{,}64 \cdot a$

Tab. 13.3 Daten normierter Rechteckhohlleiter

Frequenzbereich (H_{10}-Welle)	Grenz-Frequenz (H_{10}-Welle)	IEC-153	Band	Hohlleiterinnenmaße in mm		Dämpfung bei Kupfer-hohlleiter		Max. zulässige Spitzenleistung (zwischen f_{min} und f_{max})
GHz	GHz			Breite a	Höhe b	GHz	α theor. dB/m	MW
1,14…1,73	0,908	R14	L	165,1	82,55	1,36	0,00522	12,0…17,0
1,45…2,20	0,158	R18	D	129,5	64,77	1,74	0,00749	7,5…11,0
1,72…2,61	1,375	R22	–	109,2	54,61	2,06	0,00970	5,2…7,5
2,17…3,30	1,737	R26	–	86,36	43,18	2,61	0,0138	1,4…4,8
2,60…3,95	2,080	R32	S	72,14	34,04	3,12	0,0189	2,2…3,2
3,22…4,90	2,579	R40	A	58,17	29,08	3,87	0,0249	1,6…2,2
3,94…5,99	3,155	R48	G	47,55	22,14	4,73	0,0355	0,94…1,32
4,64…7,05	3,714	R58	C	40,39	20,19	5,57	0,0431	0,79…1,0
5,38…8,17	4,285	R70	J	34,85	15,79	6,46	0,0576	0,56…0,71
6,57…9,99	5,260	R84	H	28,49	12,62	7,89	0,0794	0,35…0,46
7,00…11,0	5,790	–	T	25,90	12,95	8,40	0,0869	0,33…0,43
8,20…12,5	6,560	R100	X	22,86	10,16	9,84	0,110	0,20…0,29
9,84…15,0	7,873	R120	M	19,05	9,525	11,8	0,133	0,17…0,23
11,9…18,0	9,490	R140	P	15,79	7,899	14,2	0,176	0,12…0,16
14,5…22,0	11,578	R180	N	12,95	6,477	17,4	0,238	0,080…0,107

Tab. 13.3 (Fortsetzung)

Frequenzbereich (H_{10}-Welle)	Grenz-Frequenz (H_{10}-Welle)	IEC-153	Band	Hohlleiterinnenmaße in mm		Dämpfung bei Kupferhohlleiter		Max. zulässige Spitzenleistung (zwischen f_{min} und f_{max})
GHz	GHz			Breite a	Höhe b	GHz	α theor. dB/m	MW
17,6…26,7	14,080	R220	K	10,68	4,318	21,1	0,370	0,043…0,058
21,7…33,0	17,368	R260	–	8,636	4,318	26,1	0,435	0,034…0,048
26,4…40,0	21,100	R320	R	7,112	3,556	31,6	0,583	0,022…0,031
32,9…50,1	26,350	R400	Q	5,690	2,845	39,5	0,815	0,014…0,020
39,2…59,6	31,410	R500	F	4,775	2,388	47,1	1,06	0,011…0,015
49,8…75,8	39,900	R620	M	3,759	1,880	59,9	1,52	0,0063…0,0090
60,5…91,9	48,400	R740	E	3,099	1,549	72,6	2,03	0,0042…0,0060
73,8…112,0	59,050	R900	W	2,540	1,270	88,6	2,74	0,0030…0,0041
92,2…140,0	73,840	R1200	V	2,032	1,016	111,0	3,82	0,0018…0,0026
114,0…173	90,845	R1400	T	1,651	0,826	136,3	5,21	0,0012…0,0017

13.7 Hohlleiterbauelemente

Es werden einige Hohlleiterbauelemente vorgestellt (Abb. 13.6 bis 13.9).

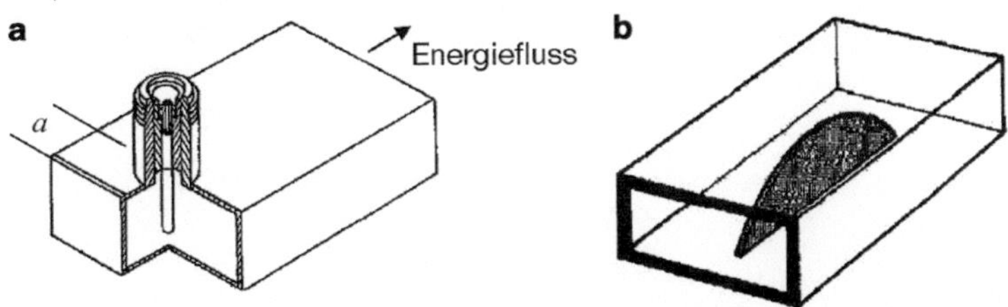

Abb. 13.6 Eine einfache Kopplung zwischen Koaxialleitung und Hohlleiter (**a**), Abschwächer (Absorber) werden mit absorbierenden Platten in der Richtung des elektrischen Feldes realisiert (**b**)

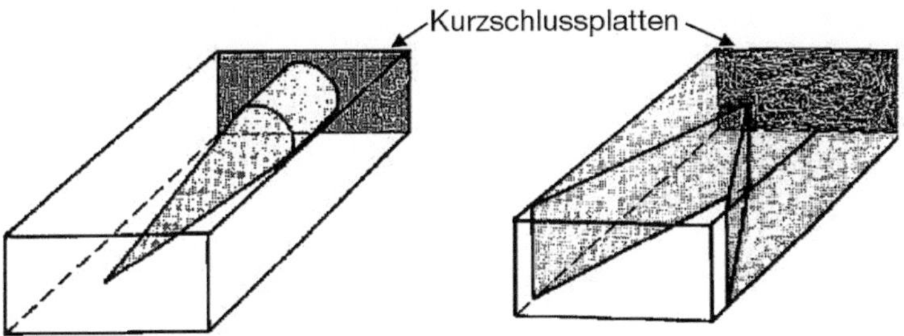

Abb. 13.7 Reflexionsfreie Abschlüsse werden mit absorbierendem Material am Leiterende realisiert. Wichtig ist ein sehr sanfter Übergang

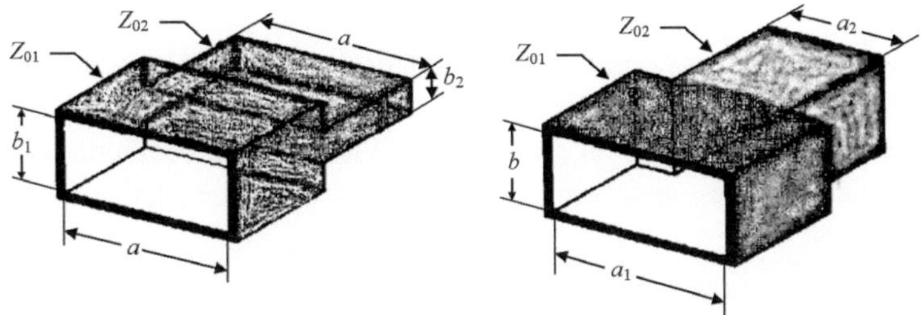

Abb. 13.8 Sprunghafte Änderungen der Hohlleiterhöhe wirken als Parallelkapazitäten, sprunghafte Änderungen der Hohlleiterbreite als Parallelinduktivitäten. Zudem ändert sich natürlich die charakteristische Impedanz Z_0

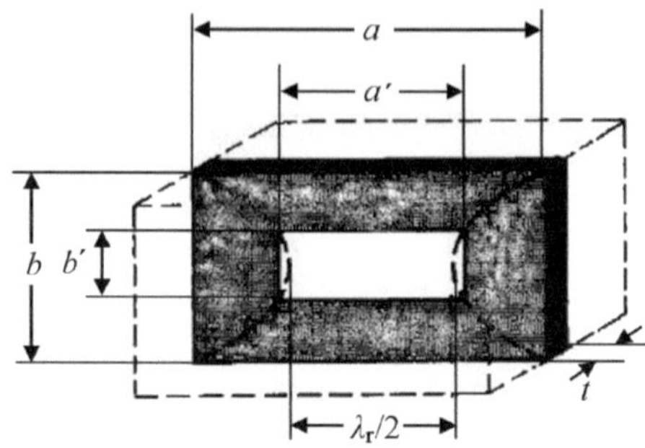

Abb. 13.9 Eine rechteckige Blende im Hohlleiter wirkt als Parallelresonanzkreis

In Abb. 13.9 gilt:

$$\frac{a'}{b'}\sqrt{1-\left(\frac{\lambda_{\mathrm{r}}}{2a'}\right)^2} = \frac{a}{b}\sqrt{1-\left(\frac{\lambda_{\mathrm{r}}}{2a}\right)^2} \tag{13.24}$$

$$f_{\mathrm{r}} = \frac{c}{\lambda_{\mathrm{r}}} = \frac{c}{2a}\sqrt{\frac{1-\left(\frac{b'}{b}\right)^2}{\left(\frac{a'}{a}\right)^2 - \left(\frac{b'}{b}\right)^2}} \tag{13.25}$$

13.8 Hohlraumresonator mit Rechteckquerschnitt

An einen speisenden Hohlleiter mit rechteckigem Querschnitt wird ein allseitig geschlossener Metalltopf gleichen Querschnitts angeschlossen. Die Anregung innerhalb des Metalltopfes erfolgt mit Hilfe eines kleinen Koppelloches zwischen Hohlleiter und Metalltopf (Abb. 13.10).

In dem Metalltopf baut sich ein elektromagnetisches Feld sehr großer Intensität auf, wenn die Frequenz der eingekoppelten HF-Leistung so gewählt wird, dass die Länge L des Topfes genau $L = \frac{\lambda_{\mathrm{H}}}{2}$ oder ein ganzzahliges Vielfaches davon beträgt. Der Metalltopf zeigt ein ähnliches Resonanzverhalten wie ein Schwingkreis, daher die Bezeichnung Hohlraumresonator.

Abb. 13.10 Ankopplung eines Hohlraumresonators an einen Hohlleiter

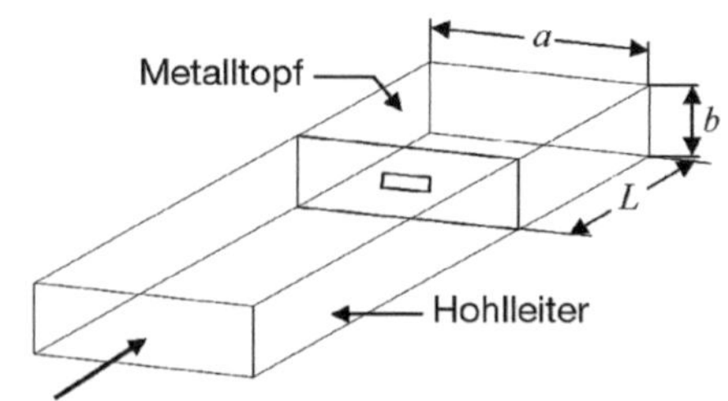

Zwischen der Topflänge L und der Resonanzwellenlänge λ_r besteht der Zusammenhang:

$$L = \frac{p}{2} \cdot \frac{\lambda_r}{\sqrt{1 - \left(\frac{\lambda_r}{\lambda_c}\right)^2}} \quad (p = 1, 2, 3\ldots) \tag{13.26}$$

Aufgelöst nach der Resonanzwellenlänge λ_r:

$$\lambda_r = \frac{\frac{2L}{p}}{\sqrt{1 + \left(\frac{2L}{p \cdot \lambda_c}\right)^2}} = \frac{1}{\sqrt{\left(\frac{p}{2L}\right)^2 + \left(\frac{1}{\lambda_c}\right)^2}} \tag{13.27}$$

Die Resonanzfrequenz f_r ist:

$$f_r = \frac{c_0}{\lambda_r} = c_0 \sqrt{\left(\frac{p}{2L}\right)^2 + \left(\frac{1}{\lambda_c}\right)^2} = \frac{c_0}{2} \sqrt{\left(\frac{m}{a}\right)^2 + \left(\frac{n}{b}\right)^2 + \left(\frac{p}{L}\right)^2} \tag{13.28}$$

Beispiel 13.5

In einen Rechteckresonator mit $L = 2\,\text{cm}$ und $a = 4\,\text{cm}$ wird eine elektromagnetische Welle vom Typ H_{10} eingekoppelt. Gesucht sind die Resonanzwellenlängen und die Resonanzfrequenzen des Resonators für $p = 1, 2$ und 3, wenn p die Anzahl der halben Hohlleiterwellenlängen in z-Richtung bzw. die Anzahl der Extremwerte in z-Richtung bedeutet.

Für die H_{10}-Welle ist $\lambda_c = 2a = 8\,\text{cm}$. Mit den Gl. 13.27 und 13.28 erhält man:

p	λ_r in cm	f_r in GHz
1	3,57	8,4
2	1,935	15,5
3	1,33	22,5

Das Beispiel zeigt, dass weder die Resonanzwellenlänge noch die Resonanzfrequenz ganzzahlige Vielfache einer Grundgröße sind. Beide müssen für jeden Wellentyp neu berechnet werden. Im Gegensatz zu einem allgemeinen Schwingkreis besitzt der Hohlraumresonator sehr viele Resonanzfrequenzen, die keine Vielfache einer bestimmten Grundfrequenz sind.

Um die einzelnen **Resonanzwellenlängen** zu **kennzeichnen**, wird dem eingekoppelten Wellentyp ein **3. Index** angehängt. Wird z. B. eine H_{10}-Welle in einen Resonator der

Länge $L = \frac{\lambda_\mathrm{H}}{2}$ (entsprechend $p = 1$) eingekoppelt, so erhält der Wellentyp im Resonator die Bezeichnung H_{101}-Welle. Ist die Resonatorlänge $L = \frac{\lambda_\mathrm{H}}{2} \cdot 2 = \lambda_\mathrm{H}$, so wird mit $p = 2$ der Wellentyp im Resonator mit H_{102}-Welle bezeichnet.

Ähnlich den ersten beiden Indizes gibt der 3. Index die Anzahl der Extremwerte bzw. der Halbperioden an, und zwar in z-Richtung. Die ersten beiden Indizes geben die Anzahl der Extremwerte in der Querschnittsebene, der dritte Index gibt die Anzahl der Extremwerte in der Fortpflanzungsrichtung an. Der dritte Index tritt nur bei stehenden Wellen auf, z. B. innerhalb von Hohlraumresonatoren. Bei den E-Wellen werden die Extremwerte des magnetischen Feldes gezählt, bei den H-Wellen die Extremwerte des elektrischen Feldes.

13.9 Zusammenfassung

1. Hohlleiter werden im Höchstfrequenzbereich ($f > 1\,\mathrm{GHz}$) in der Nachrichtentechnik (Fernsehen, Richtfunk), in Mikrowellen- und Radargeräten sowie in der Satellitenkommunikation eingesetzt.

2. Hohlleiter bestehen aus mit Luft gefüllten Metallröhren mit elektrisch leitenden Innenwänden (ohne Innenleiter).

3. Der Röhrenquerschnitt ist meist rechteckig oder kreisrund, in speziellen Fällen elliptisch.

4. Ein Hohlleiter bewirkt die geführte Ausbreitung elektromagnetischer Wellen in Luft durch Reflexion an seinen Innenwänden.

5. Die Grenzwellenlänge (kritische Wellenlänge) λ_c eines Hohlleiters entspricht dem doppelten seiner lateralen Ausdehnung.

6. Ein Hohlleiter überträgt erst Wellen ab einer gewissen unteren Grenzfrequenz f_c (cut-off frequency), welche vom Wellentyp, den Querschnittsabmessungen des Hohlleiters und dem Dielektrikum abhängt. Unterhalb dieser Grenzfrequenz klingt die dem Hohlleiter zugeführte Schwingung aperiodisch ab.

7. In Hohlleitern können eine Vielzahl von Wellentypen (Moden) existieren.

8. Man unterscheidet H-Wellen (TE-Wellen) mit magnetischer Feldkomponente H_z in Ausbreitungsrichtung und E-Wellen (TM-Wellen) mit elektrischer Feldkomponente E_z in Ausbreitungsrichtung.

9. E- und H-Wellen können in Hohlleitern beliebigen Querschnitts auch gleichzeitig nebeneinander auftreten.

10. Technisch von Bedeutung sind nur 4 Wellentypen: H_{10} (TE$_{10}$) = gebräuchlichster, tiefst möglicher Modus im Rechteckhohlleiter, H_{11} (TE$_{11}$) = Rundhohlleiter und Komponenten mit Rundhohlleiter, H_{01} (TE$_{01}$) = extrem dämpfungsarme Rundhohlleiter, TEM = in Hohlleitern nicht möglich (Normalfall bei anderen Wellenleitern)

11. In praktischen Hohlleiterschaltungen sollte im Normalfall immer nur ein Wellentyp auftreten.

12. Der für einen bestimmten Hohlleiter zulässige Frequenzbereich ist relativ schmal.

13. Die Wellenlänge einer elektromagnetischen Welle im freien Raum (Freiraumwellen-länge) ist λ. Wird diese Welle in einen Rechteckhohlleiter eingekoppelt, so ist λ_H die Hohlleiterwellenlänge, sie gibt in der z-Richtung (Fortpflanzungsrichtung) den Abstand von Maximum zu Maximum der Welle im Hohlleiter an.

14. Die Hohlleiterwellenlänge ist immer größer als die Freiraumwellenlänge λ.

15. Der Betriebsfrequenzbereich eines Hohlleiters wird nach unten durch die Grenz-frequenz f_{c10} des Grundmodes und nach oben durch die Grenzfrequenzen höherer Wellentypen eingeschränkt.

Liste verwendeter Formelzeichen

A	Querschnittsfläche
B	magnetische Flussdichte
B_R	Remanenz
B_S	Sättigungsflussdichte
C	Kapazität
C	Formfaktor
C_th	Wärmekapazität
C'	Kapazitätsbelag
c	Lichtgeschwindigkeit
c_0	Lichtgeschwindigkeit im Vakuum
E_d	elektrische Durchschlagsfestigkeit
E_D	Durchschlagfeldstärke
e	Basis des natürlichen Logarithmus, Euler'sche Zahl ($= 2{,}718$)
e	Elementarladung (Betrag)
F	Kraft
f	Frequenz
f_c	Grenzfrequenz
f_0	Resonanzfrequenz
G	Leitwert
G'	Ableitungsbelag, Leitwertbelag
H	magnetische Feldstärke
h	Planck'sches Wirkungsquantum
h	Dicke des Dielektrikums
I	Strom
I_K	Kippstrom
I_N	Nennstrom
J	Stromdichte
j	imaginäre Einheit ($\sqrt{-1}$)
$K(k)$	vollständiges elliptisches Integral erster Ordnung
$K'(k)$	komplementäres elliptisches Integral erster Ordnung
k	Boltzmann-Konstante
k	Kopplungsfaktor

© Springer Fachmedien Wiesbaden GmbH, ein Teil von Springer Nature 2019
L. Stiny, *Passive elektronische Bauelemente*, https://doi.org/10.1007/978-3-658-24733-1

L	Induktivität
L	Linearität
L'	Induktivitätsbelag
l	Länge
$\ln$	Logarithmus zur Basis e
$\log$	Logarithmus zur Basis 10
$\lg$	Logarithmus zur Basis 10
M	Gegeninduktivität
N	Windungszahl
n	optischer Brechungsindex
n_K	Brechzahl Kern
n_M	Brechzahl Mantel
NA	numerische Apertur
P	Wirkleistung
P	Verlustleistung
P_N	Nennbelastbarkeit
P_{max}	maximale Belastung
P_{tot}	maximale Belastung
$\overline{P}$	mittlere Leistung
Q	Güte
R	ohmscher Widerstand
R_D	Dunkelwert des Widerstandes
R_0	Dunkelwert des Widerstandes
R_N	Nennwiderstandswert
R_F	spezifischer Oberflächenwiderstand
R_H	Hellwert des Widerstandes
R_{1000}	Hellwert des Widerstandes
R_K	kritischer Widerstandswert
R_L	Lastwiderstand
R_i	Innenwiderstand
R_a	Abschlusswiderstand
R_{ref}	Bezugswiderstand
R_{th}	Wärmewiderstand
R_{25}	Kaltwiderstand
R'	Widerstandsbelag
r	Radius
r	differenzieller Widerstand
T	absolute Temperatur in Kelvin
T_A	Umgebungstemperatur
T_N	Nenntemperatur
T_S	Schmelztemperatur
T_W	Anfangstemperatur

T_{ref}	Bezugstemperatur
t	Zeit
t	Leiterbahnhöhe
t_{a}	thermische Ansprechzeit
t_{e}	Zeitkonstante
t_{g}	Gruppenlaufzeit
t_{i}	Impulszeit
t_{p}	Periodendauer
t_{pd}	Phasenlaufzeit, Laufzeitverzögerung
t_{r}	Ansprechzeit
t_{S}	Schaltzeit
U	Spannung
U_{A}	Brückenausgangsspannung
U_{B}	Betriebsspannung
U_{B}	Brückenspeisespannung
U_{D}	Durchbruchspannung, Durchschlagsspannung
U_{G}	höchste zulässige Dauerspannung
U_{I}	Isolationsspannung
U_{i}	Impulsspannung
U_{K}	Kippspannung
u_{ind}	induzierte Spannung
$\ddot{u}$	Übersetzungsfaktor
v_{G}	Gruppengeschwindigkeit
v_{P}	Phasengeschwindigkeit
W	Energie
w	Leiterbahnbreite
X_{C}	kapazitiver Blindwiderstand
X_{L}	induktiver Blindwiderstand
Z	Scheinwiderstand
Z_0	Wellenwiderstand
Z_{K}	Kurzschlusswiderstand
Z_{L}	Leerlaufwiderstand
$\underline{Z}_1$	Eingangsimpedanz
$\underline{Z}_2$	Lastimpedanz
$Z_{0,\text{e}}$	Gleichtakt-Wellenwiderstand
$Z_{0,\text{o}}$	Gegentakt-Wellenwiderstand
Z_{diff}	differenzieller Wellenwiderstand
α	Temperaturkoeffizient
α	Ausdehnungskoeffizient
α	Nichtlinearitätsexponent
α	Dämpfungsbelag
$\alpha_{0\text{max}}$	Akzeptanzwinkel

α_d	Dämpfung durch das Dielektrikum
α_m	Materialdämpfung
β	Regelfaktor, Regelkonstante
β	Phasenbelag
β_C	Feuchtebeiwert
γ	Übertragungsmaß
λ	Ausfallrate
λ	Wellenlänge
λ_g	Grenzwellenlänge
λ_0	Freiraumwellenlänge
δ	Eindringtiefe
δ_th	Wärmeleitwert
ε	Dehnung, relative Längenänderung
ε	Permittivität
ε_0	elektrische Feldkonstante
ε_r	Permittivitätszahl, Dielektrizitätszahl
ε_eff	effektive Dielektrizitätskonstante
Θ	Durchflutung
ϑ	Temperatur in °C
ϑ	Hallwinkel
ϑ	Verlustwinkel
ϑ_A	Umgebungstemperatur
μ	Elektronenbeweglichkeit
μ_0	magnetische Feldkonstante
μ_r	Permeabilitätszahl
ρ	spezifischer Widerstand
σ	spezifische Leitfähigkeit
σ	Streufaktor
σ	Flächenladungsdichte
σ_S	Oberflächenleitfähigkeit
σ_V	Volumenleitfähigkeit
τ_c	Abkühlzeitkonstante
τ	Zeitkonstante
Φ	magnetischer Fluss
φ	Phasenwinkel
$\varphi(\omega)$	Phasengang
ω	Kreisfrequenz
$\tan(\delta)$	Verlustfaktor

Literatur

1. Bahl, I.: Lumped Elements for RF and Microwave Circuits. Artech House, Inc (2003)
2. BC-Components: General introduction Electrolytic capacitors, Data Sheet. 27.01.2000
3. Blackwell, G.R.: The Electronic Packaging Handbook. CRC Press LLC (2000)
4. Bluhm, T.: Grundlagen linearer Festwiderstände. BEYSCHLAG GmbH
5. Both, J., BC-Components: Aluminium-Elektrolytkondensatoren, Teil 1. Ripplestrom, 27.11.2000
6. Brooks, M., Turner, H.M.: Inductance of Coils. University of Illinois Bulletin, Bd. IV. (1912)
7. Brooks, D.: PCB Impedance Control. UltraCAD Design, Inc (1998)
8. Brooks, D.: Embedded Microstrip Impedance Formula. UltraCAD Design, Inc (2000)
9. Centre for Electronics Design and Technology of India, Basic Electronics Components & Hardware-I, First Edition. New Delhi (1999)
10. Chen, W.K.: The Circuits and Filters Handbook. CRC Press (2003)
11. Collin, R.E.: Foundations for Microwave Engineering, second edition. IEEE Press
12. Costa, L., Valtonen, M.: Implementation of Single and Coupled Microstrip Lines in APLAC. Dezember 1997
13. Eberle, K., Wagner, J.: Vorlesungsunterlagen Versuchstechnik. Institut für Statik und Dynamik der Luft- und Raumfahrtkonstruktionen (2006)
14. Emeis, N.: Bauelemente der Elektronik, Vorlesungsskript HS Osnabrück, 08.10.2001
15. EPCOS: PTC Thermistors, General Technical Information. March 2006
16. EPCOS: Aluminium Electrolytic Capacitors, General Technical Information (2002)
17. Fliege, N.: Übertragungsmedien und -kanäle
18. Fooks, E.H., Zakarevièius, R.A.: Microwave Engineering Using Microstrip Circuits. Prentice Hall (1990)
19. Gesch, H.: Vorlesung Elektronische Bauelemente, FH Landshut, WS 2002/2003
20. Grover, F.W.: Inductance Calculations, Working Formulars and Tables. Dover Publications (1973)
21. Gysel, U.: Leitungen für hohe und höchste Frequenzen (2001)
22. Henne, W.: Einführung in die Höchstfrequenztechnik. Kordass & Münch Verlag, München (1966)
23. Herzig: Skriptum zur Vorlesung Grundlagen der Elektrotechnik 1
24. Hirsch, H.: Skript zur Vorlesung Elektrotechnik und Nachrichtentechnik. SS 2002
25. Hong, J., Lancaster, M.J.: Microstrip Filters for RF / Microwave Applications. John Wiley & Sons (2001)
26. ILX Lightwave Corporation: Thermistor Calibration and the Steinhart-Hart Equation. Application Note, Rev. 09/03

27. IPC-D-317A: Design Guidelines for Electronic Packaging Utilizing High-Speed Techniques, Institute for Interconnecting and Packaging Electronic Circuits. Northbrook, Illinois (1995)

28. Jow, U.: Design and Optimization of Printed Spiral Coils for Efficient Transcutaneous Inductive Power Transmission. IEEE Trans. Biomed. Circuits. Syst. **1**(3) (2007)

29. Kaufmann, A.: Hochfrequenztechnik und Mikrowellentechnik, eine Einführung. Berner Fachhochschule, Oktober 2003

30. Knight, D. W.: An introduction to the art of Solenoid Inductance Calculation. 24.01.2013

31. Kramer, U.: Elemente der Automatisierungstechnik. FH Bielefeld, 2001/2002

32. Laur, R.: Grundlagen der Elektrotechnik für Produktionstechniker und Wirtschaftsingenieure

33. Lehn, R., Breitfeld, P.: Abriss der Elektrizitätslehre (2002)

34. Matthaei, G.L., Young, L., Jones, E.M.T.: Microwave Filters, Impedance-Matching Networks, And Coupling Structures. Artech House (1980)

35. Megatron Industriesensorik: Potentiometrische Winkelsensoren, Begriffe

36. Möller, I.: Entwicklung einer Mikrowellenleistungsendstufe in Streifenleitertechnik. FHTW Berlin, Berlin (2000). Diplomarbeit

37. Mohan, S., et al.: Simple Accurate Expressions for Planar Spiral Inductances. IEEE J. Solid-State Circuits. **34**(10) (1999)

38. Nührmann, D.: Das komplette Werkbuch Elektronik. Franzis Verlag (2002)

39. Nguyen, C.: Analysis Methods for RF, Microwave, and Millimeter-Wave Planar Transmission Line Structures. John Wiley & Sons, New York (2001)

40. von der Ohe, J.: Impulsbelastung bei SMD-Widerständen: Die Grenzen des Machbaren. BC. Components, Bd. 05. (2005)

41. Paul, M.: Bauelemente der Technischen Imformatik. Universität Trier, Skript SS 2003

42. Petri, U.: Grundlagen der Elektrotechnik I. FH Ulm, WS 2002/03

43. Philips: General, Magnetoresistive sensors for magnetic filed measurements. 06.09.2000

44. Powertron GmbH: Widerstände, Begriffsdefinitionen und Applikationshinweise. April 2004

45. Pozar, D.M.: Microwave Engineering, 2. Aufl. John Wiley & Sons, New York (1998)

46. preusser-messtechnik: Dehnungsmeßstreifen (2006). http://www.preusser-messtechnik.de/

47. Reichl, H.: Technologien der Mikrosysteme II. Vorlesungsskript TU Berlin, April 2001

48. Reisch, M.: Elektronische Bauelemente. Springer (1998)

49. van Rienen, U.: Vorlesungsskript Theoretische Elektrotechnik. Universität Rostock (2002)

50. Schaller, A.: Grundlagen der Werkstofftechnik, Teil 1: Feste Körper. FHTW Berlin, Berlin

51. Schenke, G.: Bauelemente der Elektrotechnik. FH Oldenburg/Ostfriesland/Wilhelmshaven, Oldenburg/Ostfriesland/Wilhelmshaven

52. Schüring, I.: Transformator. Skript zur Lehrveranstaltung AT1, Beuth Hochschule für Technik, Fachbereich VII – Energiesysteme, 08.08.2012

53. Shapiro, A., et al.: A comparison of microstrip models to low temperature co-fired ceramic-silver microstrip measurements. Microelectronics J. **33**, 443–447 (2002)

54. Siemens Matsushita Components: NTC Thermistors

55. Sostmann, H.E., Metz, P.D.: Fundamentals of Thermometry, Part IV, Thermistor Thermometers. Isotech J. Thermom. **8**(2) (1997)

56. Steinbuch, K., Rupprecht, W.: Nachrichtentechnik. Springer (1967)

57. Solbach, K.: Grundzüge der Hochfrequenztechnik, 5. Aufl. Universität Duisburg-Essen, Duisburg-Essen (2003)

58. Sommer, C.: Facharbeit Lichtleiter. Gregor-Mendel-Gymnasium (2000)

59. Stiny, L.: Grundwissen Elektrotechnik und Elektronik, 7. Aufl. Springer (2018)

60. Stiny, L.: Elektrotechnik für Studierende: Band 4 – Wechselstrom 2. Christiani-Verlag (2014)

61. STMicroelectronics, Application Note AN 2866, How to design a 13.56 MHz customized antenna for ST25 NFC/RFID Tags, DocID15284 Rev 2, 2016

62. SUSUMU CO., LTD.: Data Book Chip Array Resistors
63. Thiede, A.: Vorlesungsskript Einführung in die Hochfrequenztechnik. Universität Paderborn, Paderborn
64. Thierauf, S.: High-Speed Circuit Board Signal Integrity. Artech House, Inc (2004)
65. TT electronics: Allgemeine technische Daten
66. Unbehauen, R.: Grundlagenpraktikum in Elektrotechnik und Messtechnik. Institut für Allgemeine und Theoretische Elektrotechnik der Universität Erlangen-Nürnberg, März 1971
67. Vishay Inc.: Standard Series of Values in a Decade for Resistances and Capacitances. Document Number: 28372, Revision: 17-Jun-04
68. Vishay Inc.: Resistors in Microwave Applications. AP0010, 19.04.2005
69. Wadell, B.: Transmission Line Design Handbook. Artech House, Inc (1991)
70. Waller, G.: Werkstoffe, Bauelemente, Halbleiter. Vorlesungsmanuskript V2.3, FH Kiel
71. Webster, J.G.: Measurement, Instrumentation, and Sensors Handbook. CRC Press (1999)
72. Weißgerber, W.: Elektrotechnik für Ingenieure 1, 8. Aufl. Vieweg+Teubner, Wiesbaden (2009)
73. White, J.F.: High Frequency Techniques, An Introduction to RF and Microwave Engineering. John Wiley & Sons (2004)
74. Thompson, M.T.: Inductance Calculation Techniques — Part II: Approximations and Handbook Methods (1999)

Internet
75. Weaver, R.: Numerical Methods for Inductance Calculation, Bob's Elektron Bunker. http://electronbunker.ca/CalcMethods3b.html. Website von Robert Weaver, Online Inductance Calculators

Stichwortverzeichnis